世界で一番やさしい

3ds Max 建築CGパースの教科書

高畑 真澄 著

X-Knowledge

本書利用上の注意

- 本書の記載内容は2018年10月時点での情報です。以降に製品またはホームページなどの仕様や情報が変更されている場合があります。また、本書を運用した結果については、当社および著者は一切の責任を負いかねます。本書の利用については個人の責任の範囲で行ってください。
- 本書は、「AREA JAPAN」オートデスクのメディア&エンターテインメント業界向け情報サイト(https://area.autodesk.jp)の動画チュートリアル「やさしい3dx Max―はじめての建築CG―」をベースに書籍化したものです。ただし動画とは解説が異なる部分があります。
- 本書はパソコンやWindowsの基本操作ができ、3ds Maxをインストールしたパソコンをお持ちの方を対象としています。
- 本書はWindows10にインストールした3ds Max 2019で執筆しています。記載内容の動作確認は行っていますが、ご使用のパソコン環境によっては結果が再現できない可能性があります。特にレンダリングについては、パソコン環境に大きく影響されるため、本書どおりの表示にならない場合もあります。
- Autodesk、オートデスクのロゴ、3ds Maxは、米国およびその他の国々におけるAutodesk, Inc.およびその子会社または関連会社の登録商標または商標です。その他、本書に掲載されたすべての製品名、会社名などは、一般に各社の商標または登録商標です。

カバー・本文デザイン：カインズ アート アソシエイツ
本文 DTP：トップスタジオ
イラスト：高畑真澄

はじめに

本書を手にとっていただき、ありがとうございます。
「世界で一番やさしい 」とタイトルにつけましたが、これ、ホントなんです！

私は、3ds Maxのソフトは「3ds max 5」のころから使用しています。その前は別の３Ｄソフトを使っていたので、ＣＧパース歴はかれこれ何年になってしまうのでしょうか…？　振り返ればマニュアルもほとんどなく、インターネットからの情報も少ない時代。試行錯誤の日々で、たいていのことは先輩から教わって完成させていました。今、3ds Maxでお仕事できるのも、教えてくださった先輩、あるいは後輩の皆様方のおかげです。

そんな私だからこそ、初心者の方々が何を知りたいのか、そして何について不安に感じているのかは、わかっているつもりです。

この本は、初心者でも簡単に理解できる「世界で一番やさしい」一冊を目指しました。内容は、図面を読み込みモデリングする「外観編」と、図面がなくてもできる「内観編」で作例を基本としています。1章ごとにMaxデータや素材を用意しているので、本書を見ながら、最後まで仕上げてみてください。

また、建築ＣＧを作成するには3ds MaxのテクニックがあればすべてＯＫ、というわけではありません。図面を読むための建築知識を始め、構図などのアングルのセンス、そしてマテリアルやライティングなどをまとめる絵心なども必要です。そこにＣＧの技術、そして「やるぞ」という気持ちが加われば、鬼に金棒、最強、というわけです。ゆえにこの本には、3ds Maxの操作方法以外に必要なことも、メモやコラムとして記してあります。こちらも、しっかりと目を通してみてください。

例え同じソフトを使っても、仕上がりは人それぞれ。「あなたらしい作品」が完成することを、心から願っています。もし使ったことのないボタンを押したとしても、パソコンが爆発するわけでは（たぶん）ありません。ぜひ、いろいろと試してみてください。そして、保存は決して忘れないように…。

本書が少しでもあなたのお役に立てば、本当にうれしく思います。

最後に、執筆活動にはたくさんの方にお世話になりました。株式会社エクスナレッジ 杉山奈美乃氏、オートデスク株式会社 一ノ瀬真一郎氏、株式会社オーク 山内裕二氏、株式会社Too 内山拓哉氏、ならびに私を支えてくださったクライアントの皆さまや、同業者の仲間の皆さま、いつも応援してくれる友人たち、関わってくださった全ての皆さまに、この場をお借りして心より感謝を申し上げます。

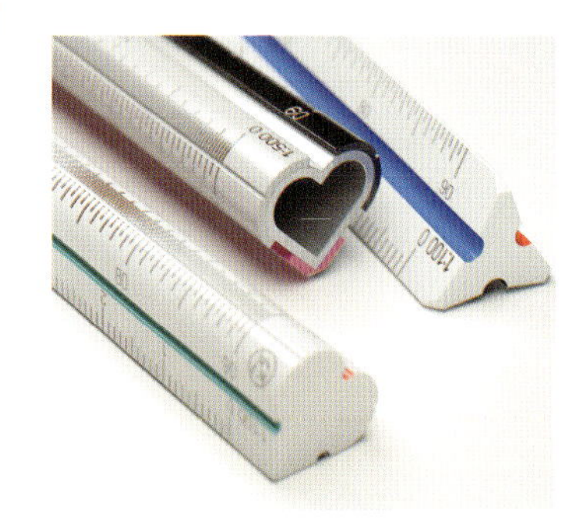

高畑 真澄

目次

Contents

Contents

Chapter 4　外観マテリアルの設定

Chapter 5　外観のライトと環境設定・レンダリング

Part 2　内観編（応用）

Chapter 6　室内空間をモデリング

column

練習用データについて

本書の練習用データは、エクスナレッジサポートページからダウンロードできます。下記ページの記載事項を必ずお読みになり、ご了承いただいたうえでダウンロードしてください。

http://xknowledge-books.jp/support/9784767825717

または、エクスナレッジトップページ（http://www.xknowledge.co.jp/）で「X-knowledge の本を検索」をクリック→「フリーワード検索」で「世界で一番やさしい 3ds Max 建築CGパースの教科書」を検索し、該当書誌をクリック→「商品の詳細」下の「サポート& ダウンロードページ」をクリックしてもダウンロードできます。

Chapter 1

基本操作と図面の読み込み

1-1 3ds Maxのインタフェースとオブジェクトの扱い

3ds Maxの画面（インタフェース）と、オブジェクトの選択や削除方法について説明します。

1-1-1 3ds Maxの画面構成

3ds Maxの画面構成は次のようになっています。各構成要素をかんたんに説明します。

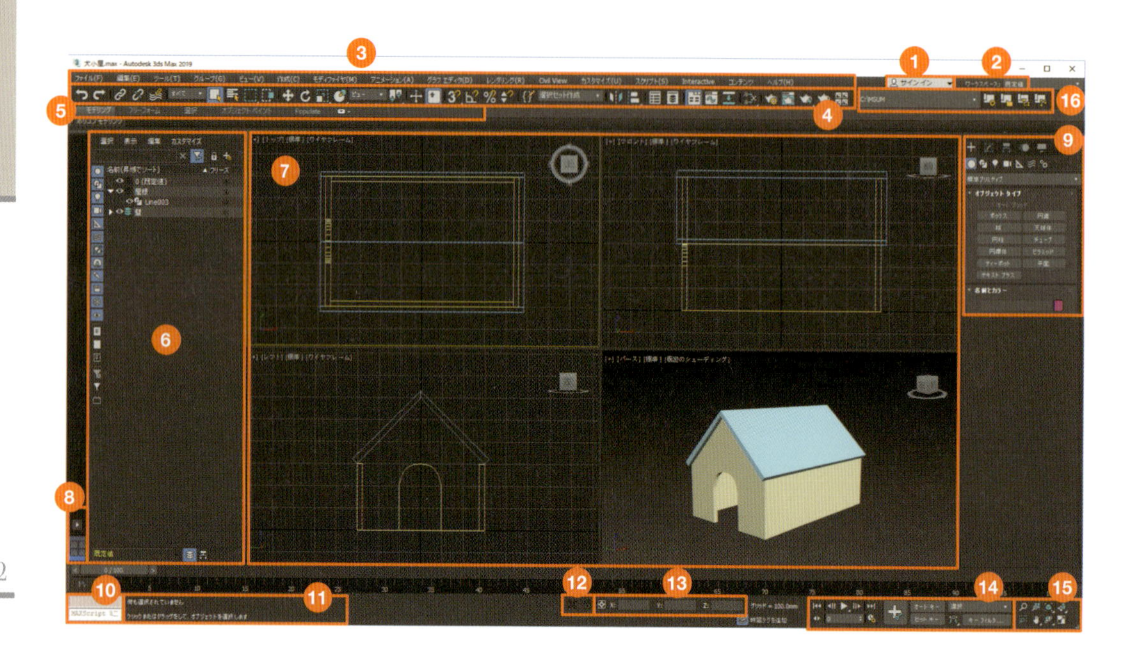

❶ ユーザ アカウント メニュー

サインインするとアカウント名が表示され、ライセンス管理などが行えます。

❷ ワークスペースセレクタ

あらかじめ用意されているいくつかのワークスペースレイアウトに切り替えられます。オリジナルのワークスペースも登録できます。

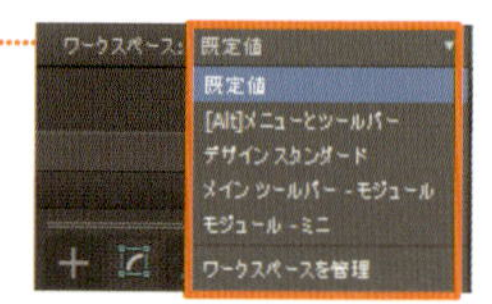

❸ メニューバー

各メニューをクリックして、コマンドを選択します。

❹ メインツールバー

移動や回転など、使用頻度の高いツールが表示されています。各ツールをクリックして実行します。

❺ リボン

初期設定ではタブのみ表示されています。タブをクリックすると、各タブ内のツールが表示されます。

❻ シーンエクスプローラ

オブジェクトの表示や切り替え、ソート、フィルタリング、選択ができます。オブジェクトの名前変更やオブジェクト階層の作成なども可能です（→P.14）。

❼ ビューポート

オブジェクトを表示する作業領域です。右上のビューキューブでオブジェクトの表示方向を変更できます（→P.15）。

❽ ビューポートレイアウト

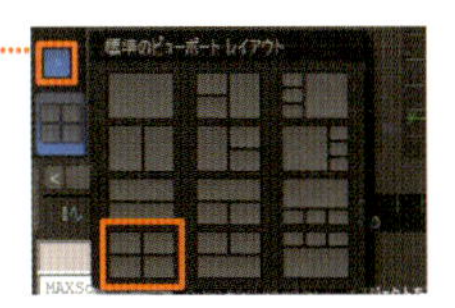

ビューポートの分割表示やレイアウト変更ができます。

❾ コマンドパネル

おもにモデリング作業をするときに使うパネルです。モデリングのほか、アニメーションや表示オプション、ユーティリティを制御するパネルもあります（→P.16）。

❿ MAXScript ミニリスナー

「MAXScript」というプログラムを 1 行ずつ表示します。本書では使用しません。

⓫ ステータスライン／プロンプトライン

上段のステータスラインには、選択されたオブジェクトの数やタイプが表示されます。下段のプロンプトラインは、次に実行するべき操作をガイドとして表示します。

⓬ 分離ツールを切り替え／選択ロックの切り替え

左の［分離ツールを切り替え］をオンにすると、選択しているオブジェクトのみ表示されます。右の［選択ロックの切り替え］は、オンにすると現在の選択をロックできます。オブジェクトが込み入っている場面では、選択をロックすると便利です。

⓭ 座標表示

カーソルの位置を座標で表示します。数値を入力して図形を変形することもできます。

⓮ アニメーションコントロール／タイムコントロール

アニメーションの再生に関するさまざまな設定ができます。

⓯ ビューポートナビゲーション

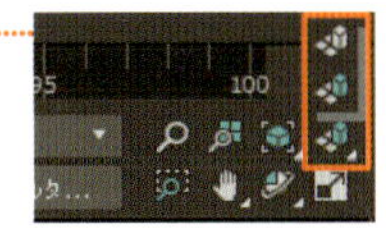

ズームやオービットなど、ビューポートの表示を制御するツールがあります。
右下に三角があるツールは、長押しするとオプションが選択できます。

⓰ プロジェクトバー

最近使用したプロジェクトから選択することができます。プロジェクトバーは3ds Max 2019から追加された機能で、Updateで更新をかけると表示できます。

1-1-2 シーンエクスプローラ

画面の左側に表示されるシーンエクスプローラには、ファイルにあるオブジェクトが表示され、各オブジェクトの属性などを設定できます。建築CGでは図面を読み込むため、レイヤ別に表示して使うことが多くなります。レイヤ別に表示するときは下部の［レイヤ別にソート］ボタンをクリックします。レイヤ別にすると、上部のツールも変わります。

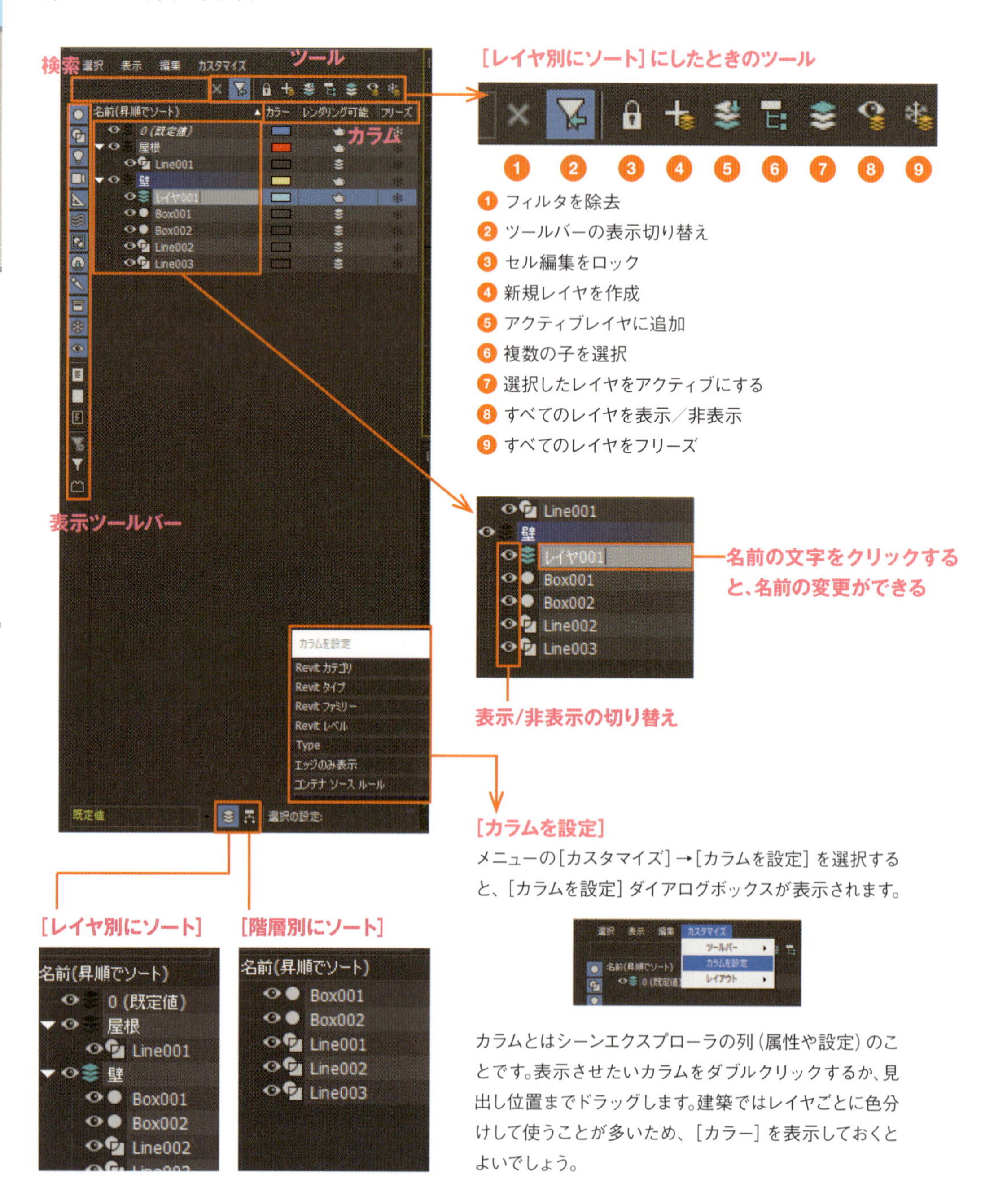

［カラムを設定］

メニューの［カスタマイズ］→［カラムを設定］を選択すると、［カラムを設定］ダイアログボックスが表示されます。

カラムとはシーンエクスプローラの列（属性や設定）のことです。表示させたいカラムをダブルクリックするか、見出し位置までドラッグします。建築ではレイヤごとに色分けして使うことが多いため、［カラー］を表示しておくとよいでしょう。

1-1-3 ビューポート

建築では図面を使うという特性上、4つのビューポートで表示するとモデリングがしやすいです。ビューポートレイアウト (→P.13) で［クアッド4］の4分割を選択すると、4つのビューポートに分割されます。各ビューポートにはビューポートラベルメニューとビューキューブがあり、オブジェクトの見え方をビューごとに変更することができます。

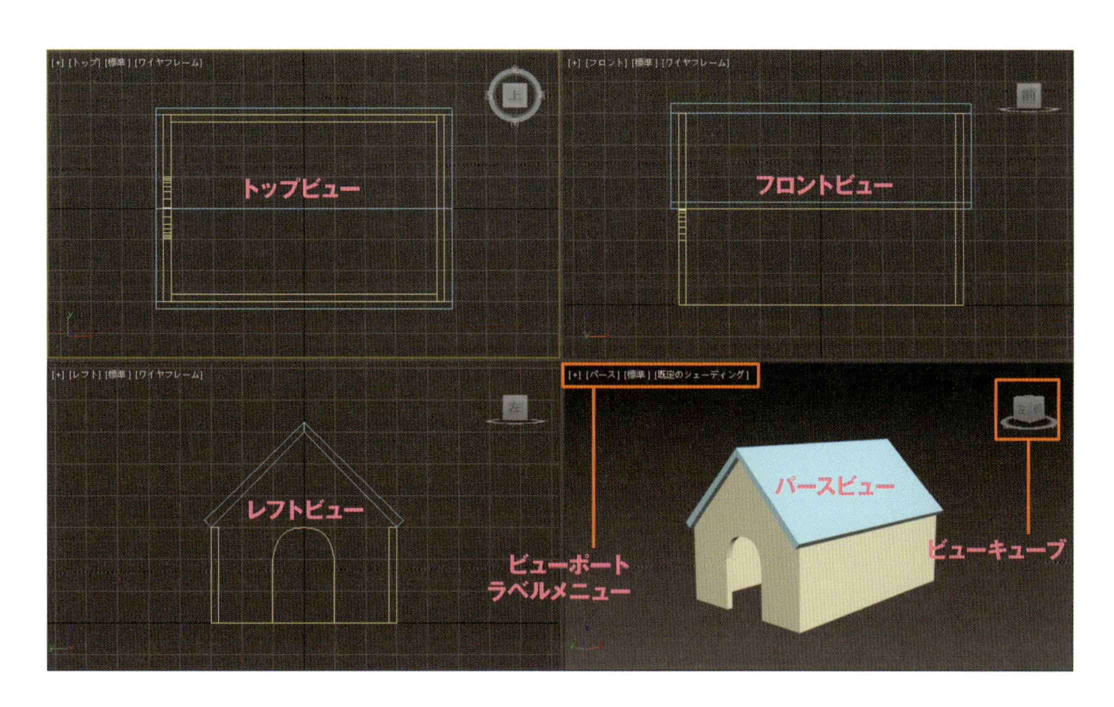

トップビュー
上から見た状態で表示します。
建築では平面図や配置図、天伏図になります。

フロントビュー
正面から見た状態で表示します。
建築では立面図や展開図になります。

レフトビュー
左から見た状態で表示します。

パースビュー
透視図の状態で立体表現します。

ビューキューブ
表示したい面をクリックしてビューを切り替えます。
ドラッグで回転もできます。

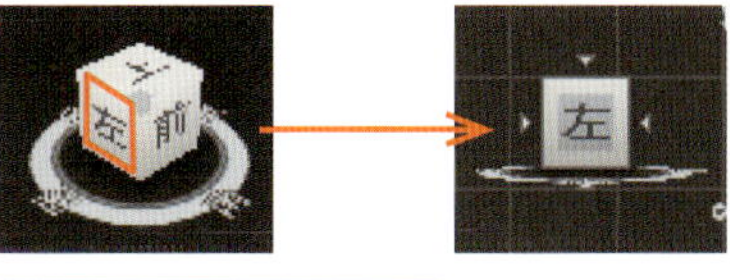

ビューポートラベルメニュー
ビューポートの表示を設定します。各項目をクリックするとメニューを表示します。

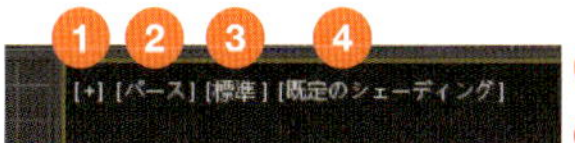

1 一般
2 視点(POV)
3 シェーディング
4 ビューごとの基本設定

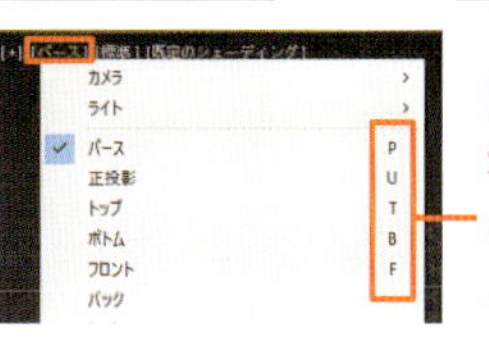

［視点］のメニュー。右はショートカット（覚えると操作が速くなります）

1-1-4 コマンドパネル

オブジェクトの作成と修正は、おもにコマンドパネルで操作します。コマンドパネルの最上段には[作成][修正][階層][モーション][表示][ユーティリティ]の6つのタブがあり、切り替えるとそれぞれのパネルを表示します。建築CGでよく使うのは、[作成]パネルと[修正]パネルです。

[作成]パネル

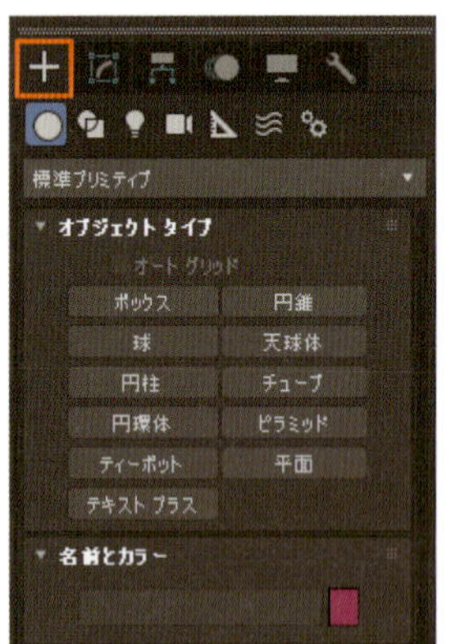

オブジェクトの作成ができます。「標準プリミティブ」としてボックスや球などが用意されており、任意のビューで選択したオブジェクトが作成できます。その他、線やライト、カメラなども作成できます。

[修正]パネル

すでに作成したオブジェクトを編集します。「モディファイヤリスト」から編集コマンドを選択でき、下に表示されるパラメータを変更することで、オブジェクトを加工できます。

[階層]パネル

各オブジェクトの階層構造に関する設定を変更します。基点の位置の変更や動きの制限など、おもにアニメーションの動きに関する設定をするパネルです。

[モーション]パネル

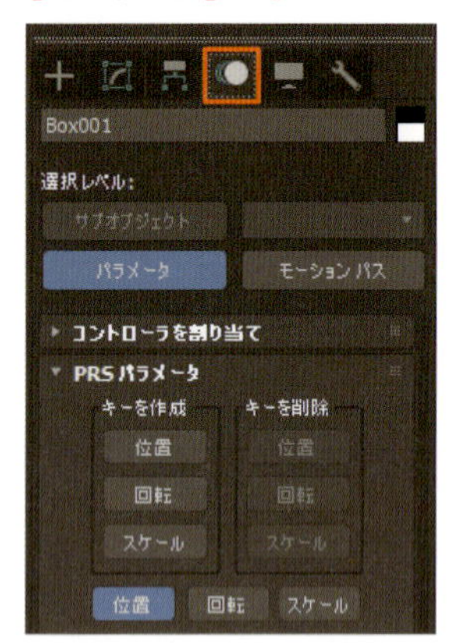

アニメーションの各種コントローラーを設定することができます。

[表示]パネル

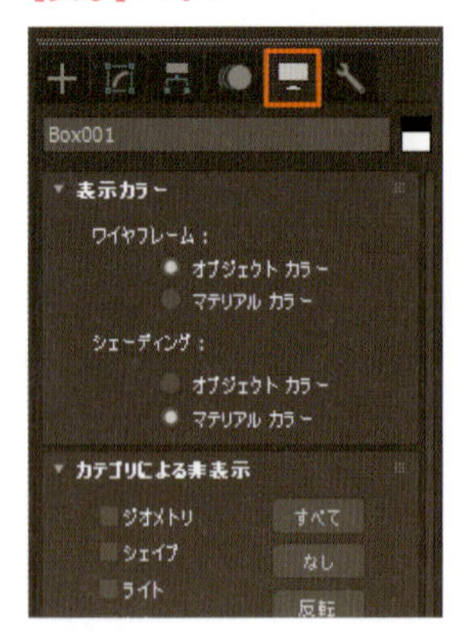

ビューポート内にあるオブジェクトの表示に関するさまざまな設定ができます。

[ユーティリティ]パネル

3ds Maxに搭載されている便利な機能を呼び出すことができます。よく使う機能を設定しておくこともできます。

1-1-5 クアッドメニュー

3ds Maxでは、ビューポート内、オブジェクト、シーンエクスプローラ内で右クリックすると、最大 4 つの領域を表示する「クアッドメニュー」が開きます。このメニューには、現在選択されているオブジェクト（またはエリア）で実行可能な操作がほとんど表示されるため、操作選択でコマンドパネルやツールバーにマウス移動する手間が省けます。

オブジェクトを右クリックしたクアッドメニュー

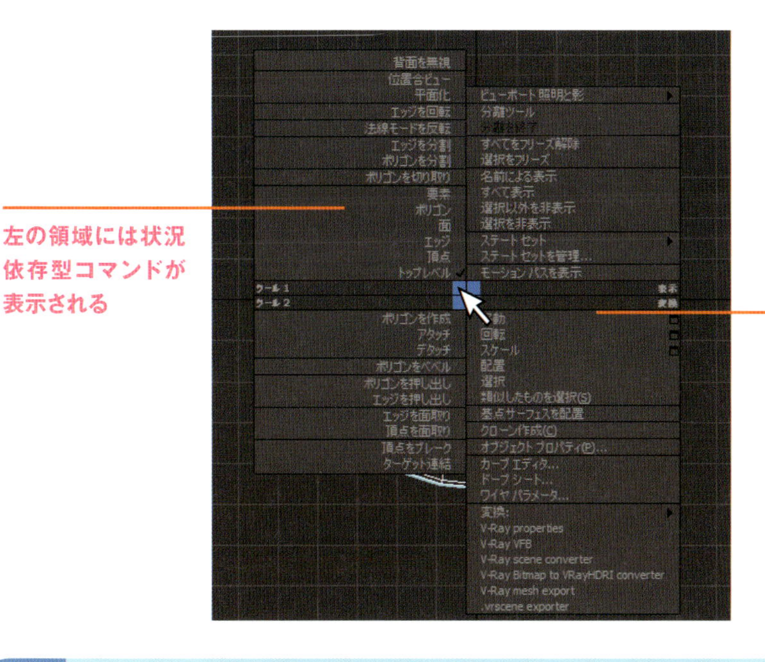

memo メインツールバーの［選択して移動］［選択して回転］［スナップ切り替え］などのツールボタン上で右クリックすると、数値入力や設定のダイアログボックスが表示されます。ビューポートナビゲーション（→P.13）の各ツールも、右クリックすると設定ダイアログボックスを開きます。

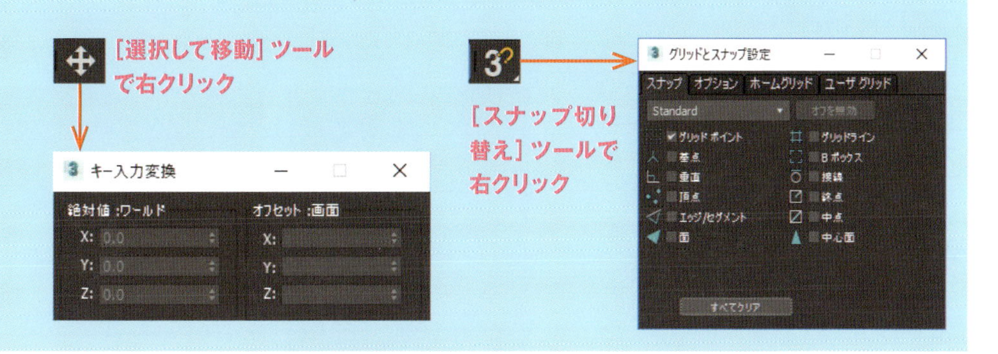

1-1-6 標準プリミティブを作成

オブジェクトを作成する基本操作として、標準プリミティブである「球」と「ボックス」を作成してみましょう。

球を作成する

1 ［作成］パネルの［標準プリミティブ］の［オブジェクトタイプ］で［球］をクリックします。

2 マウスポインタをパースビューに移動します。中心として任意の位置をクリックし、そのまま半径距離をドラッグしてマウスボタンを放すと、球が作成されます。

3 数値で形を指定する場合は、［作成］パネル下部の［パラメータ］に数値を入力します。

4 ビューの余白でクリックすると、球の作成が終了します。

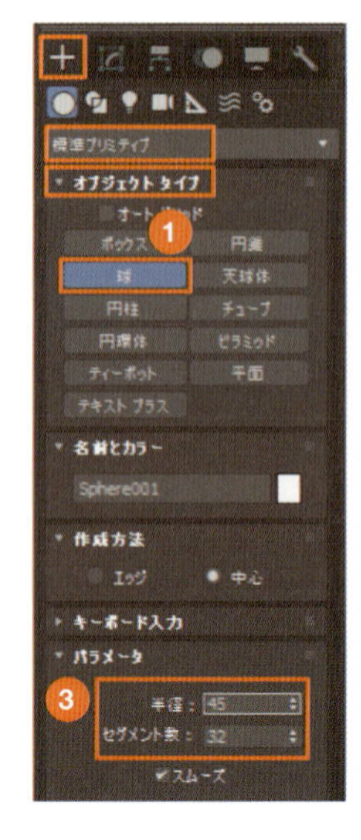

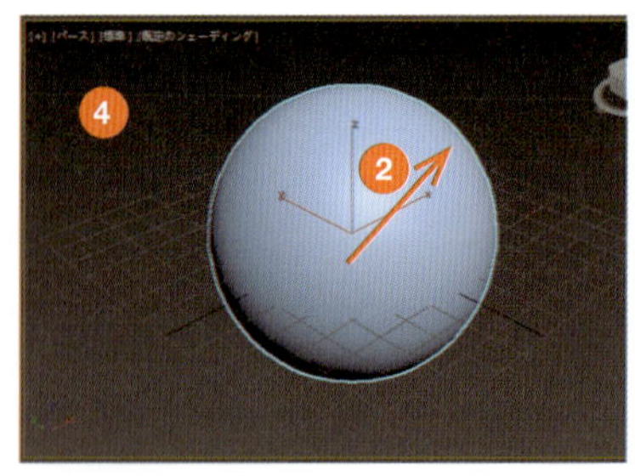

memo

❹のクリックで［作成］パネルのパラメータは初期値に戻ります。オブジェクトの作成後に数値入力したい場合は、［修正］パネルのパラメータで変更します。

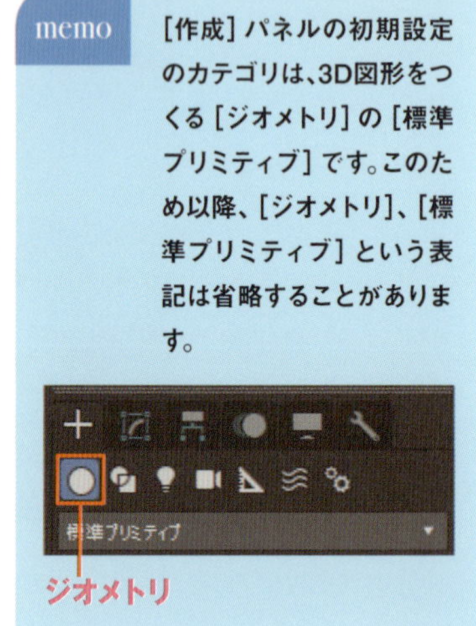

memo

［作成］パネルの初期設定のカテゴリは、3D図形をつくる［ジオメトリ］の［標準プリミティブ］です。このため以降、［ジオメトリ］、［標準プリミティブ］という表記は省略することがあります。

ボックスを作成する

1 ［作成］パネルの［標準プリミティブ］の［オブジェクトタイプ］で［ボックス］をクリックします。

2 マウスポインタをパースビューに移動します。任意の位置をクリックし、そのまま対角線にドラッグすると、ボックスの底面図形が作成されます。

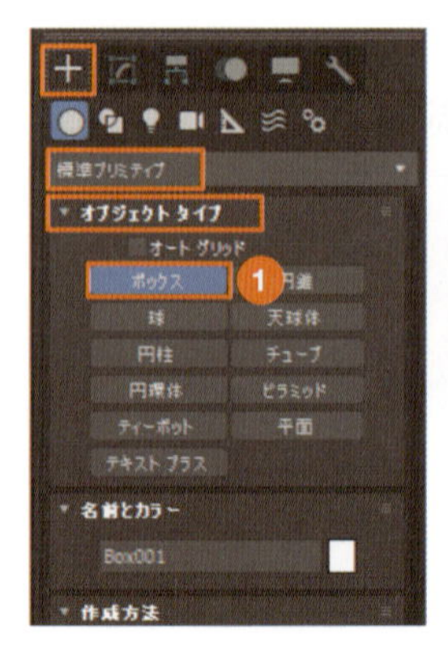

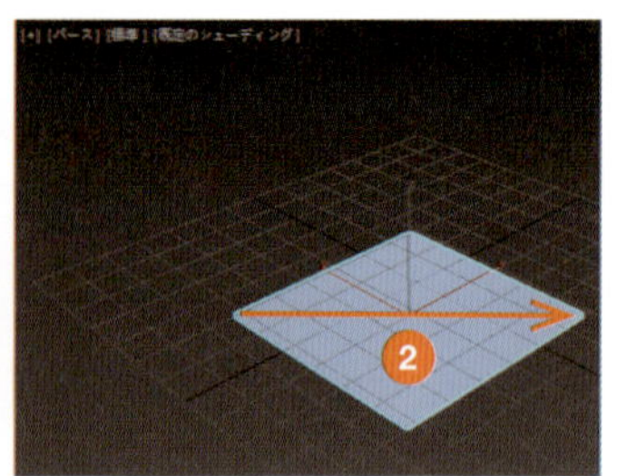

3 そこからマウスを上に移動して、任意の位置でクリックすると高さが決まり、ボックスが作成されます。

4 数値で形を指定する場合は、[作成] パネル下部の [パラメータ] にある [長さ] [幅] [高さ] に数値を入力します。

5 ビューの余白でクリックすると、ボックスの作成が終了します。

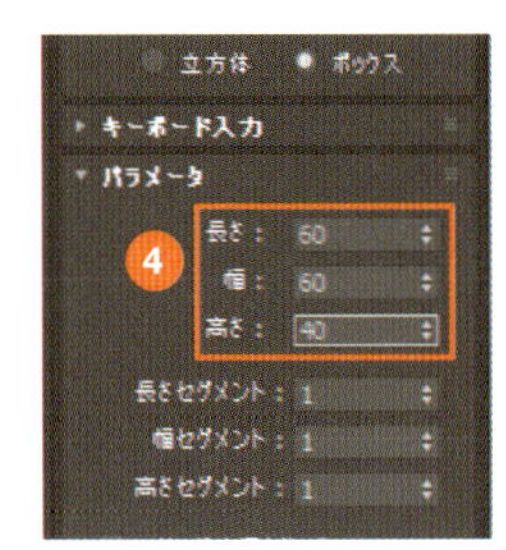

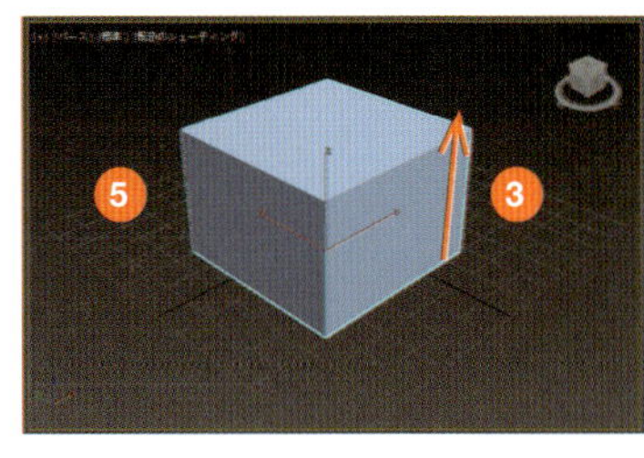

1-1-7 オブジェクトの選択と削除

オブジェクト操作の基本となる、選択と削除の操作について説明します。

オブジェクトの選択状態

オブジェクトが選択状態のときには、輪郭が水色にハイライトされます。オブジェクトの表示がワイヤーフレームの場合も輪郭は水色でハイライトされ、ワイヤーは白く表示されます。選択解除されると、輪郭のハイライト表示は消えます。

シェーディング

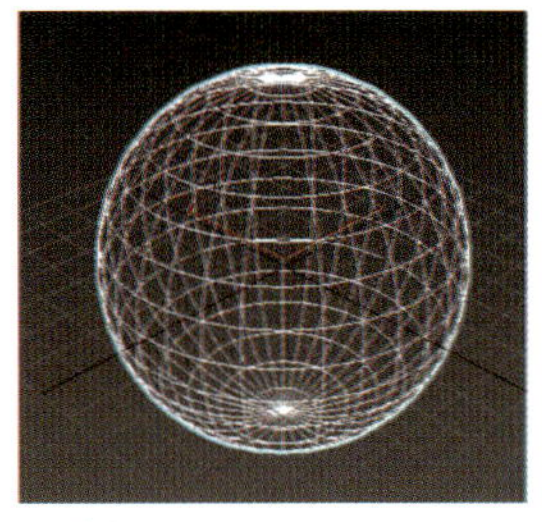
ワイヤーフレーム

オブジェクトの単一選択

■マウスポインタによる選択

マウスポインタでオブジェクトをクリックすると、オブジェクトが選択されます。

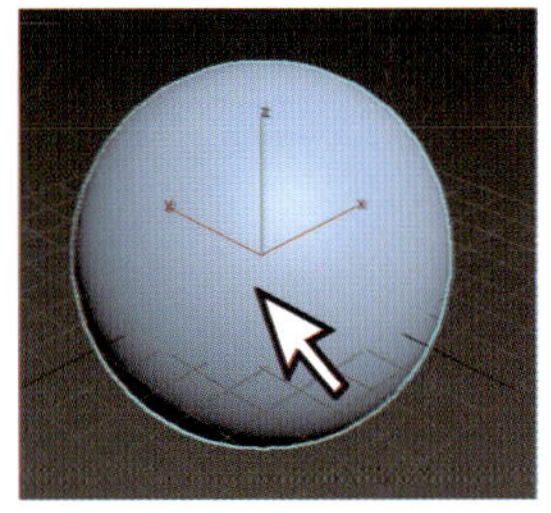
マウスポインタによる選択

■シーンエクスプローラでの選択

シーンエクスプローラでオブジェクトの名前をクリックすると、該当のオブジェクトが選択されます。

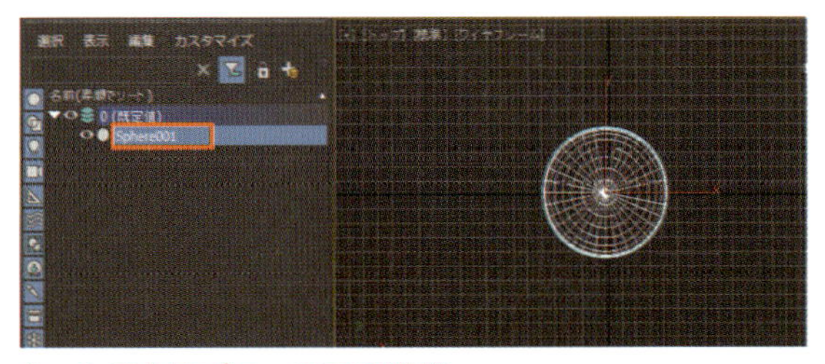

シーンエクスプローラでの選択

memo

その他、メインツールバーの [オブジェクトを選択] ツールをクリックしてから、オブジェクトを選択する方法もありますが、直接クリックして選択したほうが速いです。

オブジェクトの複数選択

■Ctrlキー＋クリックによる選択

Ctrlキーを押しながら、マウスポインタでオブジェクトをクリックすると、オブジェクトを複数選択できます。

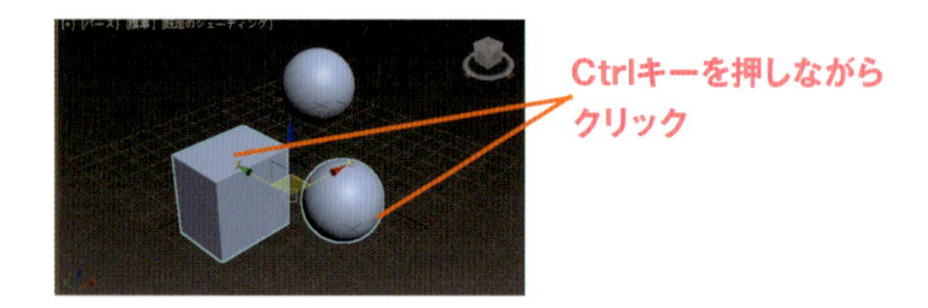

■選択範囲による選択

メインツールバーの表示が［矩形選択領域］［領域内］モードになっているときは、ドラッグで囲んだ矩形の中に完全に含まれるオブジェクトが選択されます。［交差］モード（下のmemo参照）になっていると囲んだ矩形の内部のほか、矩形にかかっているオブジェクトも選択されます。

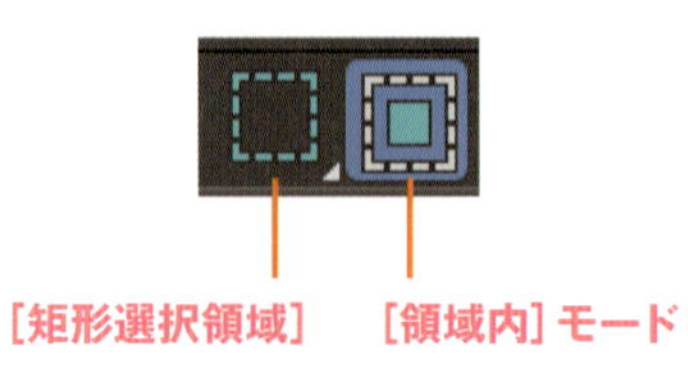

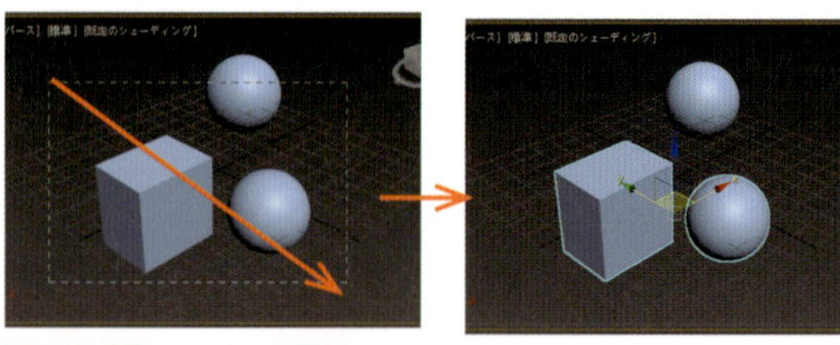

［領域内］モードで選択

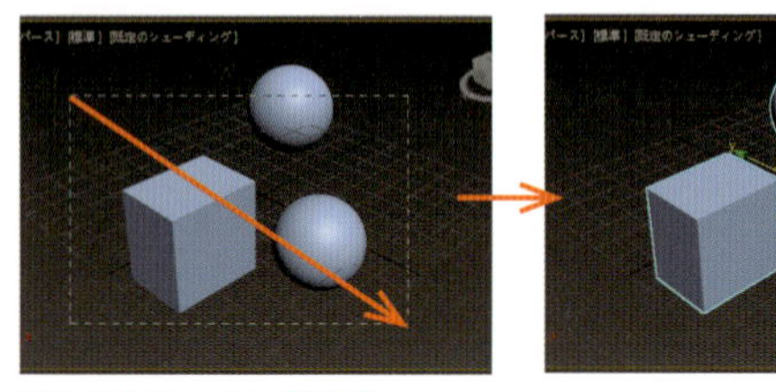

［交差］モードで選択

memo

メインツールバーの［領域内/交差］ツールをクリックすると［領域内］モードと［交差］モードに切り替わります。また、選択領域も［矩形選択領域］を長押しして表示されるフライアウトから、［円形選択領域］や［範囲矩形領域］などに変更することができます。

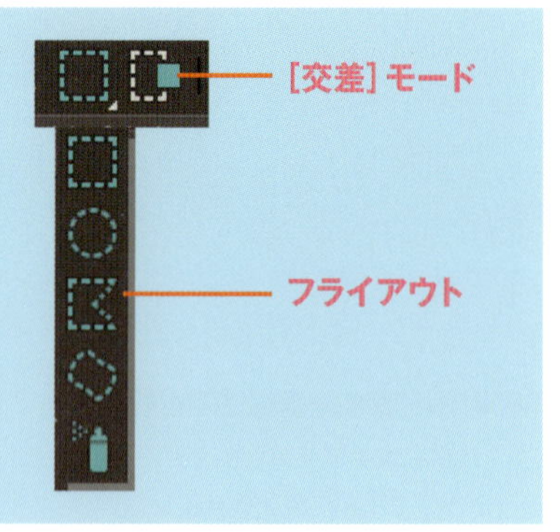

オブジェクトの選択解除

■マウスポインタによる解除

マウスポインタでオブジェクト以外の部分をクリックすると、オブジェクトが選択解除されます。

■ショートカットキーによる解除

Ctrl＋Dキーを押すと、オブジェクトが選択解除されます。これはメインメニューの［編集］→［選択を解除］のショートカットです。

シェーディング

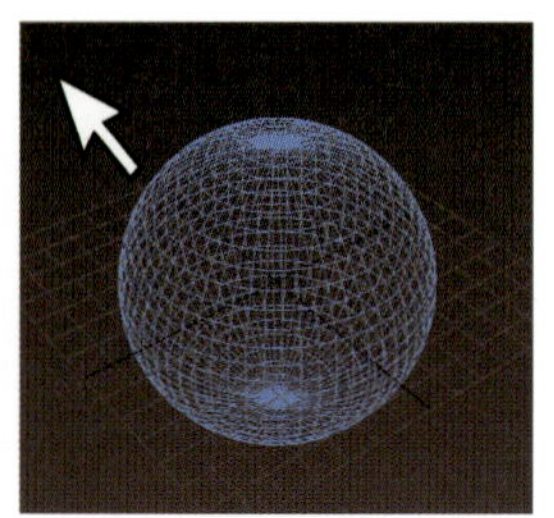

ワイヤーフレーム

memo 複数選択されたオブジェクトの一部だけを選択解除したい場合は、Altキーを押しながら、選択解除したオブジェクトをクリックすると、複数選択から除外できます。

オブジェクトの削除

■Deleteキーによる削除

オブジェクトを選択してから、Deleteキーを押します。

■[削除]コマンドによる削除

オブジェクトを選択してから、メインメニューの[編集]→[削除]を選択します。

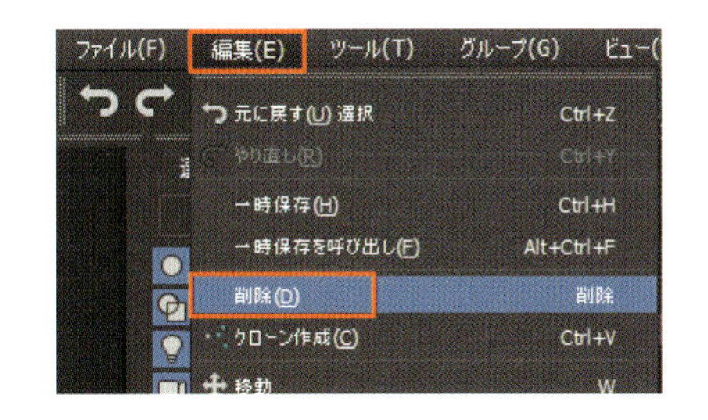

1-1-8 オブジェクトの移動

オブジェクトの移動は、メインツールバーの[選択して移動]ツールを使います。ここではXYZ軸に沿ってオブジェクトを移動する方法と、ウィンドウ下部の座標に移動距離を数値入力する方法を紹介します。なお、数値入力での移動は[移動キー入力変換]ダイアログボックスを使う方法もあります(→P.74)。

[選択して移動]ツール

ここでは標準プリミティブの「ティーポット」を使います。[作成]パネルから[ティーポット]をクリックしてビューに適当な大きさで配置しておきます(→P.18)。

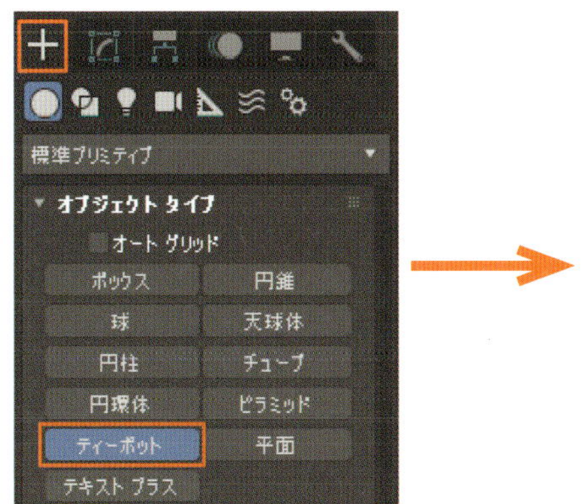

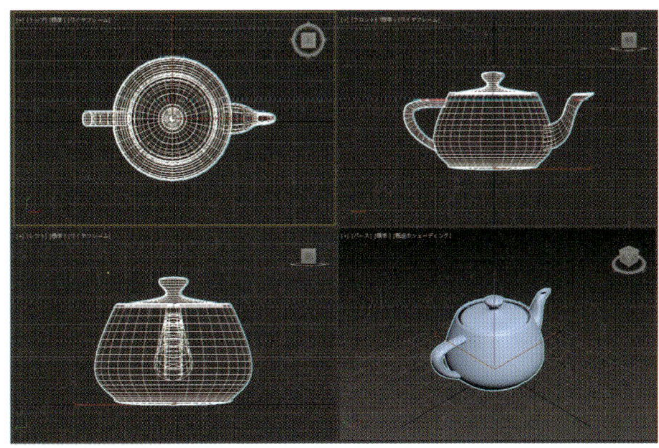

XYZ軸に沿って移動

1 ティーポットが選択されていることを確認し、メインツールバーの［選択して移動］ツールをクリックします。

2 軸方向に沿って移動するときは、［スナップ切り替え］ツールをクリックしてオフ（背面が青ではない状態）にします。

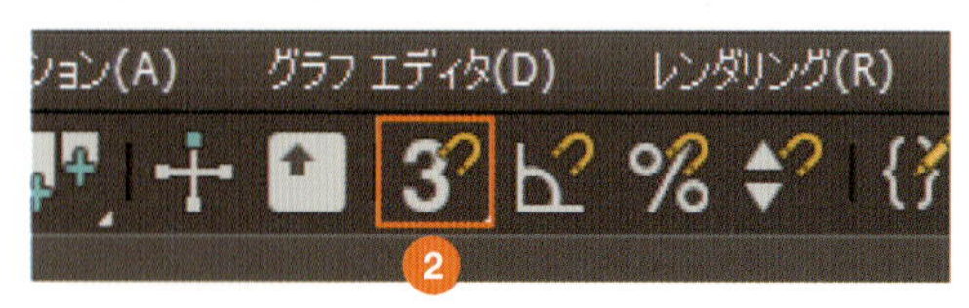

3 ここではトップビューで操作してみます。ティーポットに表示されたギズモ（→P.23）の軸上にマウスポインタを移動すると、その軸が黄色く表示されます。これが移動方向です。ここではY軸（緑の矢印）を移動したい位置へドラッグします。これでY方向に沿って移動できました。

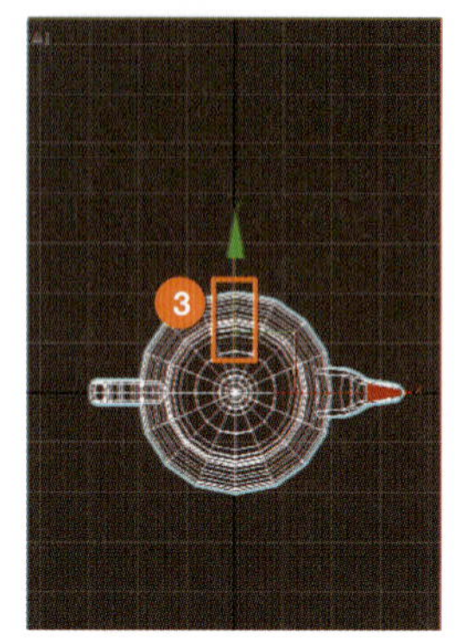
軸が黄色くなる

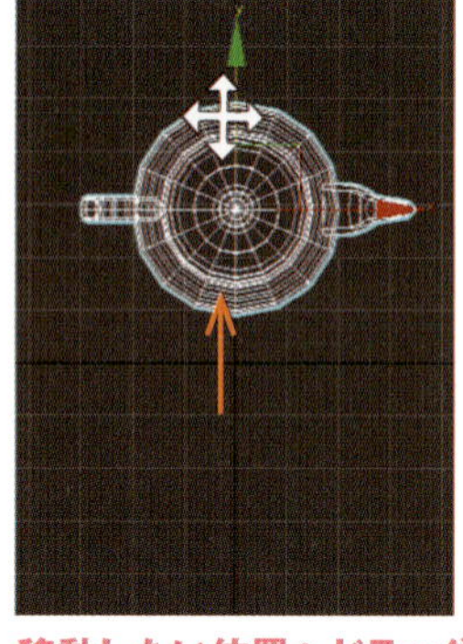
移動したい位置へドラッグ

4 次に上下方向（Z方向）に移動してみます。上下方向に移動する場合は、トップビュー以外で操作します。ここではパースビューの上で右クリックして、ビューを移動します。Z軸（青の矢印）上にマウスポインタを移動して軸を黄色い表示にし、任意の位置にドラッグで移動します。

Z軸を黄色く表示

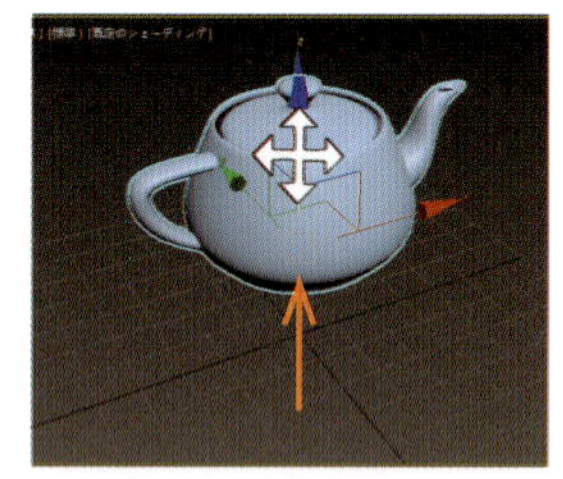
上へドラッグして移動

memo

2で［スナップ切り替え］ツールがオン（背面が青色の状態）のままだと、［グリッドとスナップ設定］ダイアログボックス（→P.27）でチェックを入れたスナップの位置にしか移動できません。右の図では［グリッドポイント］にチェックが入っているため、グリッド単位で移動します。

［スナップ切り替え］ツールがオン

距離を数値入力して移動

1. ティーポットを選択します。ここでは上方向に20移動するため、座標表示（→P.13）の［Z］に移動距離「20」を入力します。
2. ティーポットが上（Z）方向に20移動しました。
3. 確認したらティーポットを削除します（→P.21）。

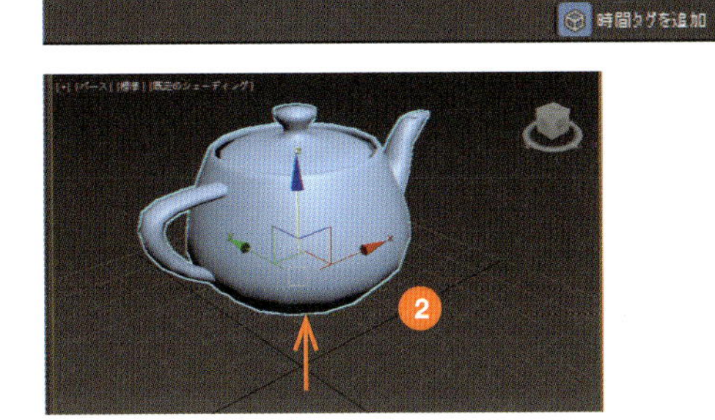

column ギズモとは？

ギズモは3Dオブジェクトに表示されるもので、基点からXYZの軸ハンドルが伸びた形になっています。ビューの向きによっては、XYやXZの2方向のみの軸ハンドルで表示されます。既定ではオブジェクトを選択すると、その中心にギズモが表示されます。ギズモは、移動や回転、尺度変更の操作時にも表示され、軸を基準にした各操作を可能にするものです。
メインメニューの［ファイル］または［カスタマイズ］から［基本設定］を選択して開く［基本設定］ダイアログボックスの［ギズモ］タブで、ギズモの設定や変更ができます。

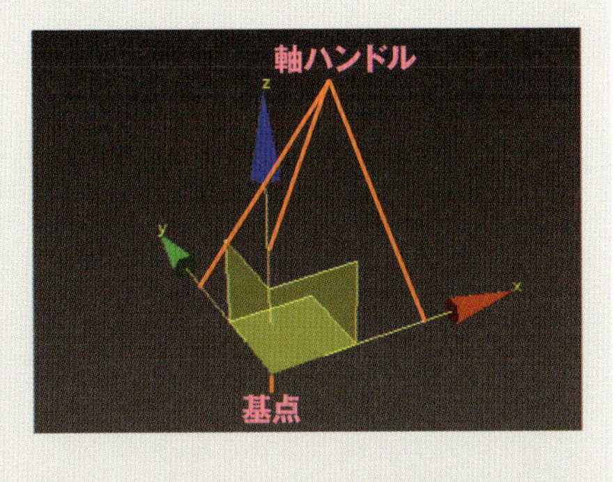

［基本設定］ダイアログボックス

■［選択して移動］コマンド

XYZ方向の軸に沿って移動できます。

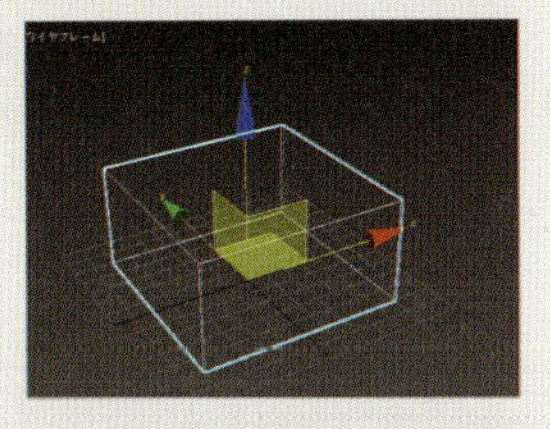

■［選択して回転］コマンド

円形に表示される軸に沿ってXYZ方向に回転できます。

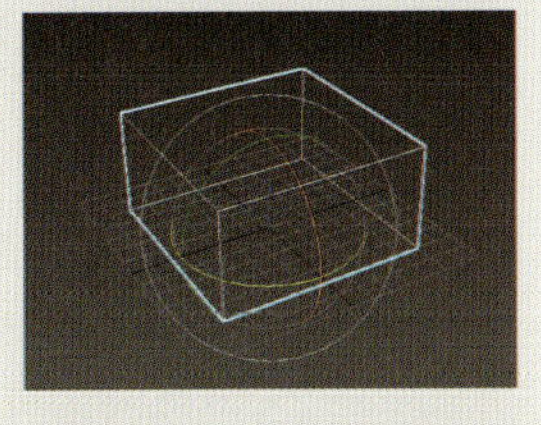

■［選択して均等にスケール］コマンド

XYZ方向に拡大縮小できます。

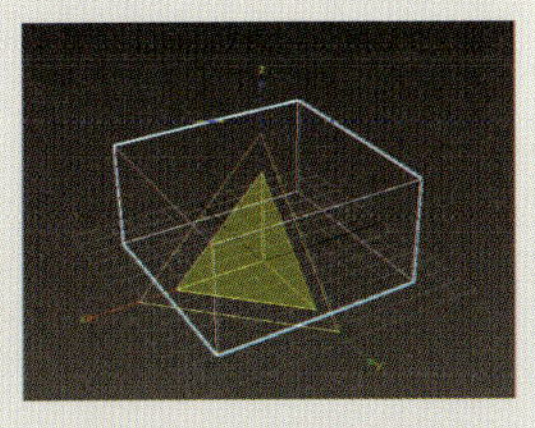

1-2 図面の読み込みと保存

ここから図面を読み込み、外観のモデリングを始めます。図面の読み込みと保存のほか、図面表示に必要な設定なども合わせて説明します。

1-2-1 単位を設定

図面を読み込む前に、単位を変更します。初期設定では単位が「インチ」になっているので、日本の建築寸法に合わせた「ミリメートル」に変更します。

単位設定

1 メインメニューの［カスタマイズ］→［単位設定］を選択して［単位設定］ダイアログボックスを開きます。［ディスプレイ単位スケール］の［メートル］の単位から［ミリメートル］を選択します。

2 ［システム単位設定］をクリックします。

3 ［システム単位設定］ダイアログボックスが開きます。［1単位］の単位から［ミリメートル］を選択して、［OK］をクリックします。

4 ［単位設定］ダイアログボックスの［OK］をクリックします。これで単位の設定は終了です。

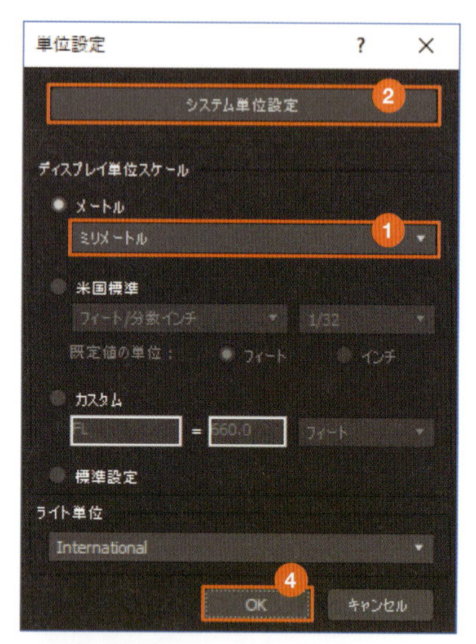

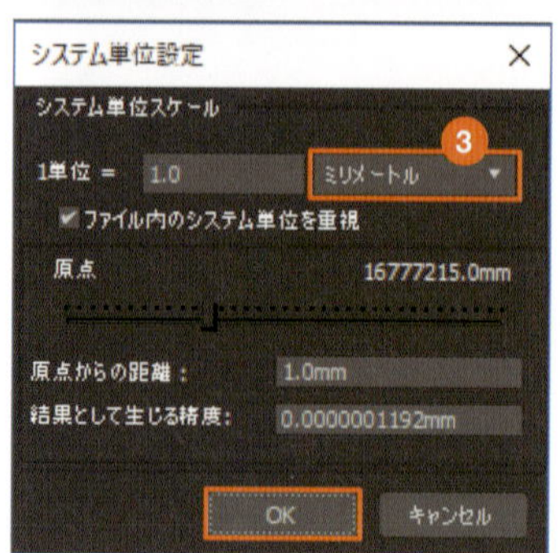

1-2-2 平面図ファイルを読み込む

外観のモデリングで使用する図面ファイルは、以下の平面図と立面図のDXFファイルです。まず、平面図のDXFファイルから読み込みます。

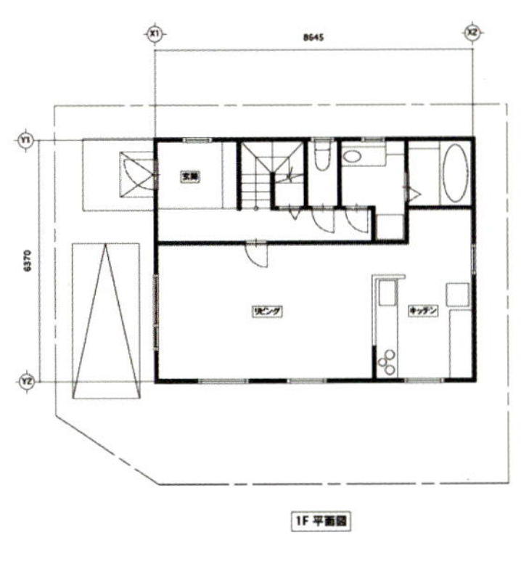

1F 平面図

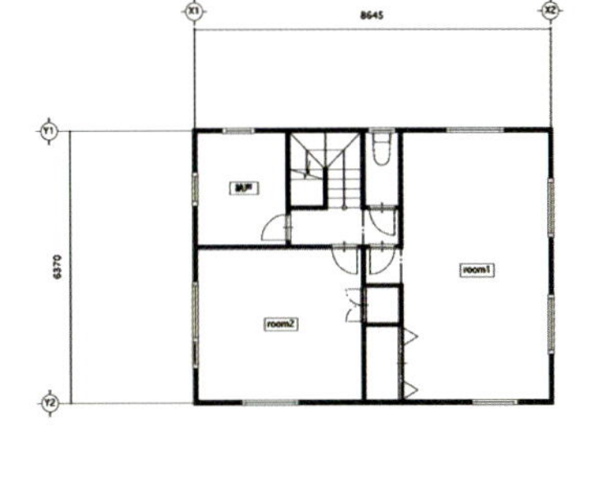

2F 平面図

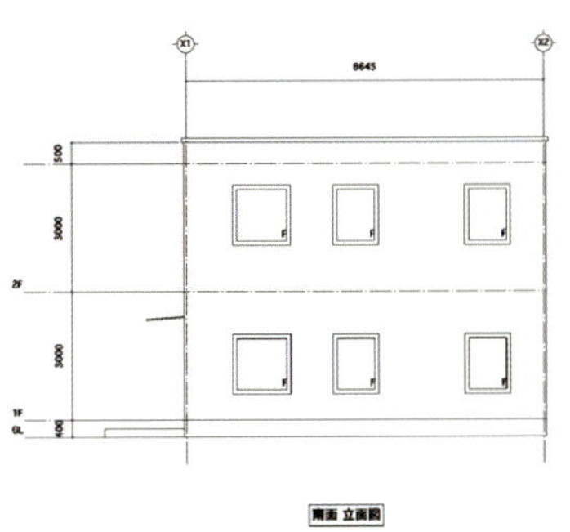

南面 立面図

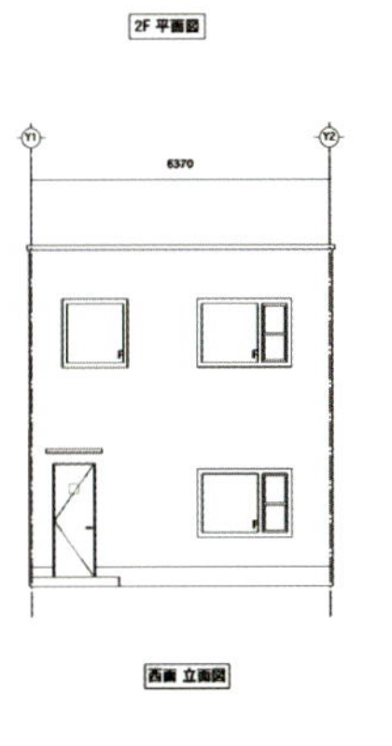

西面 立面図

DXFを読み込む

1 メインメニューの［ファイル］→［読み込み］→［読み込み］を選択して［読み込むファイルを選択］ダイアログボックスを開きます。平面図ファイル「plan.dxf」を選択して［開く］をクリックします。

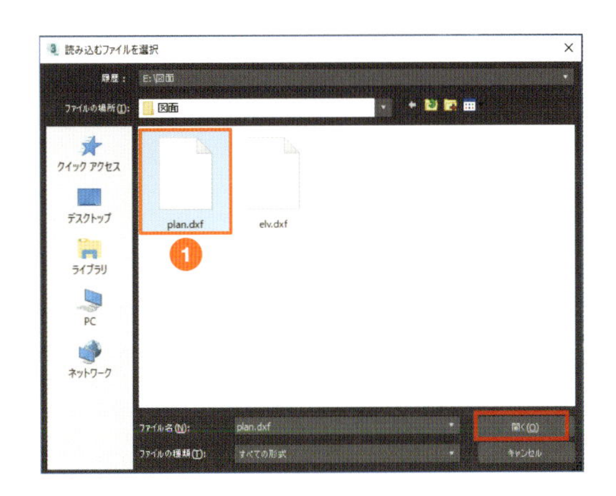

memo

3dsmax で読み込めるファイルの種類はたくさんありますが、建築では一般的にDWGまたはDXF形式の図面ファイルを使います。JWW形式には対応していません。

2 [AutoCAD DWG/DXF読み込みオプション] ダイアログボックスが開きます。[再スケール] にチェックを入れ、[取り組むファイル単位] が [ミリメートル] になっていることを確認して [OK] をクリックします。

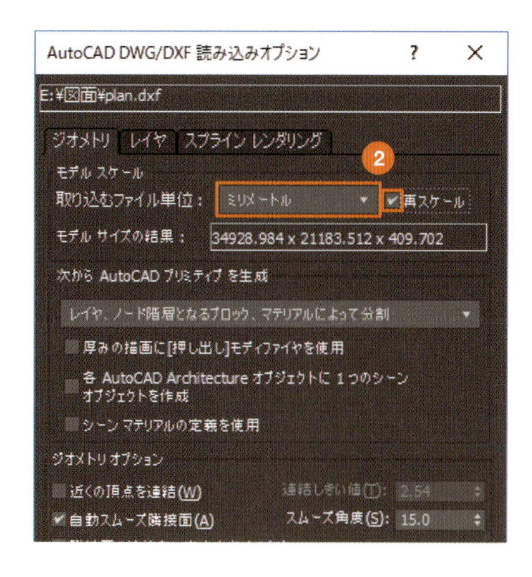

memo

システム単位（→P.24）がミリメートル以外のときは自動的に [再スケール] にチェックが入ります。ここでは図面を開く前にシステム単位をミリメートルに設定したので、そのままでも寸法に合うはずですが、念のためチェックを入れています。

memo

図面の特定のレイヤだけ読み込みたい場合は、[AutoCAD DWG/DXF読み込みオプション] ダイアログボックスの [レイヤ] タブで [リストから選択] を選択し、読み込みたいレイヤ以外のチェックを外します。初期設定ではオブジェクトのあるレイヤが読み込まれるようになっていて、空のレイヤは自動的に除外されます。

3 図面のDXFファイルが読み込まれます。シーンエクスプローラには図面のオブジェクトが追加されました。

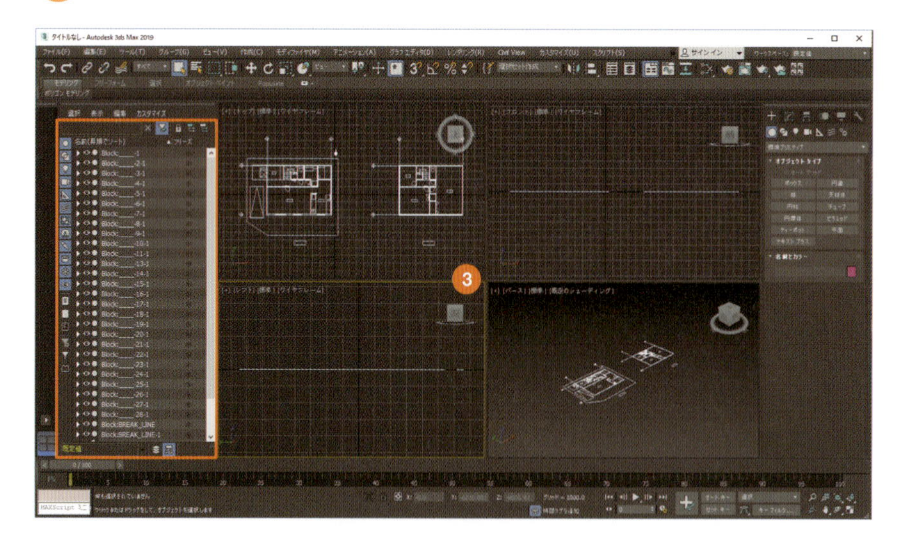

1-2-3 グリッドとスナップの設定

グリッドとスナップの設定をします。建築は図面を読み込む機会が多いので、グリッドは非表示にし、スナップは「頂点」と「中点」に設定します。

グリッドの設定

1 ビューポートラベルメニューの［+］をクリックします（ここではパースビュー）。

2 表示されたメニューから［グリッドを表示］をクリックしてチェックを外します。これでビューポートのグリッドが非表示になりました。

3 他のビュー（トップビュー、フロントビュー、レフトビュー）も同じように非表示にします。

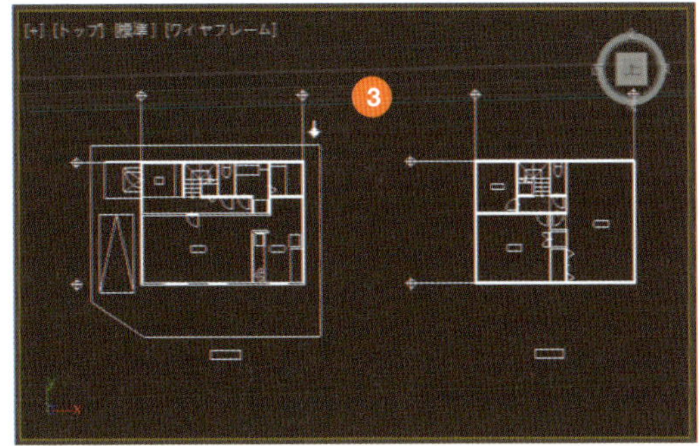

memo グリッドの表示/非表示は、ショートカットのGキーでも切り替えられます。

スナップの設定

1 メインツールバーの［スナップ切り替え］ツールを右クリック（またはメインメニューの「ツール」→［グリッド/スナップ］→［グリッド/スナップ設定］を選択）します。

2 ［グリッドとスナップ設定］ダイアログボックスが開きます。［スナップ］タブで［グリッドポイント］のチェックを外し、［頂点］と［中点］のみにチェックを入れます。×ボタンをクリックして閉じます。

3 これで頂点と中点にスナップし、マーカーが表示されるようになります。

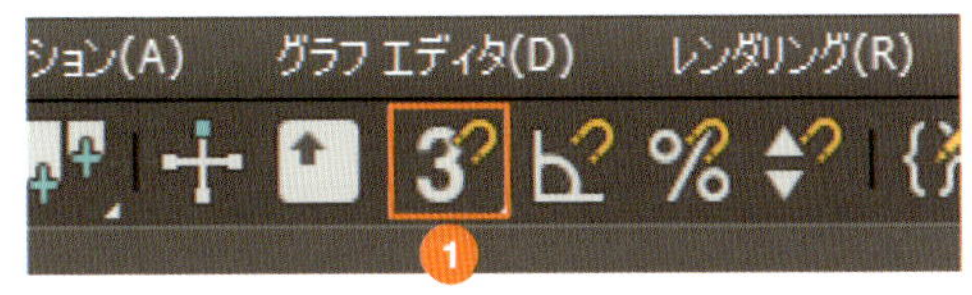

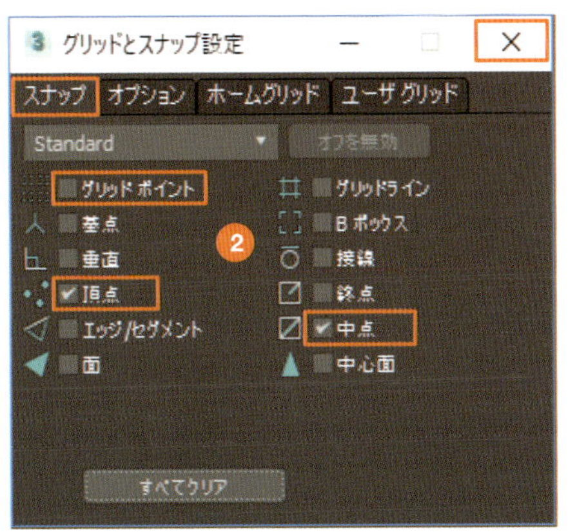

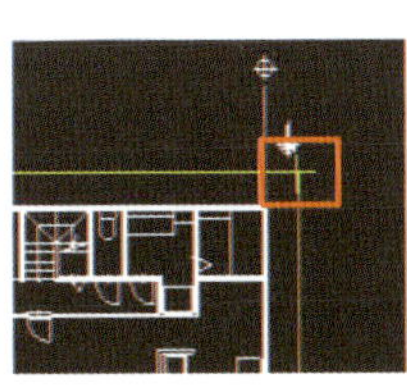
［頂点］のスナップ

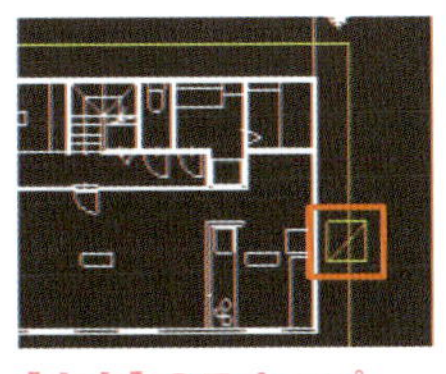
［中点］のスナップ

1-2-4 画面表示（拡大・縮小）

読み込んだ図面を拡大して見てみましょう。画面の拡大や縮小は、マウスのホイールボタンでできます。

縮小

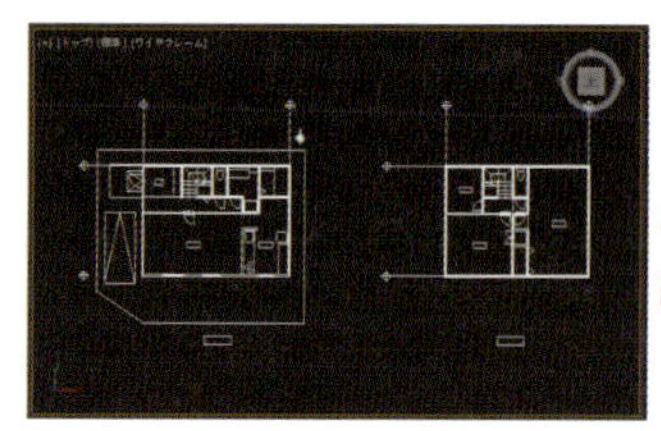

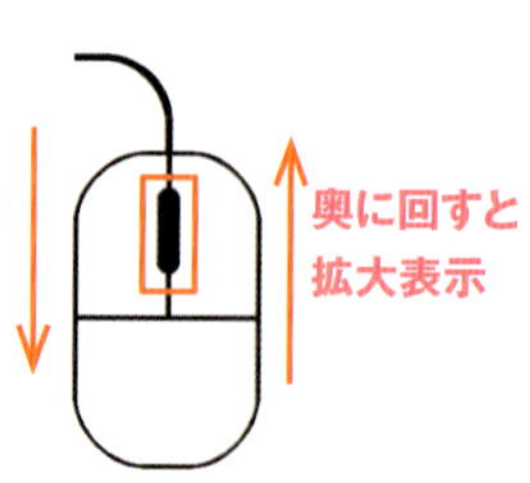

拡大

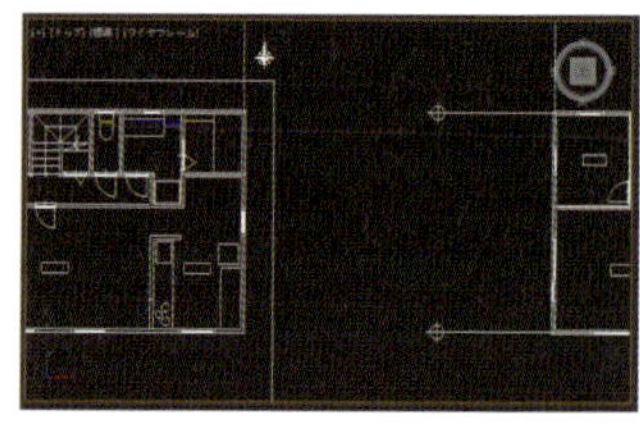

memo

ホイールボタンでの画面の拡大縮小は、メインメニューの［カスタマイズ］→［ユーザインタフェースをカスタマイズ］で開く［ユーザインタフェースをカスタマイズ］ダイアログボックスの［マウス］タブにある［マウスポインタを中心にズーム（正投影）］［マウスポインタを中心にズーム（パース）］にチェックが入っていると有効になります。

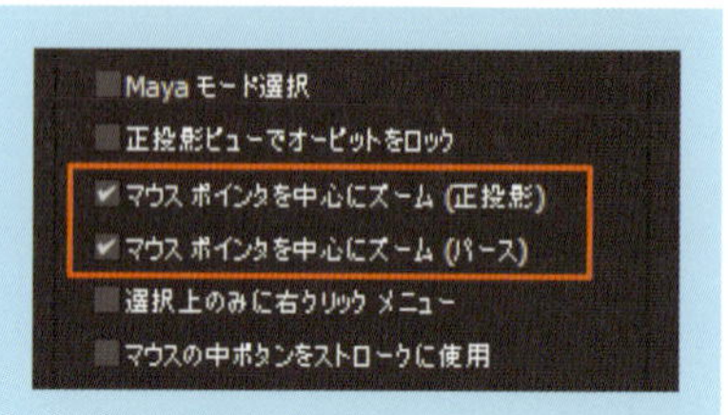

1-2-5 ビューポートの最大化

実作業するときは、4分割のビューでは操作しにくいことがあります。このようなときは、操作するビューポートを最大化します。ビューポートレイアウト（→P.13）でも最大化できますが、ビューポートラベルメニューから操作したほうが速いです。

ビューポート最大化

1. 最大化したいビューポートのビューポートラベルメニューの［+］をクリックします。

2. 表示されたメニューから［ビューポート最大化］を選択します。これでビューポートが最大化されます。

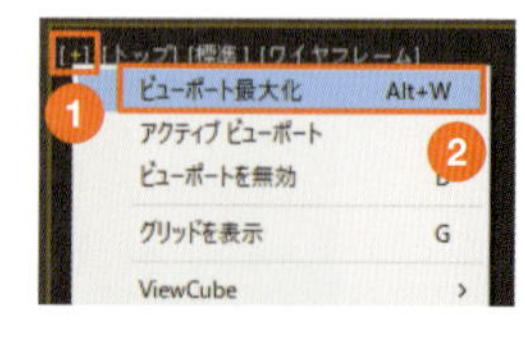

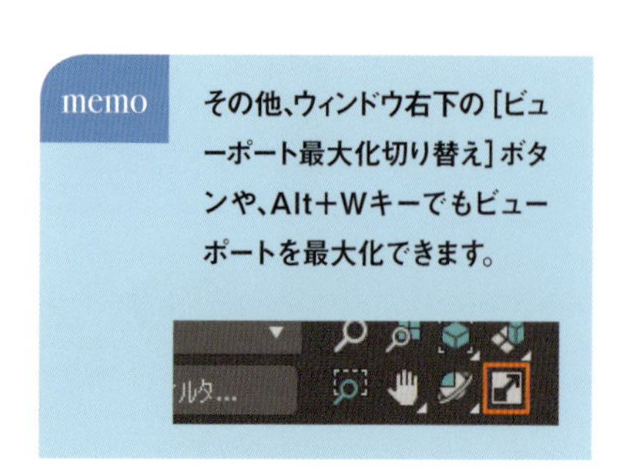

memo

その他、ウィンドウ右下の［ビューポート最大化切り替え］ボタンや、Alt+Wキーでもビューポートを最大化できます。

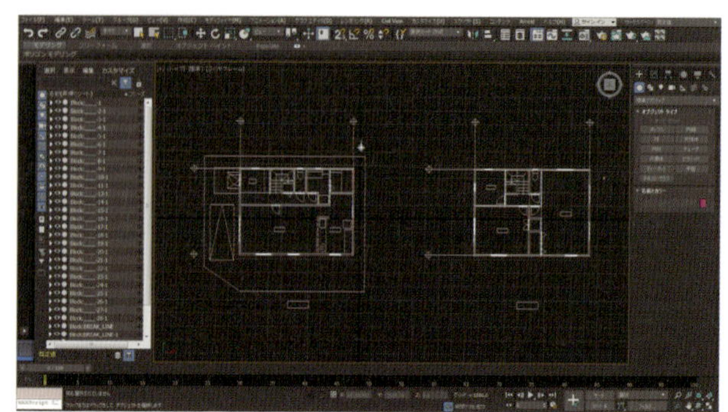

1-2-6 3ds Maxファイルとして保存

読み込んだDXFファイルを3ds Maxのファイルとして保存します。

3ds Max形式で保存

1 メインメニューの［ファイル］→［保存］を選択します。

2 ［名前を付けて保存］ダイアログボックスが開きます。任意のフォルダーを指定し、「図面」と名前を付けて［保存］をクリックします。

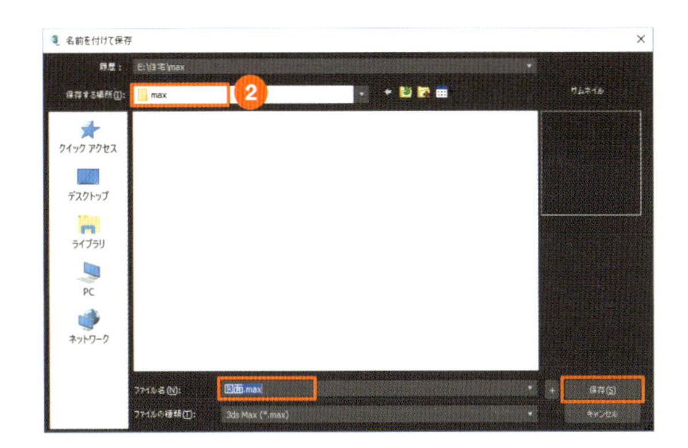

memo

3ds Max形式は、3バージョン前までのファイルを保存できます。ファイル名にバージョンも書いておくとよいです。
例　model_v2017.max

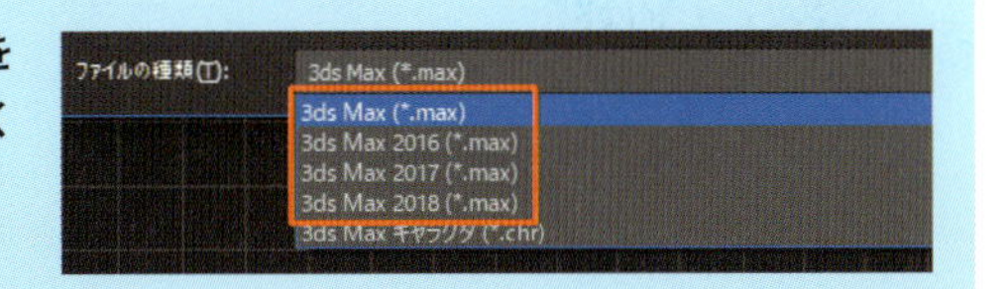

column

バックアップの設定

予期せぬ理由で、3ds Maxが落ちてしまうことがあります。このようなときにバックアップデータがあると便利です。バックアップは、メインメニューの［ファイル］→［基本設定］を選択して開く［基本設定］ダイアログボックスの［ファイル］タブで設定できます。［バックアップ間隔］は初期設定では「5」分になっていますが、間隔が短くて作業効率が悪い場合は、少し長めの時間に変更しましょう。
バックアップデータは、「ドキュメント」の「3dsMax」→「autoback」フォルダーの中に保存されます。

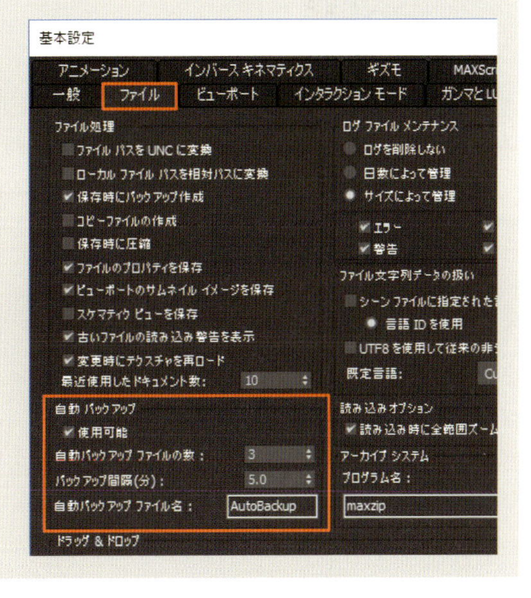

1-3 レイヤを整理する

モデリングがしやすいように、読み込んだ図面のレイヤを整理しておきます。

1-3-1 レイヤ別に表示

建築ではレイヤでモデルデータを管理します。シーンエクスプローラでレイヤ別に表示しておきます。

レイヤ別にソート

1. シーンエクスプローラの［レイヤ別にソート］ボタンをクリックします（→P.14）。

2. シーンエクスプローラがレイヤ別の表示になりました。

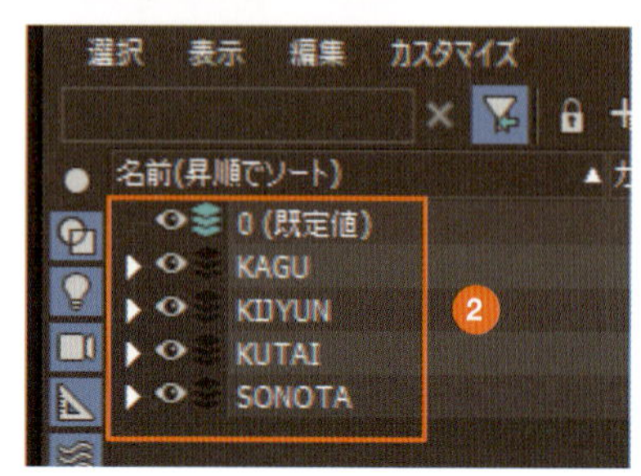

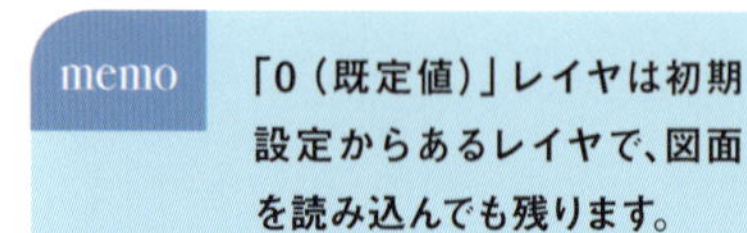

memo

「0（既定値）」レイヤは初期設定からあるレイヤで、図面を読み込んでも残ります。

1-3-2 レイヤの色分け

線の整理をするときは、レイヤごとに色分けしておくと、どの線（またはオブジェクト）がどのレイヤにあるのかがひと目でわかるため、便利です。レイヤに色を設定するときは［カラムを設定］から始めます。

カラムを設定（カラー）

1. シーンエクスプローラの［カスタマイズ］メニューから［カラムを設定］を選択します。

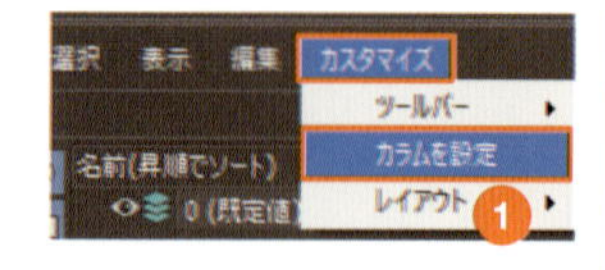

2. ［カラムを設定］ダイアログボックスが開きます。［カラー］をダブルクリック、または項目欄までドラッグします。

3 シーンエクスプローラの項目に[カラー]が追加されました。任意のレイヤの色の欄をクリックします。

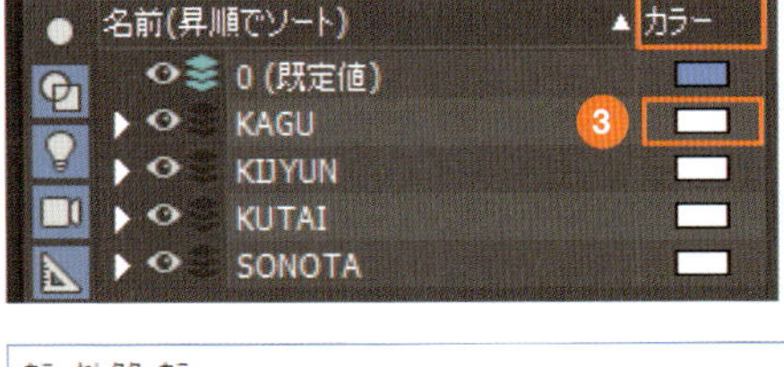

memo **[カラー]が見えないときは、シーンエクスプローラの幅を右側に広げてみてください。**

4 [カラーセレクタ] ダイアログボックスが開きます。変更したい色をダブルクリックして指定し、[OK] をクリックします。

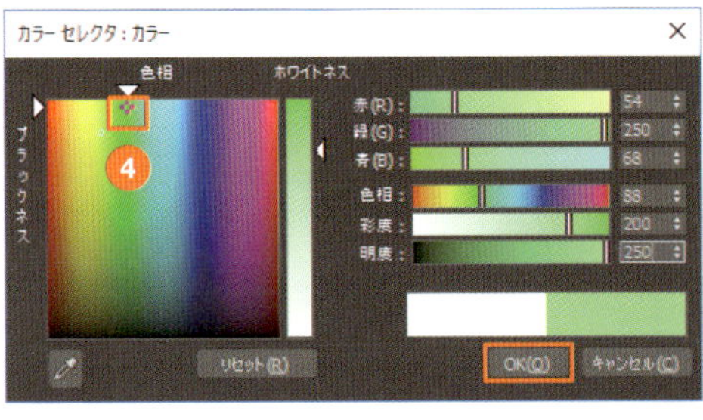

5 3で選択したレイヤの色が4で指定したレイヤの色に変わります。

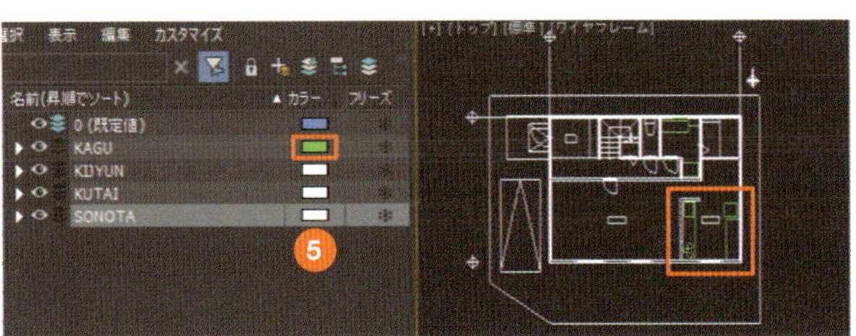

memo **線は選択すると白くなるので、カラーが白のレイヤは色を変更しておくと、選択の状態がわかりやすくなります。**

1-3-3 各レイヤのオブジェクトを確認

レイヤの色分けをしたので、どの線がどのレイヤにあるのかがわかりやすくなりました。さらに各レイヤを展開して、その中にあるオブジェクトがどの図形なのかを表示/非表示で確認し、図面の線情報を把握しておきましょう。表示/非表示は目のアイコンのクリックで切り替えます。

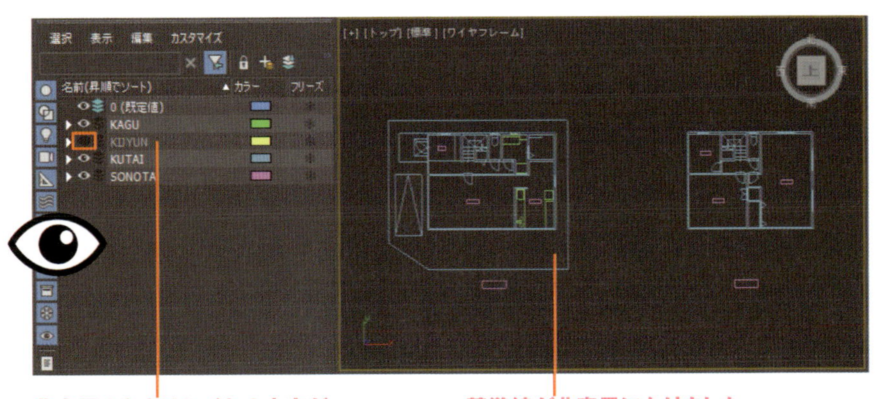

非表示のときはレイヤの文字がグレーになる

基準線が非表示になりました

1-3-4 不要な線の削除

図面データは情報が多いので、データを軽くするためにも不要な線は削除します。この例では基準線や室名などを削除します。レイヤのオブジェクトをまとめて選択するには、［複数の子を選択］ツールを使います。

レイヤのオブジェクトを削除

1. 基準線のオブジェクトを削除します。シーンエクスプローラの「KIJYUN」レイヤを選択します。

2. ［複数の子を選択］ツールをクリックします。「KIJYUN」レイヤ内のすべてのオブジェクトが選択されます。

3. Deleteキーを押して、オブジェクトを削除します。

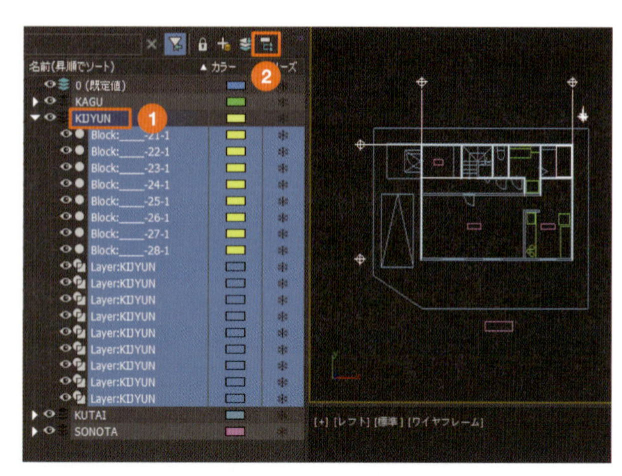

4. 空になったレイヤを削除します。「KIJYUN」レイヤを選択して右クリックし、クアッドメニューから［空のレイヤを削除］を選択します。

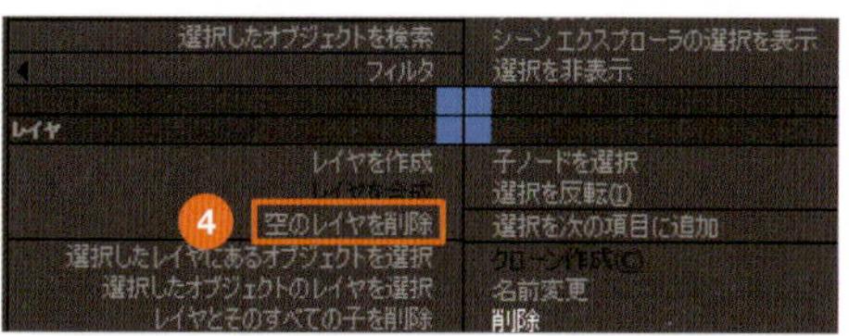

5. 「KIJYUN」レイヤが完全に削除されました。

6. 同様にして「KAGU」、「SONOTA」レイヤとその中のオブジェクトを削除して、「KUTAI」レイヤだけにします。

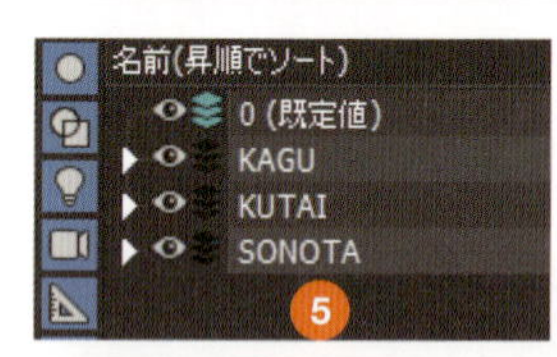

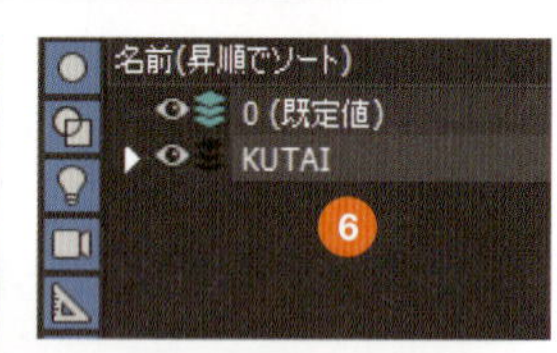

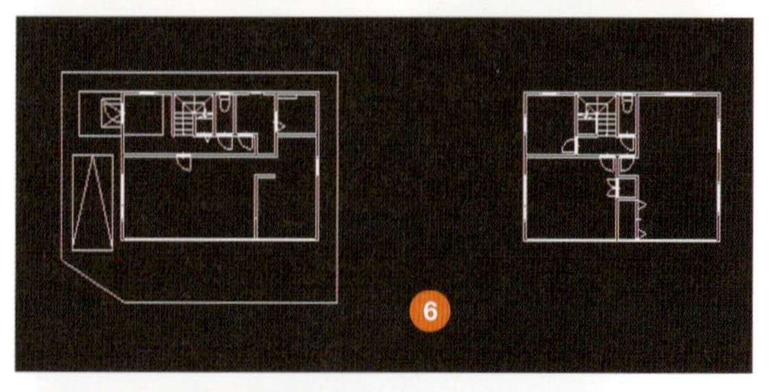

7. 「KUTAI」レイヤの名前をクリックして、「平面図」という名前に変更します。

1-3-5 立面図ファイルを読み込む

平面図のレイヤの整理ができたら、次に立面図を読み込みます。

DXFを読み込む

1 線の重なりを防ぐため、レイヤの目のアイコンをクリックして、平面図を非表示にしておきます。

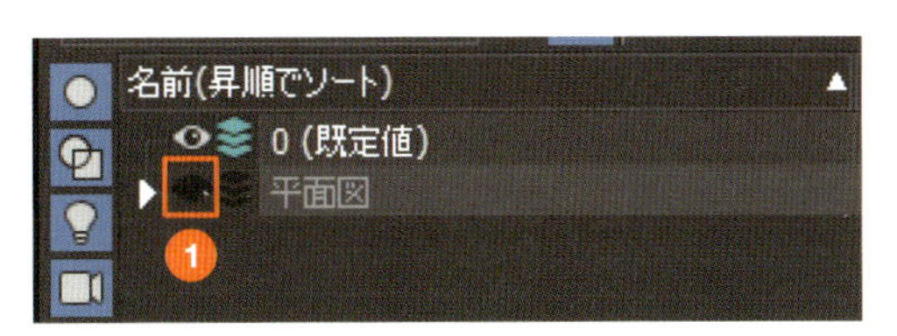

2 メインメニューの［ファイル］→［読み込み］→［読み込み］を選択して［読み込むファイルを選択］ダイアログボックスを開きます。立面図ファイル「elv.dxf」を選択して［開く］をクリックします。

3 ［AutoCAD DWG/DXF読み込みオプション］ダイアログボックスが開きます。平面図のときと同じ設定であることを確認（→P.26）して［OK］をクリックします。

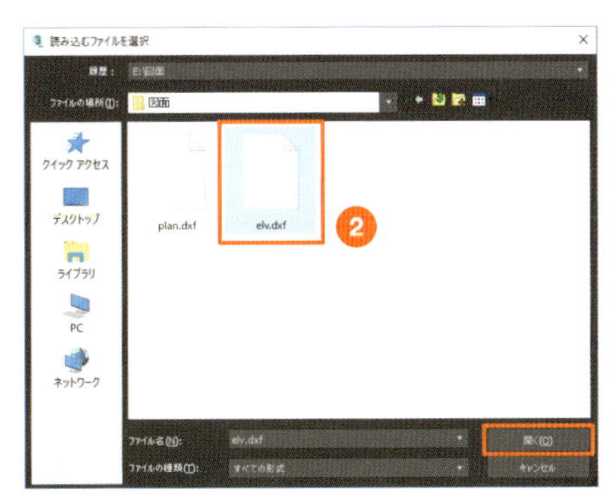

4 立面図が読み込まれます。シーンエクスプローラに立面図のレイヤが表示されます。

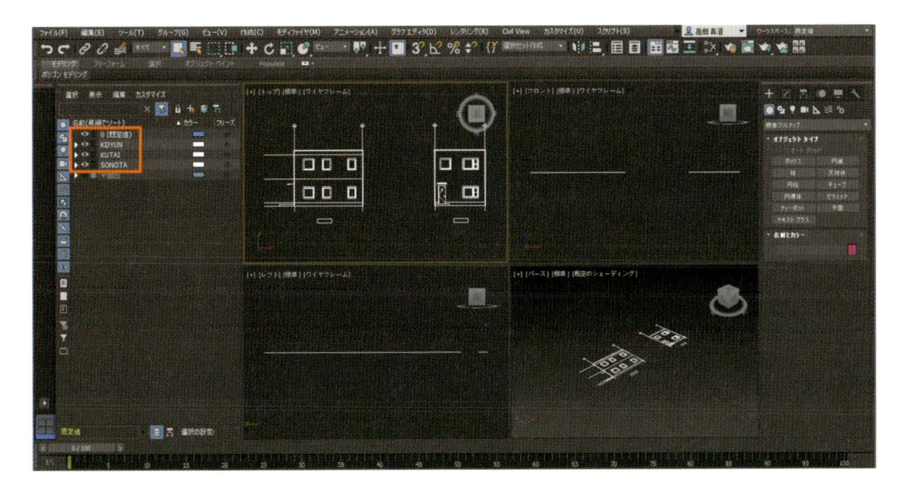

memo **全部の図面を先に読み込むと、レイヤ名が同じ場合は線情報が重なります。前ページのように1つ1つ整理してから、次の図面を読み込むことをおすすめします。**

1-3-6 オブジェクトを新規レイヤにまとめる

立面図のすべてのオブジェクトを、新規のレイヤにまとめる方法を説明します。

新規レイヤを作成→移動

1 トップビューで立面図のすべてのオブジェクトを囲むように、矩形で範囲選択します（→P.20）。

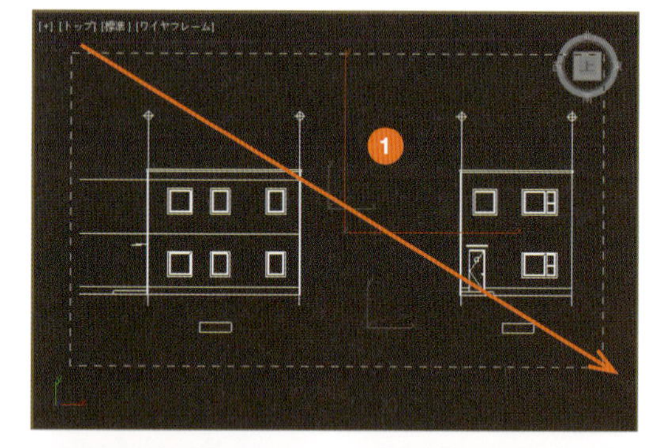

2 シーンエクスプローラでは、立面図のすべてのオブジェクトが選択状態になります。

3 ［新規レイヤを作成］ツールをクリックします。新規レイヤ「レイヤ001」が作成され、同時に選択したオブジェクトが新規レイヤに移動します。

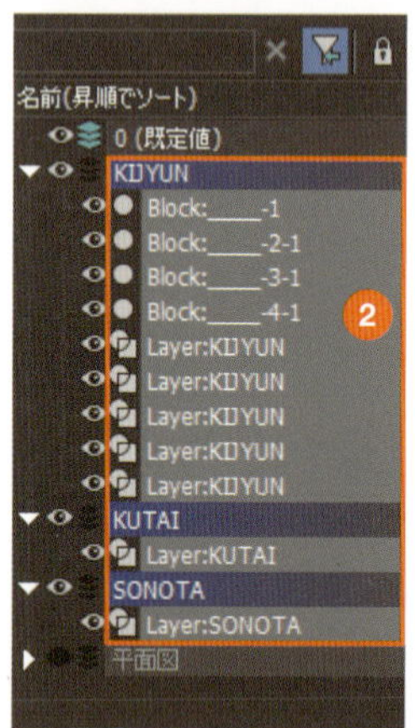

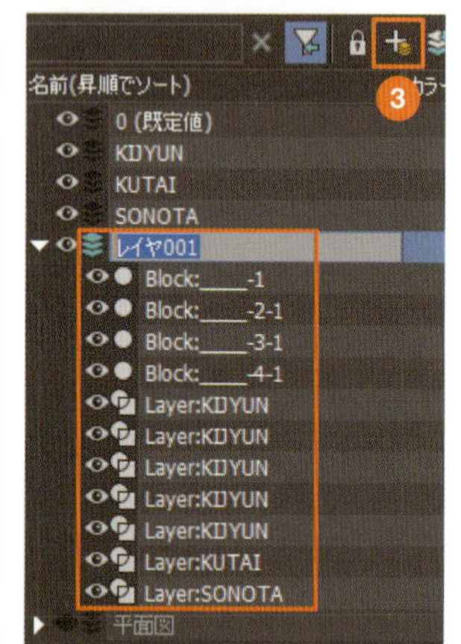

4 新規レイヤの名前を「立面図」に変更（→P.14）し、空になった「KIJYUN」「KUTAI」「SONOTA」レイヤは削除（→P.32）します。

5 平面図同様に立面図のレイヤもカラーを設定します。ここでは、平面図と同じ色にしておきます。

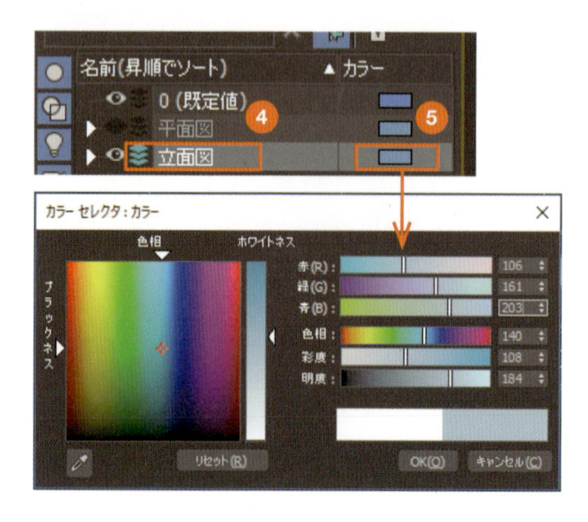

1-3-7 立面図の不要な線を削除

平面図と同じように、立面図の不要な線を削除してレイヤの整理をします。削除する線は、基準線、通り芯記号、室名の文字ボックスです。

線の削除

1 トップビューで立面図の任意の基準線を選択すると、他の基準線も選択されます。Deleteキーを押して基準線を削除します。

2 続けて、通り芯記号、室名のボックスを選択し、Deleteキーを押して削除します。

3 躯体の線だけになったら、削除が完了です。「立面図」レイヤのオブジェクトが「Layer:KUTAI」だけになります。

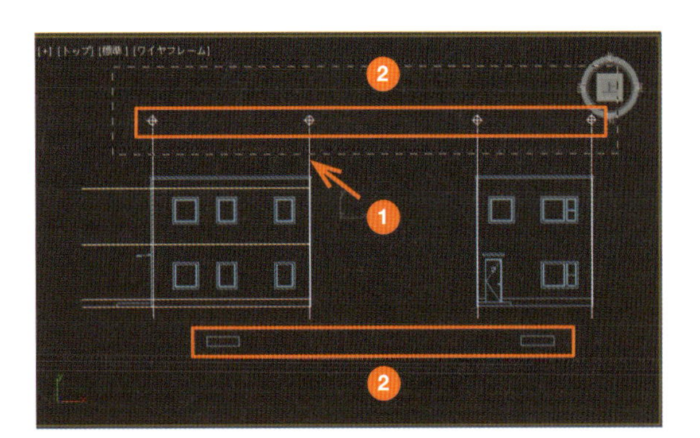

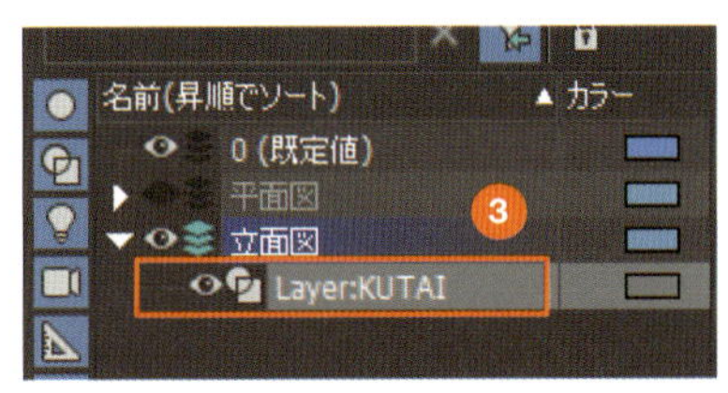

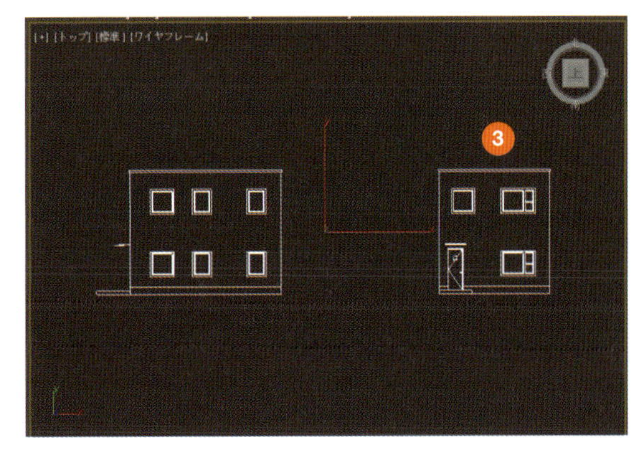

column 元に戻す・やり直し

操作をまちがえてしまったときは、メインツールバーにある［元に戻す］ツールをクリックするたびに、1つ前の操作に戻れます。戻し過ぎたときは、［やり直し］ツールをクリックして、元に戻した操作をキャンセルします。元に戻せる回数は［基本設定］ダイアログボックス（→P.29）の［一般］タブにある［シーンを元に戻す］の［レベル］で変更できます。

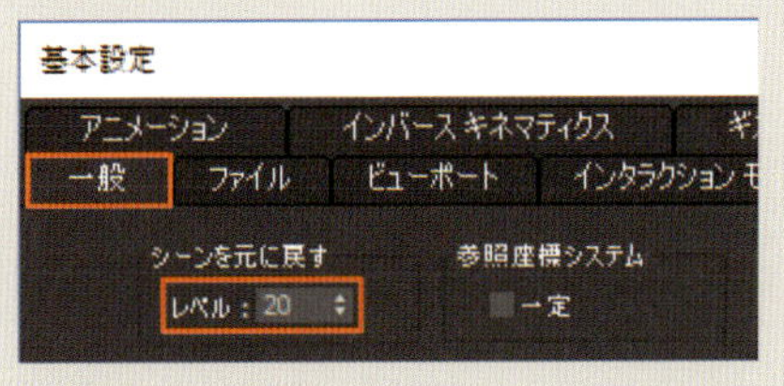

1-4 平面図と立面図を組み合わせる

平面図の南側と西側に90度回転させた立面図を重ねて、下図の準備を完成させます。

1-4-1 西立面図と南立面図に分ける

現在、立面図は1つのオブジェクトになっています。これを西立面図と南立面図の2つに分けます。オブジェクトを分けるときは［デタッチ］を使います。

デタッチ

1. 立面図を選択して［修正］パネルを開きます。オブジェクトが［編集可能スプライン］になっていることを確認します。
2. ［選択］にある［スプライン］ボタンをクリックます。
3. 右側の西立面図を矩形範囲で囲んで選択します。選択されると赤く表示されます。
4. ［修正］パネルをスクロールして下の表示に移動し、［デタッチ］をクリックします。
5. ［デタッチ］ダイアログボックスが開きます。［オブジェクト名］に「西」と入力して、［OK］をクリックします。これで西立面図ができました。

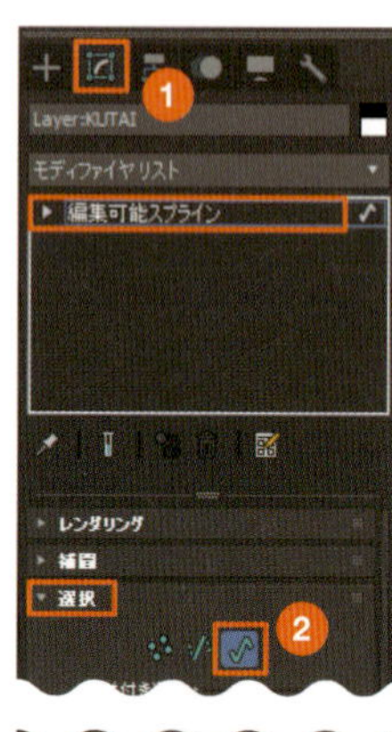

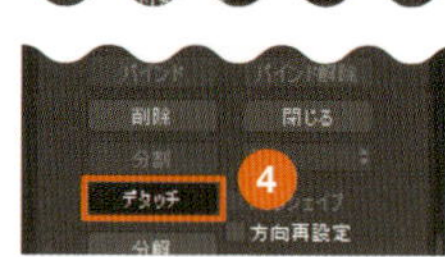

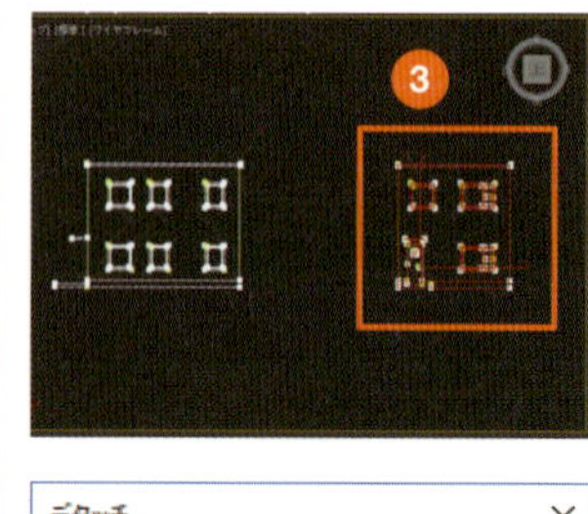

memo

オブジェクトが［編集可能スプライン］になっていない場合は、立面図全体を選択し、右クリックしてクアッドメニューを表示します。［変換］→［編集可能スプラインに変換］を選択して、編集可能スプラインに変換します。

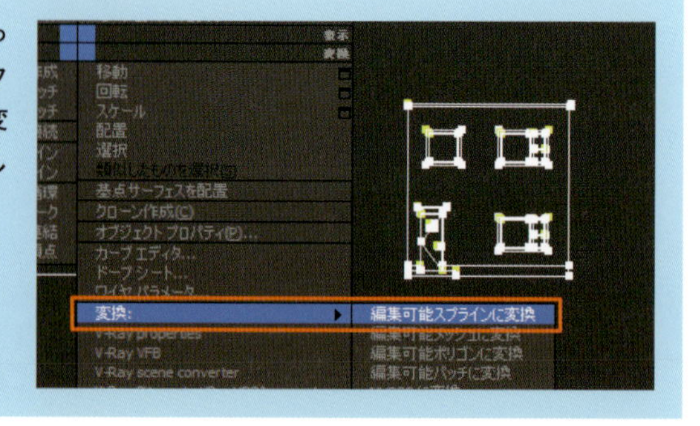

6 左側の南立面図を矩形範囲で囲んで選択し、手順2〜5の方法で、オブジェクト「南」を作成します。

7 「立面図」レイヤにオブジェクト「Layer:KUTAI」が残っていますが、データは分けたのでビューにこのオブジェクトは表示されません。オブジェクトが選択されていないことを確認して、「Layer:KUTAI」オブジェクトをDeleteキーで削除します。

8 「立面図」レイヤが「西」と「南」だけになりました。

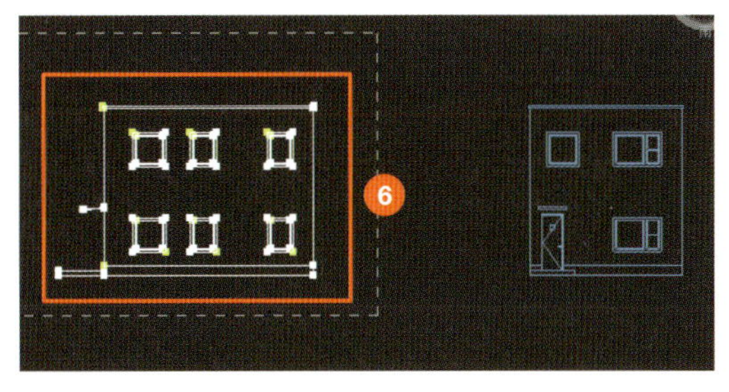

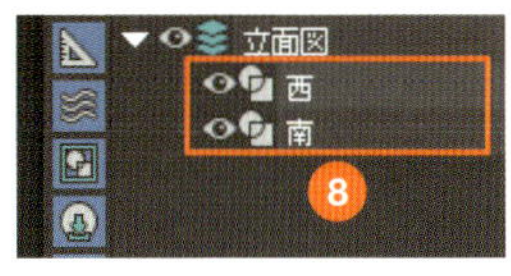

1-4-2 1階平面図と2階平面図に分ける

同様にして、平面図を1階と2階に分けます。平面図は複数のオブジェクトがあるため、一度すべてを1つのオブジェクトにしてから、2つに分けます。オブジェクトを1つにまとめるときは[アタッチ]を使います。

アタッチ

1 「立面図」レイヤを非表示にして、「平面図」レイヤを表示します(→P.14)。トップビューで平面図の任意の線を選択します。

2 [修正]パネルを開きます。[ジオメトリ]にある[アタッチ]をクリックします。

3 選択されていないオブジェクトを1つずつクリックします。アタッチされると選択色の白で表示されます。

4 すべてが選択色の白で表示される状態になったら、右クリックしてアタッチを終了します。これで1つのオブジェクトになりました。

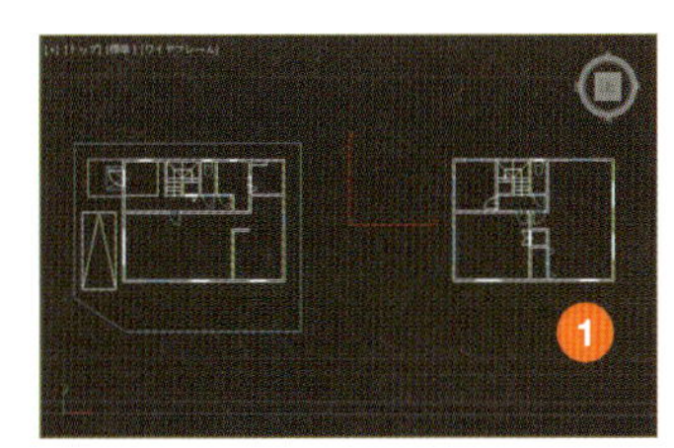

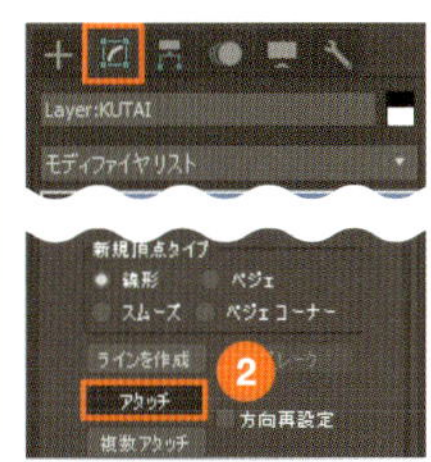

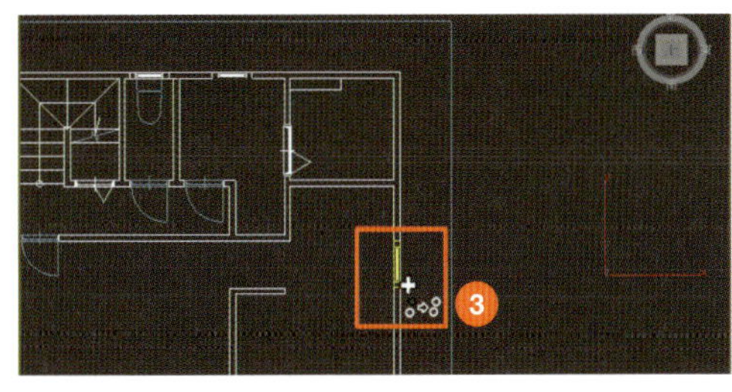

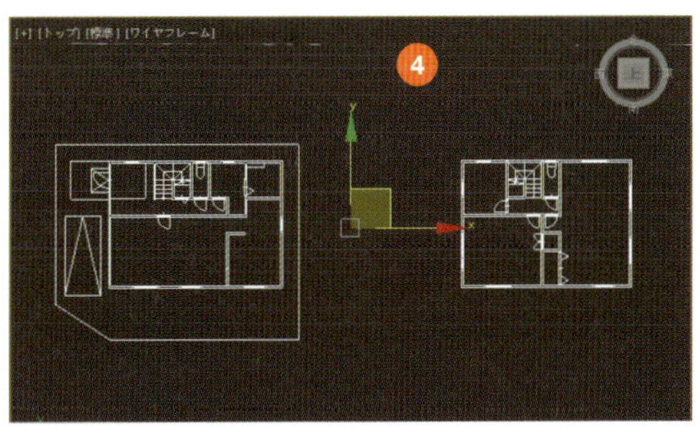

デタッチ

5 平面図を選択して［修正］パネルを開きます。［選択］にある［スプライン］ボタンをクリックしてから、下の表示に移動し、［デタッチ］をクリックします（→P.36）。

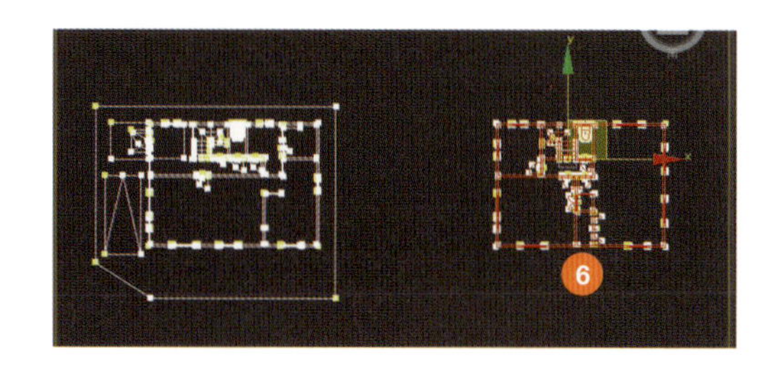

6 右側の2階平面図を矩形範囲で囲んで選択します。選択されると赤く表示されます。

7 ［デタッチ］ダイアログボックスが開きます。［オブジェクト名］に「2階」と入力して、［OK］をクリックします。これで2階平面図ができました。

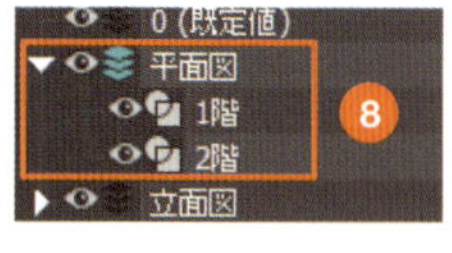

8 同様にして左側の1階平面図から「1階」を作成し、シーンエクスプローラで不要なレイヤやオブジェクトを削除します（→P.32）。

1-4-3 南立面図の回転（ドラッグで回転）

南立面図を90度回転させて起こします。回転の方法はドラッグで回転する方法と、数値を入力して回転する方法があります。まず、ドラッグで回転する方法から説明します。

選択して回転

1 シーンエクスプローラで1階平面図と南立面図を表示し、ほかは非表示にします。「南」を選択します。

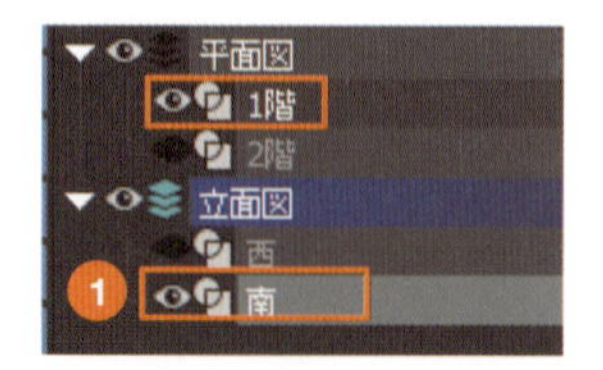

2 メインツールバーの［選択して回転］ツールをクリックします。

3 各ビューポートに回転軸が表示されます。ここではトップビューで操作します。回転軸の黄色い軸を手前にドラッグすると、選択した南立面図が起き上がるように回転します。表示されている角度の数値が「90」度になったら、マウスボタンを放します。

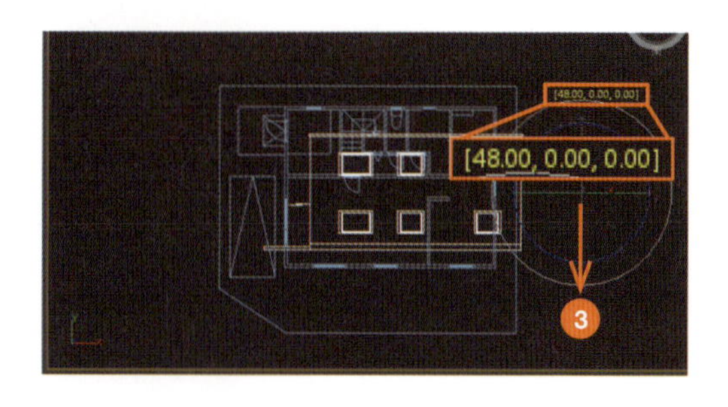

memo

ドラッグによる回転は、初期設定では5度ずつ回転する設定になっています。この角度は「グリッドとスナップ設定」ダイアログボックス（→P.27）の［オプション］タブにある［角度］で変更できます。10度などにも変更可能です。

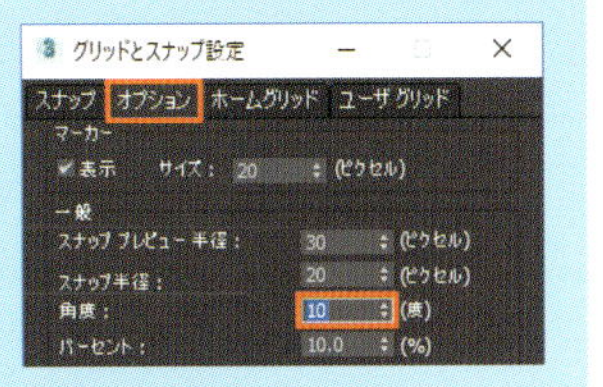

4 南立面図が回転して平面図と垂直に表示されたことが、他のビューポートでも確認できます。何もないところでクリックして回転を終了します。

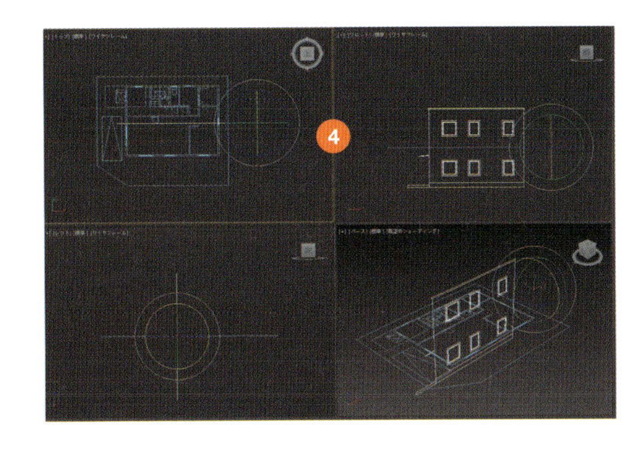

1-4-4 南立面図の位置を調整

回転した南立面図を、平面図南側の壁の位置に合わせます。位置調整は［選択して移動］ツールで行いますが、このとき頂点のスナップが効くように［スナップ切り替え］ツールをオンにします。

頂点にスナップして移動

1 メインツールバーの［スナップ切り替え］ツールをオンにして、［選択して移動］ツールをクリックします。

［スナップ切り替え］ツール（3D） 1

［選択して移動］ツール

2 ここではパースビューで操作します。南立面図を選択し、右下の頂点にマウスポインタを合わせ、頂点マーカー（＋）を表示します。

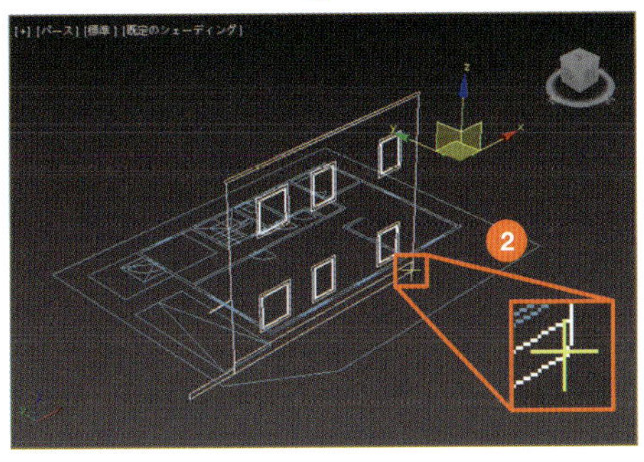

3 その状態で右側にドラッグし、平面図の壁の右下頂点と合わせ、マウスボタンを放します。これで位置が合いました。何もないところでクリックして移動を終了します。

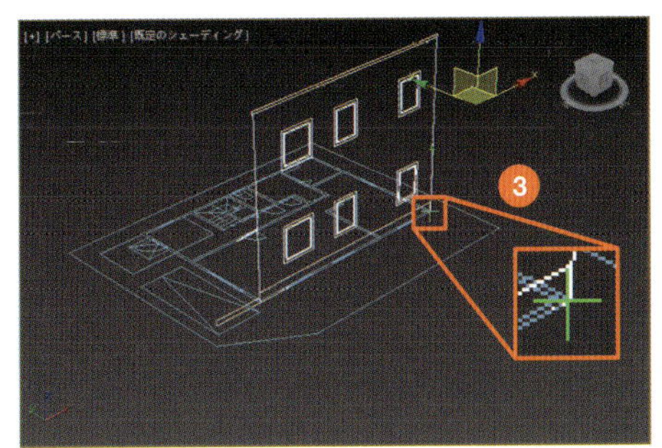

memo

トップビューやレフトビューなどで移動する場合は、［スナップ切り替え］ツールを長押しし、［2.5］に切り替えて操作します。

［スナップ切り替え］ツール（2.5D）

1-4-5 西立面図の回転（数値入力で回転）

次に西立面図を90度回転させて起こします。西立面図は、数値入力による回転方法で説明します。ここでは、［選択して回転］ツールを右クリックする方法を紹介します。

数値入力で回転

1. シーンエクスプローラで1階平面図と西立面図を表示し、ほかは非表示にします。「西」を選択します。

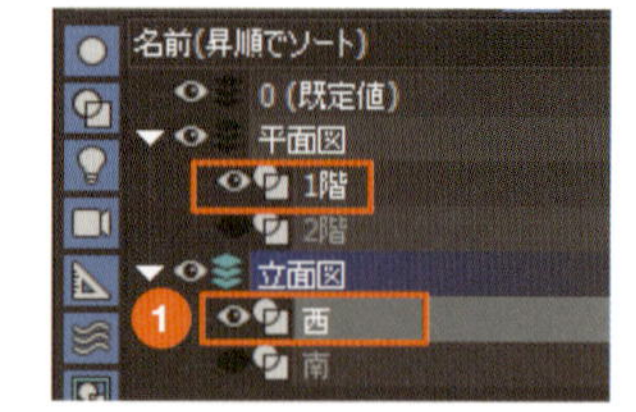

［選択して回転］ツール

2. 任意のビューを選択します。どのビューでも操作できます。

3. メインツールバーの［選択して回転］ツールを右クリックします。

4. ［回転キー入力変換］ダイアログボックスが開きます。［絶対値:ワールド］の［X］に「90」と入力します。平面に見えていた「西」が垂直に表示されます。

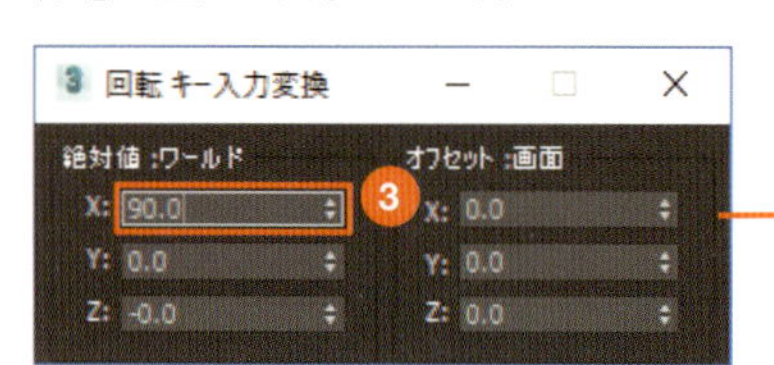

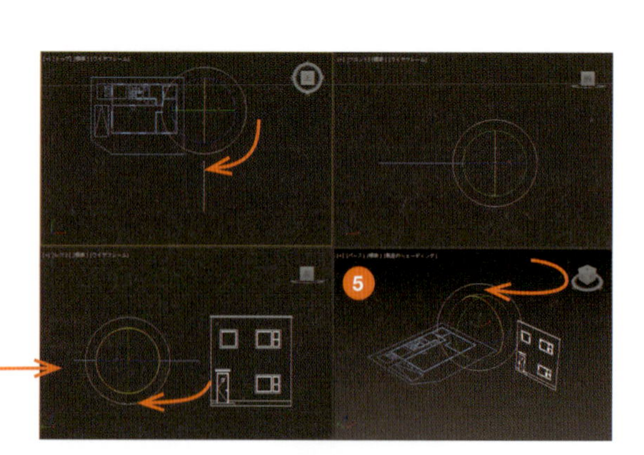

5. 続けて、［絶対値:ワールド］の［Z］に「−90」と入力すると、立面図が90度回転して、西向きに表示されます。ダイアログボックスの×ボタンをクリックし、余白をクリックして回転を終了します。

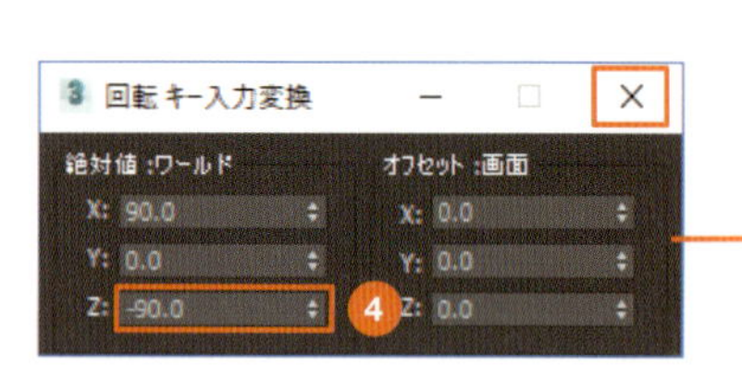

memo

回転で指定するX、Y、Zは、回転軸の方向です。［選択して回転］ツールがオンの状態のとき、オブジェクトの周囲に回転軸が表示されます。赤がX回転軸、緑がY回転軸、青（図では黄色）がZ回転軸です。軸が選択されているときは、移動と同じように黄色く表示されます。

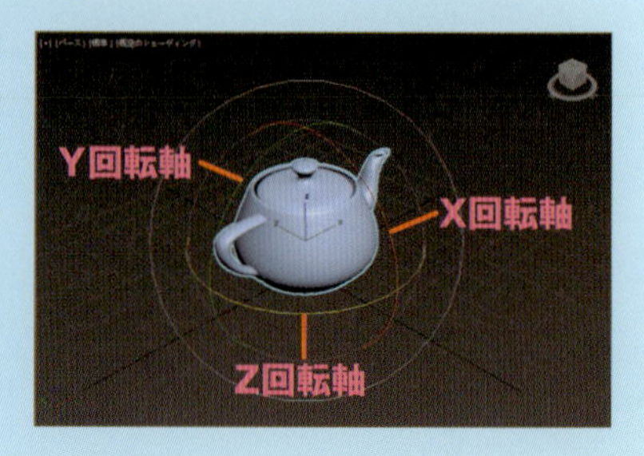

1-4-6 西立面図の位置を調整

回転した西立面図を平面図西側の壁の位置に合わせます。方法は南立面図と同じですが、オブジェクトの基点に表示されるギズモ（→P.23）がずれてしまっているので、これを修正してから西立面図の位置を調整します。

基点を修正する

1 西立面図を選択します。［階層］パネルの［基点］をクリックして、［基点調整］の［基点にのみ影響］をクリックします。

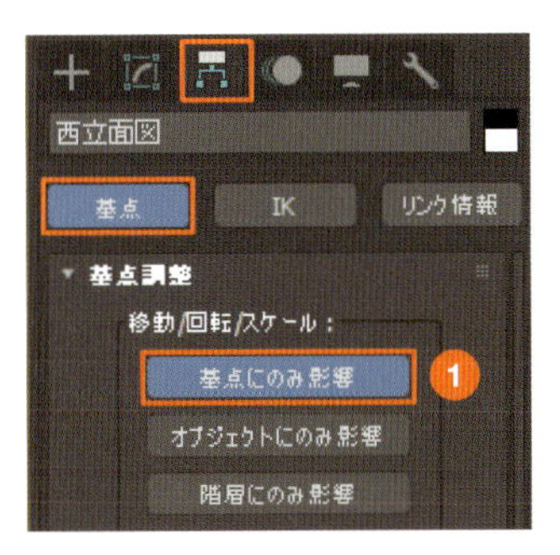

2 メインツールバーの［選択して移動］ツールをクリックします。

3 ギズモの原点をクリックし、西立面図の任意の頂点（ここでは右下）へドラッグします。

4 ギズモがドラッグした頂点に移動し、基点が修正できました。余白をクリックして移動を終了し、コマンドパネルの表示を［修正］パネルに戻しておきましょう。

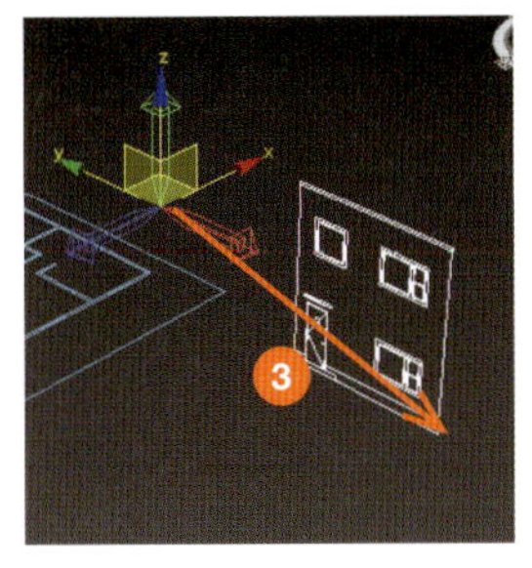

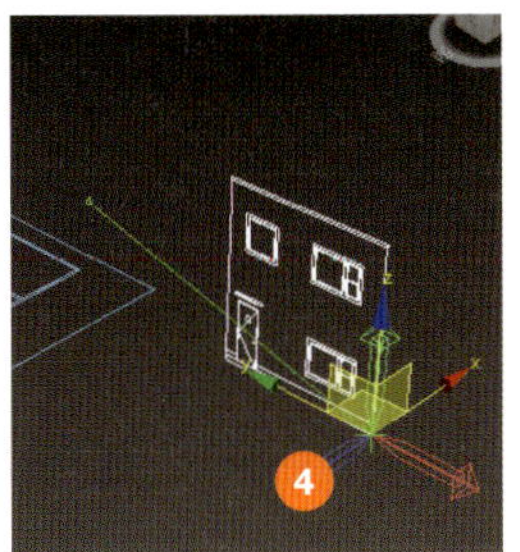

頂点にスナップして移動

1 メインツールバーの［スナップ切り替え］ツール（→P.39）と［選択して移動］ツールがオンになっていることを確認します。

2 西立面図を選択します。左下の頂点にマウスポインタを合わせ、頂点マーカー（＋）を表示したら、平面図の壁の左下頂点へドラッグします。

3 平面図の壁の左下頂点と合わせたら、マウスボタンを放します。これで位置が合いました。何もないところでクリックして移動を終了します。

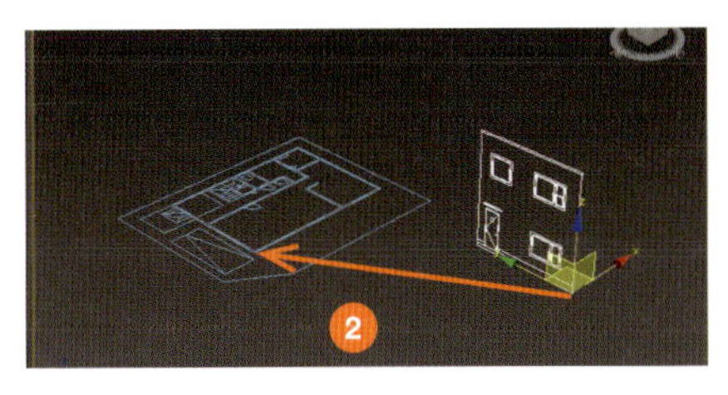

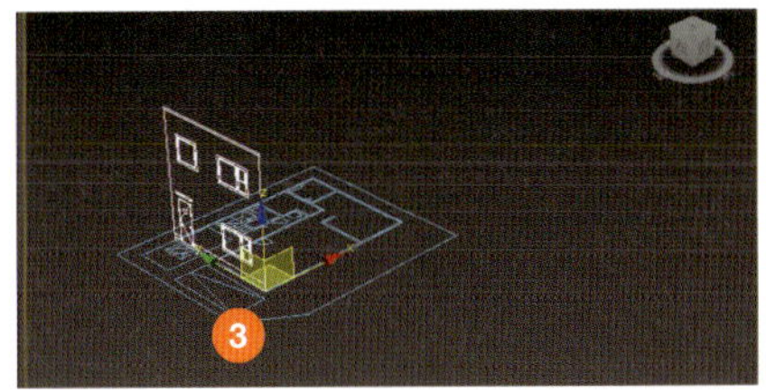

南立面図を表示して下図完成

❶ シーンエクスプローラで非表示だった「南」を表示にします。「2階」は下図として使用しないため、非表示のままにしておきます。

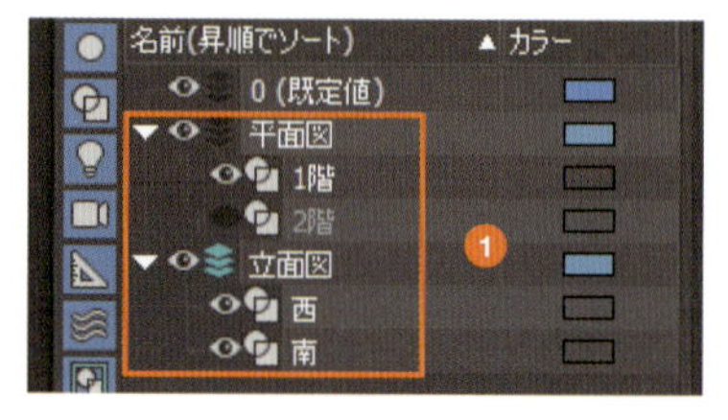

❷ 平面図の壁上に2つの立面図が垂直表示されます。これで下図の完成です。

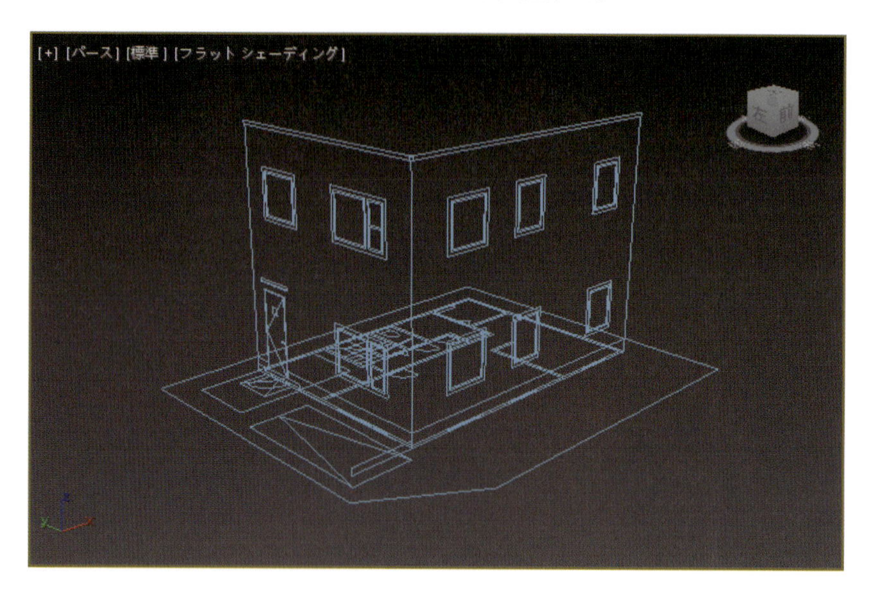

Chapter 2

建物をモデリング

2-1 建物の外観をモデリングする

この章では、前章で作成した下図を元に建物の形を作っていきます。建物は玄関ポーチや敷地、基礎などの、下にあるものから順にパーツごとで作成します。

下図

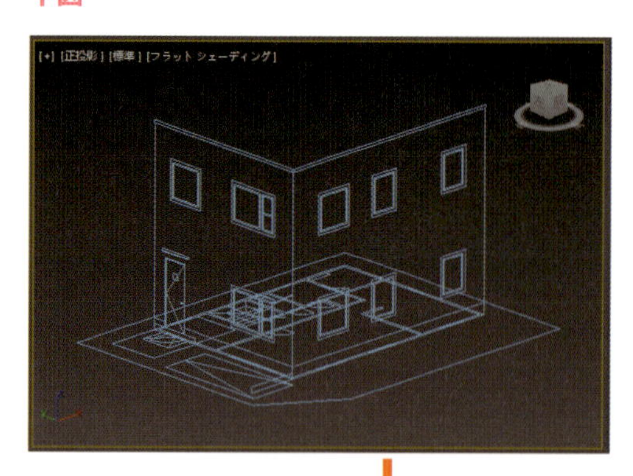

西立面

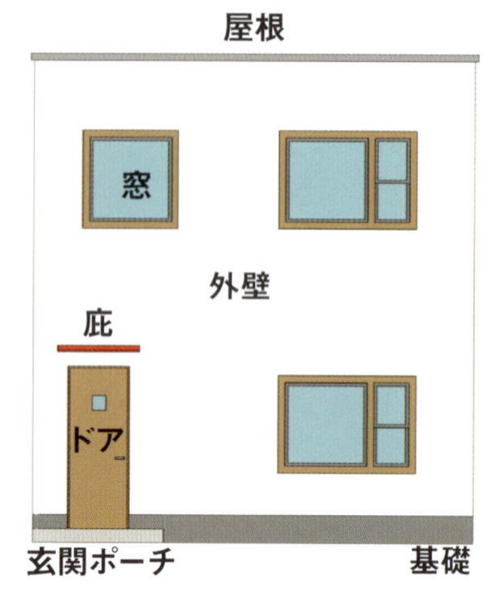

外観モデリング完成

memo

モデリングの状態はパースビューで確認します。パースビューの初期設定は視点が［パース］、ビューごとの基本設定が［既定のシェーディング］となっていますが、2章では全体の形や面の状態、メリハリがわかりやすいように［正投影］、［フラットシェーディング］で表示します。

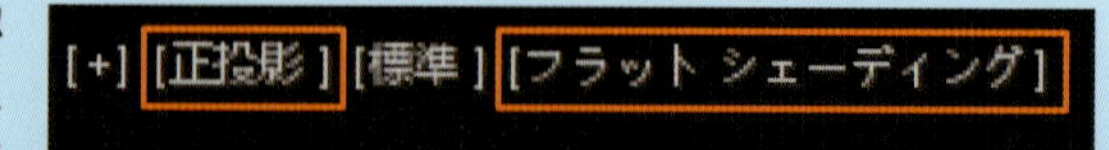

2-2 玄関ポーチをつくる

平面図を下図にして、標準プリミティブの「ボックス」で玄関ポーチをつくります。この例では読み込んだ図面の線をあたりにするので、作成したボックスの高さをあとから編集して正確な形にするほうが効率よく作業できます。

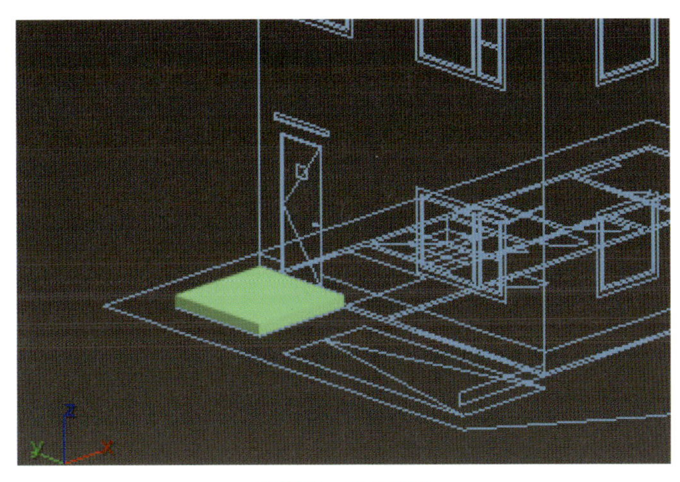

玄関ポーチの完成

2-2-1 玄関ポーチを作成

「ボックス」で玄関ポーチを作成します。

レイヤの準備

1. シーンエクスプローラで「平面図」と「立面図」が表示になっていることを確認します。

2. [新規レイヤを作成]ツールをクリックし、新規レイヤを作成します。

3. レイヤ名に「玄関ポーチ」と入力し、「玄関ポーチ」レイヤを作成します。

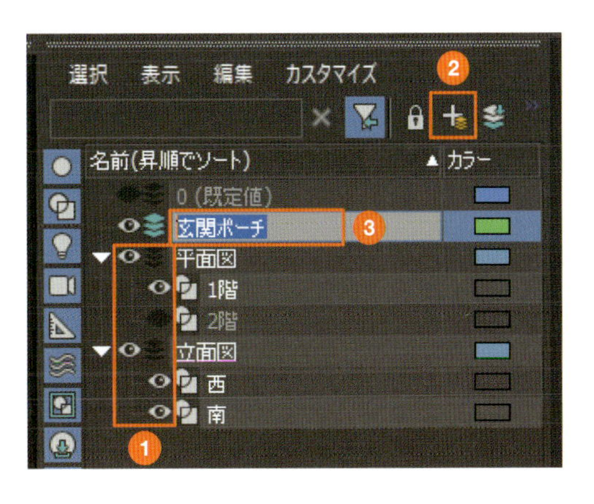

ボックスを作成する

4 トップビューをアクティブにして、玄関ポーチ部分を拡大（→P.28）します。

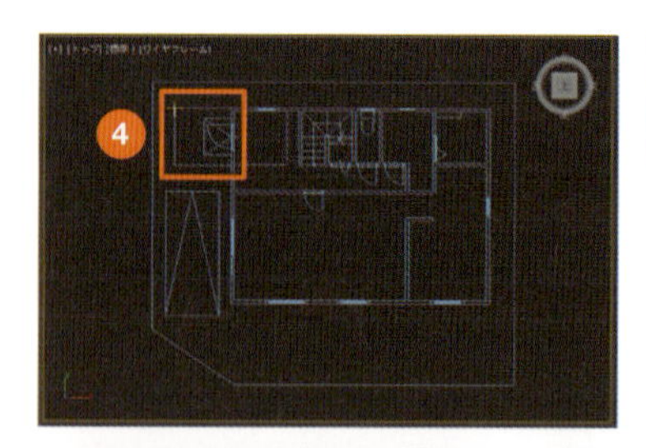

5 メインツールバーの［スナップ切り替え］ツールが［2.5］でオンになっていることを確認します。

6 ［作成］パネルの［ボックス］をクリックします。

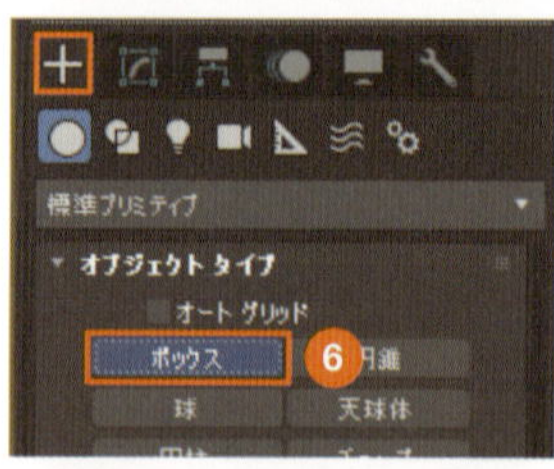

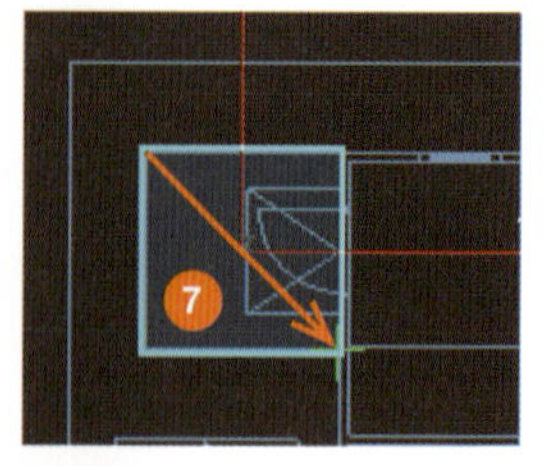

7 トップビューで玄関ポーチの矩形の頂点をクリックします。そのまま、対角線上の頂点までドラッグするとボックスの底面ができます。

8 次にレフトビューやフロントビューなどで高さを確認しながら、マウスポインタを上へ移動します。高さはあとで修正するため、適当な位置でクリックしてボックスを確定します。

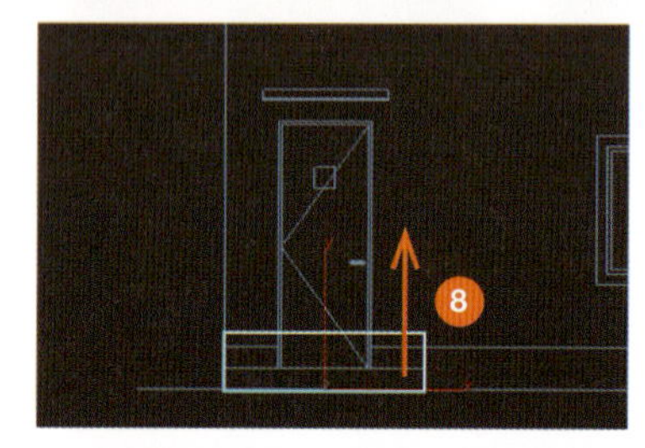

9 余白で右クリックしてボックスの作成を終了します。

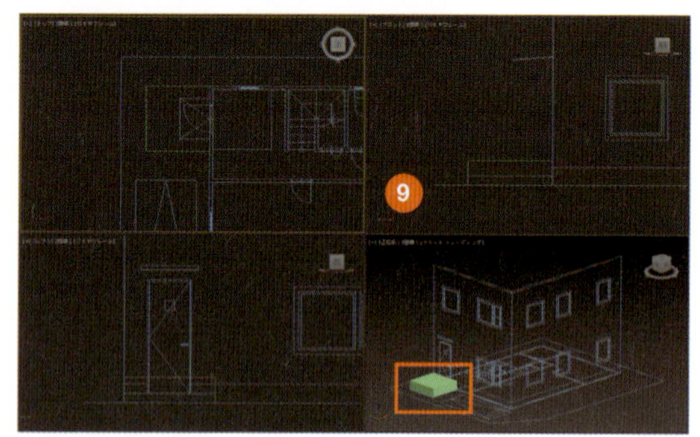

memo **この例では寸法指定がないため、この後に高さを修正します。あらかじめ玄関ポーチの寸法がわかっている場合は、ボックスを作成後、［作成］または［修正］パネルの［パラメータ］で各寸法を入力すれば、以降の編集操作は不要です。**

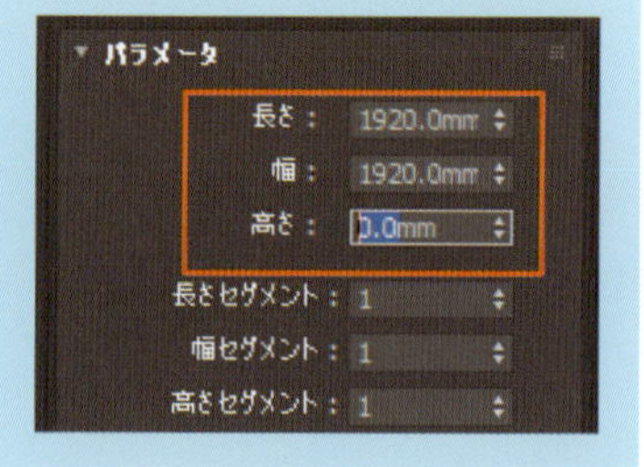

2-2-2 玄関ポーチの高さを修正

［修正］パネルでボックスの高さを修正します。この例では寸法指定がないため、頂点移動で高さを合わせます。

ボックスを編集する

❶ 玄関ポーチのボックスを選択して［修正］パネルのモデイファイヤリストから［ポリゴンを編集］を選択します。

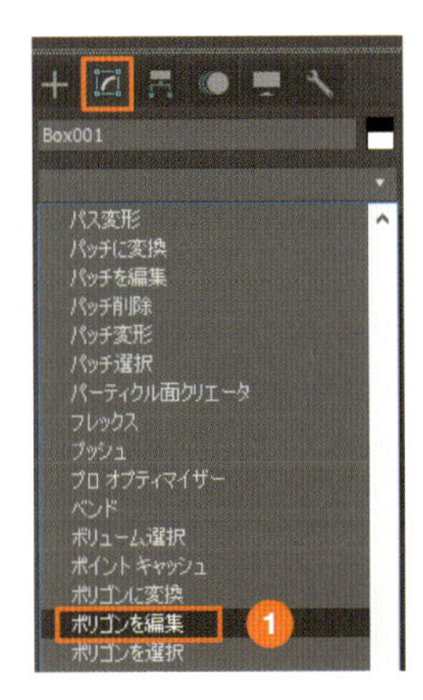

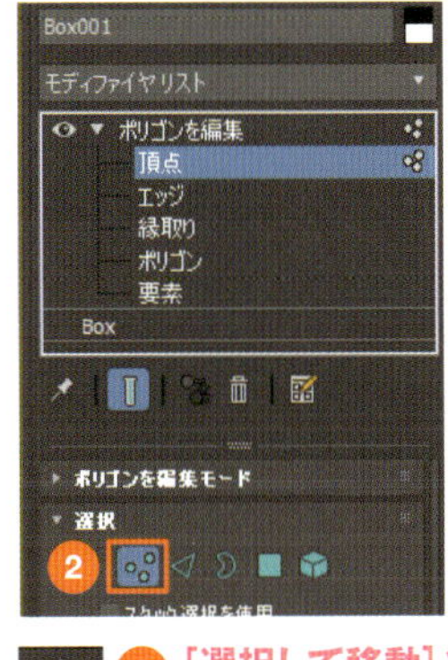

memo クアッドメニューの［編集可能ポリゴンに変換］からも操作できますが、ここでは元のオブジェクト（ボックス）の情報を残しながら操作できる［ポリゴンを編集］を使います。

❷ 続けて［修正］パネルの［選択］で［頂点］ボタンをクリックします。各ビューポートで頂点が強調表示されます。

❸ メインツールバーの［スナップ切り替え］ツールがオン（→P.46）になっていることを確認し、［選択して移動］ツールをクリックします。

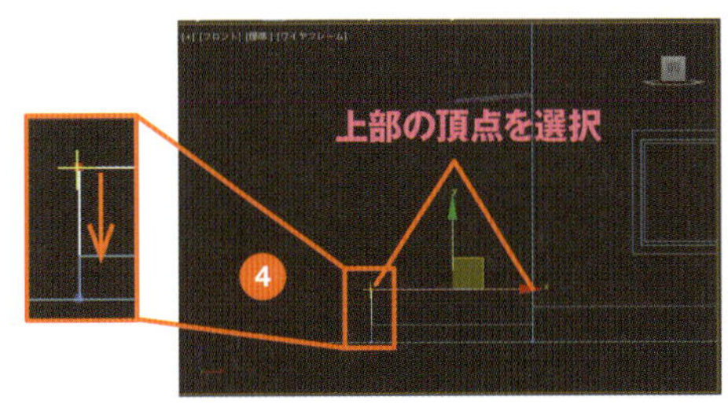

❹ フロントビューをアクティブにして、範囲選択で上部の頂点を選択し、頂点のマーカー（+）が立面図のポーチの高さに合うように移動します。

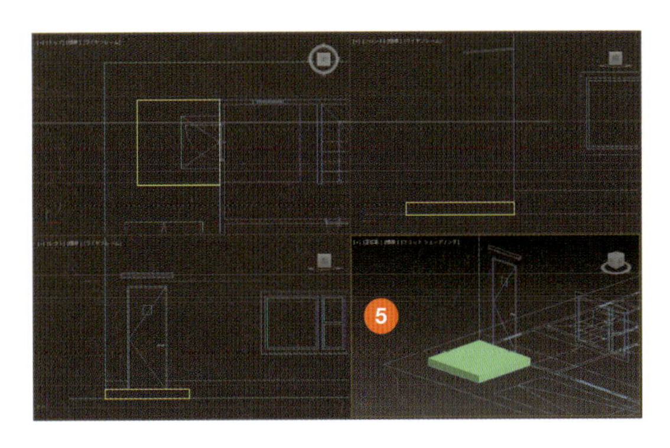

❺ これで玄関ポーチの完成です。❷の［頂点］ボタンを再度クリックして選択を解除します。

memo ここでは［頂点］で説明しましたが、［選択］にある［エッジ］ボタンでも、高さ調整ができます。

memo オブジェクトの編集方法には、ポリゴン編集とメッシュ編集があります。メッシュ編集は三角面の集合体のため、面自体の形状を変えるような複雑な編集が可能ですが、直線を基本とする建築物では、めったに使いません。

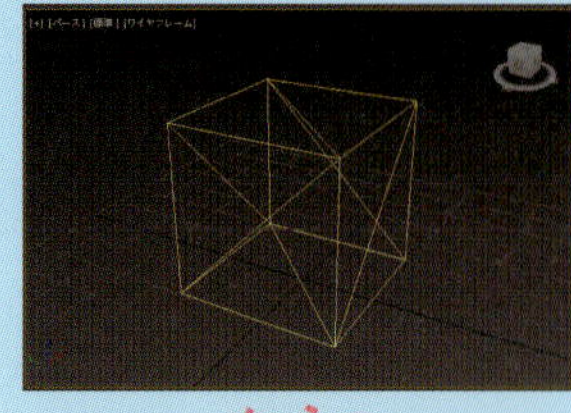

メッシュ

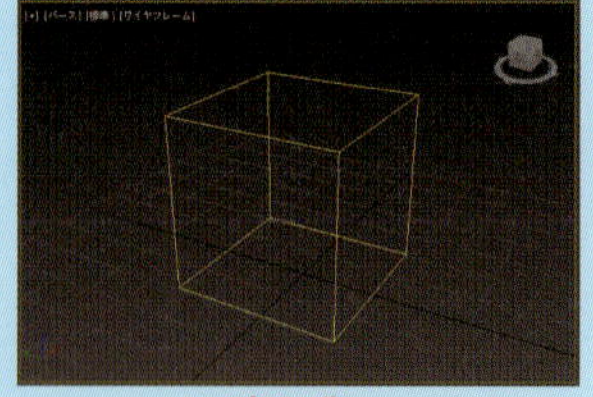

ポリゴン

column 同じレイヤ内で色のちがうボックスをつくる

同じレイヤ内のオブジェクトは、そのレイヤに設定されたカラーで作成されます。これは初期設定で、要素の色がまとまるように設定されているからです。同じレイヤでもオブジェクトごとにちがう色で作成されるようにしたいときは、[基本設定] ダイアログボックス（→P.29）の [一般] タブにある [レイヤの既定値] の [既定値でレイヤ別に新規ノードを作成] のチェックを外します。

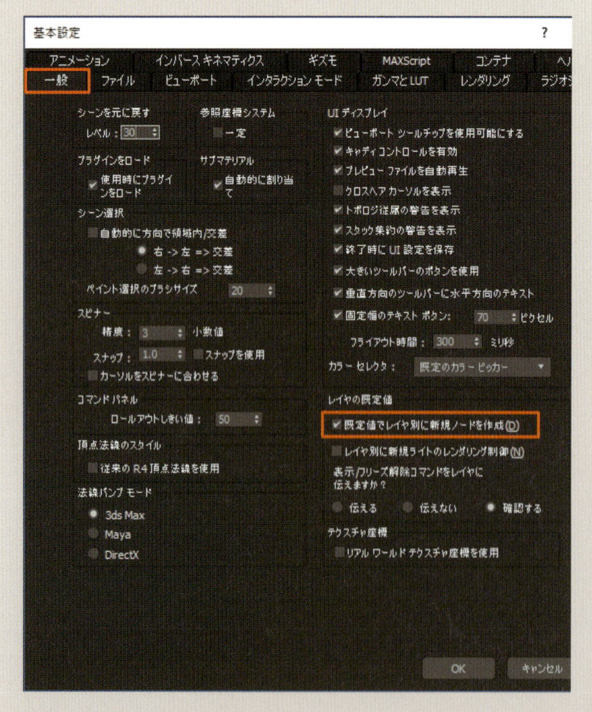

チェックを付けた状態

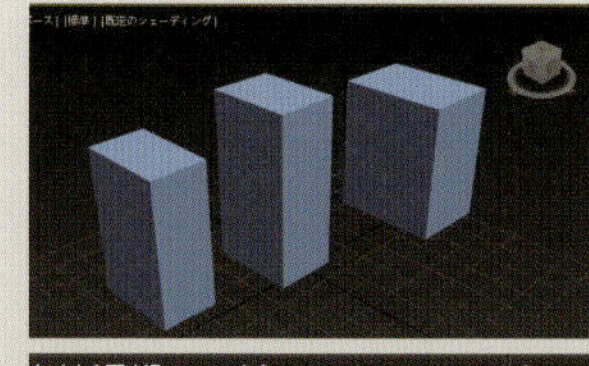

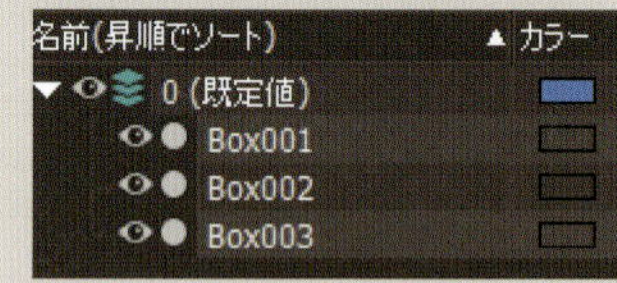

チェックを外した状態

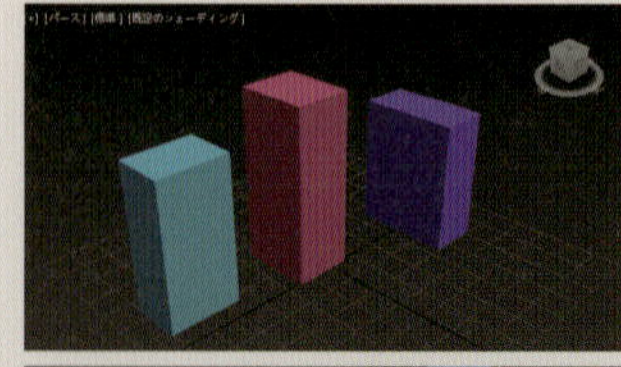

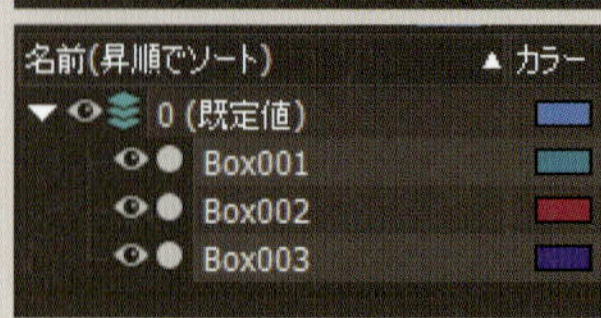

2-3 敷地をつくる

平面図の敷地の線を元に面をつくります。

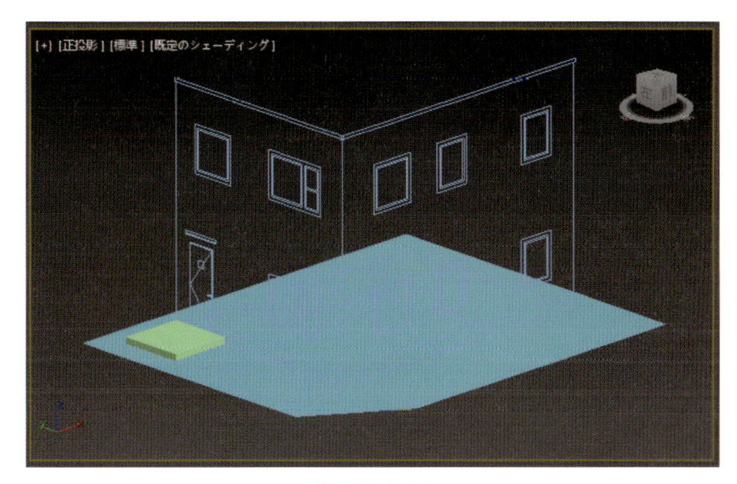

敷地の完成

2-3-1 図面をフリーズする

下図として使用する図面の線が、まちがって移動や削除をされないように、該当のレイヤをフリーズ（編集不可の状態）に設定しておきます。

レイヤをフリーズに設定

1. シーンエクスプローラで「平面図」と「立面図」の［フリーズ］欄をクリックして、フリーズの表示にします。

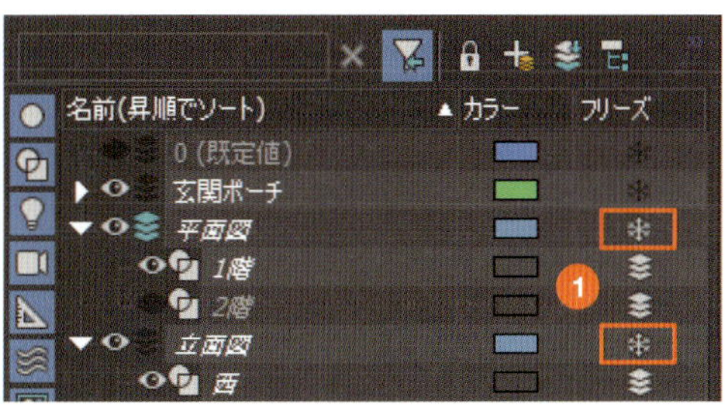

2. ビューポートの表示は変わりませんが、これで編集できないように図面が固定されました。

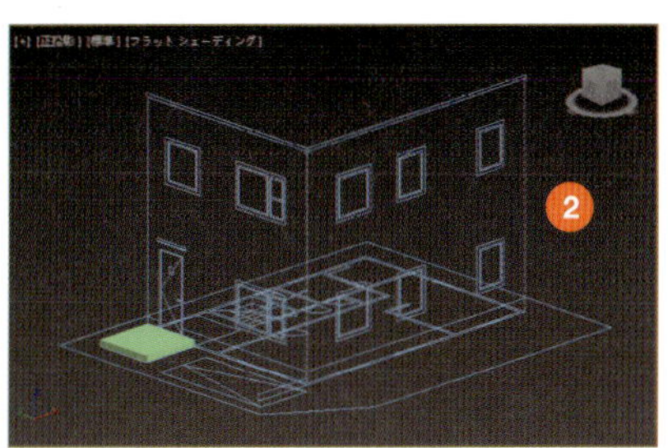

> **memo**
> シーンエクスプローラに［フリーズ］がないときには、［カラムを設定］（→P.14）で表示してください。

フリーズレイヤをスナップ可能に

3 フリーズした線にもスナップできるように設定します。メインツールバーの[スナップ切り替え] ツールを右クリックします。

4 [グリッドとスナップ設定] ダイアログボックスが開きます。[オプション] タブの [フリーズオブジェクトにスナップ] にチェックを入れ、ダイアログボックスを閉じます。

5 これでフリーズした図面の線にもスナップできるようになりました。

[スナップ切り替え] ツール

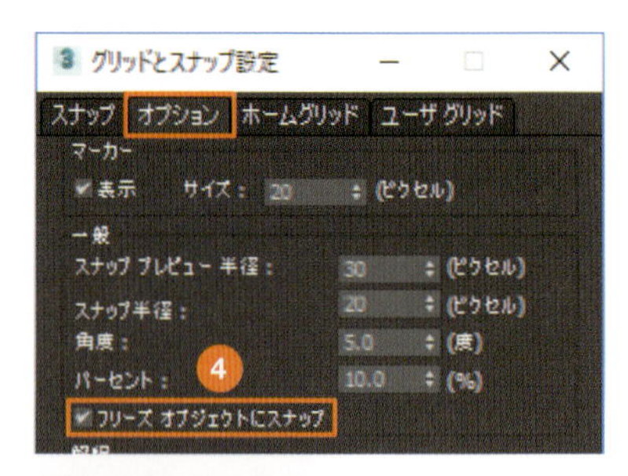

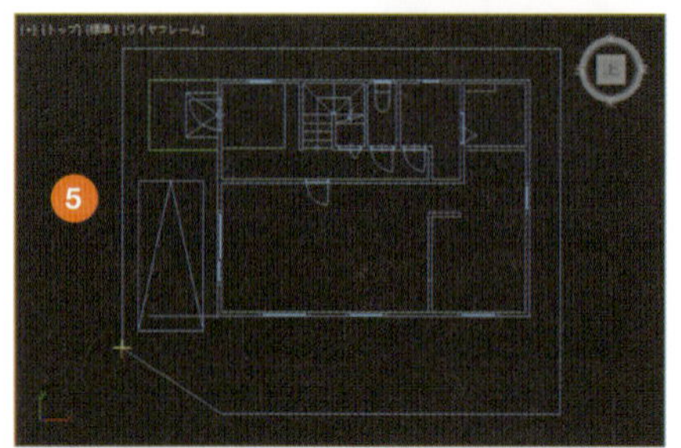

2-3-2 敷地を作成

敷地の線に沿ってラインを描き、閉じたラインに面を作成して敷地をモデリングします。

レイヤの準備

1 シーンエクスプローラで「平面図」を表示、「立面図」を非表示に設定します。

2 [新規レイヤを作成] ツールをクリックし、新規レイヤを作成します。

3 レイヤ名に「敷地」と入力し、「敷地」レイヤを作成します。

面をつくる

4 [作成] パネルで [シェイプ] を選択し、[スプライン] の中の [ライン] をクリックします。

5 メインツールバーの [スナップ切り替え] ツールが [2.5] でオンになっていることを確認します。

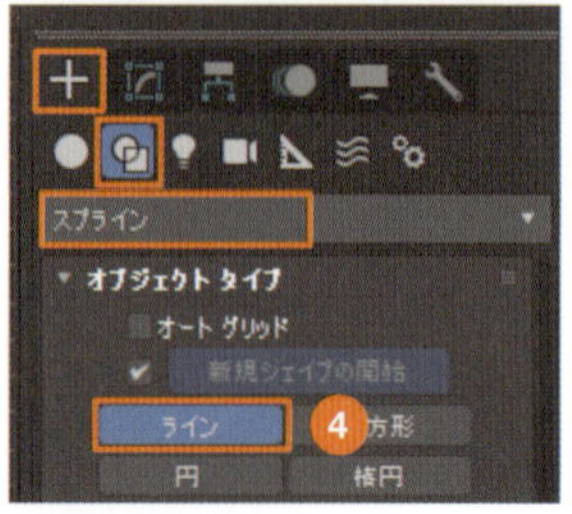

[スナップ切り替え] ツール

6 トップビューをアクティブにします。図面の敷地の頂点をクリックしながら線(ライン)を描きます。

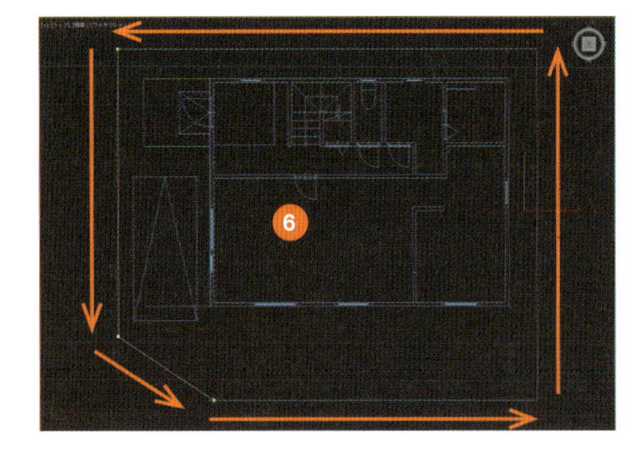

> **memo** ズームしながら作業をしたい場合は、マウスのホイールボタンを前後に転がしながら作業すると便利です(→P.28)。

7 始点まで戻ると「スプラインを閉じますか?」とメッセージが表示されます。[はい]をクリックします。

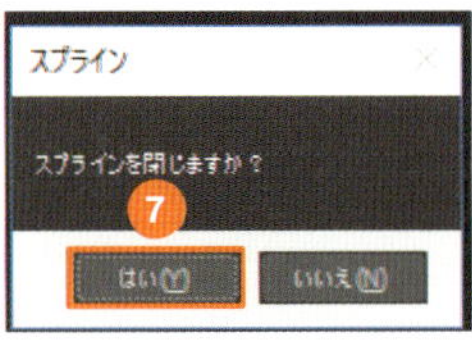

8 閉じた線に面を作成します。[修正]パネルのモディファイヤリストをクリックして[ポリゴンを編集]を選択します。

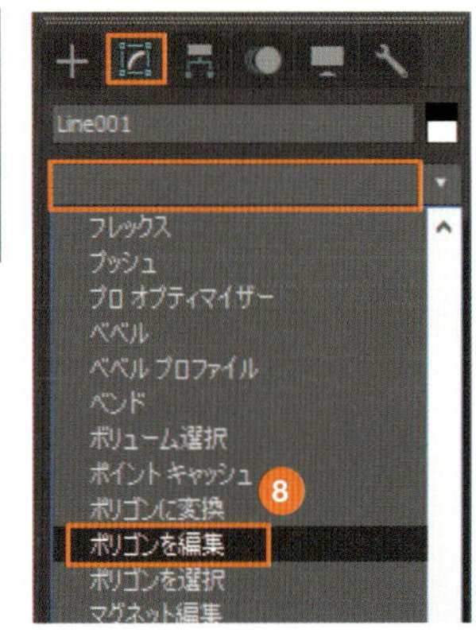

9 これで閉じた線の内部に面が作成されました。余白でクリックして、面の作成を終了します。

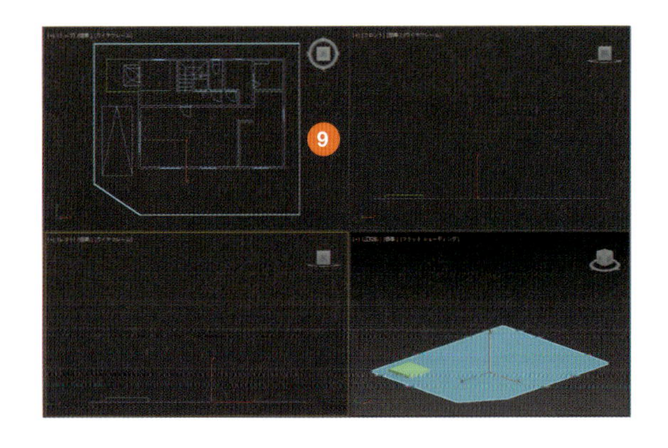

> **memo** 閉じた線を右クリックして[編集可能ポリゴン]に変換しても面を作成できますが、ライン情報が残りません。上記のように[修正]パネルの[ポリゴンを編集]から面を作成するとライン情報が残るので、以降に線だけの編集作業もできます。

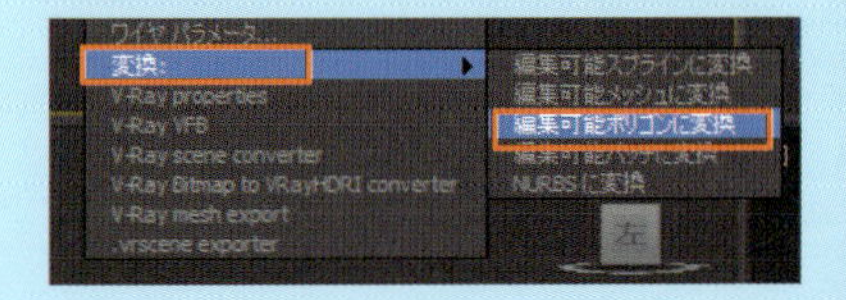

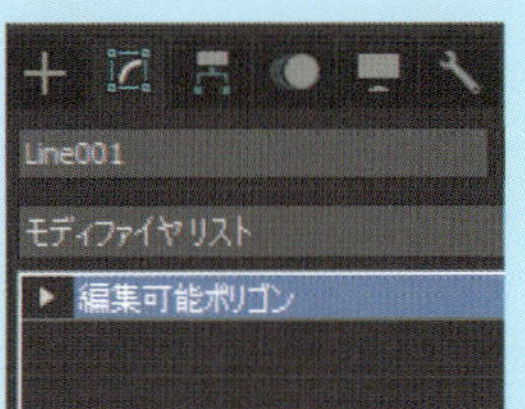

[編集可能ポリゴンに変換]すると、線と面が一体になり、線だけの編集はできない

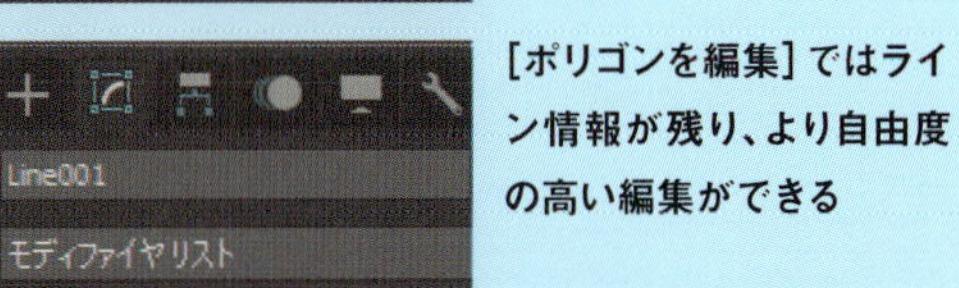

[ポリゴンを編集]ではライン情報が残り、より自由度の高い編集ができる

2-4 外壁と玄関ドアをつくる

外壁と玄関ドアを作成します。外壁はまず基礎を立ち上げ、図面のある南側と西側の外壁をつくってから、奥になる北側と東側の外壁を作成します。また、この節の最後に玄関ドアを作成します。

外壁と玄関ドアの完成

2-4-1 基礎を作成

外壁の下にある基礎の部分を作成します。本来、基礎は外壁より奥まった位置にありますが、ここでは練習のため、壁と同面に基礎を作成します。基礎は［押し出し］を使って立ち上げます。

レイヤの準備

1. シーンエクスプローラで「平面図」だけを表示して、他のレイヤを非表示にします。
2. ［新規レイヤを作成］ツールをクリックし、新規レイヤを作成します。
3. レイヤ名に「基礎」と入力し、新規レイヤを「基礎」レイヤとします。

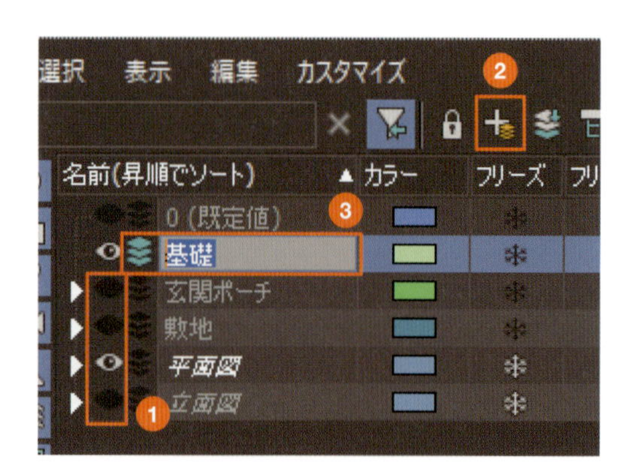

基礎をラインで描く

4 ［作成］パネルで［シェイプ］を選択し、［スプライン］の中の［ライン］をクリックします。

5 メインツールバーの［スナップ切り替え］ツールが［2.5］でオンになっていることを確認します。

［スナップ切り替え］ツール

6 トップビューをアクティブにします。図面の外壁の頂点をクリックしながら線（ライン）を描きます。玄関ドアの部分は開けておき、終点を指定したら、右クリックで終了します。ここではラインを閉じずに終わります。

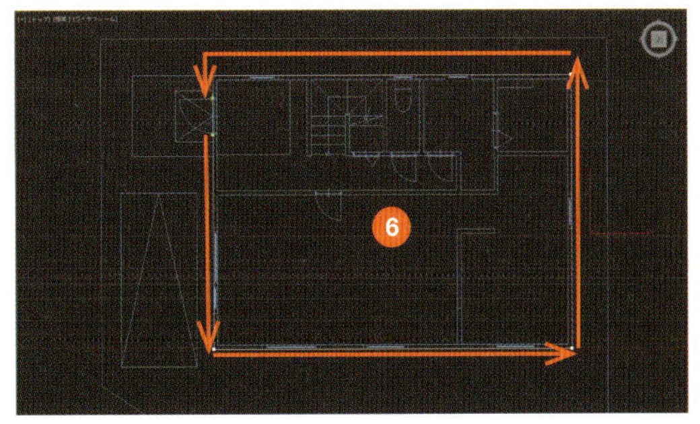

ラインを押し出す

7 ［修正］パネルのモディファイヤリストから［押し出し］を選択します。

8 ［パラメータ］の［量］に押し出す高さ「400」mmと入力します。

9 基礎が作成できました。

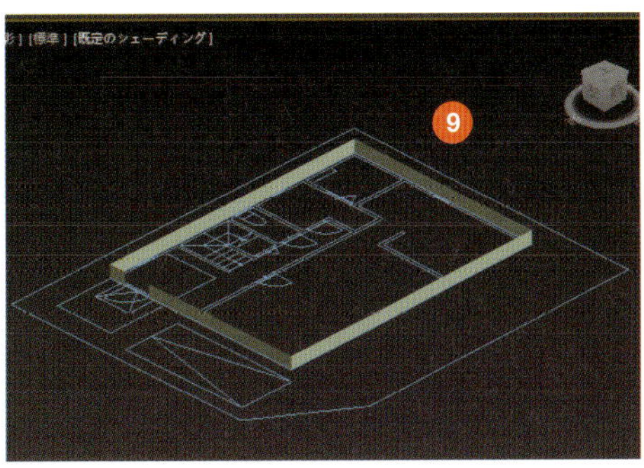

2-4-2 南側の外壁を作成（押し出し）

南側の外壁を作成します。南側は長方形のスプラインを使って壁と窓を描きます。複数の長方形をアタッチで1つのオブジェクトにしたら、［押し出し］で面を作成します。

レイヤの準備

1 シーンエクスプローラで「立面図」だけを表示して、他のレイヤを非表示にします。

2 ［新規レイヤを作成］ツールをクリックし、新規レイヤを作成します。

3 レイヤ名に「外壁」と入力し、新規レイヤを「外壁」レイヤとします。

長方形で外壁の線を描く

4 ［作成］パネルで［シェイプ］を選択し、［スプライン］の中の［長方形］をクリックします。

5 メインツールバーの［スナップ切り替え］ツールが［2.5］でオンになっていることを確認します。

［スナップ切り替え］ツール

6 フロントビューをアクティブにします。外壁の任意の頂点をクリックし、対角の頂点までドラッグして長方形を描きます。同様にして窓の一番外側の頂点をとって、窓の長方形も6つ作成します。右クリックで終了し、クリックで決定します。

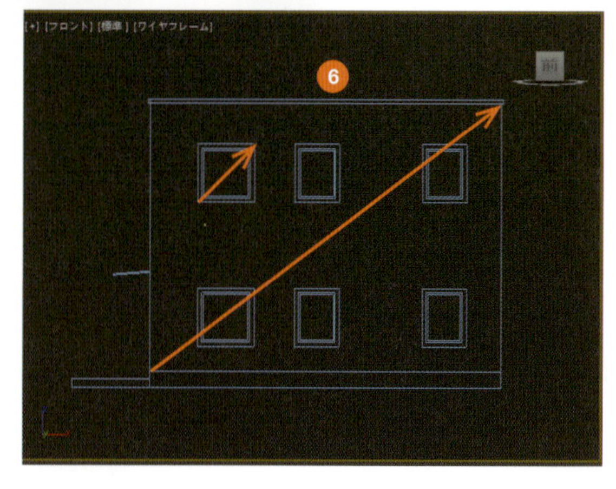

7 「立面図」レイヤを非表示にして、「外壁」レイヤだけを表示します。長方形で描いた外壁の線が表示されます。

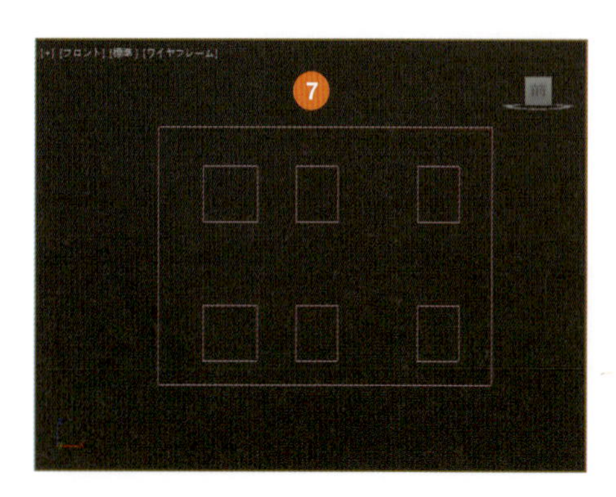

外壁に窓の線をアタッチ

8 外壁の長方形を選択して右クリックします。クアッドメニューから［変換］→［編集可能スプラインに変換］を選択します。

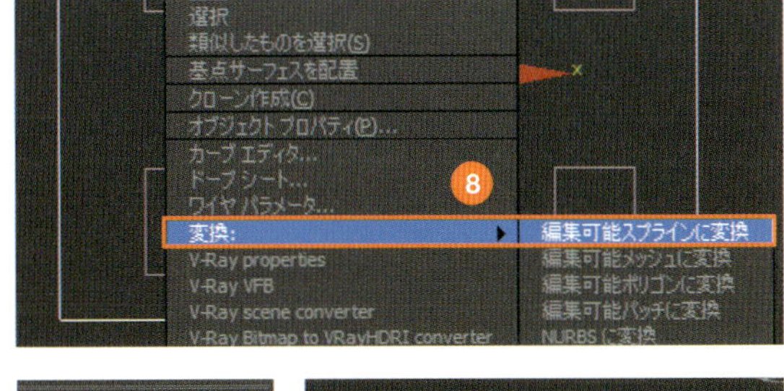

9 ［修正］パネルで［アタッチ］をクリックします。窓の線を1つずつクリックし、6つの窓を外壁の長方形にアタッチします。右クリックで終了すると外壁と窓が1つのオブジェクトになります。

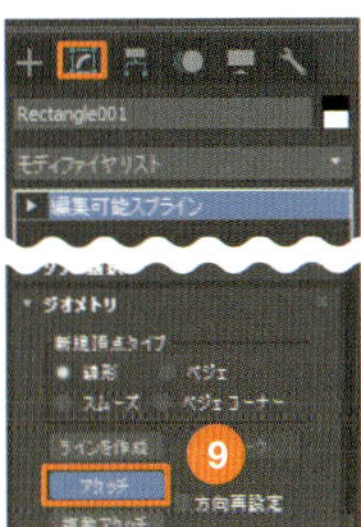

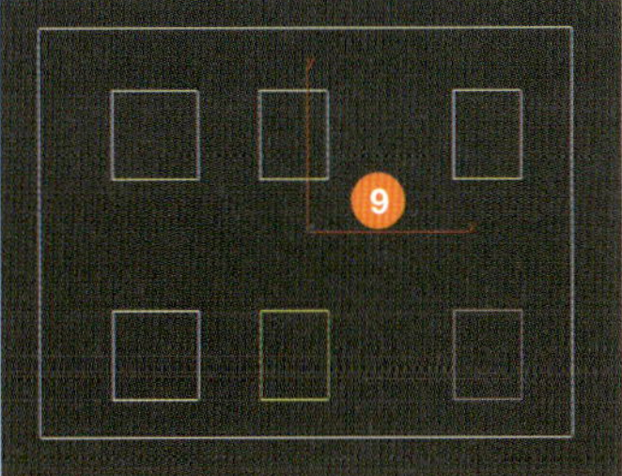

押し出しで壁面にする

10 ［修正］パネルのモディファイヤリストから［押し出し］を選択します。

11 ［パラメータ］の［量］に「0」mmと入力します。面ができました。

12 「立面図」レイヤを表示します。作成した壁面と図面の南立面図がずれているので、これを合わせます。

13 メインツールバーの［選択して移動］ツールをオンにします。正投影ビューで操作するため、［スナップ切り替え］ツールを［3］に切り替えます。

14 壁面の任意の頂点をドラッグして、南立面図の該当する頂点に合わせます。クリックして移動を終了すれば、南側の外壁の作成が完了です。

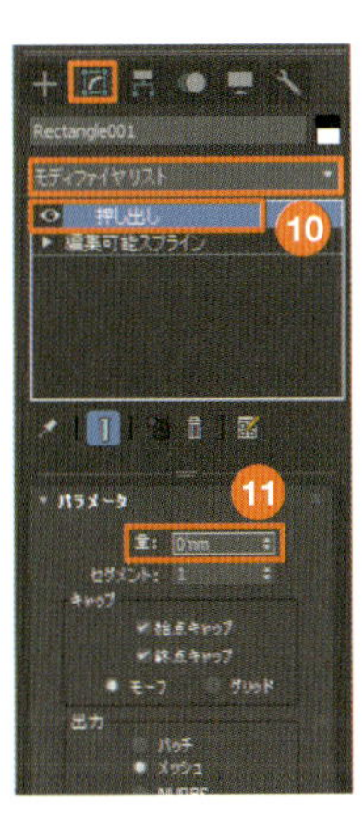

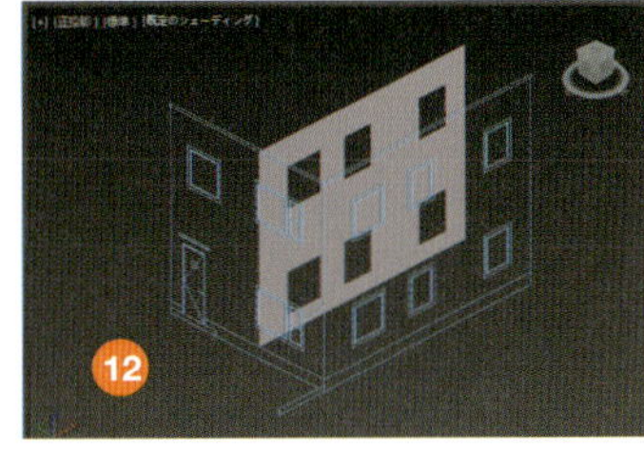

［選択して移動］ツール

［スナップ切り替え］ツール（3D）

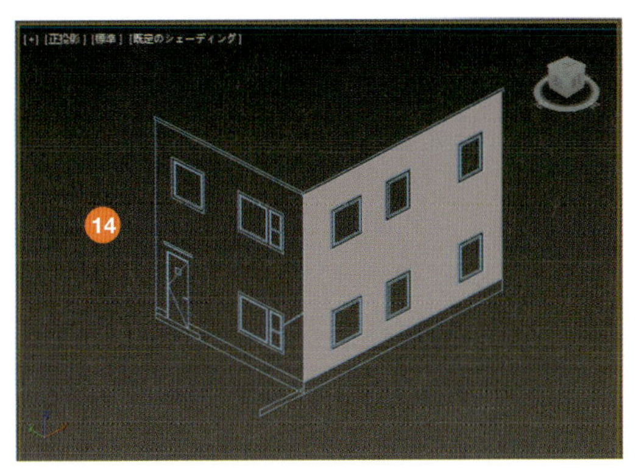

memo

押し出しの［量］は「0」mmではなく、厚みを入力してもよいのですが、その場合は壁の角の重なりを、厚み分修正しなくてはならなくなります。ここでは、初心者向けの簡易な壁の作り方として、角の重なりを修正しない「0」mmで説明します。

2-4-3 西側の外壁を作成(編集可能ポリゴンに変換)

西側の外壁を作成します。西側の壁はドアを抜いた状態で描きます。南側と同じように窓の線を壁の線にアタッチしたら、ここでは「編集可能ポリゴン」で面を作成してみます。

レイヤの準備

1 シーンエクスプローラで「立面図」と「外壁」だけを表示して、他のレイヤを非表示にします。

2 「外壁」レイヤをアクティブにします。

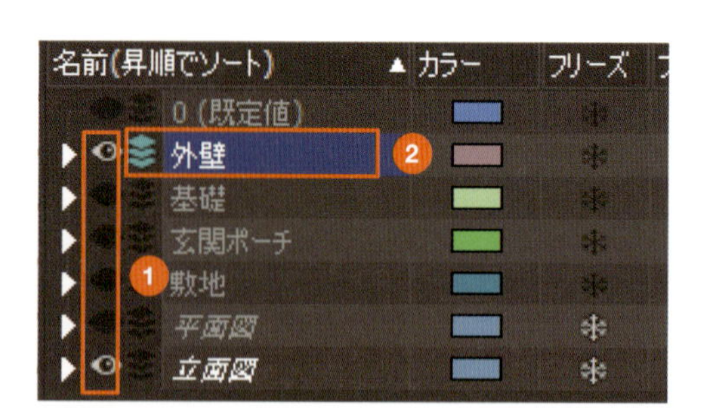

外壁と窓の線を描く

3 [作成] パネルで [シェイプ] を選択し、[スプライン] の中の [ライン] をクリックします。

4 メインツールバーの [スナップ切り替え] ツールを [2.5] に切り替えます。

5 レフトビューをアクティブにします。ドアの右下頂点をクリックし、外壁に沿って線を描きます。ドアを含まないようにして描き、最後は始点をクリックして閉じます。

6 [作成] パネルで [長方形] をクリックします。

7 対角の頂点間をドラッグして、窓を3つ描きます。右クリックして線の描画を終了します。

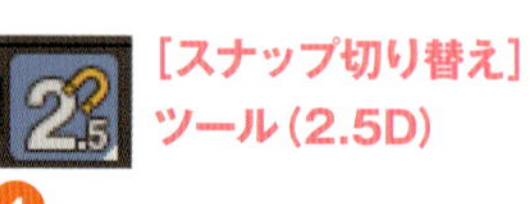

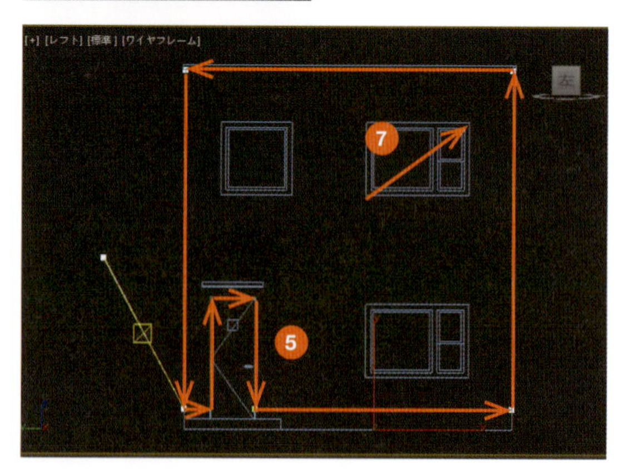

アタッチして面を作成

8 「立面図」レイヤを非表示にして、「外壁」レイヤだけを表示します。外壁のラインを選択します。

9 [修正] パネルで [アタッチ] をクリックします。窓の線を1つずつクリックし、3つの窓を外壁の多角形にアタッチします。右クリックで終了すると外壁と窓が1つのオブジェクトになります。

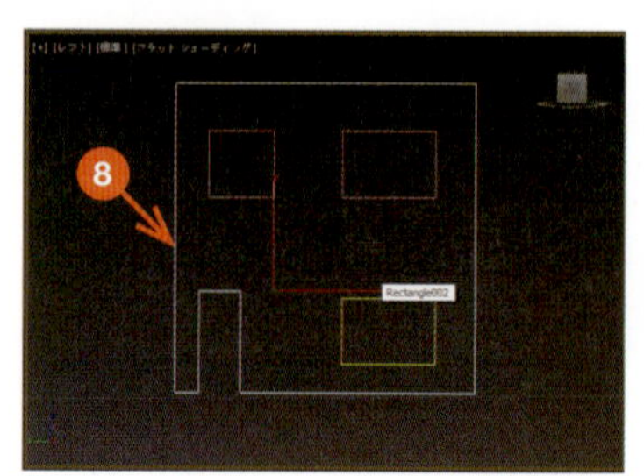

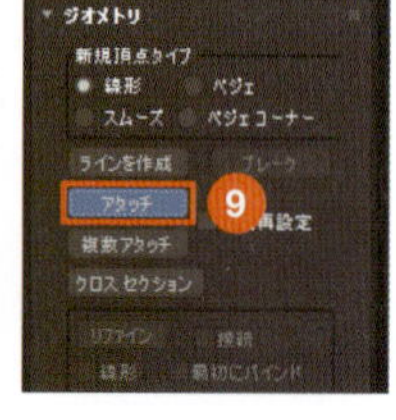

10 アタッチで作成した外壁を選択して右クリックします。クアッドメニューから[変換]→[編集可能ポリゴンに変換]を選択します。

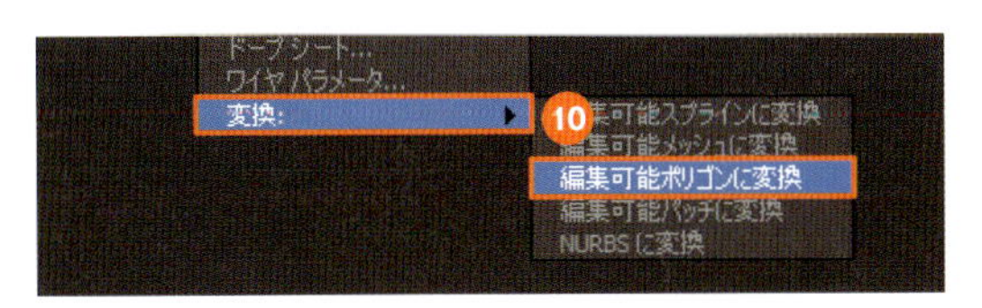

11 「立面図」と「平面図」レイヤを表示します。作成した壁面と図面の西立面図がずれているので、これを合わせます。メインツールバーの[選択して移動]ツールをオンにします。正投影ビューで操作するため、[スナップ切り替え]ツールを[3]に切り替えます。

[選択して移動]ツール

[スナップ切り替え]ツール(3D)

12 壁面の任意の頂点をドラッグして、西立面図の該当する頂点に合わせます。クリックして移動を終了すれば、西側の外壁の作成が完了です。

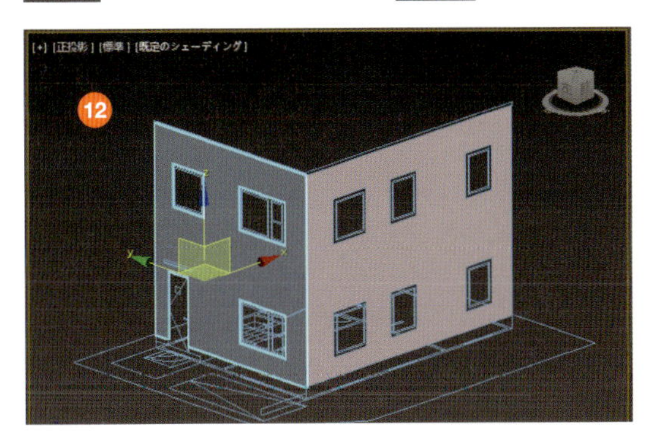

2-4-4 北側と東側の外壁を作成(スウィープ)

裏の面の北側と東側の外壁を作成します。アングルとして見えない場合は、北側と東側の外壁は作成しなくて問題ありませんが、窓ガラスを透過させる場合は作成しておくと、外が見えてしまうという不自然さを防げます。ここでは[スウィープ]で壁を作成してみます。

レイヤの準備

1 シーンエクスプローラで「平面図」と「外壁」だけを表示して、他のレイヤを非表示にします。

2 「外壁」レイヤをアクティブにします。

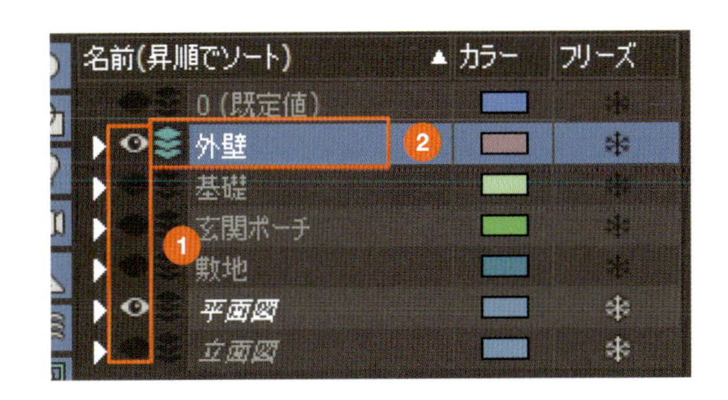

ラインで外壁の線を描く

3 [作成]パネルで[シェイプ]を選択し、[スプライン]の中の[ライン]をクリックします。

4 メインツールバーの[スナップ切り替え]ツールを[2.5]に切り替えます。

[スナップ切り替え]ツール(2.5D)

5 トップビューをアクティブにします。外壁の右下頂点をクリックし、北東2面分の外壁の頂点をクリックしていきます。終点を右クリックして外壁の描画を終了します。

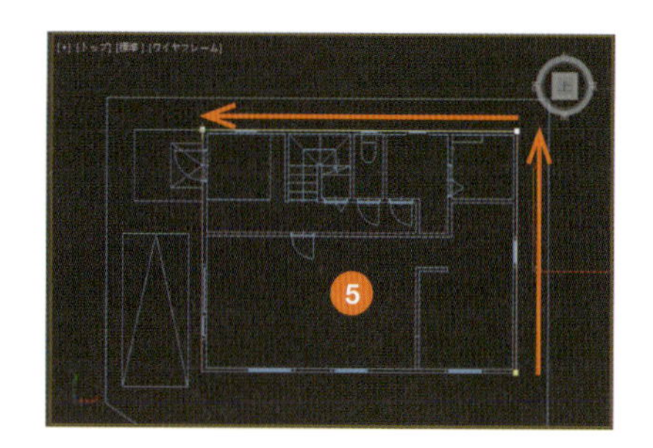

スウィープで壁を作成

6 ［修正］パネルのモディファイヤリストから［スウィープ］を選択します。

7 ［断面タイプ］の［ビルトイン断面］で［バー］を選択します。

8 ［パラメータ］の［長さ］に「6500」mm、［幅］に「100」mmと入力します。

9 ［スウィーププパラメータ］の［基点位置合わせ］で基点の右下をクリックします。

10 厚み100mmの壁ができました。

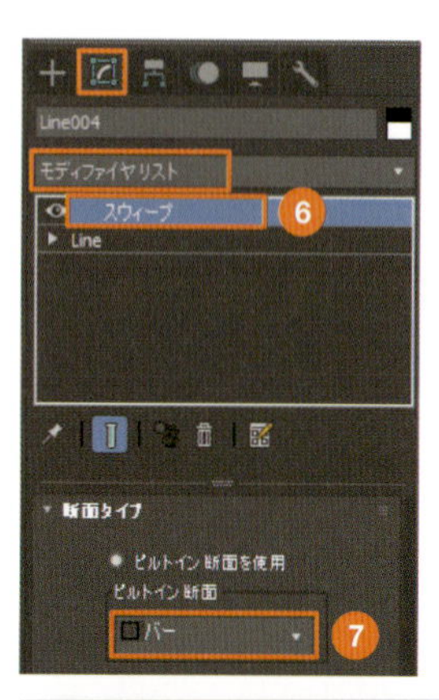

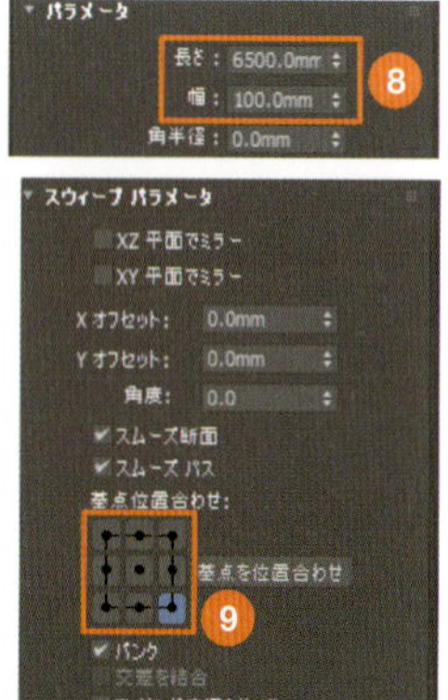

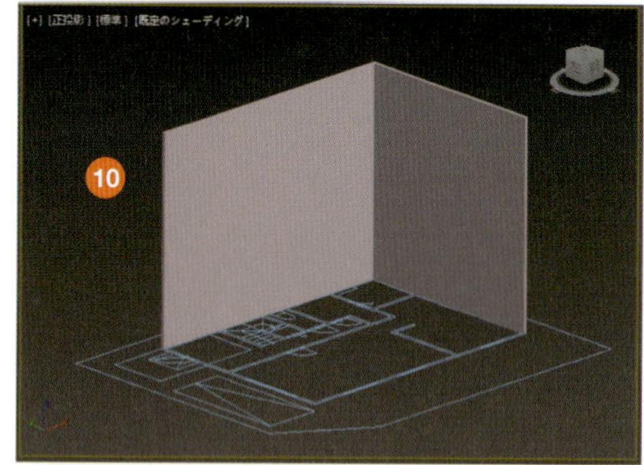

memo ビューの向きは、ビューキューブ（→P.15）などで調整してください。

壁の位置を調整

11 作成した壁を選択して［選択して移動］ツールを右クリックします。

12 ［移動キー入力変換］ダイアログボックスが開きます。絶対値の［Z］に「400」mmと入力してダイアログボックスを閉じます。

13 壁が基礎の高さ分、上へ移動します。これで北側と東側の壁が完成です。内壁としても使用できます。

［選択して移動］ツール

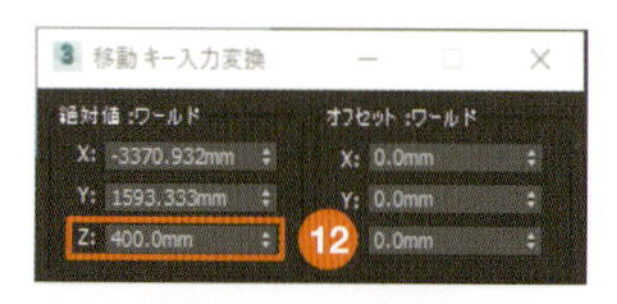

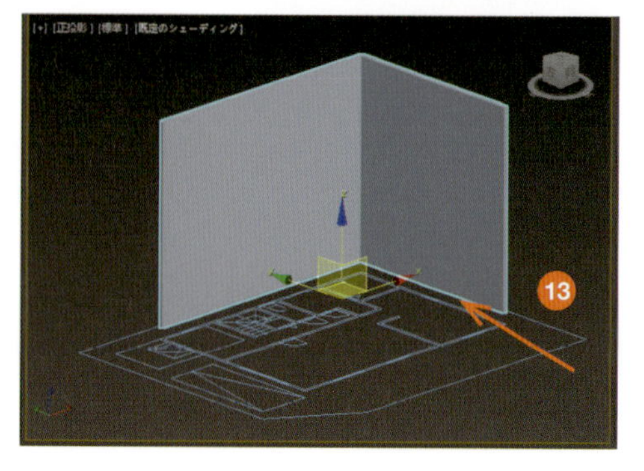

memo スウィープは、ラインを押し上げて厚みを付ける作業が一度でできるため、壁などの作成に向いています。

2-4-5 玄関ドアを作成

玄関ドアをつくります。玄関ドアはドア部分と小窓部分をボックスでつくり、ブール演算の「差」でドアのボックスから小窓のボックスを抜き取って、窓の穴を開けます。

レイヤの準備

1 シーンエクスプローラで「平面図」と「立面図」を表示して、他のレイヤを非表示にします。

2 ［新規レイヤを作成］ツールをクリックし、新規レイヤを作成します。

3 レイヤ名に「玄関ドア」と入力し、新規レイヤを「玄関ドア」レイヤとします。

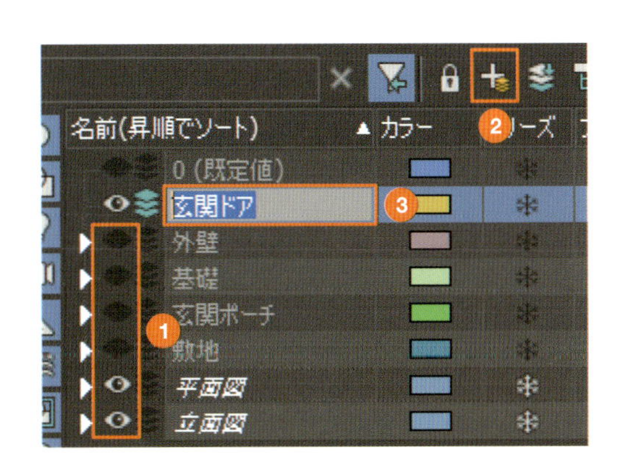

ボックスでドアと小窓をつくる

4 ［作成］パネルの［ジオメトリ］で［ボックス］をクリックします。

5 レフトビューをアクティブにし、玄関ドアの線上にボックスを作成します。

6 パラメータの［高さ］にドアの厚さ「100」mmを入力します。これでドアができました。

7 同様にして小窓をボックスでつくり、［高さ］に厚さ「200」mmを入力します。

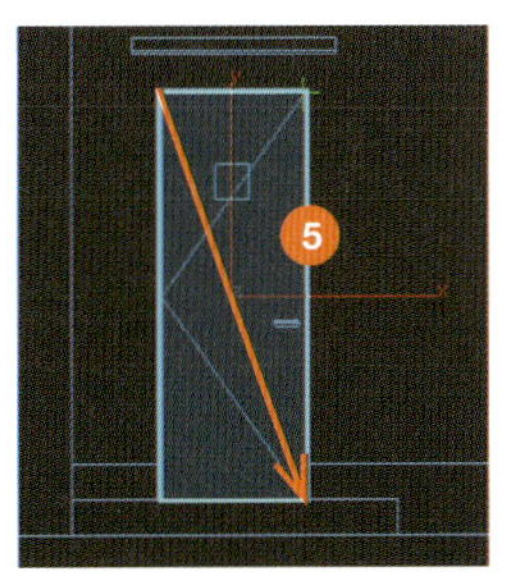

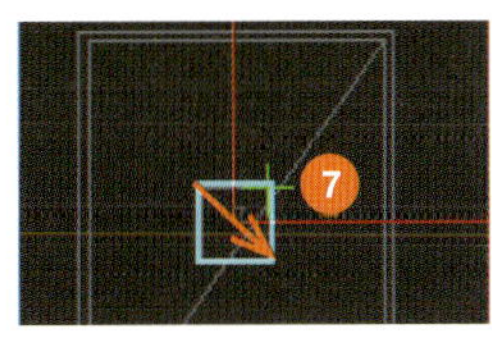

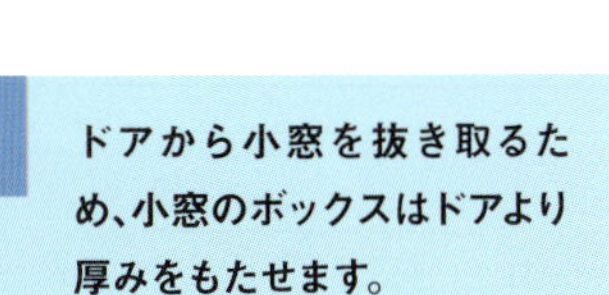

memo ドアから小窓を抜き取るため、小窓のボックスはドアより厚みをもたせます。

8 位置を平面図に合わせます。トップビューをアクティブにして、［選択して移動］ツールをオンにします。ドアと小窓を平面図の位置に合わせ、小窓のボックスはドアを突き抜く位置に移動します。

［選択して移動］ツール

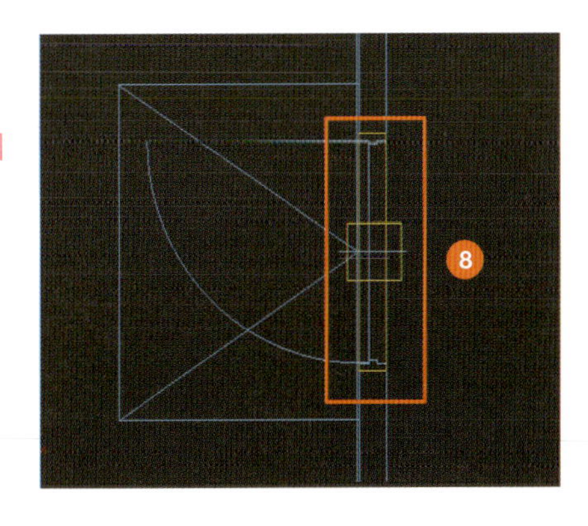

memo 小窓は［スナップ切り替え］ツールをオフにして移動するとやりやすいです。

ブール演算で穴を開ける

9 ドアのボックスを選択して、[作成] パネルで [合成オブジェクト] を選択し、[ブール演算] をクリックします。

10 [ブール演算パラメータ] の [オペランドを追加] をクリックします。

11 ビューで小窓のボックスを選択します。

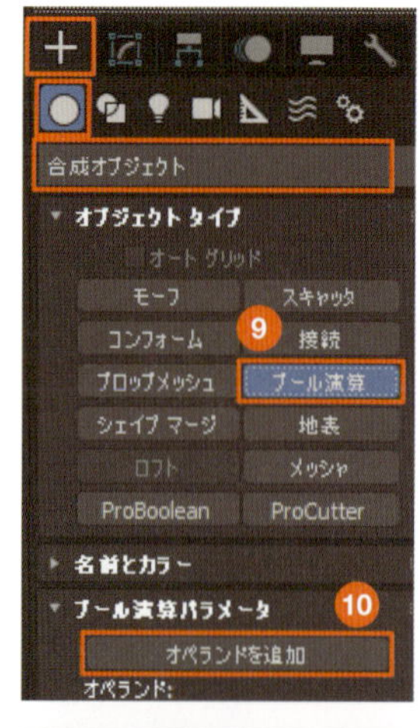

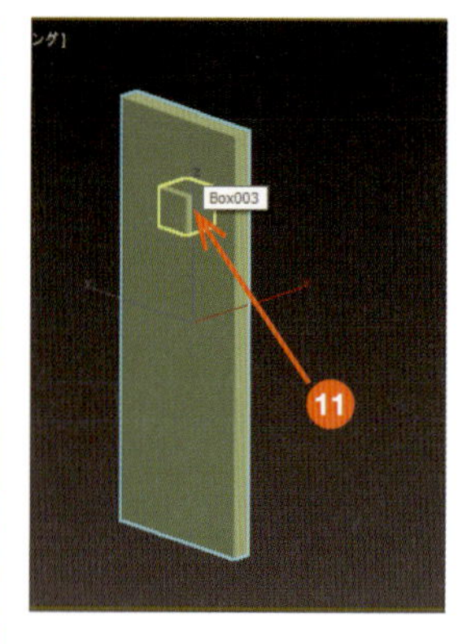

12 [作成] パネルの [オペランド] にドアと小窓のボックスが表示されていることを確認します。[オペランドパラメータ] の [差] をクリックします。

13 ドアに小窓の穴が開きました。これで玄関ドアが完成です。

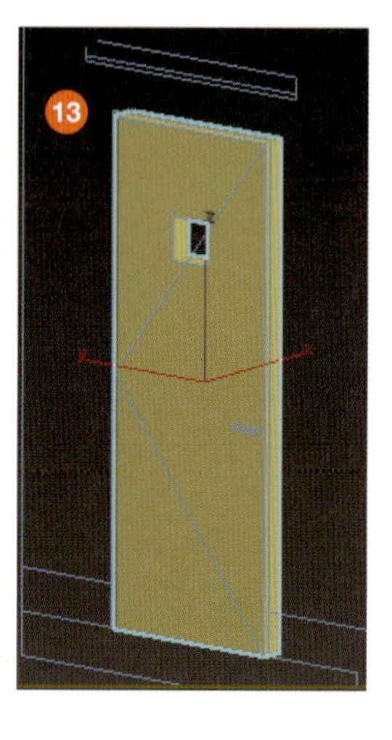

memo ビューで見えなくても、穴のボックス「Box003」はレイヤの中に残っています。レンダリングなどのレイヤ表示では気を付けてください。

memo ブール演算は、オブジェクトとオブジェクトを組み合わせて1つのオブジェクトに加工するときに使われます。引き算でオブジェクトを作成する「差」のほか、足し算で作成する「和」、交差して重なっている部分のみの残す「交差」がよく使われます。

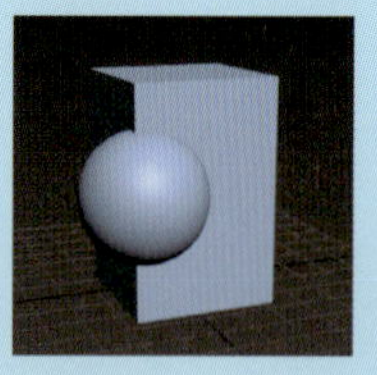

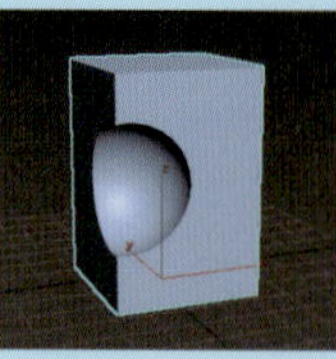

差

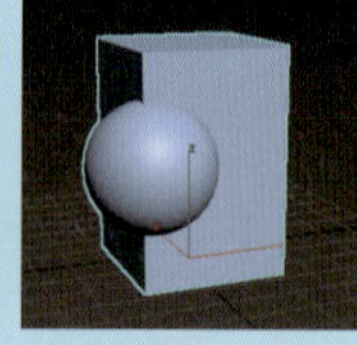

和

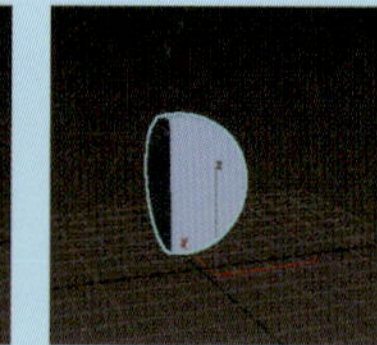

交差

2-5 屋根・玄関庇・窓をつくる

残りの要素となる、屋根、玄関庇、窓を作成します。窓は西立面図の2階右の窓をつくります。他の窓は次の節で作成します。

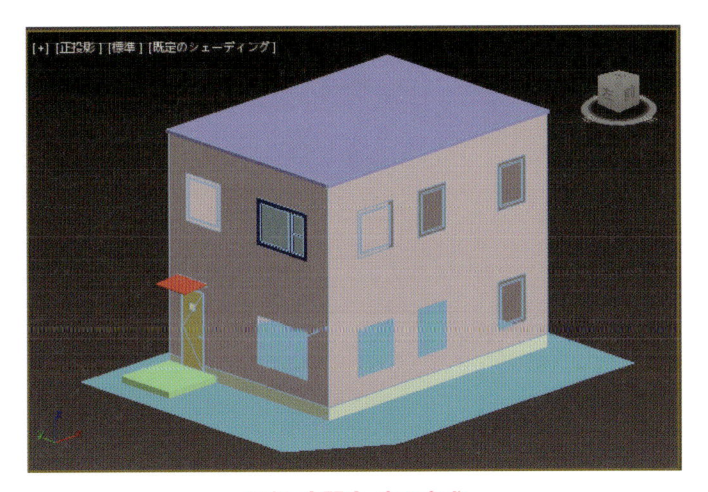

屋根、玄関庇、窓の完成

2-5-1 屋根を作成

屋根はボックスで作成します。

レイヤの準備

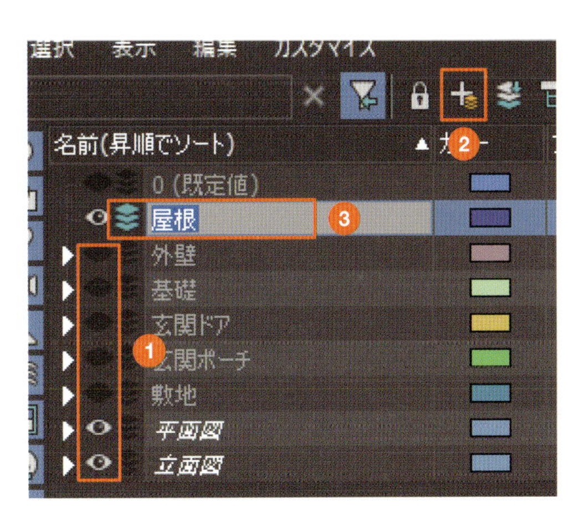

1 シーンエクスプローラで「平面図」と「立面図」だけを表示して、他のレイヤを非表示にします。

2 [新規レイヤを作成] ツールをクリックし、新規レイヤを作成します。

3 レイヤ名に「屋根」と入力し、新規レイヤを「屋根」レイヤとします。

ボックスで屋根をつくる

4 ［作成］パネルで［ボックス］をクリックします。

5 レフトビューをアクティブにします。対角の2つの頂点間をドラッグして、屋根を作成します。

6 屋根のボックスを移動します。フロントビューをアクティブにして、［選択して移動］ツールをクリックし、基点を図面の位置に合わせます。

7 屋根の奥行きを調整します。［修正］パネルのモディファイヤリストから［ポリゴンを編集］を選択します。

8 ［選択］で［頂点］ボタンをクリックします。

9 屋根が半分しかない状態なので、頂点を選択して、［選択して移動］ツールで図面の位置まで移動します。

10 屋根が完成しました。

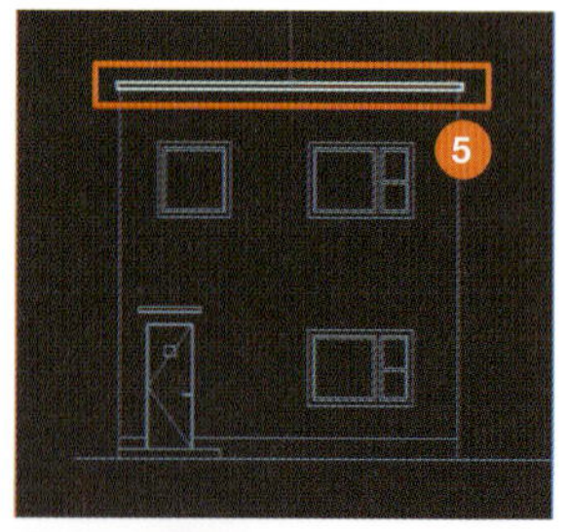

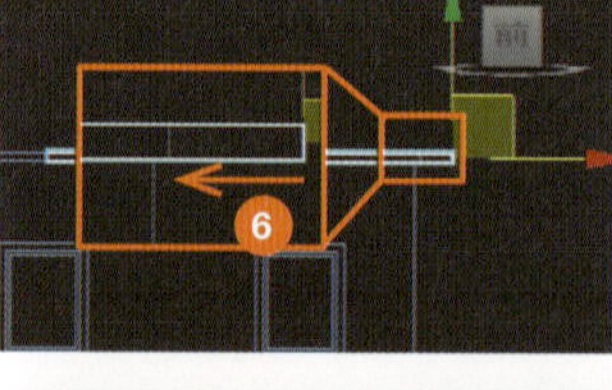

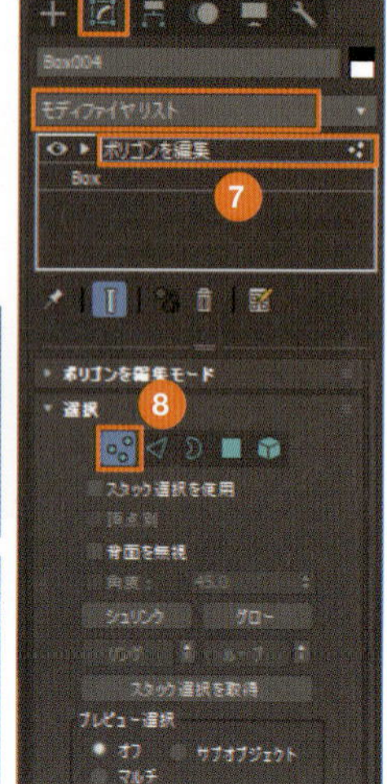

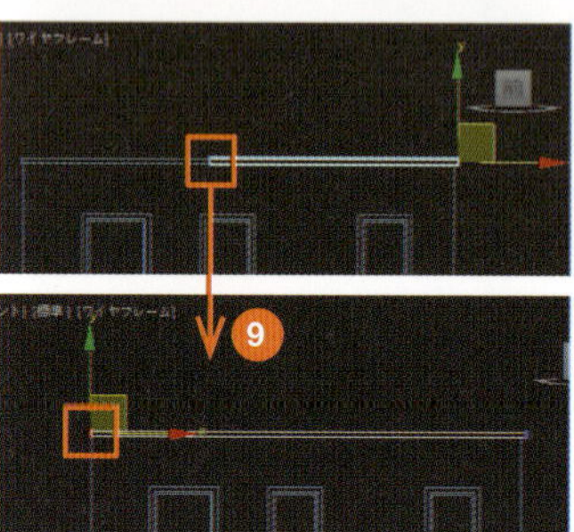

memo 天伏図がある場合は、屋根の線をとれるので、トップビューで作成できます。ここでは天伏図がないため、立面図で作成しました。

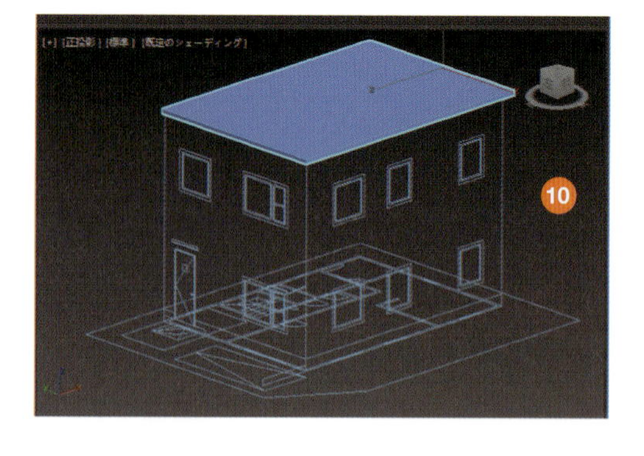

2-5-2 玄関庇を作成

玄関庇はラインで形を描き、それを押し出します。

レイヤの準備

1 シーンエクスプローラで「平面図」と「立面図」だけを表示して、他のレイヤを非表示にします。

2 [新規レイヤを作成] ツールをクリックし、新規レイヤを作成します。

3 レイヤ名に「庇」と入力し、新規レイヤを「庇」レイヤとします。

ライン→押し出しで作成

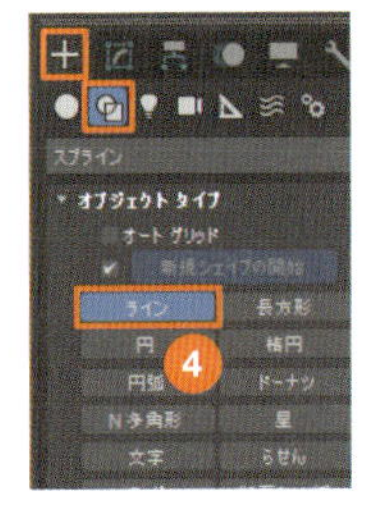

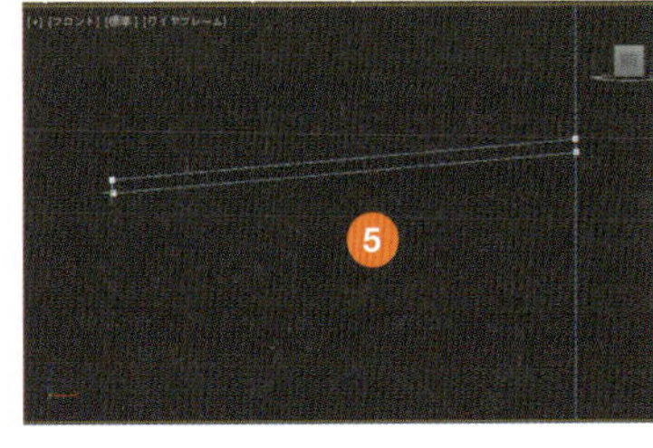

4 [作成] パネルの [シェイプ] から [ライン] をクリックします。

5 フロントビューをアクティブにして、玄関庇の頂点を順にクリックし、最後にスプラインを閉じます(→P.51)。

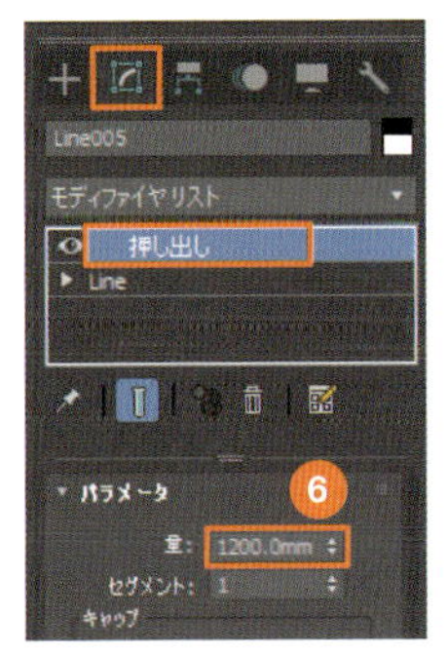

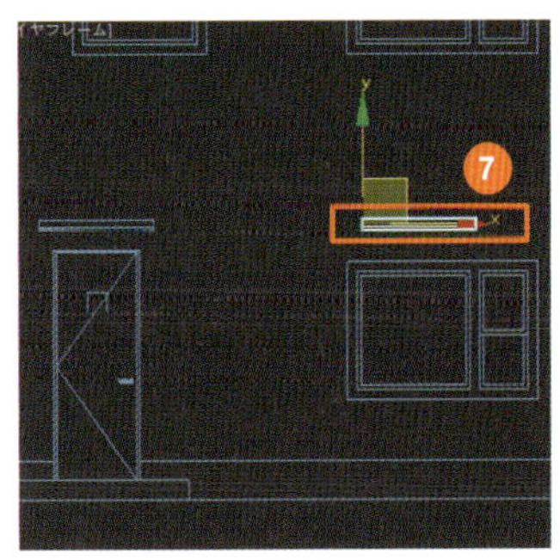

6 [修正]パネルのモディファイヤリストから [押し出し] を選択します。[パラメータ] の [量] に「1200」mmと入力します。

玄関庇の位置を移動

[選択して移動] ツール

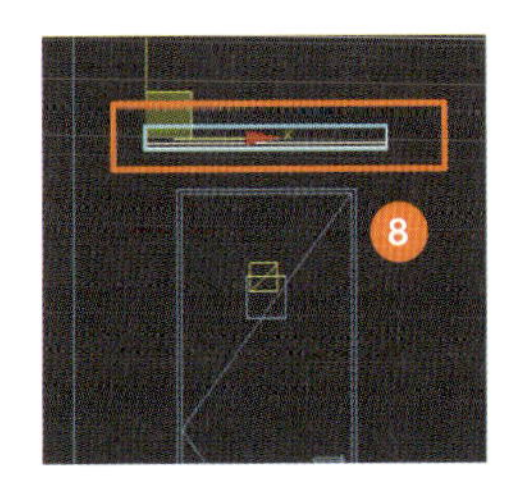

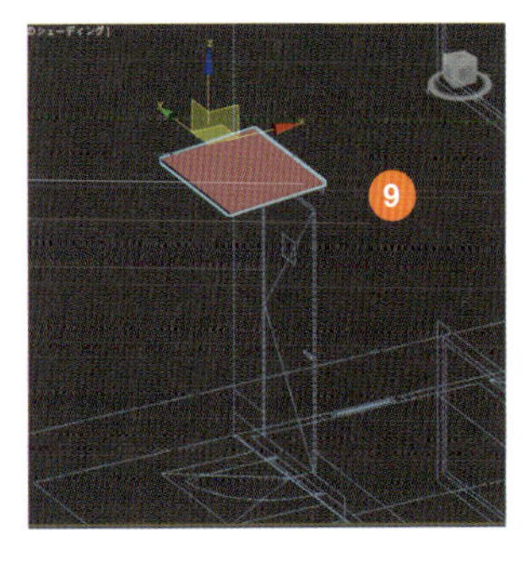

7 玄関庇の形ができましたが、レフトビューで作成した庇を確認すると、図面の位置に作成されていません。

8 [選択して移動] ツールで西立面図の玄関庇の位置に移動します。

9 玄関庇が完成しました。

2-5-3 窓を作成

窓は窓枠とサッシ、ガラスを組み合わせて作成します。窓枠とガラスはボックス、サッシはラインとスウィープでつくります。

レイヤの準備

1 シーンエクスプローラで「立面図」だけを表示して、他のレイヤを非表示にします。

2 ［新規レイヤを作成］ツールをクリックし、新規レイヤを作成します。

3 レイヤ名に「窓ガラス」と入力し、新規レイヤを「窓ガラス」レイヤとします。

4 「窓ガラス」レイヤを選択して［新規レイヤを作成］ツールをクリックし、「ガラス」レイヤを作成します。

5 同様にして「窓ガラス」レイヤの中に「サッシ」レイヤを作成します。

memo
レイヤの色は「ガラス」と「サッシ」でちがう色になっているほうが図形の区別がしやすいです。もし同じ色になっていたら、［カラー］を変更してください。

ボックスで窓枠を作成

1 「サッシ」レイヤをアクティブにします。

2 ［作成］パネルの［ジオメトリ］で［ボックス］をクリックします。レフトビューをアクティブにして、西立面図の右上の窓を拡大しておきます。図面の線を元に方立て（小窓との仕切り）の部分にボックスを作成します。

3 ［修正］パネルで［高さ］を「100」mmに変更します。

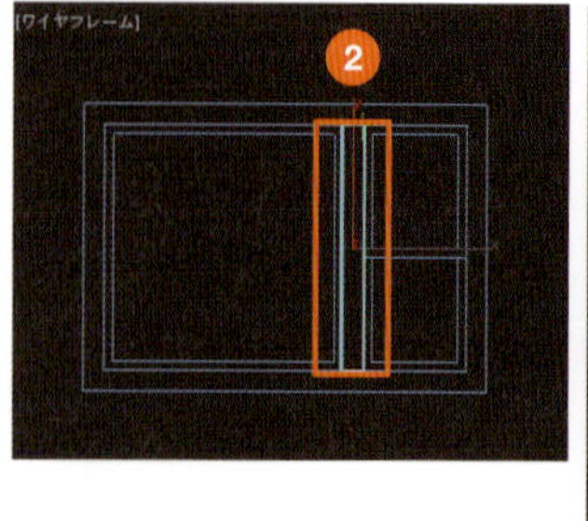
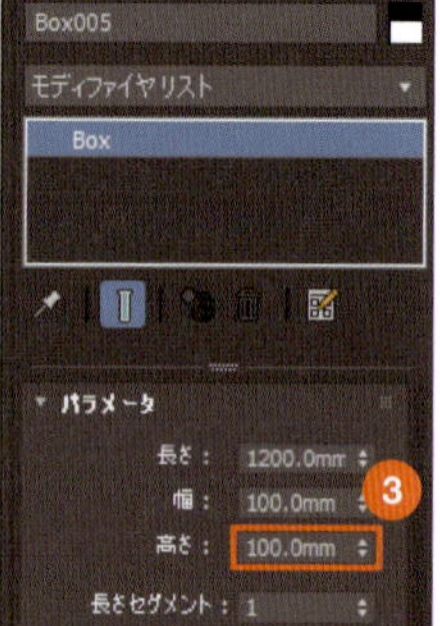

memo
［スナップ切り替え］ツールをオンにしておくと、頂点にスナップして点を取れます。ただ、意図しない点にスナップしてしまうことがあるので、うまく点が取れない場合はオフにし、次ページの頂点移動で位置を合わせてください。

4 同様にして、下の枠も高さ100mmで作成します。

5 下図からずれて作成された場合は、頂点移動で位置を合わせます。［修正］パネルのモディファイヤリストから［ポリゴンを編集］を選択し、［選択］で［頂点］ボタンをクリックします。

6 位置を調整したい頂点を範囲指定で選択します。［選択して移動］ツールをオンにして、選択した頂点をドラッグして下図の頂点に合わせます。

7 同様にして、両端の縦の窓枠と上の窓枠も作成します。図のような形になったら完成です。

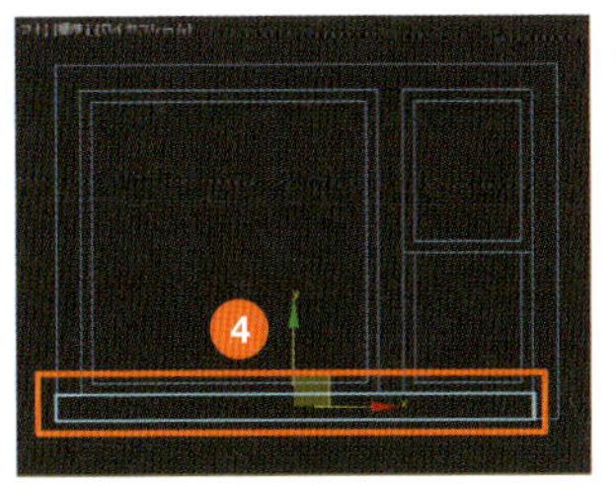

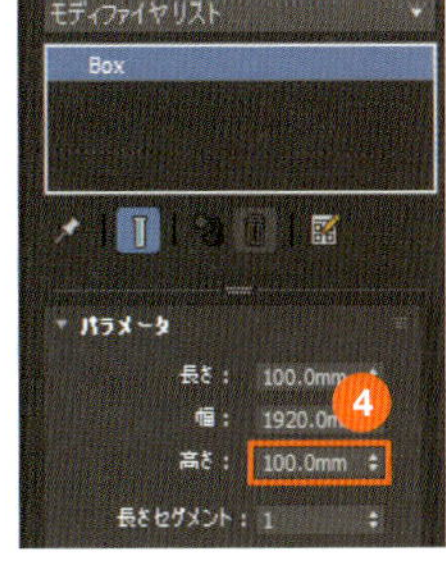

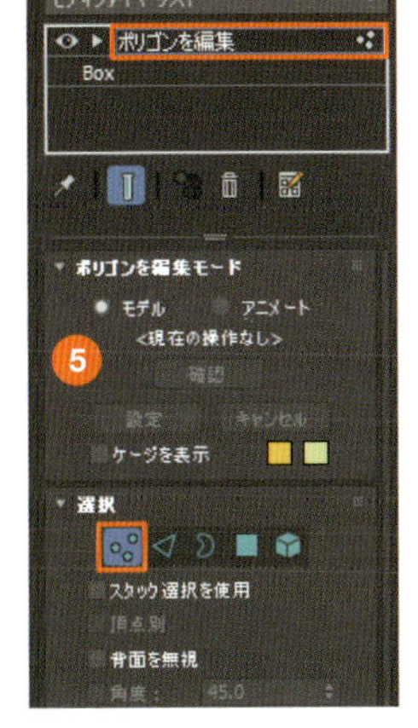

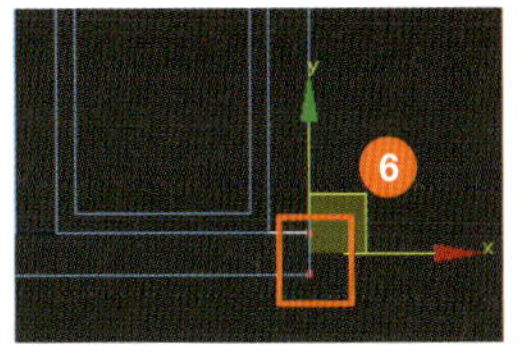

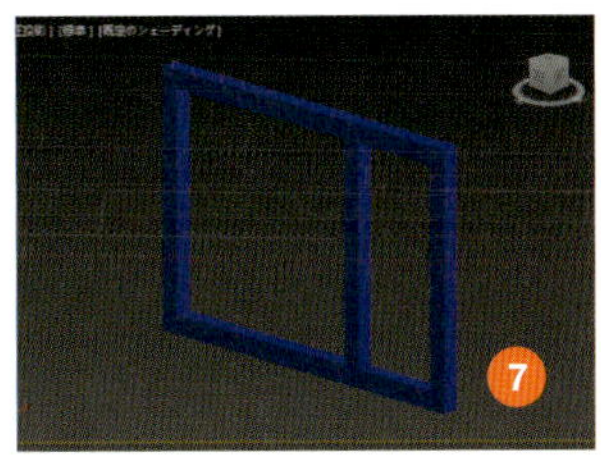

memo

ここまでの操作では、X=0の位置で窓枠が作成されます。平面図を表示して確認すると窓の位置がずれていますが、このあと内側のサッシとガラスを作成したら、まとめて移動するので、このまま操作を進めます。

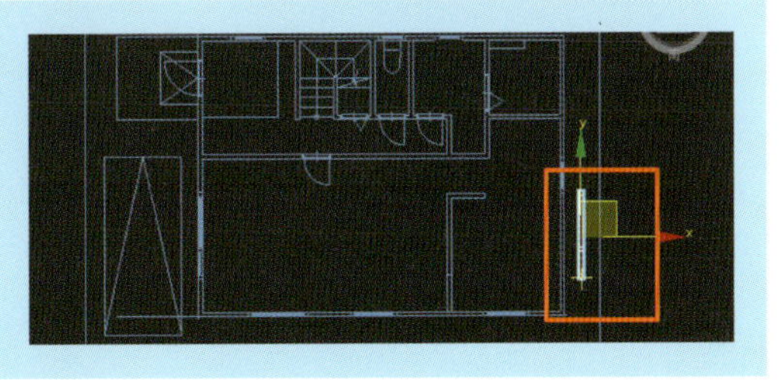

ライン→スウィープでサッシを作成

1 ［作成］パネルの［シェイプ］で［ライン］をクリックします。

2 レフトビューをアクティブにします。左側の窓の面の一番内側の線を元に、頂点を反時計回りでクリックしながらラインを作成します。

memo

このとき時計回りでラインを作成すると、次ページ6でラインの内側にサッシができてしまうので気を付けてください。

3 始点まで戻り、スプラインを閉じます。

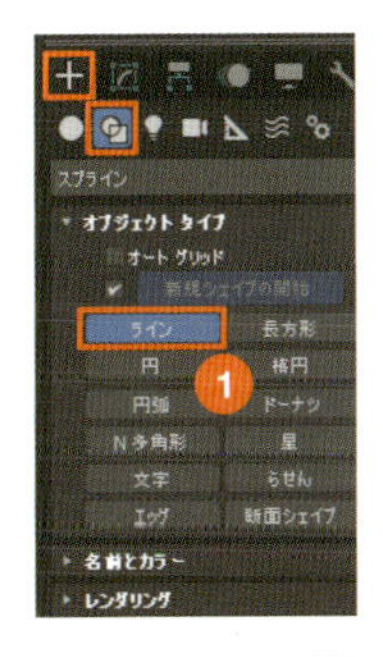

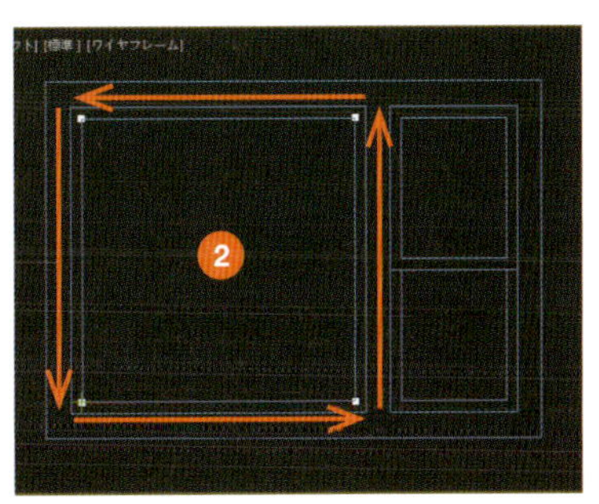

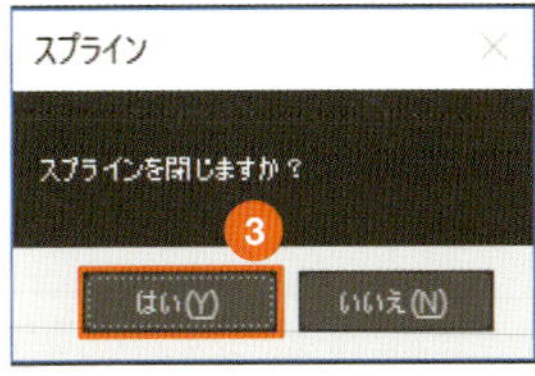

Part 1
Chapter 2

4 ［修正］パネルのモディファイヤリストから［スウィープ］を選択し、［断面タイプ］の［ビルトイン断面］で［バー］を選択します。

5 ［パラメータ］の［長さ］に「35」mm、［幅］に「45」mmと入力し、［基点位置合わせ］を左下にします。

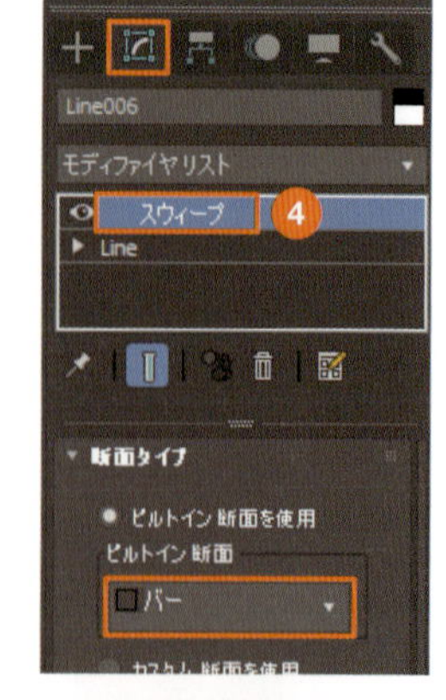

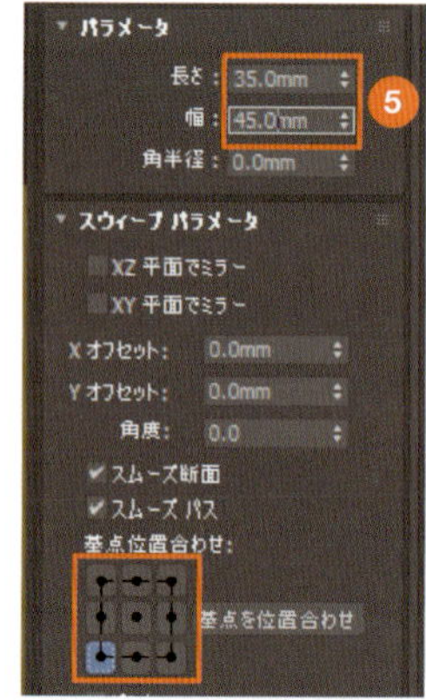

6 厚さ35mm、幅45mmのサッシができました。

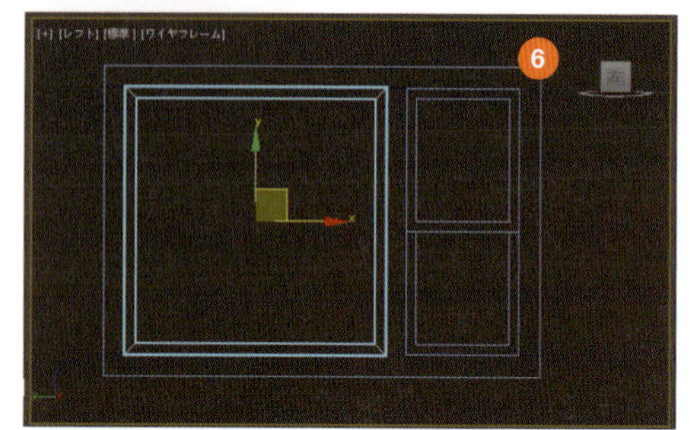

7 同様に、右の小窓の上下のサッシもライン→スウィープで作成します。

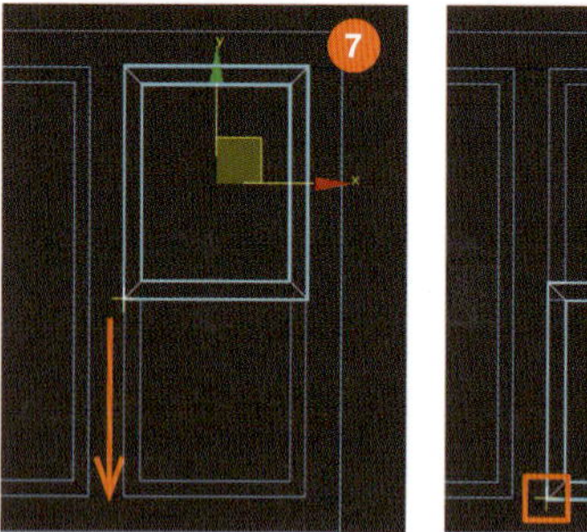

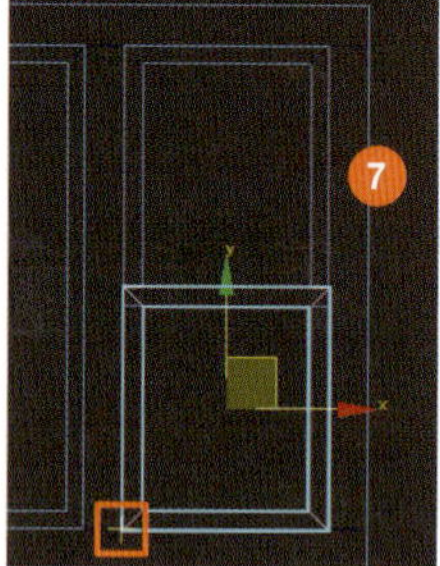

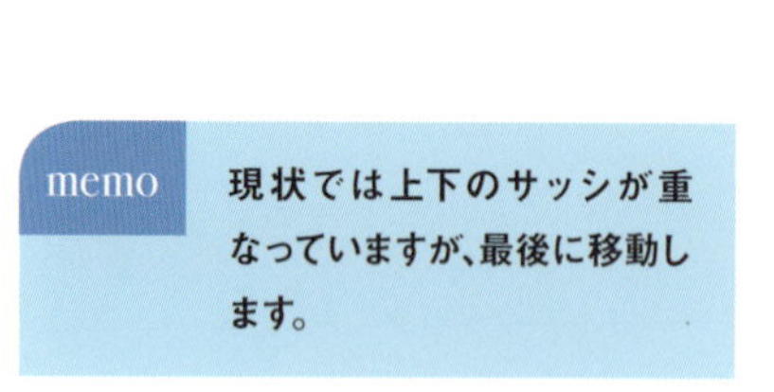
memo
現状では上下のサッシが重なっていますが、最後に移動します。

ボックスでガラスを作成

1 最後にガラスを作成します。「ガラス」レイヤをアクティブにします。

❷ [作成] パネルの [ジオメトリ] で [ボックス] をクリックします。レフトビューをアクティブにして、左側のサッシと同じ位置（一番内側の線）にボックスを作成します。[修正] パネルで [高さ] を「10」mmに修正します。

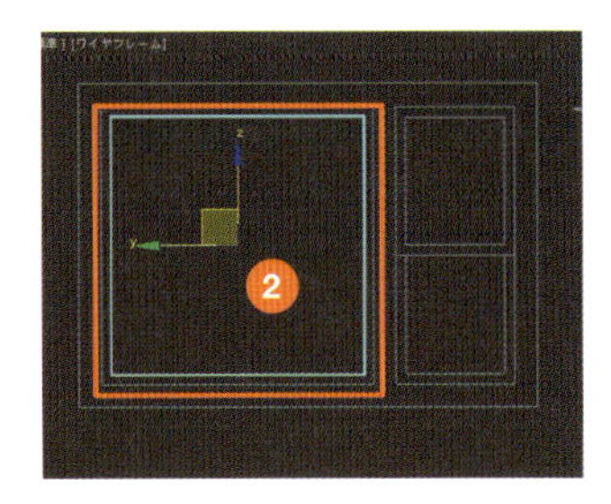

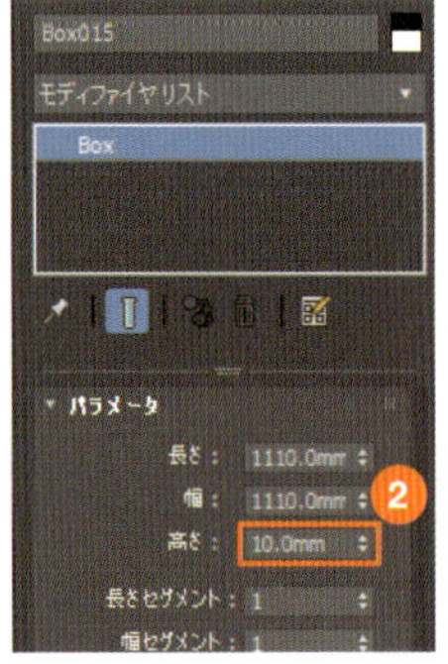

❸ 同様にして、右の小窓の上下のガラスもボックスで作成し、高さを10mmにします。

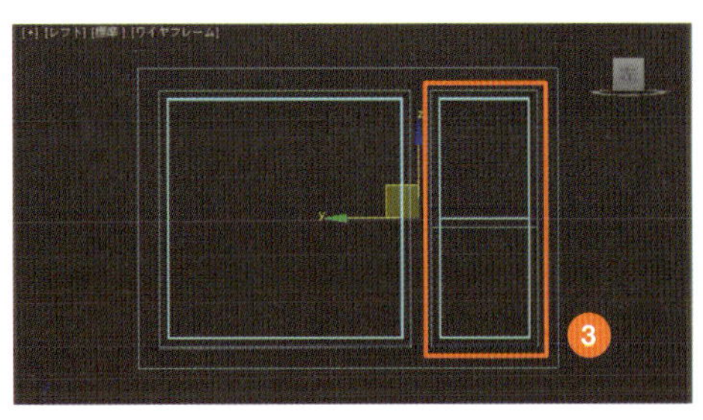

❹ これで窓の形ができました。

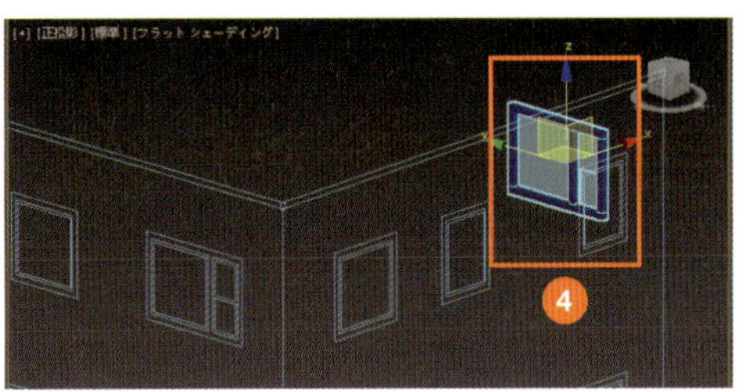

窓ガラスの位置を調整

❶ 作成した窓の位置を合わせます。正投影ビューをアクティブにして、範囲指定で窓全体を選択します。

❷ メインツールバーの [スナップ切り替え] ツールを [3] に切り替えます。

❸ [選択して移動] ツールをオンにし、西立面図の窓の位置まで移動します。

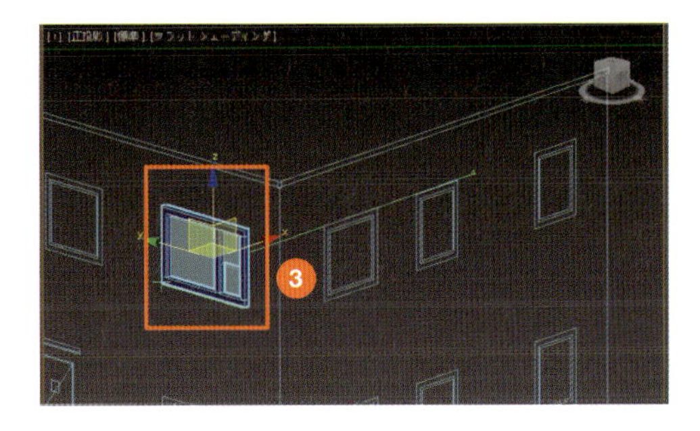

4 シーンエクスプローラで「平面図」を表示して、「立面図」を非表示にします。

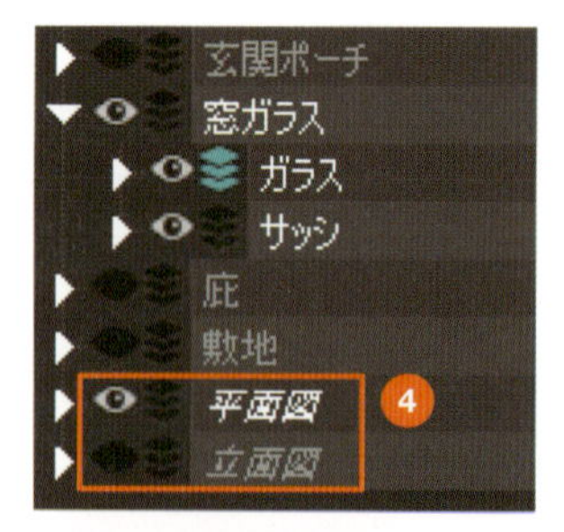

5 [スナップ切り替え] ツールを [2.5] に切り替えます。

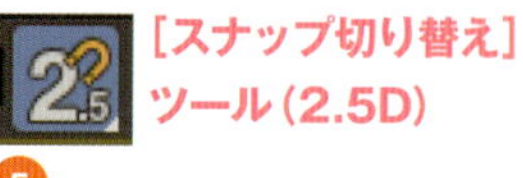

6 トップビューをアクティブにします。[選択して移動] ツールをオンにして、窓枠、サッシ、ガラスが平面図の位置に合うように、各オブジェクトをそれぞれ移動します。

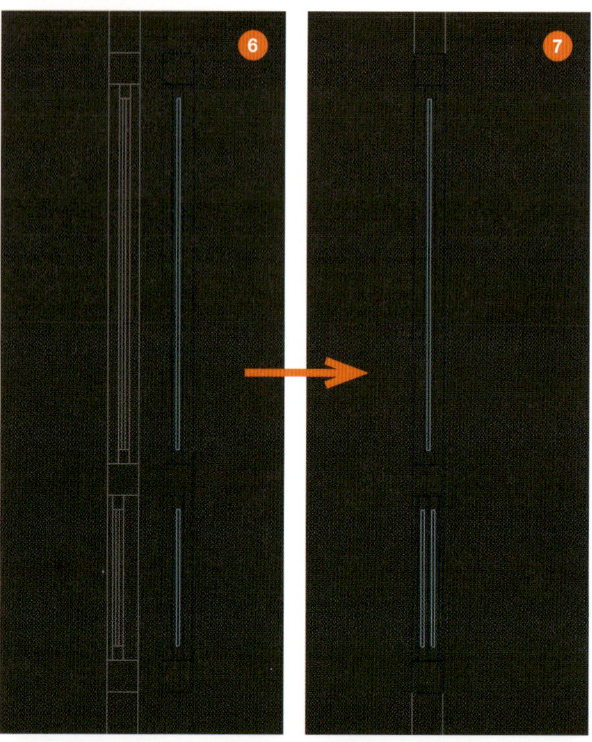

memo **ここでは平面図と完成した窓ガラスがわかりやすいように、平面図と窓ガラスを離し、レイヤの色も変えて表示しています。実際は3の操作によって、重なっている状態です。**

7 小窓は上げ下げ窓にするため、サッシとガラスは上下に重ねず、並べるように配置します。下図がないところのガラスは、下のサッシの中点にスナップして配置します。

8 位置を合わせたら、窓ガラスの完成です。

memo **ビューポートラベルメニューの[フラットシェーディング] をクリックして、メニューから [エッジ面] を選択すると、エッジが表示されて各パーツの凸凹がわかりやすくなります。**

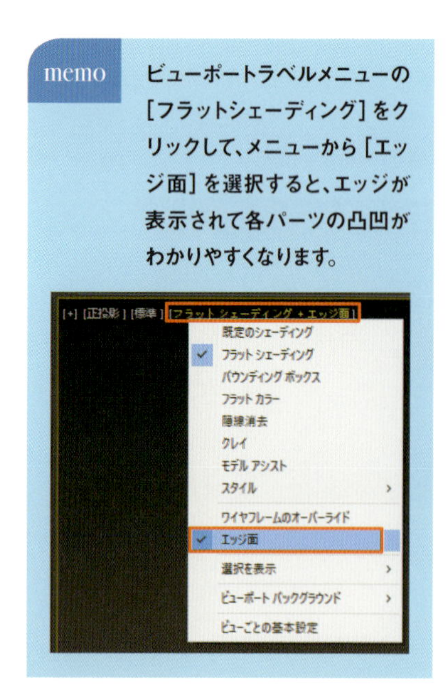

2-6 窓をコピーして配置する

最後に窓をコピーして、西立面と南立面のそれぞれの開口部に配置したら、建物外観のモデリングは完成です。

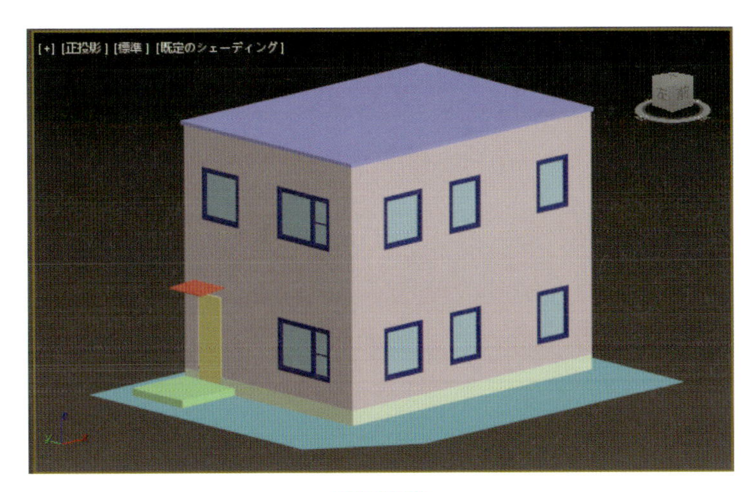

窓の完成

2-6-1 クローン作成

オブジェクトのコピーは［クローン作成］コマンドで行います。まず、ティーポットを例にコピーの方法を説明します。

クローン作成

1. 任意の大きさのティーポットを作成します（→P.21）。
2. ティーポットを右クリックし、クアッドメニューから［クローン作成］を選択します。

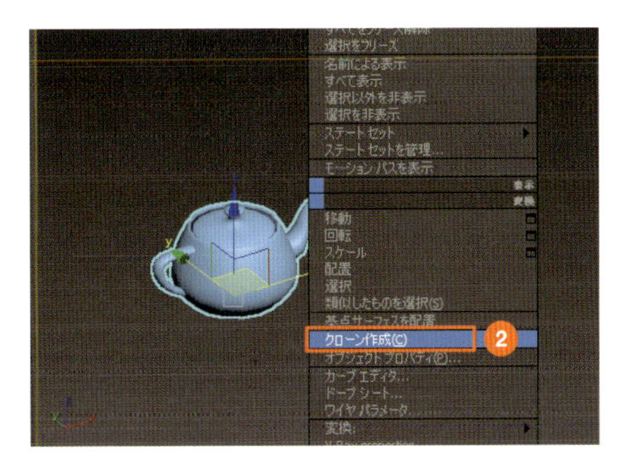

3 ［クローンオプション］ダイアログボックスが開きます。［オブジェクト］の［コピー］を選択して［OK］をクリックします。

memo コピーに名前を付ける場合は、［名前］にオブジェクト名を入力します。

4 オブジェクトが同位置にコピーされます。図はコピーしたオブジェクトを移動しています。

memo オブジェクトをコピーするときは、［クローンオプション］ダイアログボックスで［コピー］または［インスタンス］を選択します。この2つのちがいは、元データが編集された場合、インスタンスには自動的にその編集が反映され、コピーには反映されないことです。常に元データと同じ形にするときは［インスタンス］、その必要がないときには［コピー］を選択します。

元データの大きさを変更すると、インスタンスの大きさも変わるが、コピーは変わらない。

2-6-2 西立面に窓をコピー

西立面2階に作成した窓（サッシとガラス）を、西立面の1階にコピーします。

レイヤの準備

1 シーンエクスプローラで「窓ガラス」と「立面図」だけを表示して、他のレイヤを非表示にします。

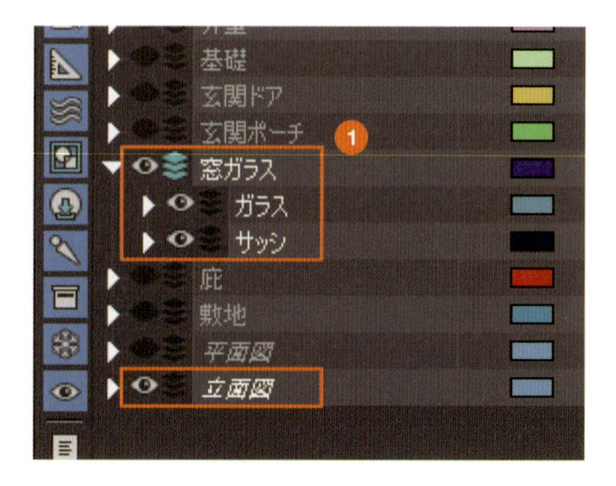

クローン作成

2 レフトビューで作成した窓を矩形で範囲選択し、窓枠、サッシ、ガラスをまとめて選択します。

3 右クリックしてクアッドメニューから［クローン作成］を選択します。

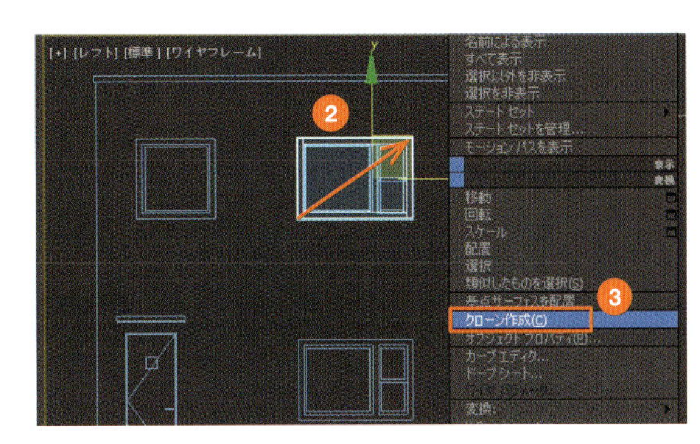

4 ［クローンオプション］ダイアログボックスが開きます。［コピー］を選択して［OK］をクリックします。窓が同位置にコピーされます。

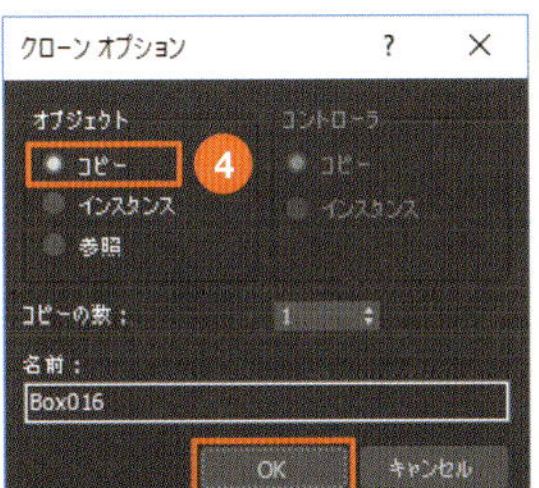

5

［選択して移動］ツール

［スナップ切り替え］ツール

コピーした窓を移動

5 コピーされた窓が選択されていることを確認して、［選択して移動］ツールをクリックします。［スナップ切り替え］ツールがオンになっていることを確認します。

6 頂点のマーカーを基準にしてドラッグし、1階の窓の位置に移動します。

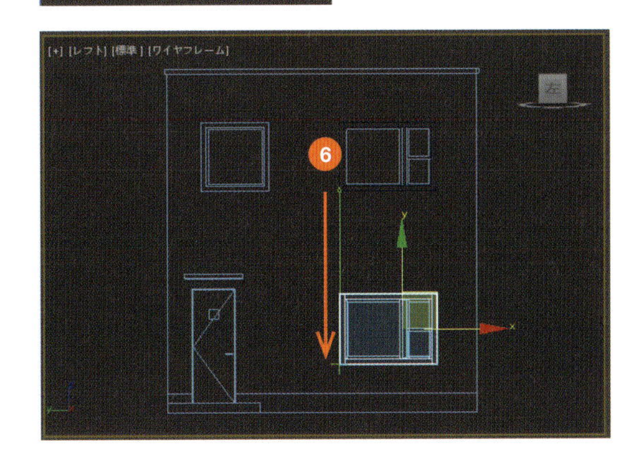

> **memo**
> **右クリックで［クローン作成］を選択する代わりに、Shiftキーを押しながらオブジェクトをドラッグしても、［クローンオプション］ダイアログボックスを表示できます。**
> **連続してコピーするときなどは、いちいち右クリックする手間が省けて、効率よく作業できます。**

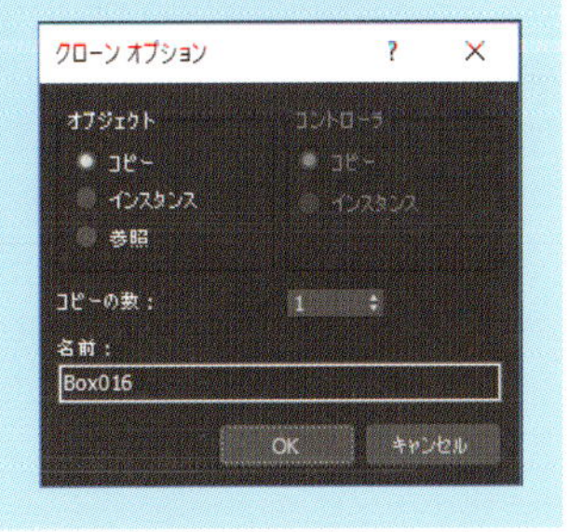

2-6-3 窓を編集して形を変える

西立面2階左側の窓は形がちがうので、作成済みの窓をコピーして編集します。

クローン作成

1 メインツールバーの［領域内／交差］ツールを［交差］モードに切り替え、作成済みの右側の窓を、小窓を含まないようにして右下から左上に矩形選択します。

［交差］モード

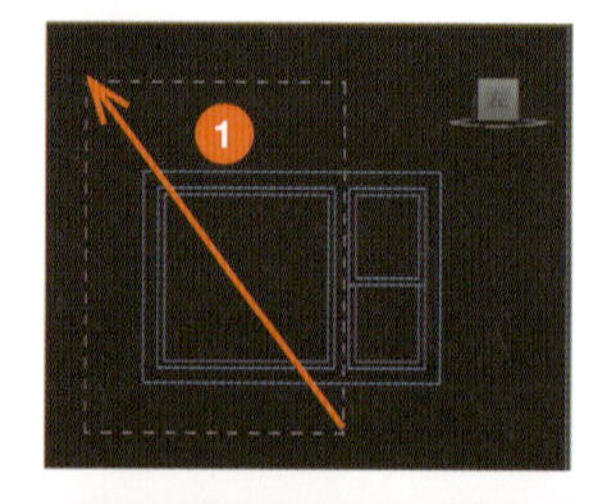

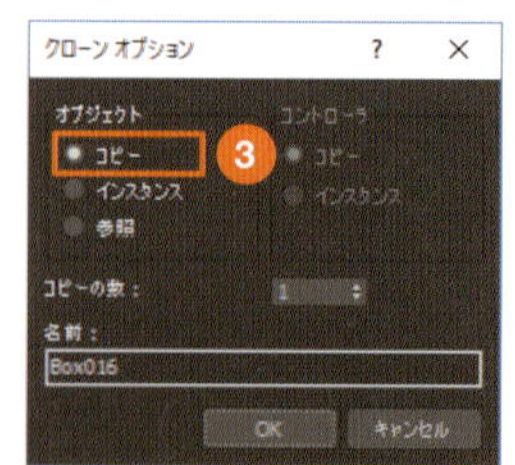

2 右クリックしてクアッドメニューから［クローン作成］を選択します。

3 ［クローンオプション］ダイアログボックスが開きます。［コピー］を選択して［OK］をクリックします。窓が同位置にコピーされます。

4 ［選択して移動］ツールと［スナップ切り替え］ツールをオンにします。頂点のマーカーを基準にしてドラッグし、左側の窓の位置に移動します。

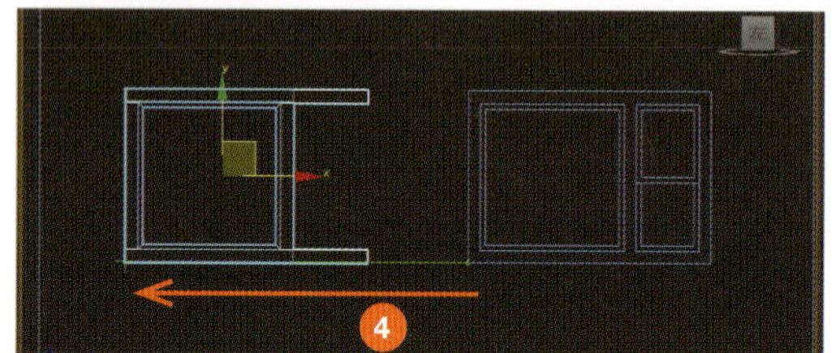

頂点移動で窓を編集する

5 サイズの違う上下の窓枠を図面に合わせます。［修正］パネルの［選択］で［頂点］ボタンをクリックします。

6 下枠右側の頂点を範囲指定で選択し、［選択して移動］ツールで図面の位置に合わせます。

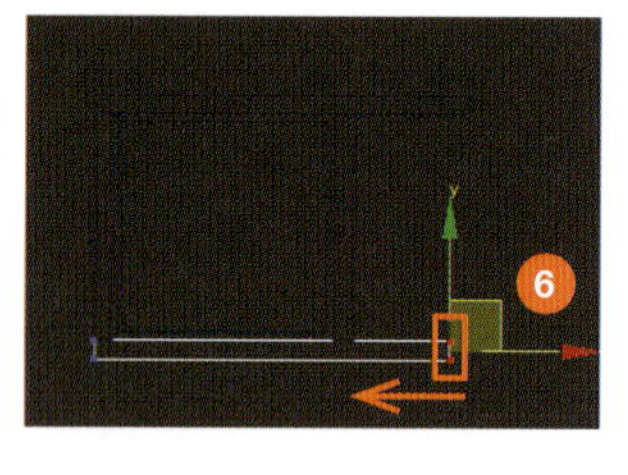

7 上枠も同様にして、図面の位置に合わせます。［頂点］ボタンをクリックして、選択を解除したら西側の窓が完成です。

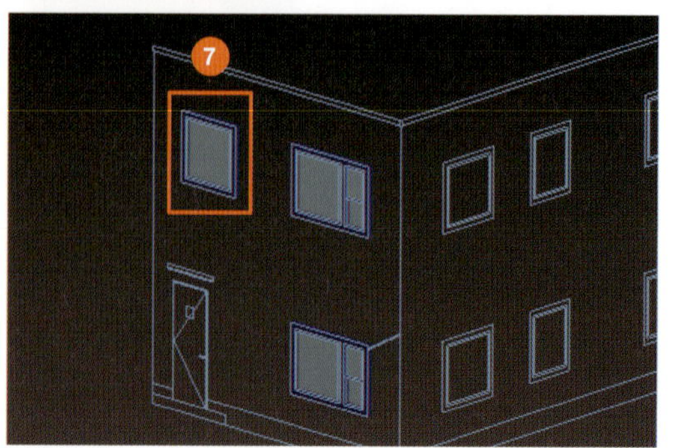

2-6-4 西立面から南立面へ窓をコピー(回転移動)

編集した窓オブジェクトをコピーして、南立面に移動します。南立面は、西立面と垂直に交わっているため、コピーした窓を90度回転させて移動します。

クローン作成

1 「窓ガラス」レイヤがアクティブになっていることを確認します。

2 西立面2階左側の窓を選択して右クリックし、クアッドメニューから[クローン作成]を選択します。

3 [クローンオプション]ダイアログボックスが開きます。[コピー]を選択して[OK]をクリックします。窓が同位置にコピーされます。

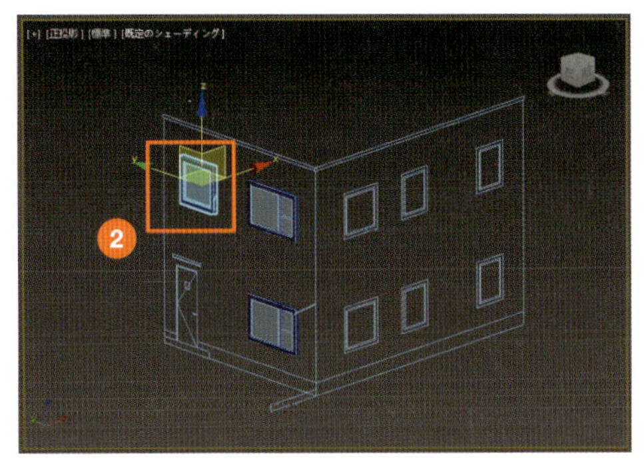

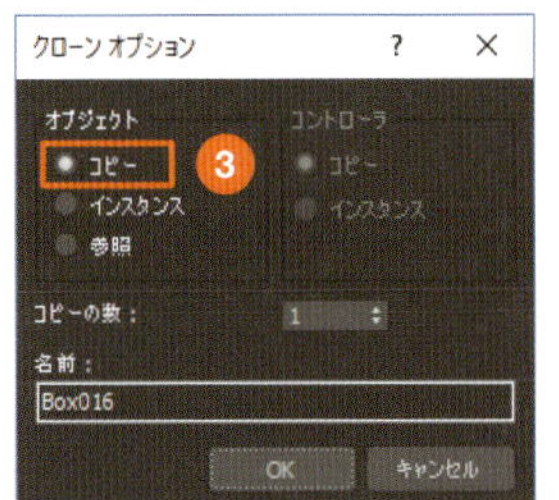

回転して移動

4 [選択して回転]ツールをクリックし、[スナップ切り替え]ツールを[3]にします。

[選択して回転]ツール

[スナップ切り替え]ツール(3D)

5 マウスポインタを青いZ回転軸に移動し、軸が黄色くなったら90の値が出るまで軸をドラッグで回転します。

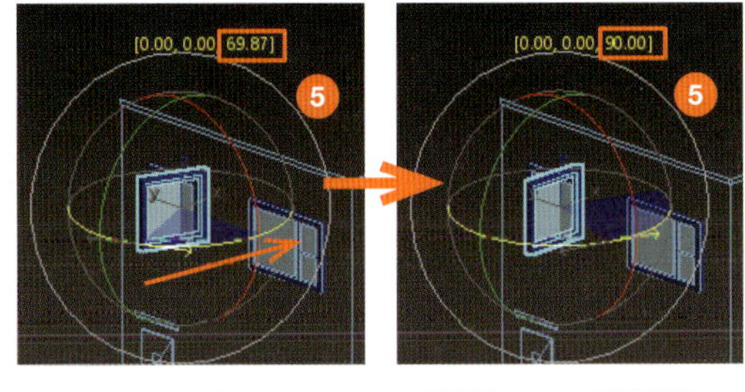

6 [選択して移動]ツールをクリックし、南立面2階左側の開口部に移動します。窓を南側にコピーできました。

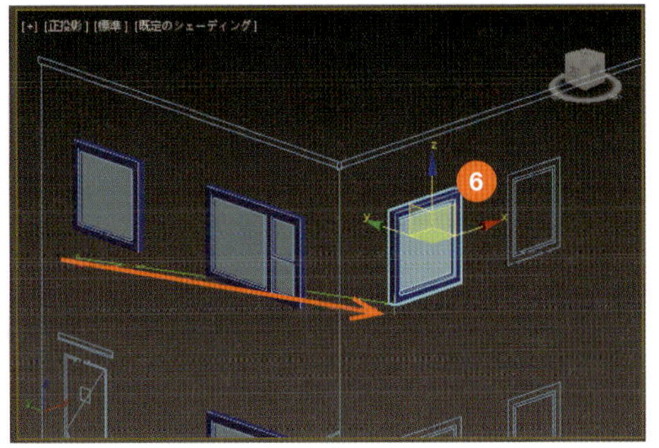

memo

数値入力で回転する場合は、[選択して回転]ツールを右クリックして[回転キー入力変換]ダイアログボックスを開きます。[オフセット:画面]の[Z]に「90」度と入力して、ダイアログボックスを閉じます。

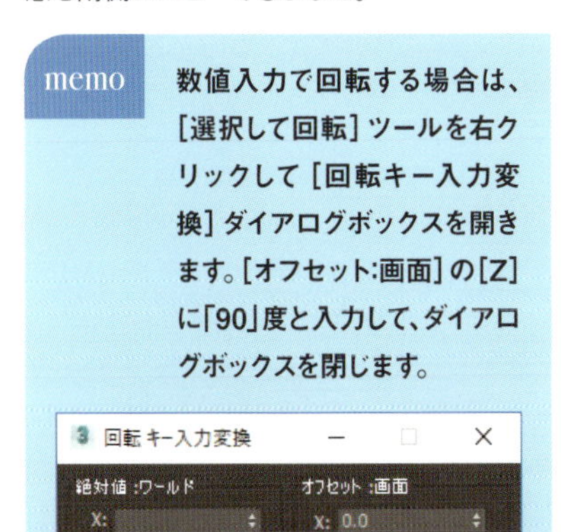

column 絶対値とオフセット（移動キー入力変換）

数値移動時に使用する［移動キー入力変換］ダイアログボックスには、［絶対値］と［オフセット］という2種類の指定方法があります。このちがいについて説明します。

移動 キー入力変換
絶対値 :ワールド
X: 0.0mm
Y: 0.0mm
Z: 0.0mm
オフセット :画面
X:
Y:
Z:

▪絶対値

グリッド表示で出現する黒い太線の交点が絶対座標の原点になります。絶対値はこの原点からの距離を、XYZ座標で指定する方法です。絶対座標の原点は「ワールドの原点」ともいいます。

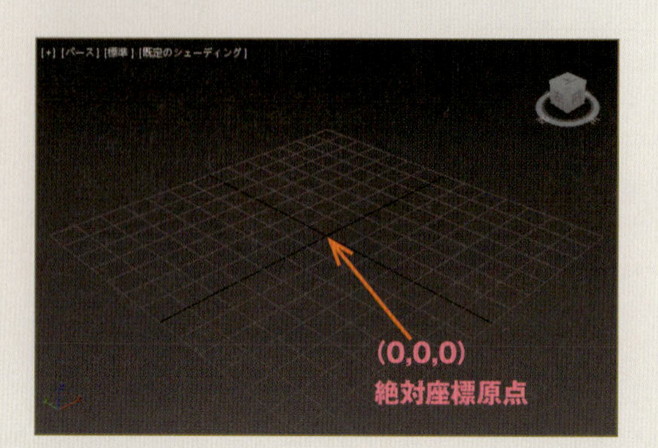

▪オフセット

オフセットは、選択したオブジェクトの基点（ギズモの点）や頂点などを原点として、その点からの距離をXYZ座標で指定する方法です。一般的に「相対座標」と呼ばれる考え方で、ある図形を基準に移動距離を決めるときに利用します。

たとえば、基点が原点にあるオブジェクトをX方向に250移動したいときは、［絶対値］と［オフセット］のどちらでも、XYZに（250,0,0）と指定すれば移動できます。そのオブジェクトをさらにY方向に250移動したいときは、［オフセット］なら（0,250,0）、［絶対値］なら（250,250,0）と指定します。原点からの距離がわからない場合は、［オフセット］を使うほうが便利です。

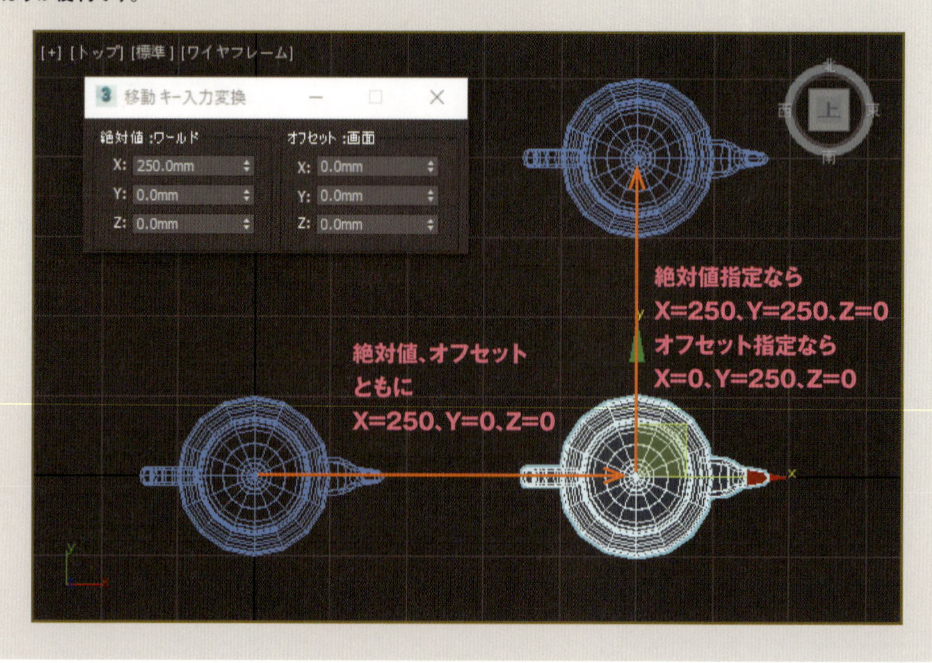

2-6-5 南立面で窓をコピー（距離計測移動）

南立面2階左側の窓をコピーして、その下の1階開口部に移動します。ここでは、移動先までの距離を測り、その数値を入力して移動する方法を紹介します。

クローン作成

1 フロントビューをアクティブにします。南立面2階左側の窓を選択して右クリックし、クアッドメニューから［クローン作成］を選択します。

2 ［クローンオプション］ダイアログボックスが開きます。［コピー］を選択して［OK］をクリックします。窓が同位置にコピーされます。

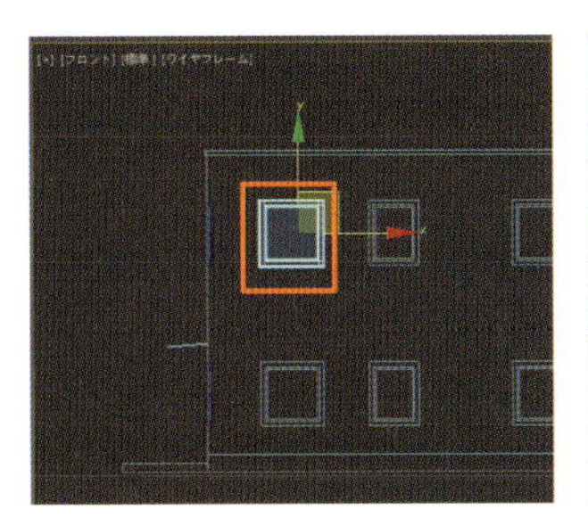

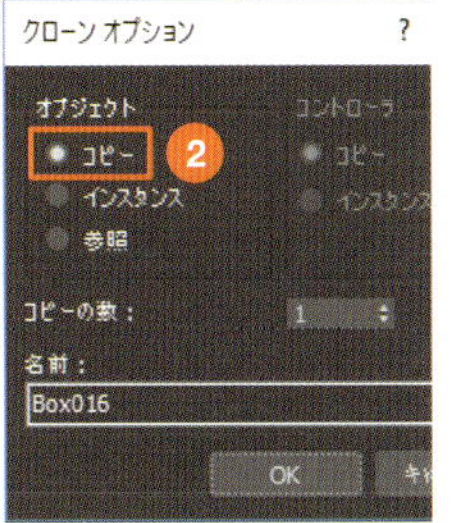

距離を測って数値移動

3 シーンエクスプローラで［新規レイヤを作成］ツールをクリックし、新規レイヤ「テープ」を作成します。

4 ［作成］パネルの［ヘルパー］にある［テープ］をクリックします。［テープ］は距離を計ることができます。

5 1階の窓の任意の頂点をクリックし、2階の窓の同じ位置の頂点までドラッグします。

6 ［作成］パネルの［パラメータ］の［長さ］に頂点間の距離「3500mm」が表示されます。

7 ［選択して移動］ツールを右クリックして［移動キー入力変換］ダイアログボックスを開きます。［オフセット:画面］の［Y］に「－3500」mmと入力して、ダイアログボックスを閉じるとコピーした窓が1階に移動します。

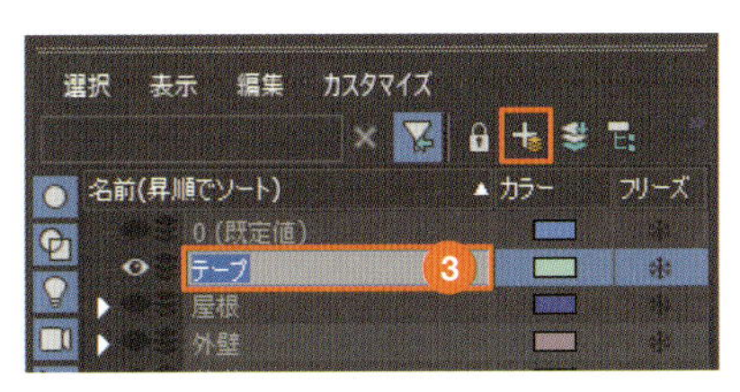

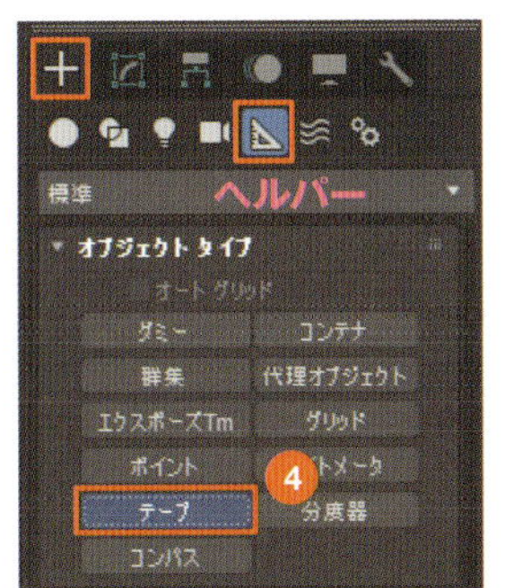

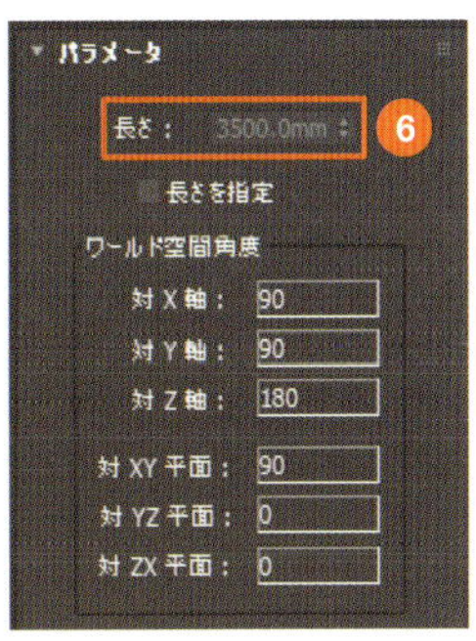

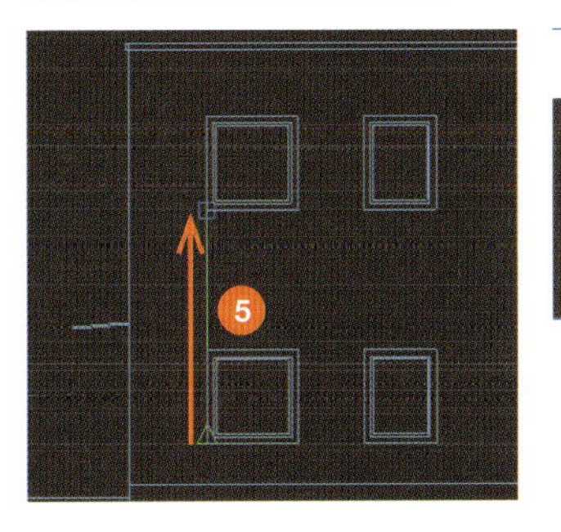

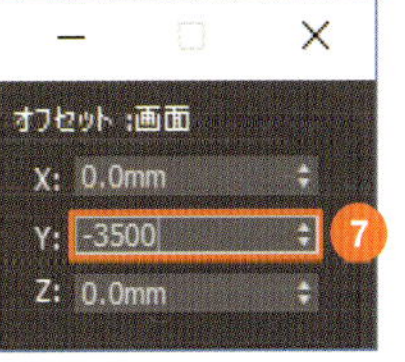

残りの窓も配置する

8 残りの窓も同様にして、コピーして配置し、大きさがちがうものは頂点移動（→P.47）などを使って、形を修正します。ガラスのサイズ調整が必要な場合には、［修正］パネルのモディファイヤリストから［ポリゴン編集］を選択し、ポリゴンに変換してから、頂点移動を行いましょう。

memo **1階と2階の上下の窓は同じ形のため、クローン作成時に［インスタンス］を選択してもかまいません。**

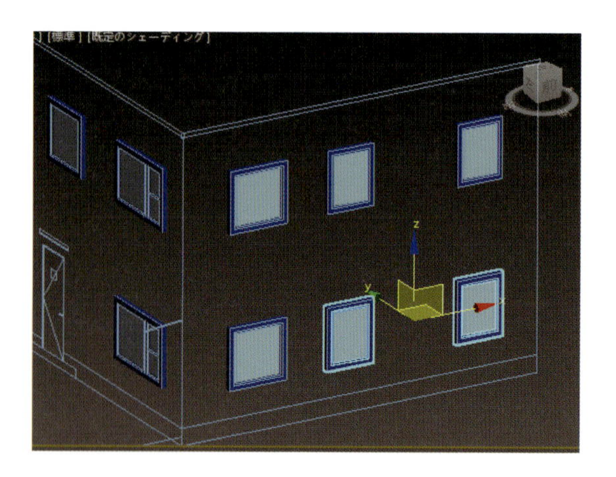

モデリング完成

建物外観のモデリングはこれで終了です。平面図と立面図のレイヤを非表示、他のレイヤをすべて表示して、完成したモデルを確認してみましょう。

memo **ここでは練習のため、すべての面を作成しましたが、はじめからアングル（→P.80）が決まっている場合は、ムダな作業を減らすためにも見えない面はモデリングをしなくてもよいです。**

column よく使うコマンドを[修正]パネルにボタン表示

[修正]パネルによく使うコマンドをボタン表示しておくと、モディファイヤリストからコマンドを探す手間が省けて便利です。ここでは[押し出し]を例にして、ボタン表示する方法を紹介します。

1 [修正]パネルの[モディファイヤセットを設定]ボタンをクリックし、開いたメニューから[モディファイヤセットを設定]を選択します。

すでに設定されているコマンドを上書きしたくない場合は、ここでボタンの数を増やし、無地のボタンを表示させて、その上にコマンドをドラッグしてください。

2 [モディファイヤセットを設定]ダイアログボックスが開きます。[モディファイヤ]から[押し出し]を選択し、任意のボタン(ここでは[スプライン選択])の上へドラッグします。

3 ボタンが[押し出し]に上書きされます。[OK]をクリックします。

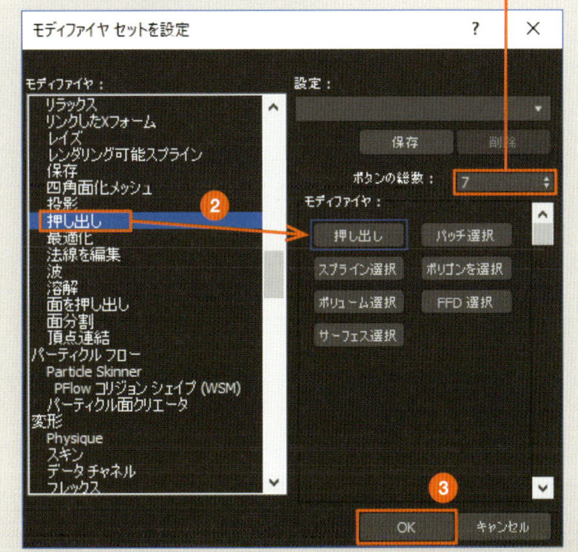

4 再び、[修正]パネルの[モディファイヤセットを設定]ボタンをクリックし、開いたメニューから[ボタンを表示]を選択します。

5 [修正]パネルのモディファイヤリストの下にボタンが表示され、[押し出し]ボタンが確認できます。

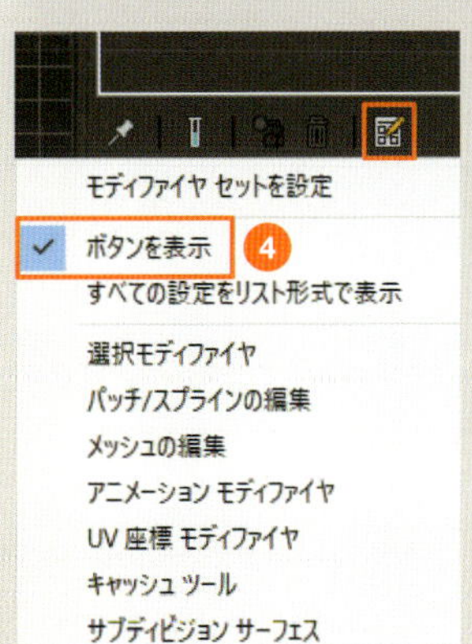

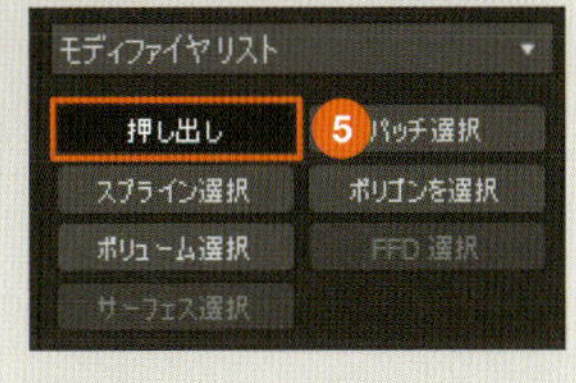

column よく使うコマンドにショートカットキーを割り当てる

よく使うコマンドにオリジナルのショートカットキーを割り当てることができます。

1. メインメニューの［カスタマイズ］→［ユーザインタフェースをカスタマイズ］を選択します。

2. ［ユーザインタフェースをカスタマイズ］ダイアログボックスが開きます。［キーボード］タブを選択し、［アクション］からショートカットキーを割り当てるコマンドを選択します。

3. ［ホットキー］の欄をクリックしてから、キーボードで設定したいキーを押します。すでに割り当てられているキーの場合、［割り当て先］にそのキーのコマンドが表示されますが、変更もできます。

4. ［割り当て］をクリックします。

5. ［保存］をクリックします。これでオリジナルのショートカットキーが設定されました。

Chapter 3

カメラの設定とアングル出し

3-1 カメラオブジェクトでアングルを決める

「作成したモデルのどの部分をCGとして見せるのか」を決めるのが、アングルを決める作業です。写真を撮るのと同じように、建物がより良く見える角度を指定します。アングルは、視点の位置にカメラオブジェクトを配置し、ターゲット（被写体）を指定して作成します。このカメラに投影された画面をレンダリングして、CGパースとして書き出します。

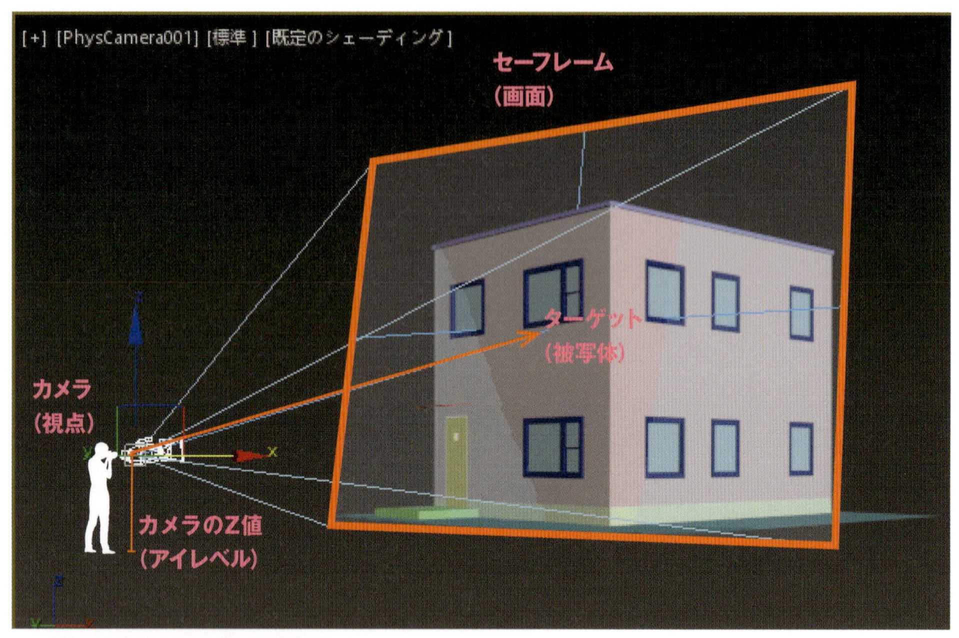

アングル決めのイメージ（立面）

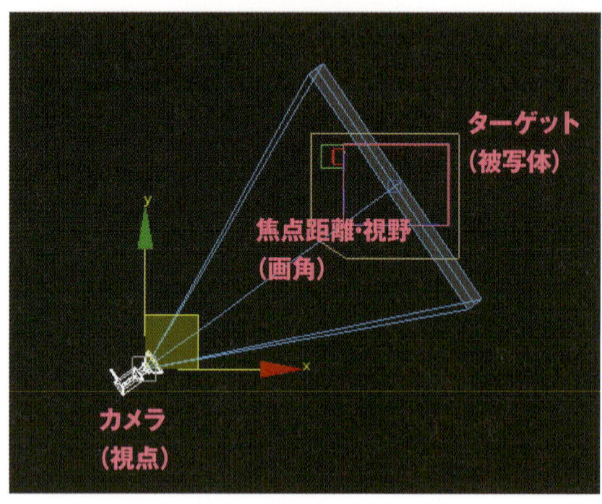

アングル決めのイメージ（平面）

決定したアングルでレンダリングして
画像ファイルに書き出す

3-2 カメラを配置する

前章で作成した建物外観モデルのアングルを決めます。まず、建物を見る方向を平面図で確認します。ここでは、南西から建物を見る例で説明します。

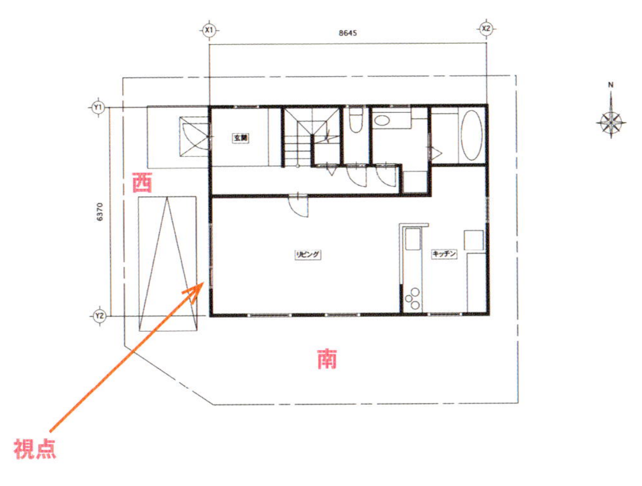

平面図

3-2-1 カメラオブジェクトを作成

カメラオブジェクトを作成します。ここでは、［フィジカル］カメラを使いますが、作成方法は他のカメラも同じです。

レイヤの準備

1. シーンエクスプローラで建物のレイヤがすべて表示されていることを確認します。「平面図」「立面図」は非表示にします。
2. ［新規レイヤを作成］ツールをクリックし、新規レイヤを作成します。
3. レイヤ名に「カメラ」と入力し、「カメラ」レイヤを作成します。

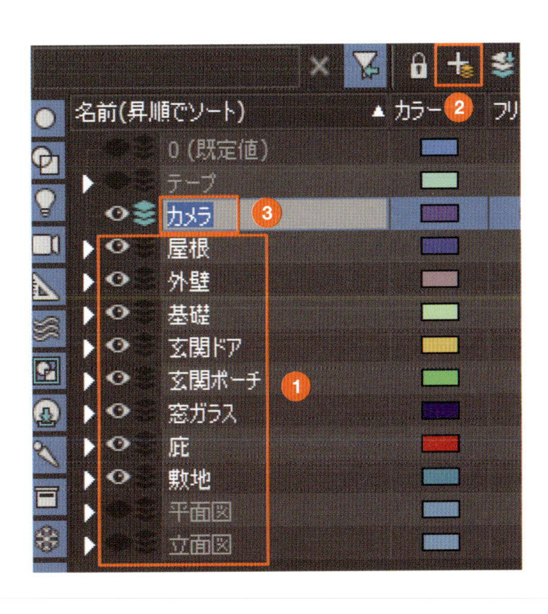

カメラを作成

4 [作成] パネルで [カメラ] を選択します。

5 [標準] の [オブジェクトタイプ] で [フィジカル] をクリックします。

6 トップビューをアクティブにします。カメラの視点となる、建物の左下の位置をクリックします。

7 そのままターゲットとなる建物までドラッグします。

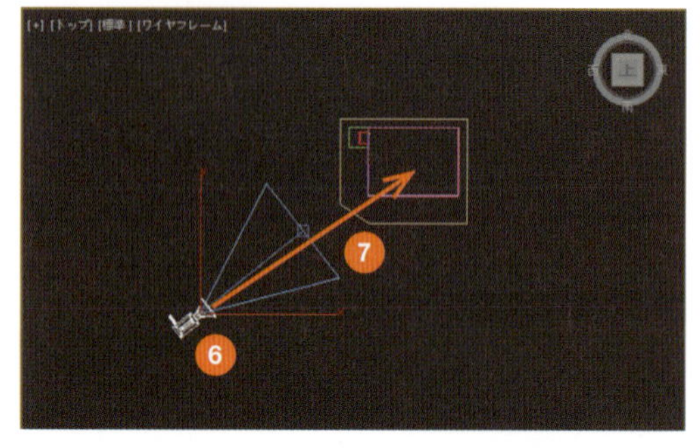

8 建物の位置でマウスボタンを放すと、カメラが作成されます。視点の位置にカメラ、ターゲットの位置に四角形ができていれば完成です。余白で右クリックして、カメラの作成を終了します。

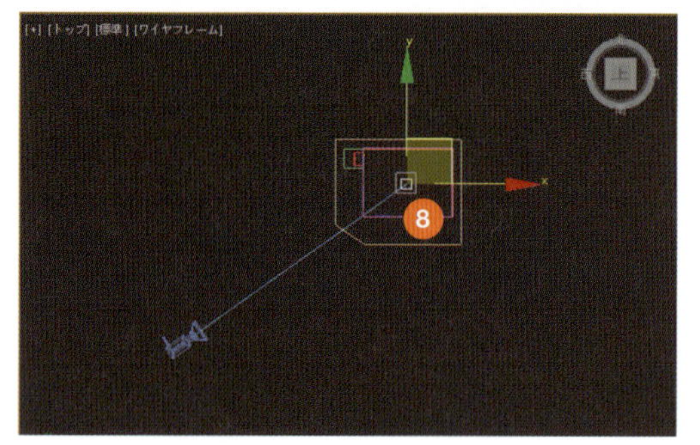

memo
フィジカルカメラは「物理カメラ」と呼ばれ、フォトリアリスティックな物理ベースのレンダリングに使用するカメラです。フィジカルカメラは、2016バージョンから3ds Maxに標準で搭載されました。このフィジカルカメラはArnold、ARTレンダラー、V-Rayのレンダラーでも使用されます。

3-2-2 カメラの高さを変更

トップビューでカメラを作成した場合、カメラの高さはZ=0、つまり地面の位置に配置されます。カメラの高さを一般的なアイレベルである1500mmに修正し、それに合わせてカメラターゲット（四角形のオブジェクト）の高さも上へ修正します。

カメラの高さを変更

1 カメラを選択してフロントビューで確認すると、高さが地面と同じZ=0mmになっていることがわかります。

2 画面下部の座標表示で［Z］に「1500mm」と入力します。

3 カメラの高さが1500mm上に移動しました。

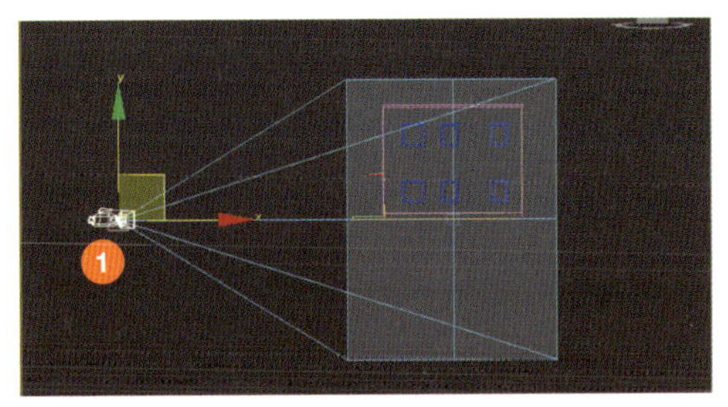

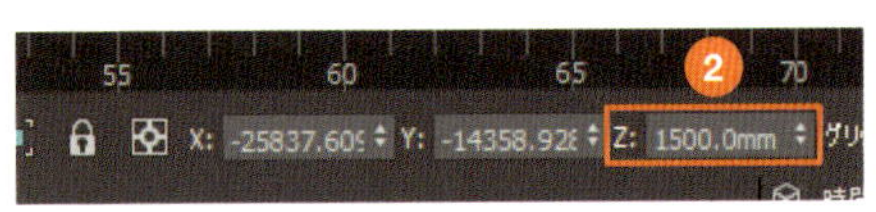

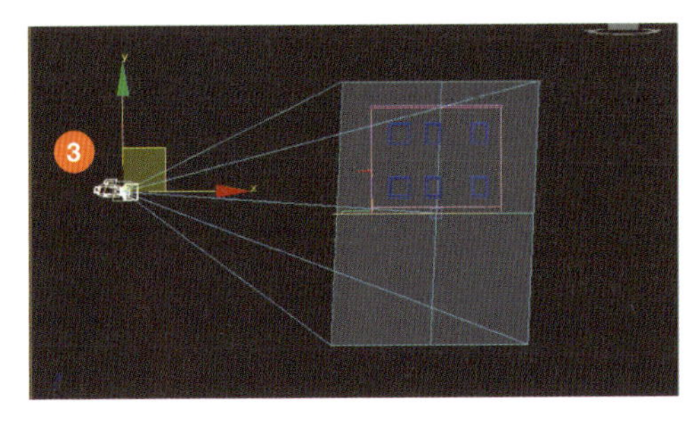

memo ［移動キー入力変換］ダイアログボックスで移動する場合は、［絶対値:ワールド］の［Z］に「1500」mmと入力します。

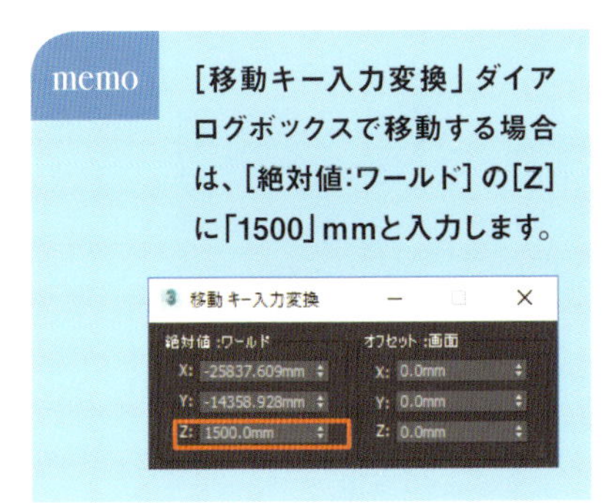

カメラターゲットの高さを変更

4 カメラを右クリックし、クアッドメニューから［カメラターゲットを選択］を選択します。

5 スナップするとやりにくいので、Sキーを押して、［スナップ切り替え］ツールをオフにします。

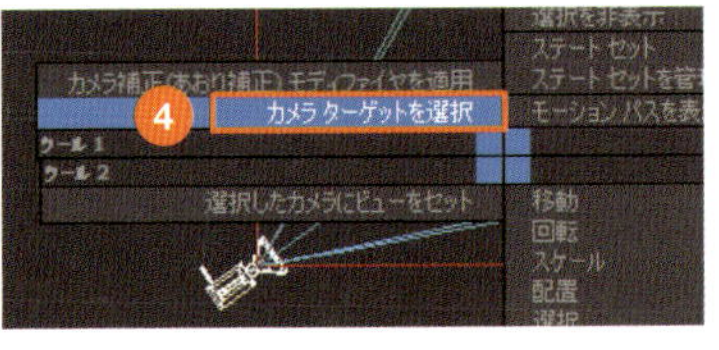

memo Sキーは［スナップ切り替え］のショートカットキーです。

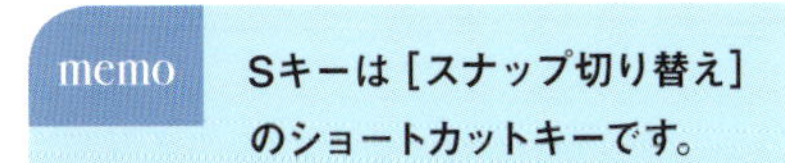

6 カメラターゲットのギズモのY軸を上へドラッグし、適当な位置へ移動します。これでカメラターゲットの位置も調整できました。

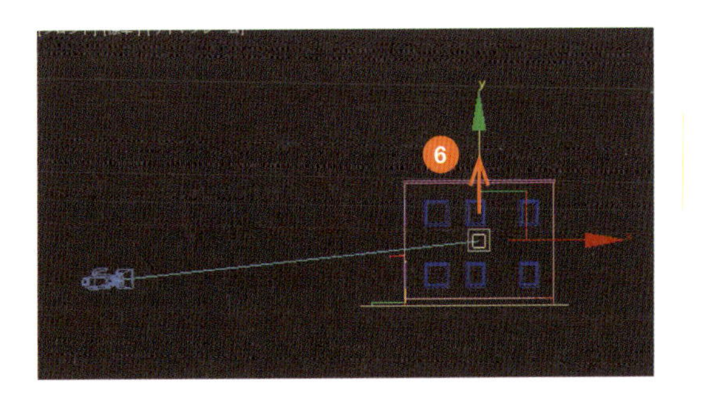

3-2-3 カメラビューを作成

配置したカメラによるアングルをビューで確認できるように、カメラビューを作成します。ここでは、4つのビューのうち、パースビュー（または正投影ビュー）をカメラビューに変更します。

カメラビューを作成

1 カメラを選択したまま、パースビュー（または正投影ビュー）をアクティブにします。ビューポートラベルメニューの視点をクリックして［カメラ］→［PhysCamera001］を選択するか、Cキーを押します。

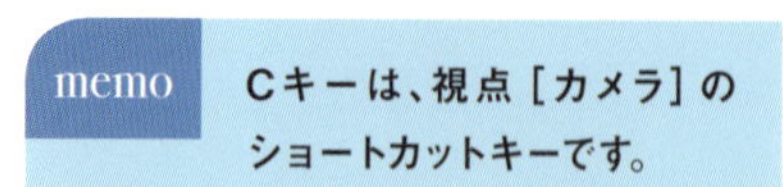

memo Cキーは、視点［カメラ］のショートカットキーです。

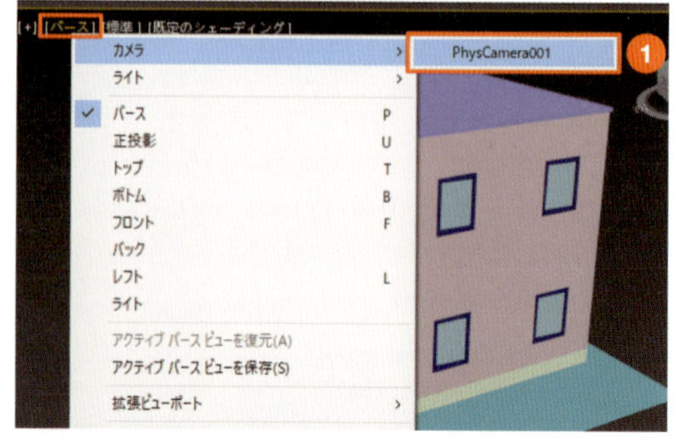

2 カメラビューに変更されました。

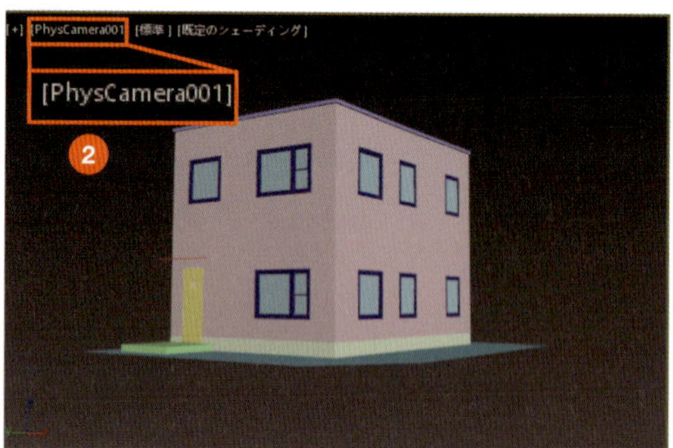

memo パースビュー以外の他のビューも、カメラビューに変更できます。また、カメラビューに変更しても、ワイヤーフレームなどに表示を切り替えることも可能です。ワイヤーフレーム表示のショートカットキーはF3キーです。

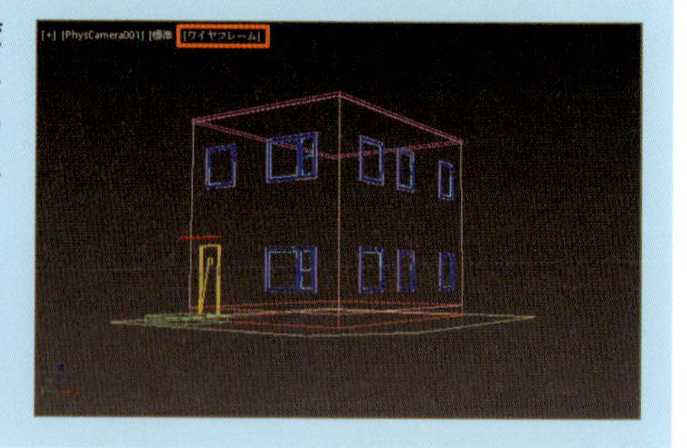

3-3 アングルを調整する

カメラを作成した後に、見え方や画角などを変えてアングルを調整することができます。

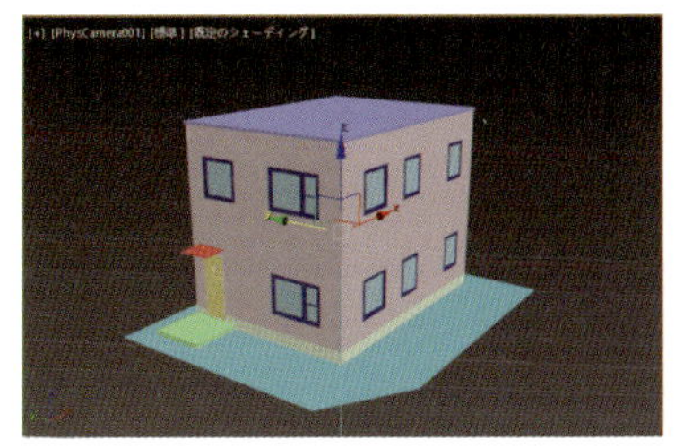

見上げ

3-3-1 視点を変える

カメラが視点を表しているので、視点を変えたいときは、カメラを移動します。

カメラを移動

1. ［選択して移動］ツールをオンにするか、Wキーを押します。

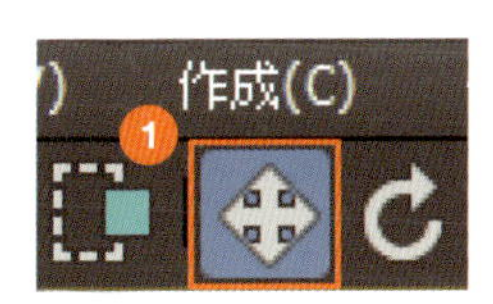

Wキーは［選択して移動］のショートカットキーです。

2. カメラを選択し、ドラッグで任意の位置に移動します。カメラビューで見え方が確認できます。

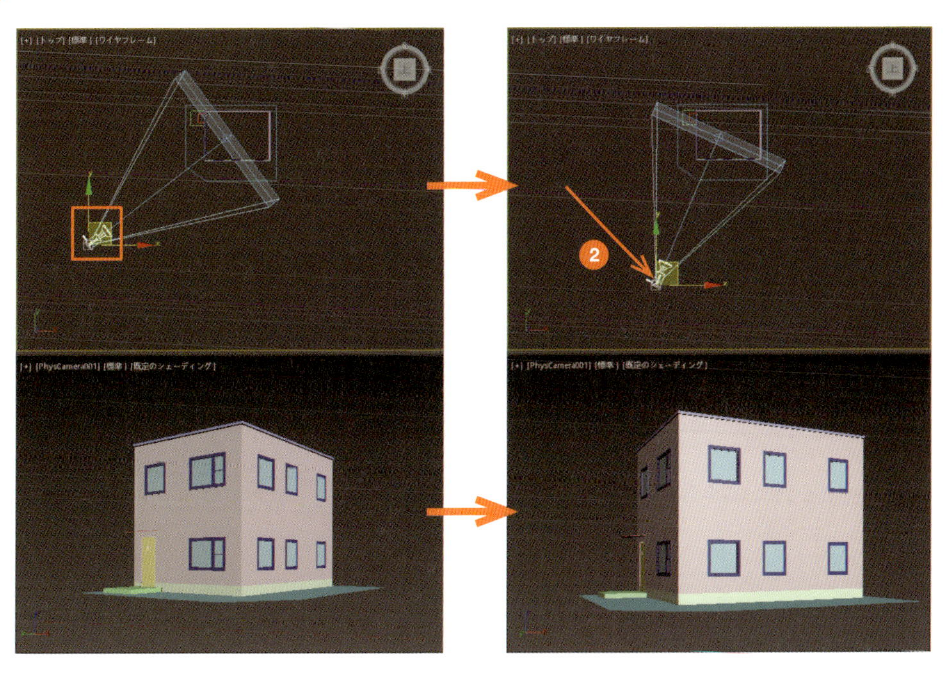

3-3-2 画角を変える

視点を変えずに画角などを変更したい場合は、[修正] パネルの [焦点距離] や [視野を指定] の数値を変更します。

焦点距離を変更

1 カメラを選択して、[修正] パネルを開きます。

2 [フィジカルカメラ] の [レンズ] にある [焦点距離] に数値を入力するか、上下矢印を押して数値を変更します。

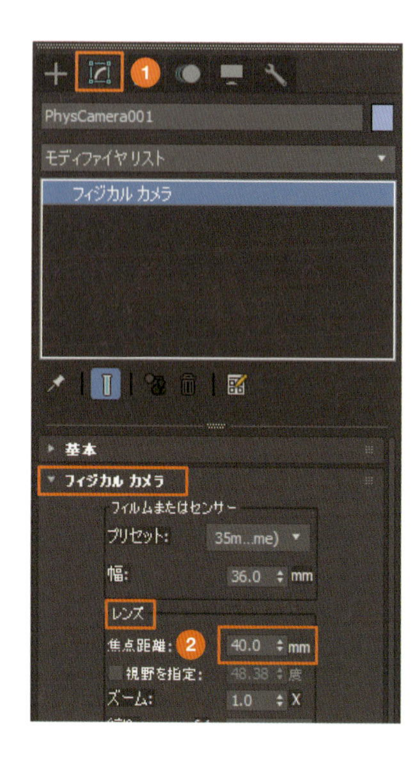

カメラの視点の位置は同じですが、[焦点距離] によって、見え方が変わってくるのがわかります。

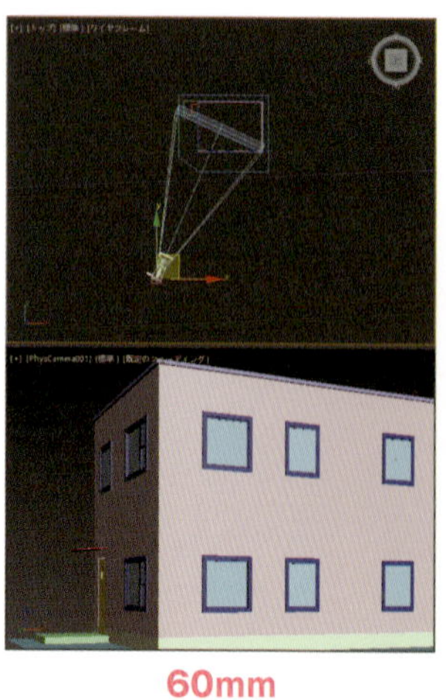
60mm

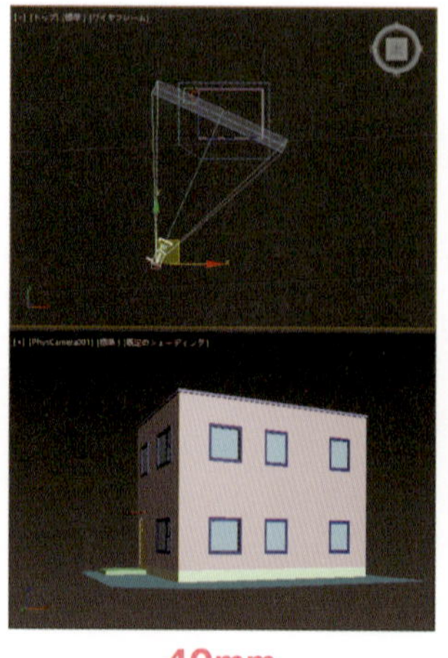
40mm

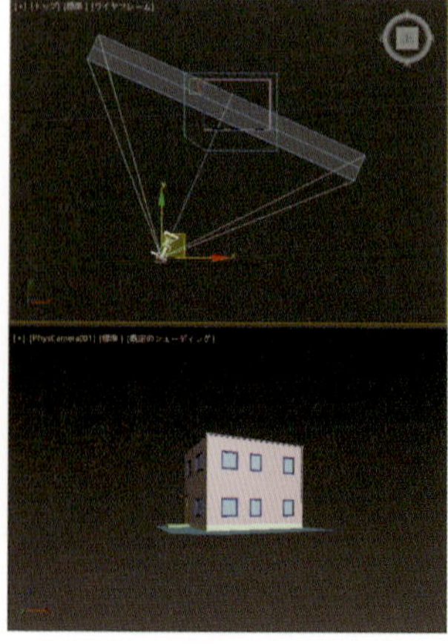
20mm

視野を指定

❸ 同じく［レンズ］にある［視野を指定］にチェックを入れると、視野の角度を数値入力または上下矢印を押して変更できます。焦点距離40mmの場合、視野角度にチェックを入れると、自動的に「48.375」度となります。

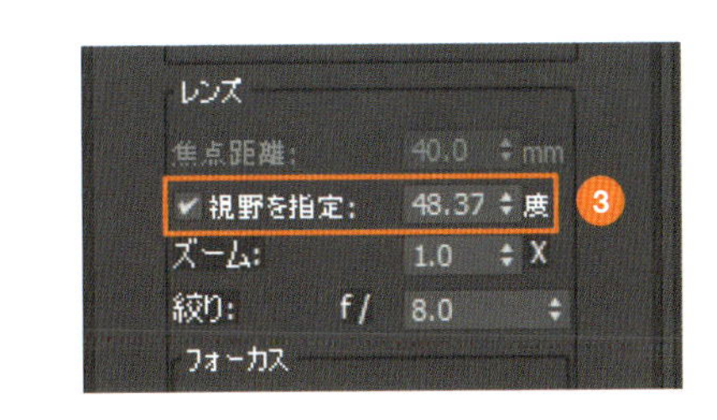

memo

［視野を指定］にチェックを入れると、［焦点距離］の欄は入力できなくなります。視野の角度は、狭いほど望遠レンズの状態に近づき、広いほど広角レンズの状態に近づきます。

［視野を指定］にチェックを入れ、区切りのいい数値の角度で変更してみると、次のような表示になります。

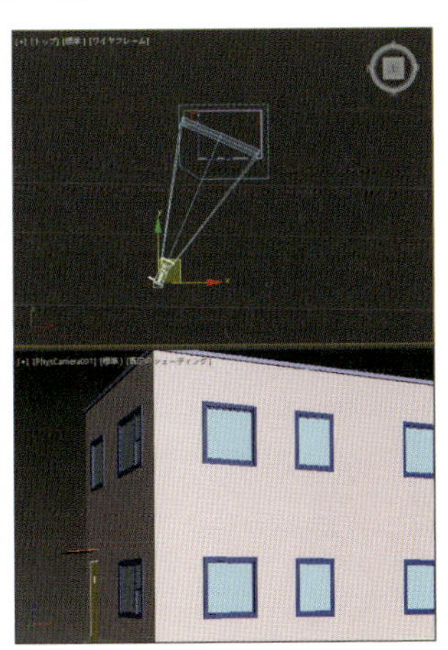
30度

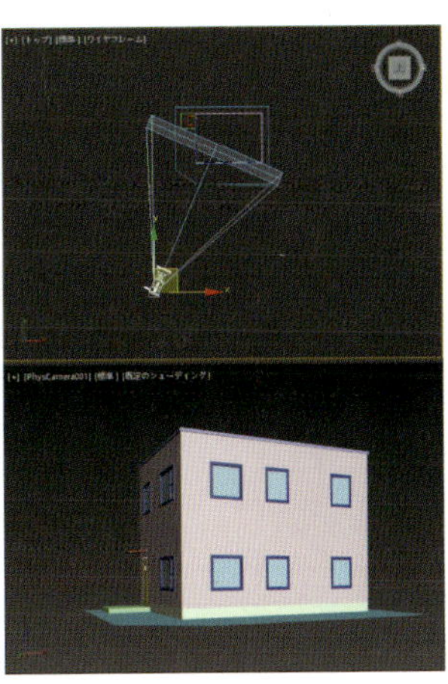
50度

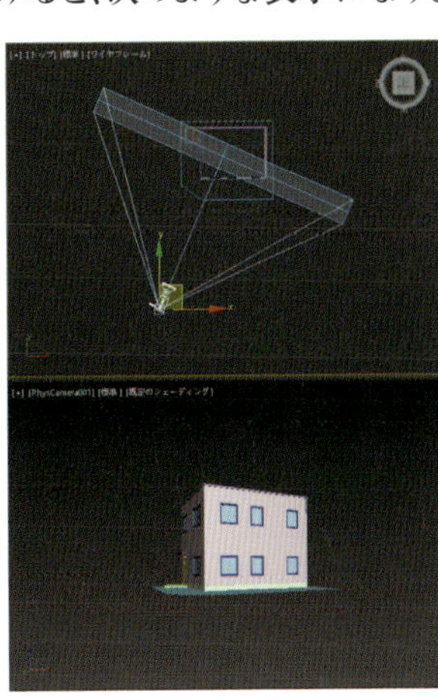
80度

column カメラビューの画面表示

カメラビューがアクティブになっていると、画面右下のビューポートナビゲーションがカメラビューポートコントロールに変わります。カメラビューの画面表示は、ここのツールで操作できます。

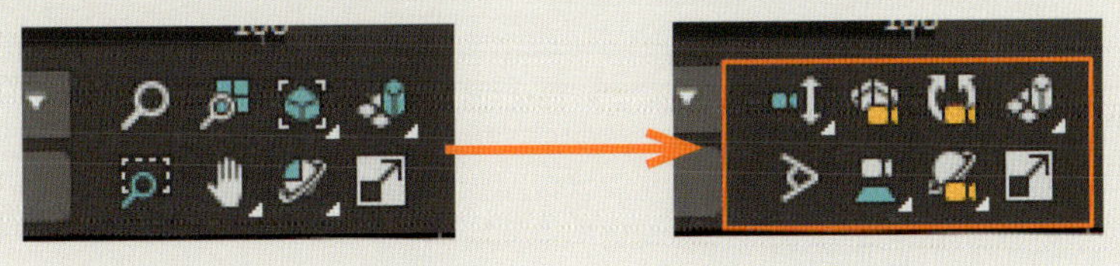

3-3-3 カメラビューを水平移動

画角に建物が入りきらないため、カメラビューの表示が切れてしまうことがあります。カメラやカメラターゲットは動かさずに、画面の範囲を水平あるいは垂直に移動したいときは［レンズシフト］の設定値を調整します。

レンズシフトを調整

1 ここでは、玄関ドアの真正面にカメラを配置しました。しかし、カメラの画角には建物全体が入ってきません。これを修正します。カメラを選択します。

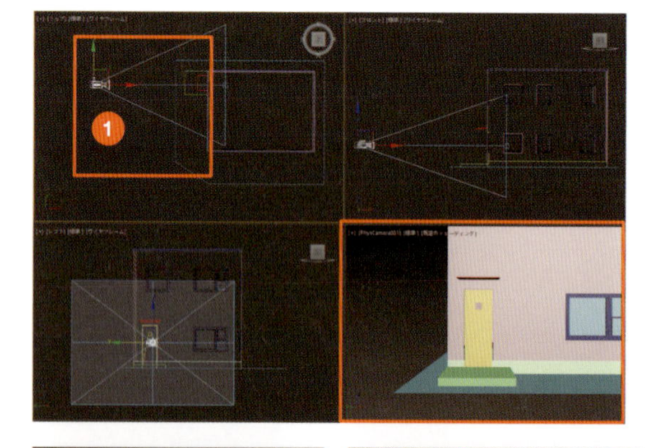

2 ［修正］パネルの［パース制御］にある［レンズシフト］の数値を変更します。［水平方向］に「-20」%と入力します。

3 カメラの位置は変化せずに、画面が右側に20%移動し、カメラビューで建物がすべて表示されます。

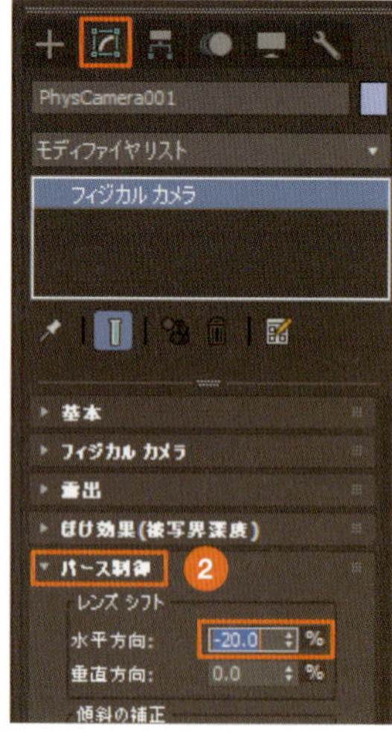

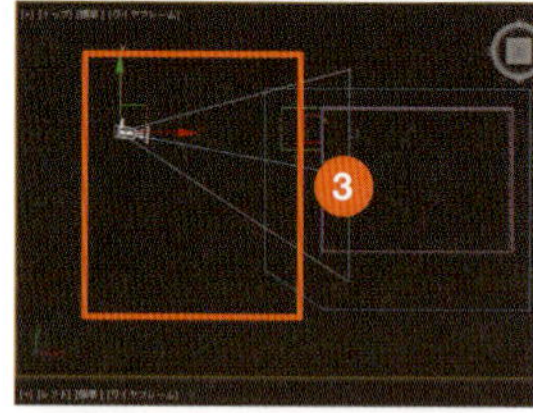

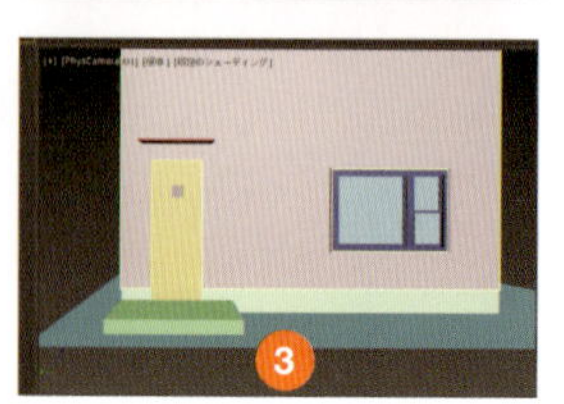

memo

［垂直方向］の値を変更すれば、同様に垂直移動ができます。右側が切れているということは、全体を左側に移動する必要があり、移動方向は負(マイナス)の方向になります。このため、入力数値にはマイナスを付けています。

column あおり補正

高層建物をターゲットとする場合、アイレベルからの視点では建物の上層階がしぼんで見えます。この状態を「あおり」と表現します。建築パースでは建物をまっすぐ表現することが一般的なため、このあおりを補正しなくてはなりません。フィジカルカメラでは、[修正]パネルの[自動垂直傾斜補正]であおり補正ができます。

あおりの状態

あおり補正後

■フィジカルカメラの場合

1. カメラを選択して、[修正] パネルを開きます。
2. [パース制御] にある [傾斜の補正] の [自動垂直傾斜補正] にチェックを入れると自動的に補正されます。

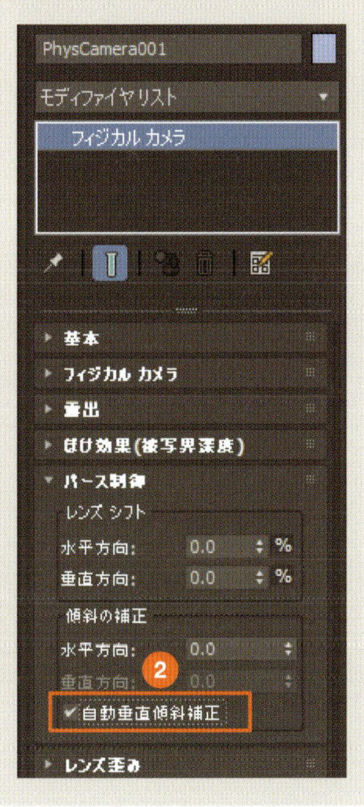

■ターゲットカメラの場合

1. カメラを選択して、メインメニューの [モディファイヤ] → [カメラ] → [カメラ補正(あおり補正)] を選択します。
2. カメラを移動したり、設定を変更したりした場合は[修正] パネルの[予測] を、その都度押します。

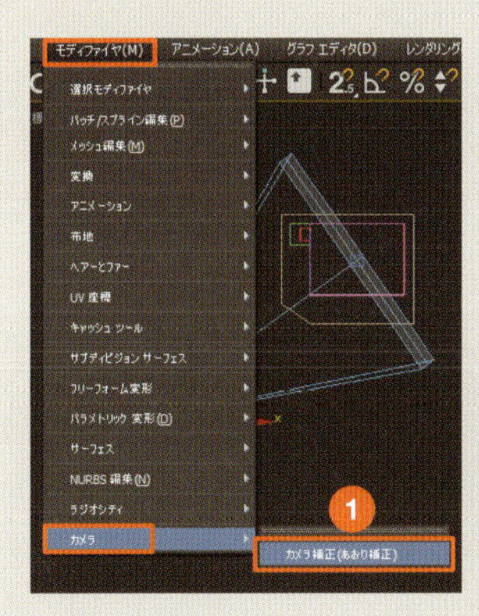

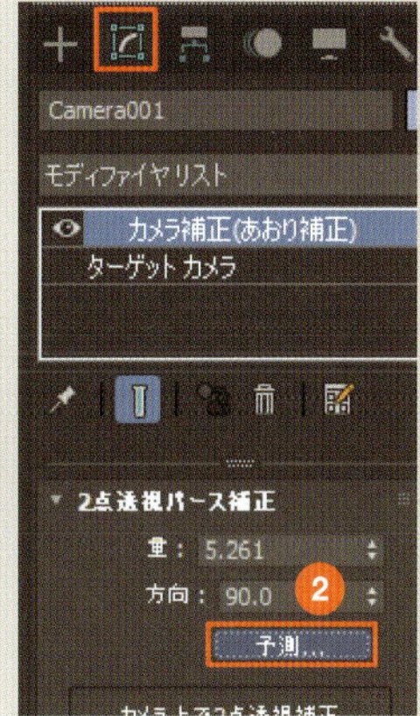

3-4 アングルを画像に書き出す

カメラビューで見ているアングルを画像として書き出します。書き出す前に簡易的なレンダリングをする方法も説明します。カメラを複数配置して、アングルのパターンをいくつかつくっておくと、検討時に役立ちます。

3-4-1 カメラに名前を付ける

いくつかアングルを作成すると、どのカメラがわからなくなるので、カメラに名前を付けます。

名前の変更

1. トップビューでカメラを選択します。
2. [修正] パネルで「PhysCamera001」をここでは「外観001」と変更します。
3. 同時にシーンエクスプローラの名前も変更されます。

> **memo**
> アングルが決定したら、「決定_」「OK_」などと名前の前に付けると、さらにわかりやすくなります。

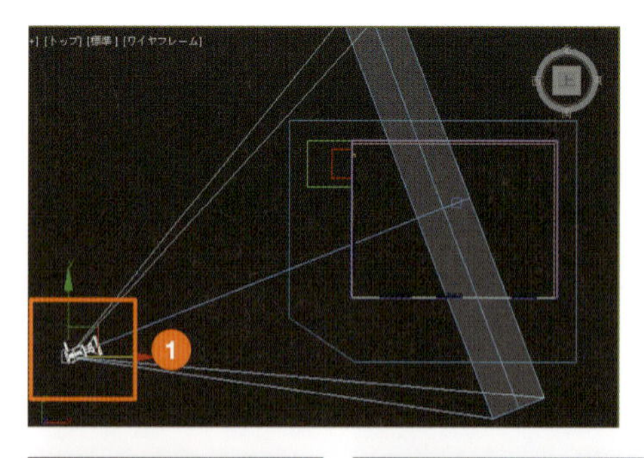

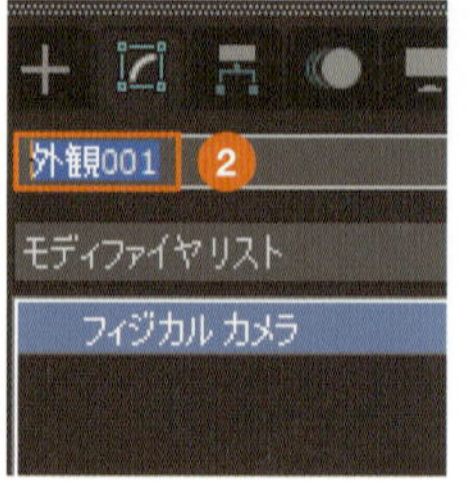

3-4-2 出力サイズの枠を表示

画像として出力されるのは、カメラビュー全体の表示ではありません。画像の出力サイズの枠を表示したいときは、ビューポートラベルメニューから［セーフフレームを表示］を選択します。出力サイズは［レンダリング設定］ダイアログボックスで指定できます。

セーフフレームを表示

1 カメラビューのビューポートラベルメニューの視点をクリックし、［セーフフレームを表示］を選択してチェックを入れます。

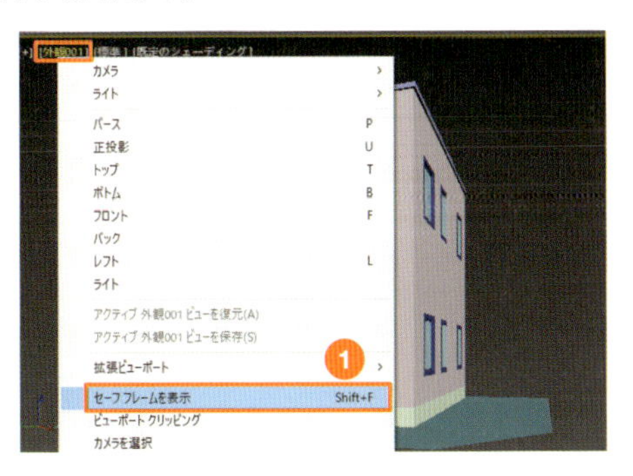

2 カメラビューに黄色い枠が表示されます。これがセーフフレームで、出力サイズの枠になります。

出力サイズを変更

1 メインツールバーの［レンダリング設定］ツールをクリックします。

2 ［レンダリング設定］ダイアログボックスが開きます。［共通設定］タブの［出力サイズ］にある［幅］［高さ］の数値で出力サイズを指定できます。

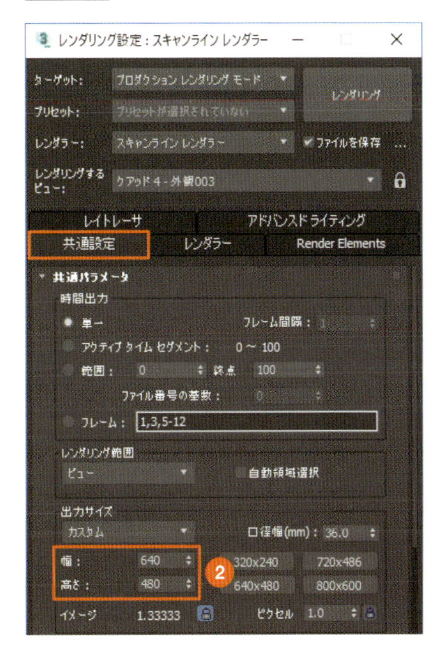

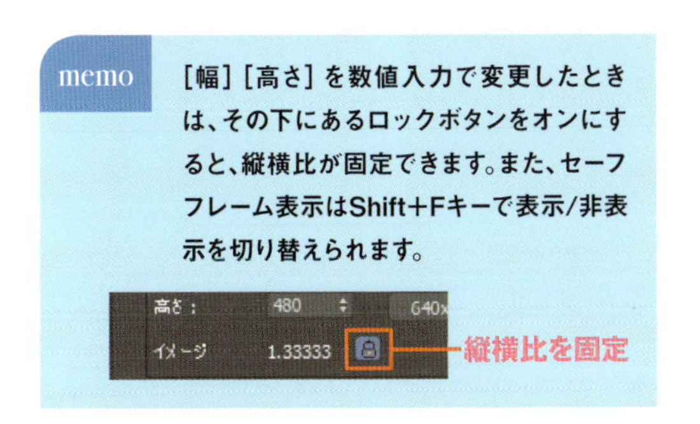

memo

［幅］［高さ］を数値入力で変更したときは、その下にあるロックボタンをオンにすると、縦横比が固定できます。また、セーフフレーム表示はShift+Fキーで表示/非表示を切り替えられます。

3-4-3 複数のアングルを作成

カメラをコピーして、検討用に複数のアングルをつくってみます。これまでのコピーと同じく［クローン作成］を使います。

クローン作成

1 Wキーを押します（［選択して移動］ツールがオン）。

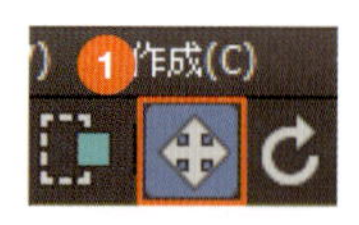

2 カメラを選択して、Shiftキーを押しながらドラッグします。

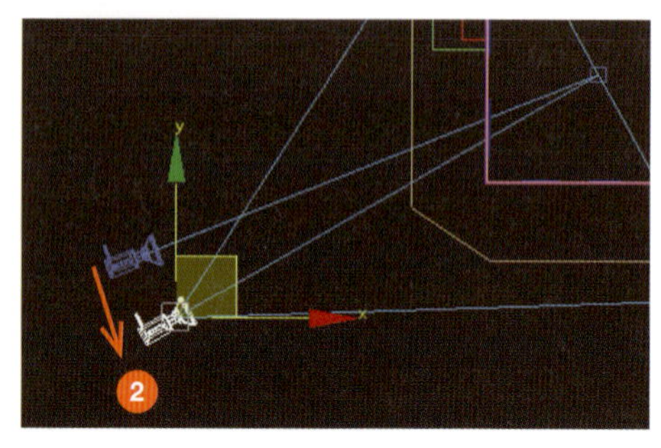

memo **Shiftキーを押しながらオブジェクトをドラッグすると、［クローン作成］コマンドが実行されます（→P.71）。**

3 ［クローンオプション］ダイアログボックスが開きます。［コピー］を選択し、ここではカメラの［名前］を入力します。［OK］をクリックします。

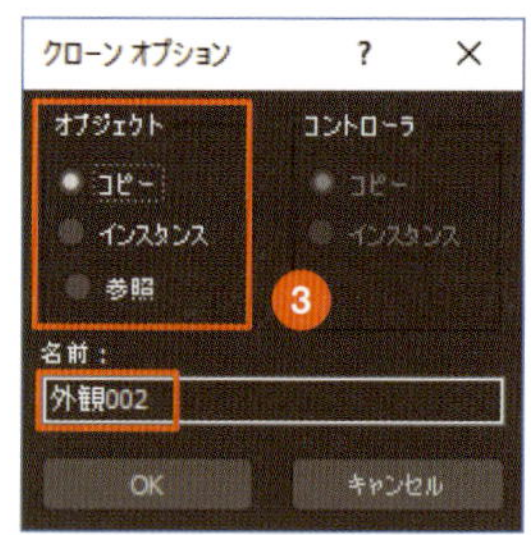

memo **［インスタンス］を選択してしまうと、他のカメラも変更されてしまうので、注意してください。**

4 同様にして、もう1つカメラをコピーし、3つのアングルを作成します。「カメラ」レイヤの中に3つのカメラオブジェクトが作成されていることが確認できます。

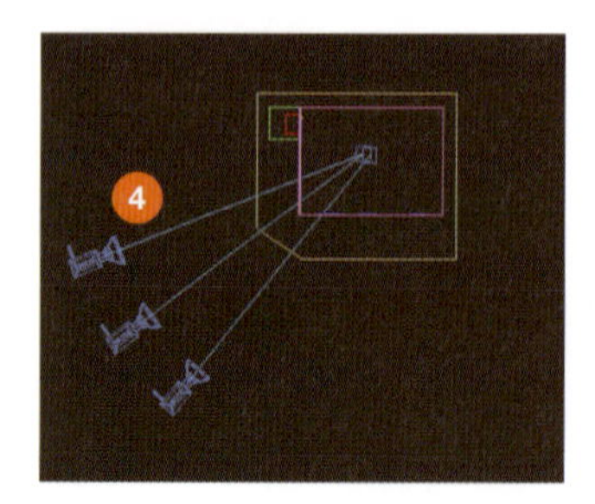

memo **複数のアングルがあるときに、ビュー内でカメラビューに切り替えるCキーを押すと、［カメラを選択］ダイアログボックスが開きます。ここで表示させたいアングルを選択して［OK］をクリックします。**

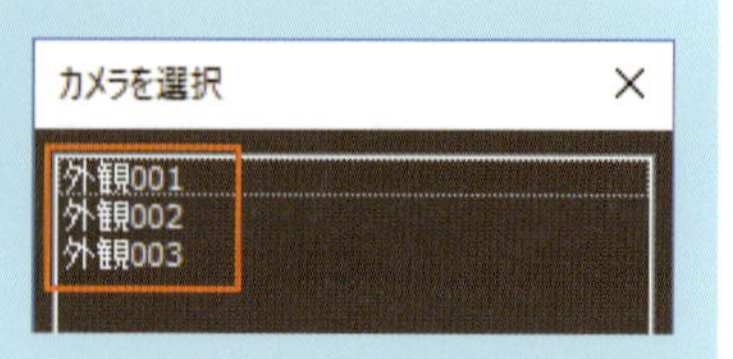

3-4-4 レンダリングして画像で保存

アングルを画像として保存します。本来はマテリアルやライトを設定してからレンダリングしますが、ここでは画像保存のための最低限必要なレンダリング設定について説明します。

レンダリング設定

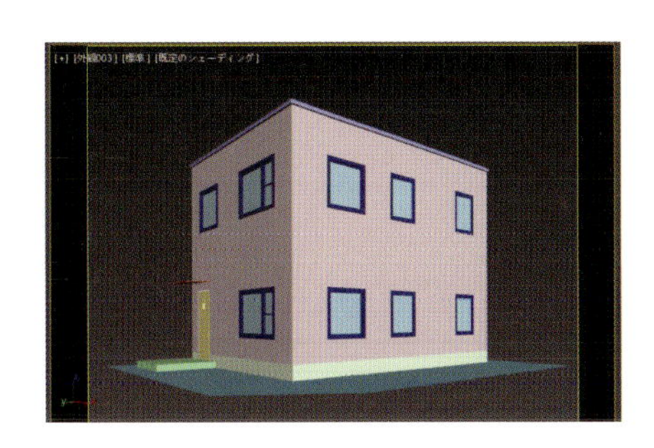

1 画像として保存したいアングルを表示しておきます。ここでは、「外観003」のカメラにします。

memo **複数のアングルがあっても、表示されているビューしか画像に書き出しができません。**

2 メインツールバーの［レンダリング設定］ツールをクリックします。

3 ［レンダリング設定］ダイアログボックスが開きます。［レンダラー］でここでは一番簡易な［スキャンレンダラー］を選択します。

4 ［レンダリングするビュー］で表示しているアングルのビューを選択します。

5 ［出力サイズ］の［幅］［高さ］で画像のサイズを確認します。

memo **P.91で指定した出力サイズを変更したい場合は、ここで数値を入力してください。出力サイズが大きくなるほど、レンダリングに時間がかかります。**

6 ここで一度レンダリングしてみます。［レンダリング］をクリックします。

7 レンダリンフレームグウィンドウが開き、レンダリング結果が表示されます。この例では、建物が白くとんでしまいました。このような状態を直すには、背景と露出の調整が必要です。背景や露出は[環境と効果] ダイアログボックスで設定します。

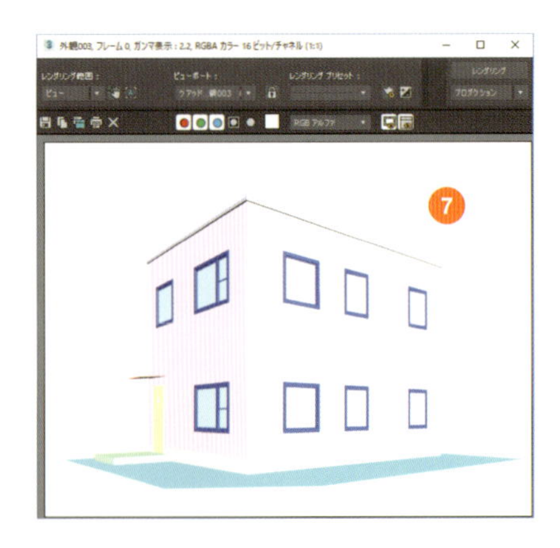

背景と露出の設定

1 メインメニューから [レンダリング] → [環境] を選択します。

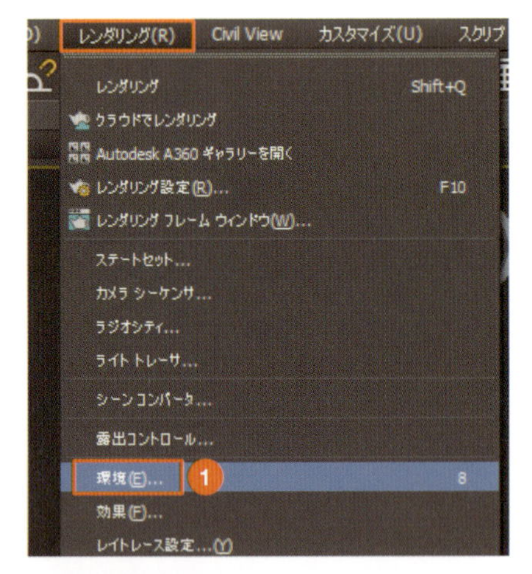

2 [環境と効果] ダイアログボックスの[環境]タブが開きます。[バックグラウンド]の[カラー]のボックスをクリックします。

3 [カラーセレクタ] ダイアログボックスが開きます。背景は白を指定したいので、白をクリックして [OK] をクリックします。[カラー] のボックスが白になります。

4 [露出制御]で[〈露出制限なし〉]を選択して、ダイアログボックスを閉じます。

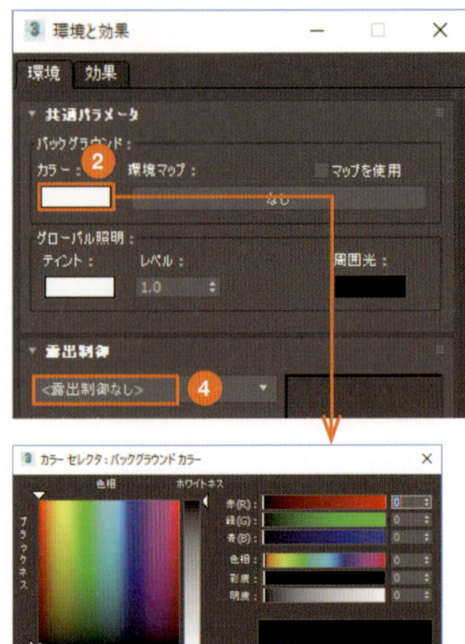

5 再度レンダリングしてみます。レンダリングフレームウィンドウの［レンダリング］をクリックします。

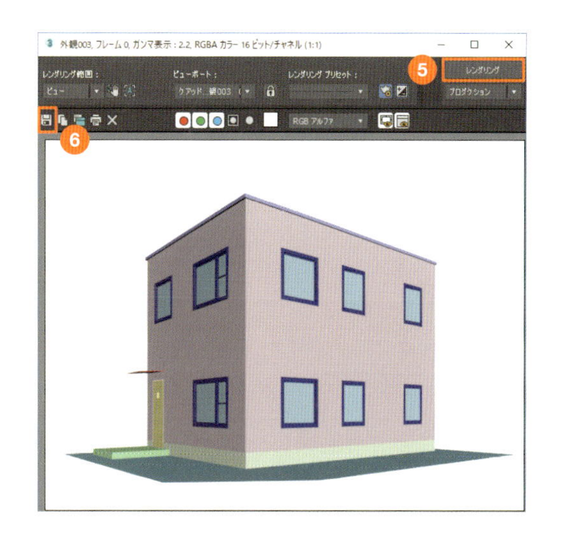

memo
レンダリングフレームウィンドウを閉じてしまった場合は、メインツールバーの［レンダリングフレームウィンドウ］ツールをクリックしてください。

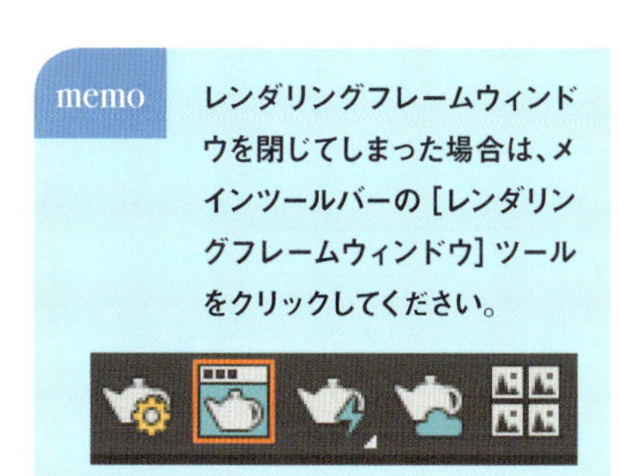

画像として保存

6 建物の白とびが解消されました。これで画像保存します。レンダリングフレームウィンドウの［イメージを保存］ツールをクリックします。

7 ［イメージを保存］ダイアログボックスが開きます。［保存する場所］と［ファイル名］を指定し、［ファイルの種類］で［JPEGファイル］を指定します。［保存］をクリックします。

8 レンダリング結果がJPEGファイルで保存されます。各アングルをそれぞれ画像に保存してみましょう。

外観001　外観002　外観003

memo

［イメージを保存］ダイアログボックスでは［名前テンプレート］が利用できます。これを使うとファイル名、カメラ名、日にちなどが自動入力されます。

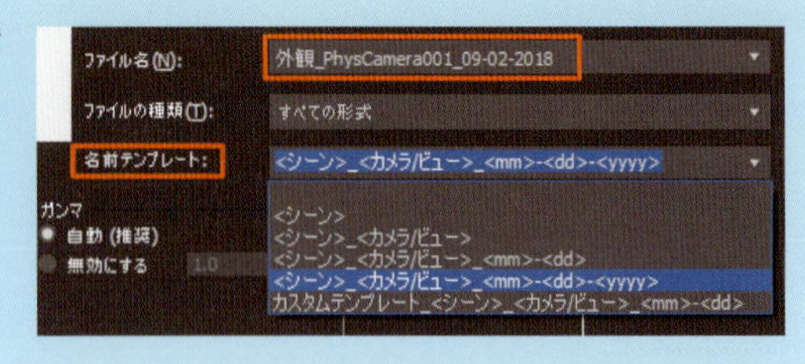

memo

マテリアル（→P.98）やライティング（→P.122）を設定してからレンダリングし、画像保存すれば、もっときれいなイメージで保存できます。

外観001

外観002

外観003

Chapter 4

外観マテリアルの設定

4-1 マテリアルの基本

この章ではマテリアルを作成し、外観のオブジェクトにマテリアルを割り当てていきます。最初にマテリアルの基本について説明します。

モデリング直後

マテリアル設定後

4-1-1 マテリアル・テクスチャとは？

「マテリアル」とは、オブジェクトに色や質感を追加するもので、これらを設定することによってモデルを完成イメージに近づけることができます。マテリアルには色のほか、光沢、つや消し、透明などの質感が豊富に用意されていて、建築では使う部材に合った色と質感を選択します。部材ごとにマテリアルを作成し、それを該当するモデルに割り当てて使います。

これに対し、「テクスチャ」とは、オブジェクトに貼り付ける素材の画像などを指します。テクスチャマッピングという方法で模様を作成することもできますが、建築では素材画像を用意しやすいので、それを読み込んで部材のオブジェクトに貼り付けるのが一般的です。テクスチャは木目やタイル、デザイン性のある壁紙など、模様のある仕上げによく使われます。

すりガラス（マテリアルで設定）

木目（テクスチャで設定）

4-1-2 マテリアルエディタ

マテリアルの設定には「マテリアルエディタ」を使います。マテリアルエディタの開き方と構成について説明します。

マテリアルエディタを開く

1 メインツールバーの［マテリアルエディタ］ツールをクリックします。

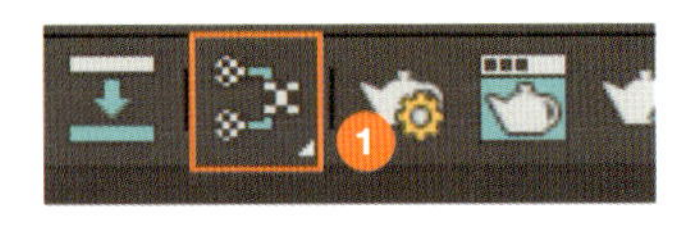

2 マテリアルエディタが開きます。マテリアルが未設定の場合は、何も表示されません。

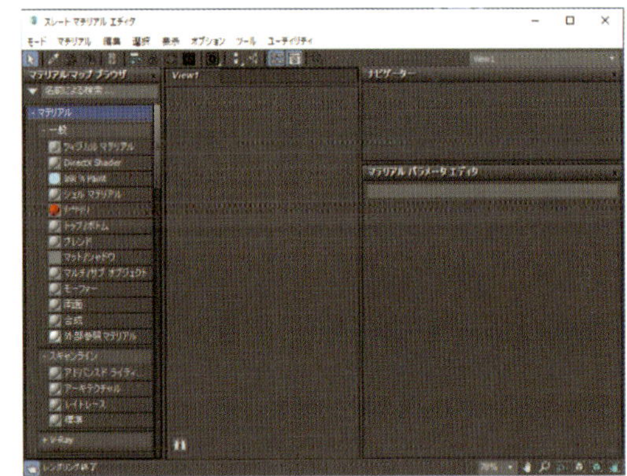

マテリアル作成の基本

3 マテリアルマップブラウザから［マテリアル］→［一般］を展開して［フィジカル マテリアル］を選び、アクティブビューへドラッグします。

memo ダブルクリックしてもアクティブビューに表示できます。

4 マテリアルの種類が選択できました。次にビューに表示されたマテリアルの名称が表示されている部分（一番上の青い部分）をダブルクリックします。

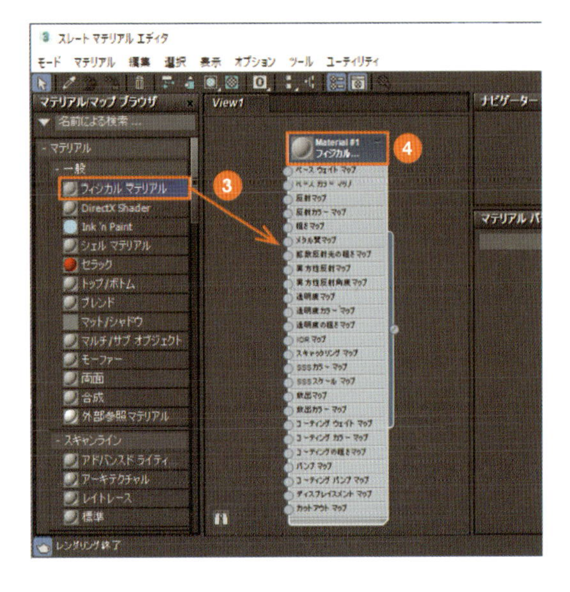

5 マテリアルパラメータエディタにパラメータが表示され、編集できるようになります。これでマテリアルの設定を行います。

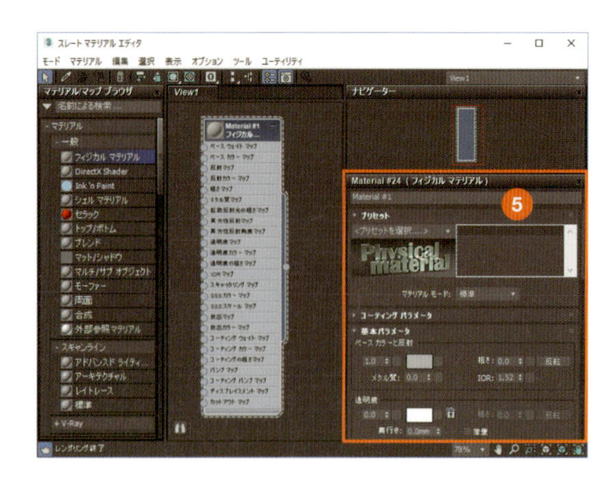

マテリアルエディタの構成

マテリアルエディタの構成は次のようになっています。

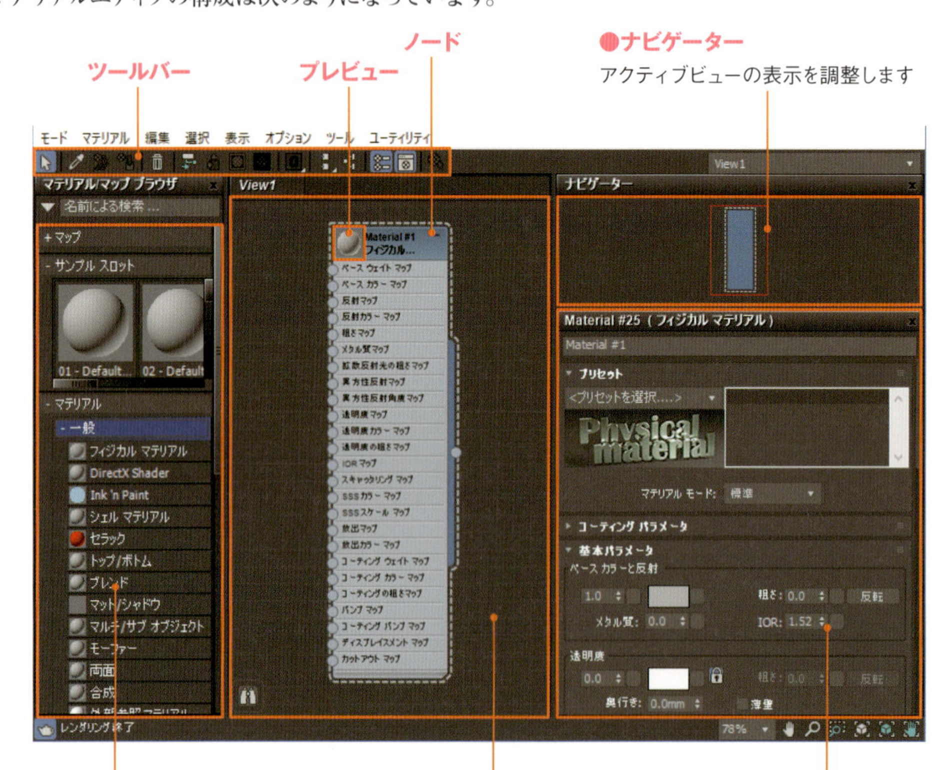

●マテリアルマップブラウザ
選択可能なマテリアルやマップのタイプ（種類）が表示されます。ここに表示されるマテリアルは［レンダリング設定］の［レンダラー］の設定で変わります。ここでは［スキャンラインレンダラー］が設定されています。

●アクティブビュー
作成中あるいは作成済みのマテリアルやマップをノード形式で表示します。ノードにはさまざま項目があり、それが他のノードと線でつながる（ワイヤリング）ことによって、複雑な表現を可能にします。
ビュー内でマウスのホイールボタンを前後すると、ノードの拡大/縮小ができます。

●マテリアルパラメータエディタ
マテリアルやマップの各パラメータが表示され、ここで詳細設定ができます。設定内容はアクティブビューのノード上部にある球の画像でプレビューされます。

memo

ノード上部にあるプレビューをダブルクリックすると、プレビューが拡大表示されます。設定の状態がわかりやすくなるので、拡大することをおすすめします。

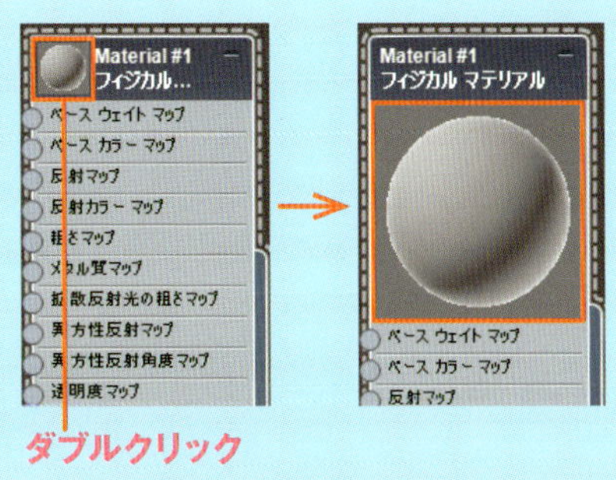

memo

マテリアルエディタは初期設定で「スレートマテリルエディタ」として表示されます。スレートマテリアルエディタは、いろいろな設定が同時に見渡せるのが便利ですが、ビューポートを見ながら操作したいときなどは、邪魔になることがあります。
このようなときは、マテリアルエディタのメニューから［モード］→［コンパクトマテリアルエディタ］を選択すると、マテリアルエディタをコンパクトに表示することができます。作成済みのマテリアルを割り当てるだけなら、こちらのサイズのほうが便利です。

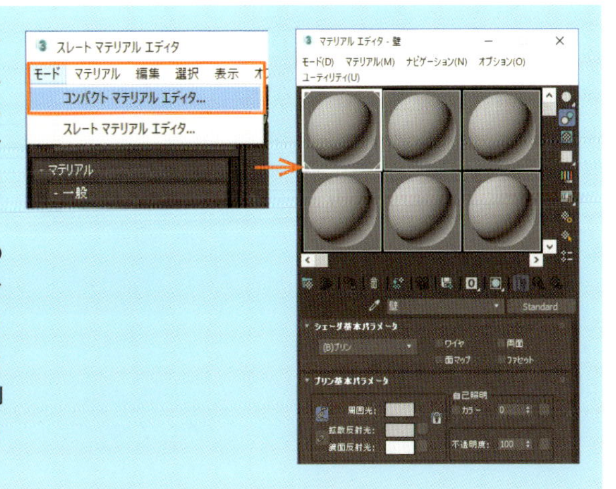

4-2 外観にマテリアルを割り当てる

マテリアルを作成して、外観の各オブジェクトに割り当てます。ここでマテリアルを割り当てるのは、外壁、窓ガラス、サッシ、屋根、玄関庇です。

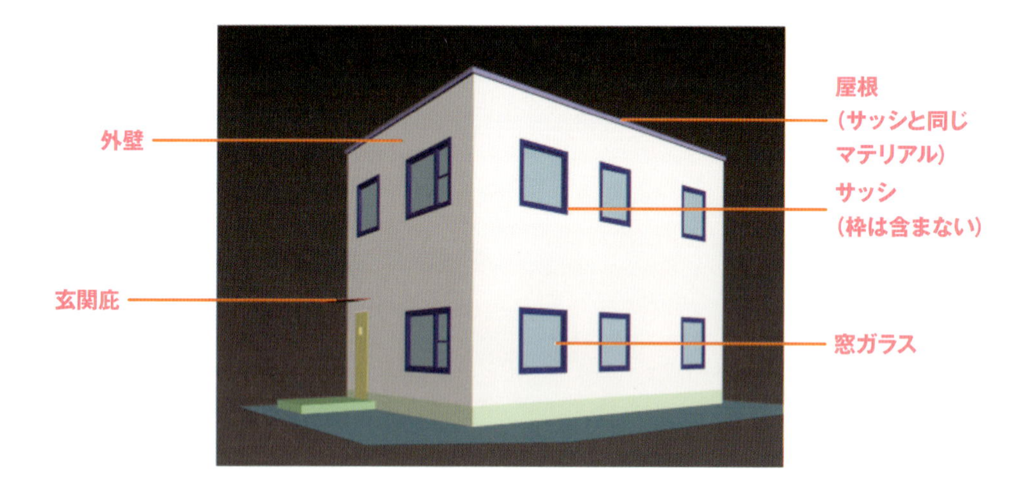

4-2-1 外壁にマテリアルを設定

外壁の色は白にします。吹付けや塗装など、いろいろな外壁仕上げがありますが、ここでは［プリセット］の［マットペイント］でマテリアルを作成してみます。

外壁のマテリアルを作成

1 メインツールバーの［マテリアルエディタ］ツールをクリックし（→P.99）、マテリアルエディタを開きます。

2 マテリアルマップブラウザから［マテリアル］→［一般］を展開して［フィジカルマテリアル］を選び、アクティブビューへドラッグします。

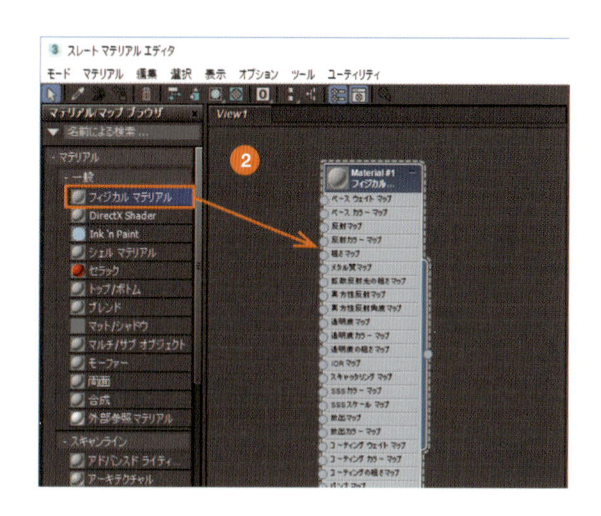

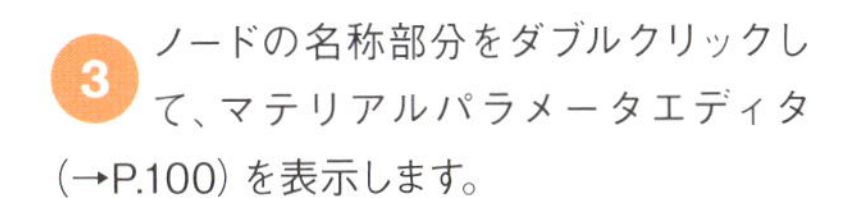

3 ノードの名称部分をダブルクリックして、マテリアルパラメータエディタ（→P.100）を表示します。

4 パラメータの一番上のボックスに、マテリアルの名前（ここでは「外壁」）を入力します。

5 ［プリセット］の［〈プリセットを選択〉］から、光沢感のない［マットペイント］を選択します。

6 ［基本パラメータ］の［ベース カラーと反射］の色ボックスをクリックします。

7 ［カラーセレクタ］ダイアログボックスが開きます。白を選択して［OK］をクリックします。これで外壁のマテリアルが作成できました。

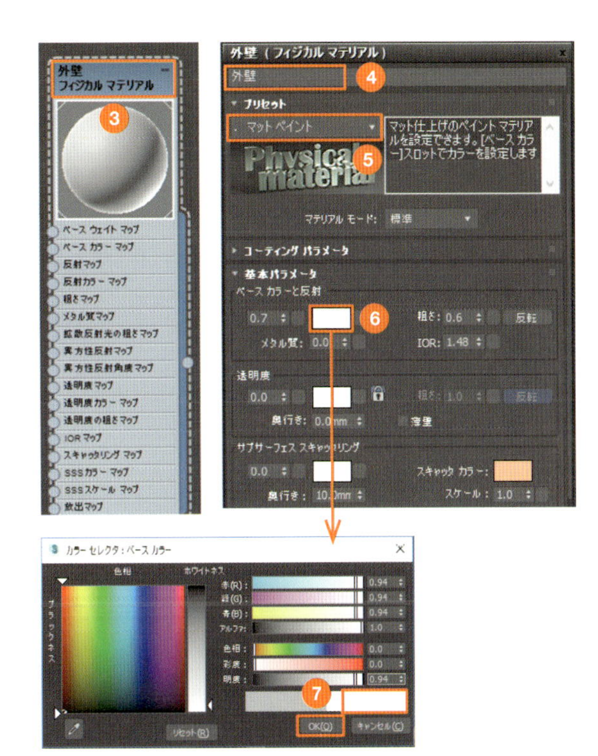

memo 真っ白にしたくないので、白過ぎないように明度の数値を1以下になるよう少し下げておきます。

外壁にマテリアルを割り当てる

1 作成したマテリアルを外壁に割り当てます。カメラビューで外壁を選択します。

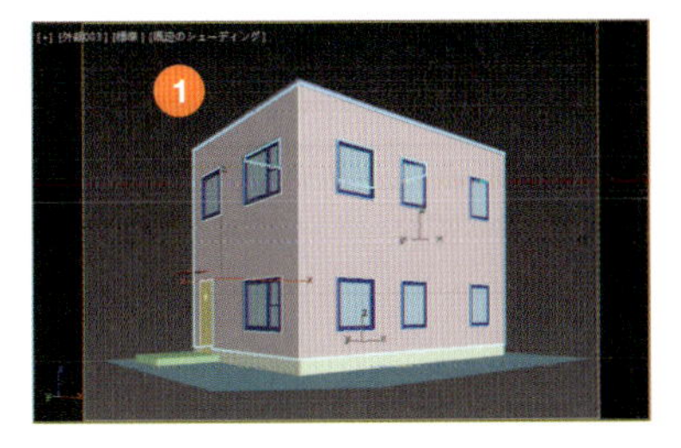

memo 外壁すべてを選択する場合は、「外壁」レイヤを選択して、［複数の子を選択］ツールをクリックします。

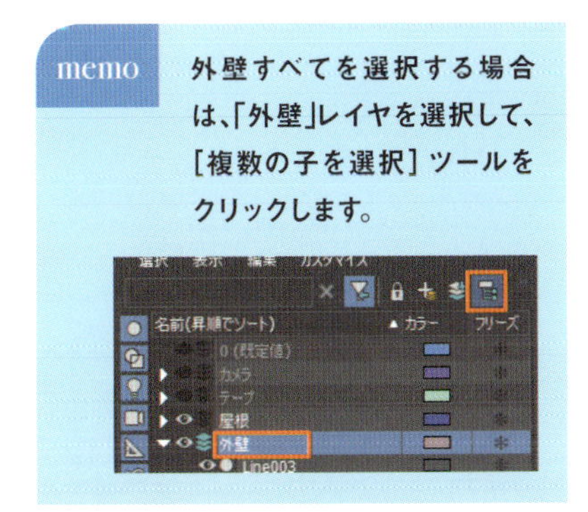

2 マテリアルエディタのツールバーにある［マテリアルを選択へ割り当て］ツールをクリックします。

3 作成したマテリアルが外壁に割り当てられます。

memo

マテリアルノード右側にある小さな丸印（出力ソケット）を、選択したオブジェクトにドラッグしてもマテリアルを割り当てられます。

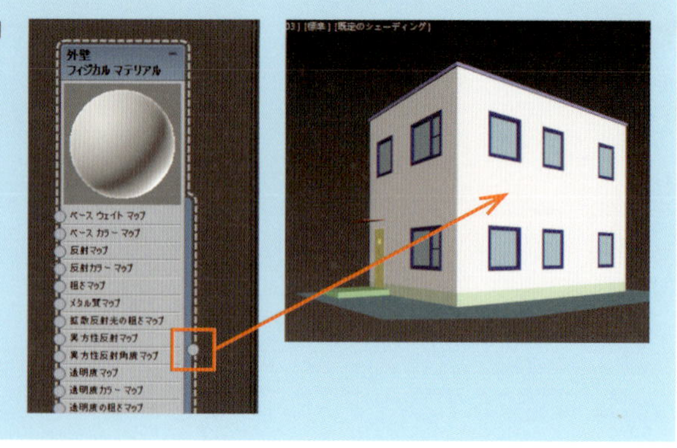

4-2-2 窓ガラスにマテリアルを設定

窓ガラスにマテリアルを設定します。ここもプリセットから選択します。

ガラスのマテリアルを作成

1 マテリアルマップブラウザから［フィジカルマテリアル］を選び、アクティブビューへドラッグします。

2 ノードの名称部分をダブルクリックして、マテリアルパラメータエディタ（以降「パラメータ」と表記）を表示し、一番上のボックスに、マテリアルの名前（ここでは「ガラス」）を入力します。

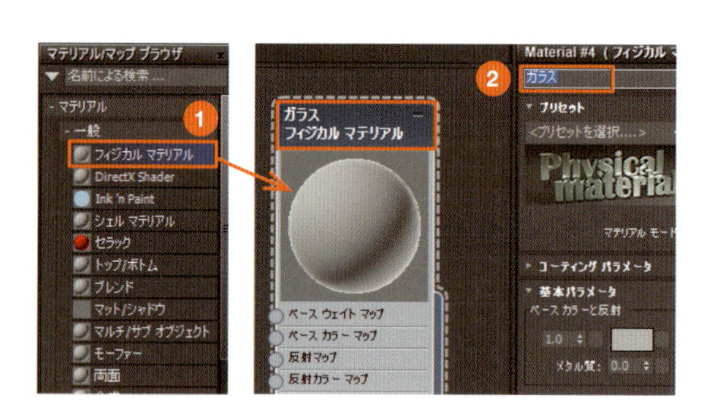

3 マテリアルエディタのツールバーにある［プレビューにバックグラウンドを表示］ツールをクリックして、ノードのプレビューに背景を表示します。

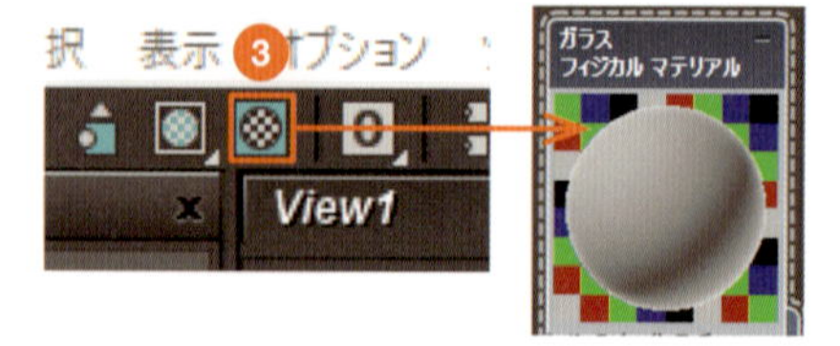

memo

［プレビューにバックグラウンドを表示］ツールをクリックすると、ノードのプレビューの背景がモザイク模様に変化します。この背景になると透過の様子がよくわかるので、ガラスなどのマテリアル作成時に便利です。

④ [プリセット]の[〈プリセットを選択〉] から、[ガラス(薄いジオメトリ)] を選択します。これで窓ガラスのマテリアルが作成できました。

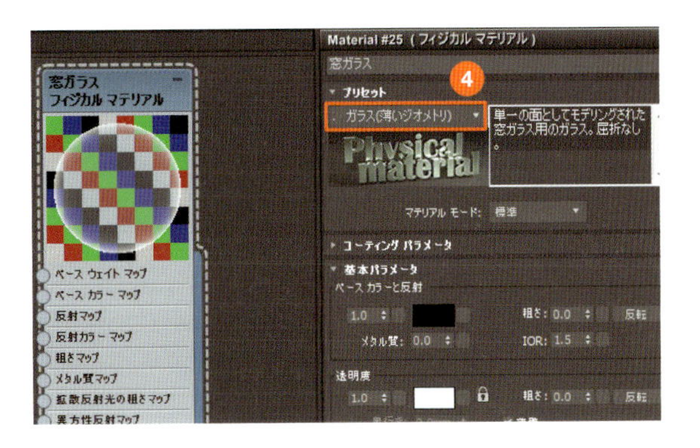

ガラスにマテリアルを割り当てる

① 作成したマテリアルを窓ガラスに割り当てます。カメラビューで窓ガラスを選択します。

memo

ガラスすべてを選択する場合は、「ガラス」レイヤをアクティブレイヤにして[複数の子を選択] ツールをクリックします (→P.103)。

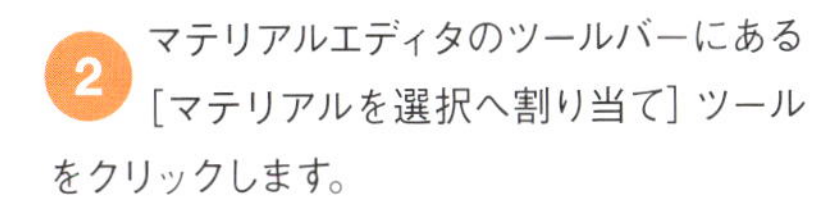

② マテリアルエディタのツールバーにある [マテリアルを選択へ割り当て] ツールをクリックします。

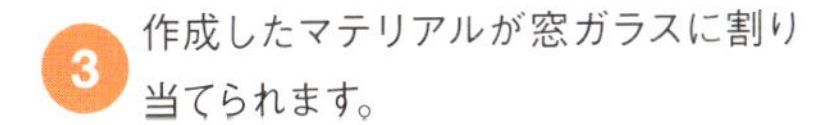

③ 作成したマテリアルが窓ガラスに割り当てられます。

memo

外観パースでは、ガラスを透過させず、反射で映り込みを表現するケースもよくあります。その場合はプリセットの [ガラス (薄いジオメトリ)] は使わずに、パラメータの [メタル質] などの数値を変更して反射を設定します。

反射を強めにしたマテリアル

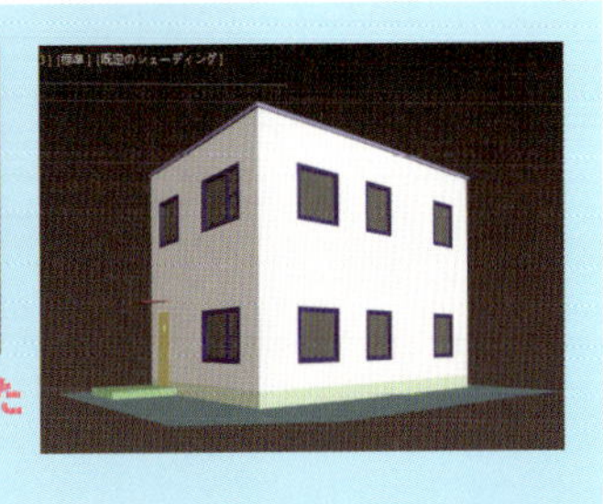

4-2-3 サッシにマテリアルを設定

サッシのマテリアルを作成して割り当てます。サッシには、プリセットの[半光沢ペイント]を使用します。

サッシのマテリアルを作成

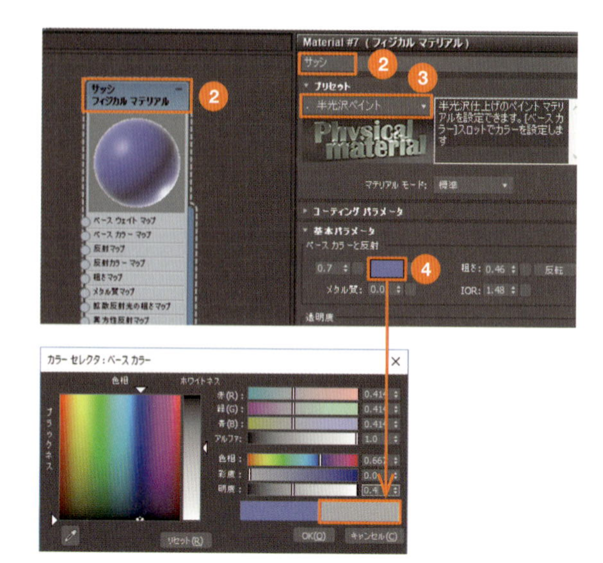

1 マテリアルマップブラウザから[フィジカルマテリアル]を選び、アクティブビューへドラッグします。

2 ノードの名称部分をダブルクリックして、パラメータを表示し、一番上のボックスに、マテリアルの名前(ここでは「サッシ」)を入力します。

3 プリセットから[半光沢ペイント]を選択します。

4 カラーがすみれ色のため、グレーに変更します。これでサッシのマテリアルが完成です。

サッシにマテリアルを割り当てる

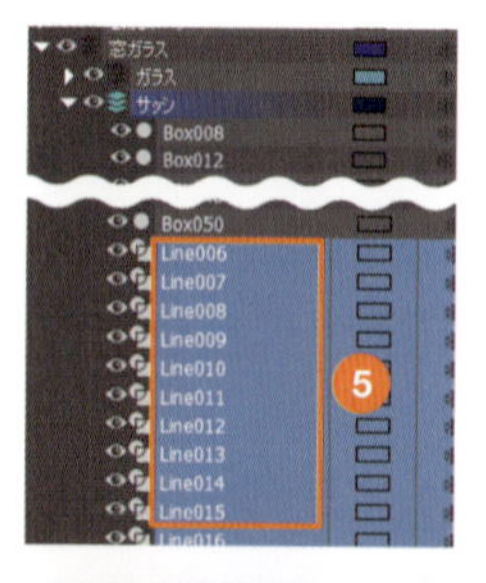

5 「サッシ」レイヤの「Line」オブジェクトをすべて選択して、サッシを選択します。

memo

「サッシ」レイヤには窓枠のオブジェクトも一緒に入っています。窓枠はボックス、サッシはラインのオブジェクトで作成しているため、ここではラインのオブジェクトのみ選択しています。

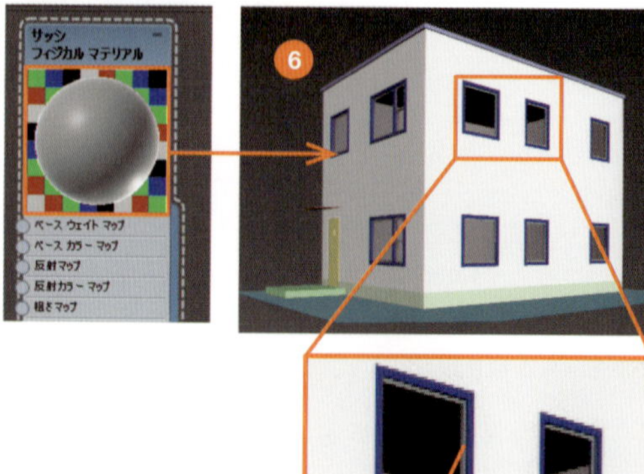

6 「サッシ」マテリアルを割り当てます。

4-2-4 屋根にマテリアルを設定

屋根のマテリアルを作成して割り当てます。屋根はサッシと同じマテリアルなので、サッシのマテリアルをコピーしてつくります。

サッシのマテリアルをコピー

1 アクティブビューでサッシのマテリアルをShiftキーを押しながらドラッグします。

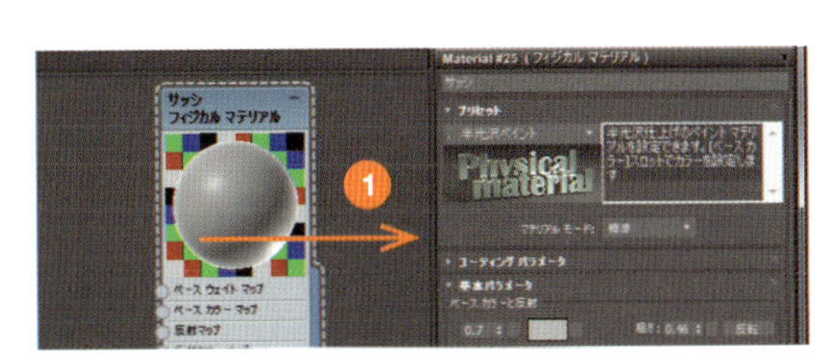

2 サッシのマテリアルがコピーされます。ノードの名称部分をダブルクリックして、マテリアルの名前を「屋根」と変更します。これで屋根のマテリアルが完成です。

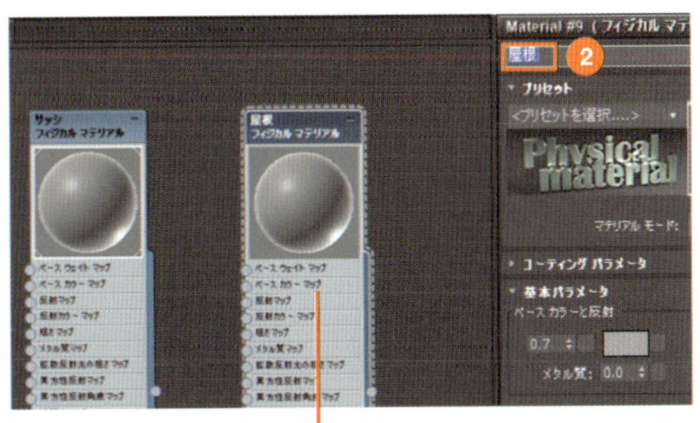

屋根にマテリアルを割り当てる

3 屋根のオブジェクトを選択して、マテリアルを割り当てます。

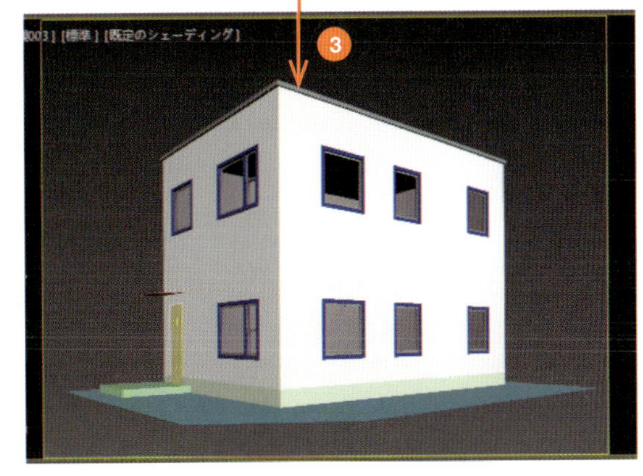

4-2-5 玄関庇にマテリアルを設定

玄関庇のマテリアルを作成して、割り当てます。ここではプリセットを使わずに、カラーとパラメータの数値でマテリアルを作成します。

庇のマテリアルを作成

1. マテリアルマップブラウザから［フィジカルマテリアル］を選び、アクティブビューへドラッグします。

2. ノードの名称部分をダブルクリックして、パラメータを表示し、一番上のボックスに、マテリアルの名前（ここでは「庇」）を入力します。

3. カラーを赤色に変更します。

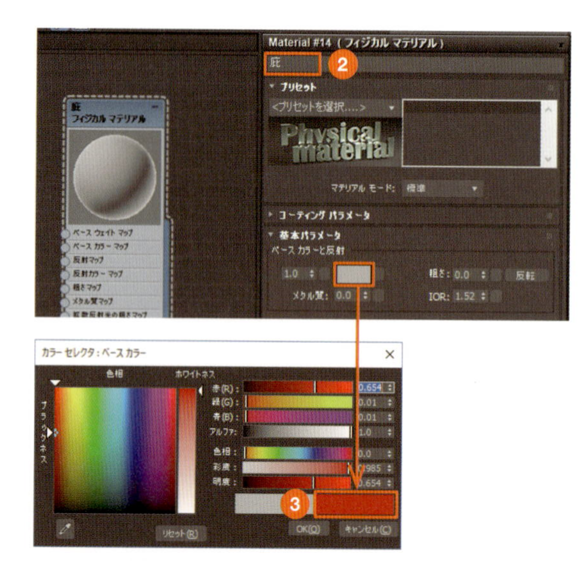

4. 少し光沢がほしいため、［ベース］を「0.8」、［メタル質］を「0.5」、［粗さ］を「0.65」に設定します。これで庇のマテリアルが完成しました。

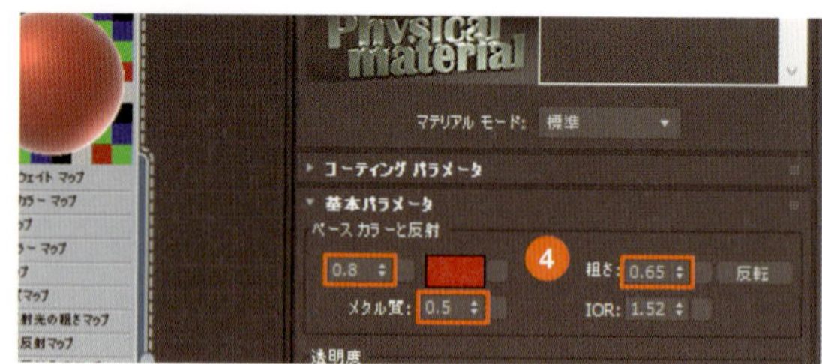

庇にマテリアルを割り当てる

5. 庇のオブジェクトを選択して、マテリアルを割り当てます。

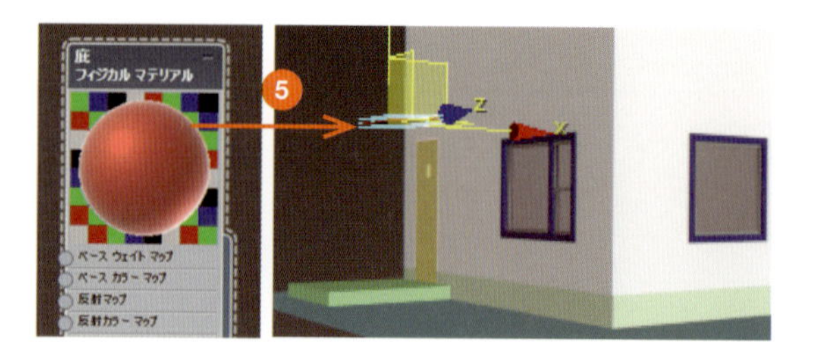

memo ここで使用したフィジカルマテリアルは、Arnold、ARTレンダラーのほか、V-Rayでも（→P.280）サポートされています。CGレンダリングプログラムの多くがこの概念を基本にプログラムを構築しています。日本語での対応や、プリセットも多くあるため、汎用性の高いマテリアルです。

4-3 外観にテクスチャを割り当てる

コンクリートと木材の画像を用意し、テクスチャとして割り当てます。ここでテクスチャを割り当てるのは、基礎、玄関ポーチ、敷地、玄関ドア、窓枠です。

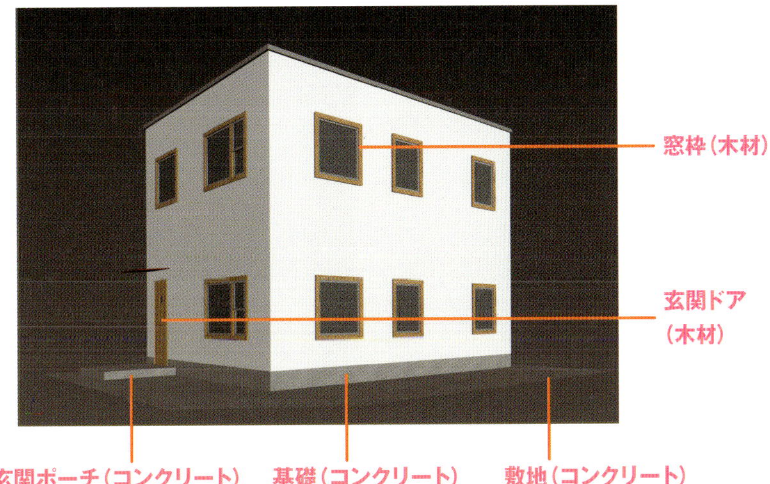

4-3-1 コンクリートのテクスチャを設定

建物の基礎、玄関ポーチ、敷地にコンクリート素材のテクスチャを割り当てます。

コンクリートのテクスチャを作成

1. マテリアルマップブラウザから［マテリアル］→［一般］を展開して［フィジカルマテリアル］を選び、アクティブビューへドラッグします。

2. ノードの名称部分をダブルクリックして、パラメータを表示し、一番上のボックスに、マテリアルの名前（ここでは「コンクリート」）を入力します。

3 パラメータの［基本パラメータ］にある［ベース カラーと反射］の色ボックス右のボタンをクリックします。

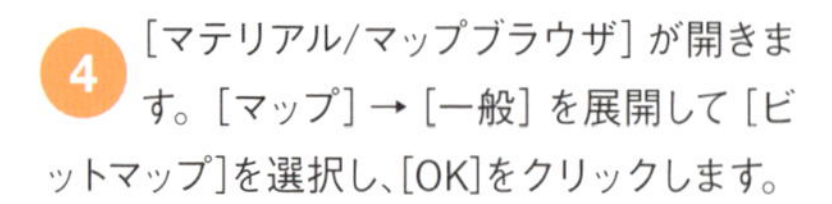

4 ［マテリアル/マップブラウザ］が開きます。［マップ］→［一般］を展開して［ビットマップ］を選択し、［OK］をクリックします。

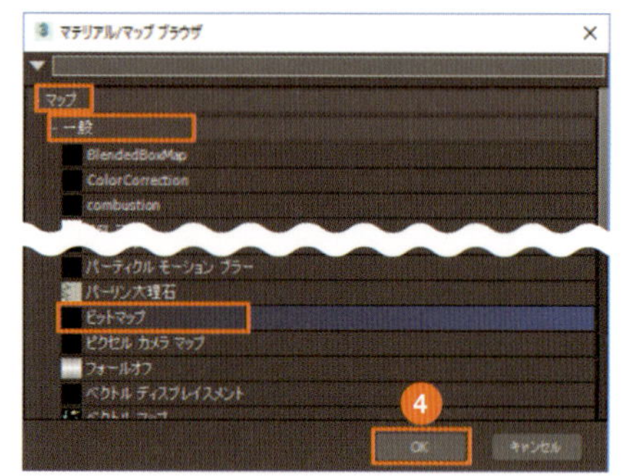

5 ［ビットマップイメージファイルの選択］ダイアログボックスが開きます。コンクリートの画像（ここではconcrete.jpg）を選択し、［開く］をクリックします。

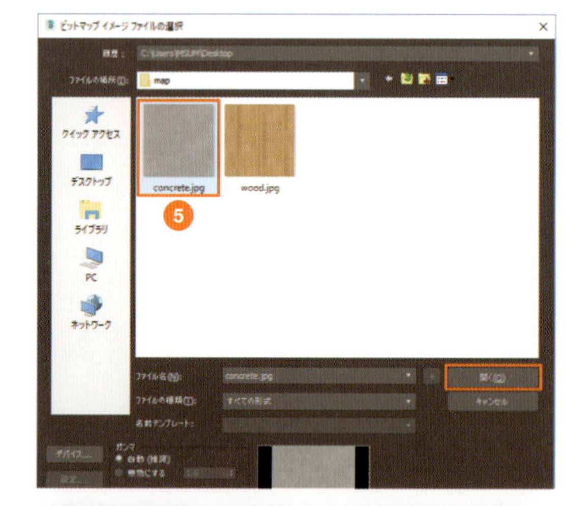

memo

「ビットマップ」となっていますが、jpgやpngなど一般的な画像ファイルなら、ほとんど利用できます。

6 アクティブビューに画像がマップノードとして表示され、コンクリートのマテリアルノードに連結されます。

7 反射を防ぐため、［ベース カラーと反射］の［粗さ］を「1.0」に変更します。これでコンクリートのテクスチャが作成できました。

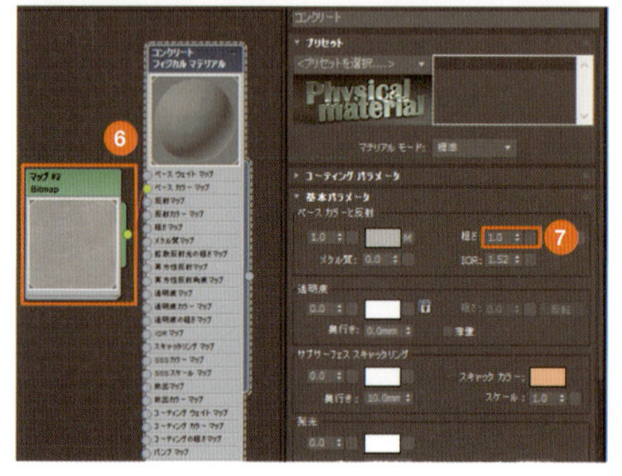

memo

［粗さ］の数値は大きくするほどぼやけたイメージになり、反射を抑えられます。

コンクリートテクスチャを割り当てる

1 作成したテクスチャをコンクリートで表現したい部分に割り当てます。まず、正投影ビューで基礎を選択します。

2 マテリアルエディタのツールバーにある［マテリアルを選択へ割り当て］ツールをクリックします。

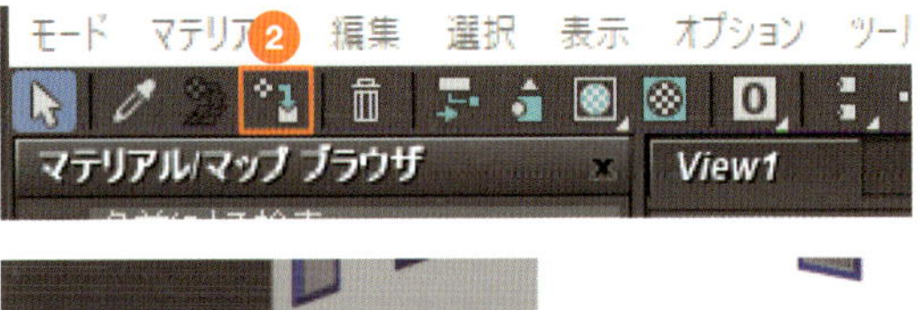

3 作成したテクスチャが基礎に割り当てられます。同様にして玄関ポーチ、敷地にもコンクリートのテクスチャを割り当てます。

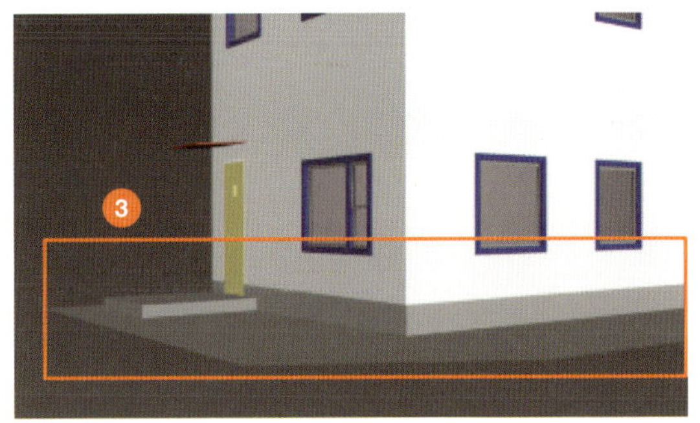

memo

テクスチャとする画像は次の方法でも指定できます。

- **パラメータの下部にある［一般マップ］の［ベースカラー］でマップ選択のボタンをクリックする。**
- **マテリアルノードの［ベースカラーマップ］の小さな丸印（入力ソケット）を少しドラッグし、表示されたメニューから［ビットマップ］を選択する。**

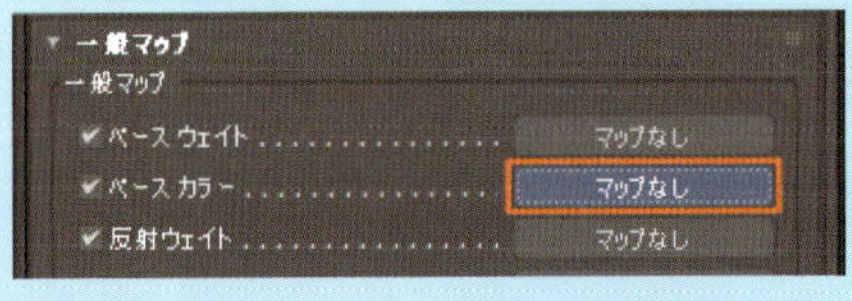

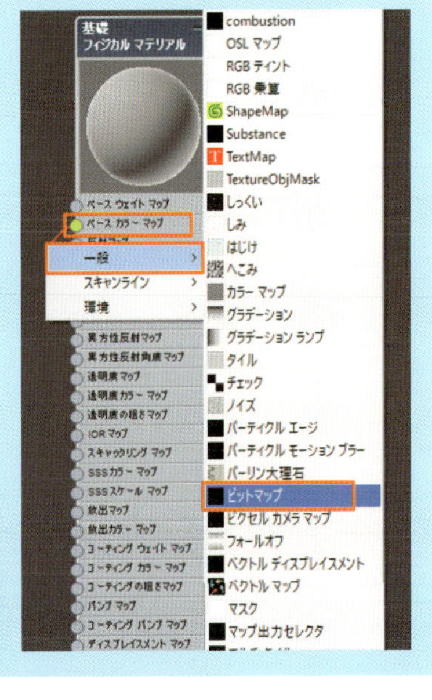

4-3-2 コンクリートテクスチャのサイズを調整（長さ・幅・高さ）

オブジェクトに貼ったテクスチャのサイズが合っていない場合があります。ここでは貼り付けたテクスチャ画像のサイズを変更する方法を紹介します。テスクチャ画像のサイズ調整は［UVWマップ］で行います。

ビューでテクスチャを確認

1 ビューにテクスチャを表示させます。マテリアルエディタのツールバーにある［シェーディングマテリアルをビューポートに表示］ツールをクリックします。

2 ビューにテクスチャが表示されるようになりました。確認すると、玄関ポーチ側面のテクスチャに筋が入って詰まっているように見えます。

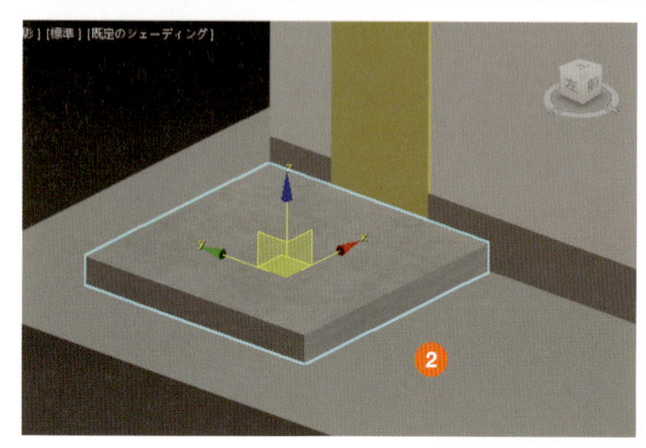

UVWマップの設定

3 玄関ポーチを選択し、［修正］パネルを開きます。モディファイヤリストから［UVWマップ］を選択します。

4 ［パラメータ］で［ボックス］を選択します。

5 ［リアルーワールドマップサイズ］のチェックを外します。

6 ［長さ］に「1000」mm、［幅］に「1000」mm、［高さ］に「1000」mmと入力します。

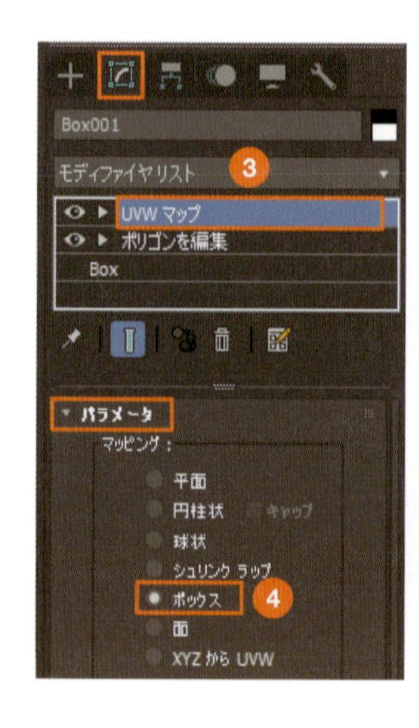

7 ビューで確認すると、玄関ポーチ側面の詰まりが解消されました。ポーチに表示されているオレンジ色のラインが変更した画像のサイズです。

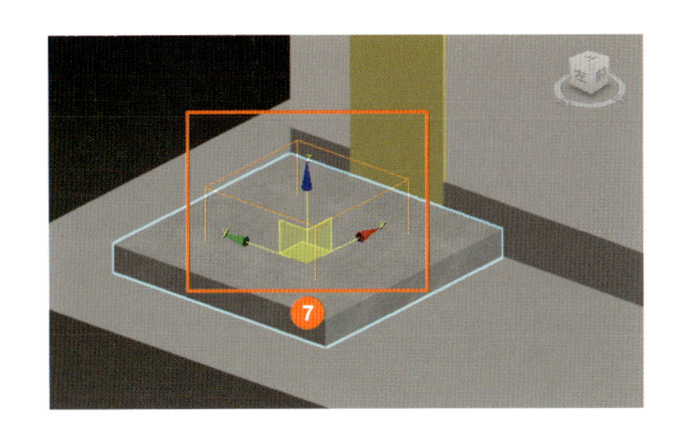

memo
ここで使用したコンクリートの画像は、1000mm×1000mm×1000mmとして使用するために作成したテクスチャです。このサイズをUVWマップのパラメータに設定しています。

8 同様にして、「基礎」と「敷地」にも同じサイズで［UVWマップ］を設定します。基点が中心にあるので、他のレイヤを非表示にして確認します。

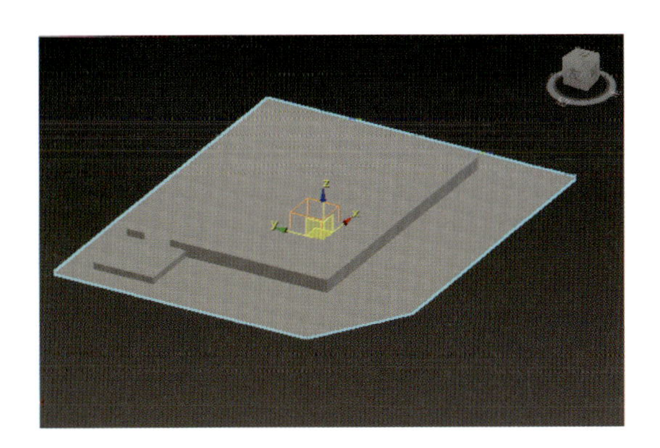

memo
UVWマップとはテクスチャを貼るための座標情報です。ここで説明した［長さ］［幅］［高さ］は、テクスチャ画像をどのようなサイズでオブジェクトの面に貼るかを指定します。
たとえば一辺が1000mmの立方体に正方形の画像を割り当てるとき、［長さ］［幅］［高さ］にオブジェクトの面と同じ「1000」mmを指定すると、各面に1000mm四方の正方形が1枚貼られた状態になります。これに対し、［長さ］［幅］［高さ］に1/5のサイズ「200」mmを指定すると、画像が縮小して1つの面に5×5=25枚の正方形が貼られることになります。

正方形の御影石の画像

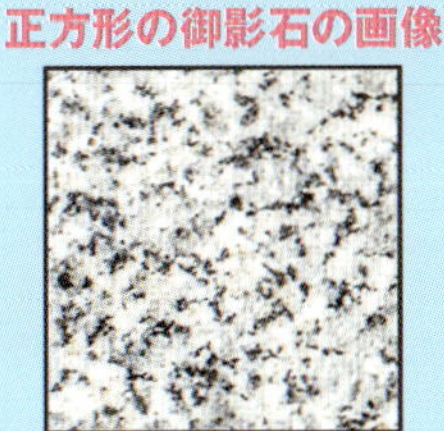

1000mm角の御影石

長さ：	1000.0m
幅：	1000.0m
高さ：	1000.0m
Uタイル：	1.0 反転

200mm角の御影石

長さ：	200.0mm
幅：	200.0mm
高さ：	200.0mm
Uタイル：	1.0 反転

4-3-3 木材のテクスチャを設定

玄関ドアと窓枠には木材の素材画像を割り当てます。まず、木材のテクスチャを作成して、玄関ドアに割り当てます。ここでは、画像とプリセットを組み合わせて光沢のある木材テクスチャを作成してみます。

木材のテクスチャを作成

1 マテリアルマップブラウザから［フィジカルマテリアル］を選び、アクティブビューへドラッグします。

2 ノードの名称部分をダブルクリックして、パラメータを表示し、一番上のボックスに、マテリアルの名前（ここでは「木材」）を入力します。

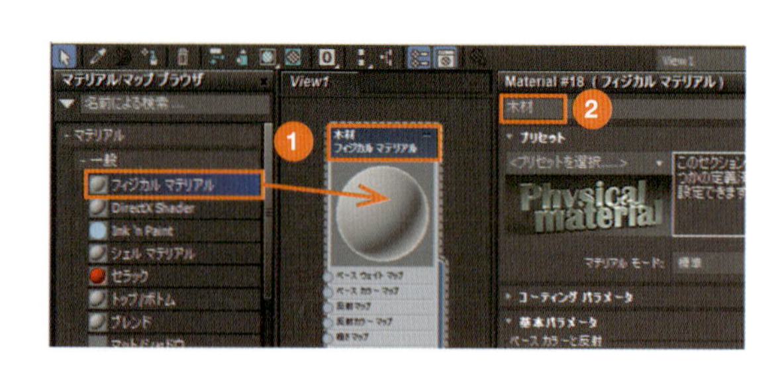

3 プリセットから［半光沢ニス塗り木材］を選択します。

4 アクティブビューに次のようなマテリアルノードが表示されます。ここではあらかじめ3ds Maxに設定されている木目画像がベースカラーマップにリンクされますが、これを手持ちの木材画像に変更します。木目画像のマップノードの名称部分をダブルクリックします。

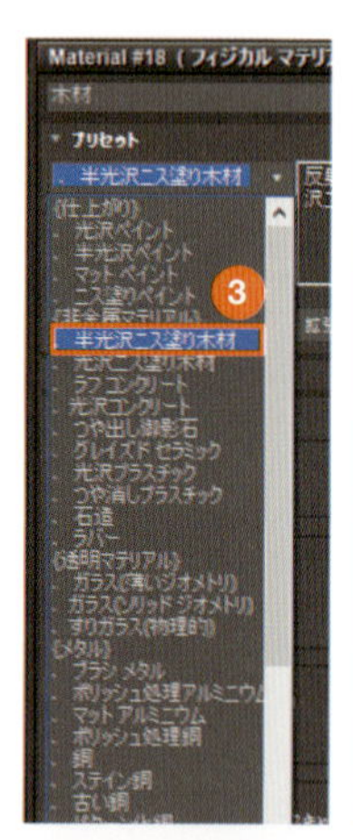

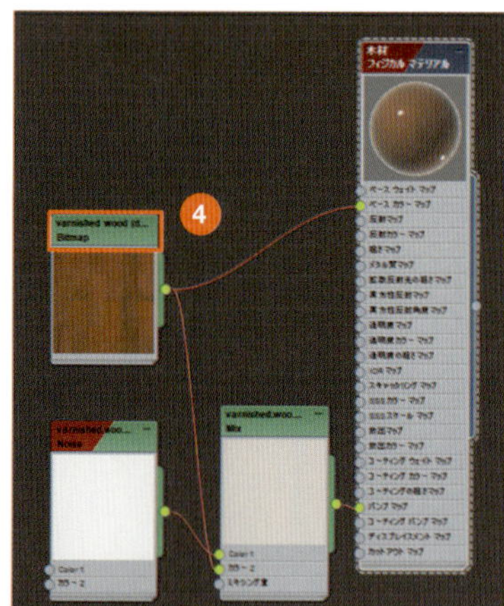

5 マップのパラメータが開きます。［ビットマップパラメータ］の［ビットマップ］のファイル名をクリックをします。

6 ［ビットマップイメージファイルの選択］ダイアログボックスが開きます。木材の画像（ここではwood.jpg）を選択して［開く］をクリックします。

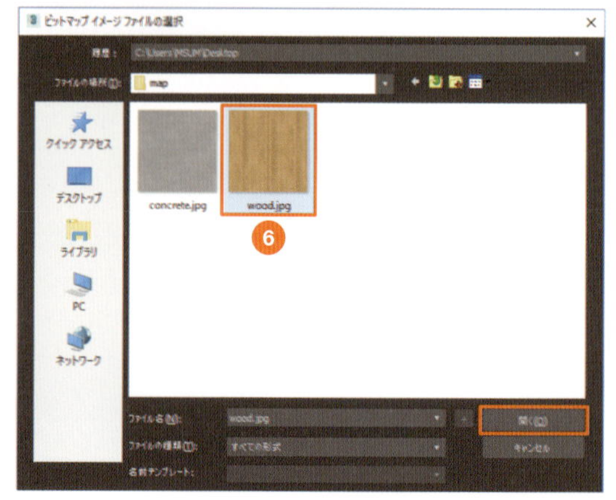

7 木目が手持ちの画像に変更されました。

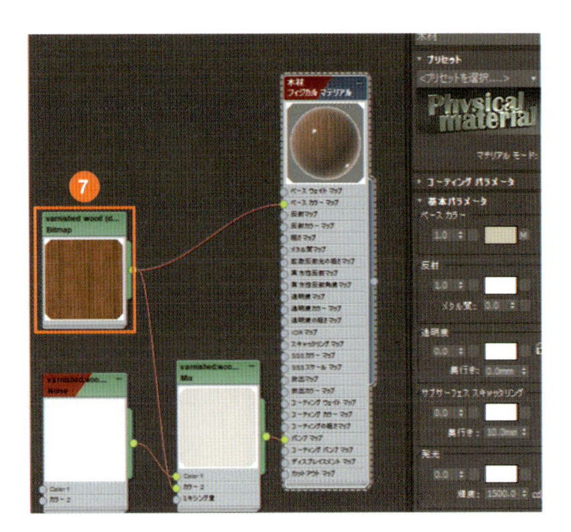

画像の色を反映する

8 黄色みの強い木材画像に変更したのに、マテリアルエディタでは赤く表現されています。これを元画像の色にします。木目画像のマップノードの名称部分をダブルクリックします。

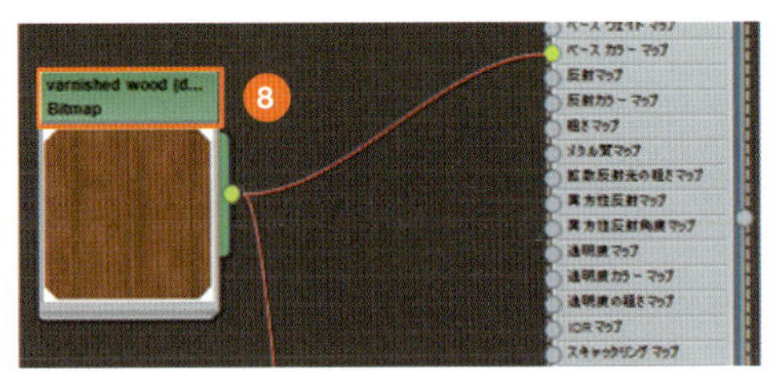

9 マップのパラメータが開きます。下のほうにある［出力］で［カラー マップを使用可能にする］のチェックを外します。

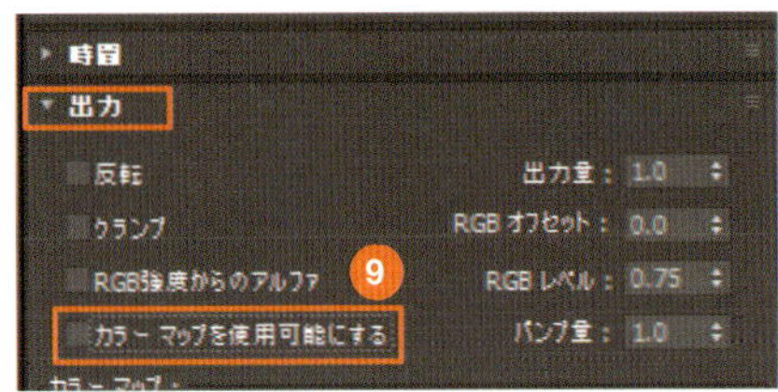

10 マテリアルノードとマップノードのプレビュー画像に元画像の黄色い木材の色が反映されます。

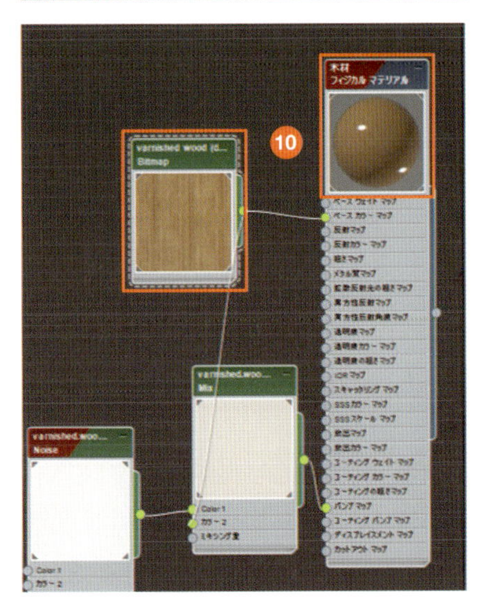

木材テクスチャを割り当てる

11 作成したテクスチャを木材で表現したい部分に割り当てます。正投影ビューで玄関ドアを選択します。

12 マテリアルエディタのツールバーにある［マテリアルを選択へ割り当て］ツールをクリックします。

13 ドアに木材のマテリアルが割り当てられました。

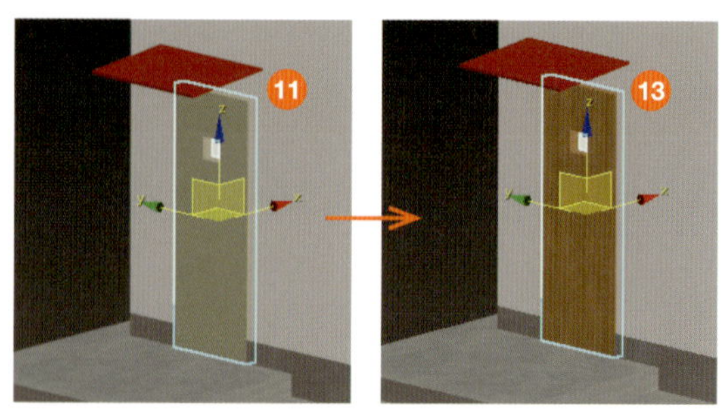

4-3-4 木材テクスチャのサイズを調整（リアルーワールドマップサイズ）

玄関ドアに割り当てた木材テクスチャも木目の表現がぼんやりしているので、テクスチャのサイズ調整をします。ここではコンクリートで使った長さや幅の調整ではなく、［リアル－ワールドマップサイズ］を使う方法を紹介します。

UVWマップの設定

1 ドアを選択し、［修正］パネルを開きます。モディファイヤリストから［UVWマップ］を選択します。

2 ［パラメータ］の［マッピング］で［ボックス］を選択し、［リアルーワールドマップサイズ］にチェックを入れます。

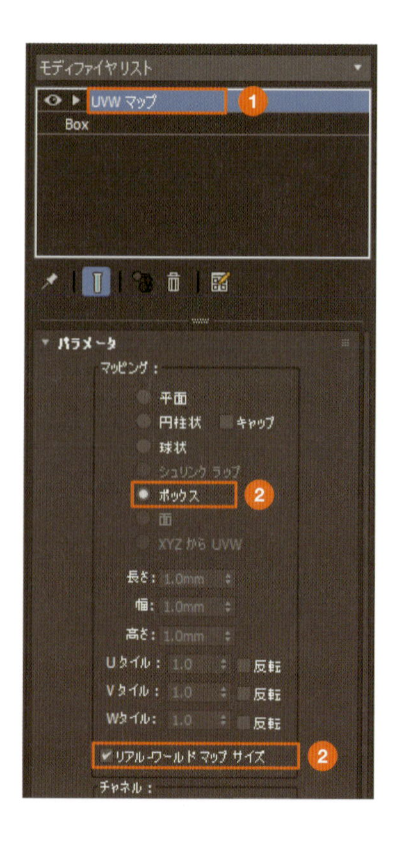

マテリアルエディタでの設定

3 マテリアルエディタを開き、木材のマップノードの名称部分をダブルクリックします。

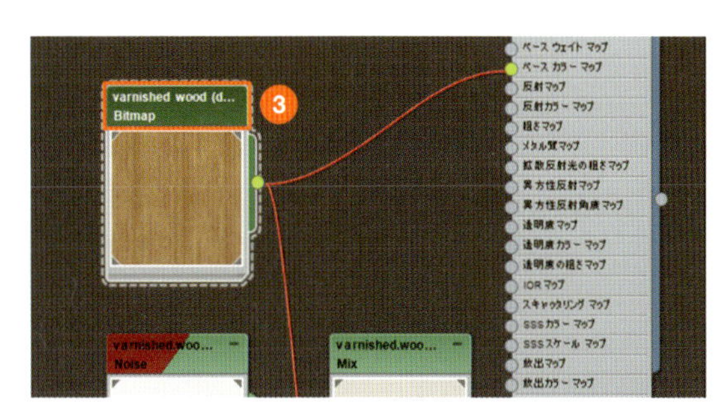

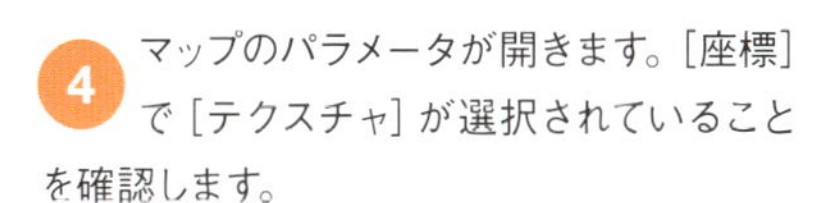

4 マップのパラメータが開きます。[座標]で[テクスチャ]が選択されていることを確認します。

5 [リアルーワールドスケールを使用]にチェックを入れます。

6 [サイズ]の[幅]に「1000」mm、[高さ]に「1000」mmと入力します。

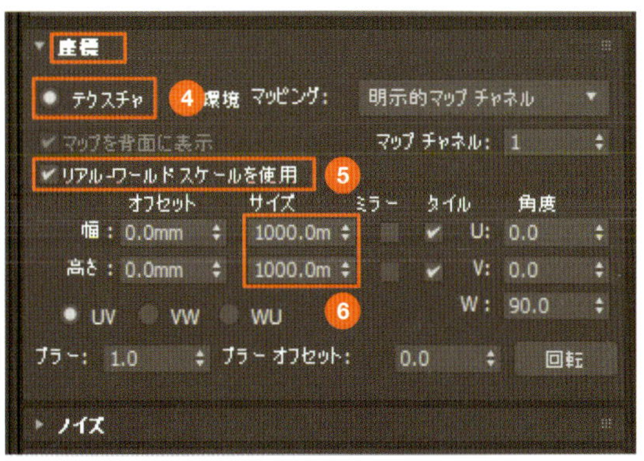

memo 「wood.jpeg」のテクスチャは正方形(1:1)の画像のため、幅と高さは同じ数値を入力します。

7 画像サイズが調整され、木目がきれいに表示されるようになりました。

Part 1 Chapter 4

4-3-5 木目方向の変更

木材は部材によって、木目の縦横方向を入れ替えたいことがあります。このようなときは、テクスチャの角度を変更して、木目の方向を変えます。ここでは窓枠を例に説明します。

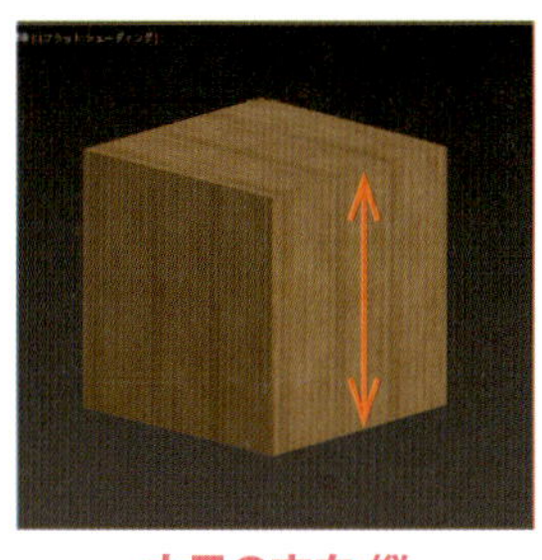

木目の方向:縦

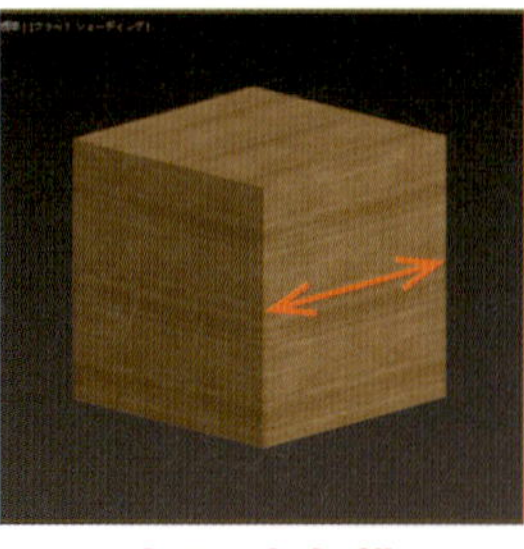

木目の方向:横

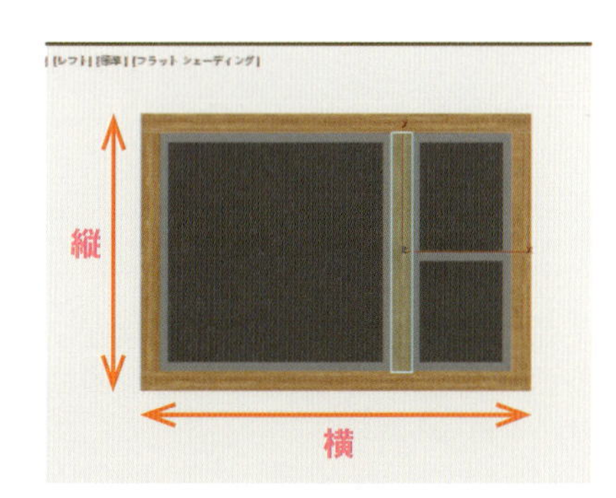

窓枠に木材のテクスチャを割り当て

1 まず、Shiftキーを押しながら縦の窓枠をすべて選択します。作成した木材のテクスチャを割り当てます（→P.116）。

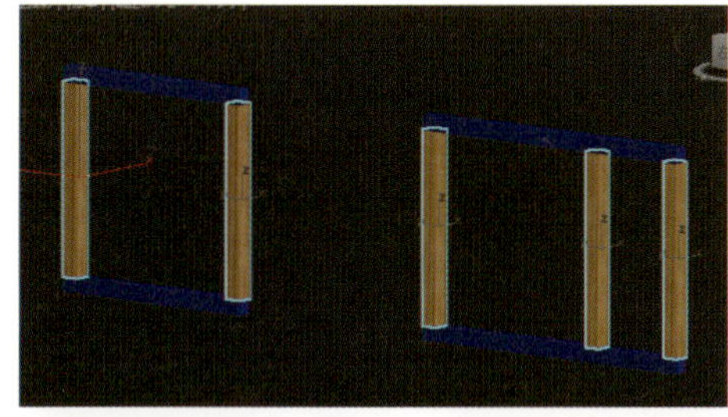

2 縦の窓枠が選択状態のまま［修正］パネルを開き、モディファイヤリストから［UVWマップ］を選択します。

3 ［パラメータ］の［マッピング］で［ボックス］を選択し、［リアルーワールドマップサイズ］にチェックを入れます。

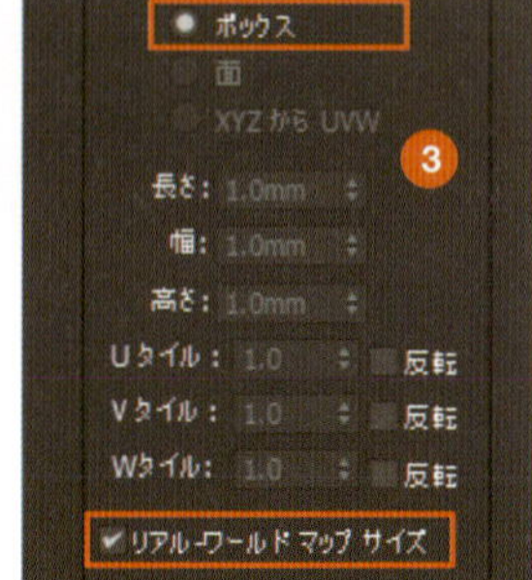

memo
マテリアルエディタではすでに［リアルーワールドスケールを使用］にチェックが付いているので、テクスチャサイズが調整されます。

4 同様にして横の窓枠もすべて選択し、［UVWマップ］と［リアルーワールドマップサイズ］の設定をします。

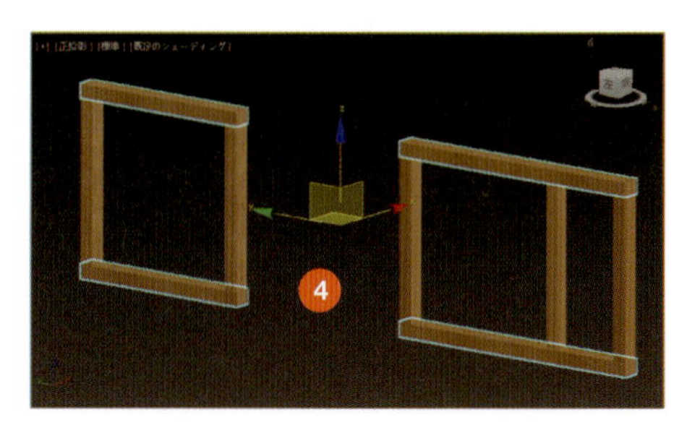

memo
複数を同時に［UVWマップ］設定すると、［修正］パネルの文字が斜めになります。

テクスチャの方向を変更

5 この段階では横の窓枠にも縦の木目が表示されています。この木目を横方向に変更します。横の窓枠が選択された状態のまま、[修正] パネルの [位置合わせ] で [X] を選択します。

6 横の窓枠が横方向の木目になりました。

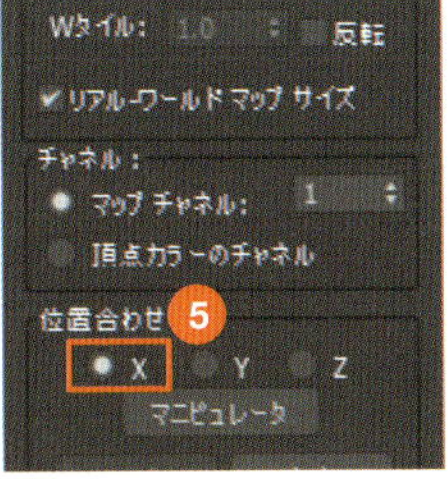

> **memo**
> 縦方向の木目は [位置合わせ] が [Z] になっています。

7 これで窓枠の木目のテクスチャが完成です。

> **memo**
> その他にも次のような方法で、木目の方向を変えることができます。
>
> **●UVWタイルの[反転]**
>
> [リアルーワールドマップサイズ] を設定していない場合、[修正] パネルの [パラメータ] の [マッピング] にあるUVWタイルの各[反転] にチェックを入れて、向きを変えることができます。
>
> 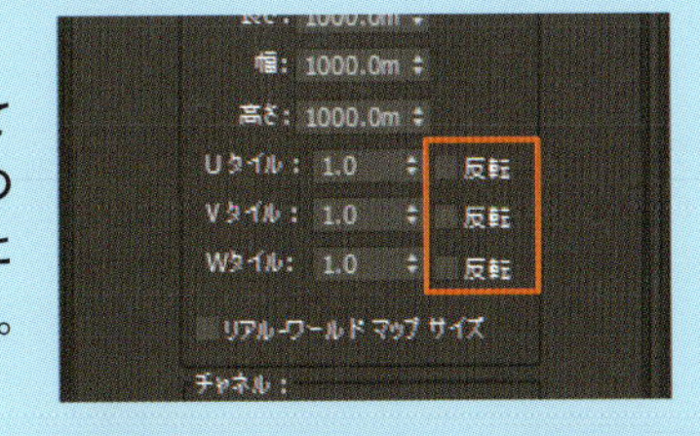
>
>
> **●ギズモを回転**
>
> [修正] パネルの [UVWマップ] を展開し、[ギズモ] を選択します。ビューに表示されたギズモの軸をドラッグで回転することによって、向きを変えられます。
>
> 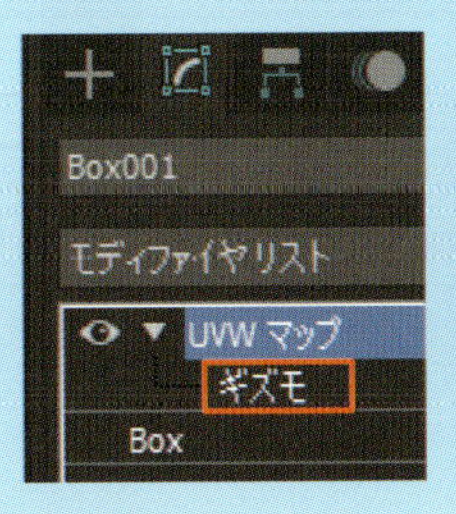
>
>
> 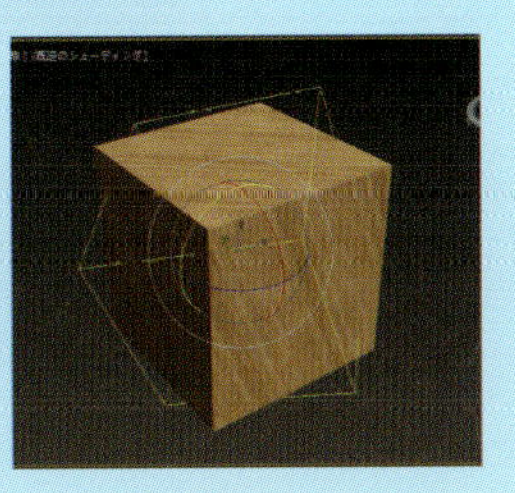

column マテリアルやUVWを除去する

オブジェクトに設定したマテリアルやUVWマップは、次の方法で除去することができます。

オブジェクト選択　→　マテリアル・UVWマップ割り当て　→　マテリアル・UVWマップ除去し、元の状態に戻す

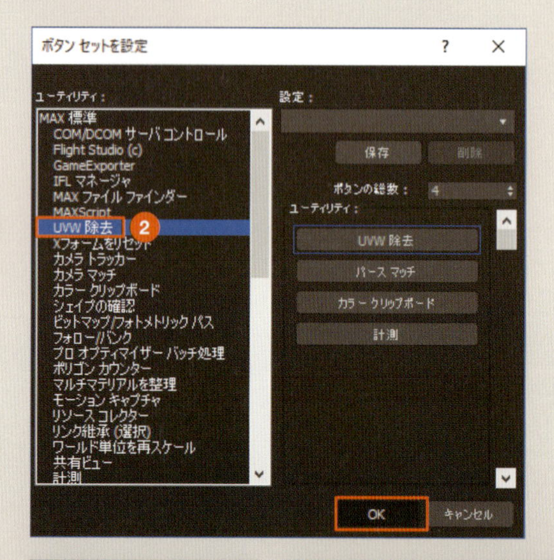

1. [ユーティリティ] パネルの [ボタンセットを設定] ボタンをクリックしてダイアログボックスを開きます。
2. [ユーティリティ] から [UVW除去] を選択して [OK] をクリックします。これで [ユーティリティ] パネルに [UVW除去] が表示されます。
3. マテリアルが割り当てられたオブジェクトを選択します。
4. [ユーティリティ] パネルの [UVW除去] をクリックします。
5. [パラメータ] の [マテリアル] をクリックします。
6. オブジェクトのマテリアルが除去されました。

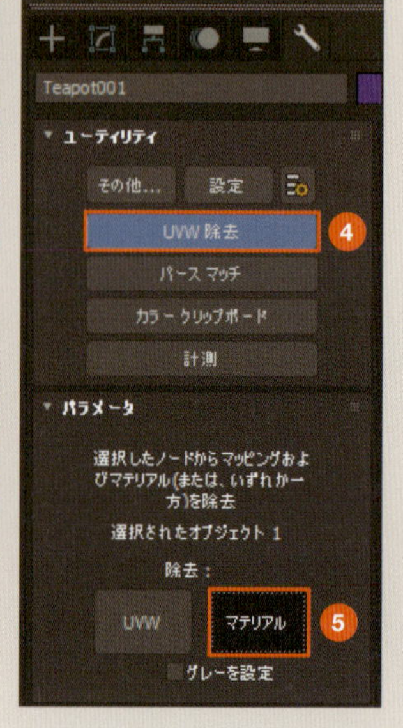

Chapter 5

外観のライトと環境設定・レンダリング

5-1 太陽を配置する

外観のライティングは特殊な場合を除いて、太陽で行います。このため太陽とするライトをビュー内に配置し、その方向からの光で建物を照らします。［作成］パネルにさまざまな種類のライトが用意されています。

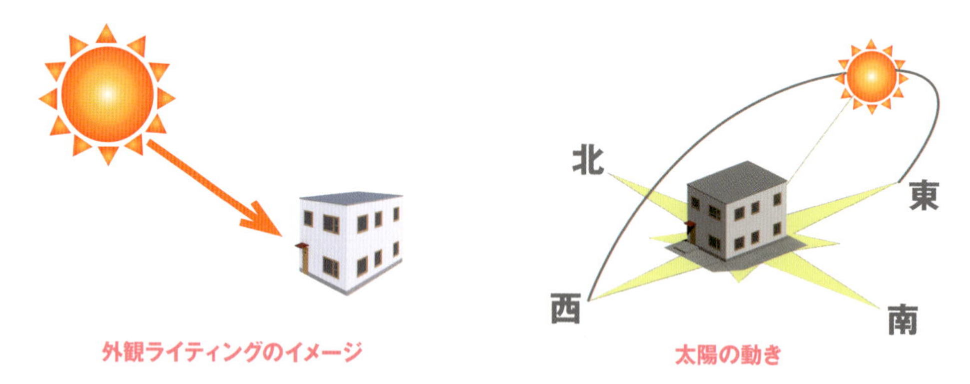

外観ライティングのイメージ　　太陽の動き

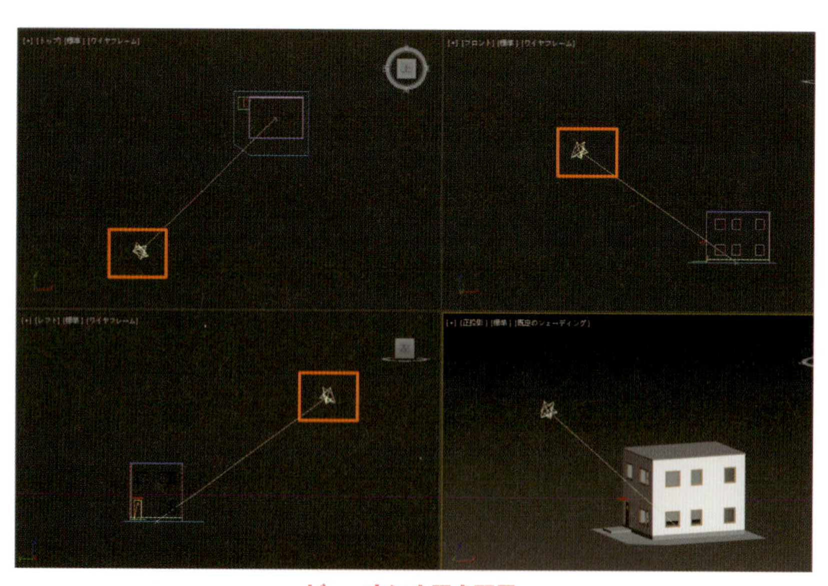

ビュー内に太陽を配置

太陽は本来、ビューに入るほど近くはありませんが、CGでは「光源」という設定が必要になるため、ビュー内に配置せざるを得ません。それを踏まえて、位置と光の強さを考えます。基本的には建物から遠い場所に配置しますが、建物の近くに配置する場合は太陽の強さを弱めます。また、朝と夕刻では、光の雰囲気が変わります。

5-1-1 ライト(太陽)の種類

ライトは、コマンドパネルの[作成]パネルにある[ライト]から作成します。ライトの種類には、[フォトメトリック][標準][Arnold]の3種類があり、使用するレンダラーによってライトの種類を使い分けます。

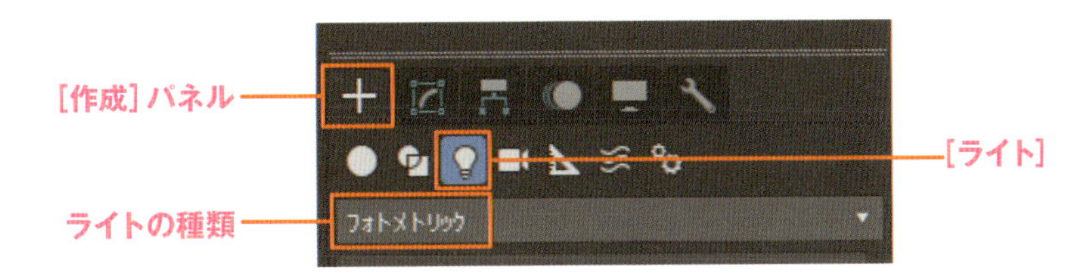

フォトメトリック

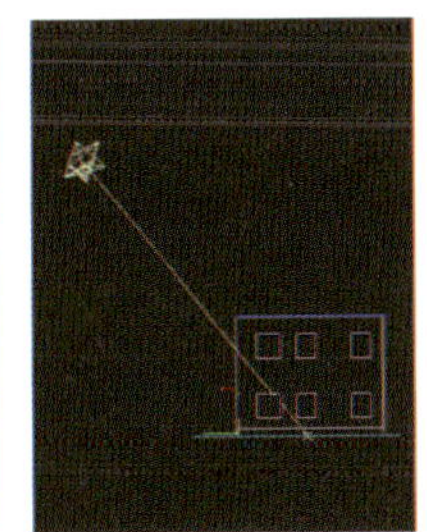

[フォトメトリック]ライトは、実際のライトをシミュレートすることができる高機能なライトです。パラメータによるさまざまな設定が可能で、高品質なライティングができます。

標準

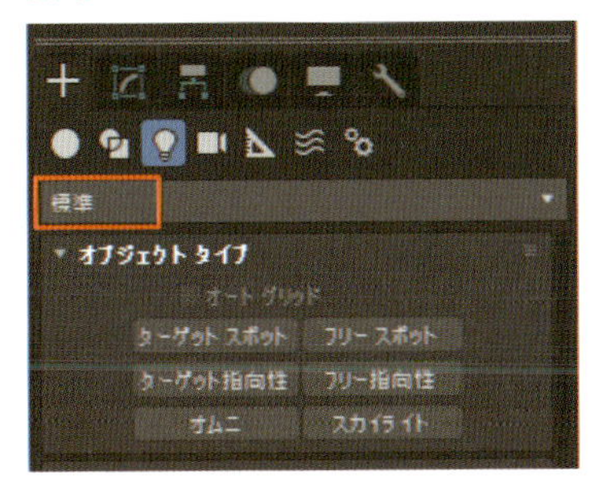

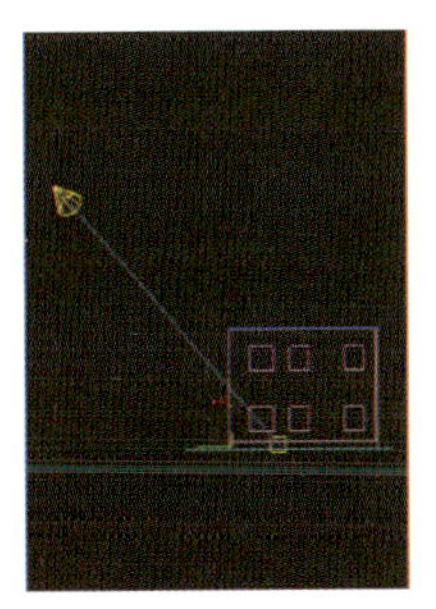

[標準]ライトは、最もシンプルなライトです。初期設定では最小限の設定しかなく、PCへの負荷も小さいので、高速なレンダリングが可能です。

Arnold

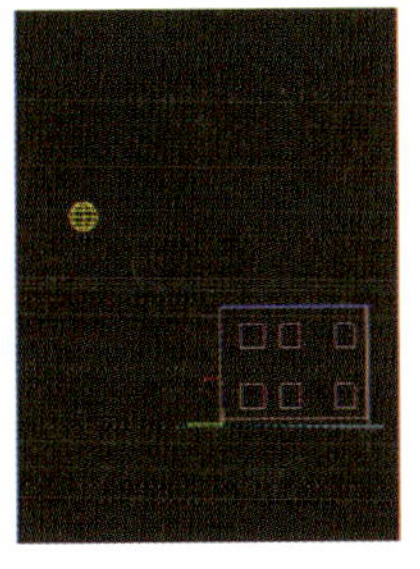

[Arnold]ライトは[Arnold]レンダラーを使用する際に配置するライトです。パネルの項目は英語表記になっていますが、SpotやSkydomeなどの幅広い設定ができます。

5-1-2 ［サンポジショナ］で太陽を配置する

方位を指定できる［フォトメトリック］の［サンポジショナ］で太陽を配置し、レンダリングしてみます。

レイヤの準備

1 シーンエクスプローラで［新規レイヤを作成］ツールをクリックし、新規レイヤを作成します。

2 レイヤ名に「太陽」と入力し、新規レイヤを「太陽」レイヤとします。

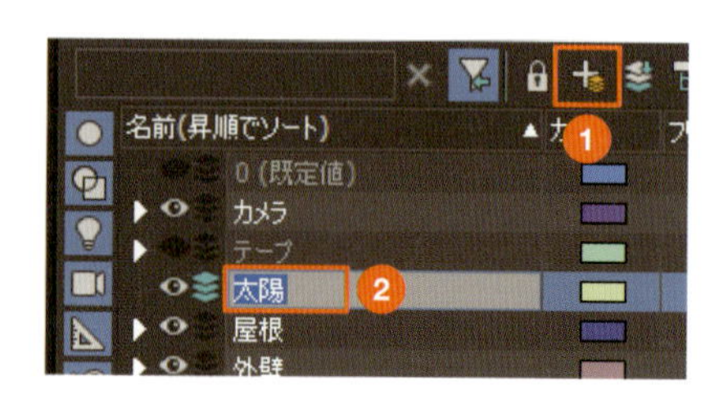

サンポジショナを配置

3 ［作成］パネルの［ライト］で［フォトメトリック］を選択し、［サンポジショナ］をクリックします。

4 トップビューで建物の上をクリックし、ドラッグして大きさを決めます。

5 マウス移動で回転し、方位を平面図に合わせたら、クリックして確定します。

6 フロントビューでマウス移動し、高さをクリックで指定します。これで太陽が配置できました。

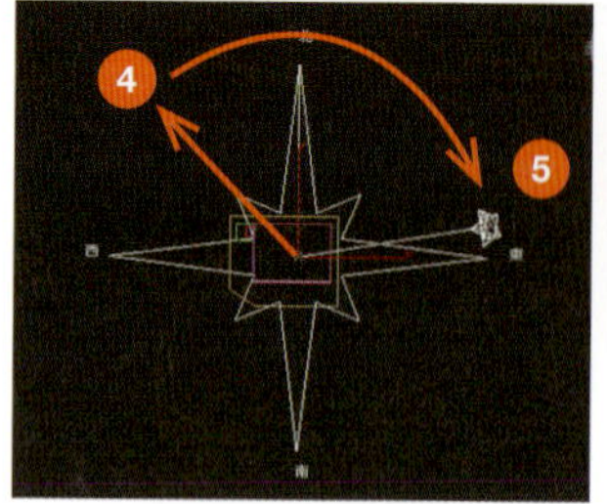

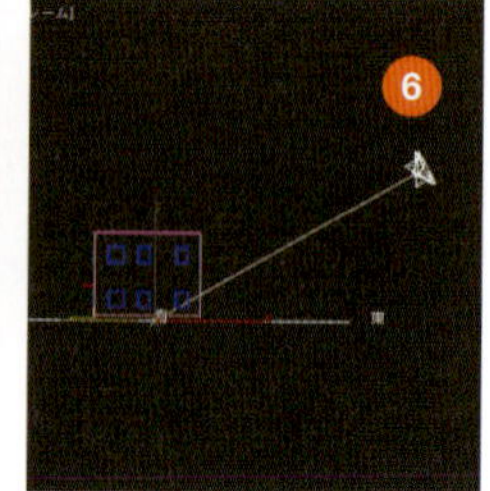

星型の表示はコンパスを表します。非表示にすることも可能です。

時間と場所を設定

7 時間を設定します。［作成］パネルの［太陽の位置］にある［日付と時刻］で日時を設定します。

8 場所を設定します。［作成］パネルの［地球上の位置］にある［SanFrancisco, CA］をクリックします。

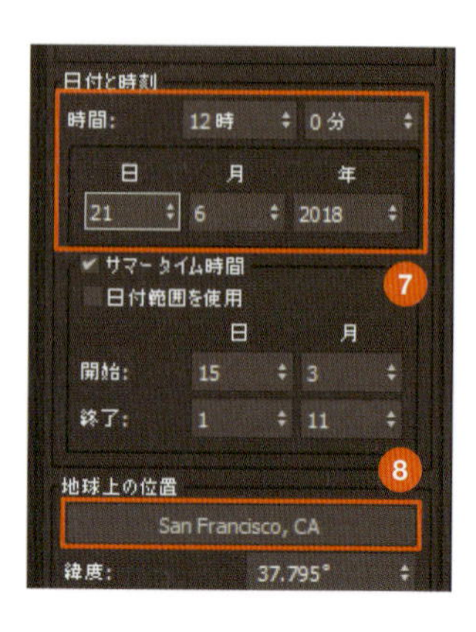

9 [地理上位置] ダイアログボックスが開きます。[マップ] で [Asia]、[都市] で [Tokyo,Japan] を選択し、[OK] をクリックします。

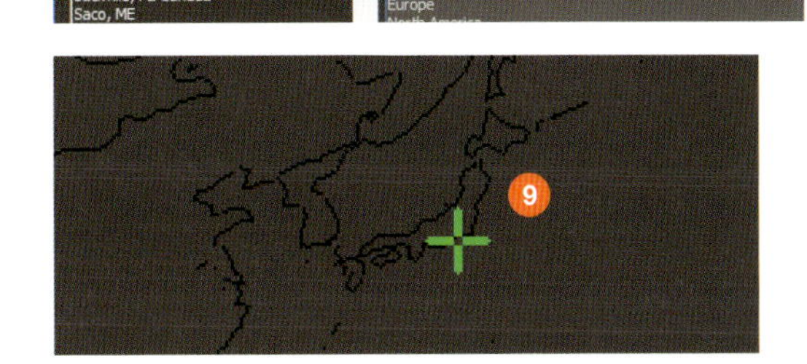

10 設定した時間と地理上の位置に太陽が移動します。右クリックして終了します。

11 設定時間を変えると次のように太陽の位置が変わります。

東京8時　東京12時　東京20時

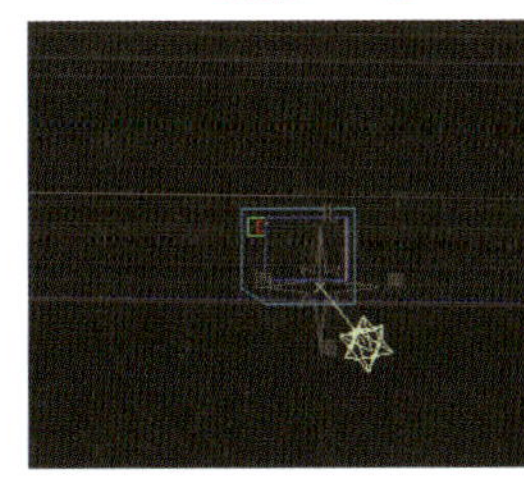
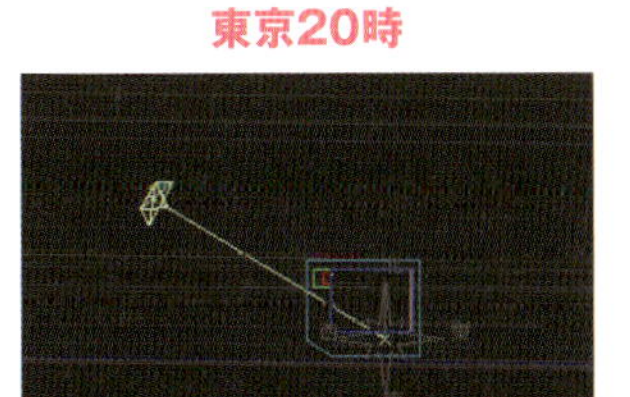
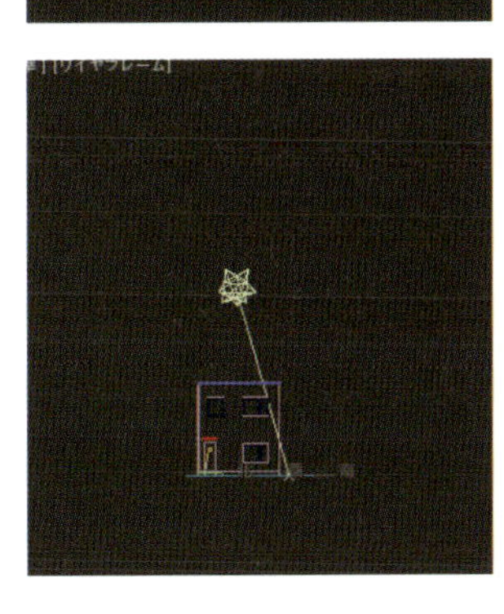
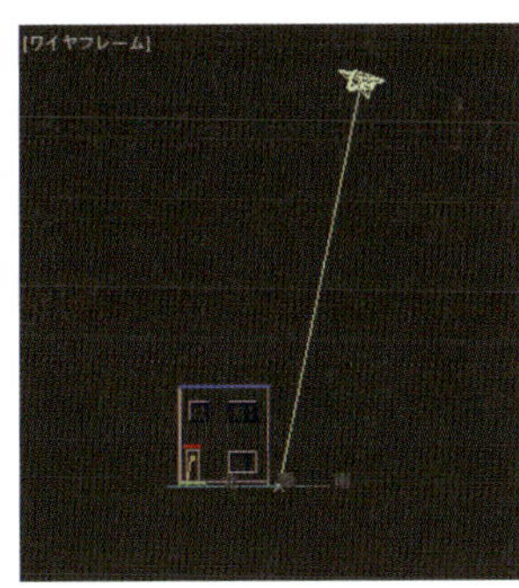
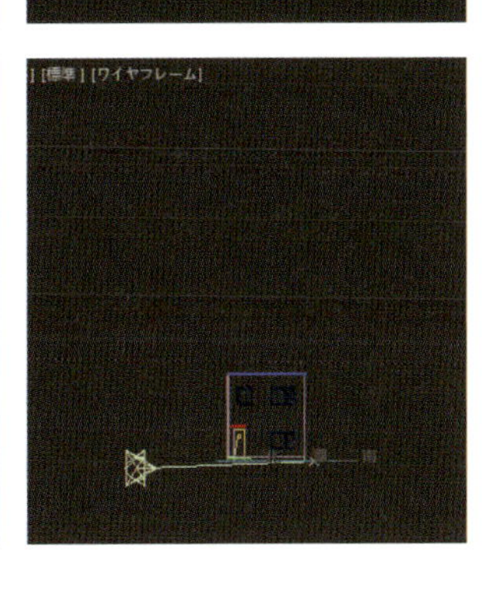

memo

季節によって太陽の高さが変わります。夏至の日の太陽が一番高く、冬至の日は、一番低くなります。

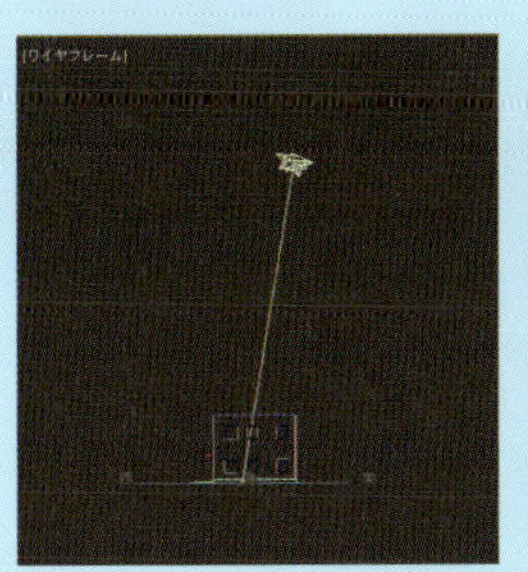

夏至

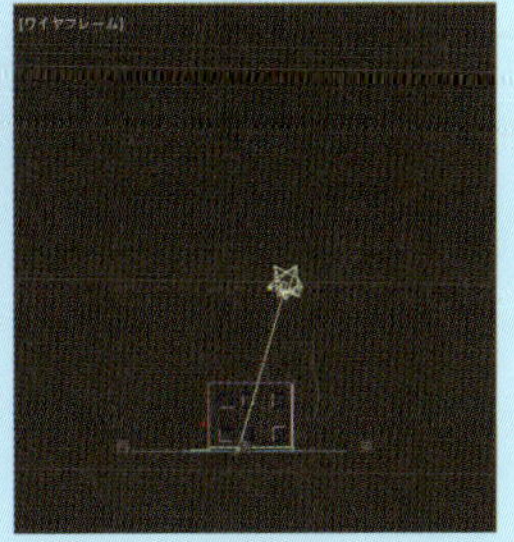
冬至

memo

影の入れ方を任意で決めたい場合は、[日付と時刻] で [手動] を選択すると、太陽の位置を自由に移動できます。また、日時を設定した状態で太陽を選択して移動すると、ここが自動的に [手動] に切り替わります。

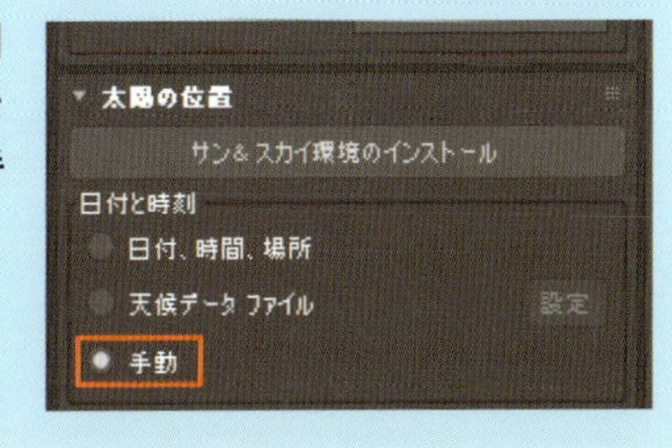

フィジカル サン&スカイ環境

12 メインメニューの［レンダリング］→［環境］を選択して［環境と効果］ダイアログボックスを開きます。サンポジショナの太陽を配置すると、自動的に［環境マップ］に［フィジカルサン＆スカイ環境］が割り当てられます。この設定では、空と地面が表示されます。

13 同時に［露出制御］で［フィジカルカメラ露出制御］も自動設定されます。確認したらダイアログボックスを閉じます。

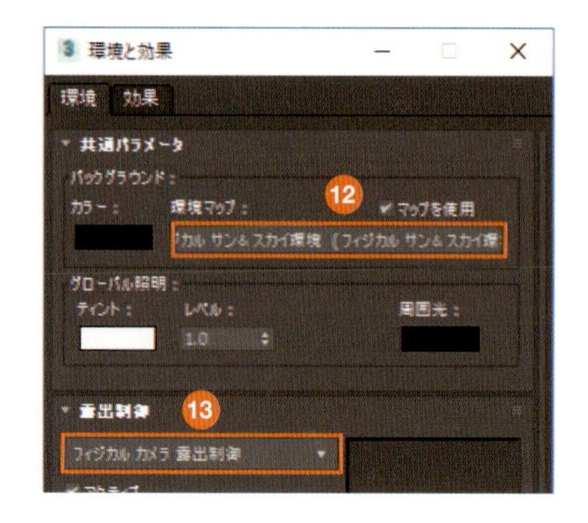

レンダリング設定

14 メインメニューの［レンダリング］→［レンダリング設定］を選択して［レンダリング設定］ダイアログボックスを開きます。

15 ここでは［レンダラー］で［ARTレンダラー］を選択します。

16 ［レンダリング］をクリックします。

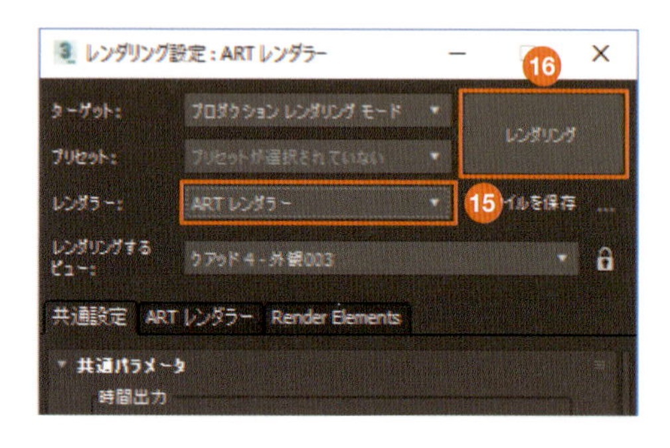

東京8時

東京12時

東京20時

memo レンダリングの画像を見て、サンポジショナの設定を調整していきます。かんたんな画像でよければ、［環境と効果］ダイアログボックスの［露出制御］にある［レンダリングプレビュー］の画像でも確認できます。

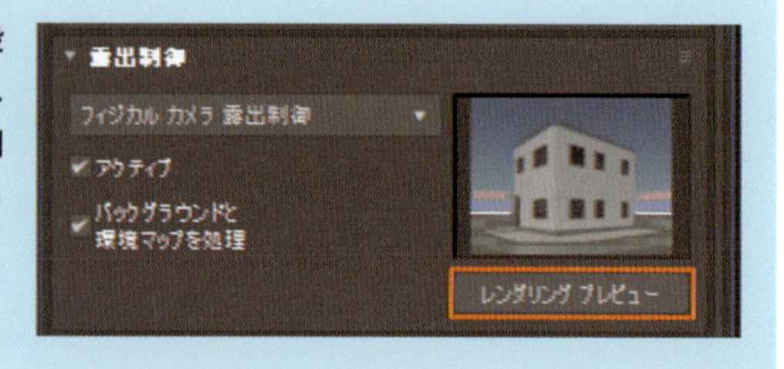

5-1-3 [標準] ライト

外観パースはサンポジショナの太陽で進めますが、[標準] ライトの使い方について補足しておきます。外観のライトとしてよく使用するのは、[ターゲット指向性] と [スカイライト] です。[ターゲット指向性] は太陽のように一定方向から光を照射します。[スカイライト] は全方位から来る光をドーム形で照射するという特徴があります。

ターゲット指向性

1 [作成] パネルの [ライト] で [標準] を選択し、[ターゲット指向性] をクリックします。

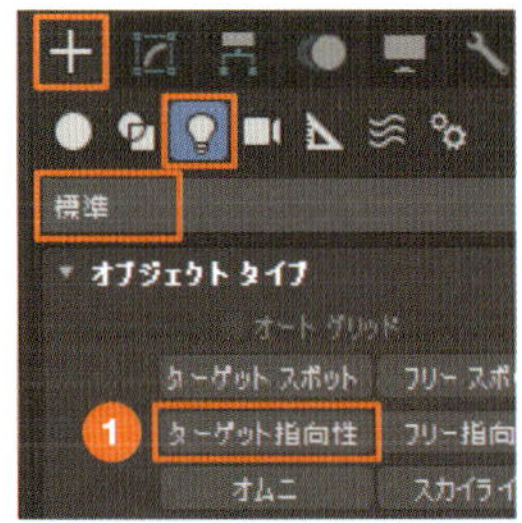

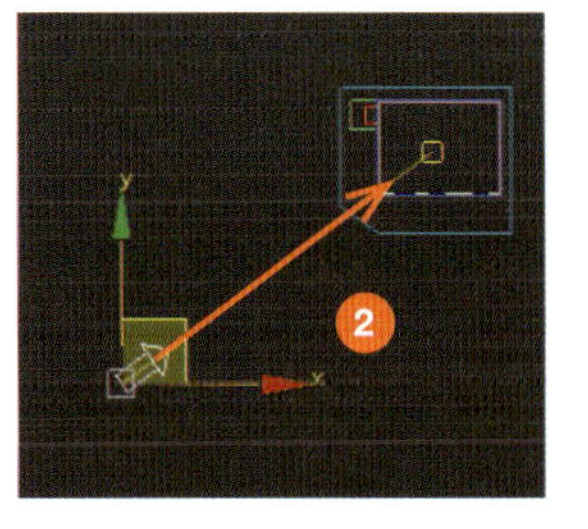

memo 他に太陽とするライトがあると光の照射がわかりません。ここではサンポジショナのライトがない前提で説明します。

2 ライトの位置をクリックし、対象物（ここでは建物）までドラッグします。

3 円柱状のライトが作成できました。レンダリングして光の照射を確認します。

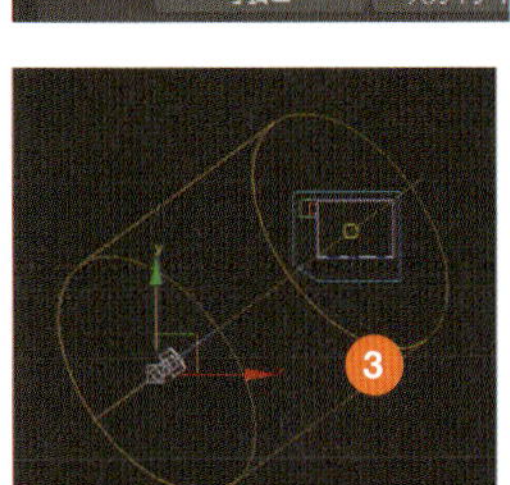

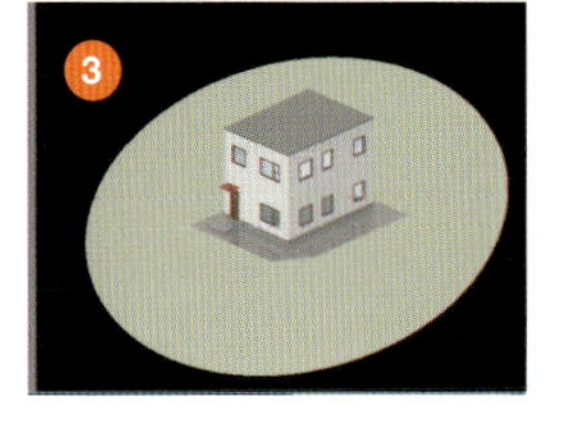

memo 3のレンダリングは、環境の設定（前ページの12）で [カラー] を黒とし、[環境マップ] は [なし]、[露出制御] は [自動露出コントロール] です。レンダラー（前ページの15）は [スキャンラインレンダラー] を使用しています。

memo 円柱の大きさを変更したいときは、[修正] パネルの [方向パラメータ] にある [ホットスポット/ビーム] の数値を変更します。ちなみにライトは円柱の中に入る範囲しか当たりません。また、初期設定では影が非表示になっています。影を入れたい場合は、[一般パラメータ] にある [シャドウ] の [オン] にチェックを入れてください。

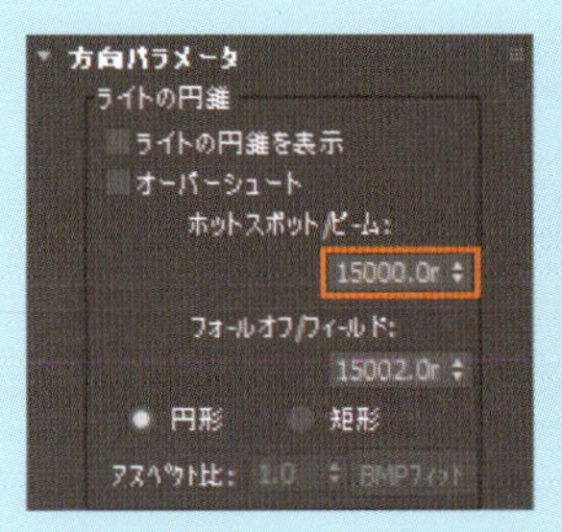

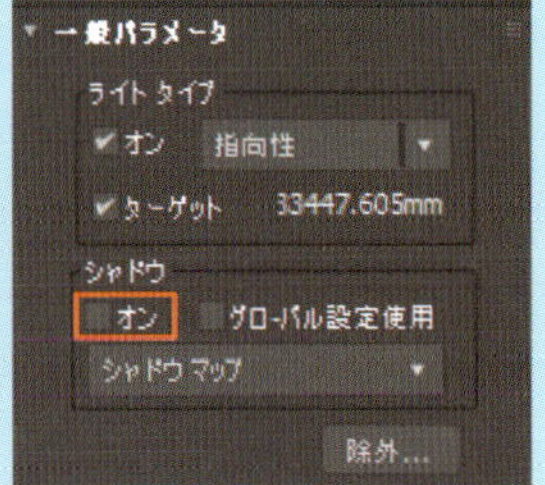

スカイライト

1 ［作成］パネルの［ライト］で［標準］を選択し、［スカイライト］をクリックします。

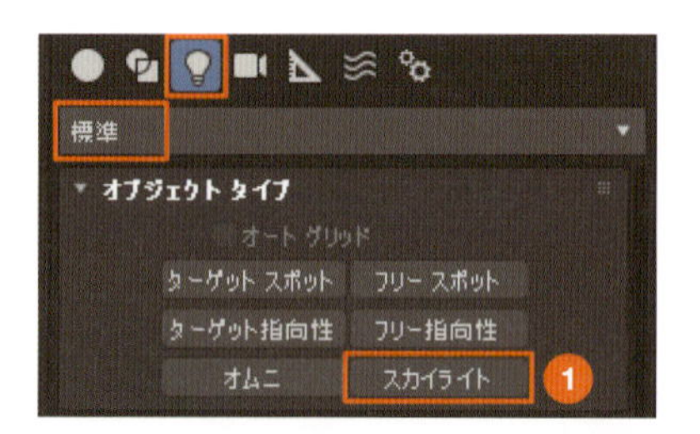

memo 前ページから続けて操作する場合は、［ターゲット指向性］ライトを削除してください。

2 トップビューかパースビューで、任意の位置をクリックしてライトを配置します。

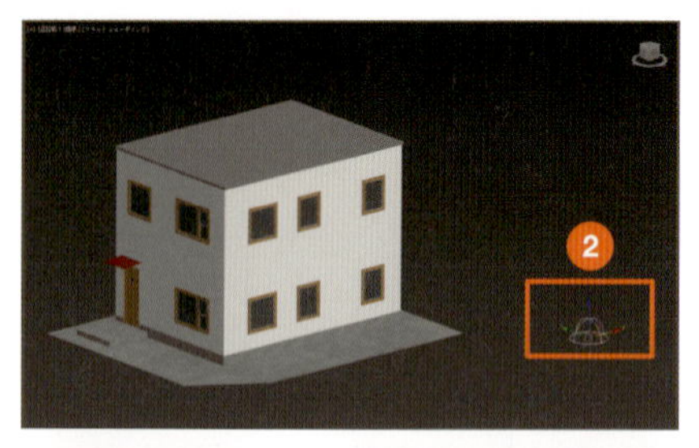

3 レンダリングすると全体的に明るく表示されます。

memo スカイライトにはHDRIファイルを設定できます（→P.134）。

memo ここでは「ターゲット指向性」と「スカイライト」の光の照射方法を確認するだけなので、簡易的な［スキャンラインレンダラー］でレンダリングしました。スキャンラインレンダラーでは、フィジカルマテリアルの多くの要素がレンダリングに反映されません。スキャンラインレンダラーで最終レンダリングをする場合は、［スキャンライン］の［標準］で作成したマテリアルを使ってください。

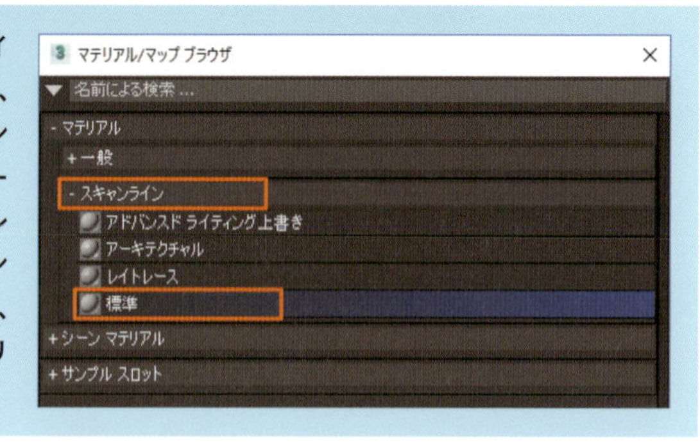

column 太陽の高さと影の位置

たとえば、建物にバルコニーや庇などの突起した部位がある場合、太陽の高さによって影ができる位置が変わります。建築のパースでは見映えが大事になるため、影の部分が明らかに多くなってしまったり、枠などと重なってしまったりするときは調整が必要です。影の位置は、太陽の高さを変えることで調整できます。

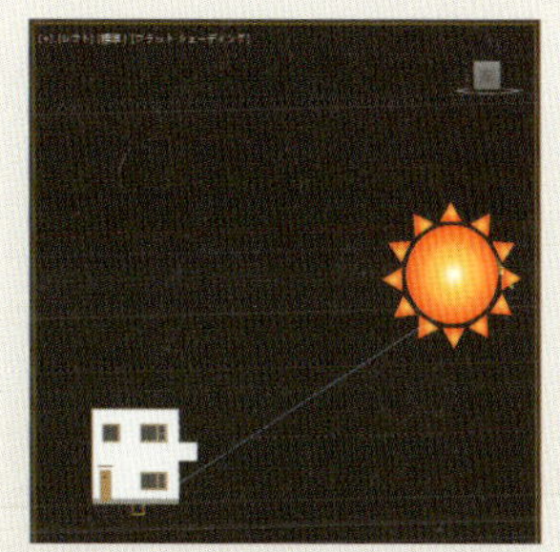

太陽位置が90度に近い ← 太陽位置が45度程度 → 太陽位置が30度に近い

高い太陽だと真下に落ちるような影ができます

影もあり、日の当たった面もありでちょうどよい影です

低い太陽の場合、影の面積が少なくなります

【逆光】

全体が影になっても、ドラマチックな表現や建物のメリハリを出したい場合は、あえて逆光にする方法もあります。用途に応じて影の位置を検討しましょう。

逆光

5-2 背景を設定する

レンダリング画像の背景に変化をもたせたり、任意の画像を使用したりすることができます。背景は[環境と効果] ダイアログボックスの [バックグラウンド] で設定します。

フィジカルサン&スカイ環境に設定

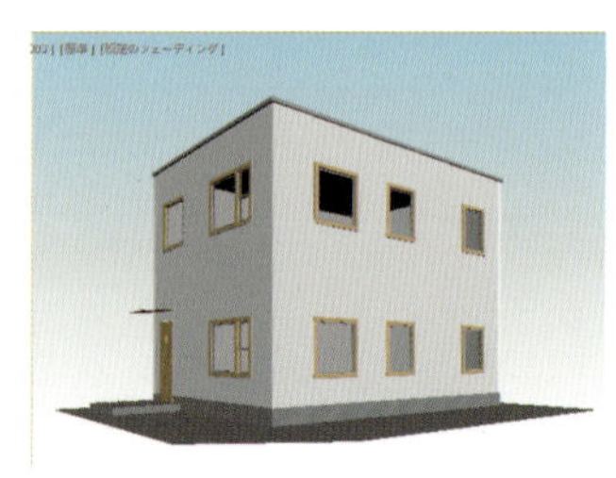
空にグラデーションを設定

背景画像を使用

5-2-1 環境マップ

[環境と効果] ダイアログボックスの [バックグラウンド] にある [環境マップ] から、背景のさまざまな設定を選択できます。マップの種類は設定されているレンダラーによって変化します。ここではP.126で説明した [フィジカルサン&スカイ環境] を設定します。すでに設定済みの場合は、次の項目に進んで下さい。

[環境マップ] で背景を設定

1 メインメニューの [レンダリング] → [環境] を選択し、[環境と効果] ダイアログボックスを開きます。

memo ショートカットキーは「8」です。

2 [バックグラウンド] にある [環境マップ] のボタンをクリックします。

memo [バックグラウンド] の [カラー] は背景色です。P.94で説明しています。

3 [マテリアル/マップブラウザ] が開きます。[マップ] → [環境] を展開し、[フィジカルサン&スカイ環境] を選択して [OK] をクリックします。

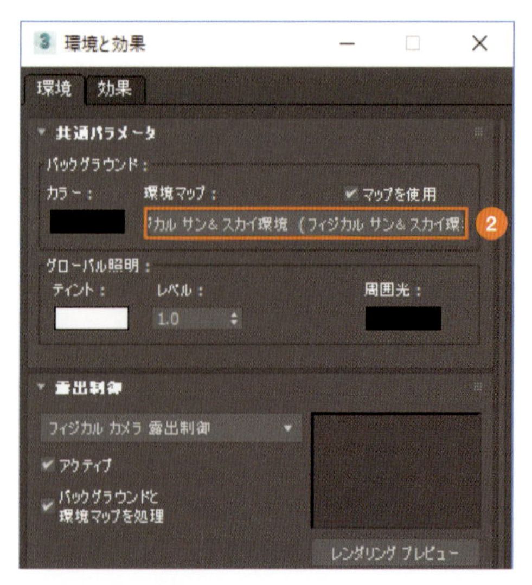

memo　**サンポジショナのライトを配置した場合は、自動的に[フィジカルサン&スカイ環境]に設定されます(→P.126)。**

4 レンダリング(→P.93)して確認します。[フィジカルサン&スカイ環境]を設定すると、背景に空と地面が表示されます。

5-2-2 グラデーション

背景にグラデーションを設定します。グラデーションの色はマテリアルエディタで変更できます。ここではグラデーションの色を変更する方法と、ビューに背景を表示する方法を合わせて説明します。背景がビューで確認できると便利です。

背景にグラデーション

1 [環境と効果]ダイアログボックスを開きます(→P.130)。[バックグラウンド]にある[環境マップ]のボタンをクリックします。

2 [マテリアル/マップブラウザ]が開きます。[マップ]→[一般]を展開し、[グラデーション]を選択して[OK]をクリックします。

3 マテリアルエディタを開き(→P.99)、[環境と効果]ダイアログボックスの[環境マップ]をアクティブビューにドラッグします。

4 [インスタンス(コピー)マップ]ダイアログボックスが開きます。マテリアルエディタでパラメータを編集するため、[インスタンス]を選択して[OK]をクリックします。

5 グラデーションのマップノードが開きます。名称部分をダブルクリックしてパラメータを開くと、[マッピング]に[球状環境マップ]と表示されます。

6 [球状環境マップ]をクリックして[画面]に変更します。

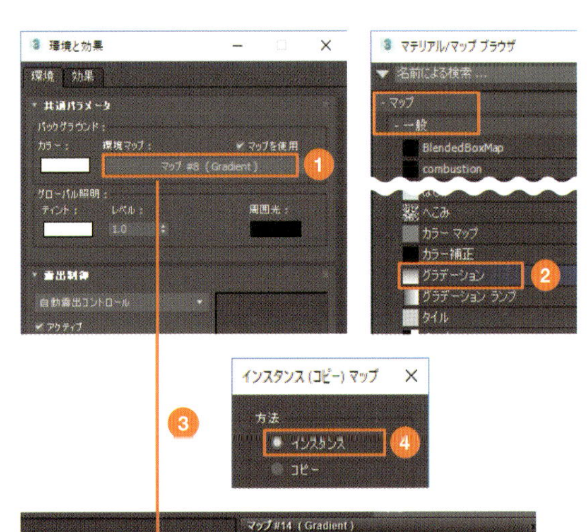

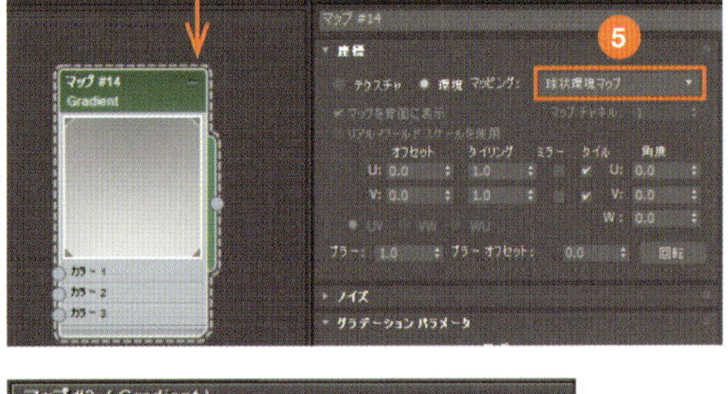

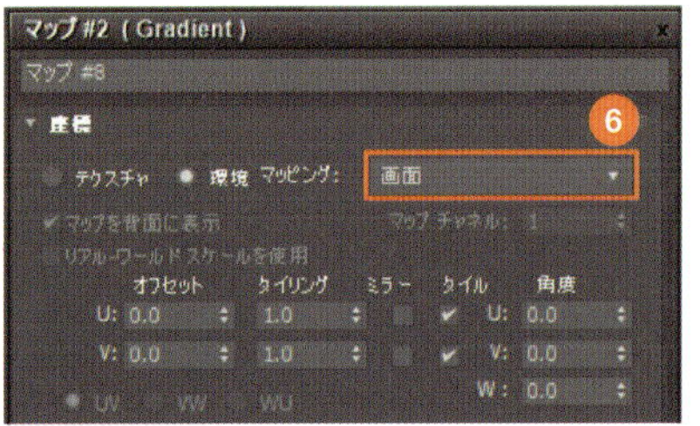

7 パラメータの［グラデーションパラメータ］の［カラー］にグラデーションを構成する色が表示されます。色ボックスをクリックしてグラデーションの色を変更します。

8 グラデーションの色が変更されました。

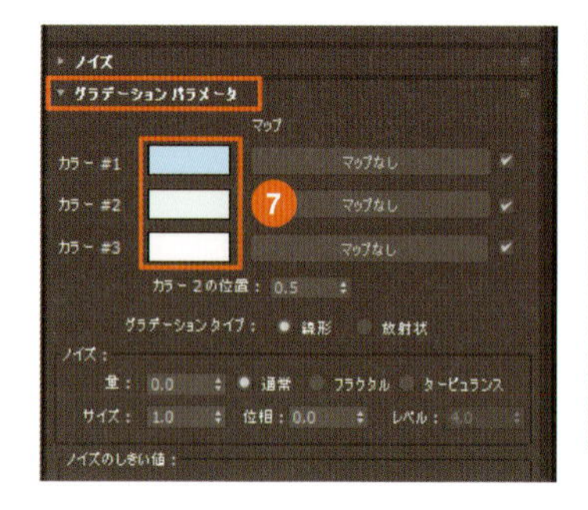

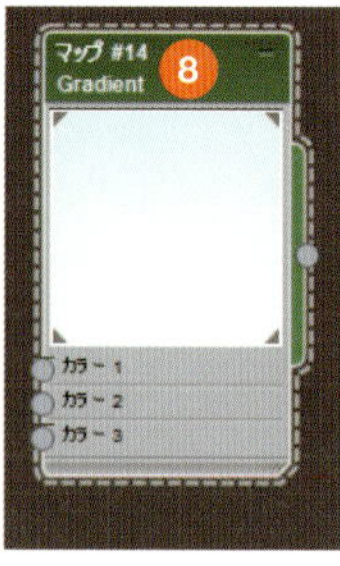

ビューに背景を表示

1 バックグラウンドを表示させたいビューのビューポートラベルメニューで［+］をクリックし、メニューから［ビューポート設定］を選択します。

2 ［ビューポート設定］ダイアログボックスが開きます。［バックグラウンド］タブの［環境バックグラウンドを使用］にチェックを入れて、［OK］または［アクティブビューに適用］をクリックします。

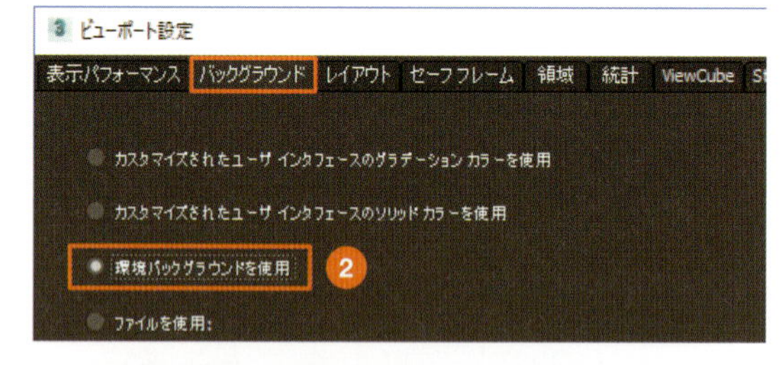

3 ビューポートに背景が表示されました。背景が色を変更したグラデーションになっています。

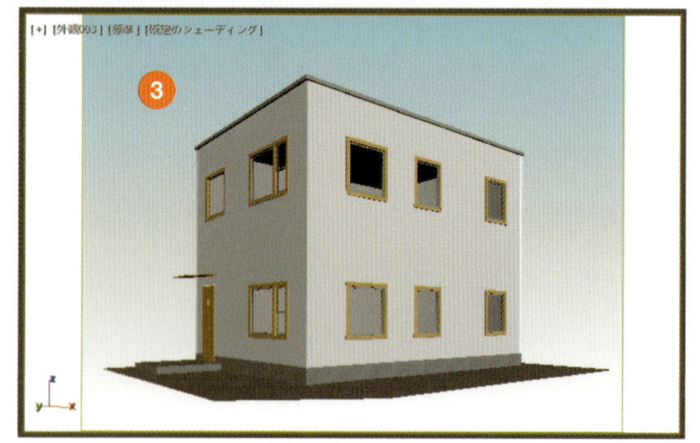

memo

［ビューポート設定］ダイアログボックスの［バックグラウンド］タブは、メインメニューの［ビュー］→［ビューポートバックグラウンド］→［ビューポートのバックグラウンドを構成］からでも開けます。

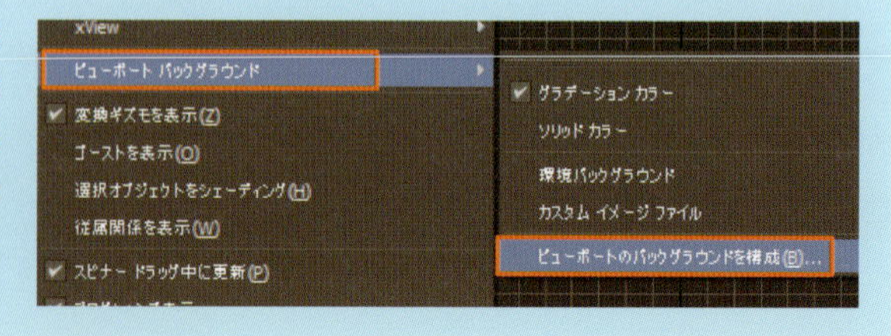

5-2-3 背景に画像を設定

背景を画像にすることができます。

背景に画像を設定

1 ［環境と効果］ダイアログボックスを開きます（→P.130）。［バックグラウンド］にある［環境マップ］のボタンをクリックします。

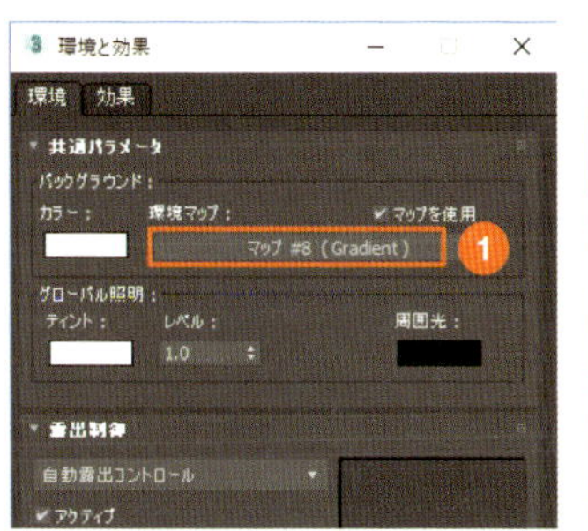

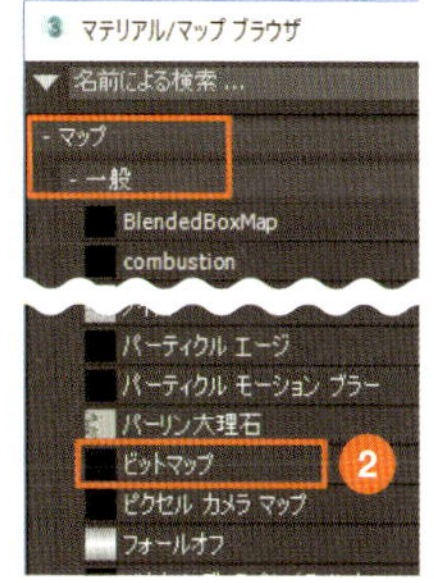

2 ［マテリアル/マップブラウザ］が開きます。［マップ］→［一般］を展開し、［ビットマップ］を選択して［OK］をクリックします。

3 ［ビットマップイメージファイルの選択］ダイアログボックスが開きます。背景にする画像を選択して［開く］をクリックします。

> **memo**
> ここで使用する画像は、外観のアングルに合うように加工した画像です。

4 画像の色味などを調整する場合はマテリアルエディタを開き、［環境と効果］ダイアログボックスの［環境マップ］をアクティブビューにドラッグして、インスタンスでコピーします（→P.131）。［マッピング］で［画面］を選択してパラメータを変更します。

5 背景に画像が設定されます。前ページでビューに背景を設定したので、アクティブビューで確認できます。

> **memo**
> レンダリングをすると、反射のあるマテリアルには、背景の画像が映り込みます。

column

HDRIファイルを使う

CGでフォトリアルな表現をするために欠かせないのが、HDRI（ハイダイナミックレンジイメージ）です。HDRIの基本的な使い方は、ライトにHDRIファイルを割り当て、環境マップにも同じファイルを割り当てます。その方法をHDRIを割り当てられるスカイライト（→P.128）を使って説明します。

1 スカイライトを配置し（→P.128）、[修正]パネルのマップボタン（[マップなし]）をクリックします。

2 [マテリアル/マップブラウザ]で[ビットマップ]を選んで[OK]をクリックし、任意のHDRIの画像を選択して[開く]をクリックします。

3 [HDRIロード設定]ダイアログボックスが開きます。内容を確認して[OK]をクリックします。

4 [環境と効果]ダイアログボックスを開きます。[修正]パネルの[スカイライトパラメータ]に設定されたHDRIのマップを[環境マップ]へドラッグし、[インスタンス]でコピーします。HDRI画像を調整したいときは、さらにマテリアルエディタにインスタンスコピーして、パラメータを変更します（→P.133）。

5 [露出制御]は[自動露出コントロール]にして、[レンダリングプレビュー]をクリックして確認します。

6 [ARTレンダラー]でレンダリングします（→P.126）。窓ガラスなどに反射のマテリアルが設定されていれば、映り込みもきれいに表現されます。

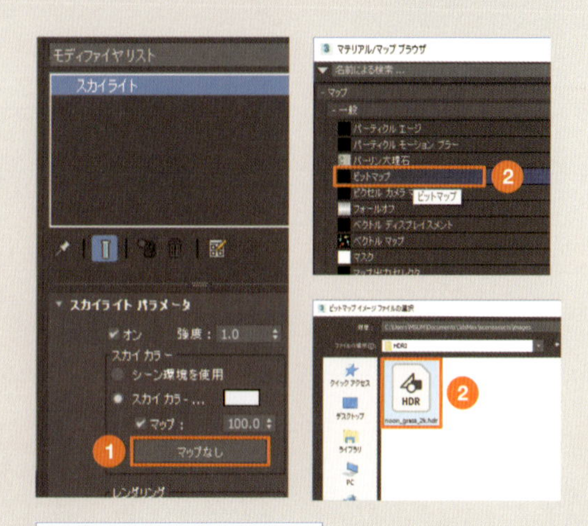

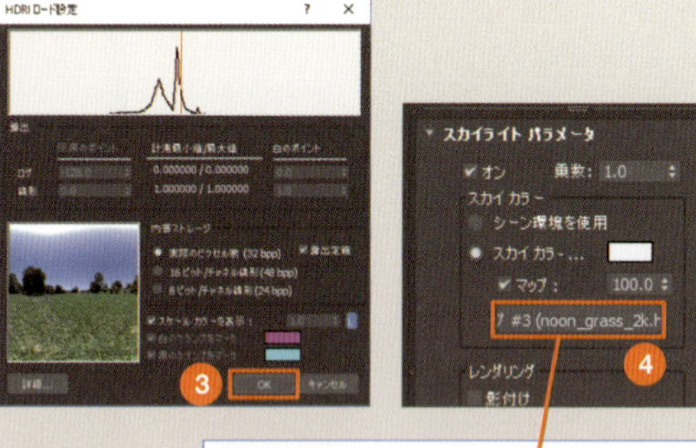

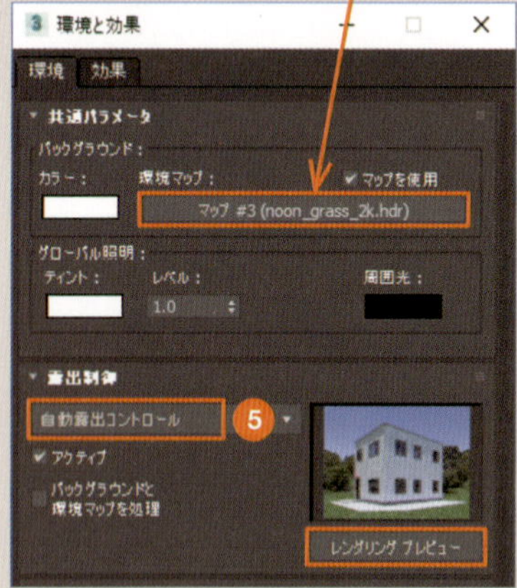

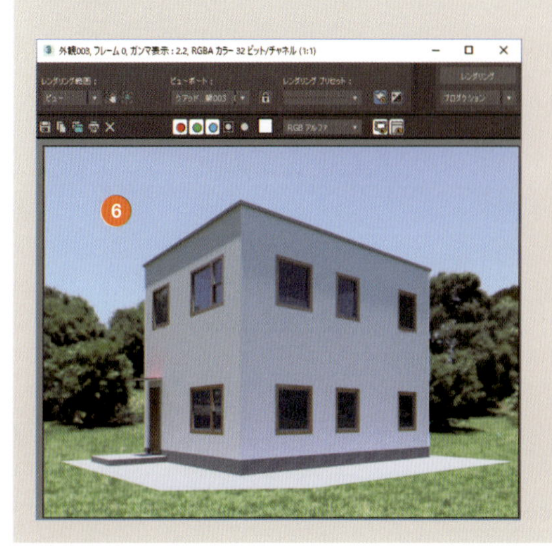

5-3 レンダリングのさまざまな設定

基本的なレンダリング方法についてはP.93で説明していますので、ここでは知っておくとよいオプションなどについて補足説明します。

5-3-1 レンダリングのモード

メインツールバーにあるレンダリング関連のツールで、[レンダリング設定] ツールと[レンダリングフレームウィンドウ] ツールは「3-4-4 レンダリングして画像で保存」で説明しました。残りのツールについてかんたんに説明します。

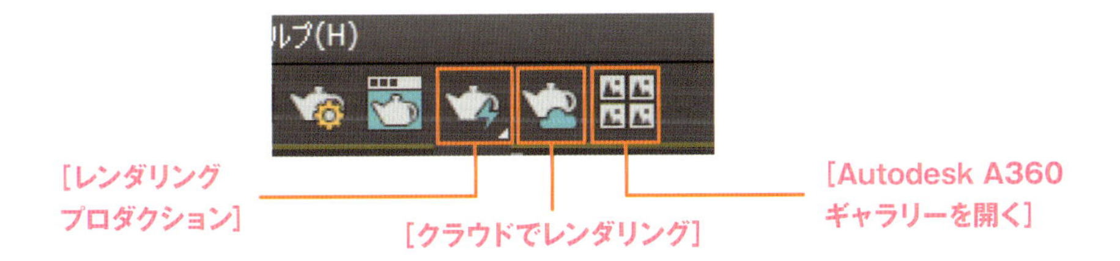

レンダリングのモード

[レンダリングプロダクション] ツールには、既定で3種類のレンダリングモードがあり、ツールの長押しで表示されるフライアウトからモードを選択できます。それぞれのモードは [レンダリング設定] ダイアログボックスの [ターゲット] のメニューに連動しています。

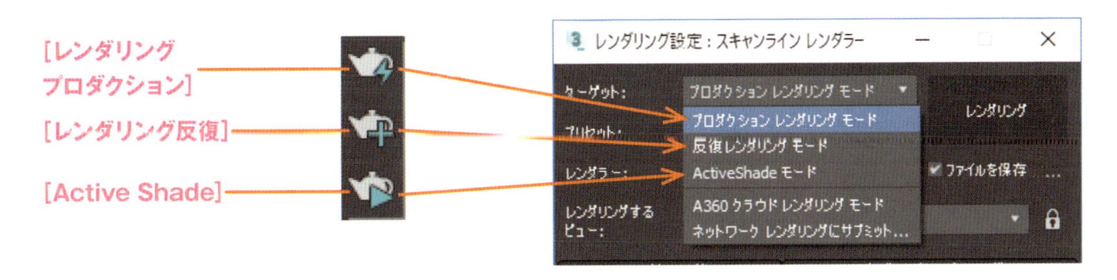

[レンダリングプロダクション](既定値)	通常のレンダリングに使用するモードで、設定値どおりの仕上がりを実現します。
[レンダリング反復]	ファイル出力や複数フレームのレンダリングなどを省略するため、レンダリングスピードがやや上がります。レンダリングのテストや部分レンダリングなどに使うと便利です。
[Active Shade]	ライトやマテリアルの変更時に役立つプレビューレンダリングです。表示は速いのですが、上記2つのレンダリングモードよりも精度が低くなります。

クラウドでレンダリング

［クラウドでレンダリング］は、オートデスクが提供しているクラウドサービス「A360」を使ってレンダリングするためのツールです。事前に「A360」にアクセスするためのアカウント登録が必要になります。［Autodesk A360ギャラリーを開く］ツールをクリックすると、「A360」のギャラリーがブラウザで開き、自分がクラウドに保存したデータや、他の人が公開しているレンダリング画像を閲覧することができます。

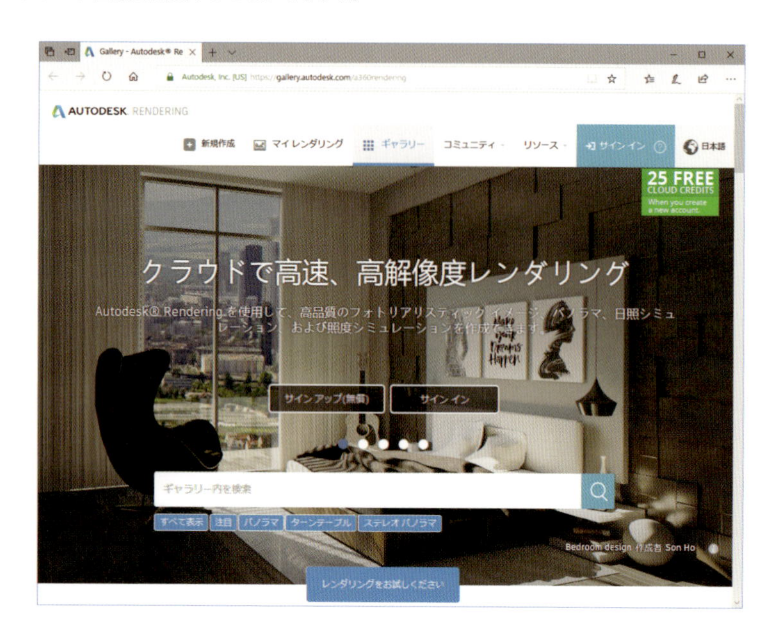

5-3-2 レンダラーの種類

3ds Maxがもつレンダラーは5種類あります。レンダラーの種類によって、［レンダリング設定］ダイアログボックスに表示される設定が変わります。3章では［スキャンラインレンダラー］を使用しましたが、内観では［ARTレンダラー］［Arnold］でレンダリングするため、ここで概要を説明します。

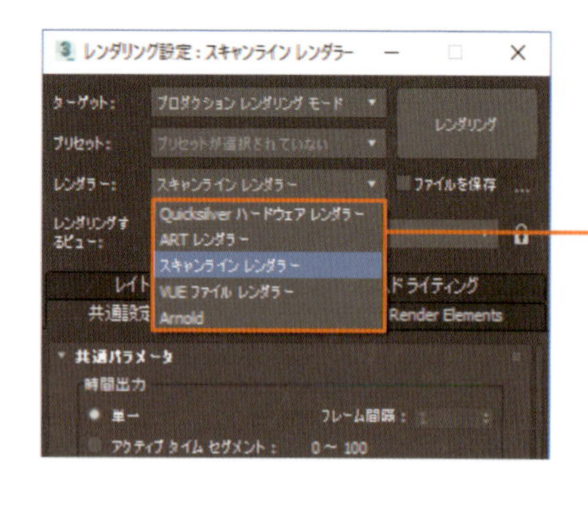

memo

スキャンラインレンダラーとは、シーンを一連の水平ラインとしてレンダリングする汎用的なレンダラーです。現在主流となっているレイトレーシングによるレンダラーに比べ、屈折や反射などはうまく表現できませんが、そのぶん速くレンダリングできます。

ARTレンダラー

ARTレンダラーによるレンダリング

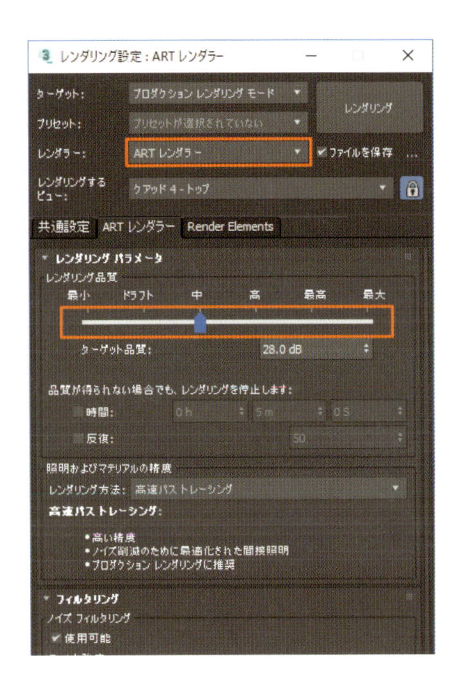

ART（Autodesk Raytracer）レンダラーは、CPUのみを使用するため、高速なレンダリングを実行できます。フィジカルカメラやフィジカルマテリアルもサポートされています。パラメータもシンプルで、レンダリング品質やノイズの調整をスライダーで設定できます。

Arnold

Arnoldによるレンダリング

レンダリング設定：Arnold

ArnoldはSolid Angle社が開発したレンダラーで、3ds Max 2018から実装されています。高度なレイトレーシングレンダラーで、長編アニメーションや有名な映画でも使用されています。ダイアログボックスには6つのタブが表示され、各パラメータも細かく設定できます。パラメータの表示は英語です。現在、フィジカルマテリアルには対応していますが、フィジカルカメラでサポートされているのは基本機能だけで、あおり補正の機能は利きません（→P.89）。

5-3-3 レンダリングフレームウィンドウの概要

レンダリングフレームウィンドウ（→P.95）内でレンダリングを実行したり、画像保存できたりします。その他のツールで以下のような設定ができます。

❶ レンダリングする範囲を指定する
❷ レンダリングを実行するビューを指定する
❸［レンダリング設定］［環境と効果］ダイアログボックスを開く
❹ イメージを保存する
❺ イメージをコピーする
❻ レンダリングフレームウィンドウをクローンできる
❼ 印刷する
❽ クリアして黒い画面に戻す
❾ RGBとアルファのオン／オフを切り替える
❿ UIオーバレイを切り替える
⓫ UIを切り替える
⓬［プロダクション］と［反復］を切り替える

5-3-4 部分レンダリング（領域）

レンダリングの範囲を指定して、部分的にレンダリングすることができます。マテリアルを変更した部分だけ確認したいときなどに便利です。ここでは範囲を［領域］に設定してレンダリングしてみます。

レンダリング範囲を指定

1 レンダリングフレームウィンドウを開きます（→P.95）。［レンダリング範囲］をクリックして［領域］を選択します。

2 枠が表示されます。レンダリングする範囲を囲むように枠の位置や大きさを調整します。

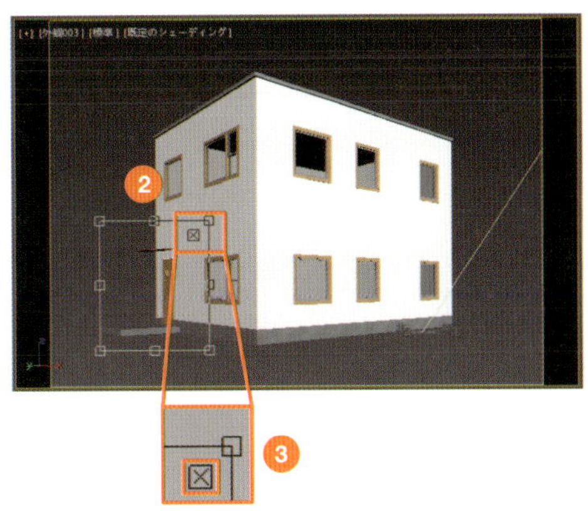

memo

ここではビューで調整していますが、レンダリングフレームウィンドウでも枠が表示されるので、調整できます。

3 範囲を決めたら枠の×印をクリックして、範囲を固定します。

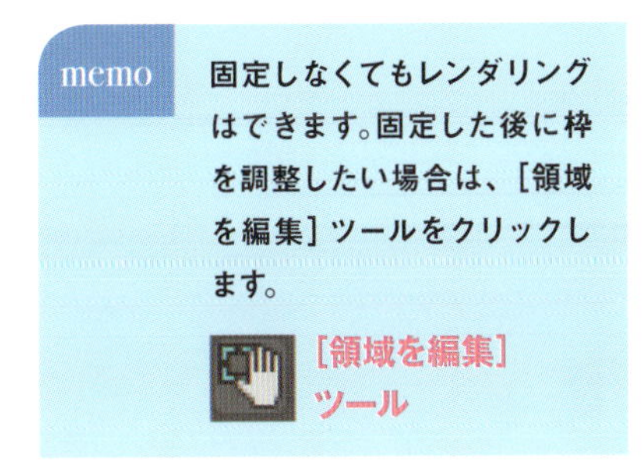

memo

固定しなくてもレンダリングはできます。固定した後に枠を調整したい場合は、［領域を編集］ツールをクリックします。

［領域を編集］ツール

4 ［レンダリング］をクリックしてレンダリングを実行します。枠で囲んだ部分のみレンダリングされます。

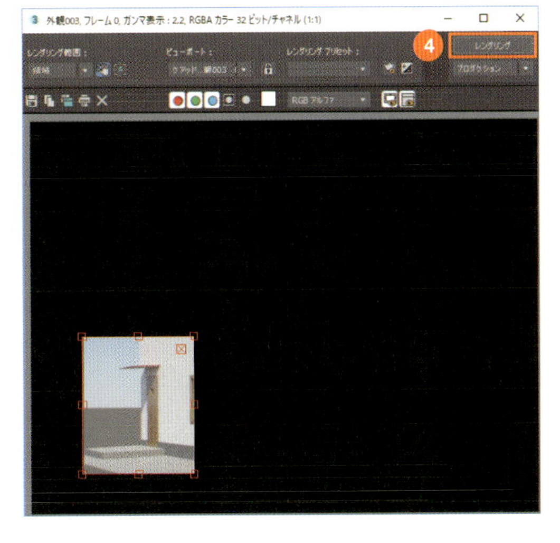

5-3-5 レイヤでのレンダリング設定

レイヤ単位でレンダリングのオン/オフを設定できます。

レンダリング可能を設定

1 レンダリングをしないレイヤ（ここでは「玄関ドア」）を選択して右クリックします。

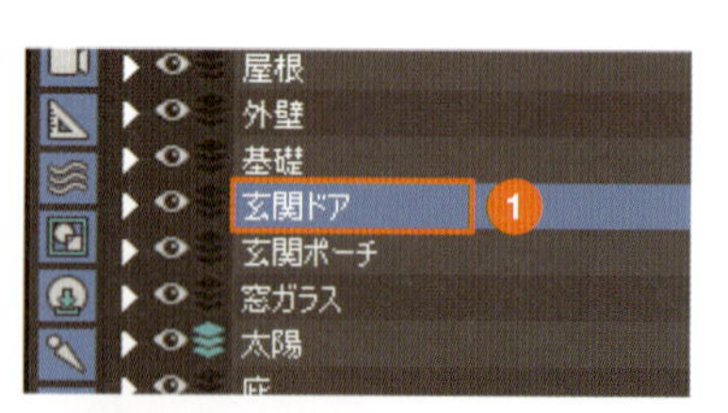

2 クアッドメニューから［プロパティ］を選択します。

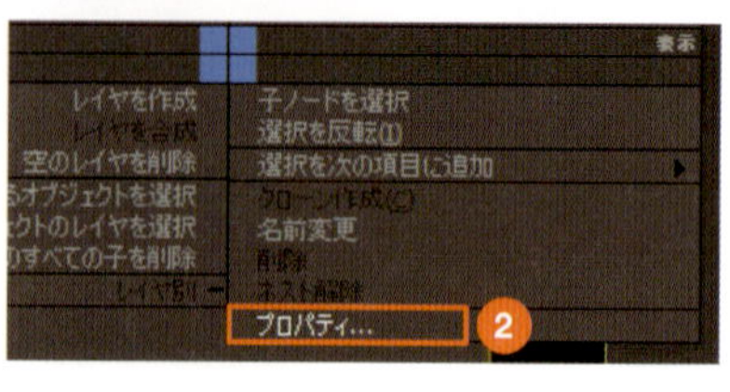

3 ［レイヤのプロパティ］ダイアログボックスが開きます。［レンダリング制御］の［レンダリング可能］のチェックを外して［OK］をクリックします。

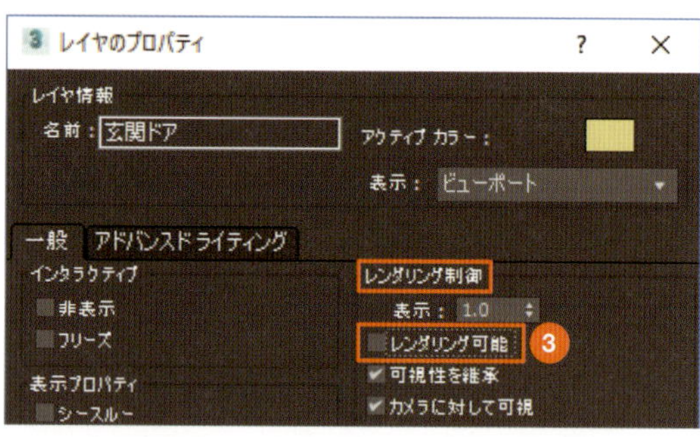

4 レンダリングを実行すると、1で選択したレイヤのオブジェクトはレンダリングされません。

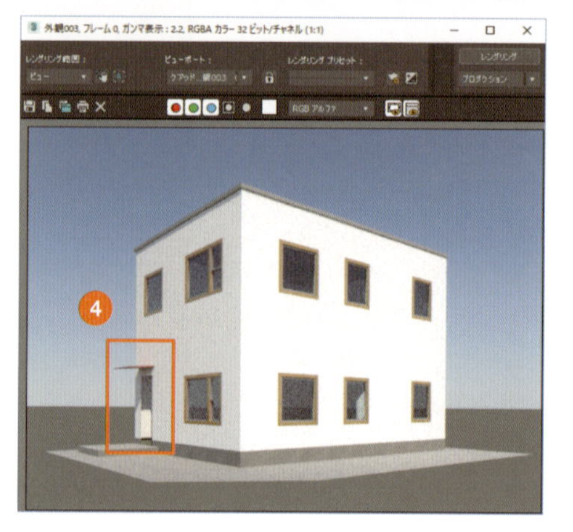

memo

［カラムを設定］（→P.14）で［レンダリング可能］を表示する設定にしておくと、シーンエクスプローラ内でレンダリングのオン/オフが切り替えられるようになります。

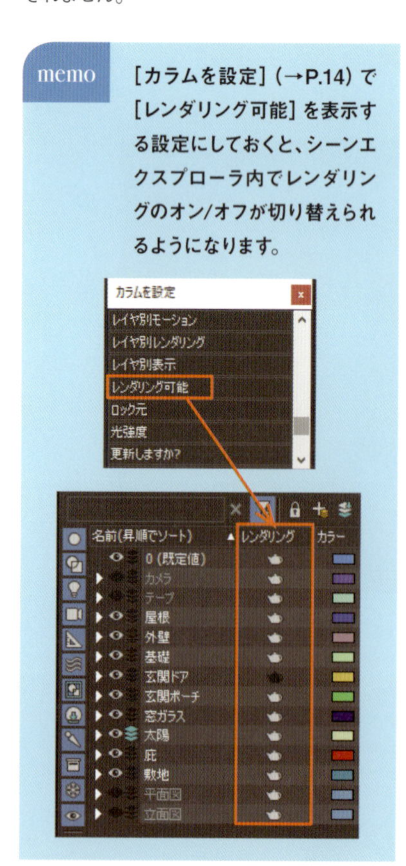

5-3-6 アルファチャンネルを保存

アルファチャンネルとは「マスク」として使用できる新規チャンネルのことです。レンダリング画像を保存する際に、アルファチャンネルを作成しておくと画像をレタッチするときに役立ちます。アルファチャンネルは画像保存時に開く詳細設定ダイアログで保存指定します。

アルファチャンネルを保存

1. レンダリングを画像保存します（→P.95）。[イメージを保存] ダイアログボックスの [ファイルの種類] で [TIFファイル] を選択し、[保存] をクリックします。

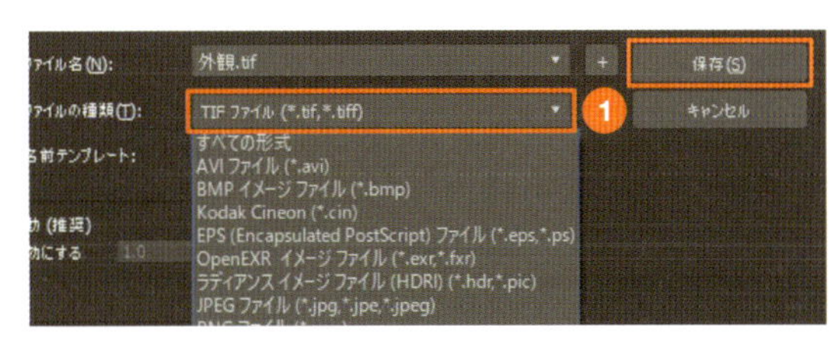

2. [TIFイメージコントロール] ダイアログボックスが開きます。[アルファチャネルを保存] にチェックを入れて、[OK] をクリックします。

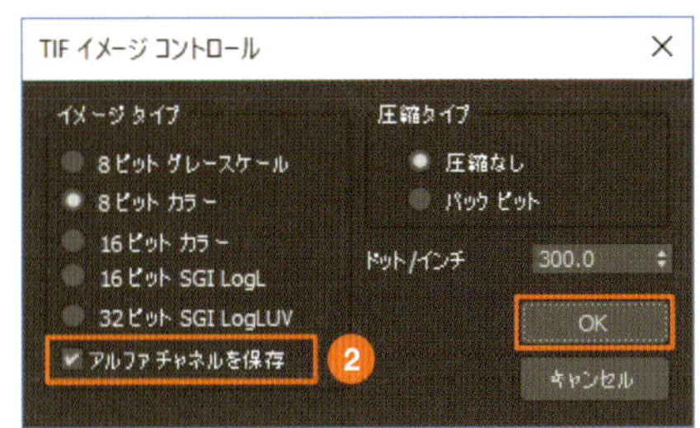

memo

TIF以外にTargaなどでもアルファチャンネルを保存できます。PNGでは背景がない状態で保存されます。

3. Photoshopなどの画像処理ソフトで保存した画像を開くと、アルファチャンネルができていることが確認できます。

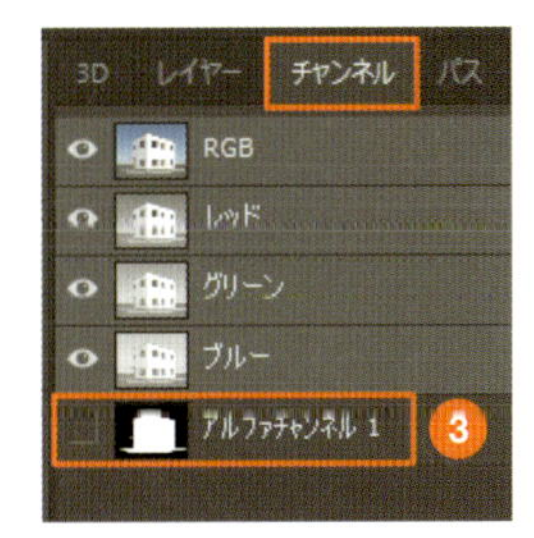

memo

これでPhotoshopなどでレタッチがかんたんにできるようになります。
建物の背景に、空の画像を入れたり、加工することが可能です。

元画像

背景を変更

世界で一番やさしい 3ds Max 建築CGパースの教科書

FAX質問シート

［送付先］
FAX 03-3403-0582
メールアドレス info@xknowledge.co.jp

以下を必ずお読みになり、ご了承いただいた場合のみご質問をお送りください。

- 本書に掲載した操作に直接関係ある質問のみ回答いたします。「このようなことがしたい」などの特定のユーザー向けの操作方法については受付しておりません。
- ご使用の機器またはOSについての操作方法や、レンダリング表示に関するトラブルなどについての質問には回答できません。
- ご質問の内容によっては日数を要する場合がございます。また、お電話での質問はお受けできません。

ふりがな

氏名　　　　　　　　　　　　　年齢　　　歳　　　性別　男・女

回答送付先（FAX番号またはメールアドレスのいずれかをご記入ください）

FAX番号　　　　　　　　　　　メールアドレス

※送付先ははっきりとわかりやすくご記入ください。判読できない場合は回答いたしかねます。※電話による回答はいたしておりません

ご質問の内容（本書記事のページおよび具体的なご質問の内容）

※例）01の手順4までは操作できるが、手順5の結果が別紙画面のようになって本書通りにならない。

【本書　　　　ページ　～　　　　ページ】

ご使用のパソコンの環境

パソコンOSの種類と3ds Maxのバージョン、メモリ量、ハードディスク容量など。

Chapter 6

室内空間をモデリング

6-1 室内空間をつくる

内観編では室内をモデリングしてCGパースをつくっていきます。まず、柱や壁、天井などをモデリングし、室内の空間をつくります。外観編では図面のCADデータを読み込んでモデリングを始めましたが、ここでは手描きの間取図からパースをつくるという前提で、CADデータを使わずグリッド平面から始める方法を紹介します。この方法を覚えれば、図面が存在しない架空の建物でもモデリングできるようになります。

内観編ではホテルのジュニアスイートを想定し、CGパースとして作成するのはリビングです。それ以外の空間は省力化のため、作り込まなくてかまいません。

手描きの図面

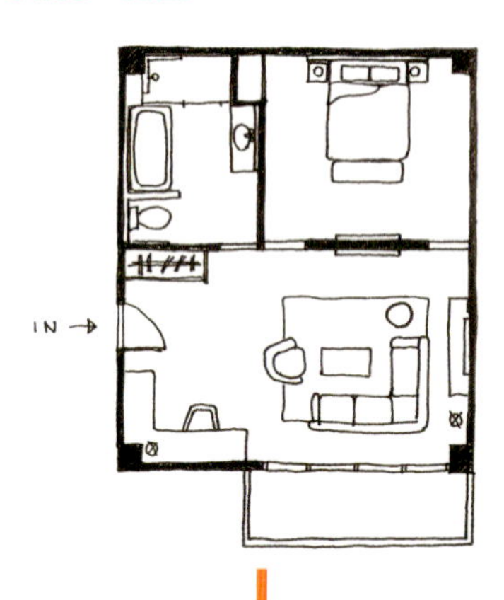

天井のモデリング

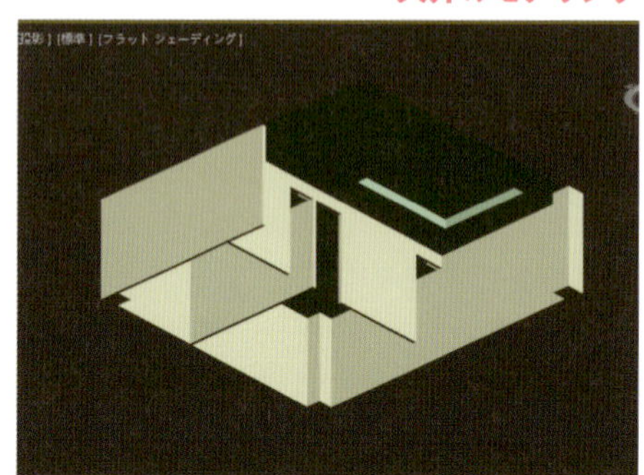

室内空間のモデリング

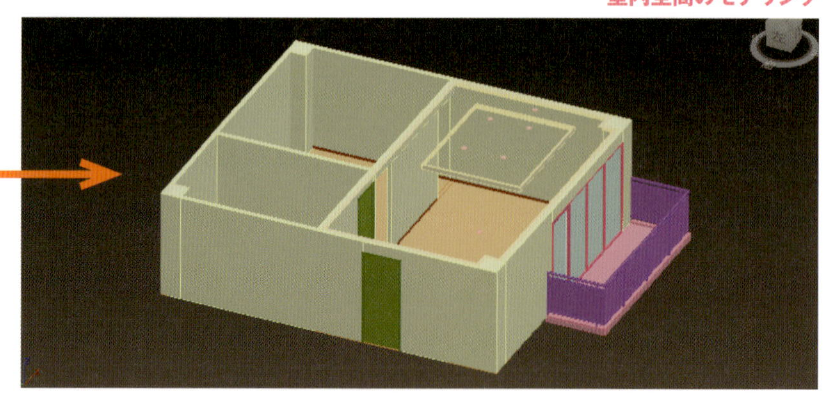

memo 内観の色付きビューは[フラットシェーディング]で、エッジも表示します(→P.68)。パースビューは[正投影]に切り替えます。

6-2 グリッド平面を作成する

下図代わりになるグリッド平面を作成します。ビューに表示されるグリッドを使う方法もありますが、筆者が普段使っている「平面」を分割したグリッド平面を使う方法を説明します。

6-2-1 下図の分割サイズを検討

どのように分割するかを寸法を元に検討します。寸法が決まっていない場合も、だいたいの寸法を目安で決めておくとよいでしょう。ここでは500×500のマス目を基準としたグリッドに分割することにします。

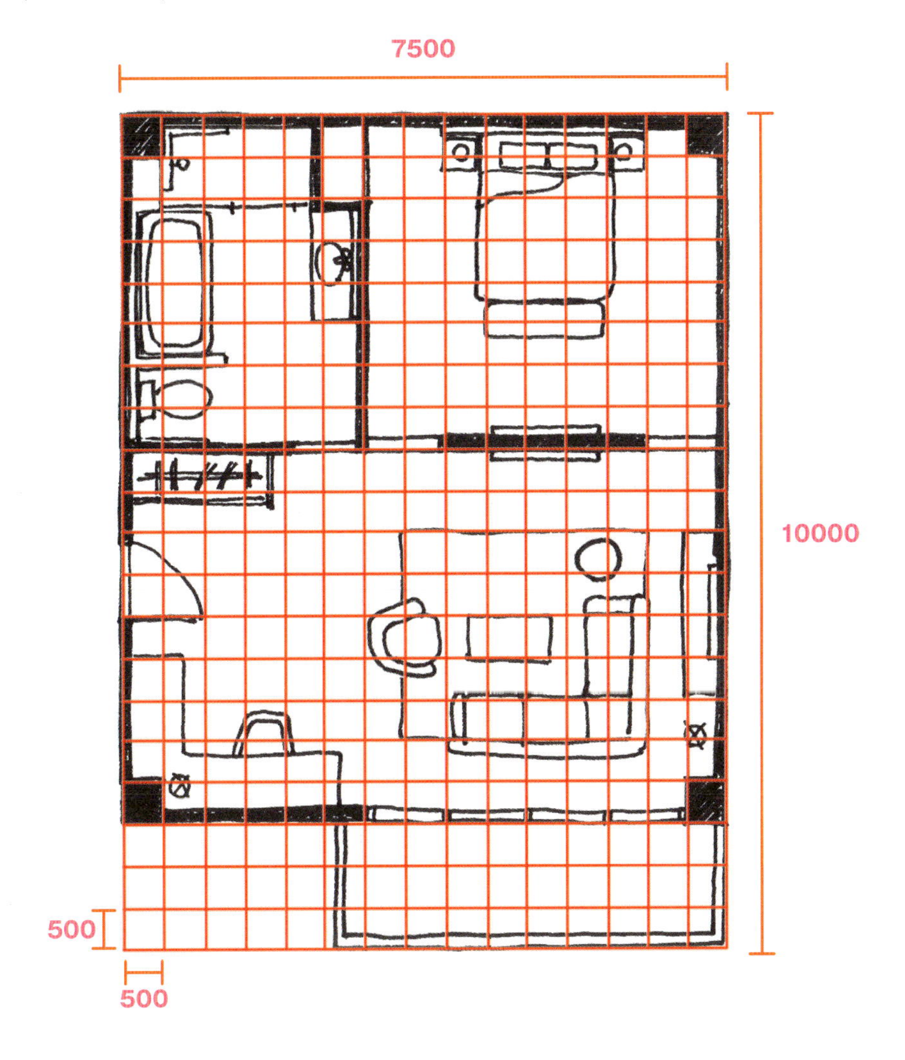

6-2-2 グリッド平面を作成

グリッド平面は、「平面」オブジェクトをセグメントで分割してつくります。作成した平面はZ＝0の位置に作成されます。この位置だと床などのオブジェクトと重なってしまい、選択やスナップがしにくくなるため、作成した平面は位置を移動します。

グリッド平面をつくる

1 新規レイヤ「00 下図」を作成します(→P.45)。

memo 本書では内観編のレイヤ名に数字を付けますが、練習では付けなくてもかまいません。

2 [作成]パネルで[平面]をクリックします。

3 トップビューの適当な位置をクリックし、対角までドラッグして平面を作成します。

4 平面を選択した状態で[修正]パネルを開き、[長さ]に「10000」mm、[幅]に「7500」mmと入力します。

5 続けて[長さセグメント]に「20」、[幅セグメント]に「15」と入力します。

memo 1マスが500mm四方とすると、縦のマス目の数は20個、横のマス目の数は15個になります。

6 グリッド平面ができました。

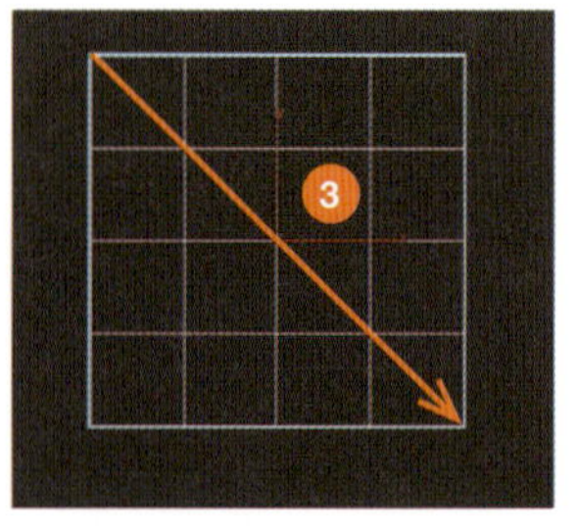

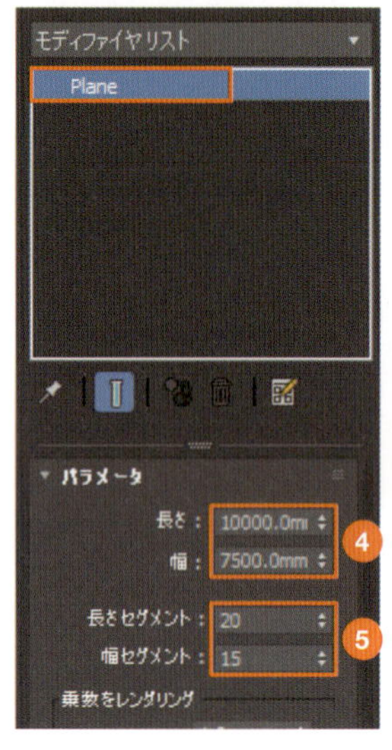

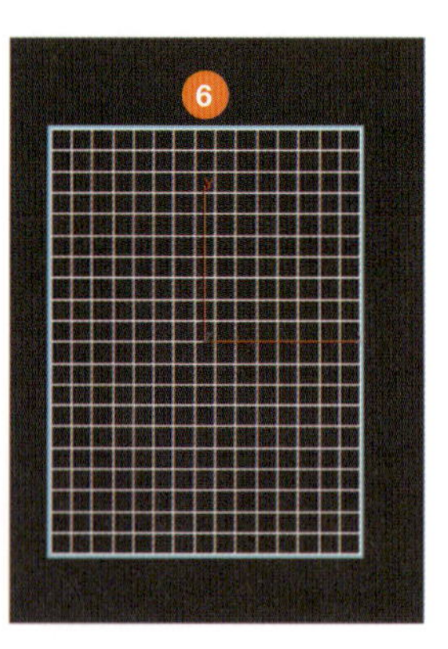

グリッド平面を移動

7 メインツールバーの[選択して移動]ツールを右クリックします。

8 [移動キー入力変換]ダイアログボックスが開きます。[絶対値]の[Z]に「-1000」mmと入力します。

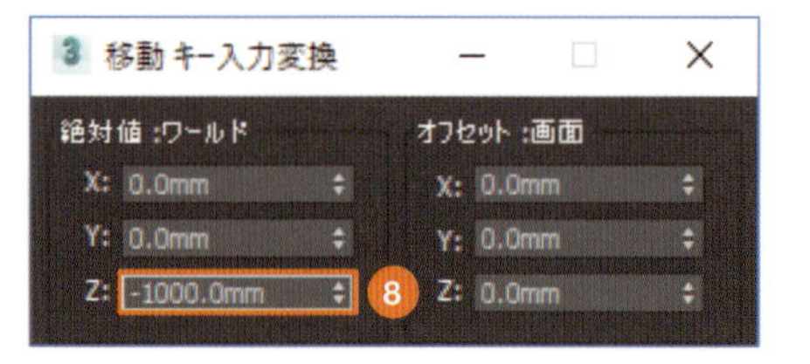

9 平面がZ軸から下に1000mm移動します。

10 下図が動かないようにフリーズしておきます。これでグリッド平面が作成できました。

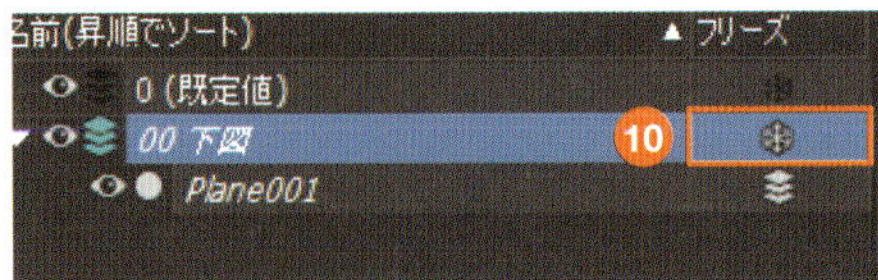
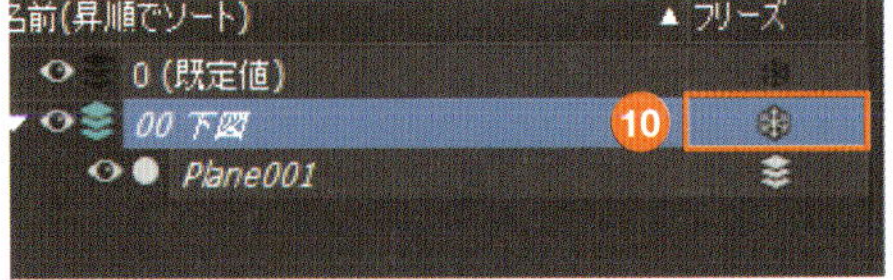

memo

ビューに表示されるグリッドを使う場合は、グリッドの間隔を調整します。[スナップ切り替え] ツールを右クリックして [グリッドとスナップ設定] ダイアログボックスを開きます。[スナップ] タブで [グリッドポイント] にチェックを入れ、[ホームグリッド] タブで[グリッドの間隔] に「500」mmを入力します。これで1マス500mm四方のグリッドが表示されます。
ただこの方法は、すべてのグリッドにスナップするため、作図がやりにくくなる場合があります。

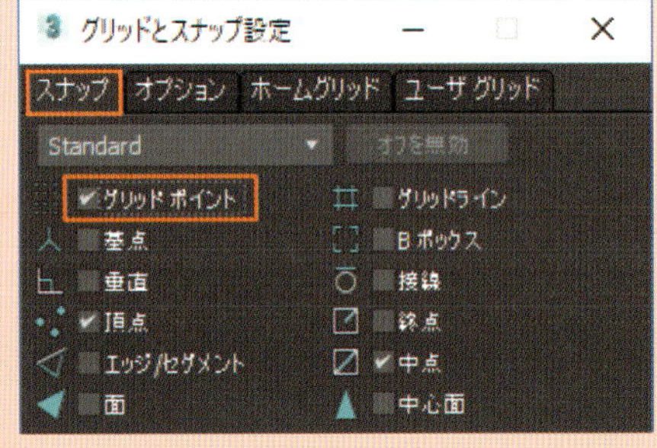

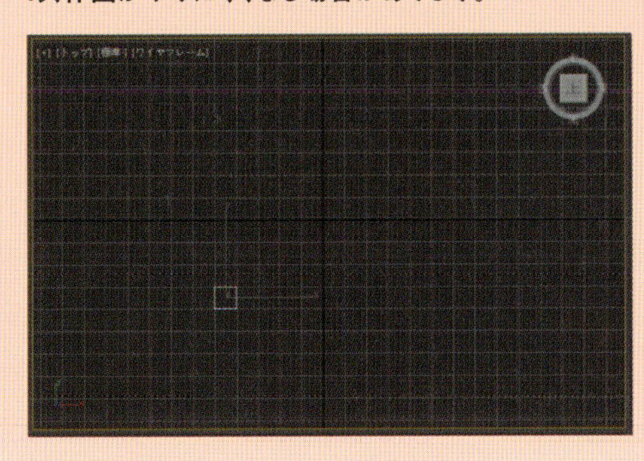

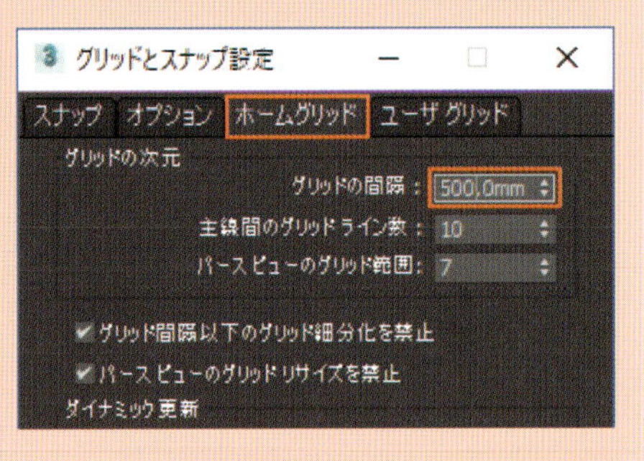

memo

内観編ではレイヤ名の前に数字を入れています。レイヤ名の前に数字やアルファベットなど入れると、まとまって表示されるため、作業がしやすくなります。レイヤの数が多くなるときには、このような工夫をしてみてください。

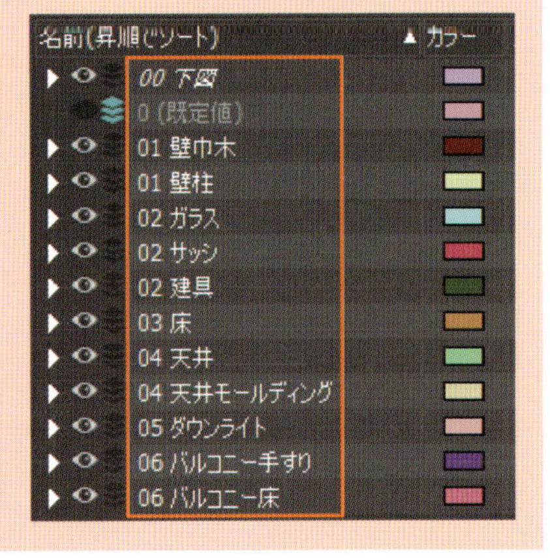

column 手描き画像を下図にする

平面オブジェクトにテクスチャとして手描き画像を貼れば、あたりの下図にすることができます。貼ったあとは寸法を合わせる作業が必要です。

1 画像処理ソフトで手描き図面の画像のサイズを1000ピクセル×1000ピクセルの大きさにして用意しておきます。まず、1000mm×1000mmの平面オブジェクトを作成(→P.146)します。

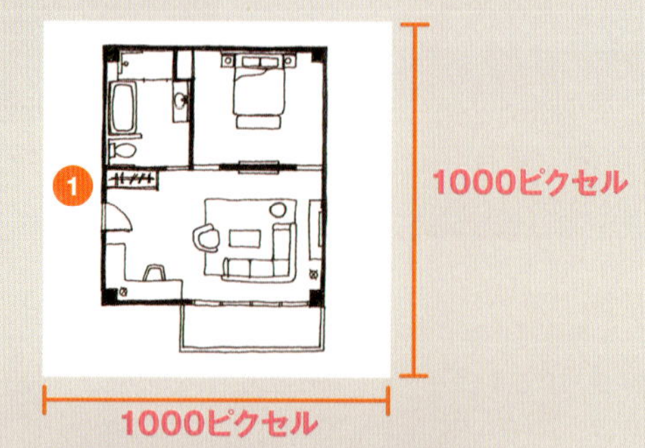

2 手描きの画像をテクスチャとして読み込み、平面オブジェクトに割り当てます(→P.110)。

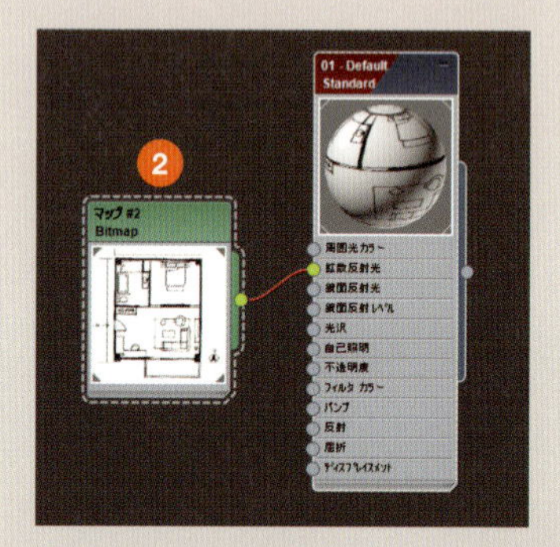

3 寸法を合わせます。図面の寸法部分に合わせてボックスを作成し、実寸を計ります。ここでは寸法10000の部分が、実寸860になっています。

4 拡大率を計算します。10000÷860＝11.6279…となり、約11.627倍に拡大することにします。

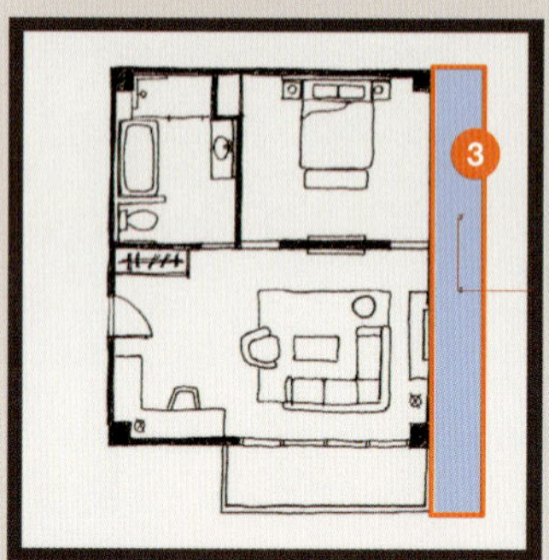

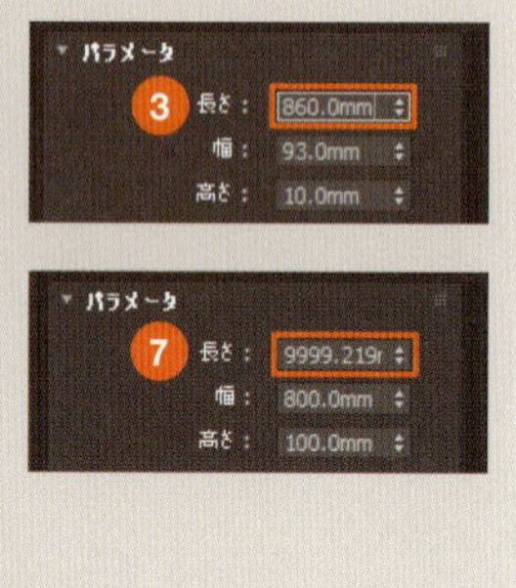

5 平面オブジェクトを選択して、[選択して均等にスケール] ツールを右クリックします。

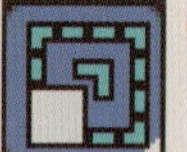
5 [選択して均等にスケール] ツール

6 [スケールキー入力変換] ダイアログボックスが開きます。[オフセット] の [%] に「1162.7」と入力します。

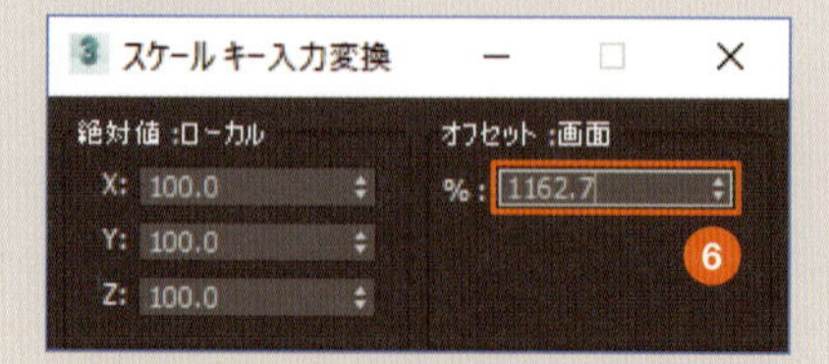

7 再度、図面の寸法部分に合わせてボックスを作成し、実寸を計ります。手描きなので、10000に近い数字になっていれば、下図が完成です。

6-3 柱･壁･巾木をつくる

まず、室内の柱と壁を作成します。モデリングはP.146で作成したグリッドに沿って行います。内観の壁には巾木もつくります。

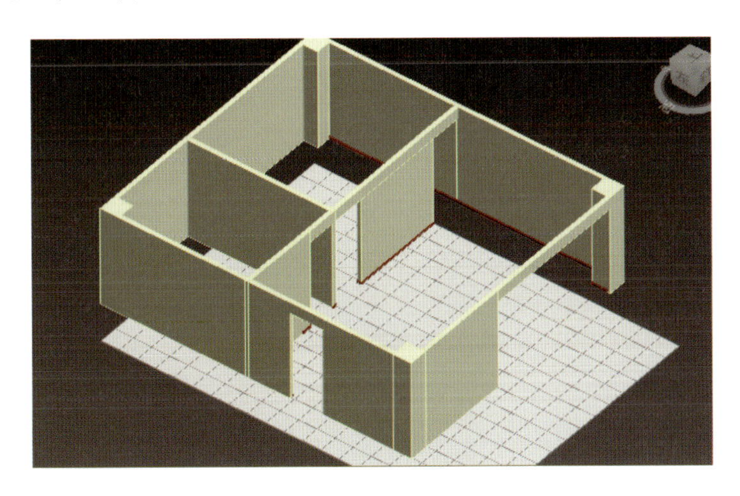

6-3-1 柱を作成

柱を入力します。柱は1マスに収まっていることから、500mm四方であることがわかります。柱は[ボックス]で作成します。

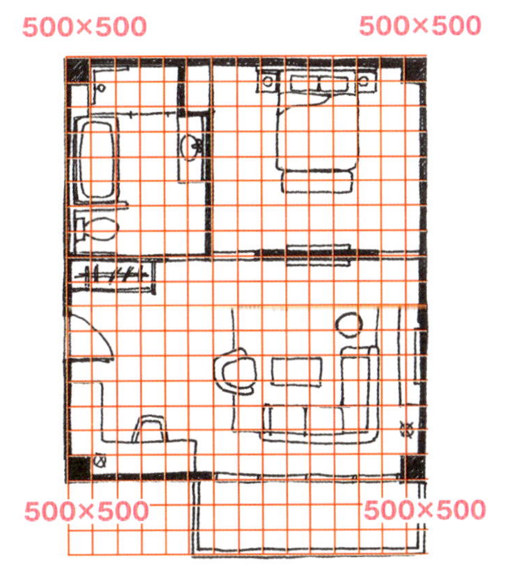

柱をつくる

1 新規レイヤ「01 壁柱」を作成します(→P.45)。

2 [作成]パネルで[ボックス]をクリックし、トップビューでグリッドの該当位置に柱を作成します。

3 [修正]パネルで[長さ]と[幅]を「500」mm、[高さ]を「2600」mmに修正します。

4 作成した柱を選択して右クリックし、[クローン作成]を選択します。[コピー]を選択して柱をコピーします。

memo マテリアルがちがう場合があるため、インスタンスにはしません。

5 [選択して移動]ツールをオンにして、別の該当位置へ移動します。同様にして、残り2本の柱も作成します。

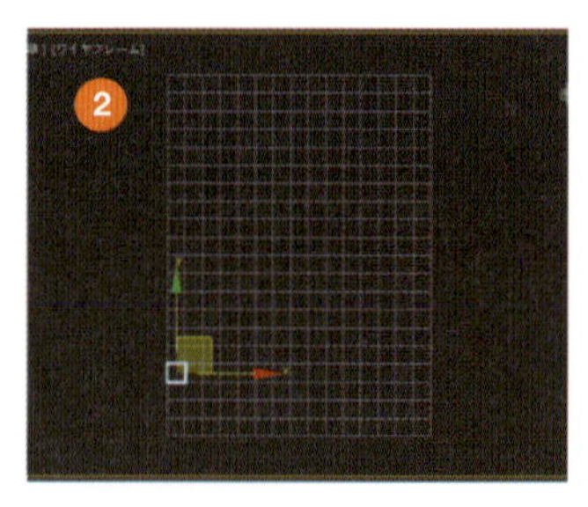

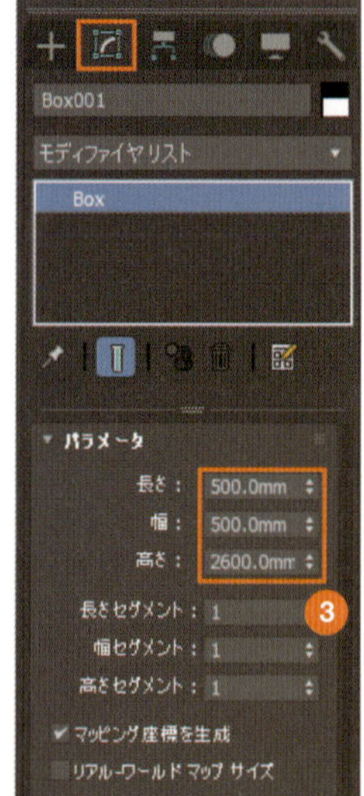

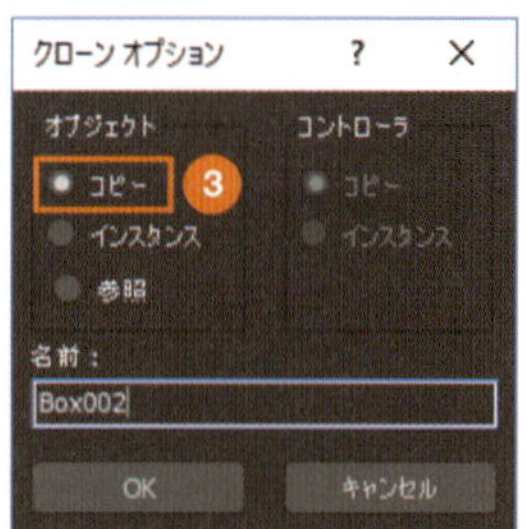

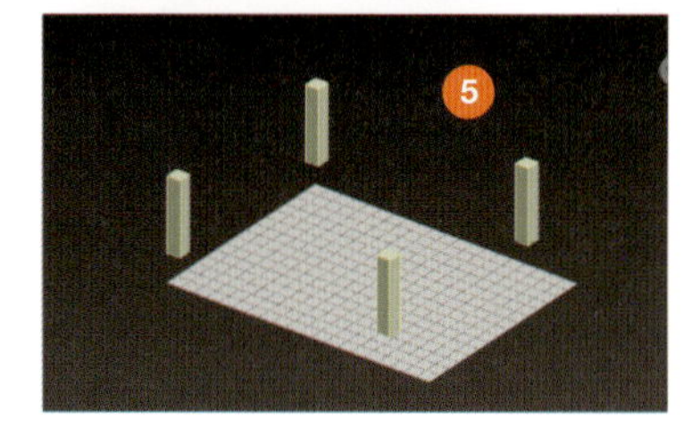

6-3-2 壁を作成

壁を作成します。壁の長さはグリッドのマス(→P.145)に沿って入力します。壁厚は100mm、高さは2600mmです。開口部の上の壁は300mmの高さになります。洗面台横は寝室のクローゼットですが、ここでは無視してまっすぐな壁にします。壁も[ボックス]で作成します。

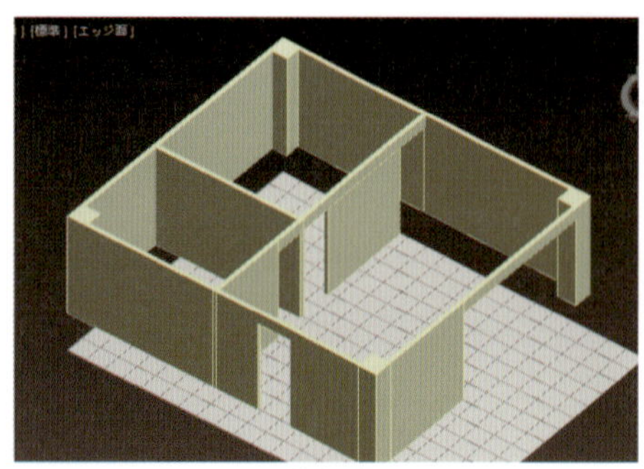

柱と壁

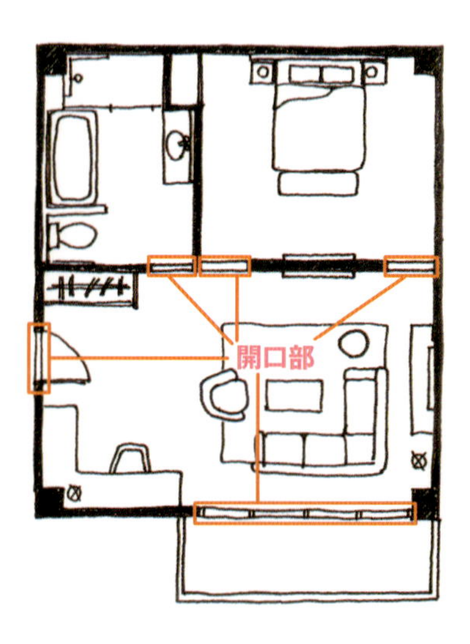

壁をつくる

1 「01 壁柱」レイヤをアクティブにします。

2 [作成] パネルで [ボックス] をクリックし、トップビューで開口部と、リビングと寝室の間以外の位置に壁を作成します。

3 [修正] パネルで [高さ] を「2600」mmに修正します。

4 次に開口部の上の壁（前ページ参照）をトップビューで作成し、[修正] パネルで [高さ] を「300」mmに修正します。

5 開口部の上の壁は [選択して移動] ツールを右クリックして開く [移動キー入力変換] ダイアログボックスで、[絶対値] の[Z]に「2300」と入力して上へ移動します。

6 リビングと寝室の間の壁をトップビューで作成し、[高さ] を「300」mmに修正します。5と同様に、Z=2300の位置に移動します。これでリビングと寝室の間の上の壁ができました。

7 リビングと寝室の間の中央の壁をつくります。トップビューで6と同じ場所に壁を作成し、[修正] パネルで高さ「2300」mmにします。

8 [修正] パネルのモディファイヤリストから「ポリゴンを編集」を選択します。「選択」にある [頂点] ボタンをクリックします。

9 トップビューで右側の頂点を範囲選択します。[選択して移動] ツールを右クリックして開く [移動キー入力変換] ダイアログボックスで、[オフセット] の [X] に「-900」と入力して頂点を左方向へ移動します。

10 同様にして、同じ壁の左側の頂点を範囲選択し、[オフセット] の[X] に「900」と入力して頂点を右方向へ移動します。8の [頂点] ボタンを再度クリックして、頂点の選択を終了します。

11 図のように壁を作成したら完成です。

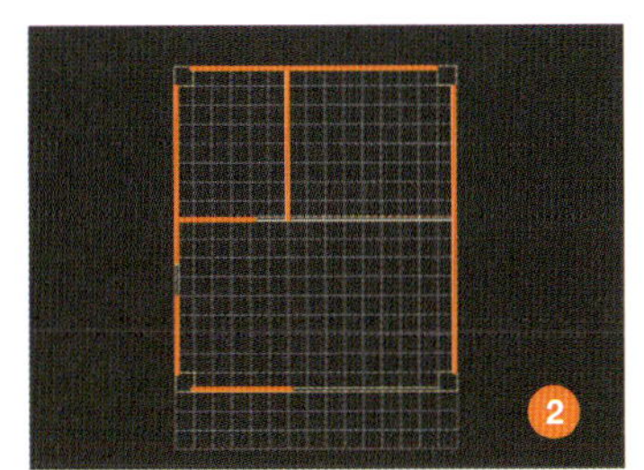

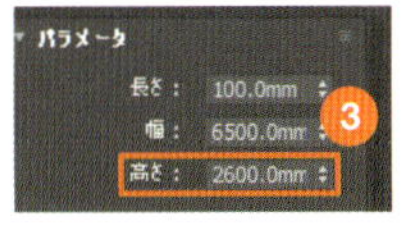

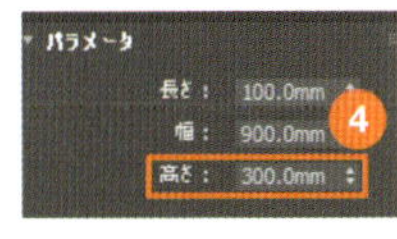

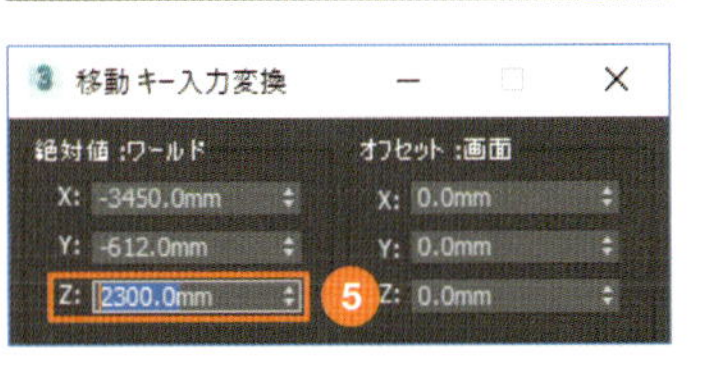

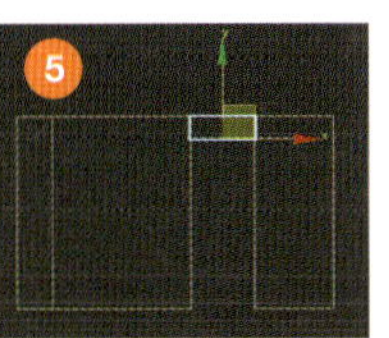

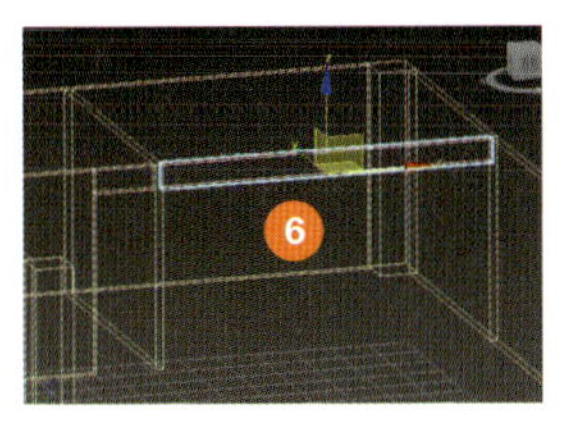

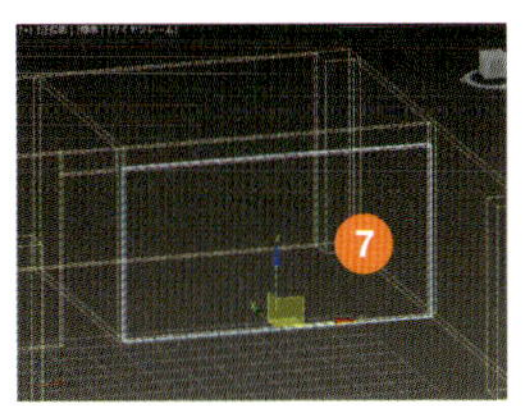

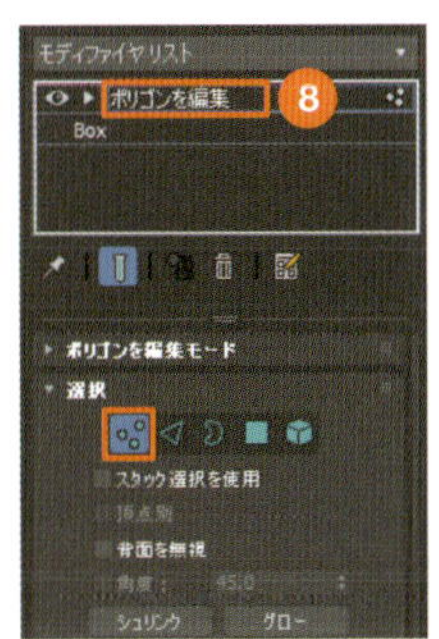

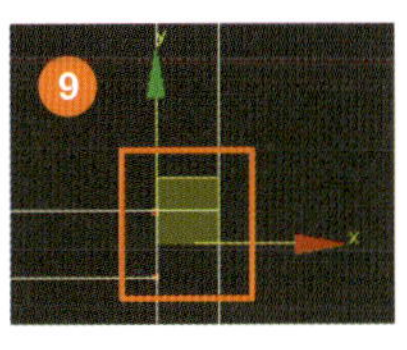

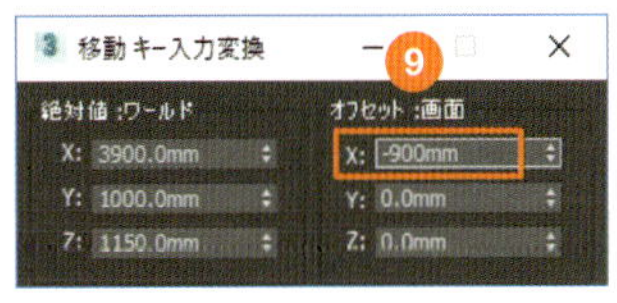

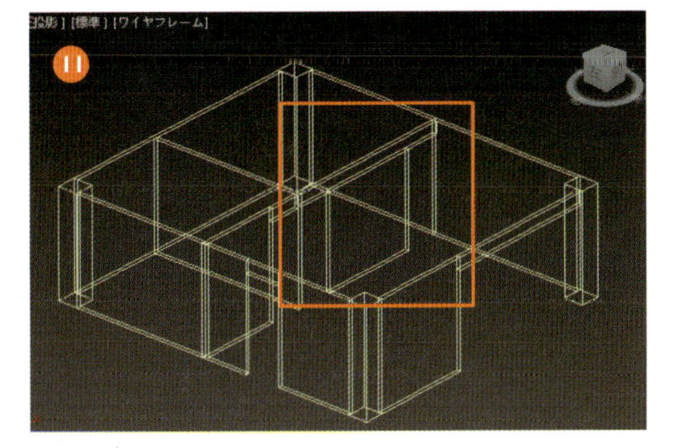

memo

壁の高さは「2600」mm、壁厚は「100」mmが基本です。パラメータには [長さ] と [幅] がありますが、ボックスをつくる方向によって、壁厚を入力する項目が [長さ] になったり、[幅] になったりします。

6-3-3 巾木を作成

壁の巾木を作成します。巾木（幅木）とは、壁の下にある木製またはビニール製の壁の保護部分を指します。巾木は[ライン]と[押し出し][シェル]でつくります。

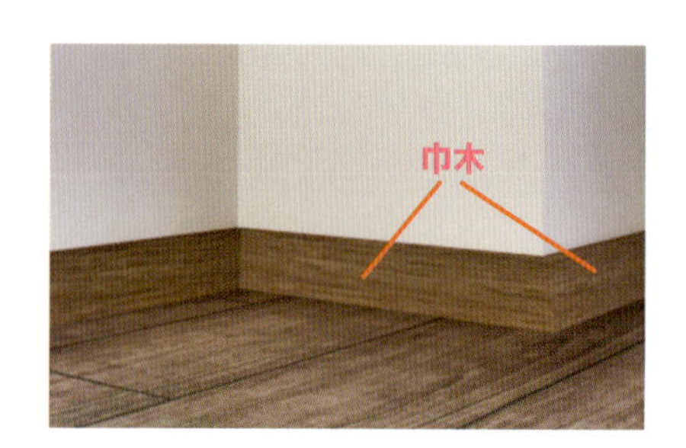

巾木の面をラインで作成

1 新規レイヤ「01 壁巾木」を作成します（→P.45）。「00 下図」レイヤは非表示にします。

2 [作成]パネルの[シェイプ]から[ライン]をクリックします。

3 トップビューで任意の壁の頂点をクリックしていき、スプラインを閉じます。

memo ここではわかりやすいように、他の壁を非表示にします。

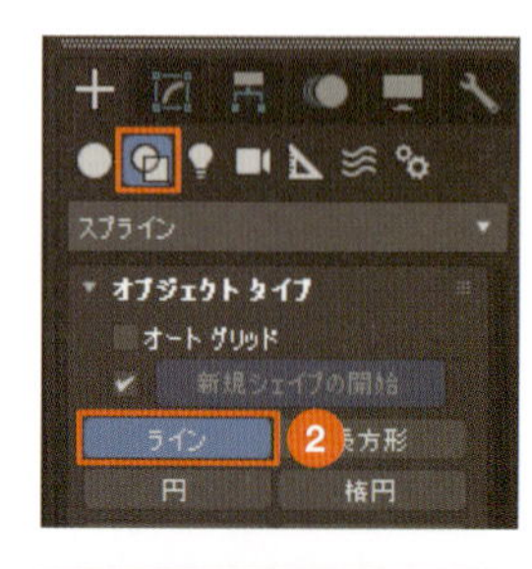

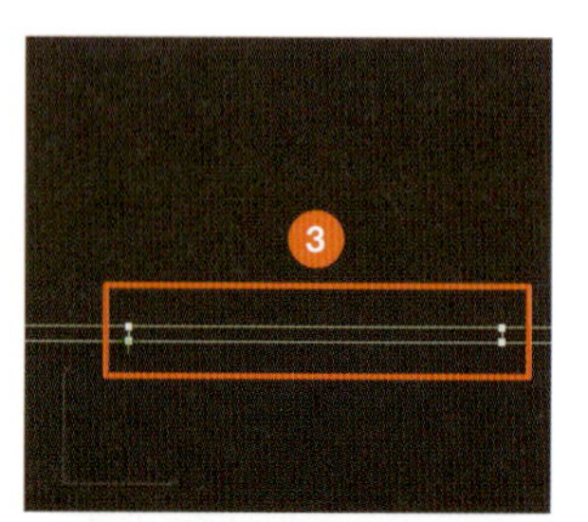

面を押し出し

4 ラインを選択した状態で[修正]パネルを開き、モディファイヤリストから[押し出し]を選択します。

5 [量]に「60」mm（巾木の高さ）を入力します。

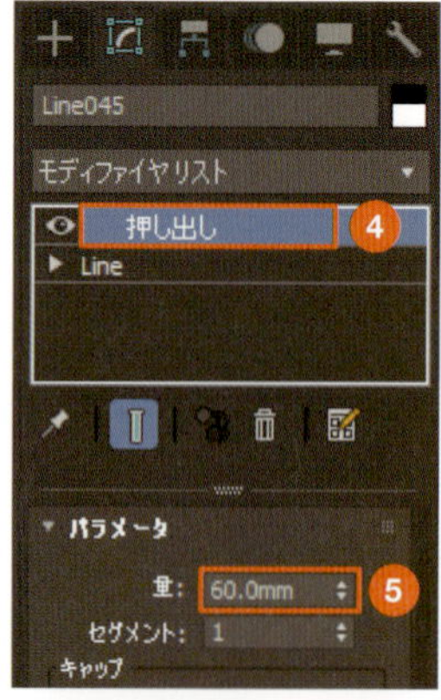

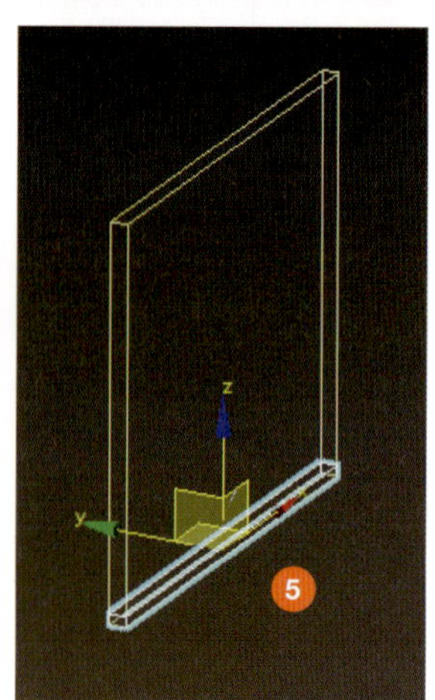

シェルで厚みを出す

6 続けて[修正]パネルのモディファイヤリストから[シェル]を選択します。

7 [外部量]に「5」mmを入力します。

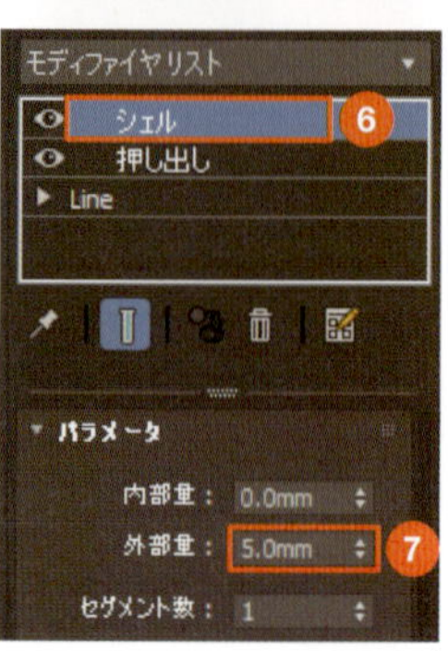

8 これで巾木が完成です。色を付けると巾木の形状がよくわかります。

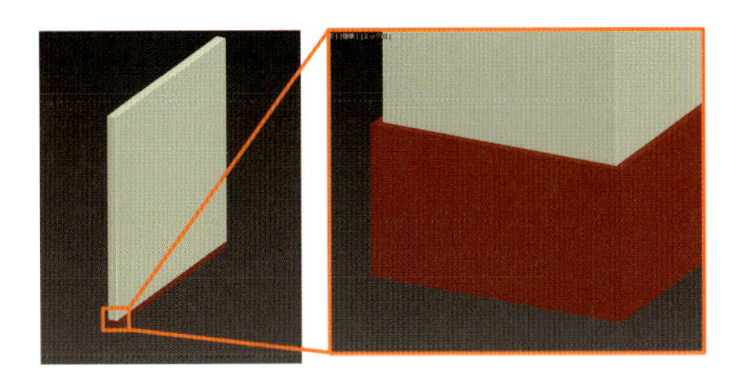

column スウィープで巾木を作成

押し出し+シェルの代わりに、[スウィープ] でも巾木を作成できます。スウィープとはパスに沿って断面を押し出すためのツールです。

1 壁の底面に作成した閉じたラインを選択し、[修正] パネルを開きます。モディファイヤリストから [スウィープ] を選択します。

2 [断面タイプ] で [ビルトイン断面を使用] を選択し、[ビルトイン断面] で [バー] を選択します。

3 パラメータの [長さ] を「60」mm、[幅] は「5.0」mmと入力します。

4 [基点位置合わせ] で左下の点を選択します。

5 巾木ができました。

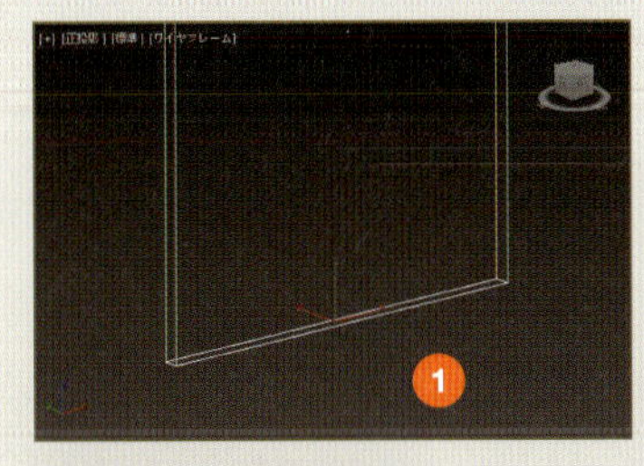

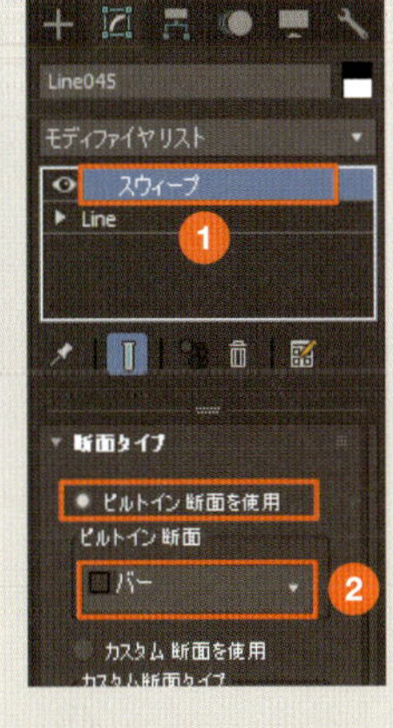

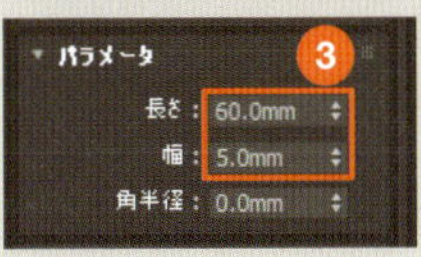

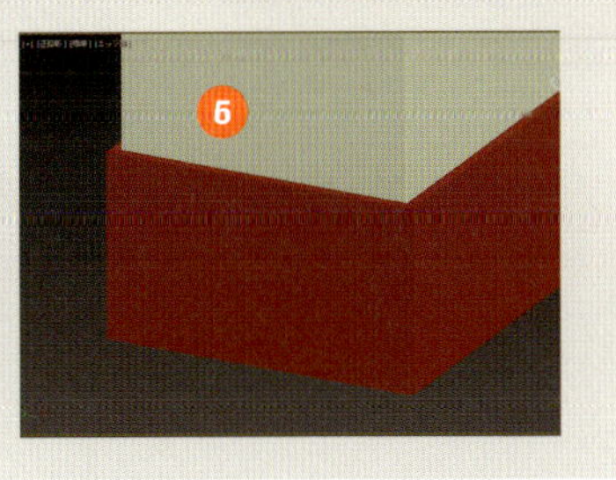

Part 2
Chapter 6

6-4 建具をつくる

建具をつくります。ここで作成する建具は、入口と洗面室のドアとバルコニーの掃き出し窓です。

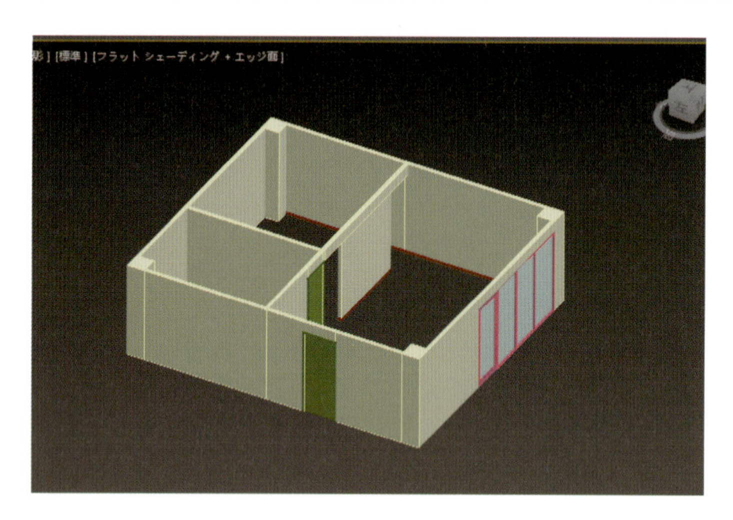

6-4-1 ドアを作成

ドアを作成します。ドアは扉と枠のみで、取っ手は作成しません。

ドアをつくる

1. 新規レイヤ「02 建具」を作成します(→P.45)。

2. [作成] パネルで [ドア] を選択し、[開き扉] をクリックします。[作成方法] で [幅/奥行き/高さ] が選択されていることを確認します。

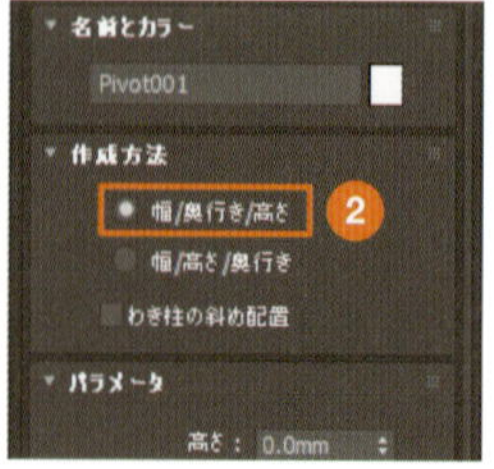

3. トップビューでリビングから外廊下につながる開口部のあたりを拡大します。左下の壁の頂点(A)をクリックし、そのまま上の壁の頂点(B)までドラッグします。線状にドアが描けたら上の壁右側の頂点(C)をクリックします。ボックス状にドアが作成されます。

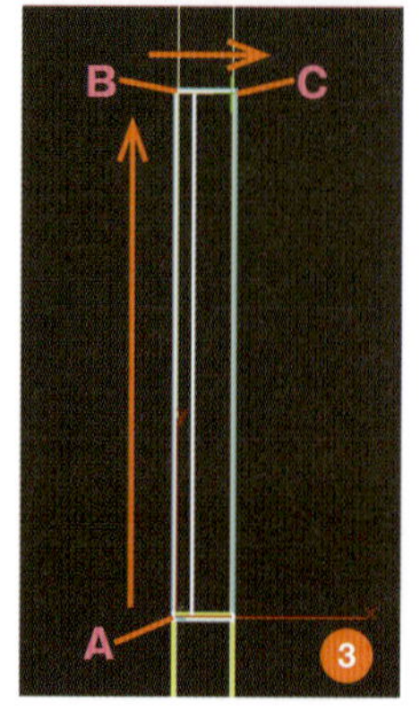

memo
このとき、開口部上部の壁は非表示にして、ドアを作成します。

4 フロントまたはレフトビューを見ながら、高さ方向にマウスを移動します。適当な位置でクリックして高さを確定します。

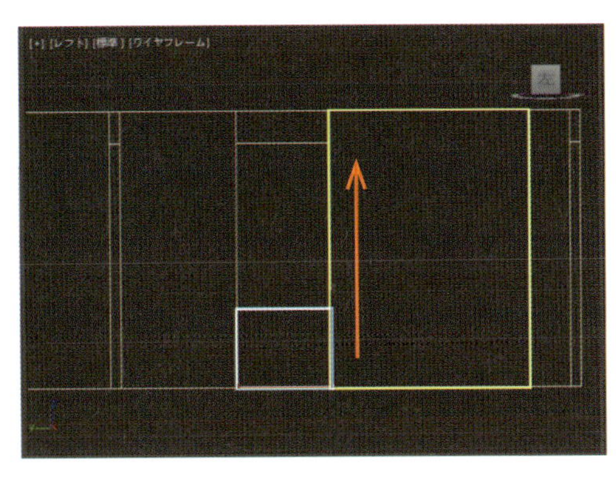

5 ［修正］パネルを開き、［高さ］に「2300」mmと入力します。

6 ドアの枠も設定します。［フレームを作成］にチェックを入れ、［幅］を「30」mm、［奥行き］を「30」mm、［ドアのオフセット］を「30」mmとします。

7 ドアの面を設定します。［格子のパラメータ］の［厚さ］に「50」mmと入力し、［パネル］で［なし］を選択します。

8 同様に洗面室前のドアを作成します。

memo

外廊下につながるドアの幅は「900」mm、洗面室のドアの幅は「800」mmです。

9 ドアが完成しました。

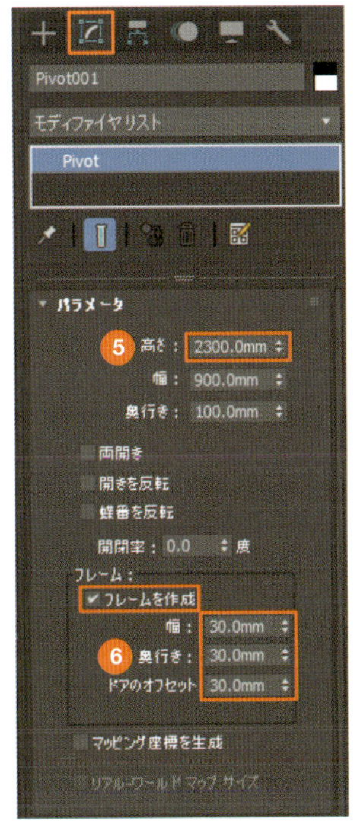

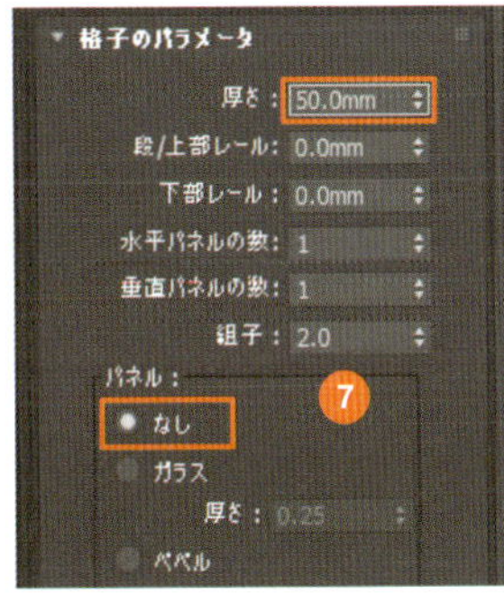

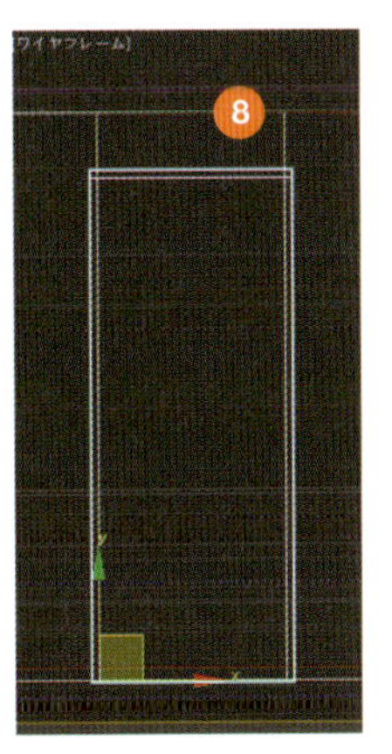

6-4-2 掃き出し窓を作成

バルコニー側の掃き出し窓を作成します。一番左は開き戸です。窓はサッシとガラスに分けてつくります。

窓のサッシをボックスで作成

1 新規レイヤ「02 サッシ」を作成します(→P.45)。「01 壁柱」レイヤ以外は非表示にします。

2 [作成] パネルで [標準プリミティブ] を選択して [ボックス] をクリックします。

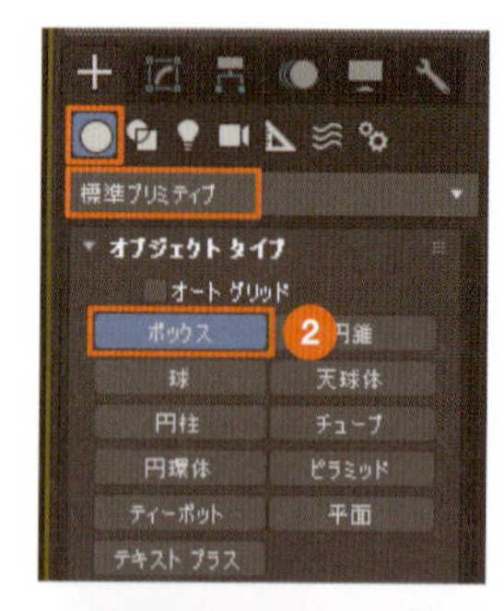

3 トップビューで下のサッシを作成します。長さ100mm、幅3950mm、高さ30mmとし、[幅セグメント] に「4」と入力します。

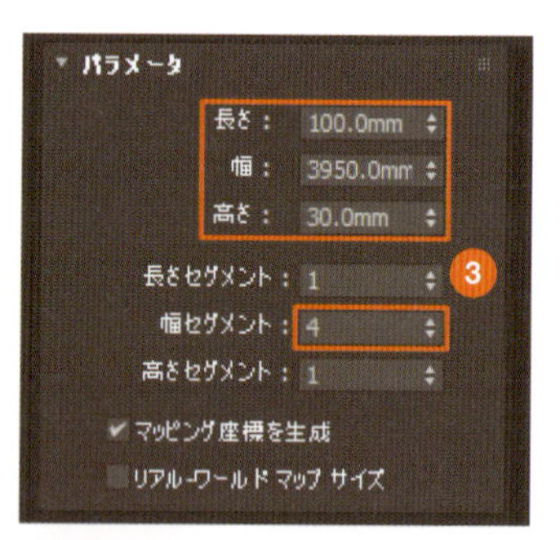

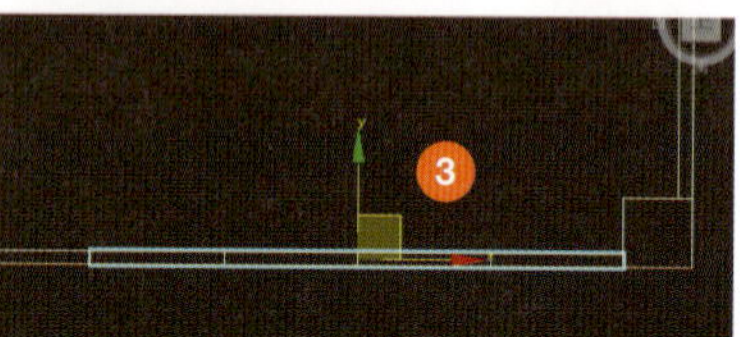

4 下のサッシを右クリックして、[クローン作成] で [コピー] します(→P.69)。[選択して移動] ツールを右クリックし、[絶対値] の [Z] に「2270」と入力して上方向に移動します。これが上のサッシになります。

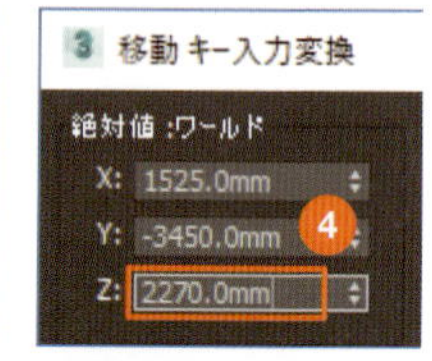

5 上下のサッシができました。

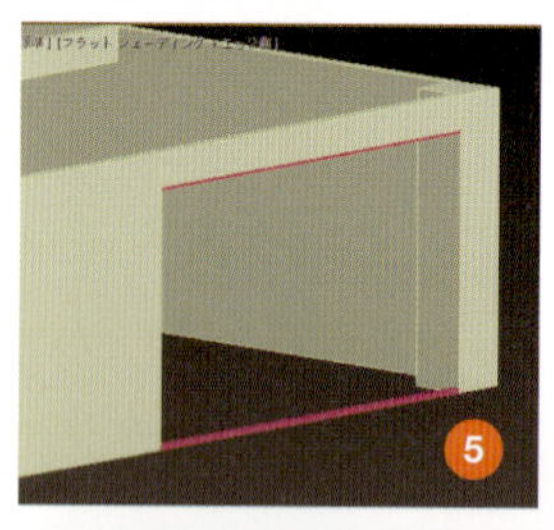

6 縦のサッシを作成します。トップビューで下のサッシの左端にボックスを作成し、長さ100mm、幅30mm、高さ2240mm、[幅セグメント] を「1」に修正します。

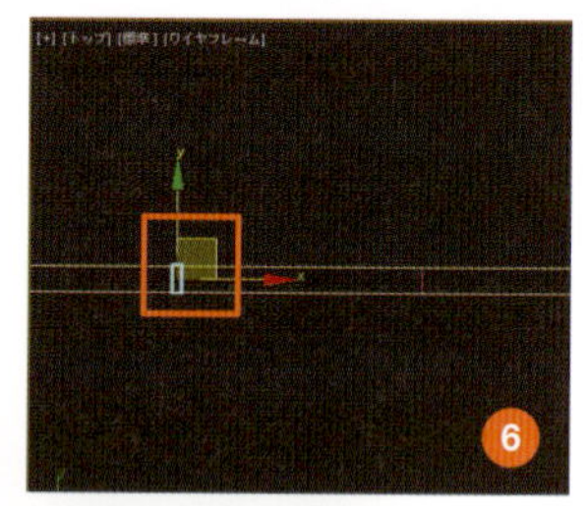

7 [選択して移動] ツールを右クリックして絶対値Zに「30」mmと入力し、下サッシの上に配置されるように移動します。

8 縦のサッシを選択して右クリックし、[クローン作成] で [コピー] します。[選択して移動] ツールで上下サッシの4分割した線の中点にスナップさせて移動します。

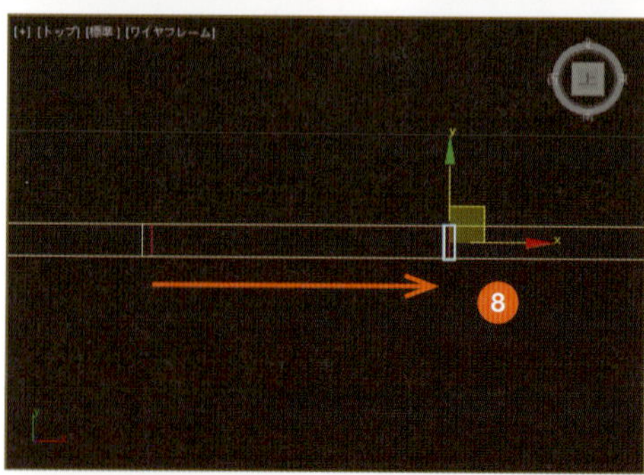

9 同様にして、縦のサッシをもう3本移動コピーして完成です。

開き戸の枠をラインで作成

1 「01 壁柱」レイヤを非表示にして、サッシのみが見えるようにします。

2 ［作成］パネルの［シェイプ］で［ライン］をクリックします。フロントビューで、左端のサッシの内側の頂点をとり、スプラインを閉じます。

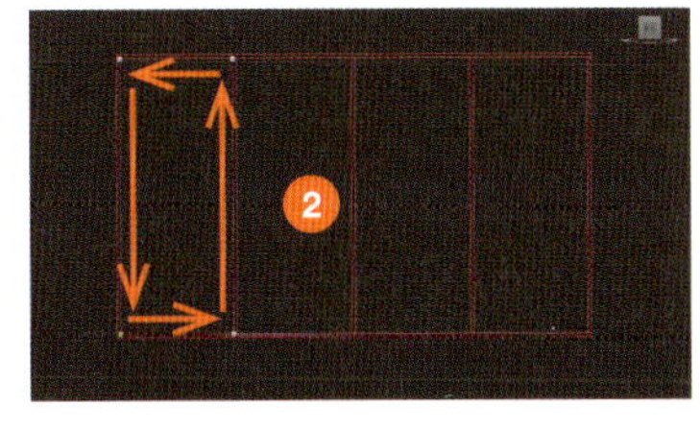

3 ［修正］パネルのモディファイヤリストから［スウィープ］を選択し、［断面タイプ］で［バー］を選択します。

4 ［パラメータ］の［長さ］に「50」、［幅］に「100」と入力し、［基点位置合わせ］で右下を指定します。時計回りでスプラインを閉じたときは左下を選択してください。

5 枠が作成されます。位置がずれているので、サッシに合わせるように移動します。

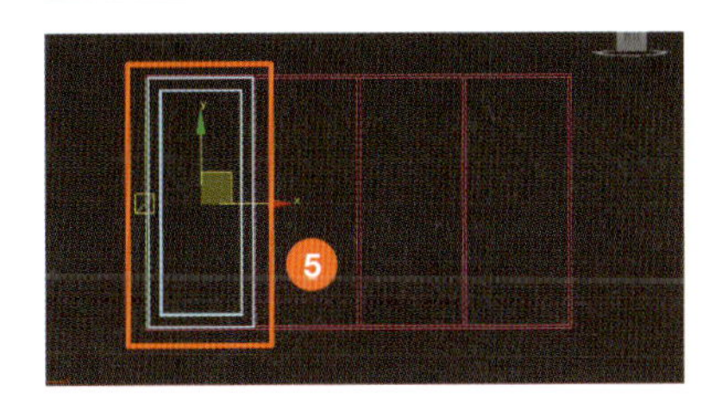

窓のガラスを作成

1 新規レイヤ「02 ガラス」を作成し、レイヤの色を水色にします（→P.30）。

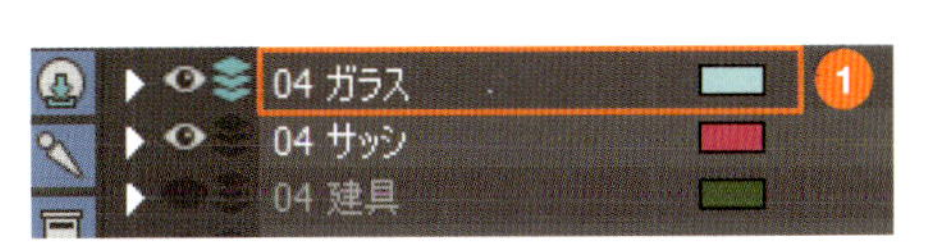

2 一番左の窓ガラスから作成します。［作成］パネルの［ジオメトリ］で［ボックス］をクリックし、フロントビューでサッシの内側に重なるようにボックスを作成します。ガラスの厚みとして［高さ］を「5」mmにします。

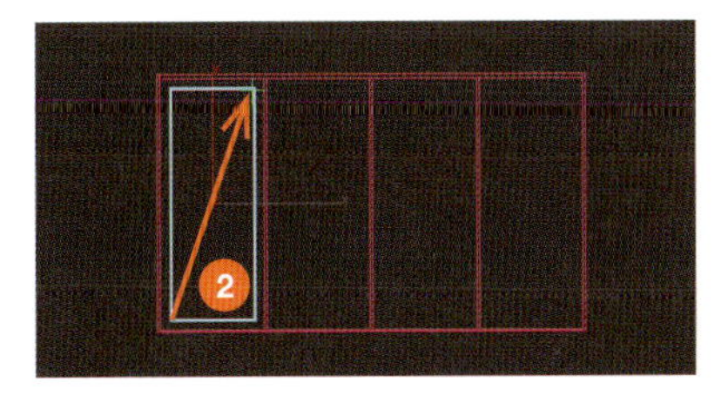

3 位置を修正します。［選択して移動］ツールをオンにして、トップビューで窓ガラスをサッシの間に移動します。

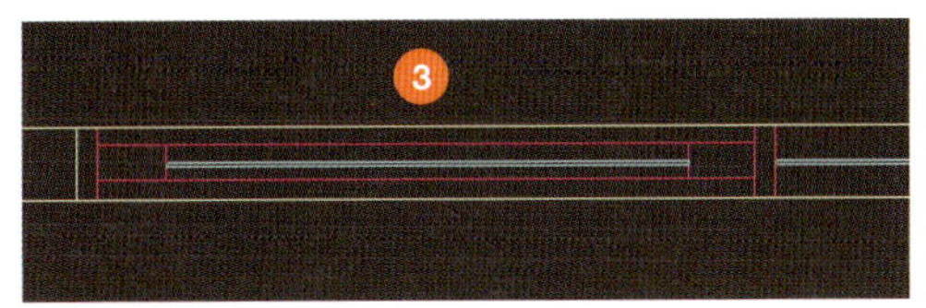

4 同様にして、残りの3枚の窓ガラスも作成します。掃き出し窓が完成しました。

6-5 床をつくる

［平面］で床をつくります。全体の床を一つの平面で作成するほうが速いのですが、部屋によってマテリアルがちがう場合があるため、床は部屋ごとに作成します。この例では3つです。

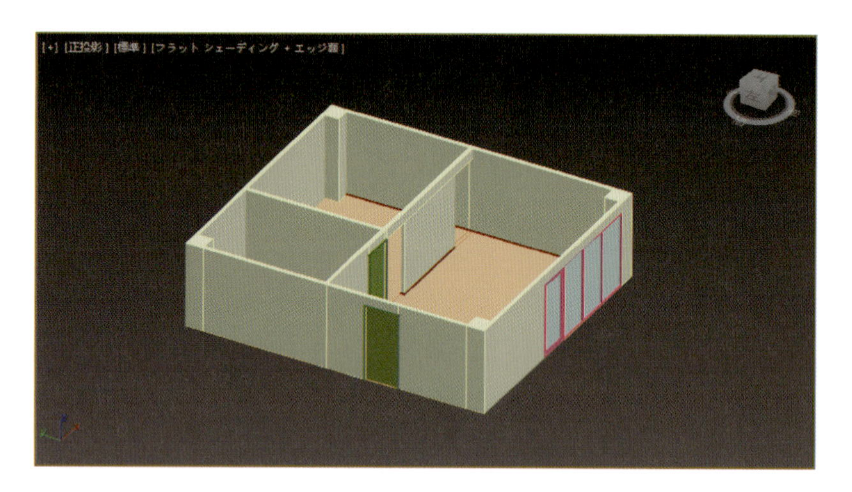

床を平面で作成

1 新規レイヤ「03 床」を作成します（→P.45）。「01 壁柱」以外のレイヤは非表示にします。

2 ［作成］パネルで［平面］をクリックします。

3 トップビューでリビングの対角をドラッグして平面を作成します。これが床になります。

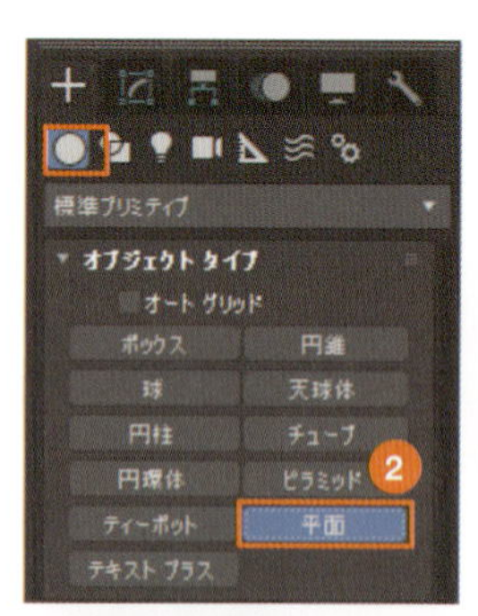

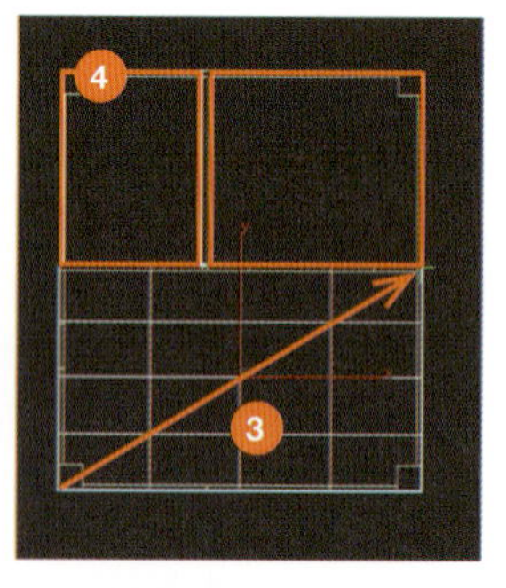

memo このレベルのモデリングでは、柱や壁を無視した単純な四角形の床でかまいません。

4 同じように、寝室と洗面室の床も作成します。

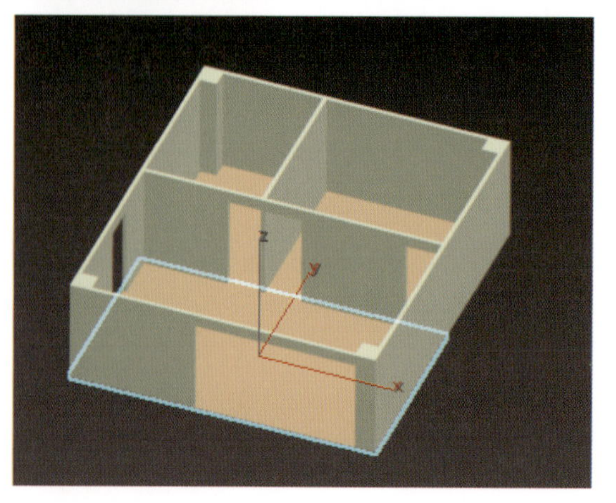

memo 平面はセグメント分割された状態で表示されますが、そのままでも以降の操作に支障はありません。

6-6 天井をつくる

天井をつくります。リビングは折上げ天井です。全体の天井面をつくってから折上げ天井面とモールディングの装飾部分を作成します。

6-6-1 リビング全体の天井面を作成

リビング全体の天井面を作成します。全体と折上げ部分の線を描き、それをアタッチで1つのオブジェクトにします。その状態で面を作成すると、穴の開いた全体の天井面が作成できます。

天井面をラインで作成

1. 新規レイヤ「04 天井」を作成します(→P.45)。「01 壁柱」「00 下図」レイヤ以外は非表示にします。
2. [作成]パネルの[シェイプ]から[ライン]をクリックし、[スナップ切り替え]ツールを[2.5]に切り替えます。
3. トップビューでリビングの天井(境界線)を描き、スプラインを閉じます。
4. 続けて、図の部分にラインで四角形を描き、スプラインを閉じます。これが折上げ部分です。

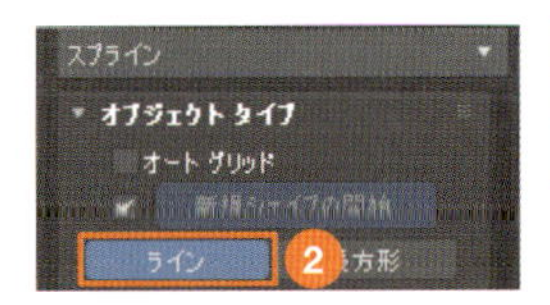

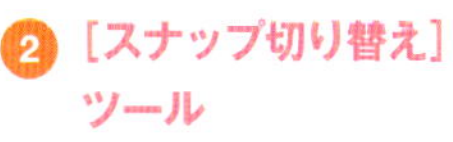

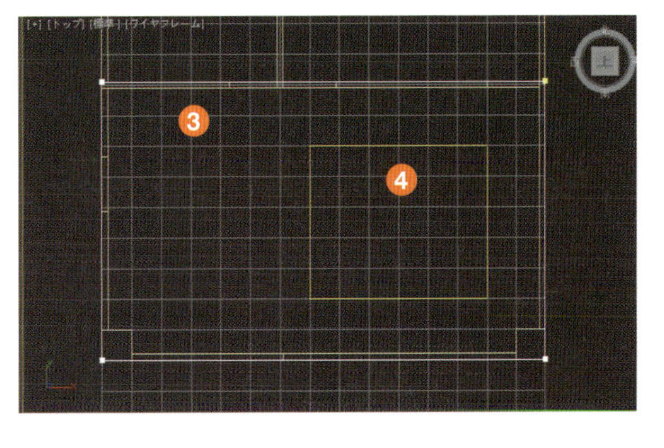

アタッチで1つに

5 天井全体の四角形を選択した状態で［修正］パネルを開き、［ジオメトリ］の［アタッチ］をクリックします。

6 ❹で作成した折上げの四角形をクリックしてアタッチし、1つのオブジェクトにします。

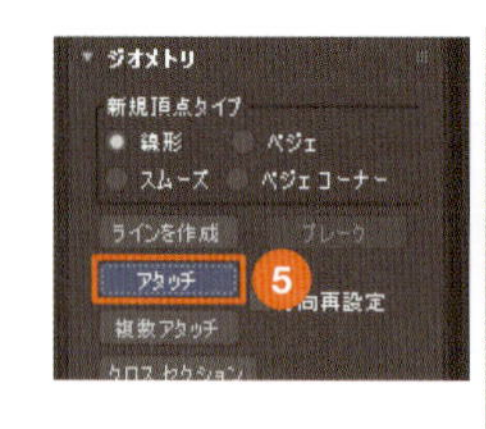

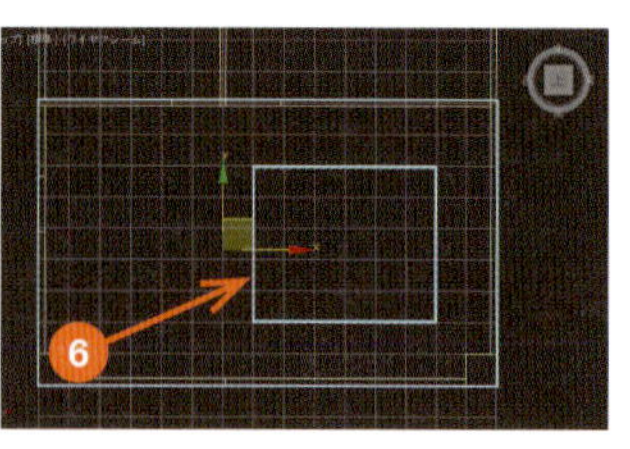

移動して面を作成

7 アタッチしたオブジェクトを天井の位置に移動します。［選択して移動］ツールを右クリックします。

8 ［移動キー入力変換］ダイアログボックスで［絶対値］の［Z］に「2600」mmと入力します。

9 天井が指定の位置に移動します。

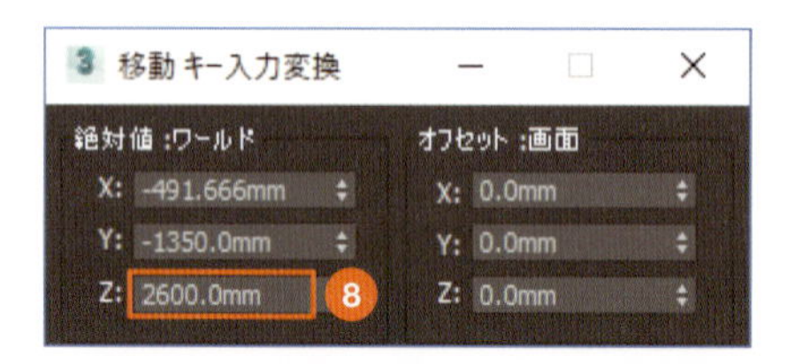

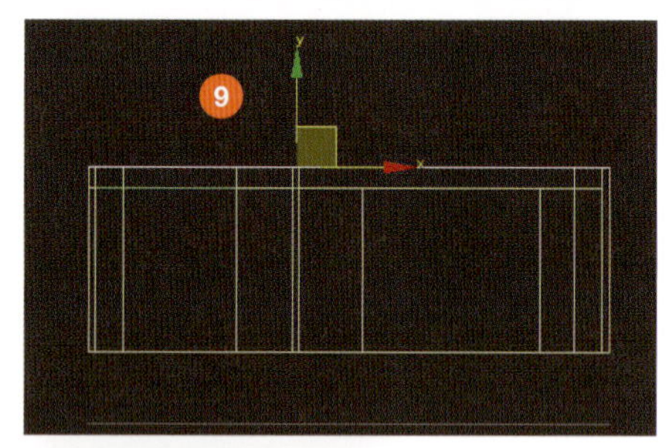

10 ［修正］パネルを開き、モディファイヤリストから［ポリゴンを編集］を選択します。

11 折上げ部分が穴になったリビングの天井面ができました。

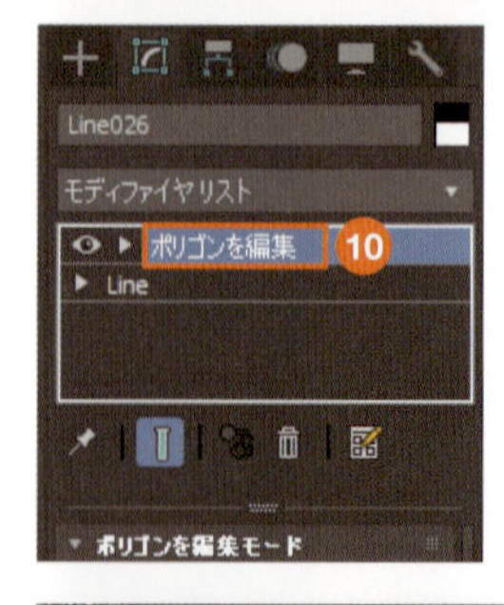

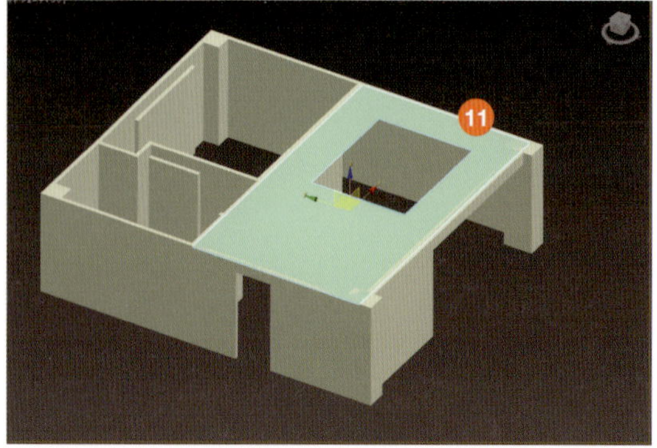

6-6-2 折上げ部分を立ち上げる

折上げ部分のエッジを立ち上げて、折上げ天井の段差をつくります。

エッジを押し出し

1 天井面を選択し、[修正] パネルを開きます。[選択] にある [エッジ] ボタンをクリックします。

2 Ctrlキーを押しながら、穴部分のエッジ(4本)を選択します。

3 [修正] パネルの [エッジを編集] で [押し出し] をクリックし、その右にある [設定] ボタンをクリックします。

4 ビューにパラメータが表示されます。[高さ] に「110」mmと入力し、チェックボタンをクリックすると、選択したエッジが110mm立ち上がります。

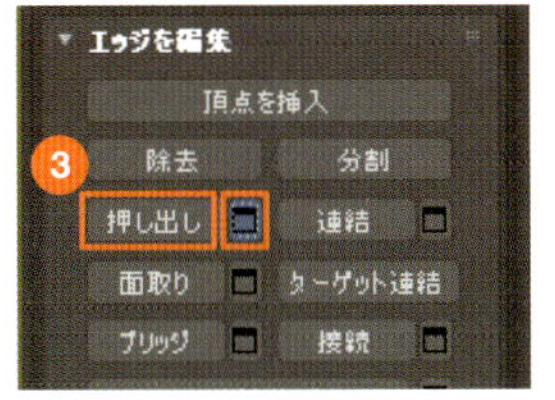

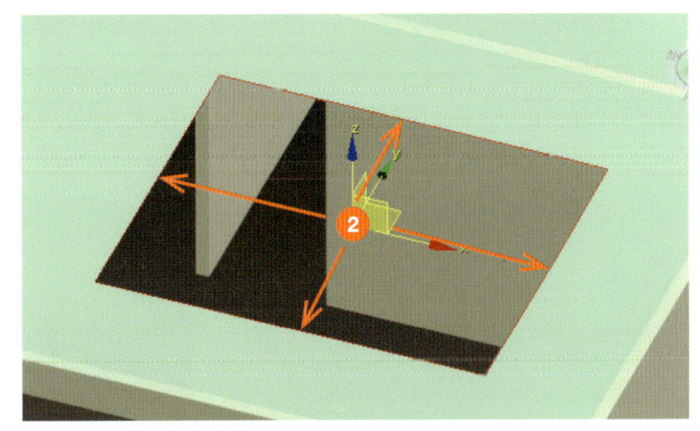

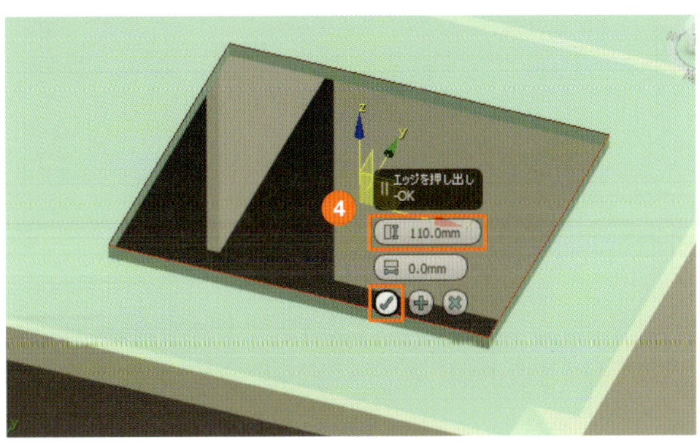

6-6-3 折上げ天井を作成

折上げ天井の奥の面を作成します。

折上げの内側を長方形で作成

1. ［作成］パネルの［シェイプ］から［長方形］をクリックします。

2. ［スナップ切り替え］ツールを［3］に切り替えます。

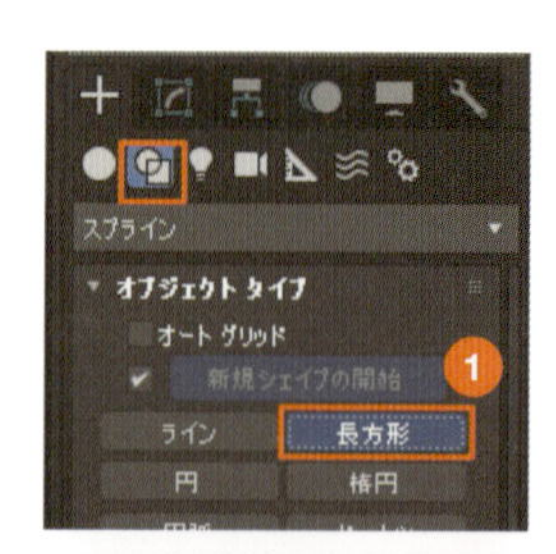

3. 正投影（パース）ビューで、天井面の穴部分の頂点をとり、長方形を作成します。

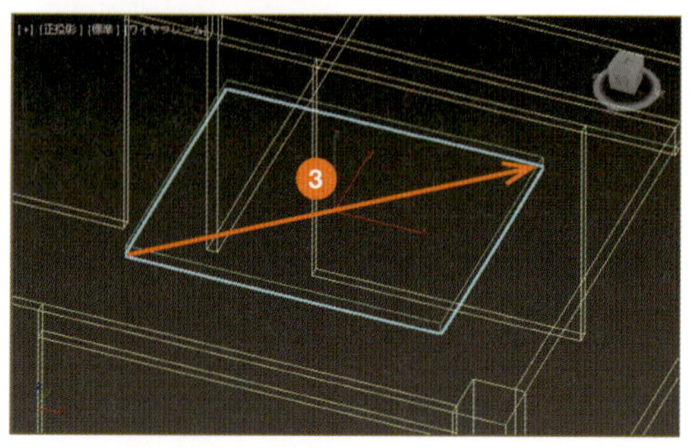

memo
立ち上げ部分の点を取らないように気をつけてください。ワイヤーフレーム表示にすると、線がわかりやすくなります。

4. 穴を完全に覆いたいので、サイズを少し大きくします。パラメータの［長さ］を「2700」mm、［幅］を「3200」mmに変更します。

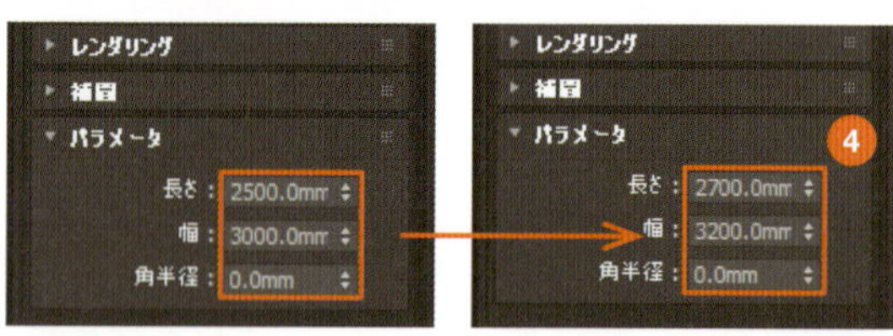

5. 奥の面のベースになる長方形ができました。

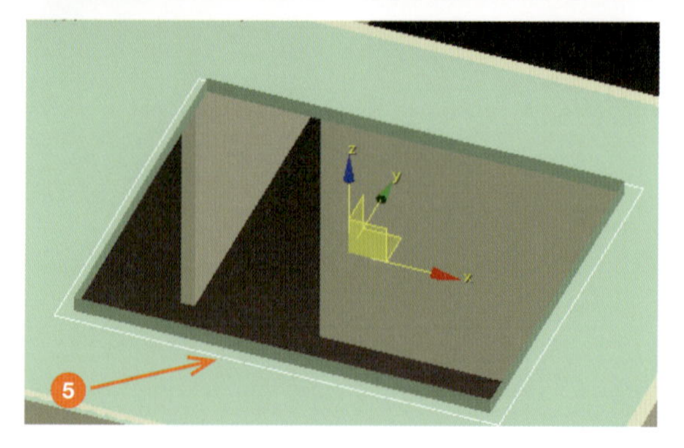

押し出しで奥の面をつくる

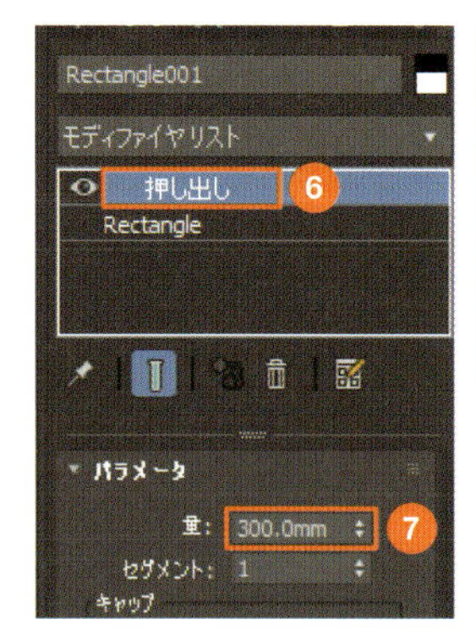

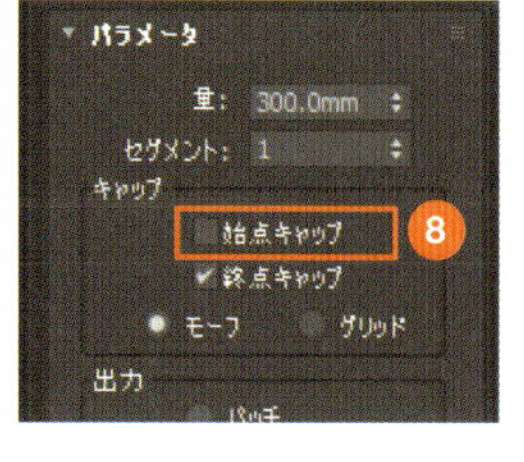

6 [修正] パネルを開き、モディファイヤリストから [押し出し] を選択します。

7 [量] を「300」mmと入力します。

8 [キャップ] の [始点キャップ] のチェックを外します。これによって、押し出されたオブジェクトの下の面が非表示になります。

9 折上げ天井の奥の面が完成しました。

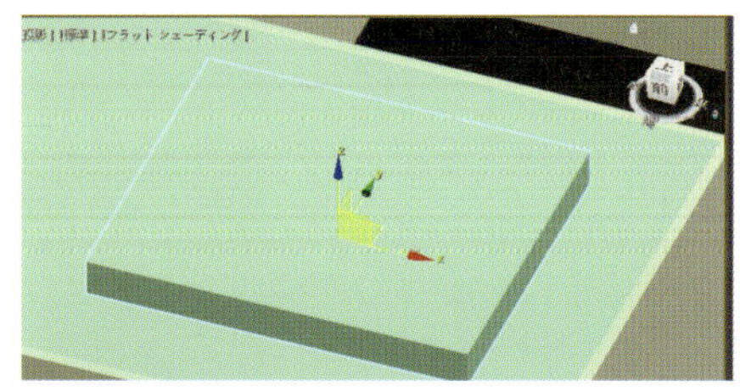

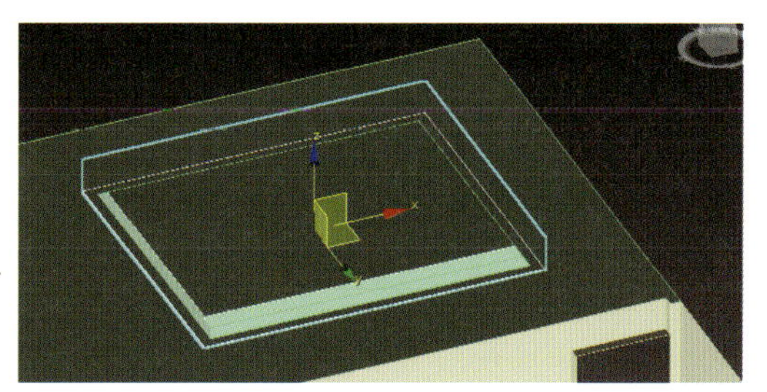

室内から見上げた状態

memo

長方形を押し出して、高さのある立体にした場合、上下の面の表示／非表示を指定するのが「キャップ」です。
元図形の面が [始点キャップ] となり、高さの分、移動した面が [終点キャップ] となります。

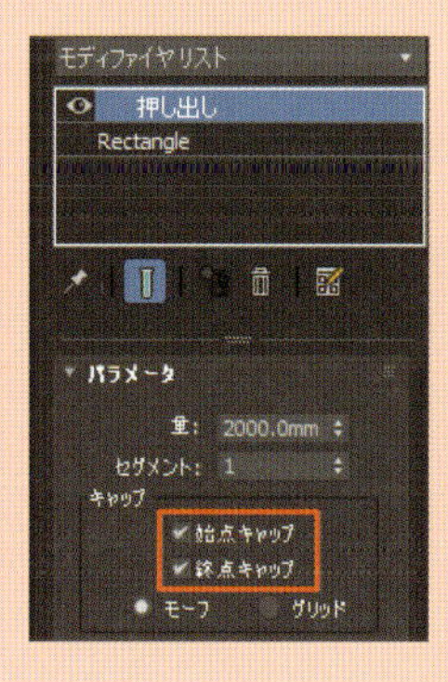

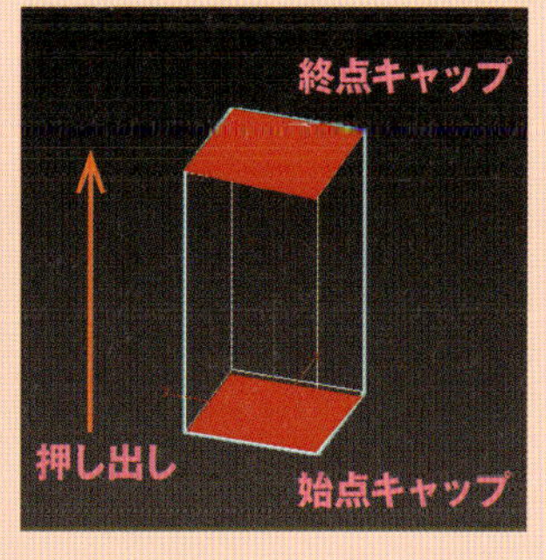

6-6-4 他の部屋の天井を作成

寝室と洗面室の天井を作成します。リビングとはちがって、ここではボックスで作成します。厚みを付ける分、天井高が低くなります。

天井をボックスで作成

1. ［作成］パネルの［ジオメトリ］から［ボックス］をクリックします。

2. スナップが［3］になっていることを確認します。

3. 正投影（パース）ビューで壁の一番高い点をとり、まず、寝室の天井を作成します。

4. ［高さ］を「-300」mmに修正します。これで寝室の天井高は2300になります。

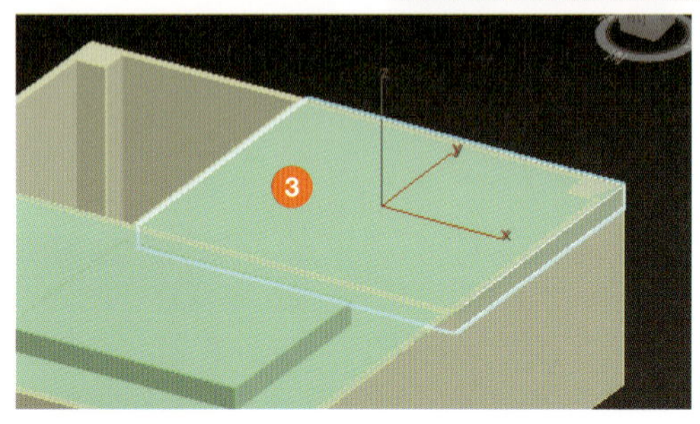

5. 同様にして、洗面室の天井を作成します。

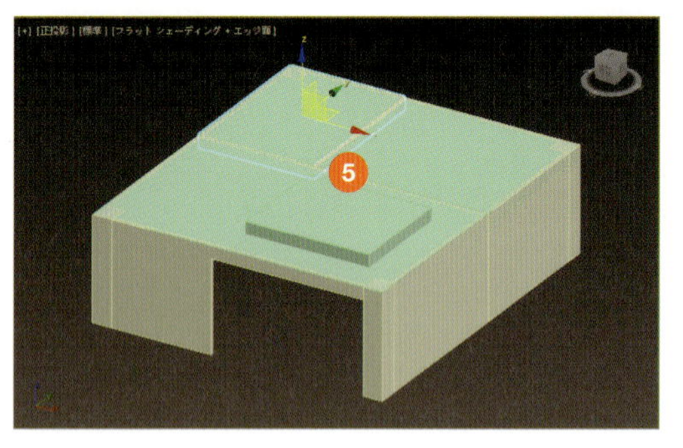

memo

部屋ごとにマテリアルがちがう場合があるので、床と同じく、部屋ごとに天井を作成しました。

6-6-5 モールディング装飾を作成

リビングの天井にモールディングの装飾を施します。モールディングの断面図形を作成し、その図形を天井のラインに沿ってスイープします。

モールディング下図の準備

1. 「00 下図」「01 壁柱」のレイヤ以外は非表示にし、「00 下図」をアクティブレイヤにします。

2. [作成] パネルの [ジオメトリ] で [平面] をクリックします(→P.146)。

3. フロントビューの壁の上部(高さ2600の位置)で平面を適当な大きさで作成します。

4. [長さ] を「110」mm、[幅] を「80」mm に修正します。

5. [長さセグメント] に「8」、[幅セグメント] に「6」と入力します。これで下図が完成しました。

memo フロントビューで作成すると、Y=0の位置に下図ができます。

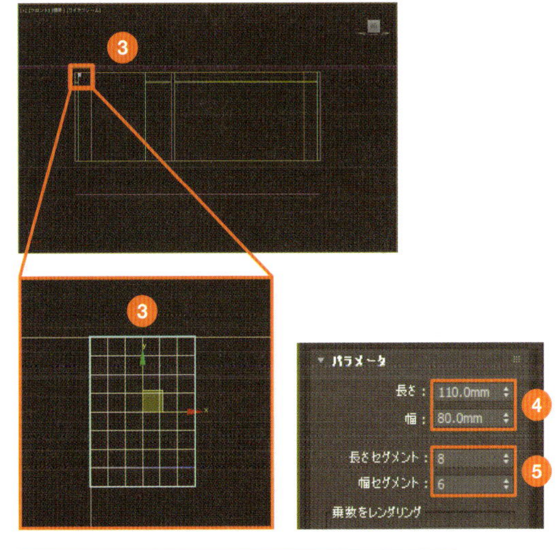

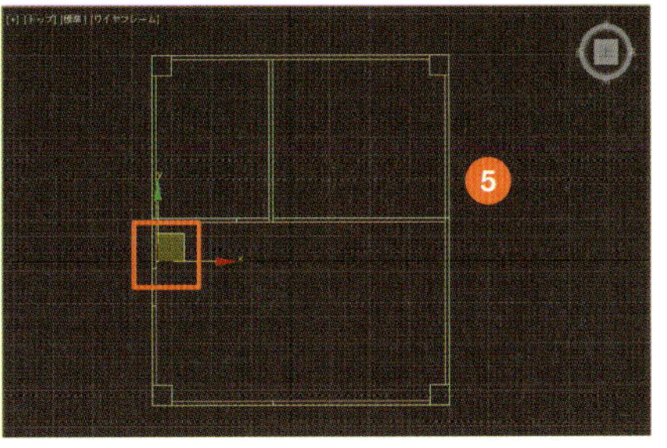

モールディング断面図形を作成

❶ 新規レイヤ「04 天井モールディング」を作成します(→P.45)。

❷ [作成]パネルの[シェイプ]で[ライン]をクリックします。

❸ [作成方法]の[ドラッグタイプ]で[ベジェ]を選択します。

❹ フロントビューをアクティブにし、前ページで作成した下図を拡大します。

❺ スナップは[2.5]に切り替えます。グリッドの点をスナップしながら、図のように断面のラインを作成します。曲線は点を選択した後にドラッグしてカーブを作成します。最後に始点でクリックして、スプラインを閉じます。

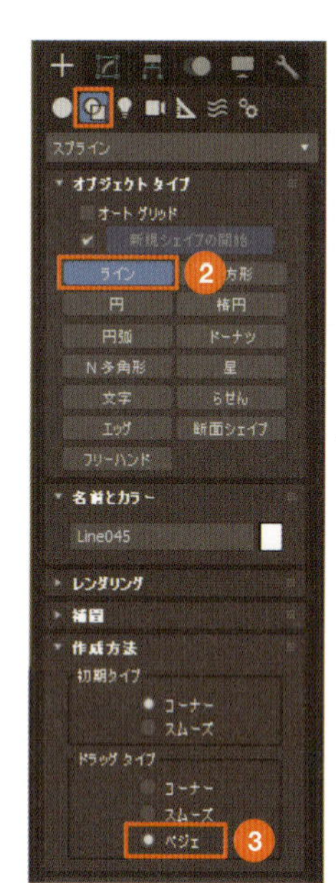

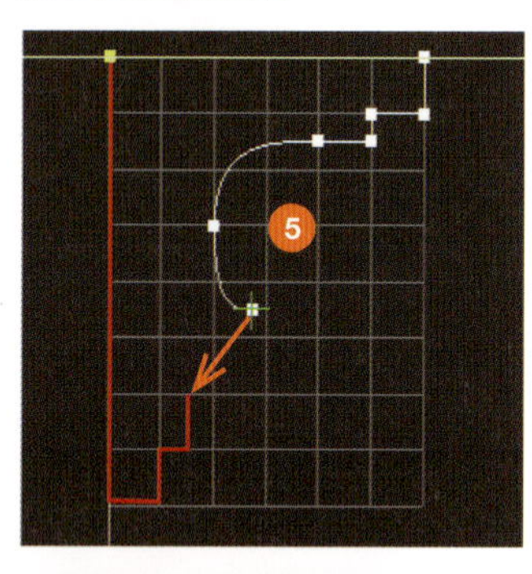

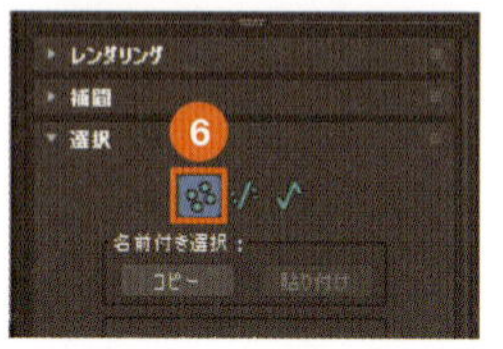

memo カーブの頂点をドラッグしながら移動することで、カーブの大きさや形が変わります。次で修正するので、ここではきれいなカーブが出なくてもかまいません。

❻ カーブを修正します。[修正]パネルの[選択]で[頂点]ボタンをクリックします。

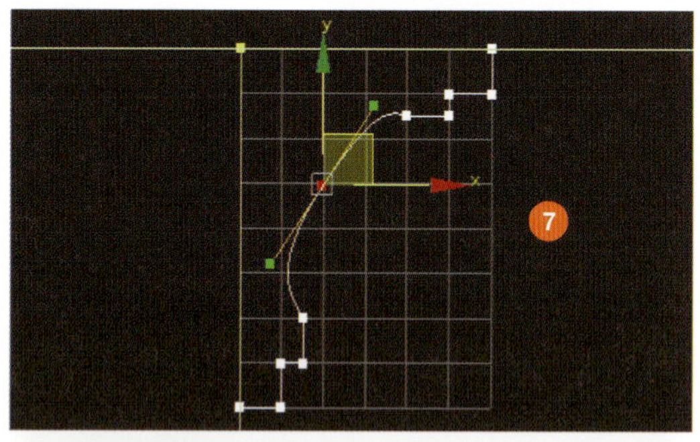

❼ カーブの頂点を移動して形を調整します。カーブ修正時は[スナップ切り替え]ツールをオフにします。

memo 頂点以外にも黄色い線にある緑の端点を伸ばしたり、縮めたりしても修正できます。

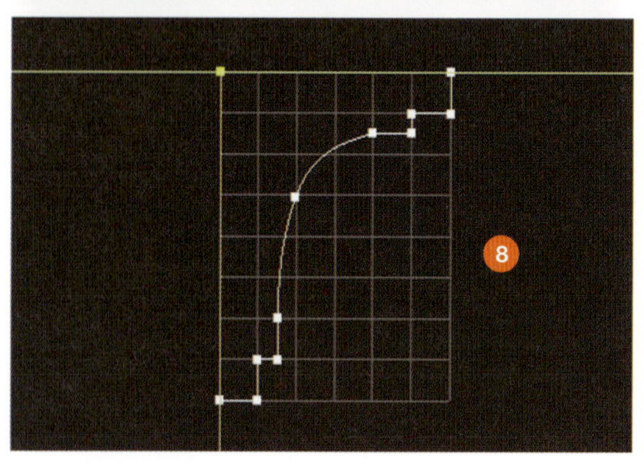

❽ モールディングの断面図形が完成しました。

断面図形でスウィープ

1 モールをまわしたい範囲を作成します。[作成] パネルの [シェイプ] で [ライン] をクリックし、[作成方法] の [ドラッグタイプ] で [コーナー] を選択します。

2 トップビューで、リビングの壁と柱の内側に閉じたスプラインを作成します。

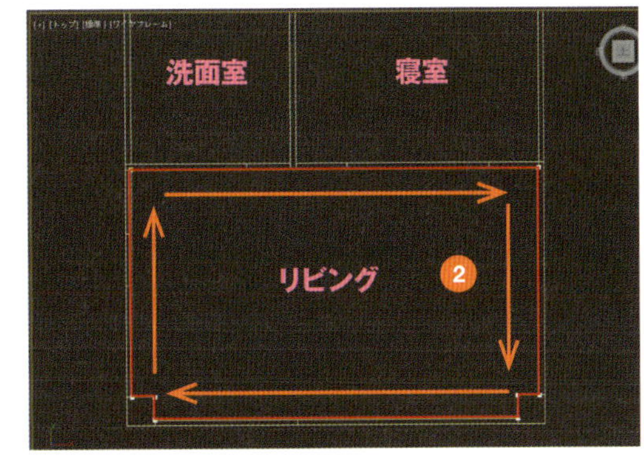

3 作成したスプラインを選択し、[選択して移動] ツールを右クリックします。[絶対値] の [Z] に「2600」mmと入力して移動します。

4 断面のオブジェクトの場所を確認して、「04 天井モールディング」レイヤ以外を非表示にします。

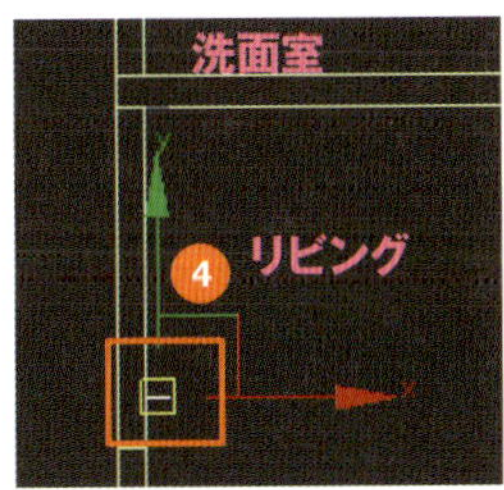

5 2で作成したスプラインを選択します。

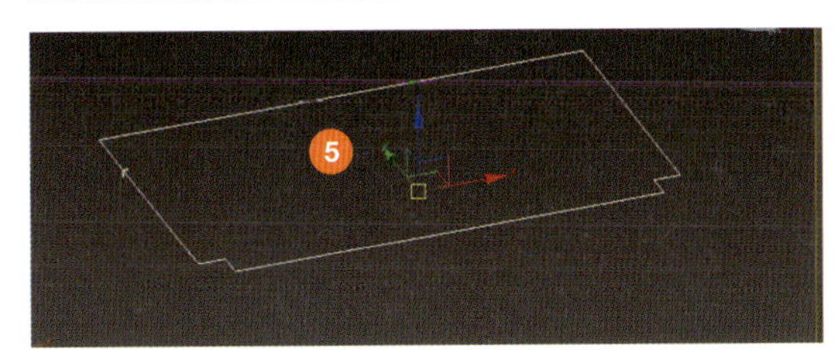

6 [修正] パネルのモディファイヤリストから [スウィープ] を選択します。

7 [断面タイプ] で [カスタム断面を使用] を選択します。

8 [ピック] をクリックし、断面オブジェクトを選択します。

9 [スウィープパラメータ] の [基点位置合わせ] で左上を選択します。

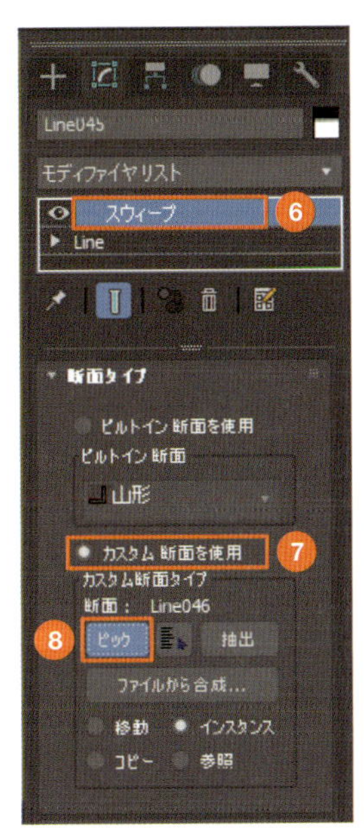

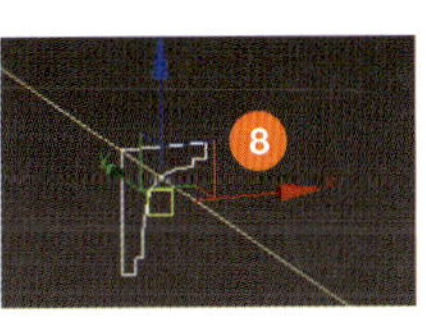

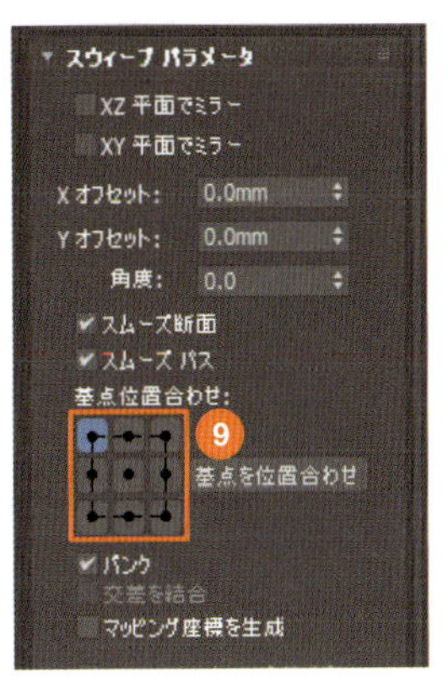

memo

基点の位置は天井と壁の取り合い部分にします。

10 天井のモールディング装飾ができました。拡大して形状を確認してみましょう。

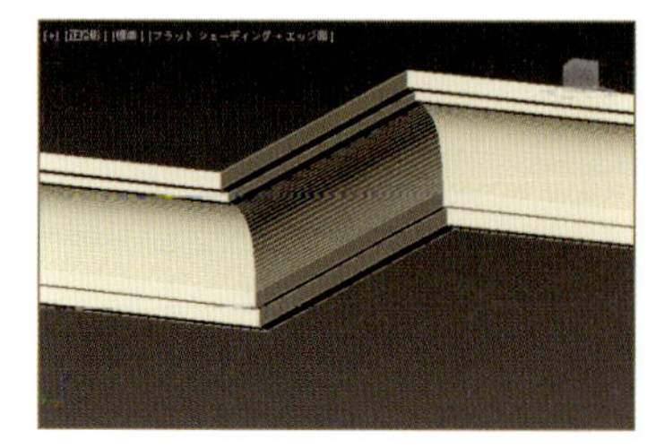

拡大

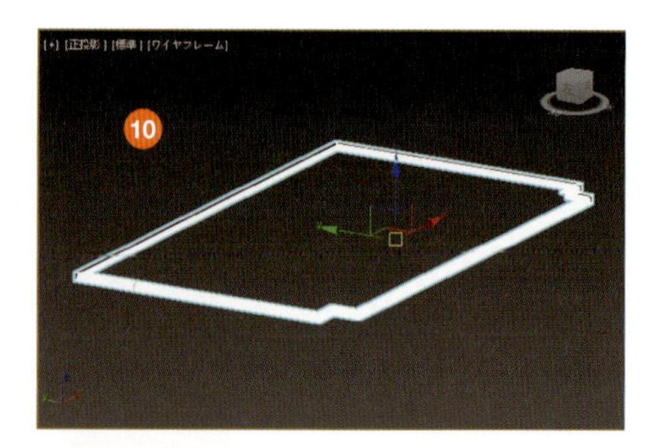

11 これで天井が完成しました。「03 床面」レイヤ以外を表示し、ビューキューブなどで回転して天井を確認してみます。

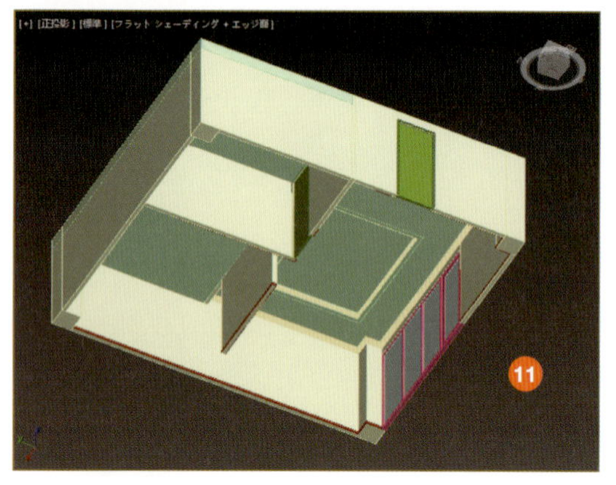

memo

余裕があったら、折上げ天井（穴の開いた部分）にも形のちがうモールディングを作成してみましょう。下図のパラメータは長さを「110」mm、幅「38」mm、長さセグメント「6」、幅セグメント「3」です。

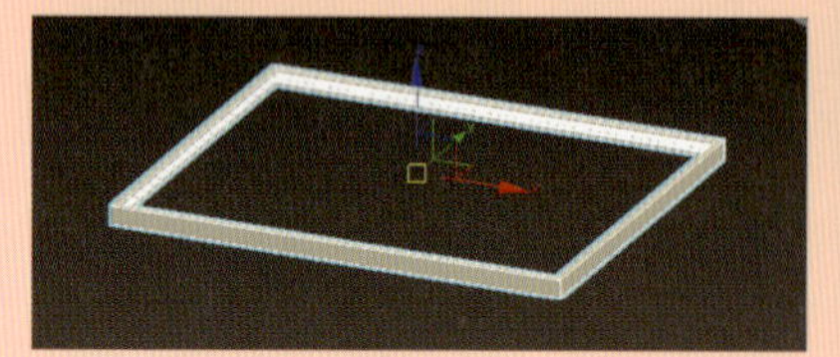

折上げ天井のモール完成

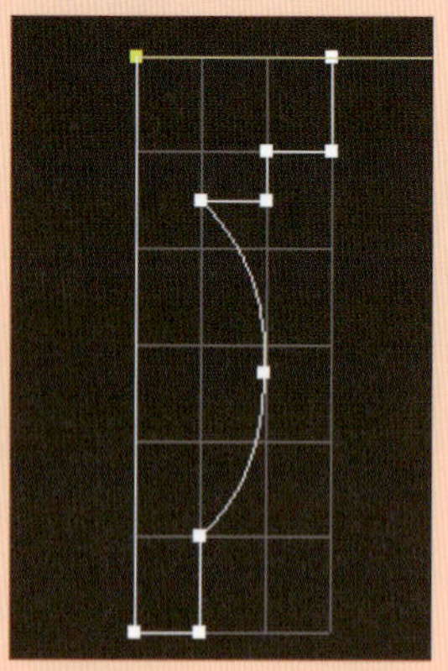

折上げ天井のモール断面図形

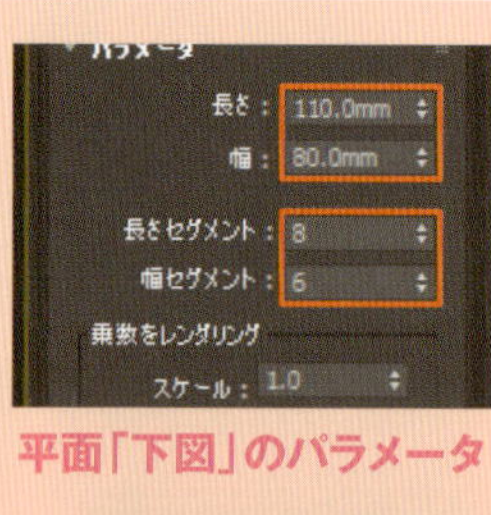

平面「下図」のパラメータ

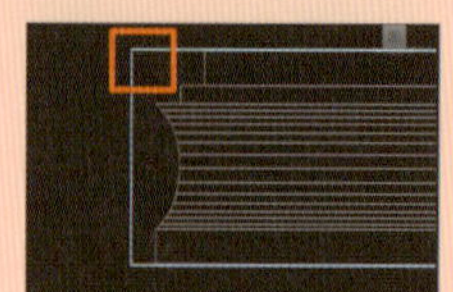

基点位置合わせ

6-7 ダウンライトをつくる

ダウンライトの作り方を紹介します。なお、電球はつくりません。

ダウンライト

6-7-1 ダウンライトの枠を作成

ダウンライトの枠を作成します。枠は円を押し出したオブジェクトを重ねてつくります。

枠になる2つの円を描く

1. 新規レイヤ「05 ダウンライト」を作成します（→P.45）。「03 天井」レイヤ以外は非表示にします。

2. ［作成］パネルの［シェイプ］から［円］をクリックし、［作成方法］で［中心］を選択します。

3. スナップを［3］に切り替えます。

4. トップビューで天井の任意の頂点を中心としてクリックし、そのままドラッグして円を作成したら、［半径］を「50」mmに修正します。

memo

スナップ［3］でトップビューの天井の頂点をとると、Z=2600の高さで作成できます。

5. 右クリックして［クローン作成］を選択し、円を［コピー］します。

6. コピーした円を選択した状態で［修正］パネルを開き、［半径］を「40」mmに修正します。

7. 2つの円ができました。

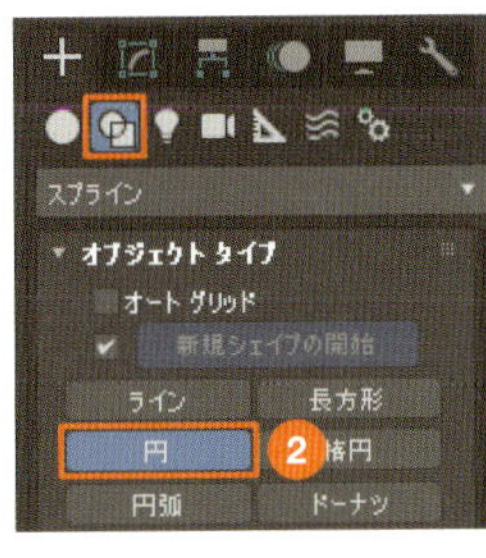

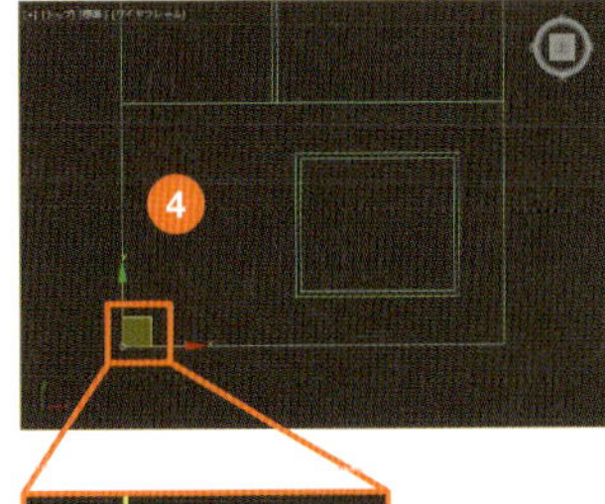

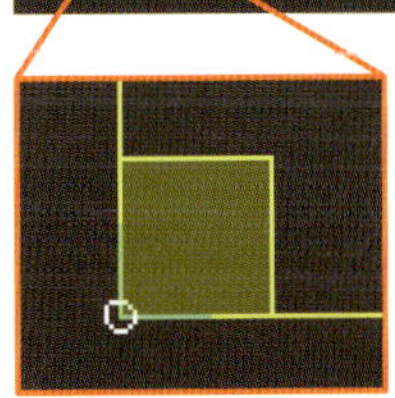

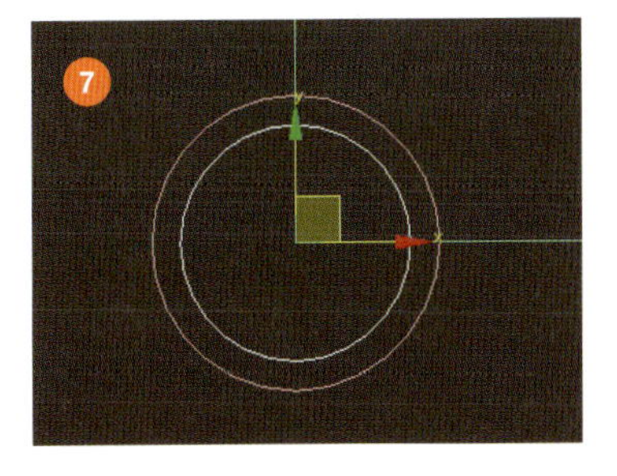

アタッチで1つのオブジェクトに

8 内側の円を選択した状態で右クリックして、［変換］→［編集可能スプライン に変換］を選択します。

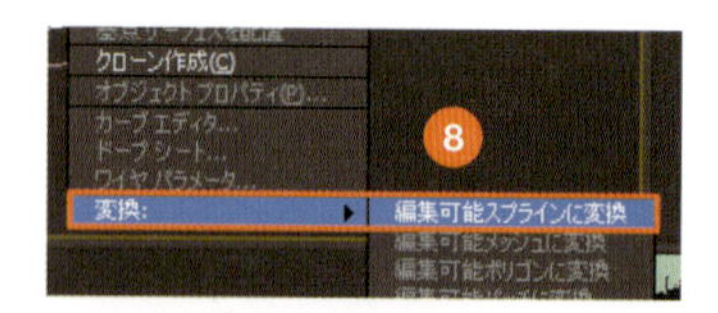

9 ［修正］パネルを開き、［ジオメトリ］の［アタッチ］をクリックします。

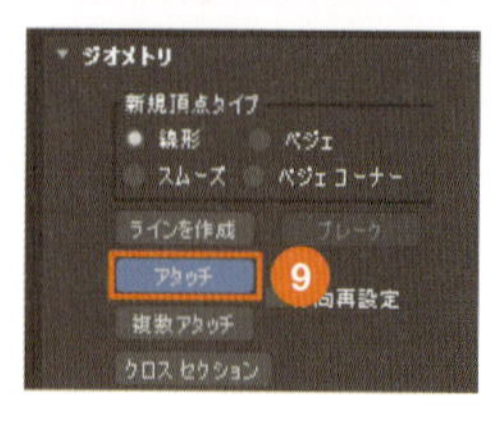

10 外側の円をクリックしてアタッチし、1つのオブジェクトにします。

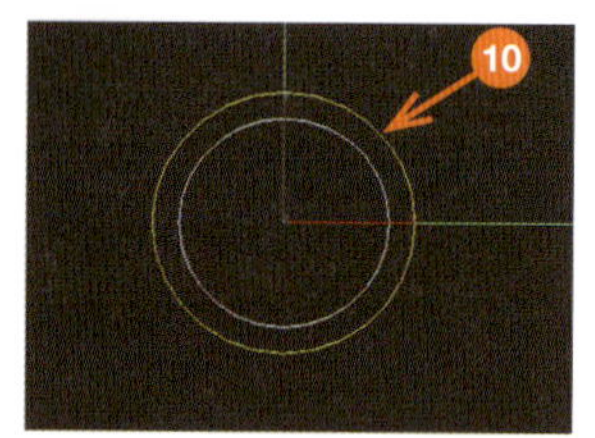

押し出しで枠を作成

11 ［修正］パネルのモディファイヤリストから［押し出し］を選択します。

12 下方向に押し出すので［量］に「-10」mmと入力します。

13 高さ10mmの枠ができました。

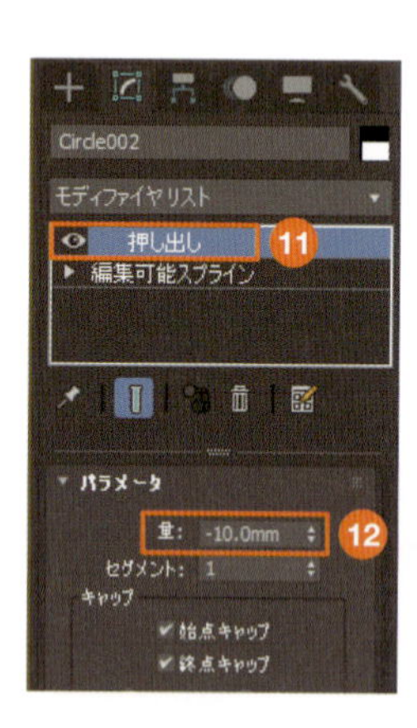

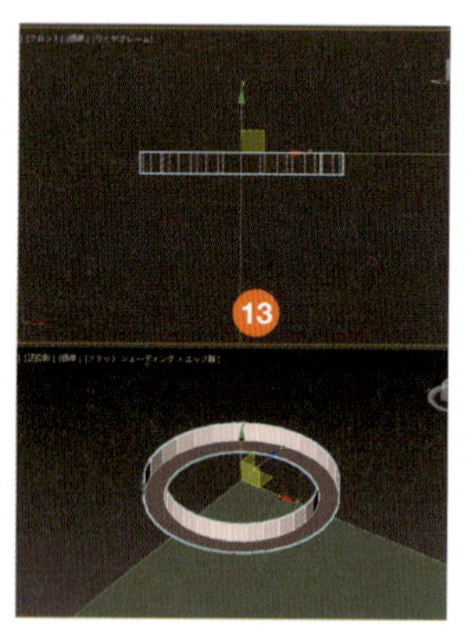

6-7-2 ダウンライトの面を作成

枠の内側に面（電球が入る部分）をつくれば完成です。

面を作成

1 ［作成］パネルの［シェイプ］で［円］をクリックし、［作成方法］で［エッジ］を選択します。

memo

［作成方法］の［中心］は半径をドラッグして円を作成しますが、［エッジ］は直径をドラッグして円を作成します。

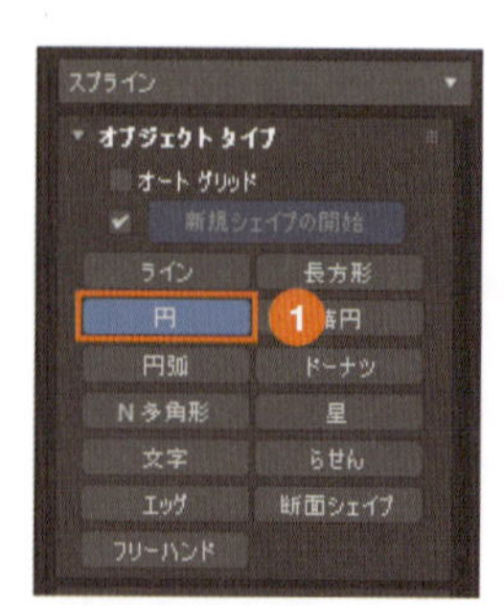

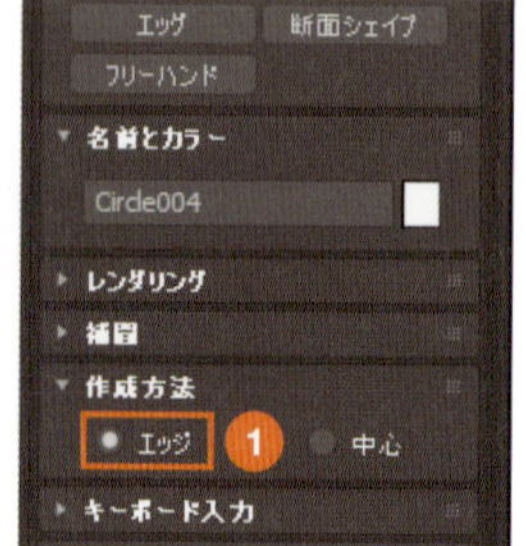

2 枠の内側の円周上をクリックし、内側の円と同じ大きさになるようにドラッグして、円を作成します。

3 [修正] パネルのモディファイヤリストから [押し出し] を選択します。

4 [量] に「-5」mmと入力します。

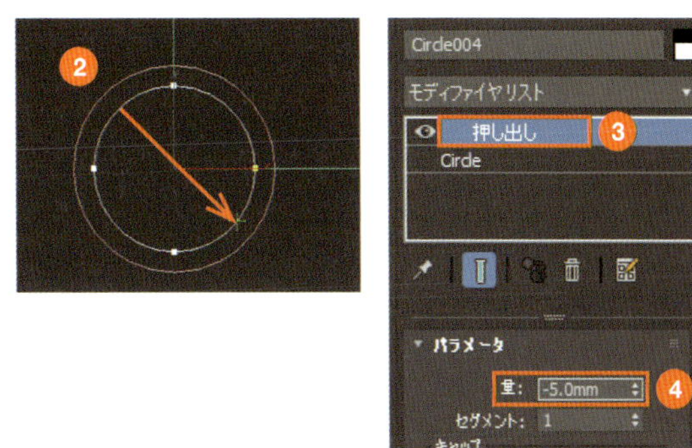

5 -（マイナス）で指定したので、下方向に5mm押し出されます。これでダウンライトができました。

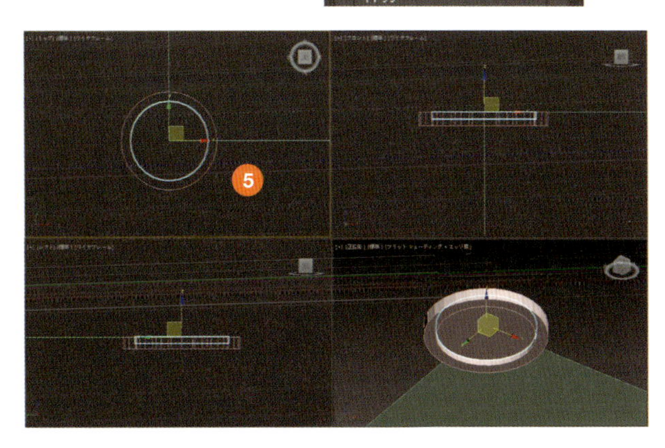

6 [選択して移動] ツールで照明を配置する位置に移動します。複数配置する場合は [クローン作成] で [コピー] しながら配置します。

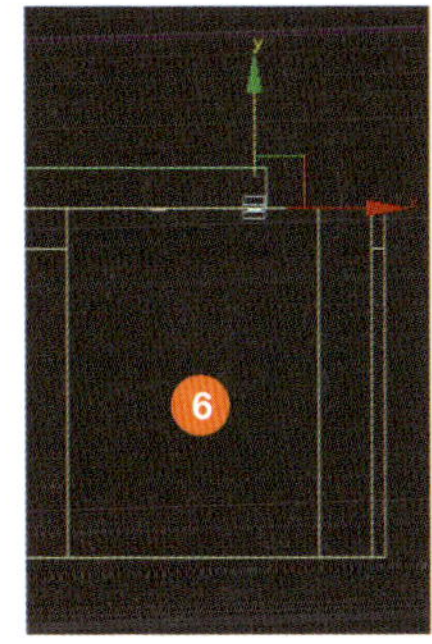

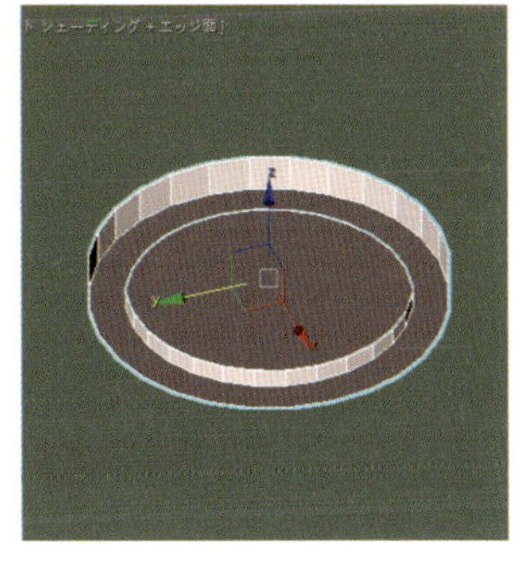

memo

光源を入れてレンダリングすると、下のようなダウンライトになります。

6-8 バルコニーをつくる

バルコニーは外部の構造物ですが、内観パースには外部の風景として必要になるケースが多いため、ここでモデリング方法を説明します。

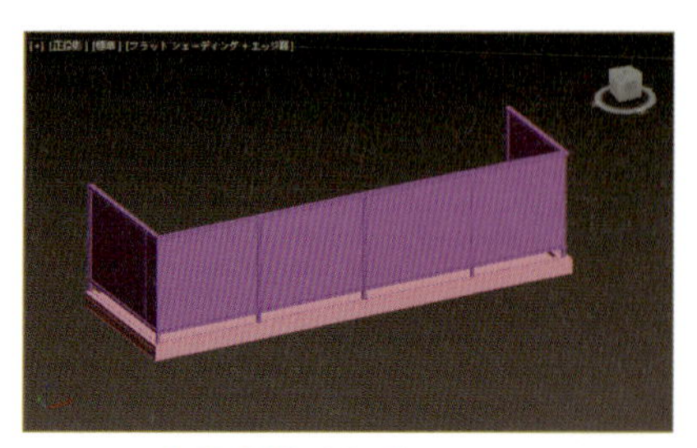

本書内観でのバルコニー

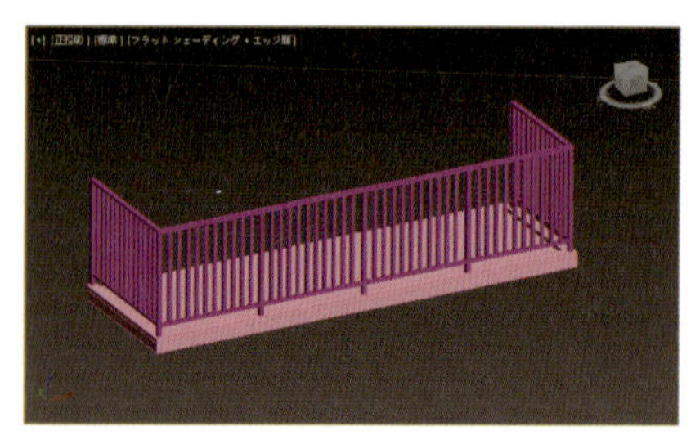

縦格子のバルコニー

6-8-1 バルコニーの床を作成

バルコニーの床を作成します。操作はここまで練習してきた方法でできますので、概要のみ記します。

バルコニーの床

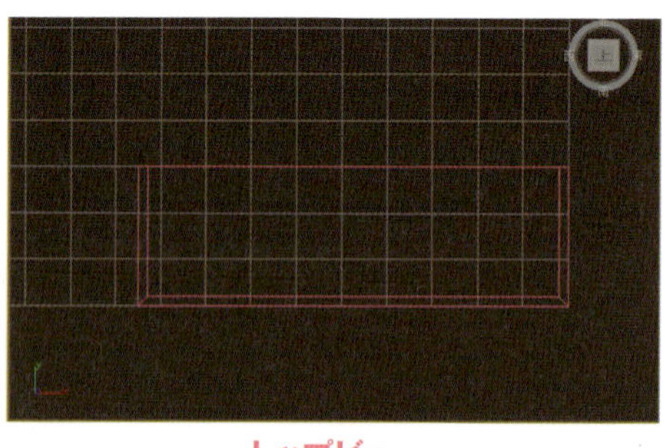

トップビュー

レイヤ　:新規レイヤ「06 バルコニー床」
バルコニー床面　:[ボックス]で作成。長さ「1500」幅「4750」高さ「-100」
バルコニー立上り部分:[ライン][スウィープ]で作成。ビルトイン断面[バー]、長さ「50」幅「100」程度。基点位置合わせ「右下」

memo

バルコニーの部材にはさまざまな種類があります。名前を覚えておくと、作成しやすいです。

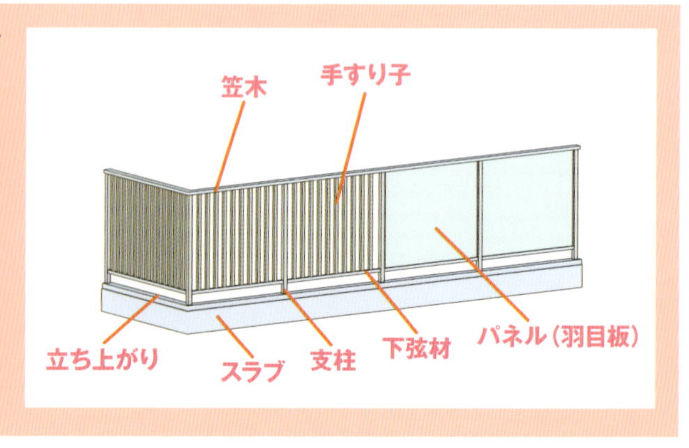

6-8-2 バルコニーの手すりを作成

バルコニーの手すりを作成します。さまざまな作成方法がありますが、ここでは［AEC拡張機能］オブジェクトの［レール］を使う方法を説明します。AEC拡張機能オブジェクトとは、建築でよく使われるオブジェクトを、かんたんに挿入できる機能です。オブジェクトの編集用に豊富なパラメータが用意されています。ここで使うレールのほか、樹木と壁があります。

レールで手すりを挿入

1 新規レイヤ「06 バルコニー手すり」を作成します（→P.45）。「06 バルコニー床」以外は非表示にします。

2 ［作成］パネルの［シェイプ］で［ライン］をクリックし、バルコニー立ち上がりの中心に基準線を描きます。

3 ［作成］パネルを［ジオメトリ］に切り替え、［AEC拡張機能］を選択し、［レール］をクリックします。

4 ［レール］の［レールパスを選択］をクリックし、［コーナーを重視］にチェックを入れます。

5 ❷で描いた手すりの基準線をクリックすると基準線上にレールオブジェクトが挿入されます。

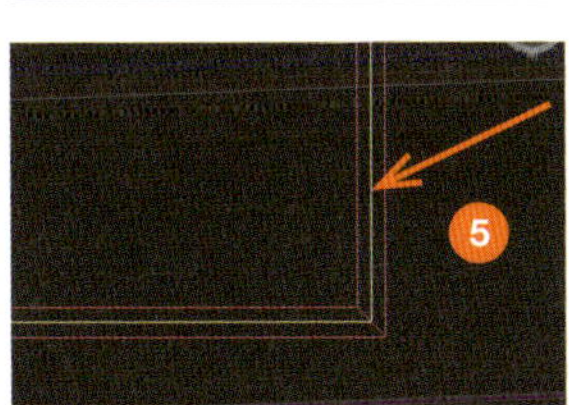

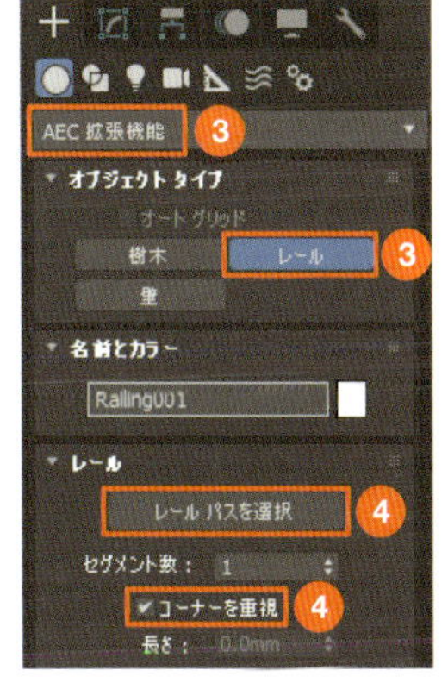

memo 基準線は［グリッドとスナップ設定］ダイアログボックス（→P.27）で［中点］にチェックを入れて描きます。

手すりを編集

6 ここからパラメータで手すりを編集していきます。まず上のレールから編集します。［修正］パネルを開き、［レール］の［上のレール］を次のように設定します。

プロファイル：角、 奥行き：30mm、
幅：50mm、 高さ：1100mm

7 次に下のレールを編集します。［下のレール］を次のように設定したら、［下のレールの間隔］ボタンをクリックします。

プロファイル：角、 奥行き：30mm、
幅：30mm

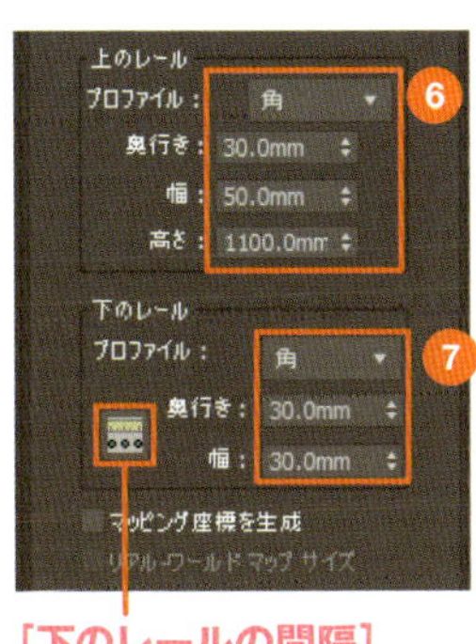

［下のレールの間隔］

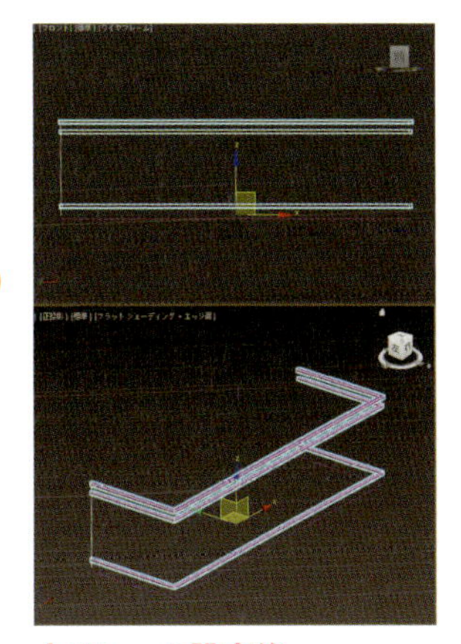

上のレール設定後

8 [下のレール] ダイアログボックスが開きます。次のように設定して [閉じる] をクリックします。

数：2、 始点オフセット：100mm、 終点オフセット：100mm、[オフセットを指定、均等に分割]

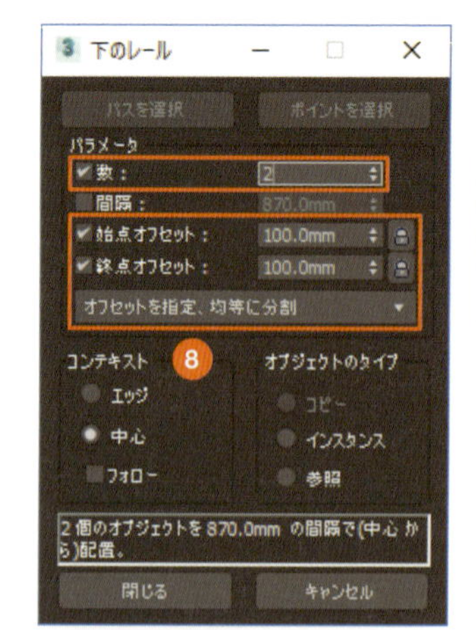

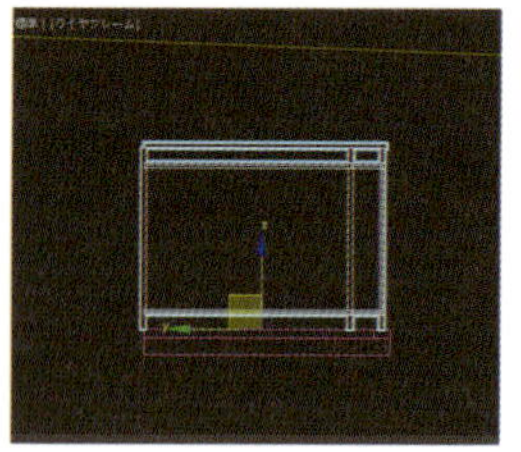

下のレール設定後

9 次に [親柱] を編集します。次のように設定して、[親柱の間隔] ボタンをクリックします。

プロファイル：角、 奥行き：30mm、幅：30mm

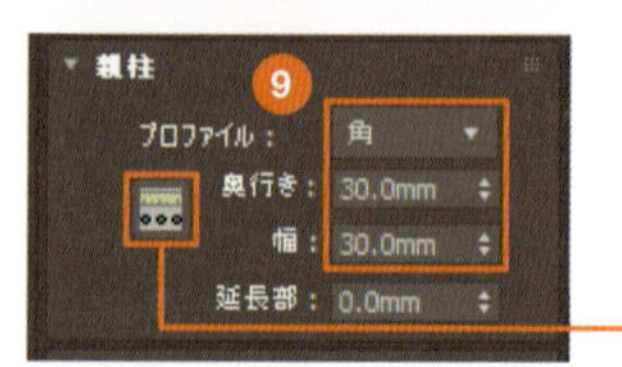

[親柱の間隔] ボタン

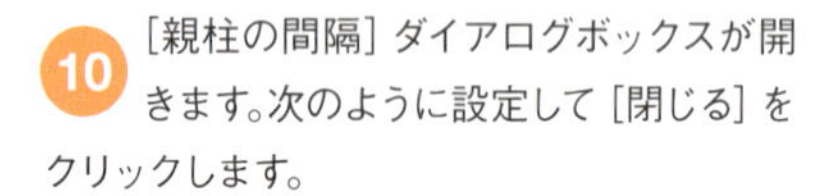

10 [親柱の間隔] ダイアログボックスが開きます。次のように設定して [閉じる] をクリックします。

数：7、 [均等に分割、終点にオブジェクト]

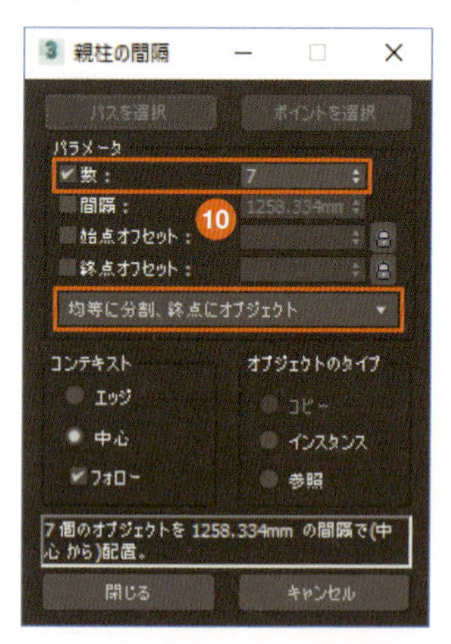

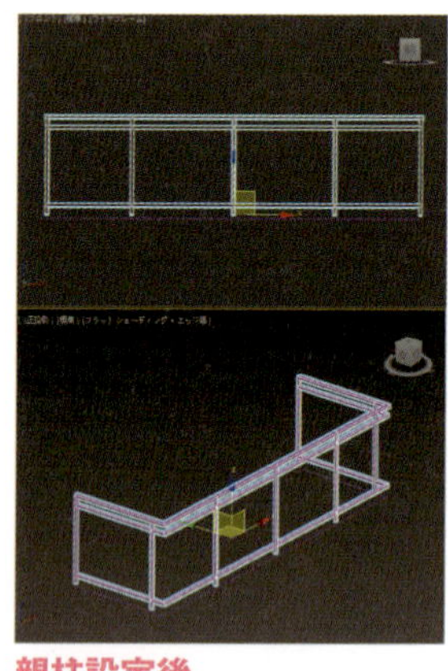

親柱設定後

11 最後に [フェンス] を編集します。

タイプ：羽目板、厚さ：0.25mm、上のオフセット：100mm、下のオフセット：100mm

これで手すりの形状ができました。

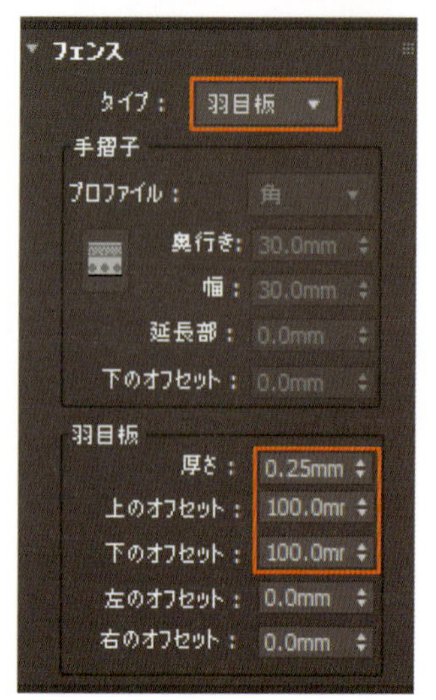

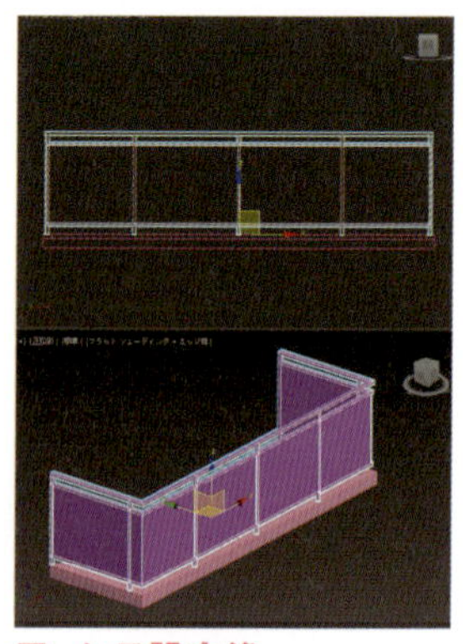

フェンス設定後

手すりを移動して調整

12 バルコニー床の立ち上がりが50mmあるため、作成した手摺をその上へ移動します。[選択して移動] ツールを右クリックし、[絶対値]の[Z]に「50」mmと入力します。

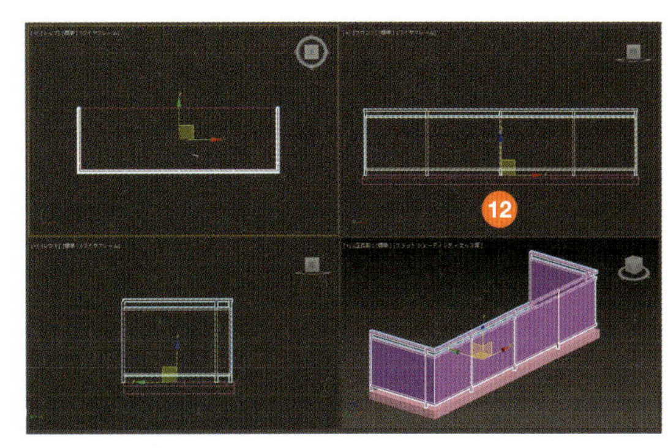

13 [修正] パネルのモディファイヤリストから [ポリゴンを編集] を選択し、編集可能ポリゴンにします。

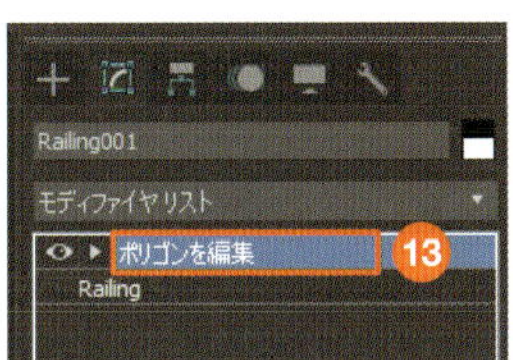

14 親柱がコーナーにないため、これを移動して修正します。合わせて羽目板も修正します。

memo
パラメータで思いどおりにならない場合は、[ポリゴンを編集] にして修正をします。

15 バルコニーの手すりが完成しました。

memo
縦格子にしたいときは、[修正] パネルの [フェンス] の [タイプ] で [手摺子] を選択し、[手摺子の間隔] ボタンをクリックして詳細設定します。ただし手すりの図面に合わせて正確につくる場合は、パラメータでは作成できないことがあるので、ボックスなどで1つずつ作成していくしかありません。

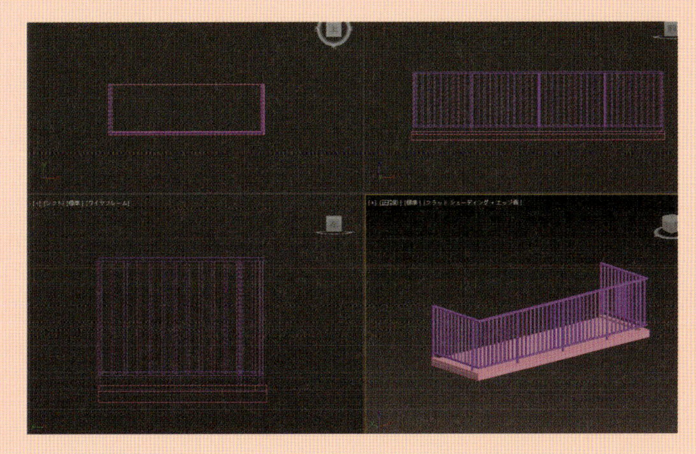

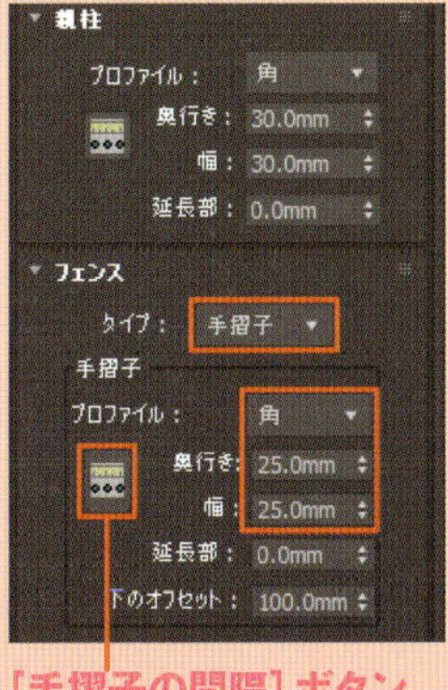

6-8-3 手すり子を並べる（配列）

AEC拡張機能オブジェクトを使わなくても、格子状に手すり子を並べる方法がいくつかあります。まず［配列］を使う方法を説明します。

配列で格子をつくる

1 基準となる手すり子を1つ作成（ここでは30×30×1000のボックス）して、選択します。

2 メインメニューの［ツール］→［配列］を選択します。

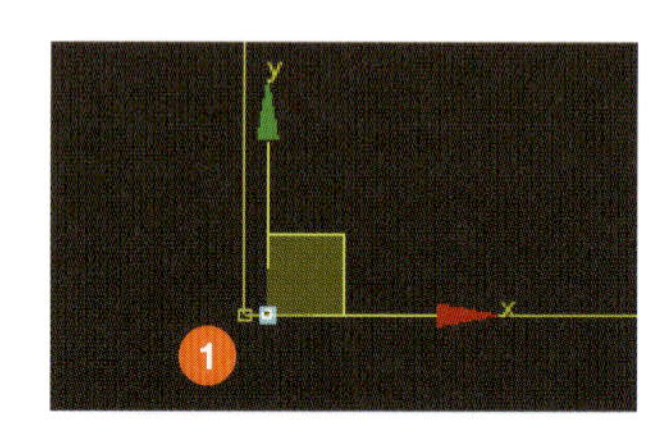

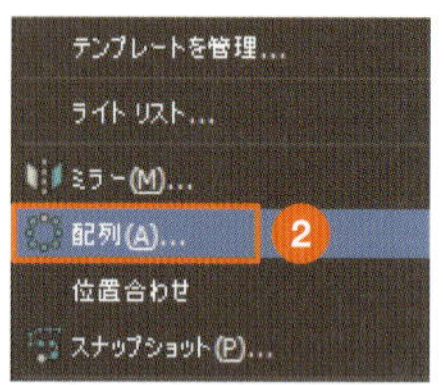

3 ［配列］ダイアログボックスが開いたら、数や間隔の設定をします。ここではX方向に「100」mm間隔、複写するオブジェクトのタイプ［インスタンス］、手すり子の数「20」の設定にしています。［プレビュー］をクリックするとビューで確認できます。［OK］をクリックします。

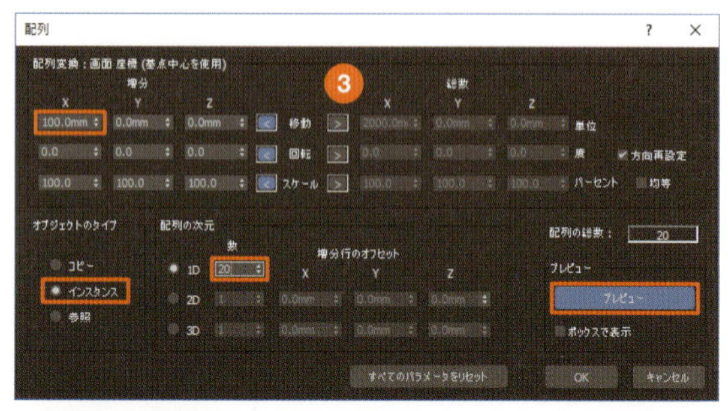

4 設定した内容で手すり子が並びます。

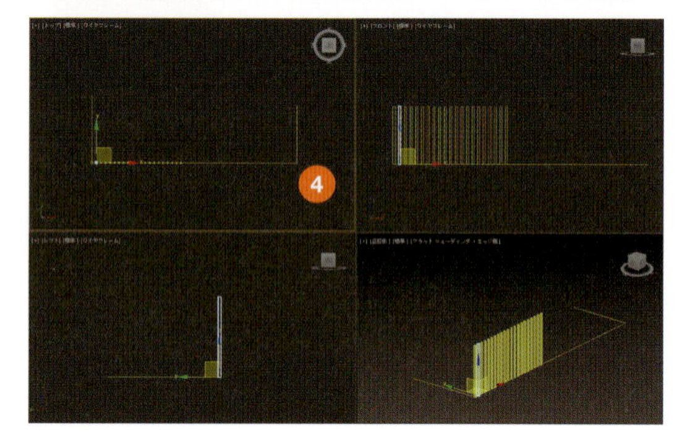

memo

［コピー］か［インスタンス］かで、修正の具合が変わります。太さや高さ、間隔を変更する場合は、インスタンスが便利です。しかし、アタッチして1つにオブジェクトにする場合はコピーにしてください。インスタンスはアタッチすることができません。

6-8-4 手すり子を並べる（間隔ツール）

［間隔ツール］でも格子状に手すり子を並べられます。間隔ツールの特徴は曲線状でも並べられることと、線（パス）の長さに合わせて指定した数を均等配置できることです。

間隔ツールで格子をつくる

1. 基準となる手すり子とパスとなる線（ここでは曲線）を作成し、手すり子を選択します。

2. メインメニューの［ツール］→［位置合わせ］→［間隔ツール］を選択します。

3. ［間隔ツール］ダイアログボックスが開きます。［パスを選択］をクリックして曲線をクリックします。

4. クリックした曲線がパスに設定されます。ここでは本数「36」本、複写するオブジェクトのタイプ［インスタンス］に指定して［適用］をクリックします。

5. 曲線上に36本の手すり子が均等配置されます。

memo **これら格子状に並べる方法を覚えておくと、フェンスやルーバーなどにも応用できます。**

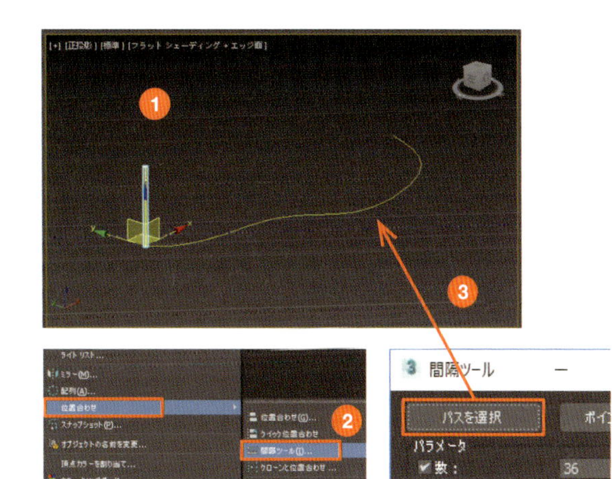

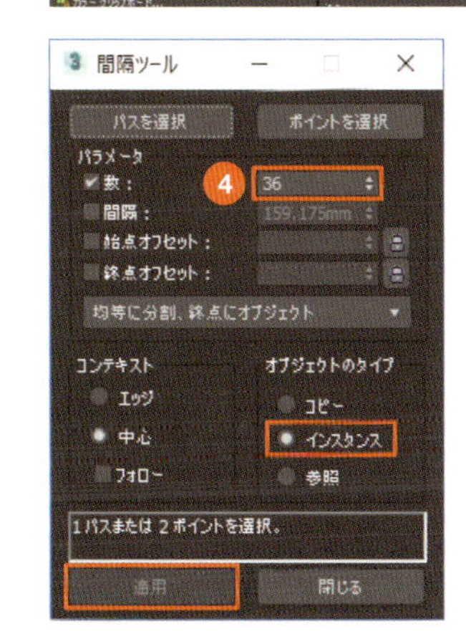

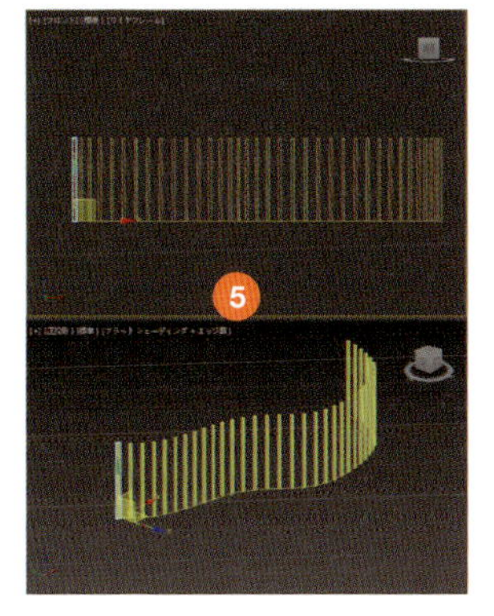

作成したオブジェクトを確認

室内のモデリングが完成したので、すべてのオブジェクトを表示して、確認してみましょう。このモデルでは、折上げ天井のモールディングも作成しています。

天井のレイヤ以外を表示

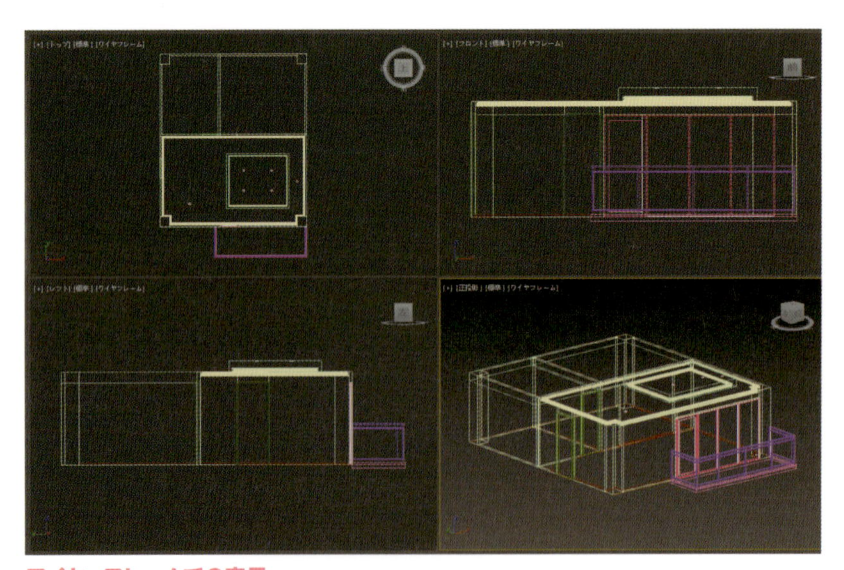

ワイヤーフレームでの表示

Chapter 7

家具・小物をモデリング

7-1 家具や小物をつくる

内観では部屋の雰囲気を出すために、家具や小物の配置が必須です。ここではテーブルやソファの基本的なモデリング方法や、別ファイルでつくられた家具類のデータを読み込む方法などを説明します。

手描きの図面

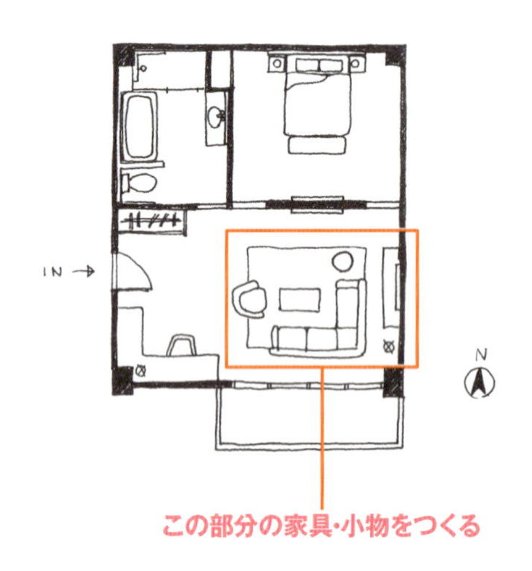

この部分の家具・小物をつくる

家具の配置完成（平面）

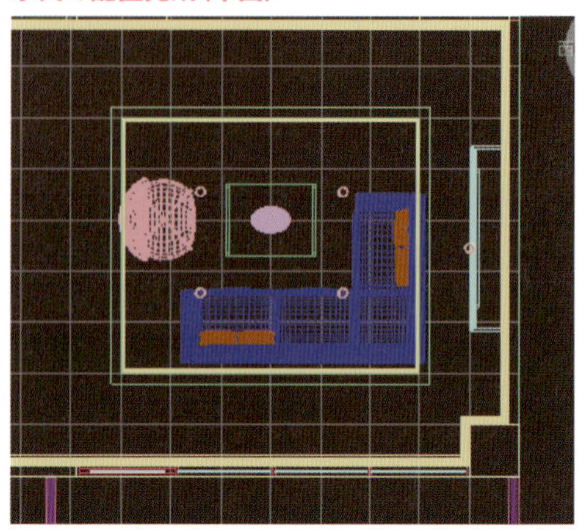

家具の配置完成（パース）

7-2 テーブルをつくる

リビングのテーブルを作成します。テーブルは天板と脚をつくり、天板の角を面取りします。

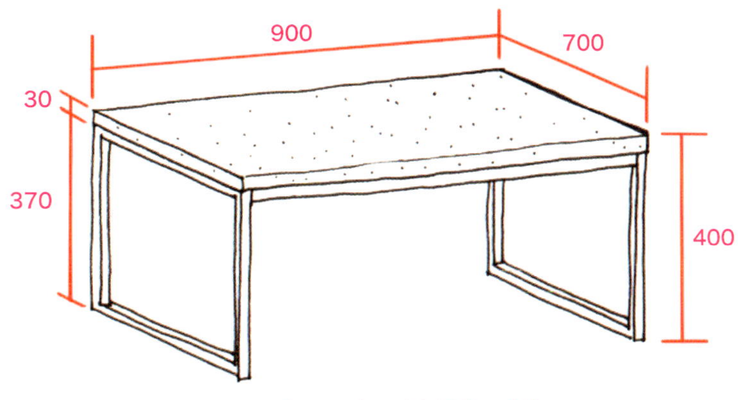

テーブルのスケッチと目安の寸法

7-2-1 テーブルの天板を作成

テーブルの天板はボックスで作成します。グリッド分割した下図のテーブル位置を参考（→P. 145）に配置します。

天板をつくる

1 新規レイヤ「07 家具」を作成し、その中に「テーブル」レイヤをつくります（→P.64）。

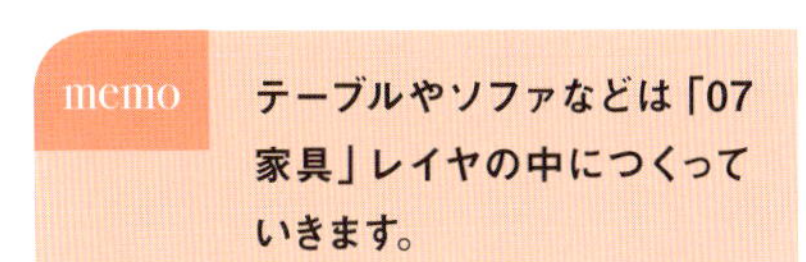

memo **テーブルやソファなどは「07 家具」レイヤの中につくっていきます。**

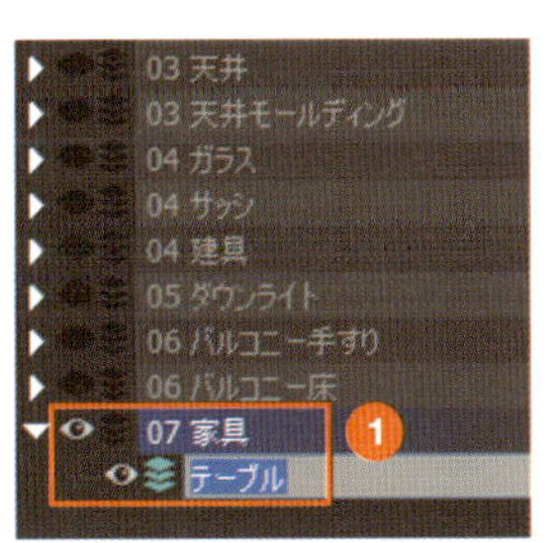

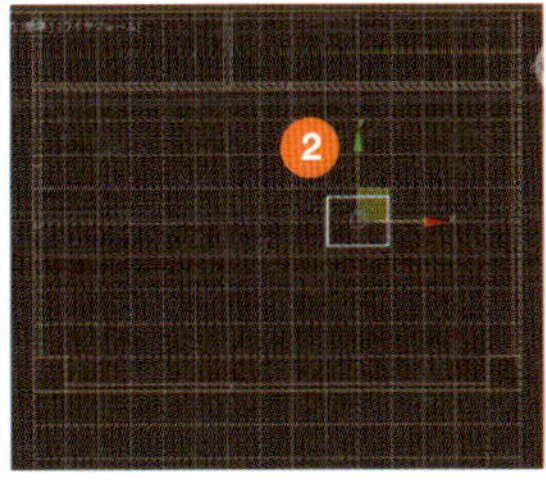

2 ［作成］パネルの［ジオメトリ］で［ボックス］をクリックし、トップビューでグリッドの該当位置に天板のボックスを作成します。

3 ［長さ］を「700」mm、［幅］を「900」mm、［高さ］を「30」mmにします。

4 ［選択して移動］ツールを右クリックし、［絶対値］の［Z］に「370」mmと入力します。

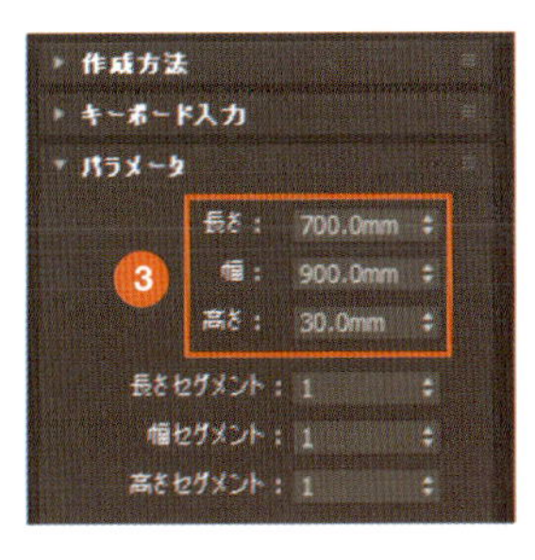

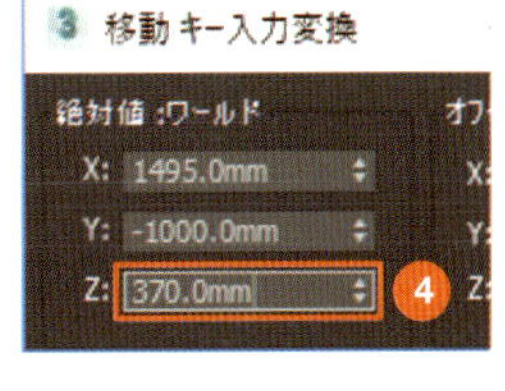

5 天板ができました。

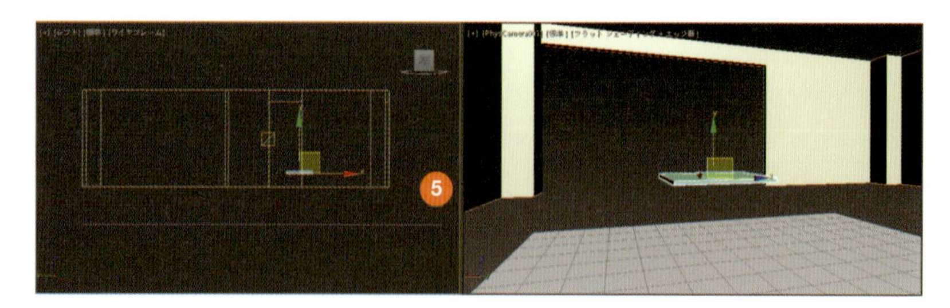

7-2-2 テーブルの脚を作成

テーブルの脚もボックスで作成します。

脚をつくる

1 ［作成］パネルで［ボックス］をクリックし、トップビューで天板の任意の角に合わせてボックスを作成します。

2 ［長さ］を「20」mm、［幅］を「20」mm、［高さ］を「370」mmにします。

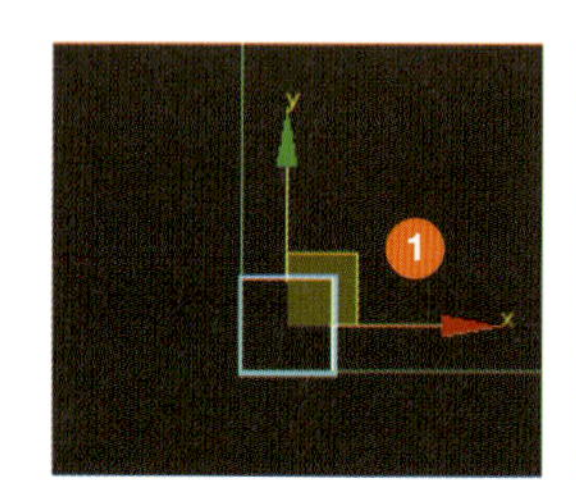

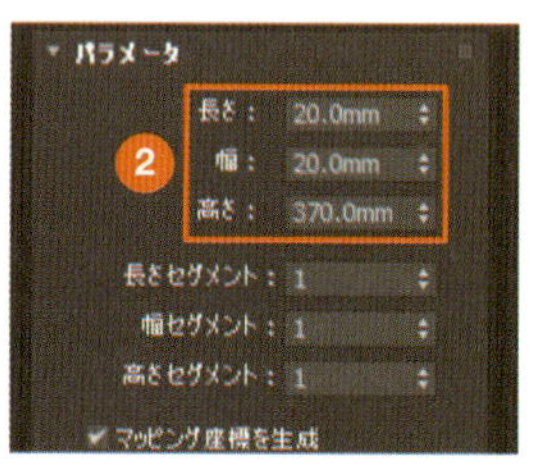

memo
脚のボックスをつくるときはスナップが［2.5］になっていることを確認してください。［3］になっていると、天板の上に脚が作成されてしまいます。

3 脚を選択した状態で［選択して移動］ツールを右クリックし、［オフセット］の［X］［Y］にそれぞれ「5」mmと入力します。

4 脚が天板の角から5mm内側に移動しました。

5 同様にして、残り3本の脚も天板の角から5mm内側に作成します。

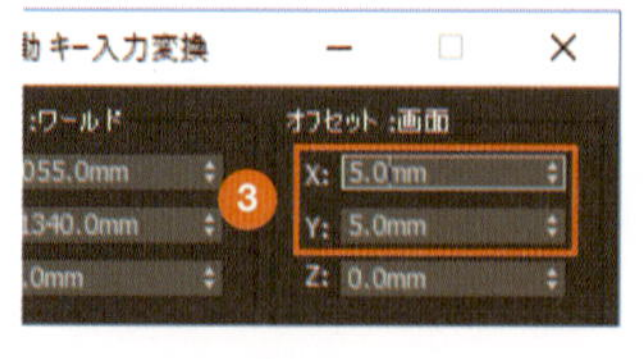

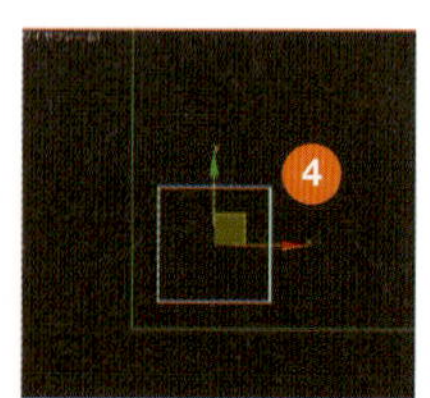

memo

残りの3本はボックスから作成するよりも、最初につくった脚を[クローン作成]の[インスタンス]でコピーし、それぞれの角に配置してから内側に移動すると効率がいいです。

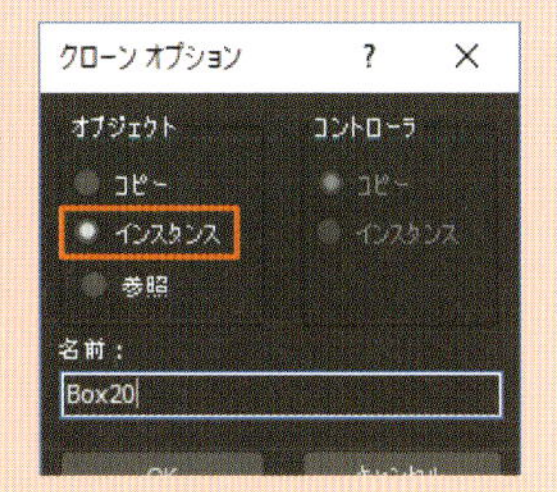

7-2-3 枠を作成

天板の下と脚の側面にボックスを入れて枠を作成します。寸法を参考にボックスを作成し、図のように配置してください。

枠をつくる

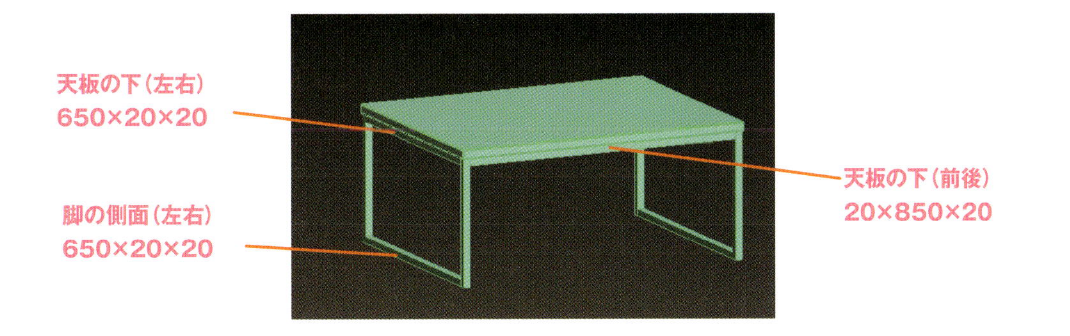

memo

ここではボックスで枠を作成していますが、脚も含めて長方形（アタッチ）→編集可能スプライン→押し出しでつくる方法もあります。モデリングの方法は本書で紹介する方法以外にもたくさんあるので、いろいろ試してみてください。

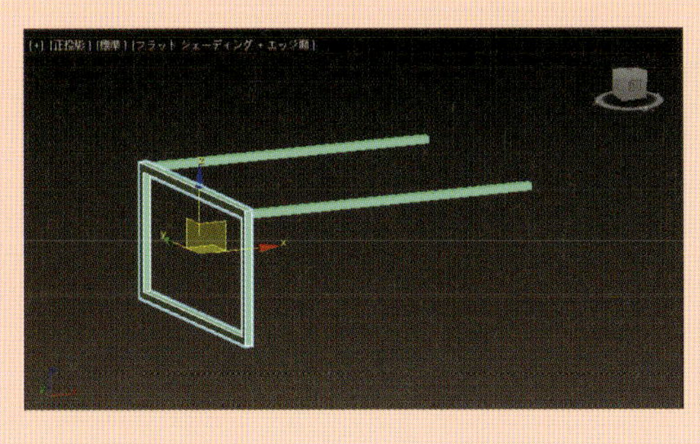

7-2-4 天板の角を面取り

実際のテーブルのように天板を面取りします。モデリングで面取りをすると、角にハイライトが入ってリアルに仕上がります。

エッジを面取りする

1 天板のボックスを選択し、[修正] パネルのモディファイヤリストから[ポリゴンを編集] を選択します。

2 [選択] で [エッジ] ボタンをクリックします。

3 正投影（パース）ビューで天板のエッジをすべて選択します。

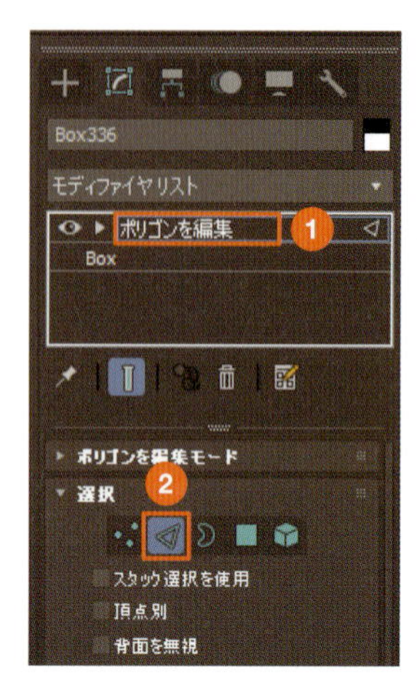

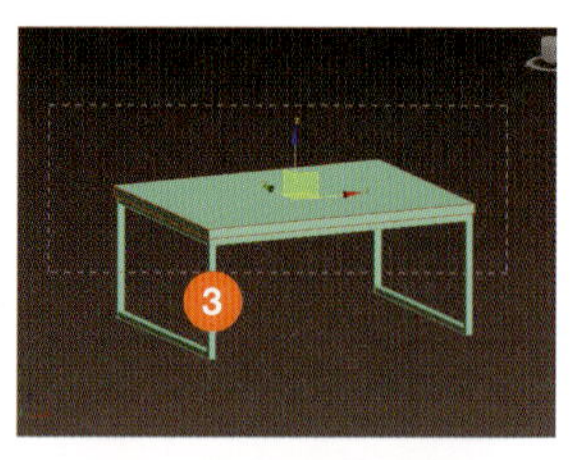

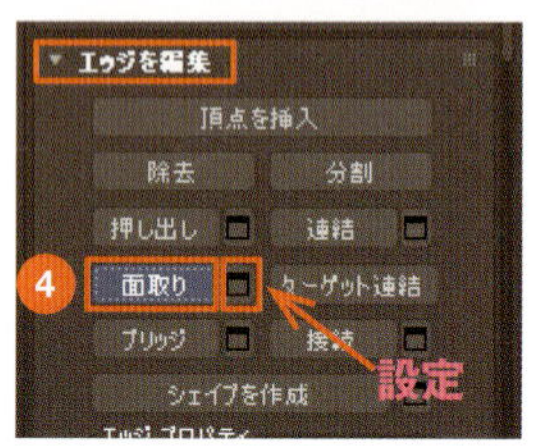

memo このとき、天板の側面のエッジなどもすべて含むように選択してください。

4 [修正] パネルの [エッジを編集] で [面取り] をクリックして、その右にある設定ボタンをクリックします。

5 アクティブビューにパラメータが表示されます。[量] に「3」mm、[セグメント] に「3」と入力し、チェックボタンをクリックすると、天板が面取りされます。

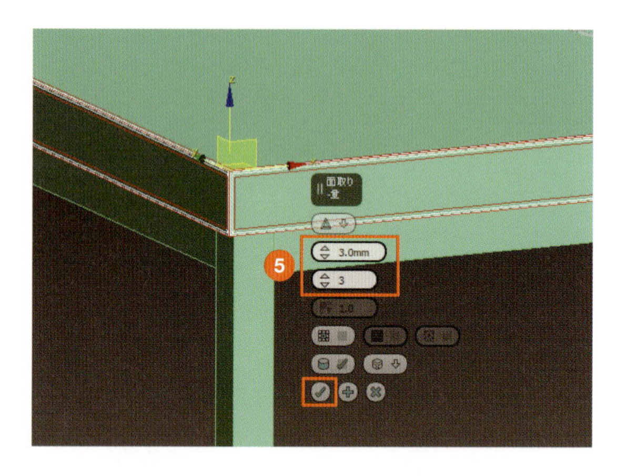

memo 面取りのパラメータで [量] は面取りのサイズ（幅）を指定します。[セグメント] は面取り部分の分割数で、パネルのパラメータでは [フィレットセグメント] に相当します。分割数が大きいほど、なめらかに表示されます。

（フィレット）
セグメント=3

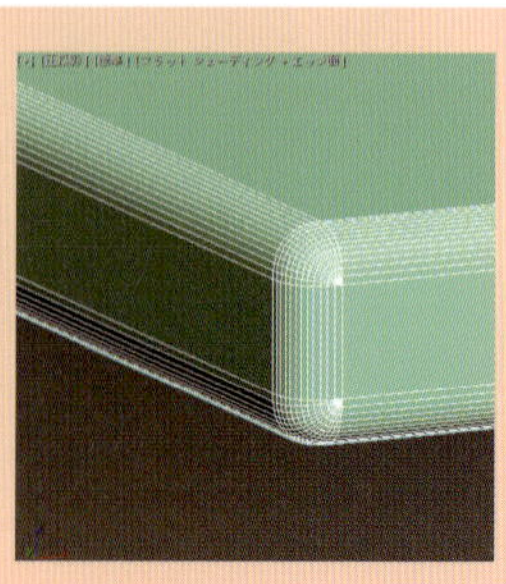

（フィレット）
セグメント=12

column [面取りボックス]で天板をつくる

[作成]パネルの[拡張プリミティブ]にある[面取りボックス]を使うと、天板を作成しながら面取りも同時にできます。天板のサイズは[パラメータ]の[長さ][幅][高さ]、面取りの量は[フィレット]、面取りのセグメントは[フィレットセグメント]で指定します。

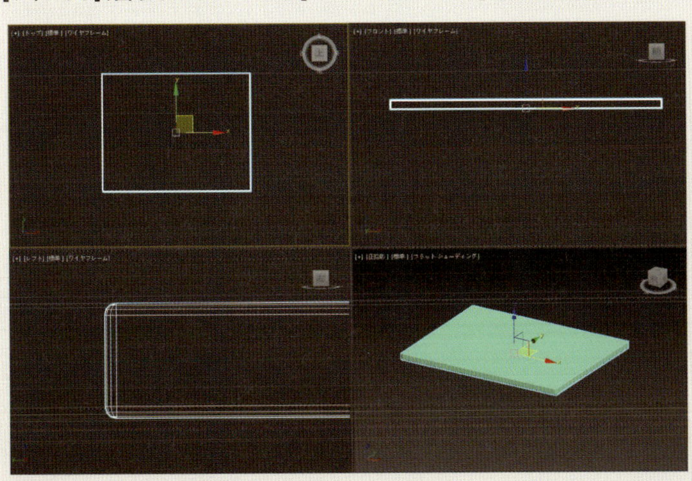

面取りボックスで作成した天板

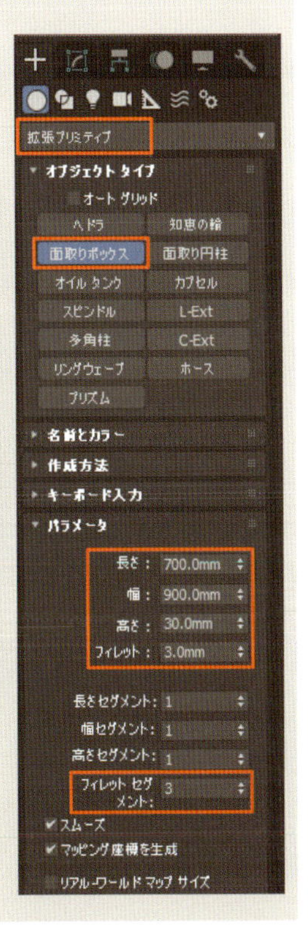

column 面取りのパラメータをダイアログボックスで表示する

メインメニューの[ファイル]→[基本設定]を選択して開く[基本設定]ダイアログボックスの[一般]タブで、[キャディコントロールを有効]のチェックを外すと、アクティブビューに表示される面取りのパラメータ（前ページ参照）をダイアログボックスで表示することができます。

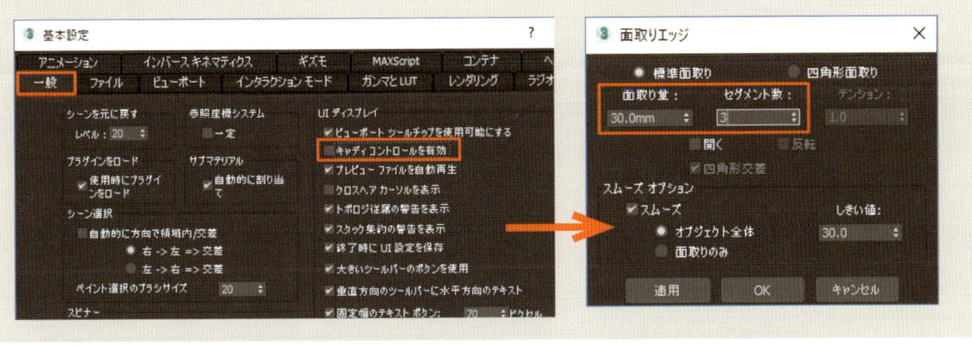

7-3 ソファをつくる

ボックスでL字型のソファを作成します。ボックスを編集して膨らみを出し、立体感のあるソファにします。

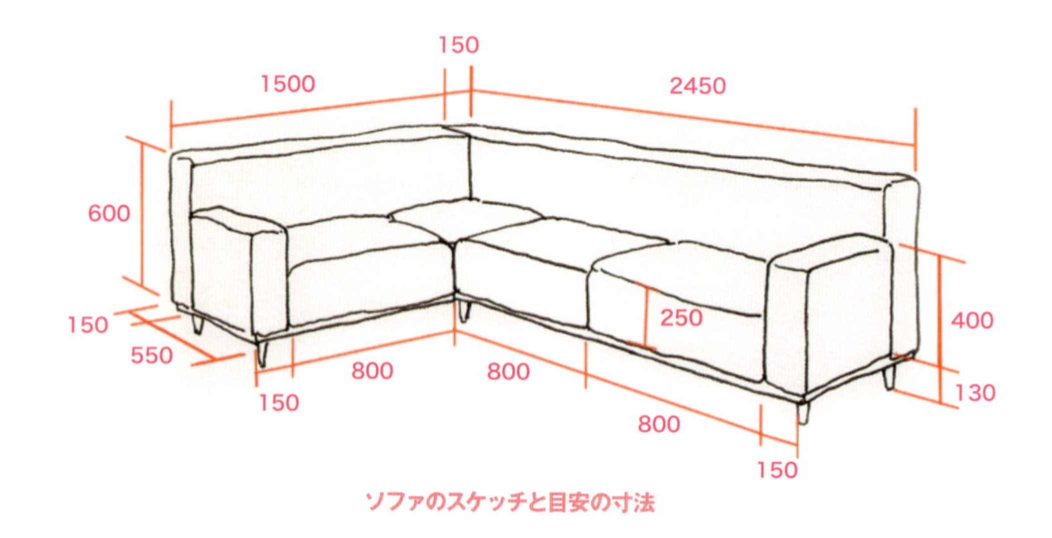

ソファのスケッチと目安の寸法

7-3-1 ソファの形を作成

背もたれ・座面・ひじ掛けをボックスで、脚を円柱で作成します。グリッド分割した下図のソファ位置を参考（→P.145）に配置します。

背もたれをつくる

1 「07 家具」レイヤの中に新規レイヤ「ソファ」をつくります（→P.64）。

2 ［作成］パネルの［ジオメトリ］で［ボックス］をクリックし、トップビューでグリッドの該当位置に背もたれのボックスを作成します。

3 ［長さ］を「150」mm、［幅］を「2450」mm、［高さ］を「600」mmにします。

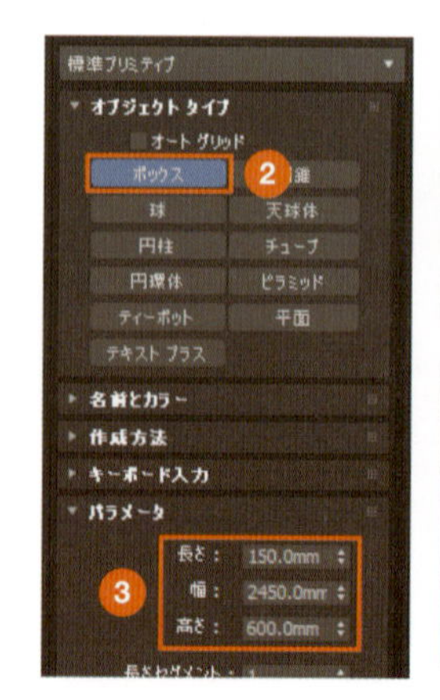

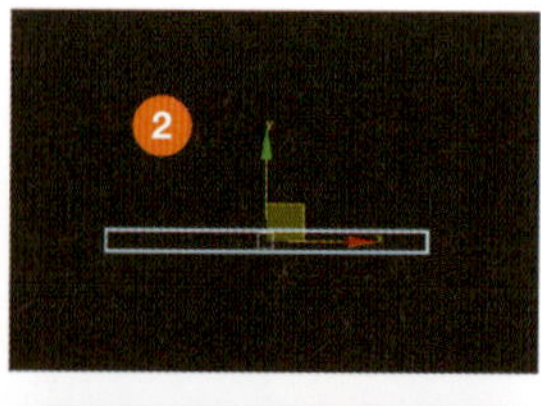

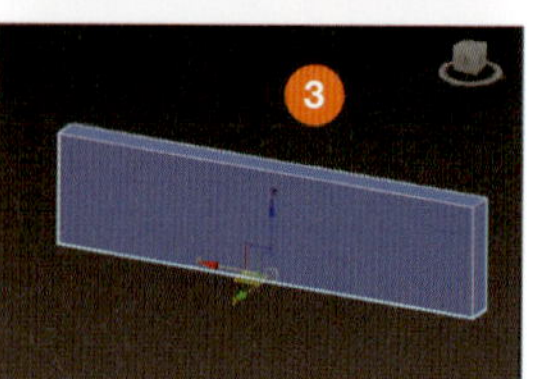

④ 再び［ボックス］をクリックし、トップビューでグリッドの該当位置にもう一方の背もたれのボックスを作成します。

⑤ ［長さ］を「1500」mm、［幅］を「150」mm、［高さ］を「600」mmにします。

⑥ ［選択して移動］ツールとスナップを使い、2つの背もたれがL字になるように位置を調整します。

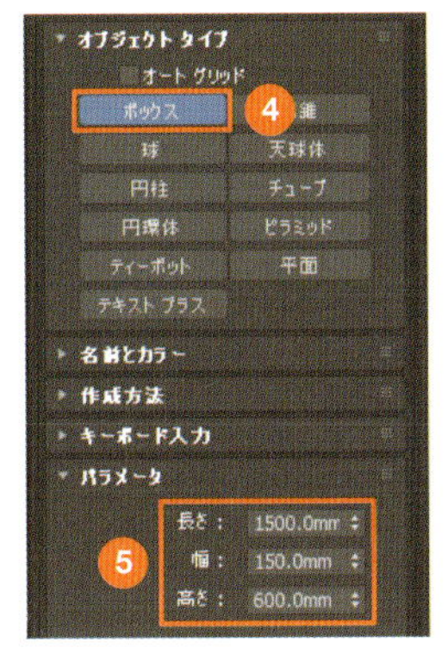

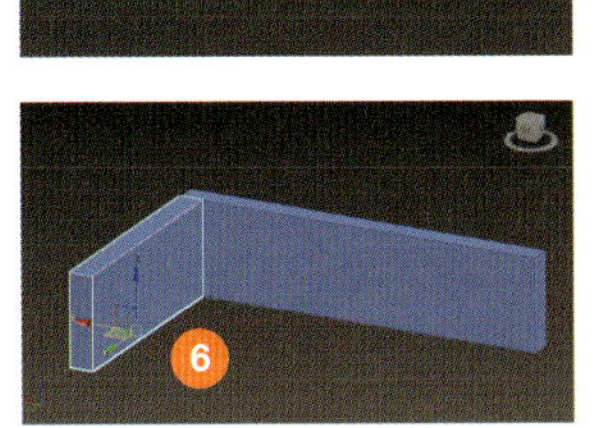

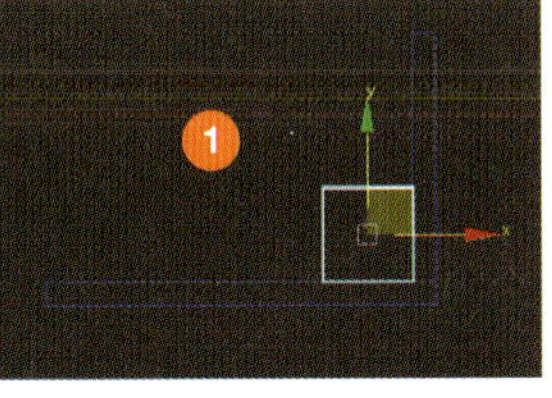

座面をつくる

① 再び［ボックス］をクリックし、トップビューでL字の交差部分に座面のボックスを作成します。

② ［長さ］と［幅］を「550」mm、［高さ］を「250」mmに修正します。

③ 次に②の座面の左に別の座面のボックスをつくります。［長さ］は「550」mm、［幅］は「800」mm、［高さ］は「250」mmです。

④ ③でつくったボックスを右クリックし、［クローン作成］で［インスタンス］を選択してコピーします。

⑤ コピーしたボックスを［選択して移動］ツールとスナップを使い、③のボックスの左に配置します。これでL字の長いほうの座面ができました。

⑥ ④でコピーしたボックスを、さらに［クローン作成］で［インスタンス］を選択してコピーします。

⑦ ［選択して回転］ツールを右クリックします。［回転キー入力変換］ダイアログボックスが開いたら、［オフセット］の［Z］に「90」度と入力します。

⑧ コピーしたボックスが90度回転します。［選択して移動］ツールとスナップを使い、L字の短いほうに移動します。

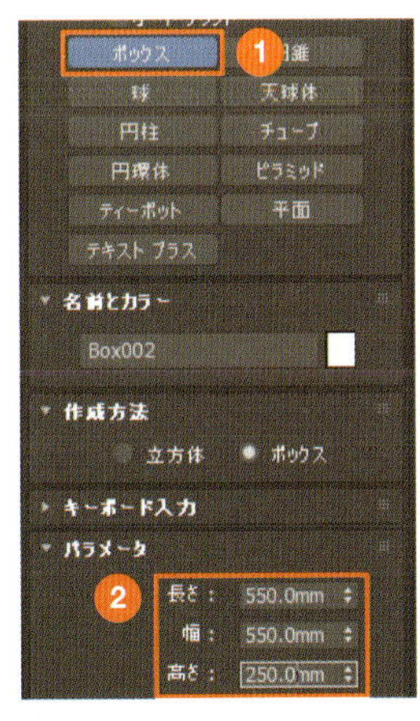

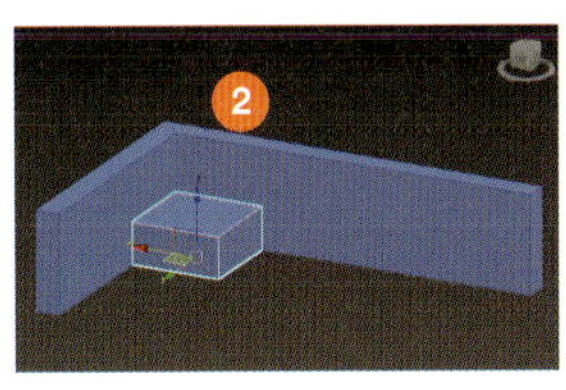

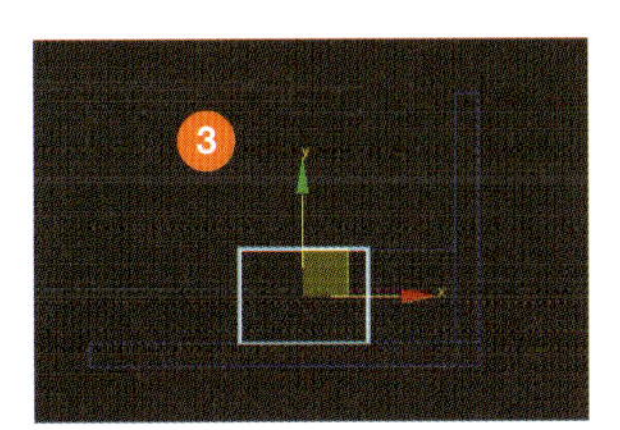

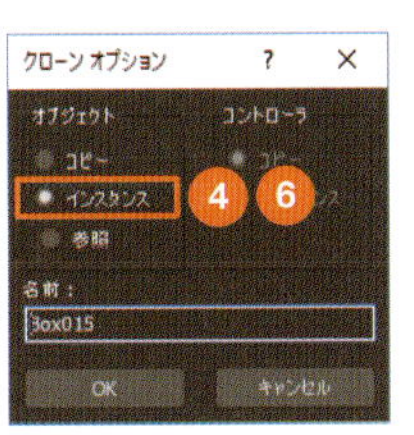

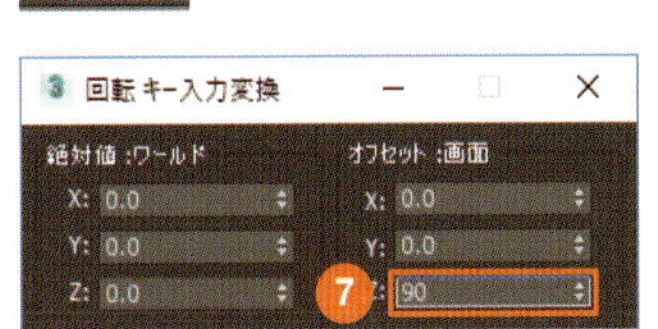

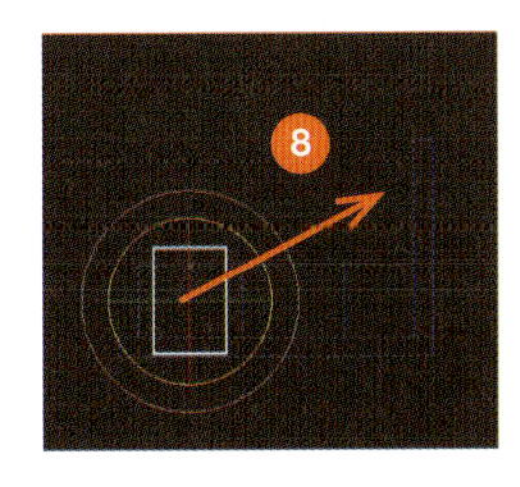

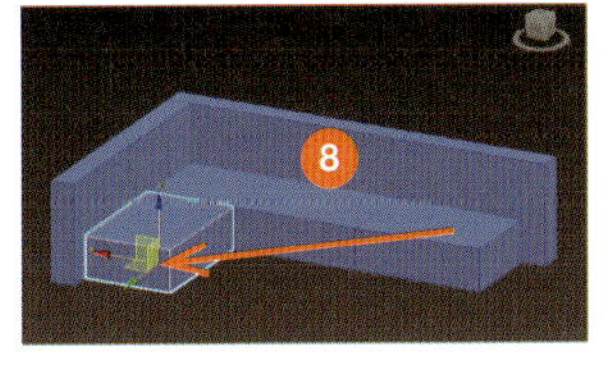

ひじ掛けをつくる

1 再び［ボックス］をクリックし、トップビューで該当部分にひじ掛けのボックスを作成します。

2 ［長さ］を「550」mm、［幅］を「150」mm、［高さ］を「400」mmに修正します。これで片方のひじ掛けが作成できました。

3 作成したひじ掛けを右クリックし、［クローン作成］で［コピー］を選択します。

4 トップビューをアクティブにします。コピーしたボックスを選択し、［選択して回転］ツールを右クリックします。［回転キー入力変換］ダイアログボックスが開いたら、［オフセット］の［Z］に「90」度と入力します。

5 ［選択して移動］ツールとスナップを使い、もう一方のひじ掛けの位置に移動します。

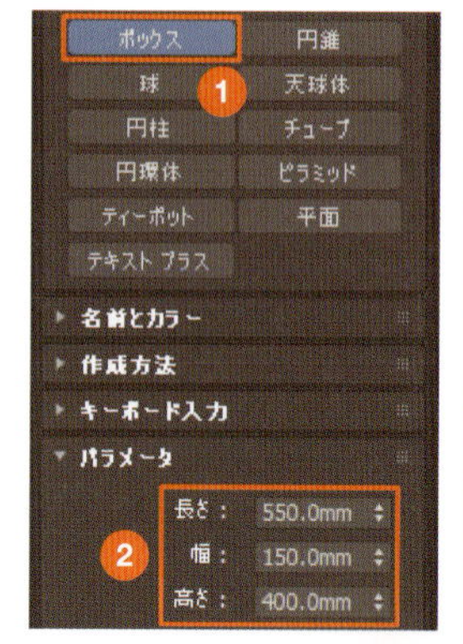

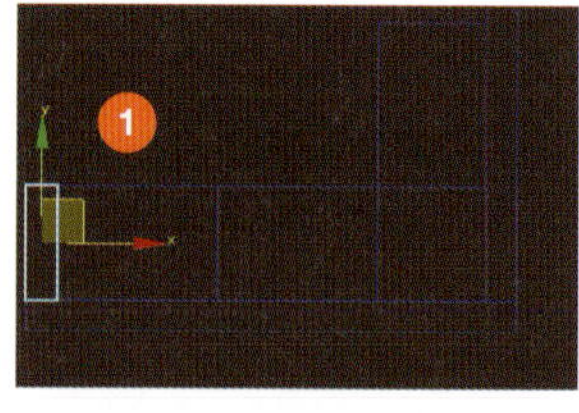

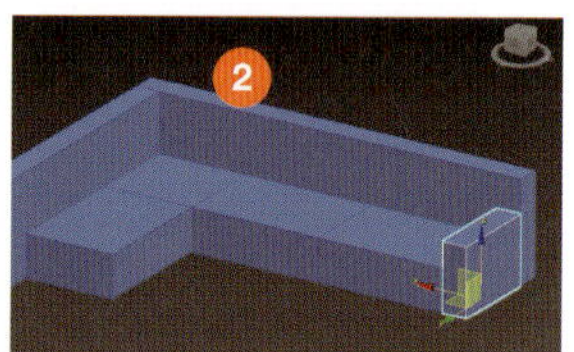

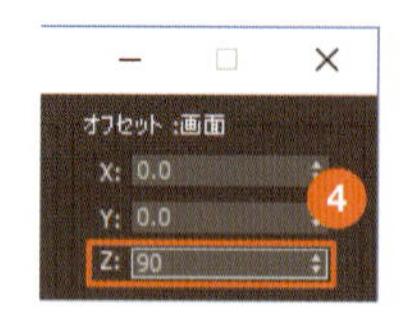

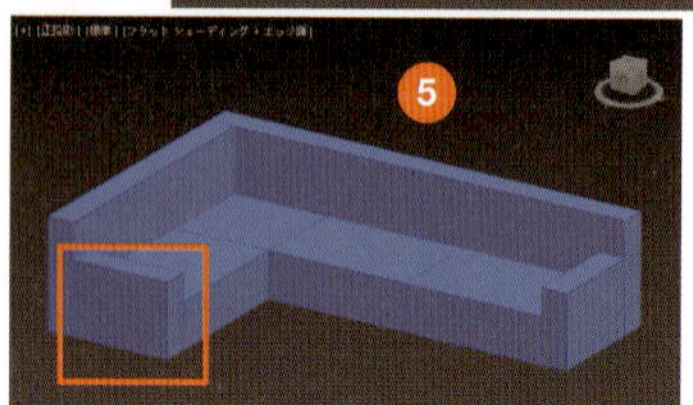

全体を上へ移動する

1 ソファのオブジェクトをすべて選択します。

2 ［選択して移動］ツールを右クリックし、［移動キー入力変換］ダイアログボックスの［絶対値］の［Z］に「130」mmと入力します。

3 全体が130mm上へ移動しました。「02 床」レイヤを表示すると、上へ移動したことがわかります。

memo
トップビューで作業すると、床面（Z=0）に作成されるため、脚と底板をつくる前に全体を上に移動しています。

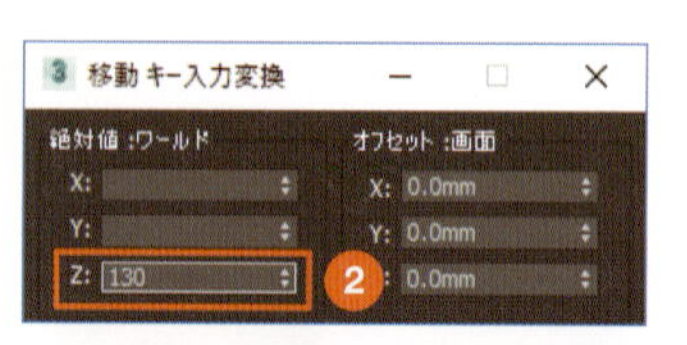

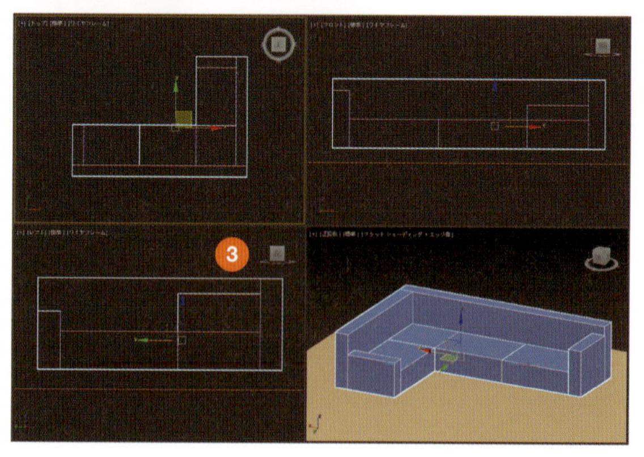

底板をつくる

1 [作成] パネルの [シェイプ] で [ライン] をクリックします。

2 トップビューでソファの形のラインを作成します。

3 [修正] パネルのモディファイヤリストから [押し出し] を選択し、[量] を「30」mmと入力します。

4 [選択して移動]ツールで高さを100mm上へ移動します。

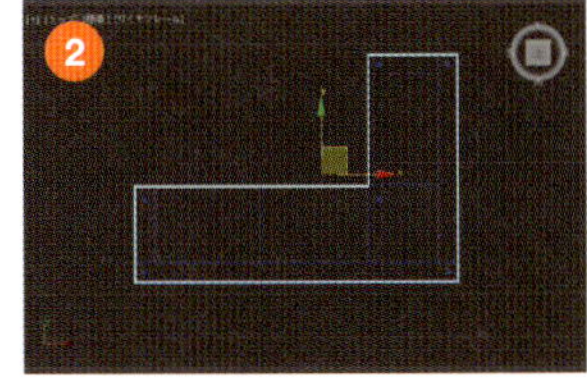

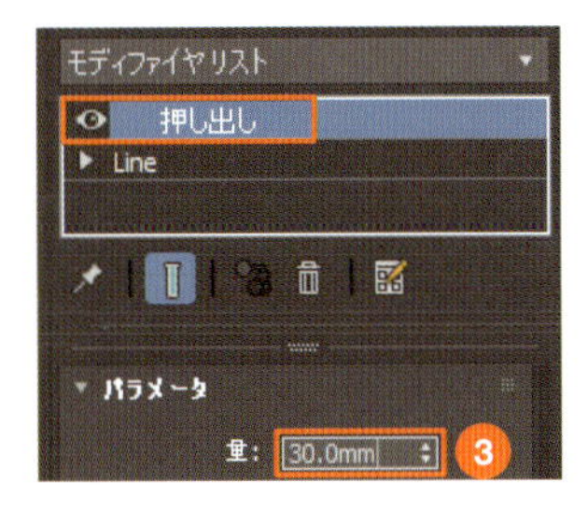

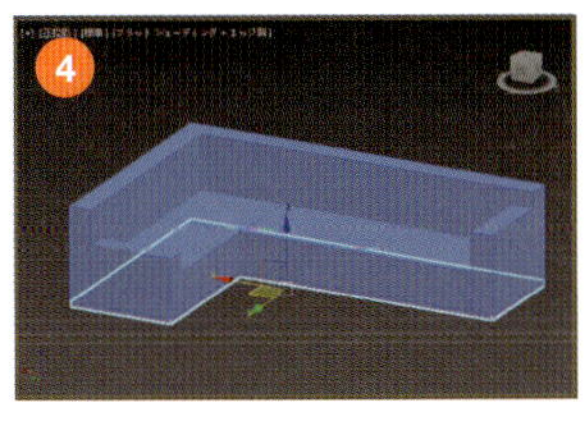

脚をつくる

1 [作成] パネルの [ジオメトリ] で [円柱] をクリックし、トップビューで適当な大きさの円柱を作成します。

2 [修正] パネルを開き、[半径] を「18」mm、[高さ] を「100」mm、[高さセグメント] を「4」に修正します。

3 モディファイヤリストから [ポリゴンを編集] を選択し、[選択] の [頂点] ボタンをクリックします。

4 レフトビューで底面の頂点を範囲選択したら、トップビューを右クリックしてアクティブにします。

5 [選択して均等にスケール] ツールをクリックします。

6 マウスポインタをXとY軸の間の斜線部分に移動し、そこから円柱の中心に向かってドラッグします。

7 底面が縮小されました。

8 同様に、2〜4段目の頂点も少しずつ縮小してすぼんだ形にしていきます。

9 椅子の脚ができました。あと5本インスタンスコピーして、ソファの角の下に配置します。ソファの形ができました。

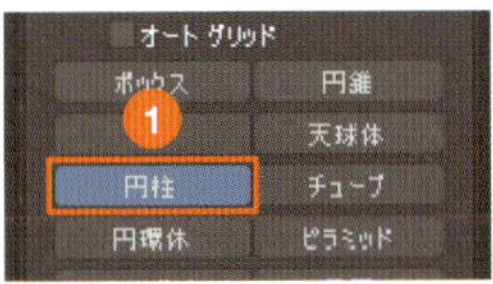

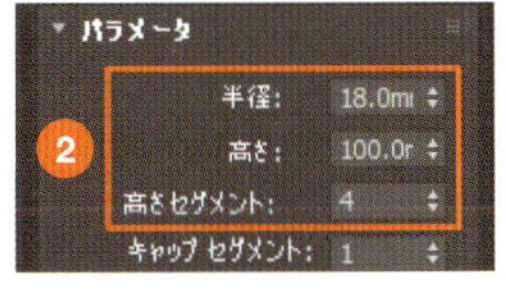

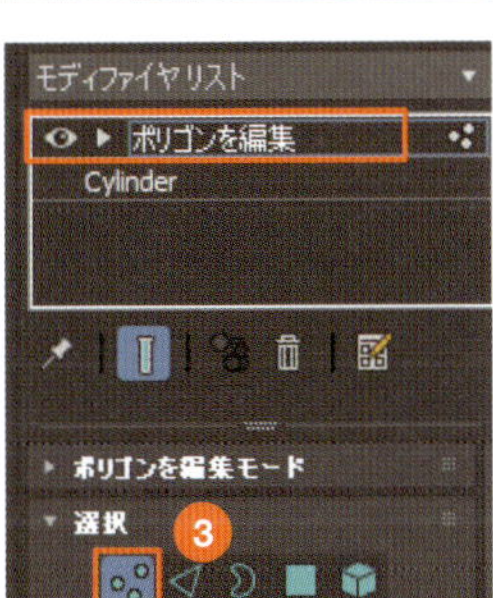

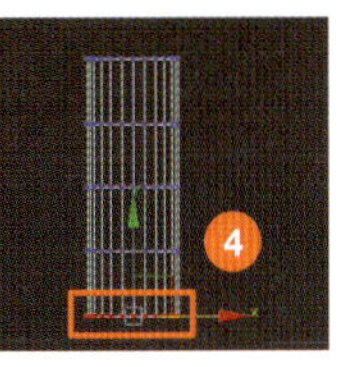

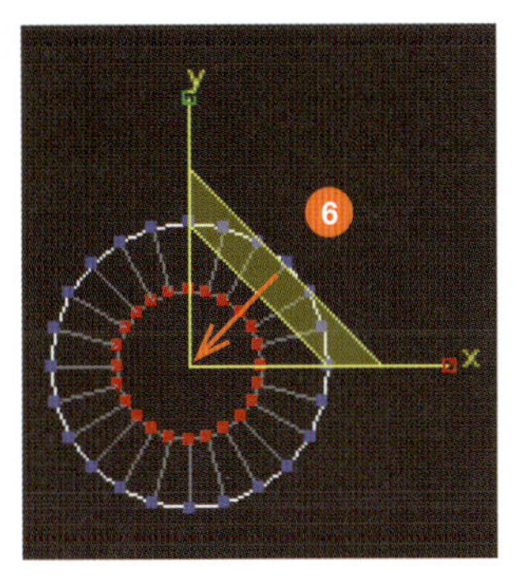

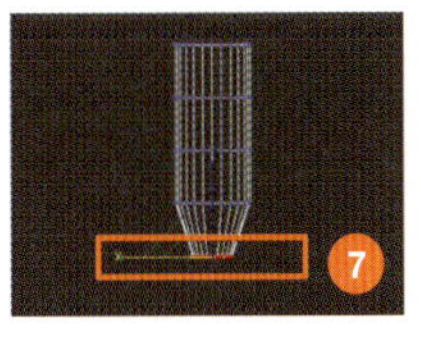

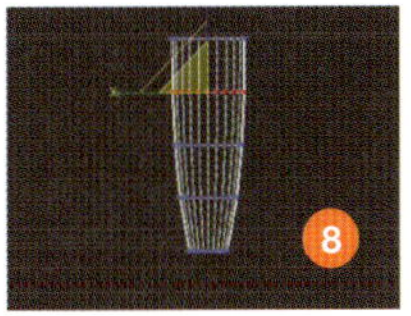

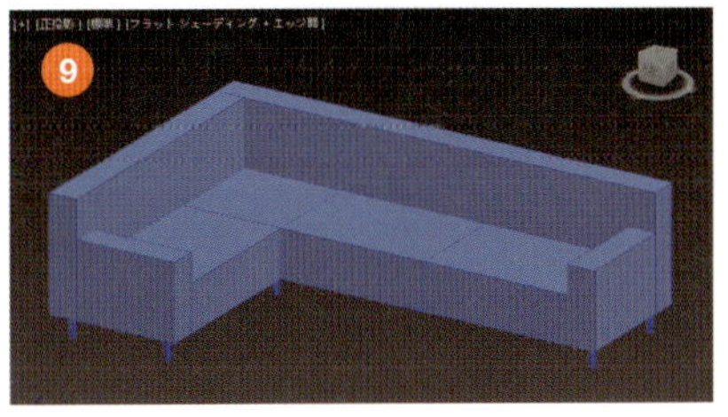

7-3-2 ソファの面を分割

ソファの背もたれ・座面・ひじ掛けに膨らみをもたせて立体感を出していきますが、ボックスのまま膨らませると不自然な形になってしまいます。自然な立体感を出すために、あらかじめ作成したボックスをセグメントで分割しておきます。

セグメントの数を指定

1 P.187の3で作成した座面を選択します。

2 ［修正］パネルを開き、［パラメータ］の［長さセグメント］［幅セグメント］［高さセグメント］をそれぞれ「3」に変更します。

3 座面が3×3×3に分割されます。

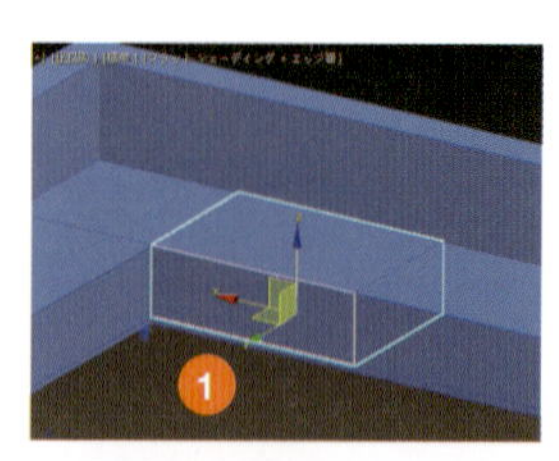

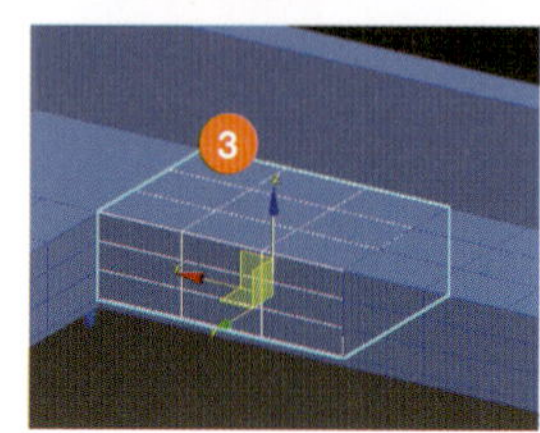

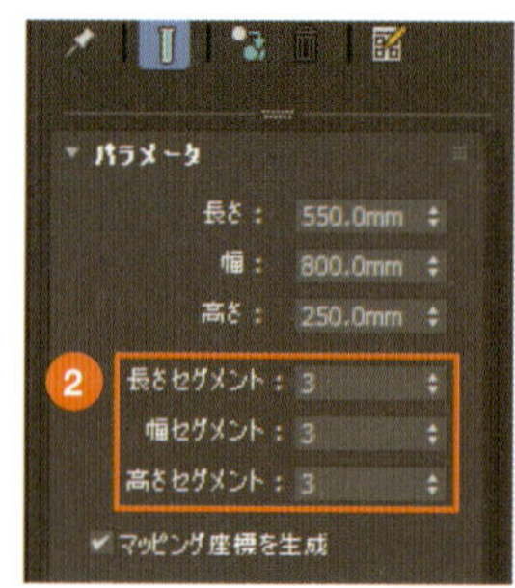

memo ［インスタンス］でコピーした他の2つの座面も同じように修正されます。以降の操作も自動的に反映されます。

頂点を移動

4 分割したボックスを選択した状態で［修正］パネルのモディファイヤリストから［ポリゴンを編集］を選択します。

5 ［選択］の［頂点］ボタンをクリックします。

6 トップビューで図の位置の頂点を範囲選択し、［選択して移動］ツールで左端の頂点に重なるように移動します。

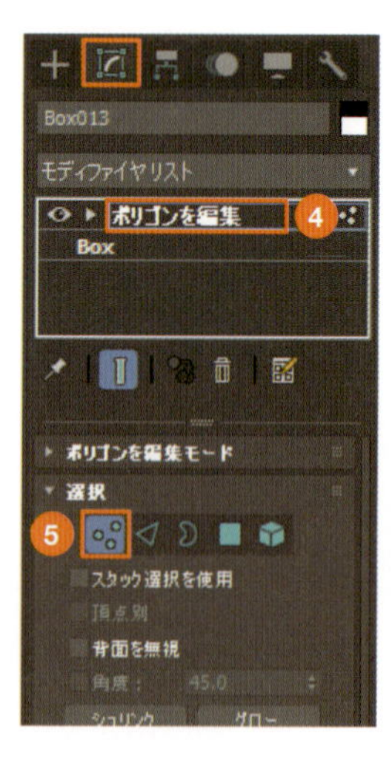

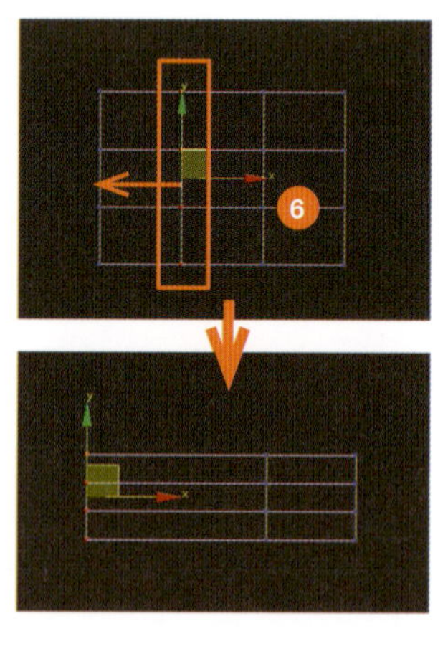

memo ここではわかりやすいように他のオブジェクトを非表示にしています。

7 移動した頂点を選択した状態で［選択して移動］ツールを右クリックし、［オフセット］の［X］に「30」mmと入力します。

8 移動した頂点が左端から30mmの位置に移動しました。

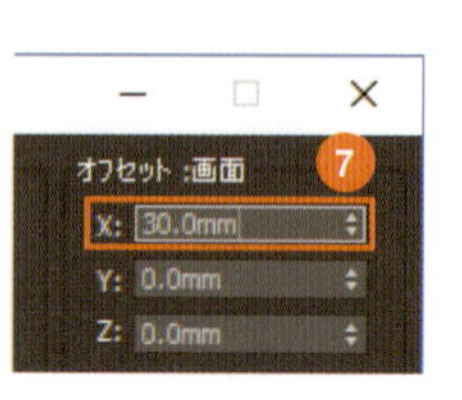

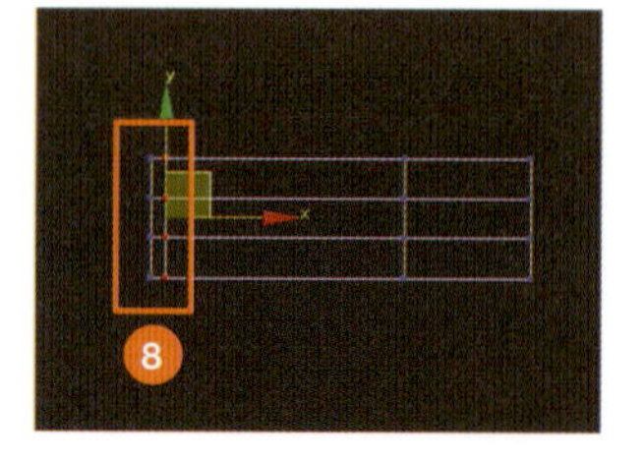

9 他の頂点も図のように上下、右端から30mmの位置に移動します。

10 同様にして、背もたれとひじ掛けも3×3×3で分割し、上下左右から20mmの位置に頂点を移動します。

11 L字の交差部分の座面は独立しているため、［長さセグメント］と［幅セグメント］は「3」、［高さセグメント］は「1」にし、上下左右から20mmの位置に移動します。側面は見えないので、高さセグメントで分割する必要はありません。

memo ここでは説明のため、すべてのボックスを作成してから分割しましたが、実務では個々のボックス作成時に3分割しながらモデリングしたほうが効率的です。

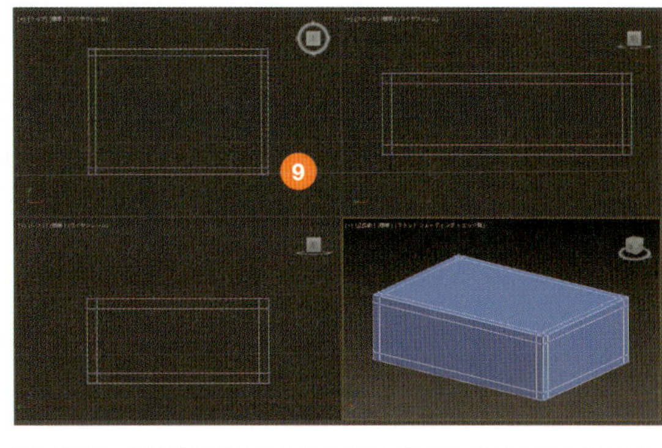

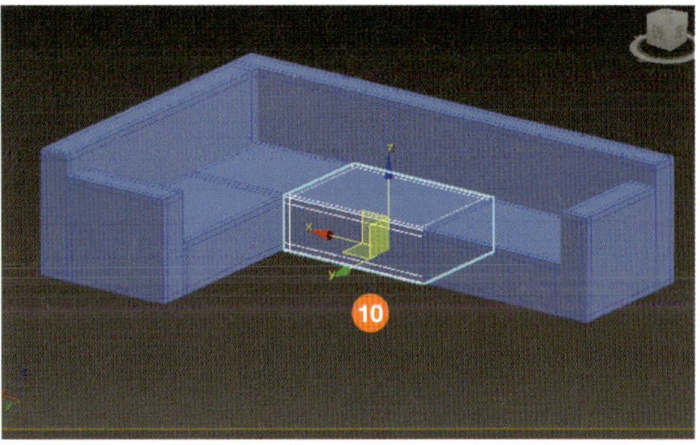

7-3-3 面を膨らませる

前項で分割した面を移動して、ソファの膨らみをつくります。

面を移動

1 任意の座面のボックスを選択します。

memo ここではわかりやすいように他のオブジェクトを非表示にしています。

2 ［修正］パネルを開き、［選択］の［ポリゴン］ボタンをクリックします。

3 上の広い面を選択します。選択すると面が赤く表示されます。

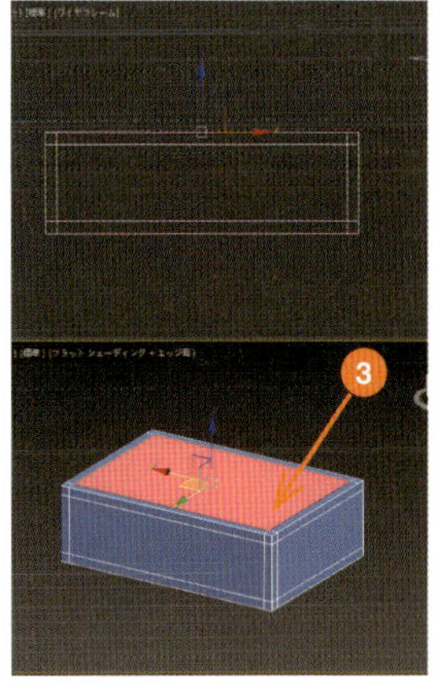

4 [選択して移動] ツールを右クリックし、[オフセット] の [Z] に「30」mmと入力します。

3 移動 キー入力変換
絶対値 :ワールド
X: 1950.0mm
Y: -1972.763mm
Z: 380.0mm
オフセット :ワールド
X: 0.0mm
Y: 0.0mm
Z: 30mm

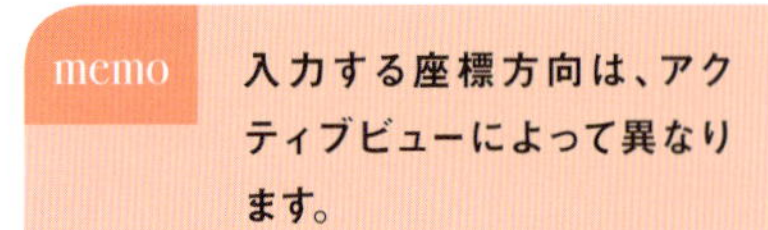

memo 入力する座標方向は、アクティブビューによって異なります。

5 座面の上面が垂直方向に30mm移動しました。

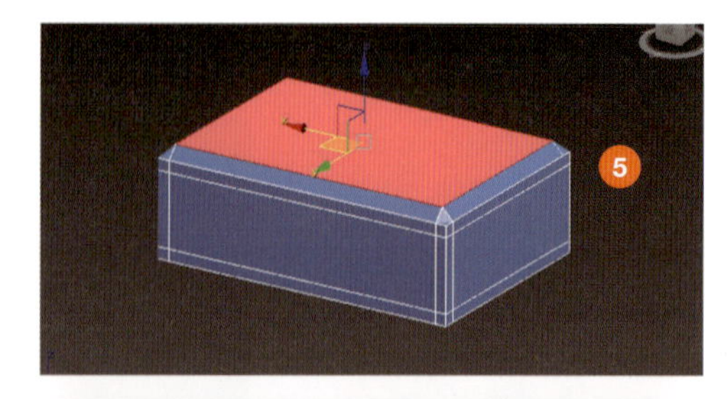

6 同様にして、座面の前面も「30」mm移動します。膨らみは見えるところにだけ作成するため、座面の膨らみはこれで完成です。交差部分の座面は上面のみ移動します。

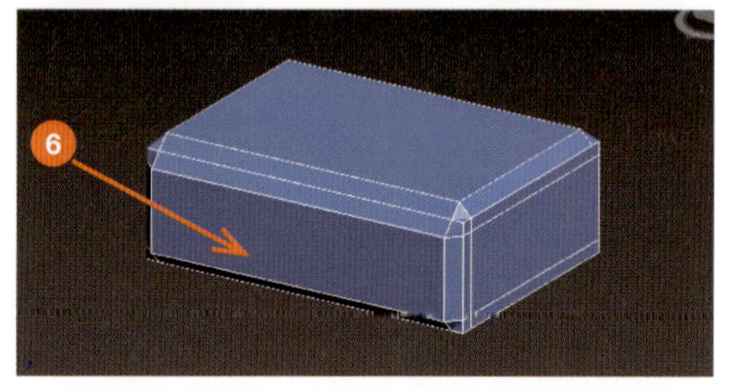

7 背もたれの膨らみを作ります。面の移動距離はすべて「30」mmです。

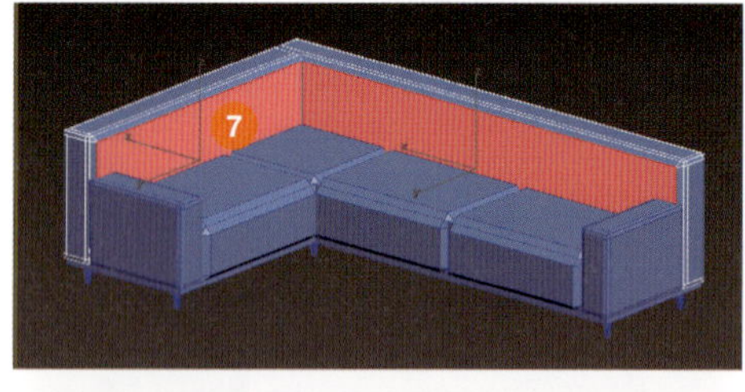

8 背もたれやひじ掛けの上面と側面も膨らみを付けます。面の移動距離は「5」mmです。

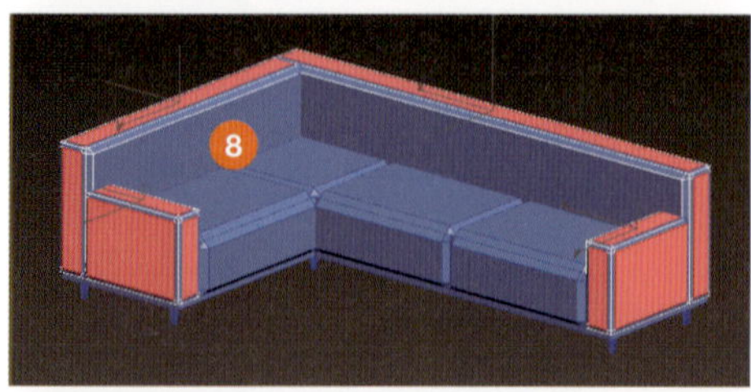

memo ここではわかりやすいように、背もたれとひじ掛けのオブジェクトの面をまとめて赤く表示しています。

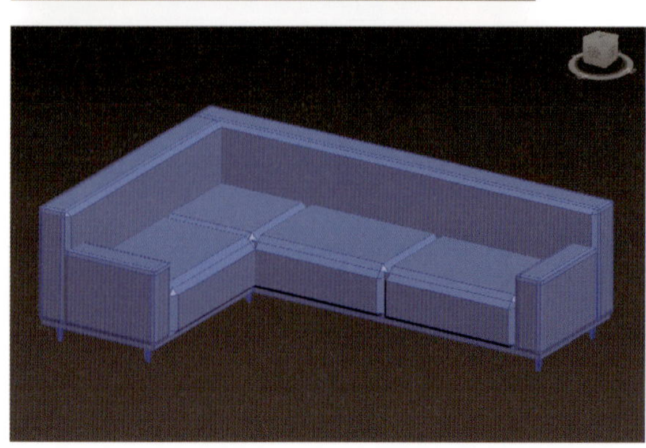

7-3-4 ソファに丸みを付ける

面を移動して作成した膨らみは角を持ったままなので、全体に丸みを付けてソファらしく仕上げます。丸みは[ターボスムーズ]を使って付けます。

ターボスムーズで丸みを付ける

1 座面のボックスを選択します。

ここではわかりやすいようにひじ掛けのオブジェクトを非表示にしています。

2 [修正]パネルのモディファイヤリストから[タ　ボスム　ズ]を選択します。

3 座面ボックスに丸みが付きます。

4 同様にして他のボックスにも丸みを付けたらソファの完成です。

memo

パラメータの[反復]の数値を上げると、より滑らかな丸みになります(以下は3)。

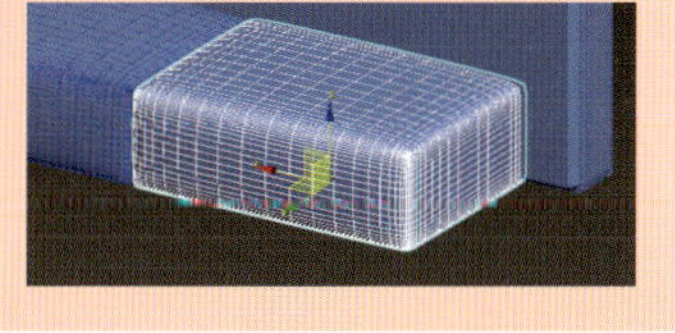

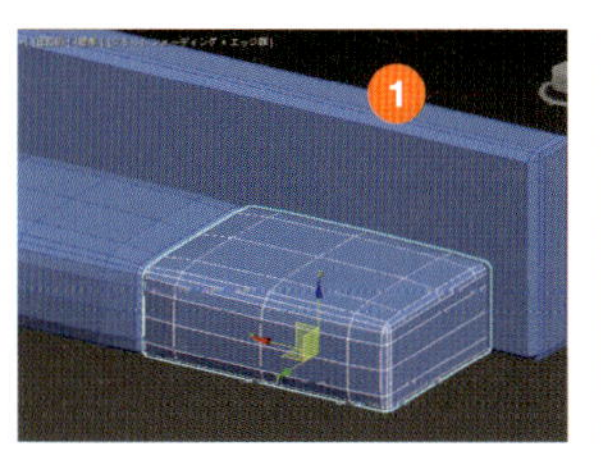

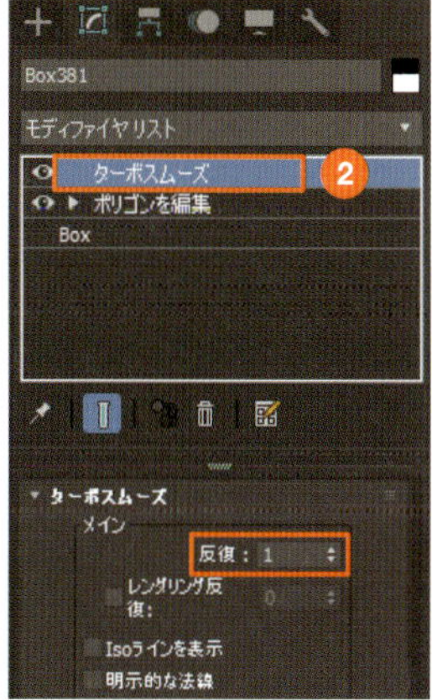

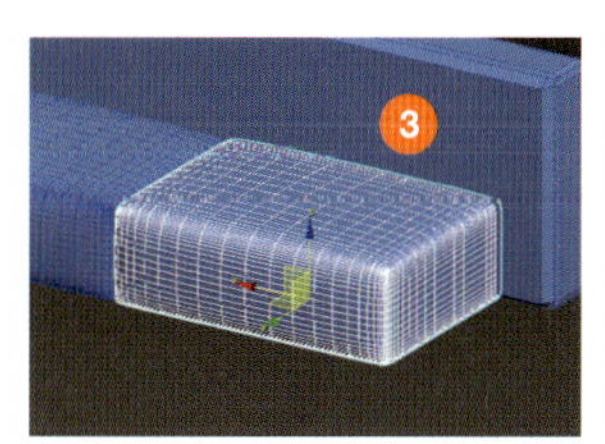

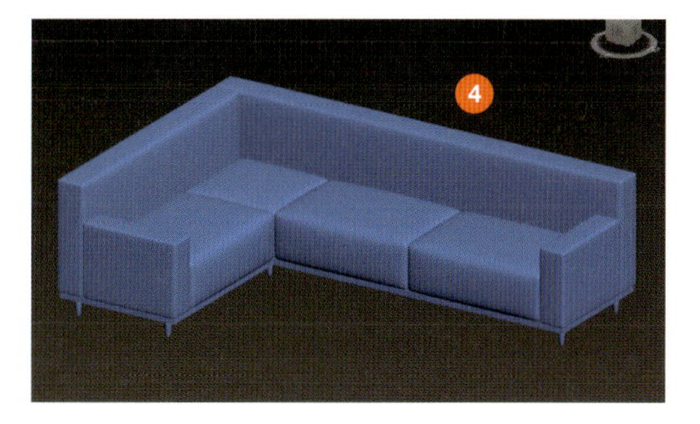

column メッシュスムーズで丸みを付ける

[修正]パネルのモディファイヤリストにある[メッシュスムーズ]を使っても、丸みを付けることができます。複雑な形状に丸みを付ける場合は、メッシュスムーズのほうがPCの負荷が少ないです。

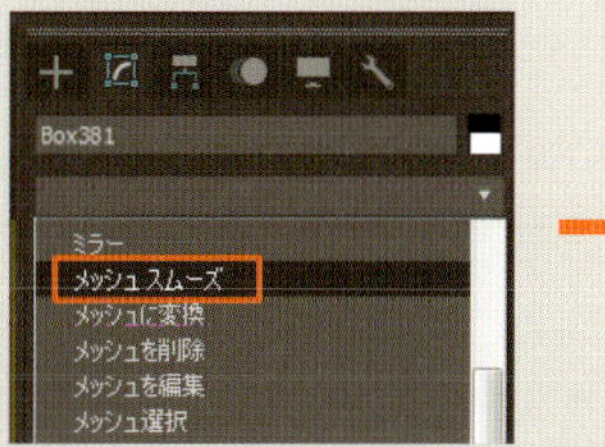

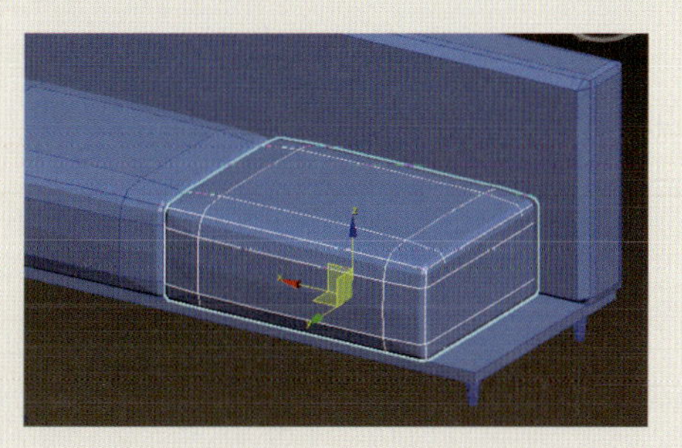

column 家具の標準的な高さ

家具は高さをまちがえると不自然な仕上がりになってしまうので、標準的な高さを把握しておくとよいでしょう。椅子やテーブルの標準的な高さは以下のとおりです。

ソファとローテーブル

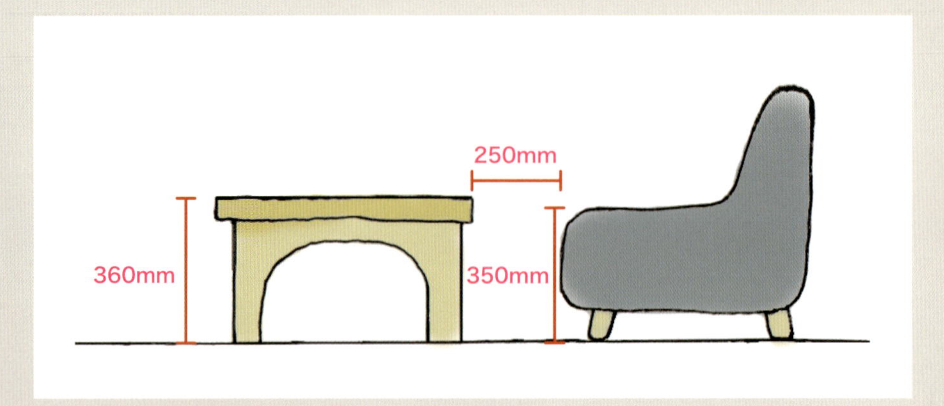

ダイニングテーブルとイスの高さ

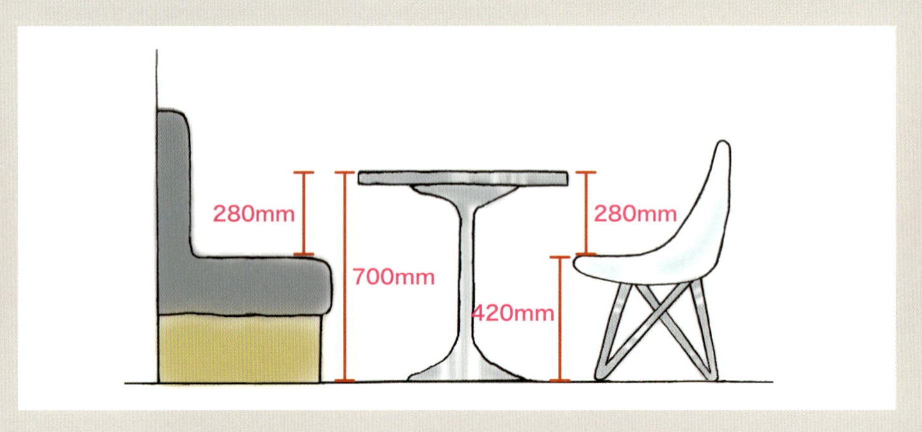

カウンターとハイチェア

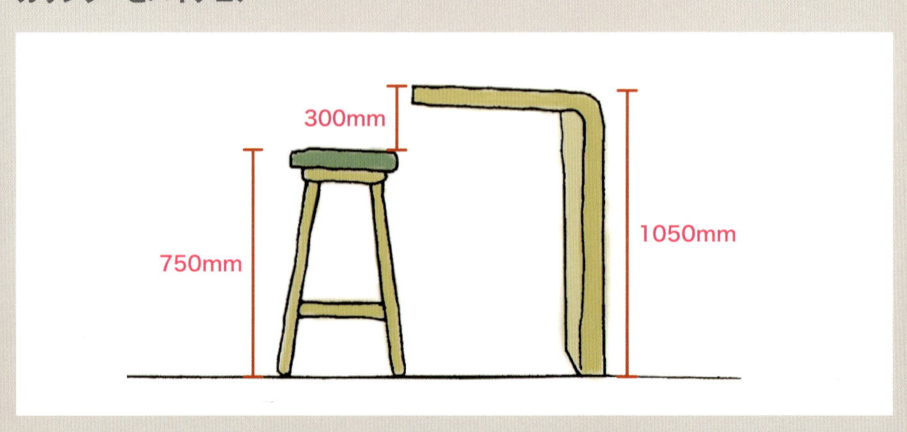

7-4 小物の器をつくる

インテリアの場合、家具だけでは部屋が殺風景になってしまうため、よく小物をアクセントに使用します。ここでは下記のような楕円の器（大皿）をモデリングする方法を説明します。壁のモールディングのように、器も断面図形を使ってモデリングします。

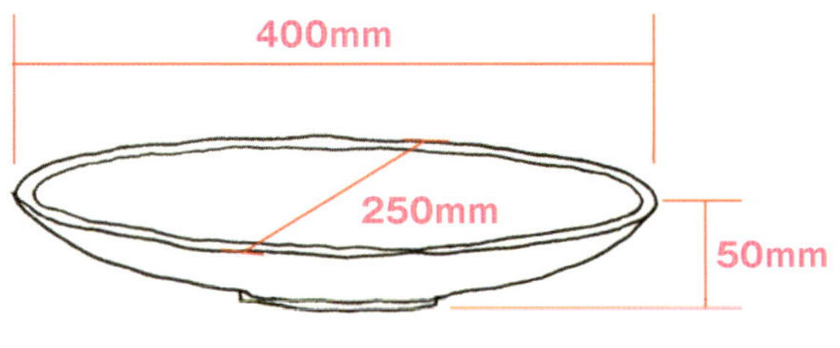

器のスケッチと目安の寸法

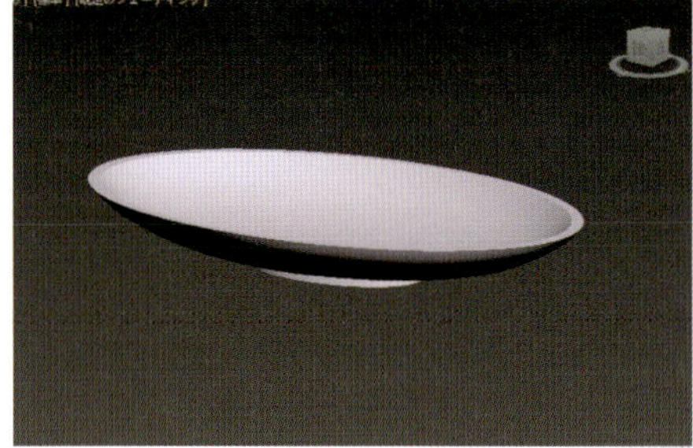
完成モデリング

7-4-1 器の断面図形を作成

器は円の形で作成してから、楕円に変形します。まず、サイズを決める「あたり」のボックスを作成し、その中にラインで器の断面図形を描きます。

あたりのボックスをつくる

1. レイヤ「00 下図」をアクティブレイヤにし、「00 下図」レイヤの中のオブジェクトは非表示にしておきます。

2. ［作成］パネルの［ジオメトリ］で［ボックス］をクリックし、トップビューで適当な位置にボックスを作成します。

3. ［長さ］を「200」mm、［幅］を「400」mm、［高さ］を「50」mmにします。

4. ［長さセグメント］を「10」、［幅セグメント］を「1」、［高さセグメント］を「6」と入力します。これであたりのボックスができました。

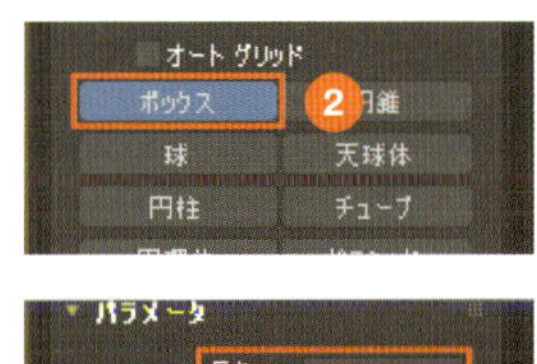

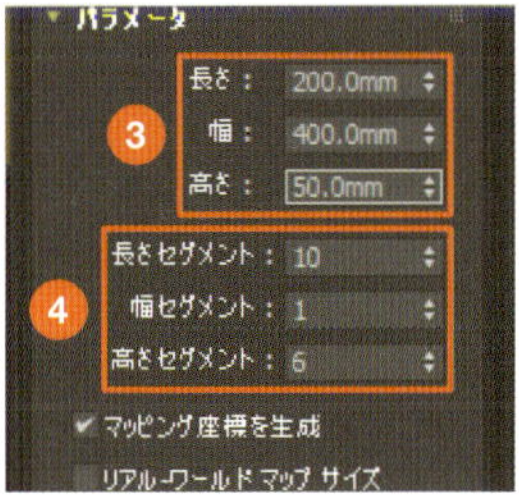

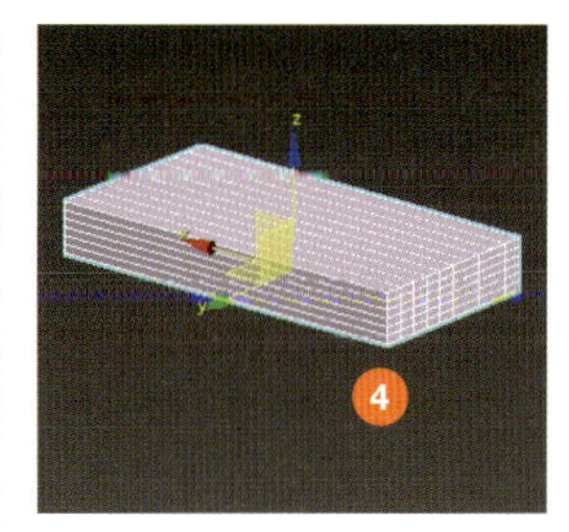

ラインで断面を描く

5 新規レイヤ「08 小物」を作成し、その中に「器」レイヤをつくります。「00 下図」レイヤはフリーズしておきます（→P.49）。

6 ［作成］パネルの［シェイプ］から［ライン］をクリックします。

7 ［作成方法］の［ドラッグタイプ］で［ベジェ］を選択します。

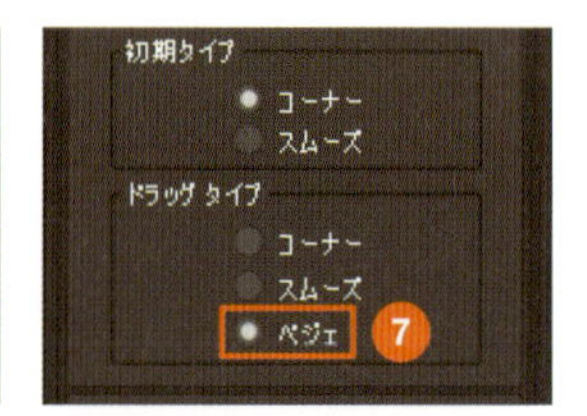

8 レフトビューで作成したあたりのボックスを表示します。始点としてボックス右下の頂点をクリックし、図のように点をとっていきます。

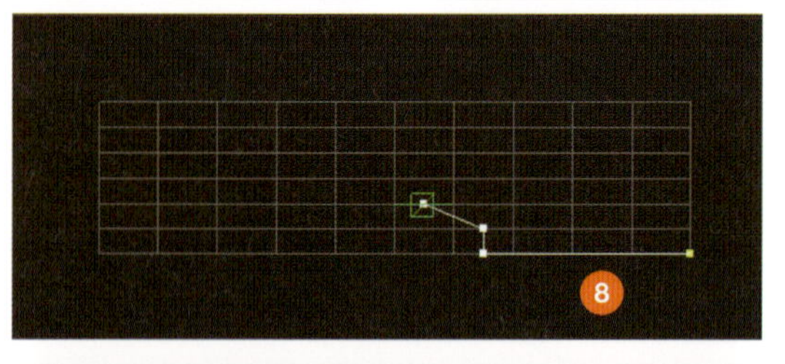

memo　スナップは［2.5］にします。［中点］をスナップする設定になっているかを確認してください（→P.27）。

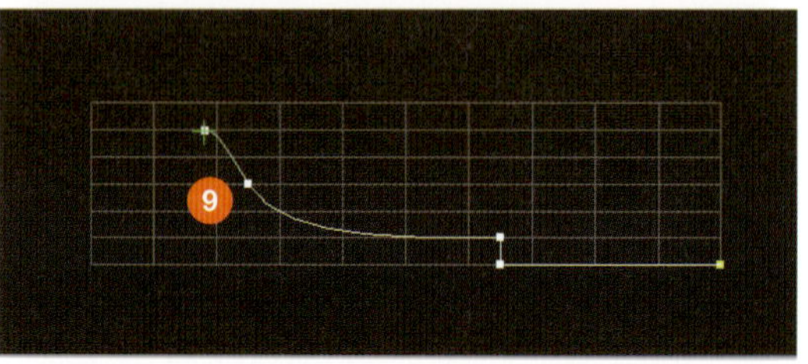

9 曲線を描くときは、その曲線上となる位置を長押しして、そのままドラッグします。想定している曲線に近い形になったらマウスボタンを放します。

10 図のような状態で描けたら、終点を右クリックしてベジェの描画を終了します。

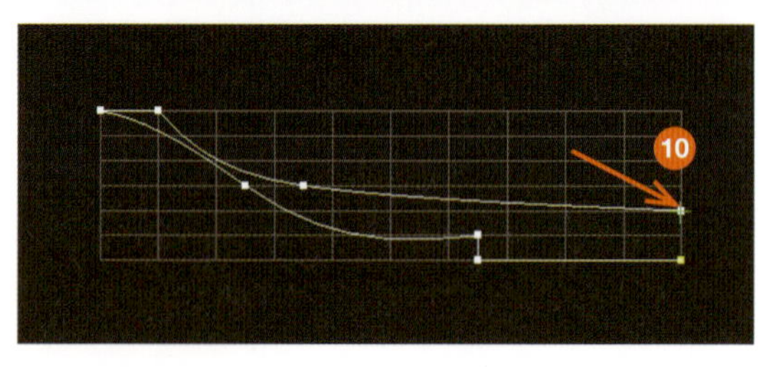

memo　頂点や中点ではない点をとるときは、スナップをオフにします。スナップを頻繁に切り替える場合は、ツールをクリックするよりも、ショートカットキーの「S」キーで切り替えたほうが速いです。

断面図形を修正する

11 ［修正］パネルを開き、［選択］の［頂点］ボタンをクリックします。

12 断面図形に頂点が表示されます。［選択して移動］ツールをオンにして、頂点を移動しながら形を整えていきます。

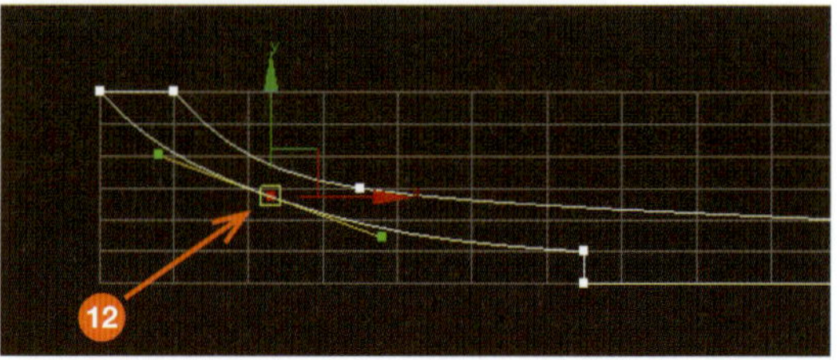

13 図のような形になったら断面図形の完成です。

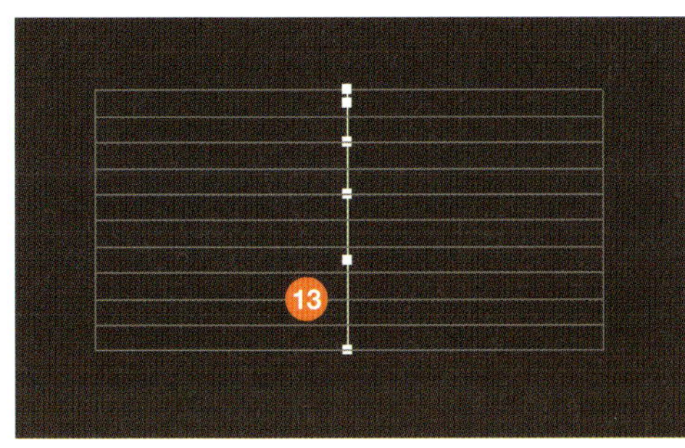

トップビュー

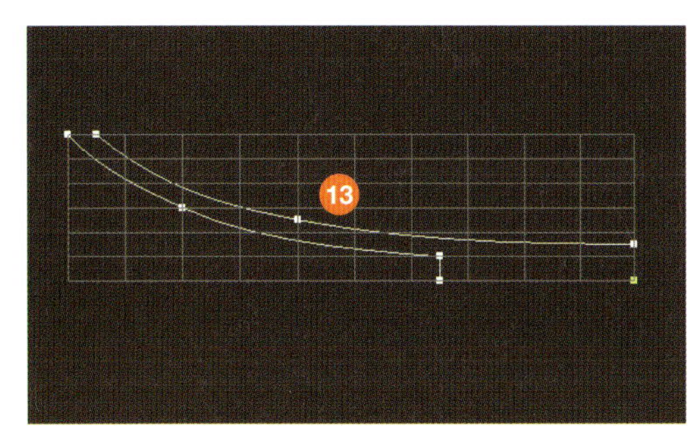

レフトビュー

7-4-2 断面図形を360度回転

作成した断面図形を360度回転して立体オブジェクトにします。2D図形の回転体をつくるときは［レイズ］を使います。

レイズで回転体を作成

1 断面図形を選択します。このとき基点が図の位置にあることを確認します。

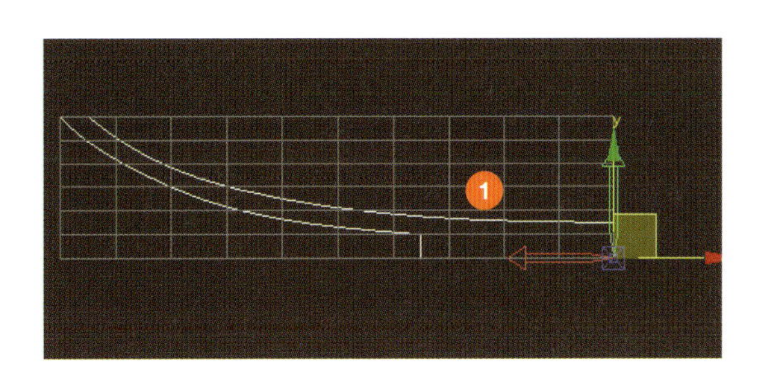

memo 基点がちがう位置にあるときは、次ページのコラムを参考にして、基点を図の位置に移動してください。

2 ［修正］パネルを開き、モディファイヤリストから［レイズ］を選択します。

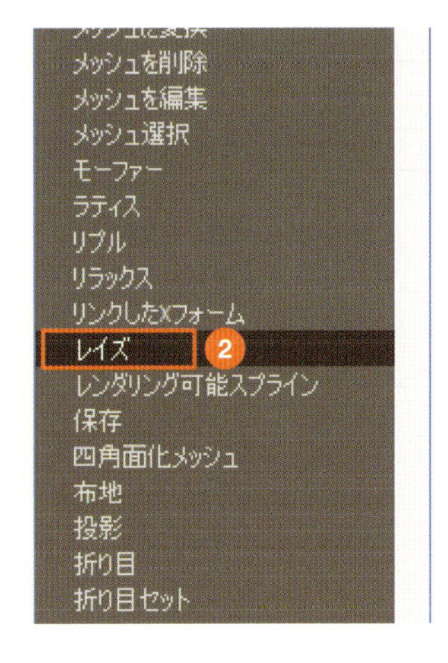

3 断面図形が360度回転して、器のオブジェクトになります。

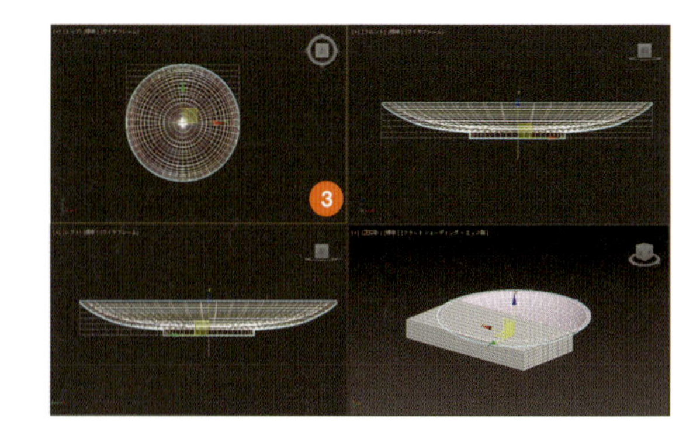

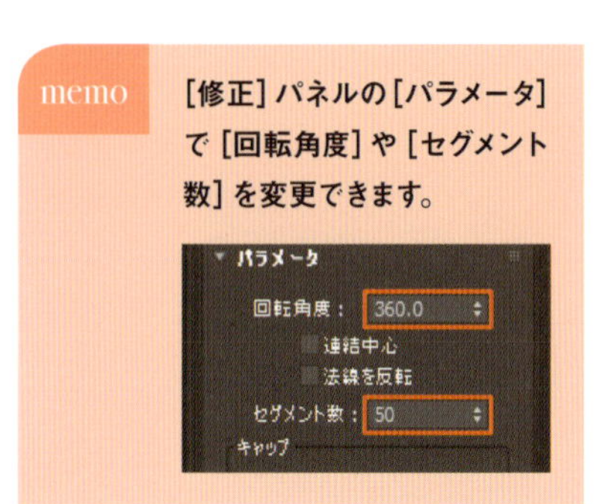

memo [修正]パネルの[パラメータ]で[回転角度]や[セグメント数]を変更できます。

column 基点を移動する

基点の移動は[階層]パネルで行います。[階層]パネルで[基点]をクリックし、[基点調整]の[基点にのみ影響]をクリックしたら、[選択して移動]ツールで基点を移動します。

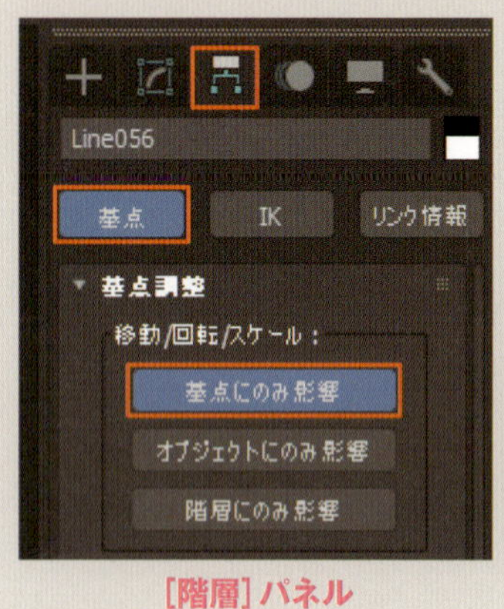

[階層]パネル

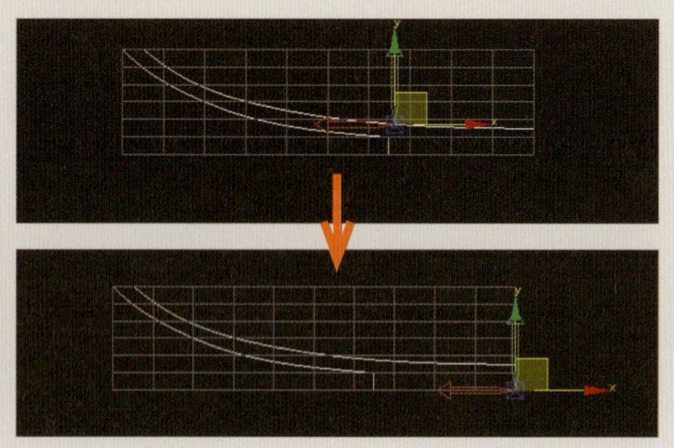

7-4-3 楕円形に変形

器を楕円に変形します。長径は400mmなので、短径のほうを修正します。ここでの変形は［選択して均等にスケール］ツールを使います。

あたりのボックスを変形する

1 「00 下図」レイヤをフリーズ解除し、あたりのボックスを選択します。パラメータの［長さ］を「250」mm、［幅］を「400」mm、［高さ］を「50」mmに変更し、器の仕上がりのサイズにします。

2 ［長さセグメント］を「1」、［幅セグメント］を「1」、［高さセグメント］を「1」と入力します。

3 あたりのボックスを器の中心に移動しておきます。移動したら「00 下図」レイヤをフリーズしておきます。

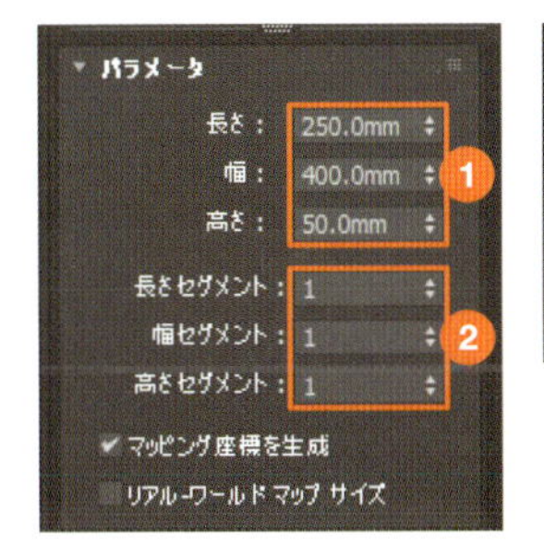

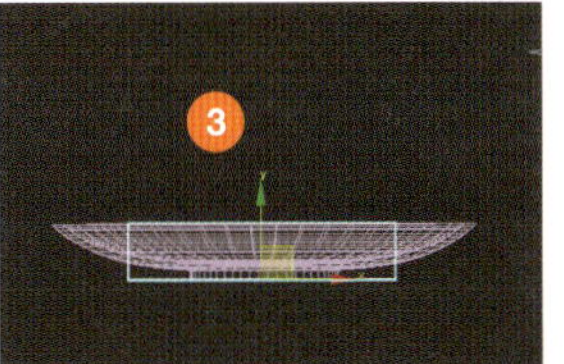

器を変形する

4 トップビューで器のオブジェクトを選択し、メインツールバーの［選択して均等にスケール］ツールを右クリックします。

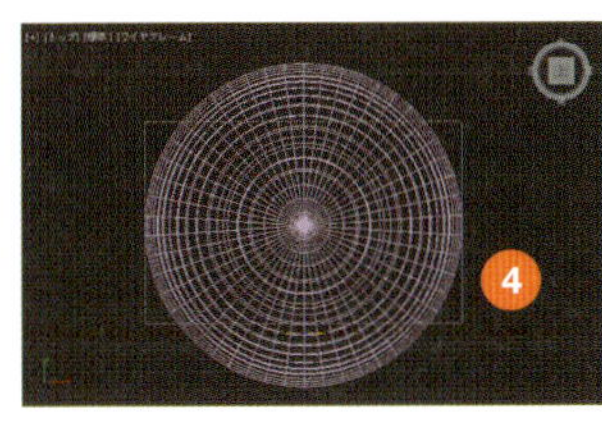

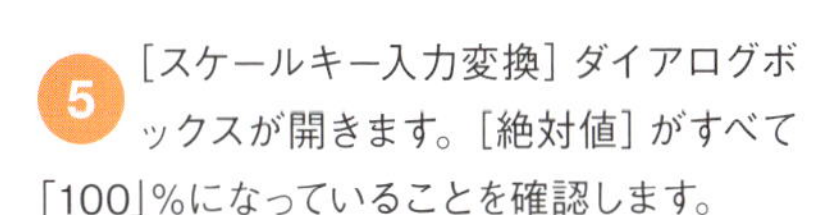

5 ［スケールキー入力変換］ダイアログボックスが開きます。［絶対値］がすべて「100」%になっていることを確認します。

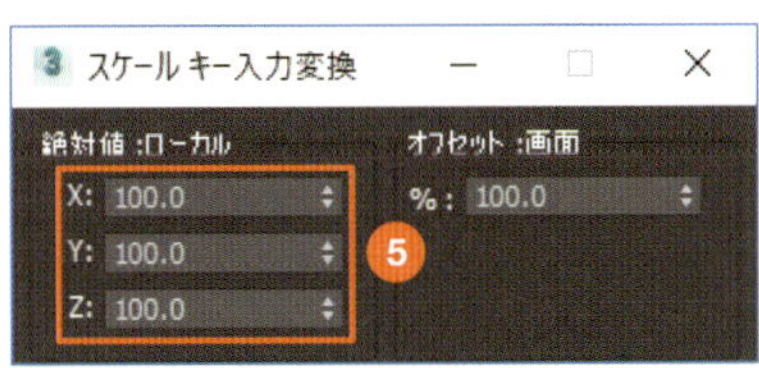

6 Yの黄色い軸を選択し、器のオブジェクトがあたりのボックスに接するようにドラッグします。

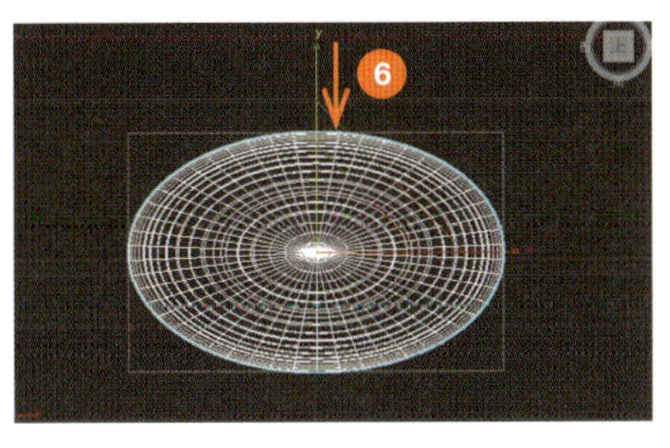

7 ［絶対値］の［X］の値が変更され、楕円形になります。

Part 2
Chapter 7

8 器が楕円形に変形しました。「00 下図」レイヤを非表示にして、器の完成です。

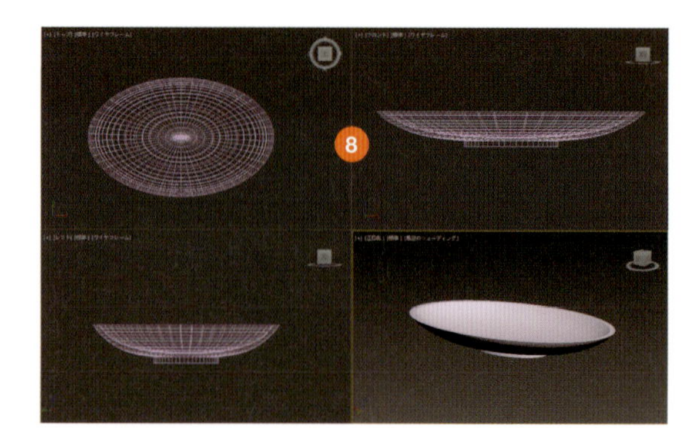

memo **変形後の寸法や拡大・縮小率がわかっている場合は、［スケールキー入力変換］ダイアログボックスに数値を入力してもいいです。**

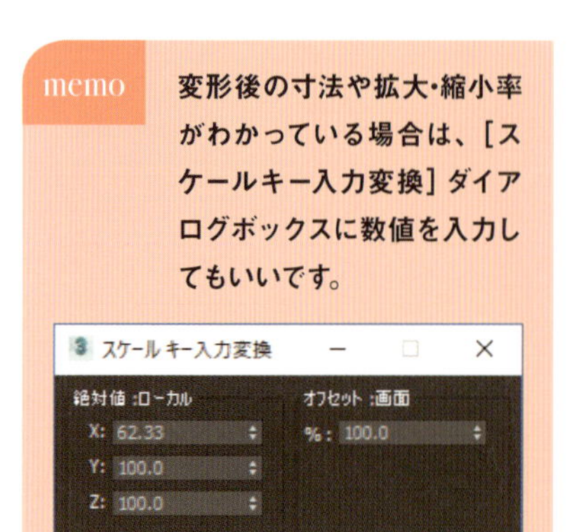

column ［シンメトリ］で器をつくる

ここでは［レイズ］で断面図形を回転してオブジェクトをつくりましたが、他にも半分だけオブジェクトをつくり、ミラー(鏡像)複写してオブジェクトをつくる方法もあります。ミラー複写するときには［シンメトリ］を使います。ここの例で器を半分だけつくった場合の［シンメトリ］の使い方を紹介します。

1 半分つくったオブジェクトを選択します(これは［レイズ］で180度回転してつくっています)。

2 ［修正］パネルを開き、モディファイヤリストから［シンメトリ］を選択します。

3 ［パラメータ］の［ミラー軸］で［Z］を選択します。

4 オブジェクトがミラー複写され、器の形ができました。

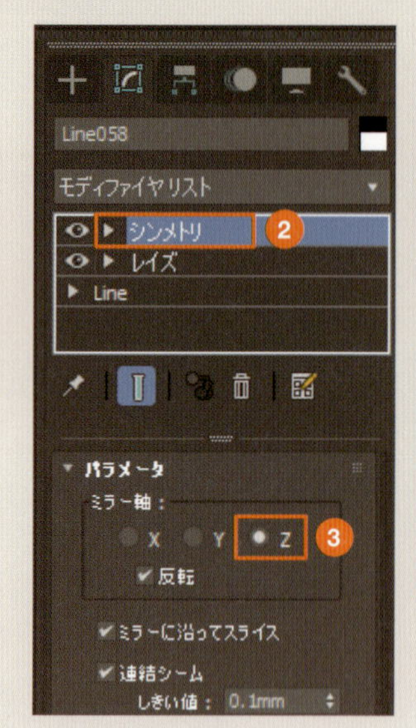

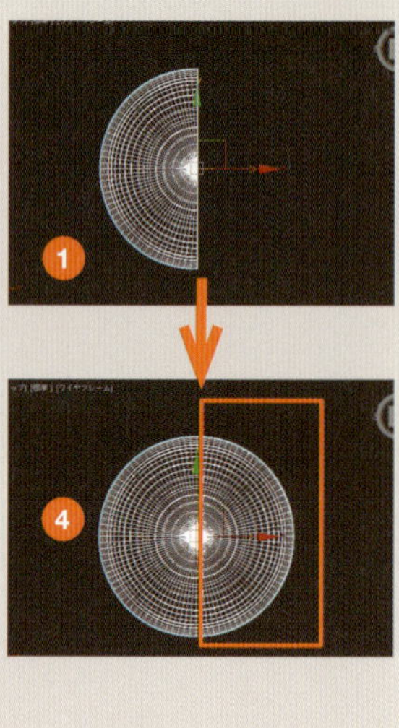

7-5 外部の家具データを取り込む

ここまで家具や小物を一からモデリングする方法を紹介しましたが、建築ではダウンロードした家具や小物などのデータを取り込んで、シーン内に配置することがよくあります。データを取り込むときは、「合成」または「外部参照」という方法を使います。合成は取り込んだデータを元データと合成すること、外部参照は取り込みたいデータを元データにリンクさせて表示することです。合成は1ファイルなので扱いがラク、外部参照はファイルサイズの増大が防げるという特徴があります。必要に応じて使い分けましょう。

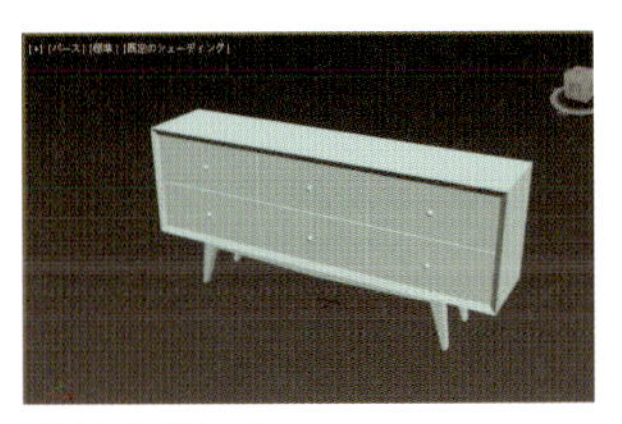
家具のデータ

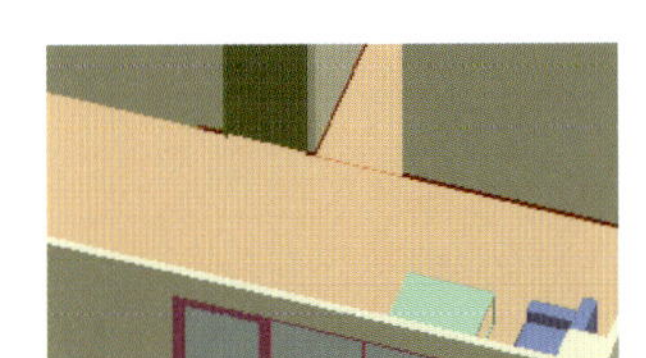
元データ

取り込む →

・合成
家具データは元データに取り込まれる。家具の編集は元データ上で行う。

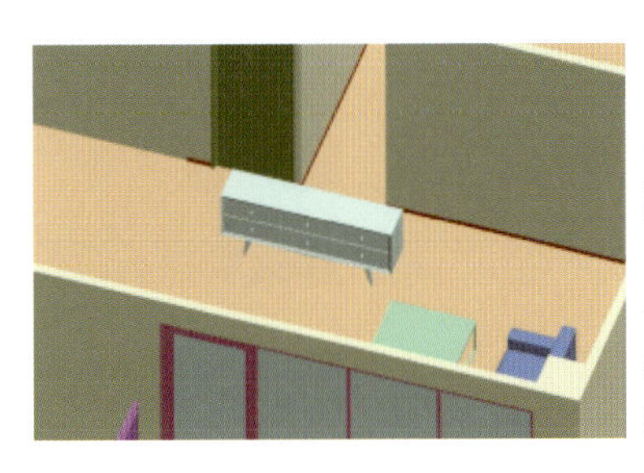
・外部参照
元データに家具データが表示される。家具の編集は元データではできない。家具データが削除されると元データに表示されなくなる。

7-5-1 オブジェクトを合成する

オブジェクトを合成します。ここではチェストの3ds Maxデータを読み込んで合成し、指定の位置に配置します。チェストの基点は原点(0, 0, 0)に作成されています。

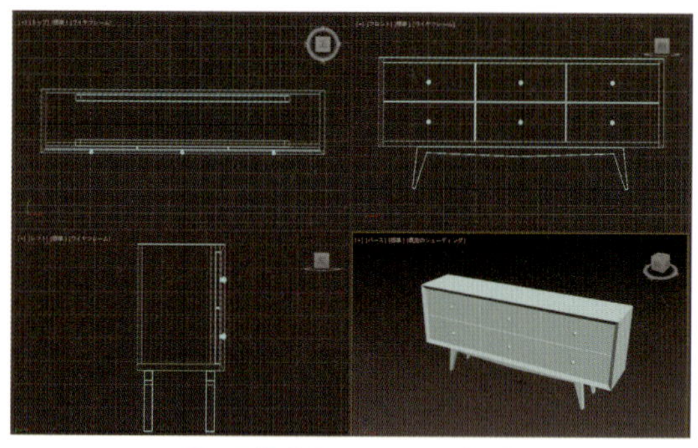

チェストの3ds Maxデータ

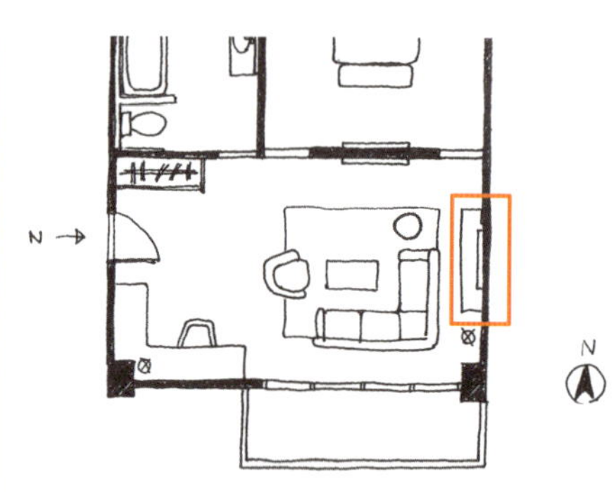

チェストの位置

合成で読み込む

1. メインメニューの[ファイル]→[読み込み]→[合成]を選択します。

2. [ファイルを合成]ダイアログボックスが開きます。チェストのファイルを選択して[開く]をクリックします。

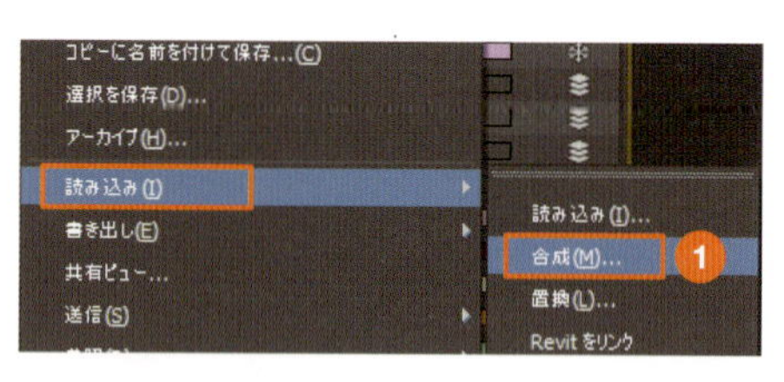

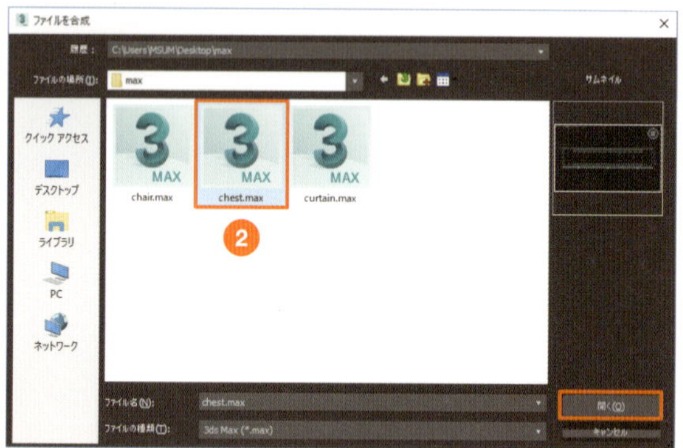

memo
[ファイルを合成]ダイアログボックス右側の[サムネイル]に、選択したファイルのプレビューが表示されます。

memo
3ds Max以外でも[ファイルの種類]にあるファイル形式なら読み込みは可能です。ただし、データによっては、合成時にレイヤ名やオブジェクトが破損する場合があります。

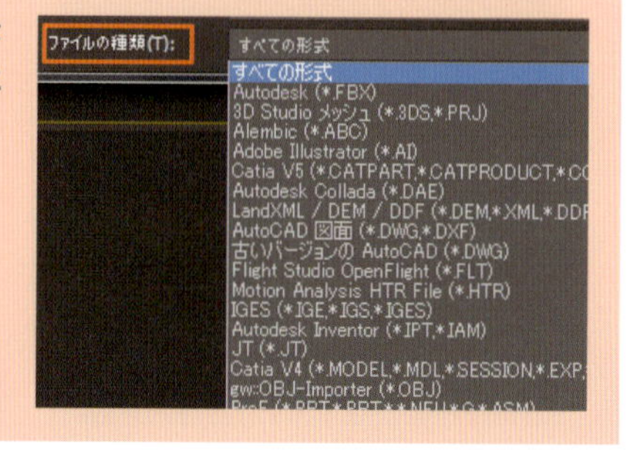

3 ［合成］ダイアログボックスが開きます。リストにチェストを構成するオブジェクトが表示されるので、［すべて］をクリックして全選択します。

4 ［OK］をクリックします。

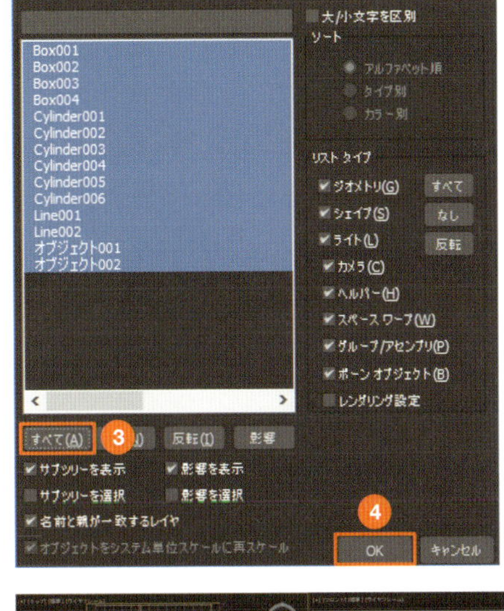

5 チェストのデータが合成され、基点が原点になるように取り込まれます。

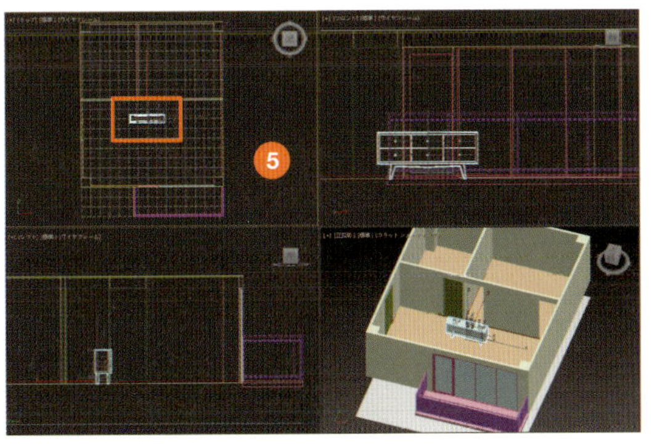

6 シーンエクスプローラに合成されたチェストのレイヤが追加され、3で選択したオブジェクトが含まれていることを確認できます。

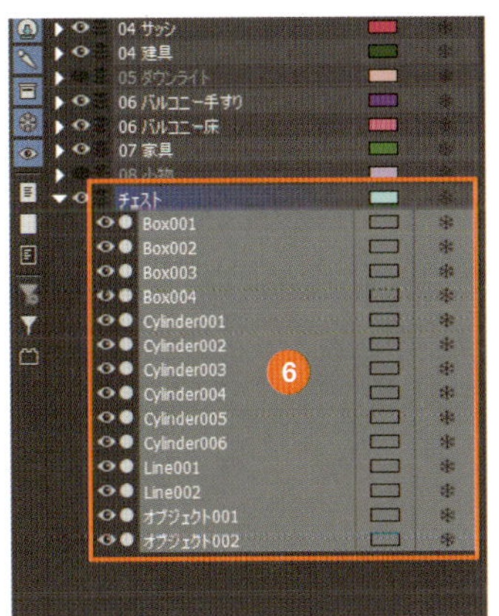

memo

元データのオブジェクトと重複した名前があると、4のあとに［重複したマテリアル名］ダイアログボックスが表示されます。名前を変更して読み込みたいときは、［自動的名前を変更］をクリックします。これを選択すると、元データで使用されていない数字が自動的に割り当てられます。

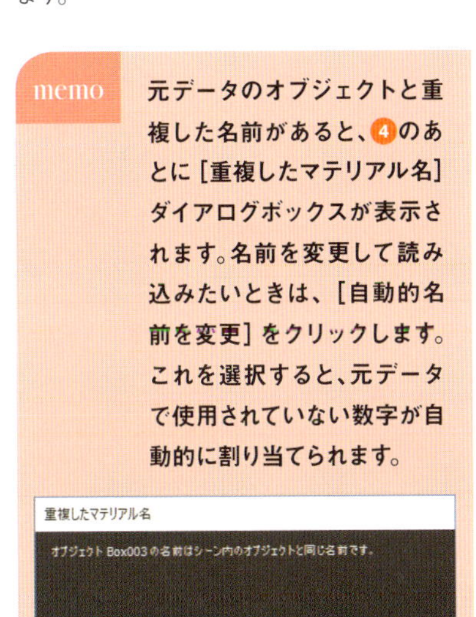

Part 2
Chapter 7

合成したチェストを移動

7 まず回転してチェストの向きを変えます。チェストを選択します。

8 ［選択して回転］ツールを右クリックして、［オフセット］の［Z］に「-90」度と入力します。

9 ［選択して移動］ツールをクリックして、指定位置にチェストを移動します。

10 レイアウトの位置にチェストが配置されました。

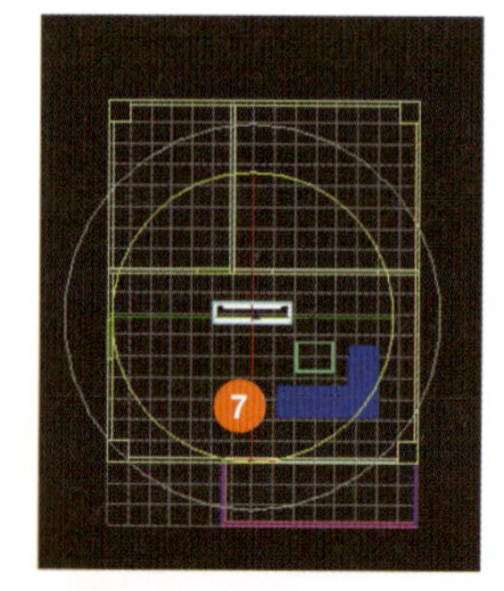

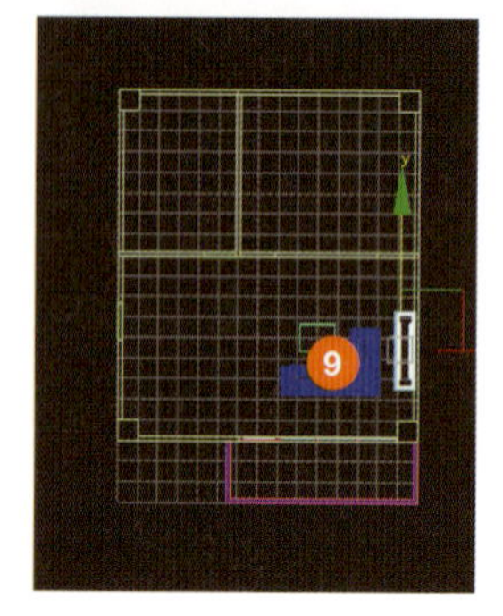

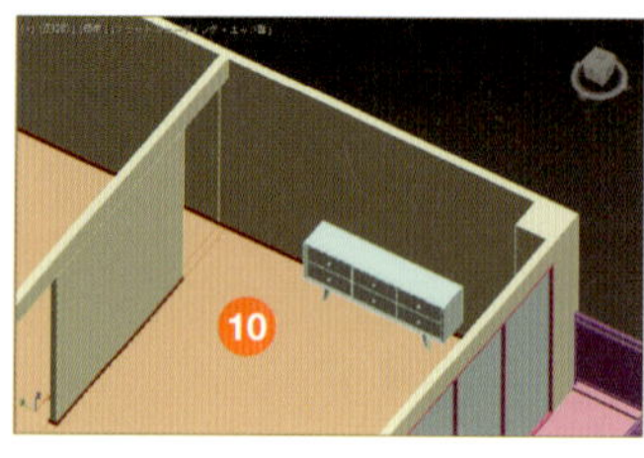

memo

「チェスト」レイヤは、「07 家具」レイヤの中に移動しておきます。

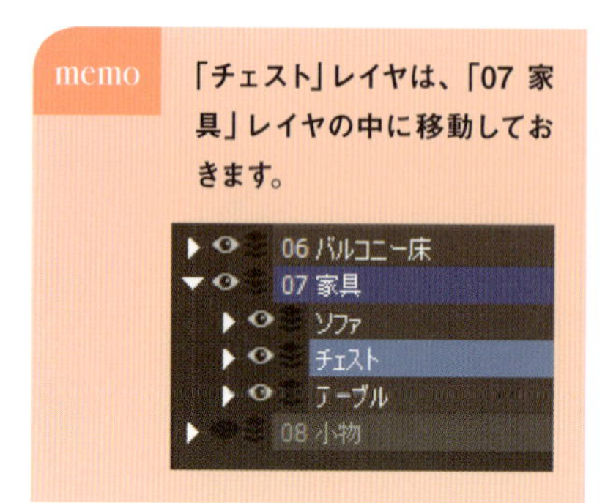

column

取り込むデータをグループ化する

取り込むデータをグループ化しておくと、［合成］ダイアログボックスのリストが作成したグループだけの表示になり、オブジェクト選択がラクになります。グループ化する方法は、オブジェクトをすべて選択して、メインメニューの［グループ］→［グループ］を選択して保存するだけです。［グループ解除］も同じメニューからできます。

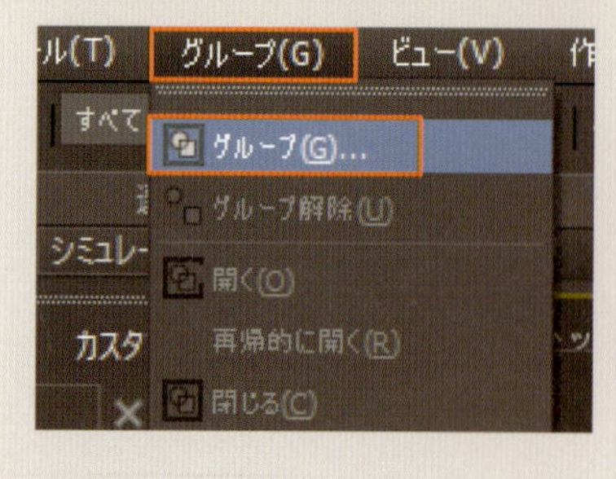

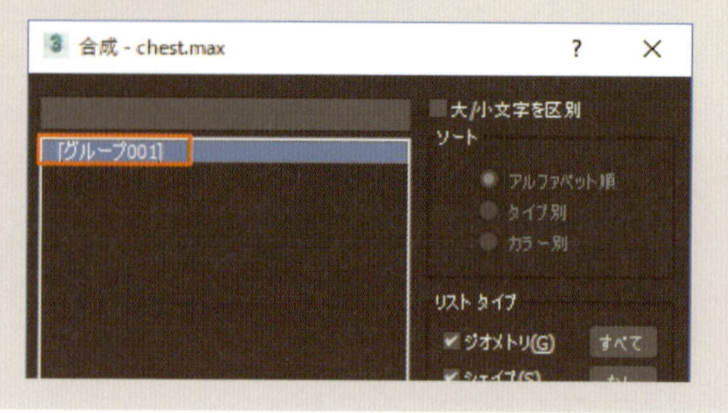

7-5-2 オブジェクトを外部参照する

ここではカーテンの3ds Maxデータを読み込んで外部参照します。このデータはあらかじめバルコニーの掃き出し窓の位置にカーテンを作成しているため、後から移動する必要がありません。

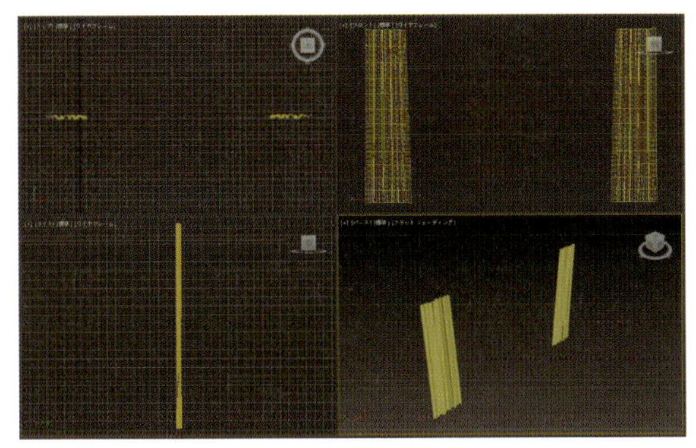

カーテンのmaxデータ

外部参照で読み込む

1 メインメニューの［ファイル］→［参照］→［外部参照シーン］を選択します。

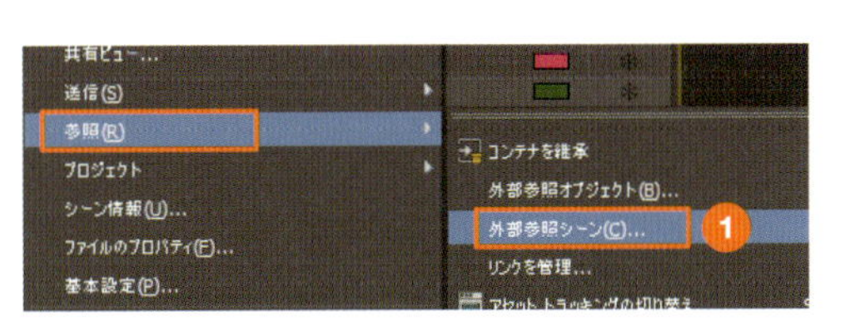

2 ［外部参照シーン］ダイアログボックスが開きます。［追加］をクリックします。

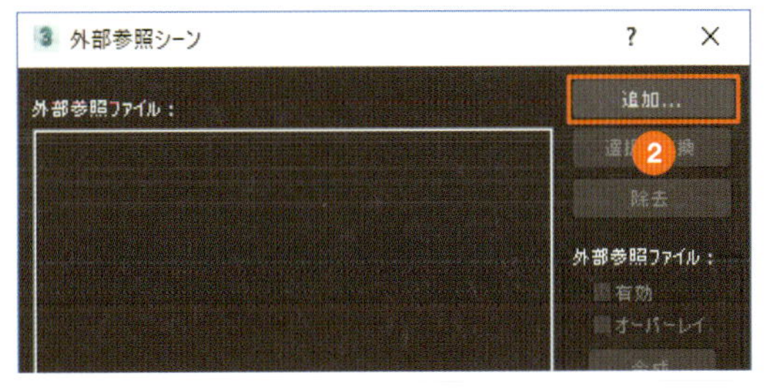

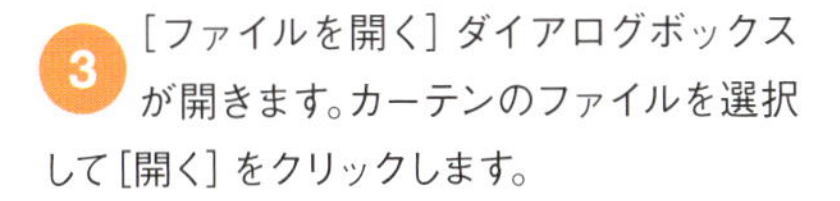

3 ［ファイルを開く］ダイアログボックスが開きます。カーテンのファイルを選択して［開く］をクリックします。

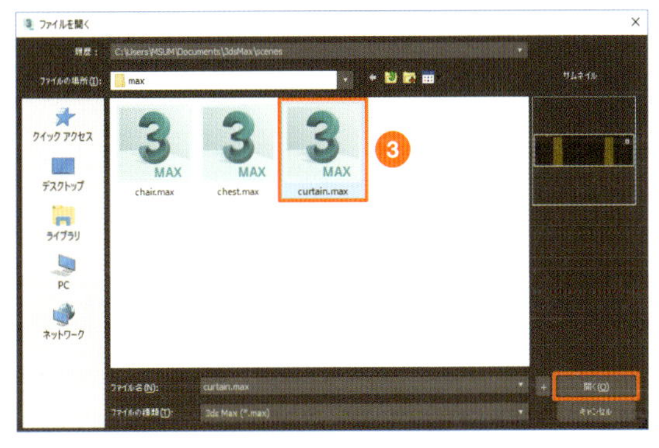

4 ［外部参照シーン］ダイアログボックスの［外部参照ファイル］に選択したファイルが表示されます。［閉じる］をクリックします。

5 カーテンが外部参照として表示されます。

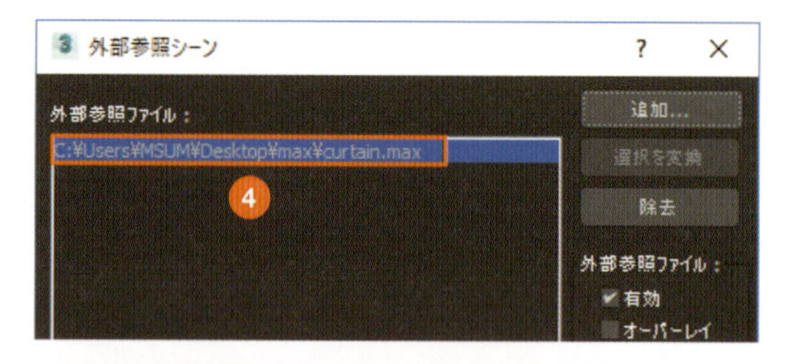

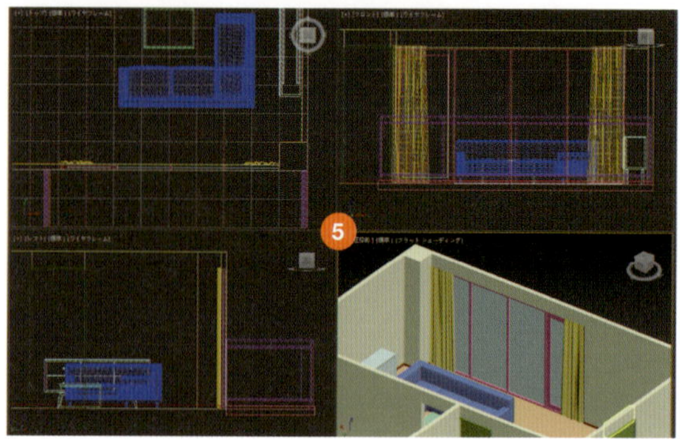

memo

外部参照の表示/非表示は［外部参照シーン］ダイアログボックスの［有効］のチェックで切り替えられます。もちろん、外部参照のレイヤでの表示/非表示操作も可能です。

column

外部参照データを合成する

外部参照しているデータを合成したいときは、［外部参照シーン］ダイアログボックスで合成したいファイルを選択し、［合成］ボタンをクリックします。

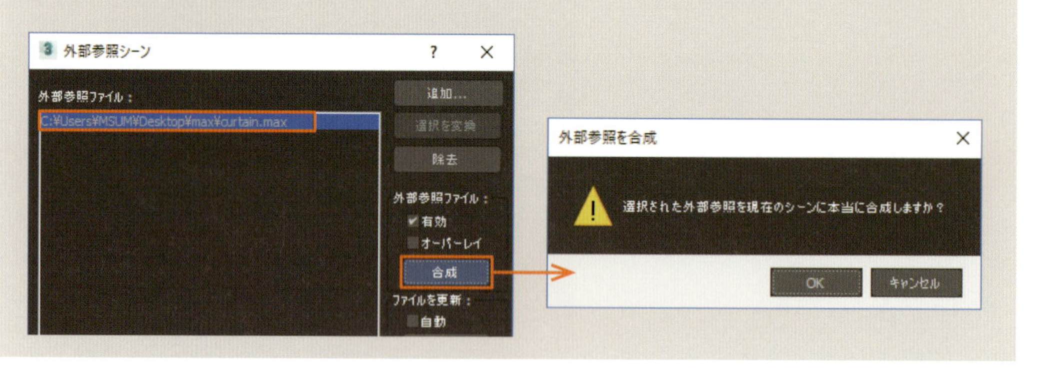

7-5-3 外部参照のオブジェクトを移動する

外部参照しているオブジェクトは、合成のように［選択して移動］ツールを使った移動ができません。外部参照オブジェクトは［ダミー］を使うと移動できます。

ダミーを作成

1 ビューで、外部参照オブジェクトの椅子の位置を確認します。テーブルと離れているため、椅子をテーブルの近くに移動します。

2 新規レイヤ「ダミー」を作成します（→P.45）。

3 ［作成］パネルの［ヘルパー］で［ダミー］をクリックします。

4 椅子の近くをクリックするとボックスが作成されます。これが「ダミー」になります。

memo **ダミーはレンダリングされません。**

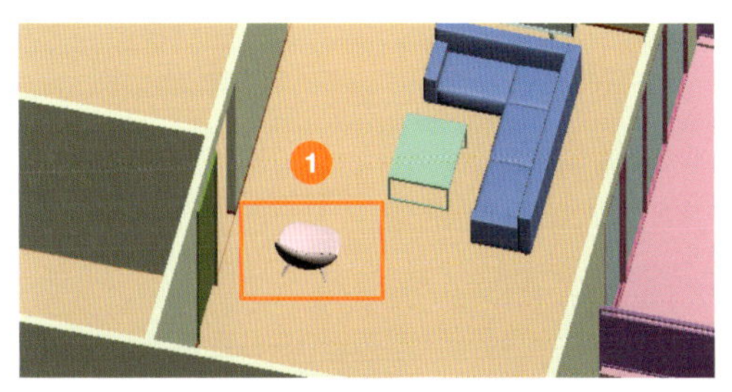

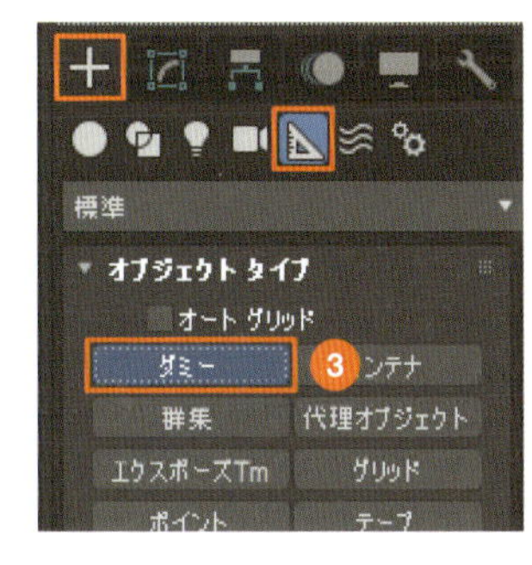

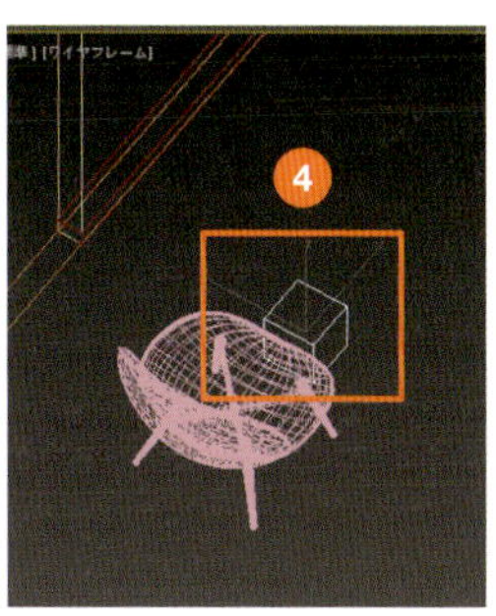

ダミーを親に指定

5 ［外部参照シーン］ダイアログボックスを開きます（→P.205）。椅子のファイルを選択します。

6 ［親］が「なし」になっていることを確認して［バインド］をクリックします。

7 椅子の近くに作成したダミーをクリックします。

8 ダミーにギズモが表示され、［親］に「Dummy001」が指定されます。

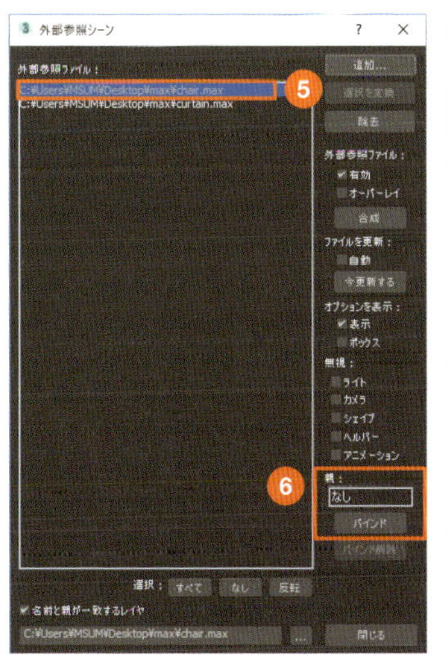

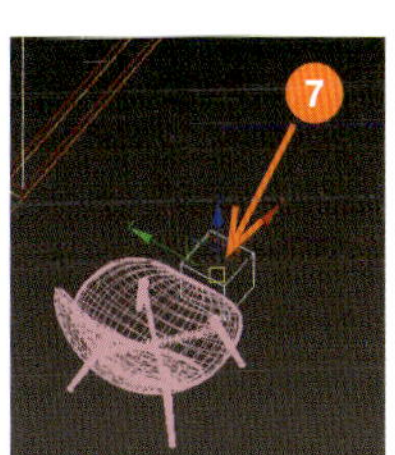

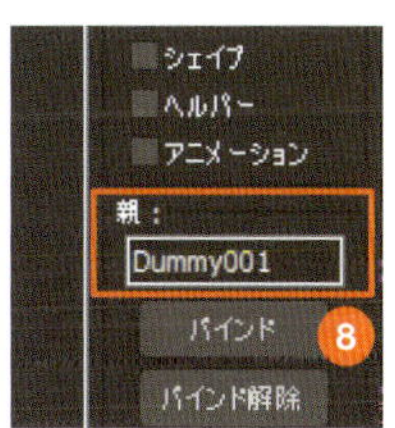

外部参照オブジェクトを移動する

9 ダミーを選択し、［選択して移動］ツールをオンにします。

［選択して移動］ツール

10 ダミーを移動すると、一緒に外部参照オブジェクトの椅子が移動します。テーブルの近くに移動します。

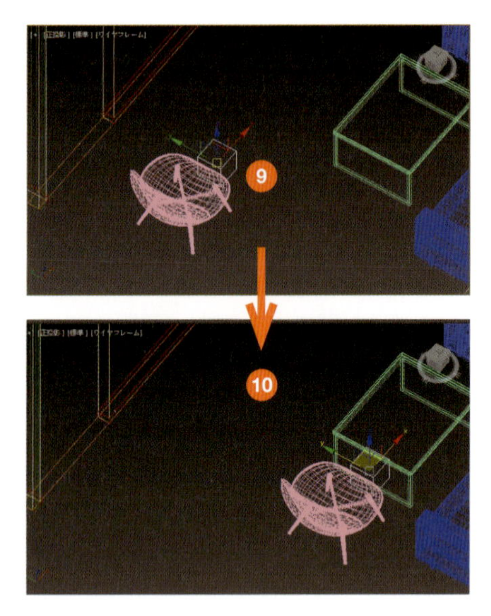

column 外部参照の変更を反映する

［外部参照シーン］ダイアログボックスの［ファイルを更新］の［自動］にチェックが入っていれば、外部参照ファイルを修正し、保存して閉じたときに自動的に変更が反映されます。［自動］のチェックがない場合は、［今更新する］をクリックして任意に変更を反映できます。ただしこれも、外部参照ファイルが開いていると変更の反映はできません。

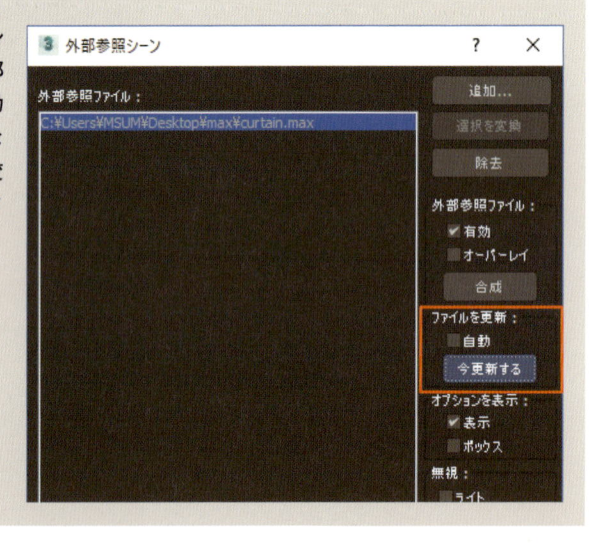

7-6 読み込んだ家具を微調整する

データを外部参照などで読み込むと、全体の雰囲気に合わせて微調整したくなることがよくあります。そのような時は参照元のファイルを開き、「FFD」を使って形を微調整します。編集可能ポリゴンの頂点でも形を変形できますが、FFDを使うとより自然な形での変形が可能です。ちなみにFFDとは「フリーフォーム変形」の略語です。

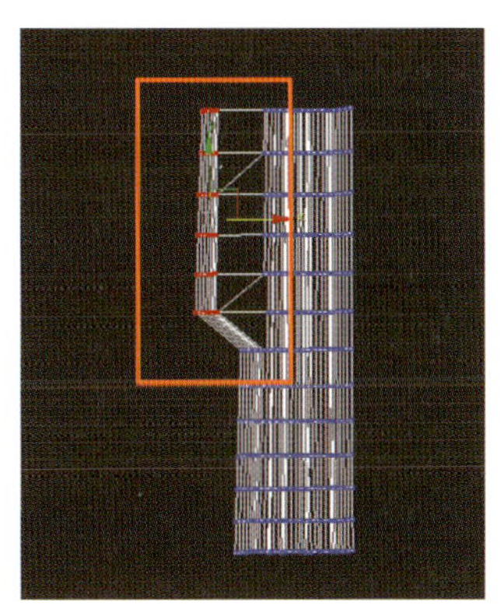

編集可能ポリゴンの頂点でカーテンの左上を移動

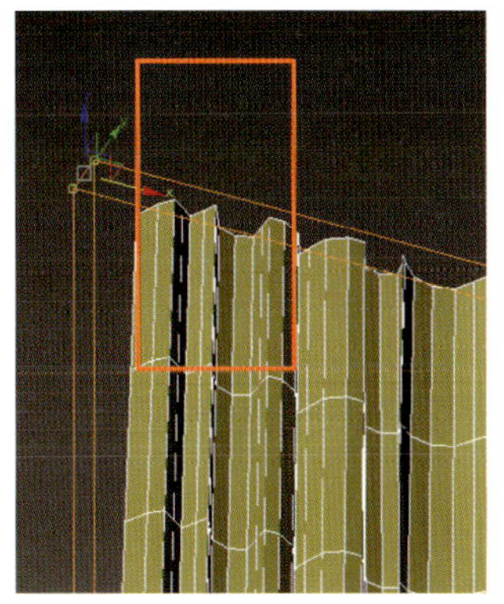

FFDのコントロールポイントでカーテンの左上を移動

7-6-1 カーテンの開き具合を変える（FFD 2×2×2）

前項で外部参照したカーテンの開き具合を修正します。

FFD 2×2×2で変形する

1 外部参照元のカーテンのファイルを開き、変形する右のカーテンを選択します。

2 ［修正］パネルを開き、モディファイヤリストから［FFD 2×2×2］を選択します。

memo
カーテンは編集可能ポリゴンの状態になっています。

3 リストに追加された［FFD 2×2×2］を展開し、［コントロールポイント］を選択します。

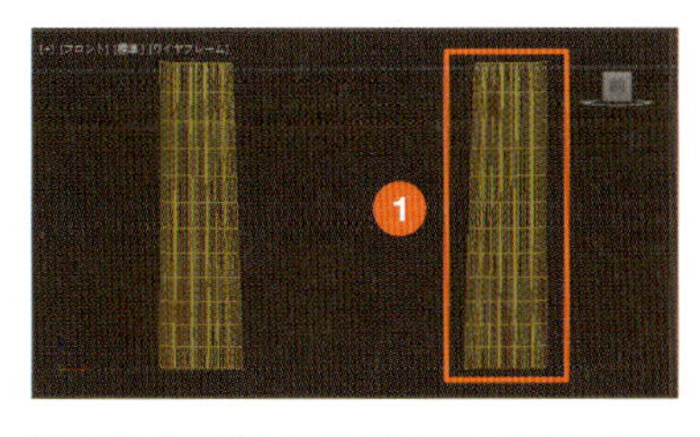

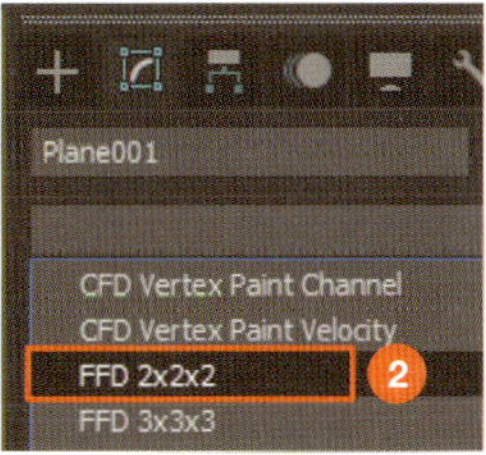

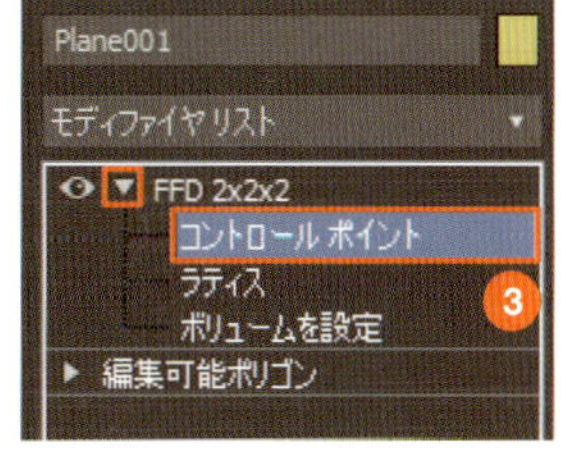

4 右のカーテンに選択可能な8つのコントロールポイントが表示されます。

5 正投影（パース）ビューで左上の2点を選択し、［選択して移動］ツールをオンにして左側へ少し移動します。

6 右側のカーテン上部が少し開いた状態に変形されました。この状態でファイルを保存します。

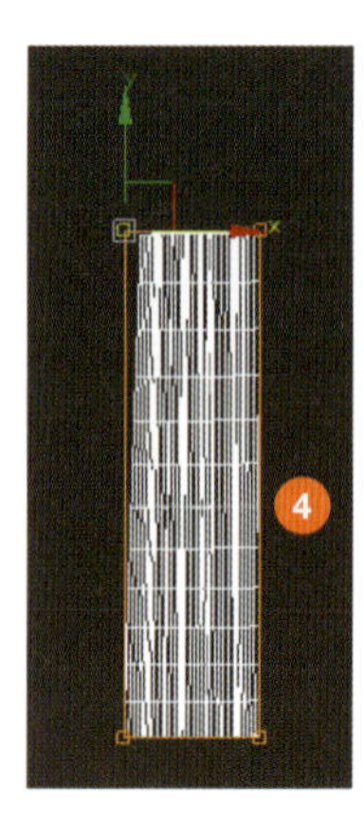

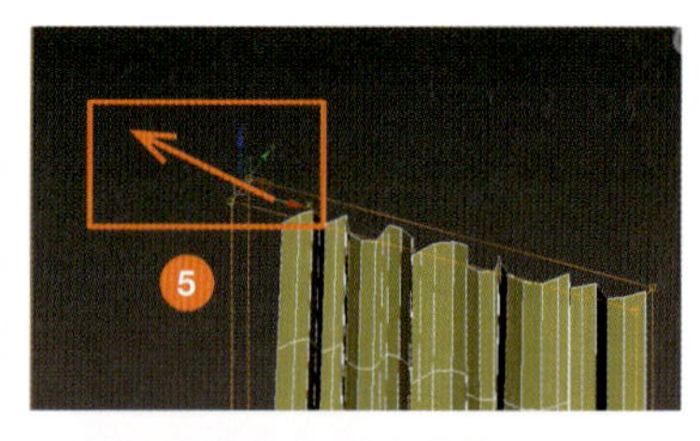

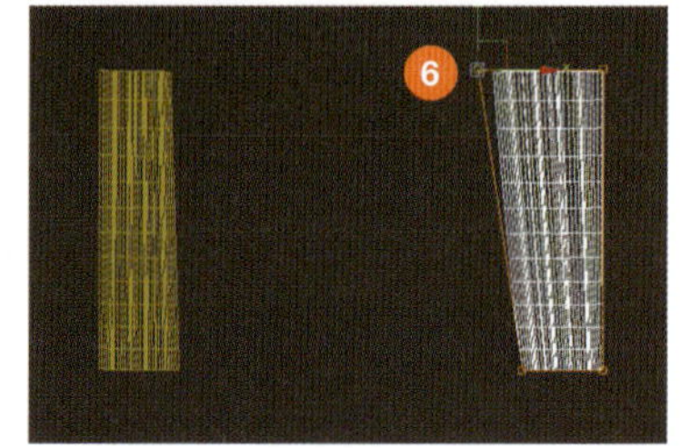

column ラティスとコントロールポイント

FFDを実行すると、「ラティス」と呼ばれるオブジェクトを囲むボックスの線とコントロールポイントが表示されます。モディファイヤリストには［FFD 2×2×2］のほか、［FFD 3×3×3］や［FFD 4×4×4］などがありますが、このちがいはコントロールポイントの数です。3や4にすると多くのコントロールポイントが表示されるため、より複雑な変形ができます。ラティスを選択すると、オブジェクト全体が選択できるため、向きや大きさの調整が可能です。

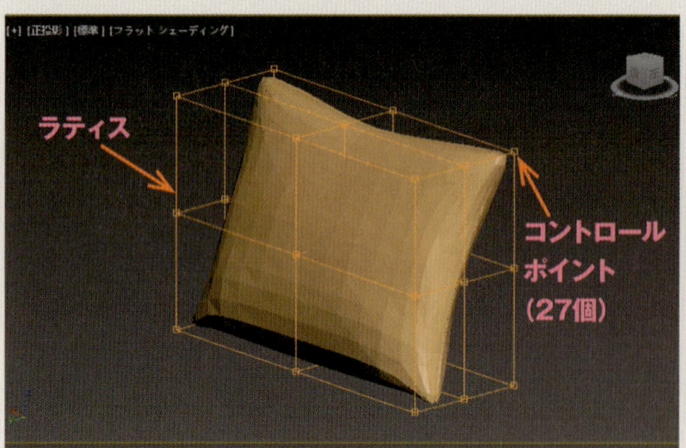

クッションを［FFD3×3×3］で編集

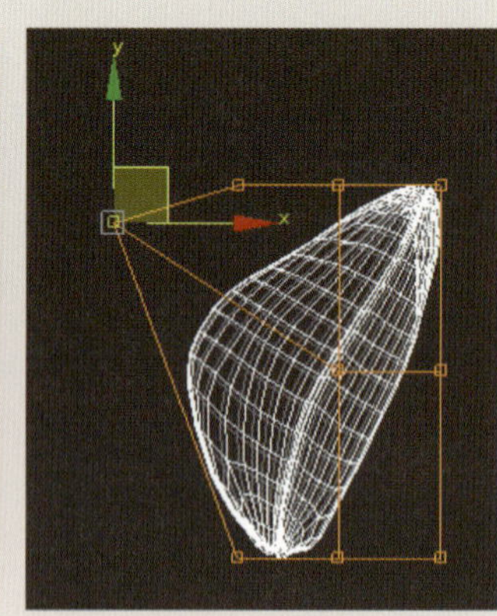
中央などの選択もできる

Chapter 8

内観のカメラとアングル

8-1 内観のカメラ設定

室内にカメラを配置して、内観（リビング）のアングルを作成してみます。カメラの配置方法（→P.81）は外観編で説明しましたので、ここでは内観のカメラ配置の際に注意するポイントについて解説します。

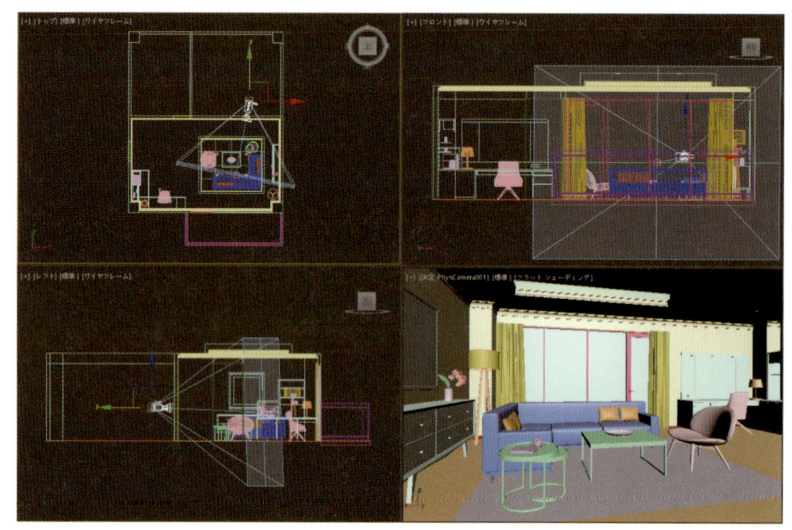

リビングのカメラ配置とビュー

8-1-1 カメラビューに入ってしまう壁の処理

実際の物件で内観を撮影しようとすると、壁があるため、限られた範囲でアングルをとらなくてはなりません。
モデリングした内観にも壁はありますが、壁がカメラビューに入らないように処理できるため、壁の向こうに視点を置くことができます。
もっともかんたんなのは該当する壁を非表示に切り替えることです。その他、レンダリング時だけ壁を表示しない方法も紹介します。

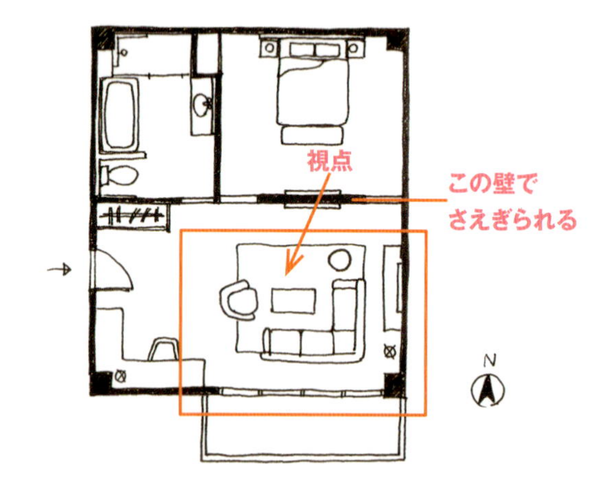

カメラを配置

1 新規レイヤ「00 カメラ」を作成します(→P.45)。

2 [作成] パネルの [カメラ] から [フィジカル] をクリックします。

3 トップビューで寝室の図のあたりをクリックして視点とし、ソファのあたりまでドラッグします。フィジカルカメラが配置されました。

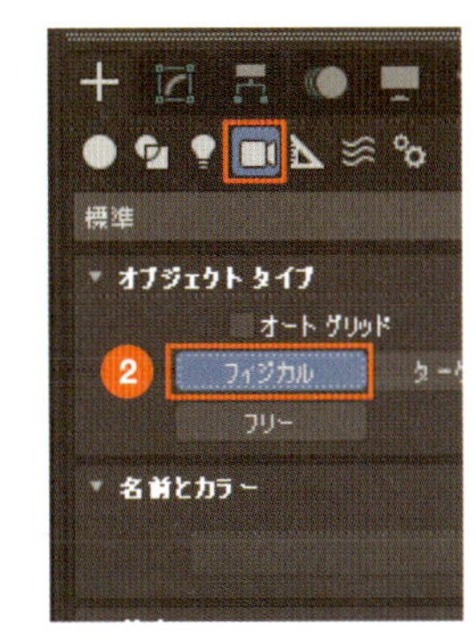

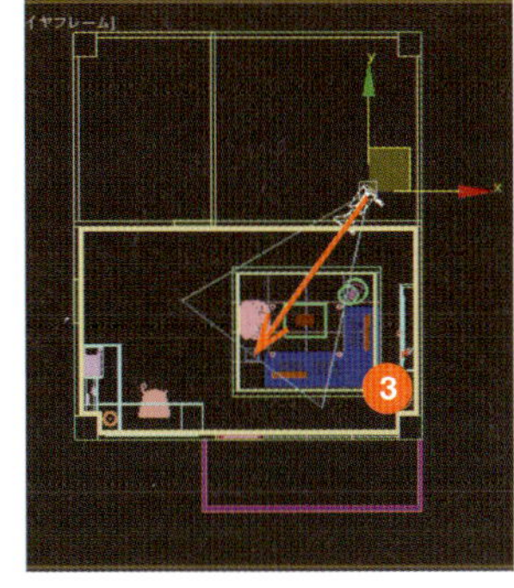

4 Z=0の高さに作成されるので、レフトビューを見ながら [選択して移動] ツールでカメラの高さを適当な位置に修正します。

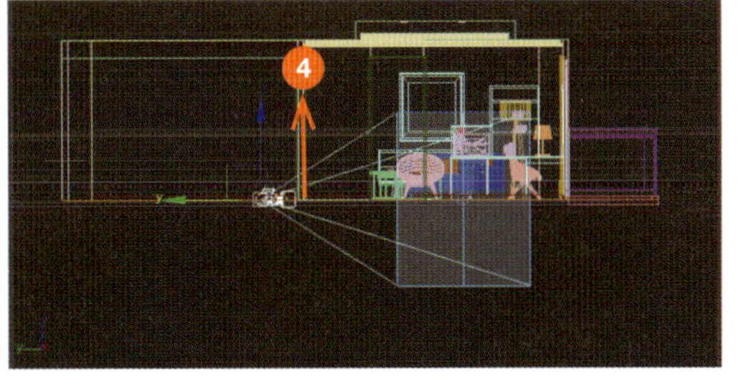

5 カメラが壁の向こうにあるため、この段階ではカメラビュー(→P.84)に壁しか写っていません

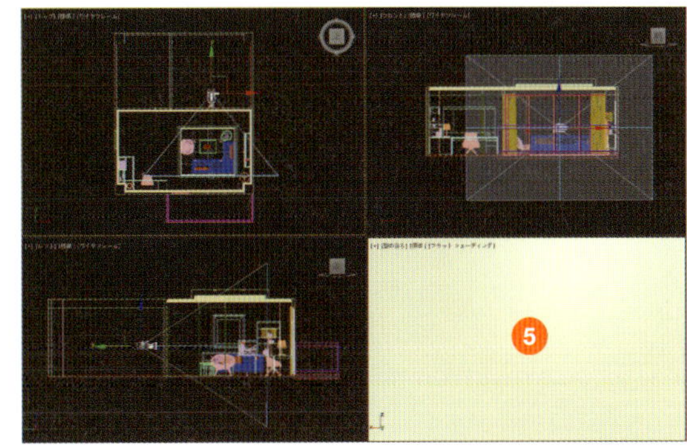

memo

ここで使用しているモデルには、寝室とリビングの間の壁に、壁掛けTVを配置しています。以降、壁と一緒にTVのレイヤも操作します。

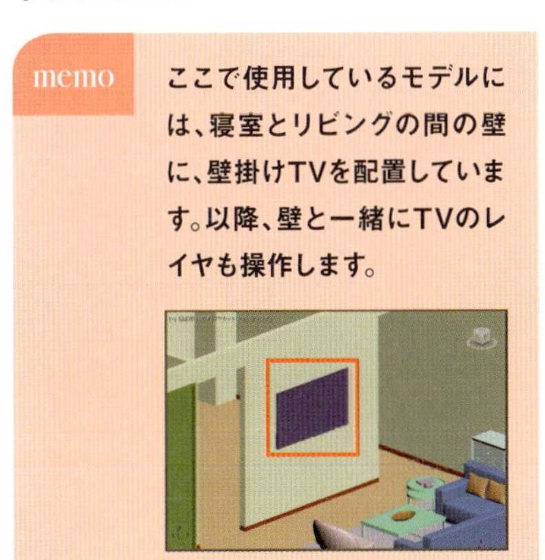

方法1:壁を非表示にする

1 シーンエクスプローラの「01 壁柱」レイヤを展開し、該当の壁オブジェクトの目の部分をクリックして非表示にします。

2 同様にして「07 TV」レイヤを非表示にします。

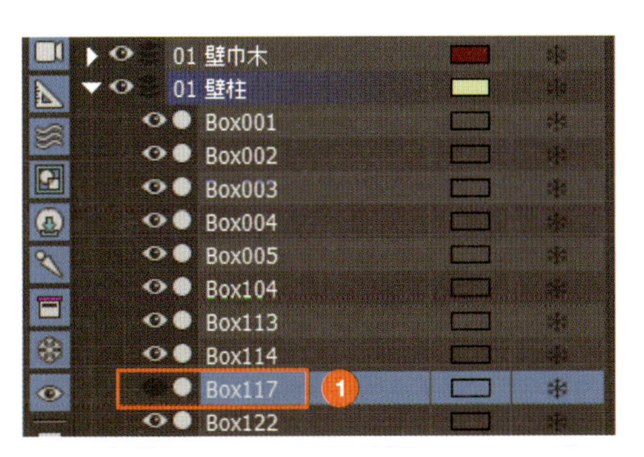

3 カメラビューにリビングのアングルが表示されます。

memo　非表示にしたい壁はオブジェクトに名前を付けたり、レイヤを別にしておくとわかりやすくなります。

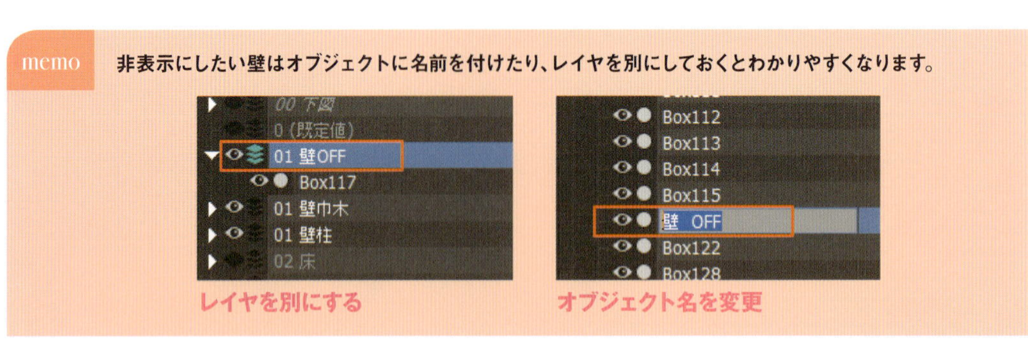

方法2:レンダリング時に壁を非表示

1 まず、壁掛けテレビの設定をします。「07 TV」レイヤを選択して右クリックします。

2 クアッドメニューから［プロパティ］を選択します。

3 ［レイヤのプロパティ］ダイアログボックスが開きます。［カメラに対して可視］のチェックを外して［OK］をクリックします。

4 次に非表示にする壁のオブジェクト(ここでは「Box117」)を右クリックし、［プロパティ］を選択して［レイヤのプロパティ］ダイアログボックスを開きます。

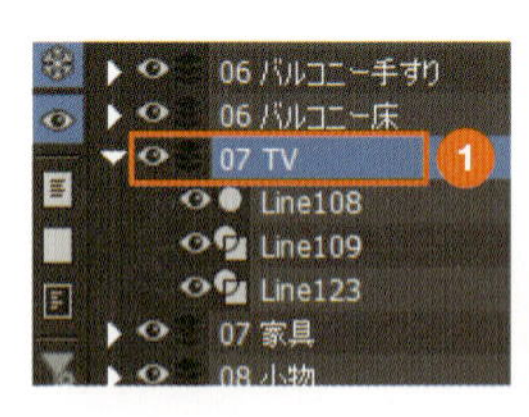

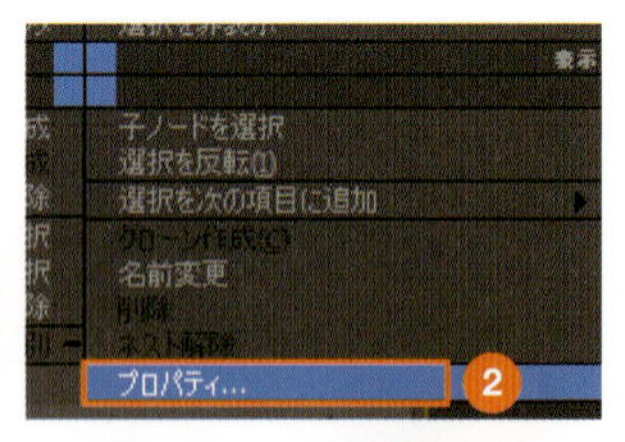

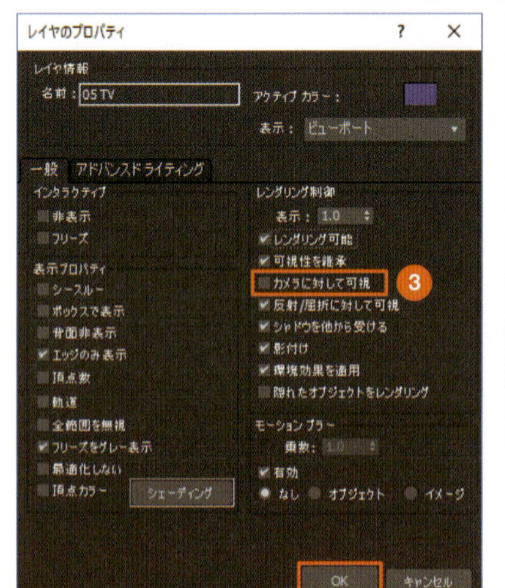

5 [レンダリング制御] の [レイヤ別] をクリックして、[オブジェクト別] に切り替えます。

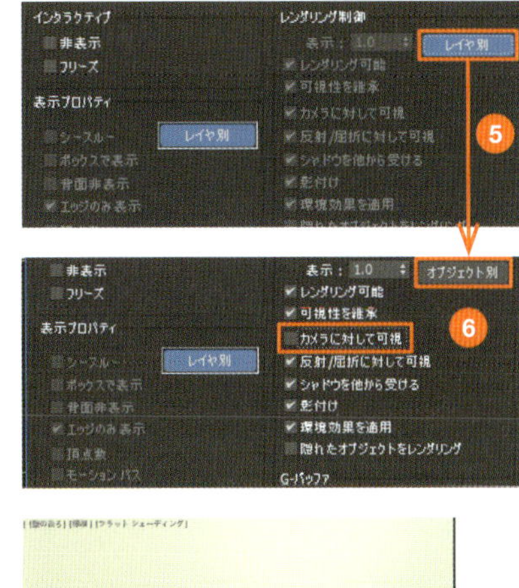

memo　**レイヤの中の一部のオブジェクトだけ設定を変えたい場合は、[オブジェクト別] に切り替えます。**

6 [カメラに対して可視] のチェックを外して [OK] をクリックします。

7 設定はこれで完了です。TVや壁自体を非表示にしているわけではないので、カメラビューでは壁しか表示されません。

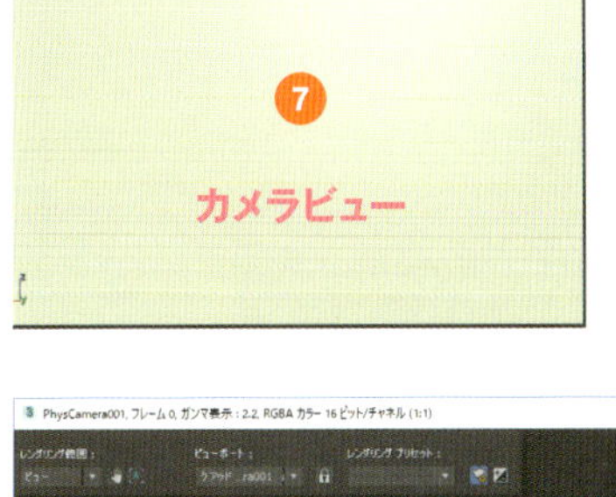

8 スキャンラインでレンダリングしてみます。カメラビューでは壁しか見えないのですが、レンダリングフレームウィンドウでは壁やTVはレンダリングされず、リビングのアングルでレンダリングされます。

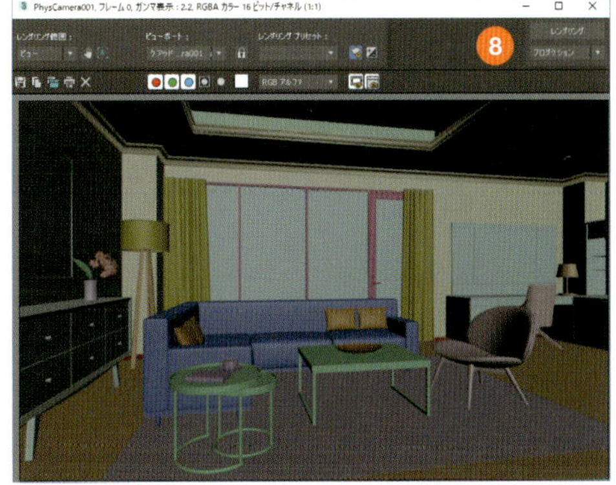

memo　**この方法は指定したオブジェクトがレンダリング時に非表示になりますが、たとえばガラスなどにそのオブジェクトが映り込んでいた場合、その映り込みは非表示になりません。レイヤでの非表示に比べて、他に影響が及ばないというメリットがあります。**

ガラスに反射マテリアル、室内にライトを配置したレンダリング画像

8-1-2 カメラの視野角度

内観は視点からターゲットまでの距離が短く、カメラのレンズでいう「広角」寄りの設定にしないと、家具や小物などがアングルに収まりません。このため、［視野を指定］の角度を広めに設定します。以下はカメラの位置を少し離して視野角度80°に設定したアングルと、カメラの位置を少し近づけて視野角度100°に設定したアングルです。無理に室内にカメラを配置して［視野を指定］の角度を大きくすると、間延びした印象になってしまいます。壁の表示は切り替えられるので（→P.212）、カメラは視野角度を広げすぎない位置に配置しましょう。

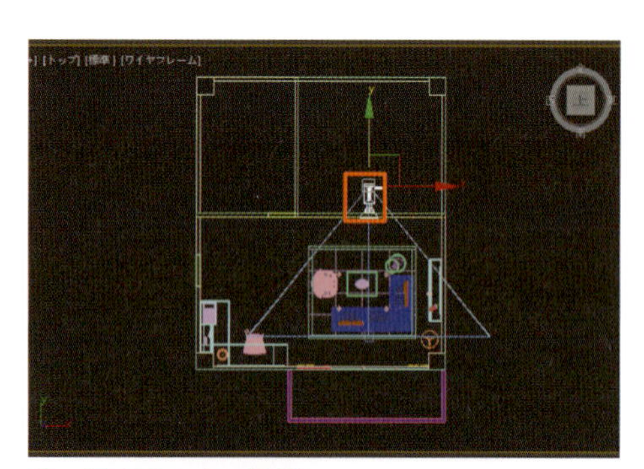

カメラは壁の向こう側

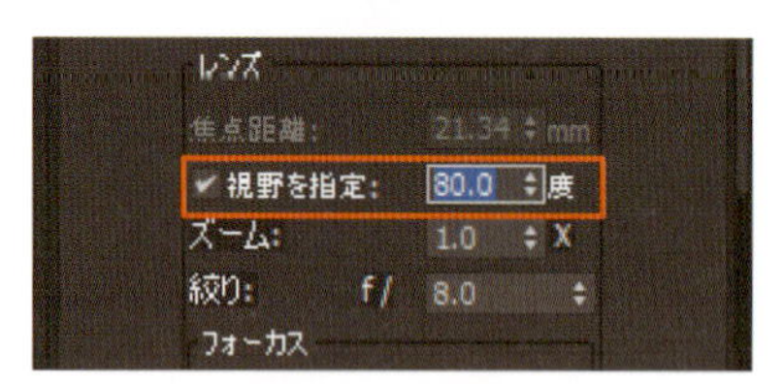

視野角度＝80°

80度の画角のアングル

広角になります。視点がもっと遠くになるとテーブルの上の小物表現が見えなくるため、全体が把握できる適切なアングルとなります。

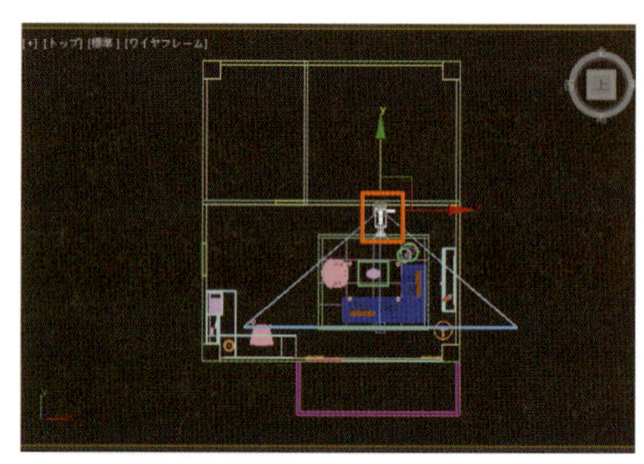

カメラは壁の手前側

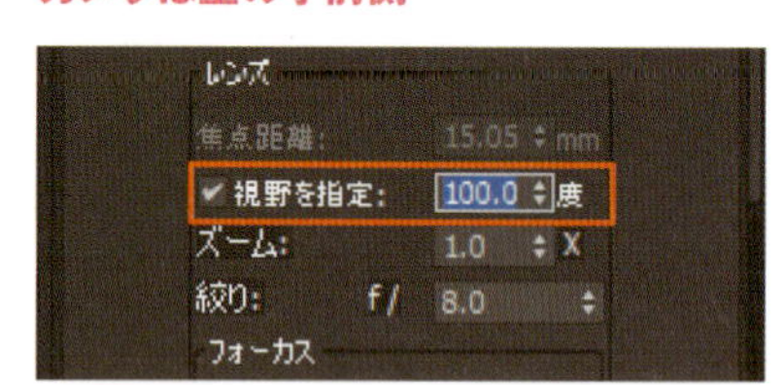

視野角度＝100°

100度の画角のアングル

超広角になります。右奥の電気スタンドまで入りますが、画角が広くなることで、手前の家具などが伸びたように見えます。

8-1-3 カメラの視点の高さ

外観では一般的なアイレベルとして1500mm程度の高さを設定していましたが、内観では座る位置を想定して高さを低くしたほうがアングルがよくなる場合があります。高さのちがうカメラを作成して、内観のベストなアングルを探してみましょう。

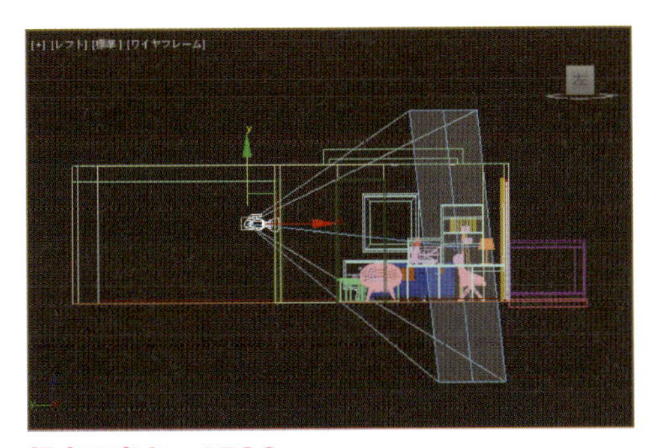

視点の高さ　1500mm

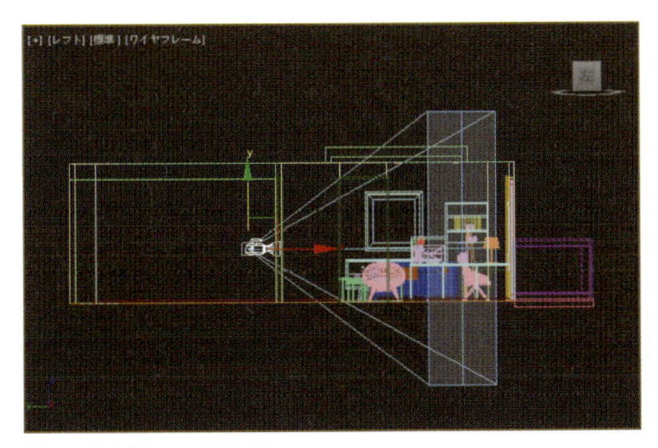

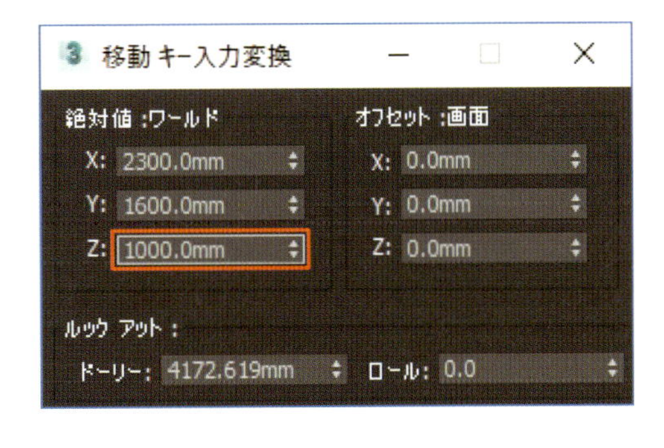

視点の高さ　1000mm

アングルを比べてみます。ソファとローテーブルを注意して見比べると、見え方のちがいがわかります。

視点の高さ　1500mm
人が立ってカメラで撮影した見え方です。ソファの座面がよく見えています。

視点の高さ　1000mm
低い視点です。椅子に座っている高さで見ることができます。

同じ部屋にダイニングテーブルを配置した場合のアングルを比べてみると、テーブルの上の面の見え方が変わります。器やグラスなどのテーブルセッティングを見せたい場合は、視点が高いほうが適しています。視点の高さは、天井や家具の高さ、見せたいものによって変えてみることをおすすめします。

視点の高さ　1500mm

視点の高さ　1000mm

memo

ダイニングチェアに座った視点の高さは1250mmくらいが平均値になります。

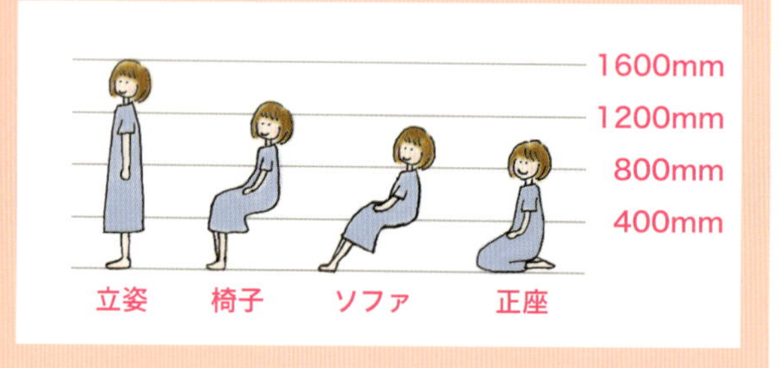

8-2 背景をぼかす

内観パースでは、手前の小物にピントを合わせて背景をぼかすアングルもよく使われます。背景のぼかしは[絞り]と[被写界深度を有効化]を使って設定します。

全体がはっきり

背景をぼかす

背景をぼかす

1 ここではソファ横の丸いサイドテーブルにあるコーヒーカップをターゲットにして、フィジカルカメラを配置(→P.213)します。

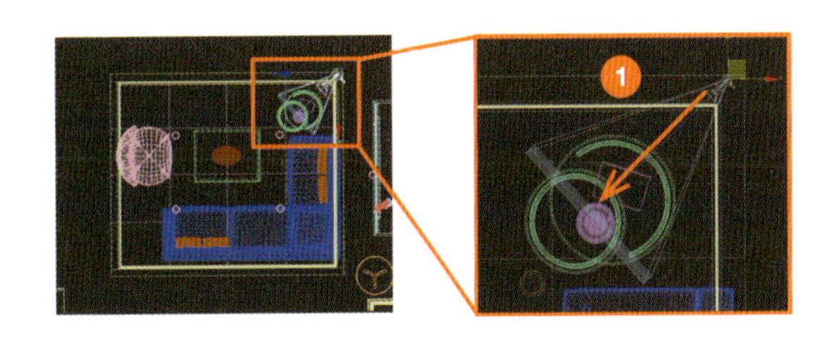

> **memo** カメラは奥行きのある方向に向けたほうが、ぼかしの効果が増します。

2 [修正]パネルを開きます。[絞り]を「1.4」にします。

3 [被写界深度を有効化]にチェックを入れます。

4 [ぼけ効果(被写界深度)]の[絞りの形状]は、[円形状]を選択します。

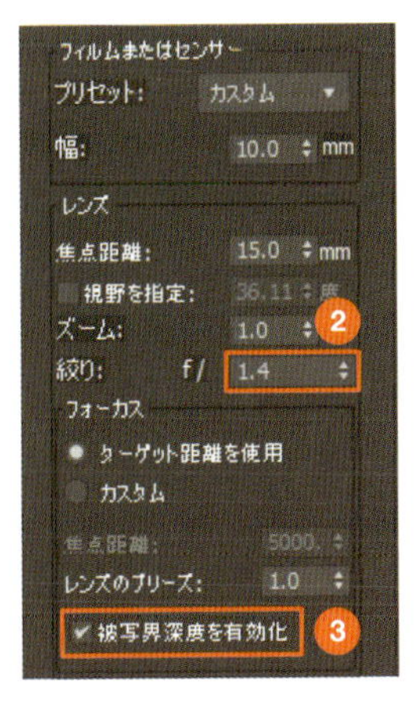

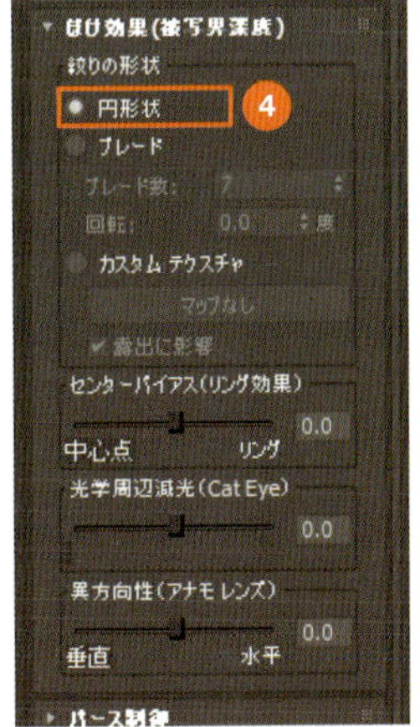

❺ コーヒーカップの周りの背景がぼけました。

memo

[絞りの形状] にある [ブレード] を使うと、ぼけの効果を [ブレード数] (エッジの数) で設定できるため、ライトの光などを多角形で表現できます。[回転] で回転角度を指定することもできます。

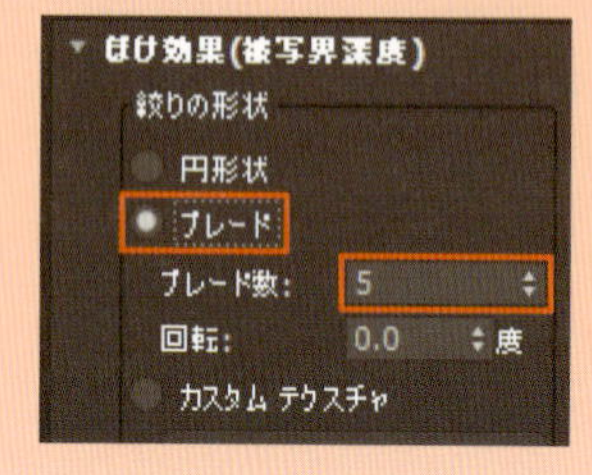

背景をぼかしたままターゲットを変える

❶ 背景をぼかす設定をしたカメラをコピーして、ターゲットをコーヒーカップから、器に移動してみます。カメラを右クリックし、[クローン作成] で [コピー] を作成します(→P.69)。

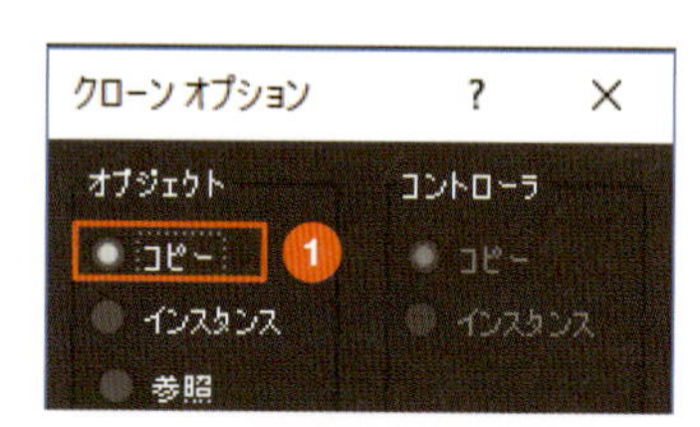

❷ 同位置にカメラがコピーされます。コピーしたカメラが選択された状態のまま右クリックし、[カメラターゲットを選択] を選択します。

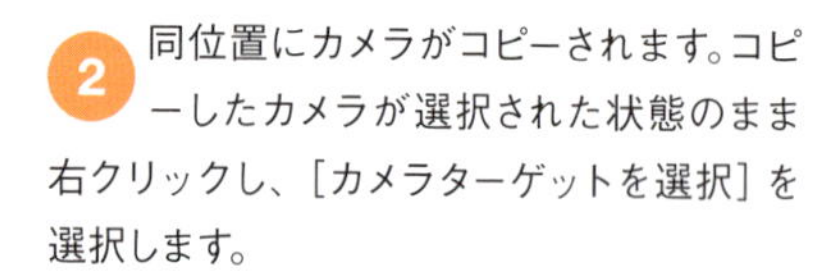

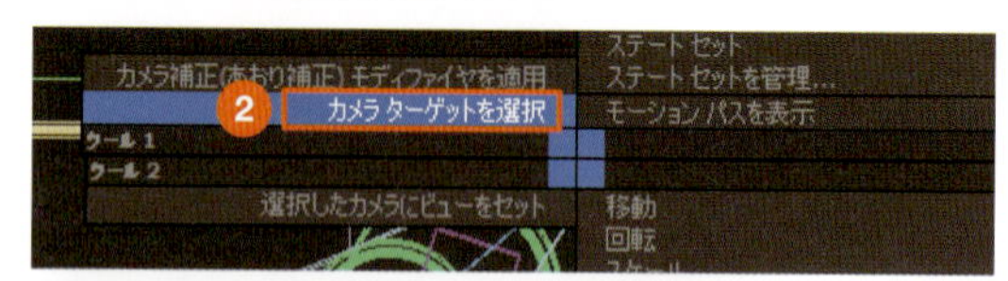

❸ 選択されたターゲットをドラッグして器へ移動します。

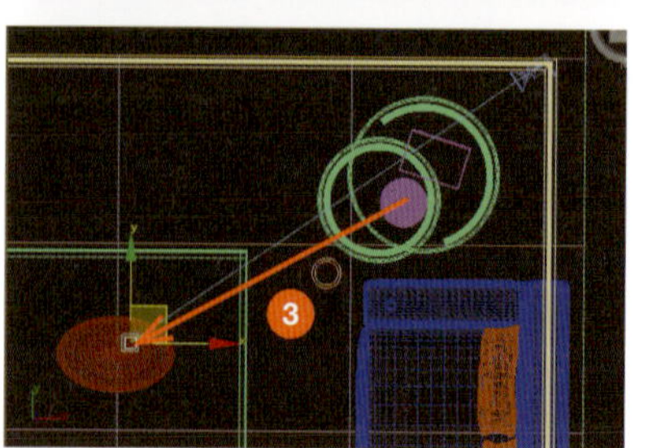

4 器にピントが合い、器の周りの背景がボケます。

5 器をターゲットにするとアングルが右方向にずれます（前ページ参照）。このズレを直す場合は、[修正] パネルの [パース制御] にある [レンズシフト] で調整します（→P.88）。[水平方向] と [垂直方向] の数値を少しずつ変えて調整します。

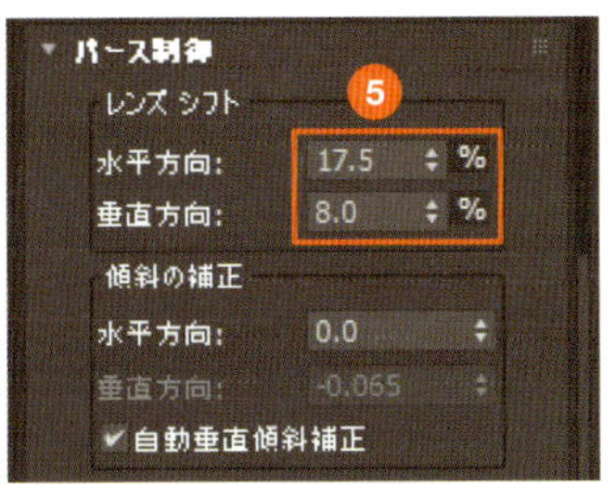

memo **この時、元のカメラビューとコピーしたカメラビューを並べて表示すると、調整がしやすいです。**

6 器にピントを合わせた状態で、元のカメラと同じようなアングルになりました。

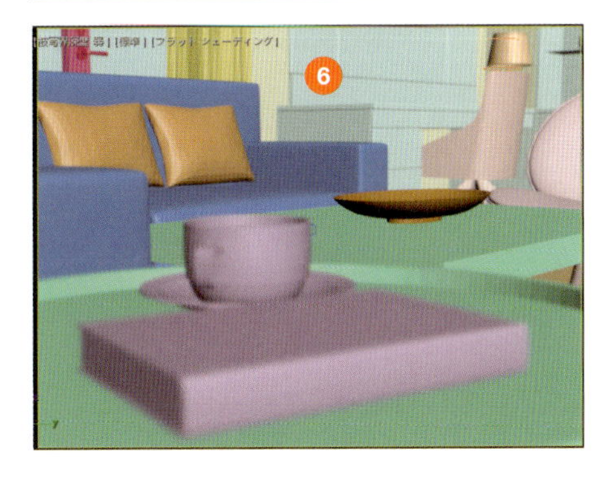

memo **被写界深度とは、パースや写真などでピントが合っているように見える範囲のことを指します。外観パースに比べ、内観パースは手前と奥のピントの合わせ方によってシーンの演出が変わってきます。建築パースはディテールを見せたいため、すべてにピントが合っている絵のほうが好まれます。**

column ビューからフィジカルカメラを作成

パースビューのアングルからフィジカルカメラを作成することができます。パースビューをアクティブにして、メインメニューの［ビュー］→［ビューからフィジカルカメラを作成］を選択します。ショートカットは、Ctrl＋Cキーです。「標準カメラ」もメインメニューから作成できます。

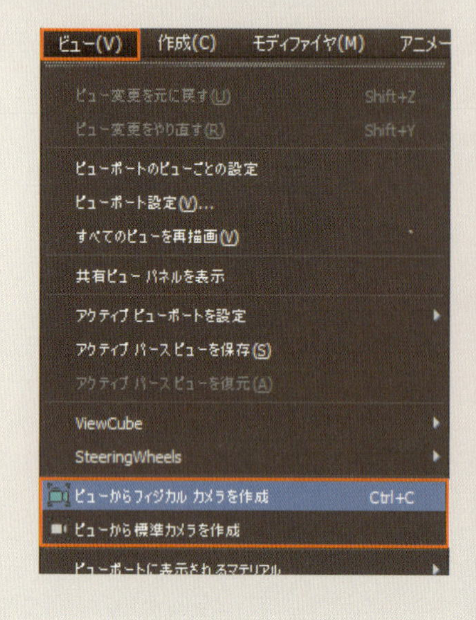

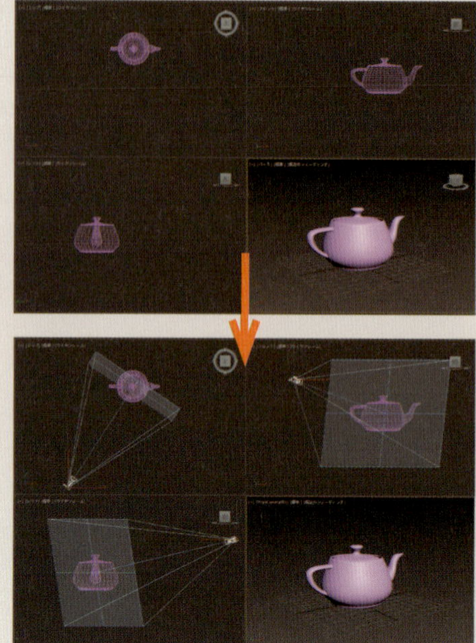

Chapter 9

内観の外光とライティング

9-1 内観の光源

外観は太陽を光源として配置しました。内観も太陽から差し込む光を光源としますが、照明を配置したり、家具などの反射光を補ったりするため、外観よりも多くの光源が必要です。ライトオブジェクトの配置操作は、オブジェクトタイプがちがっても外観の太陽とほぼ同じです。ここでは内観のライティングのポイントについて説明します。なお、ここではすでに小物や照明器具が追加された状態で説明します。

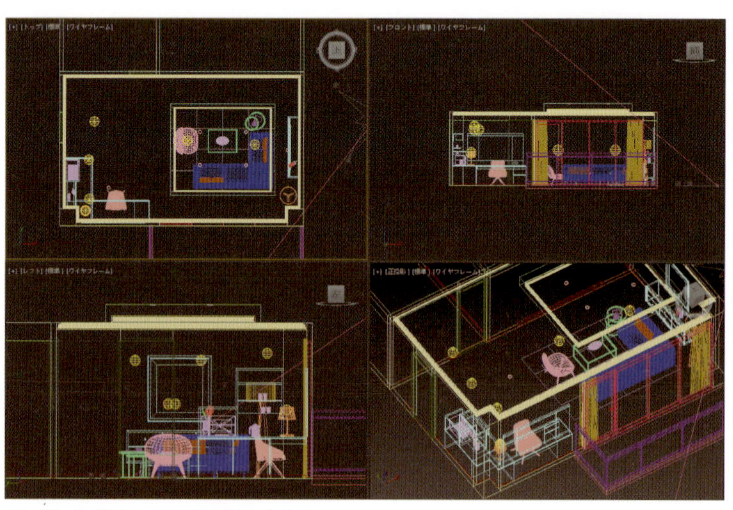

ライトオブジェクトを配置したビュー

9-1-1 照明器具の種類

内観には照明が必要です。打ち合わせ時や、詳細図にはさまざまな照明器具の名前が出てきます。最初に照明器具の名前と形を理解しておきましょう。採用する照明器具により、光り方も変わってきます。

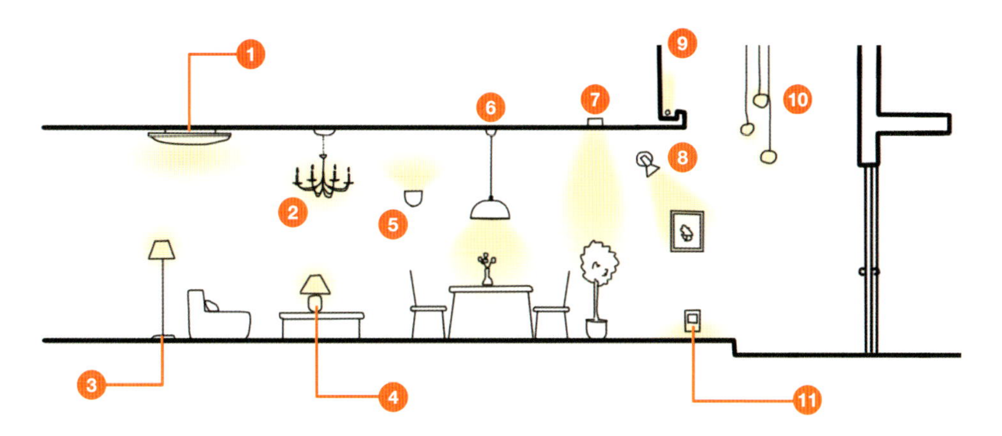

❶ シーリングライト
天井に直接取り付ける照明器具

❷ シャンデリア
天井から吊り下げる飾り電灯

❸ フロアスタンド
床に置く照明器具

❹ テーブルライト
机上や床などに置くか、取り付けて使用する照明器具

❺ ブラケット
壁に取り付ける照明器具

❻ ペンダントライト
チェーンやコードなどで、天井から吊り下げた照明器具

❼ ダウンライト
天井に埋め込んで取り付ける照明器具

❽ スポットライト
一点を集中的に照らす明かり

❾ 間接照明
天井や壁に光を反射する明かり

❿ 吹き抜け灯
吹き抜けなど広い空間を照らす明かり

⓫ フットライト
足元を照らす明かり

memo 3ds Maxで作成したライトのレンダリング画像です。

フロアスタンド

ダウンライト

間接照明

デスクランプ

9-1-2 内観で使うライトの種類

照明や室内の補助光は、さまざまなライトオブジェクトで表現することができます。ライトの種類は3つあり、使用するレンダラーによって種類を決めるのは、外観と同じです。比較的簡易なスキャンラインレンダラーなどを使う場合は［標準］、物理計算による高精度なレンダラーを使用する場合は［フォトメトリック］を使います。［Arnold］を使う場合は、専用の［Arnold］ライトが用意されています。

標準

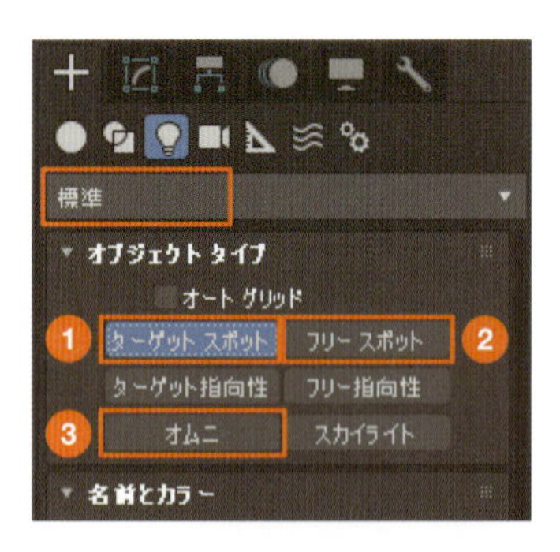

1. ターゲットスポットはクリック→ドラッグで配置します。光を当てる位置（ターゲット）を指定したライティングが可能です。
2. フリースポットはクリックで配置します。ターゲットオブジェクトを持たないため、ライト自体の移動や回転で照準を定めます。
3. オムニはクリックだけで配置します。全方向に発光するため補助光などに利用できます。

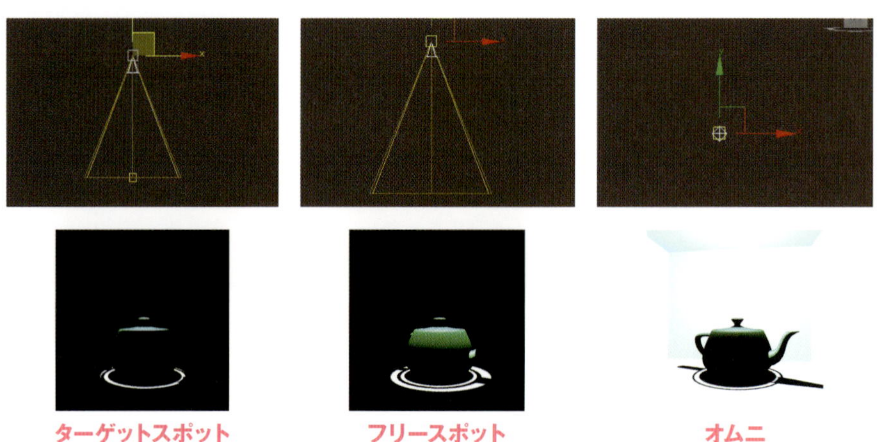

ターゲットスポット　フリースポット　オムニ

フォトメトリック

4. ターゲットライトはクリック→ドラッグで配置します。1と同じく、光を当てる位置（ターゲット）を指定したライティングが可能です。
5. フリーライトはクリックで配置します。2と同じく、ターゲットオブジェクトを持ちません。

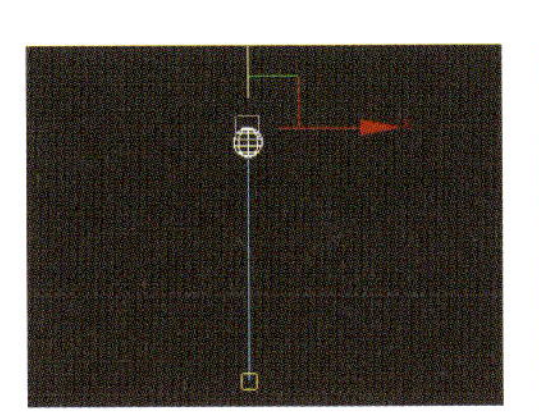

ターゲットライト

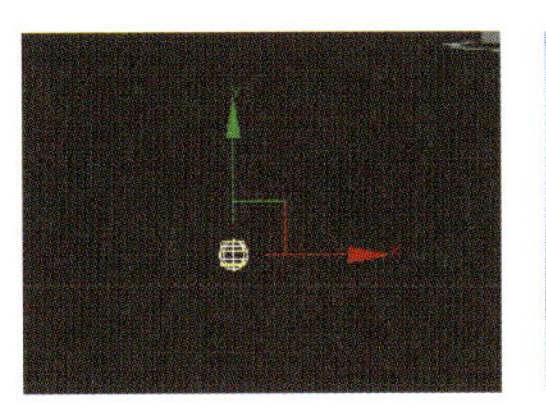

フリーライト

memo

ターゲットライトとフリーライトのパラメータでは、[ライトの配光(タイプ)] が選択できます。その種類は、[スポットライト] [フォトメトリックウェブ] [均一の拡散反射光] [均一の球状] があり、初期設定は点光源で均一に光る [均一の球状] です。

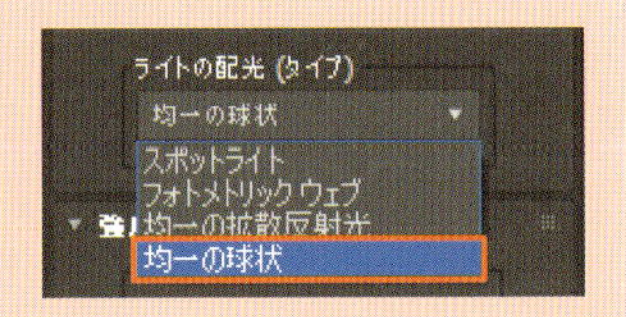

Arnold

6 Arnold Lightはクリック→ドラッグで配置すればターゲットを指定でき、クリックだけで配置すればターゲットを持たないライトになります。さまざまなパラメータがあり、Arnoldレンダラーに最適化したライティングを実現します。

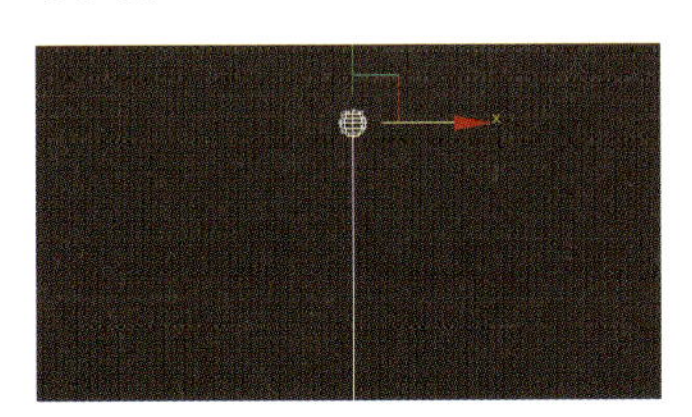

Arnold Light

memo

Arnold Lightのパラメータでは、ライトのタイプが初期設定で [Quad] (四角形) に設定されています。パラメータの [Shape] にある [Emit Light From] の [Type] で、他のタイプが選択できます。

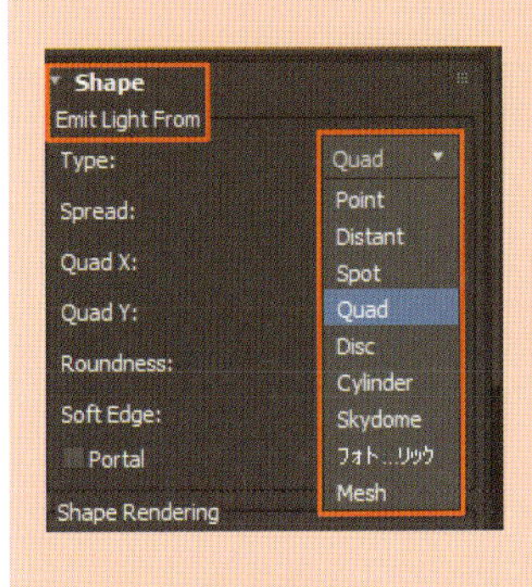

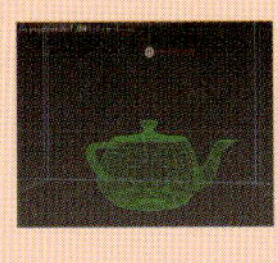

Point

Pointライトは点光源です。フォトメトリックの [ライトの配光 (タイプ)] にある [均一の球状] と同じ意味になります。

Mesh

Meshライトは、任意のメッシュオブジェクトを自ら発光するライトオブジェクトに置き換えます。

9-1-3 ライティングの準備ーマテリアルを白に変更ー

マテリアルはライティングの後に設定しますが、レンダリング後のライトの確認がわかりやすくなるように、ここでは先に室内のオブジェクトに白いマテリアルを設定しておきます。

白いマテリアルを作成

1 マテリアルエディタを開き、フィジカルマテリアルを新規作成します（→P.99）。

2 作成したマテリアルノードの名称をダブルクリックし、パラメータを表示します。［プリセット］から［マットペイント］を選択します。

3 カラーが青色のため、［ベース カラーと反射］の色ボックスをクリックして、［カラーセレクタ］ダイアログボックスを開きます。

4 色を白に変更しますが、明度を少し下げたいので、［明度］の数値を「0.8」にします。［OK］をクリックします。

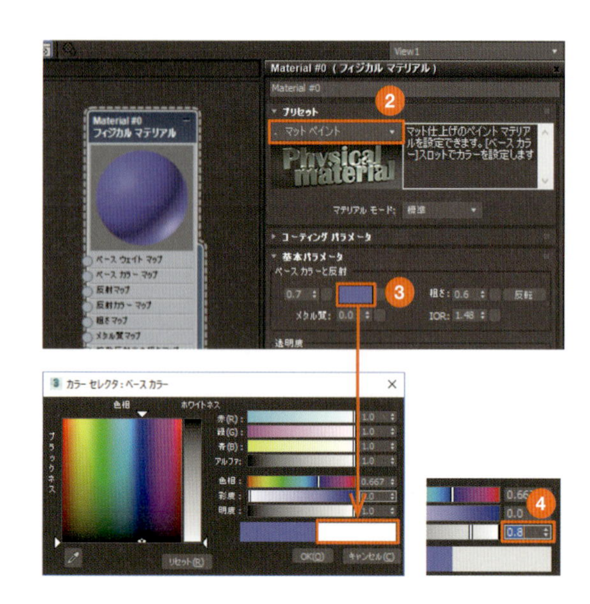

マテリアルを割り当てる

5 オブジェクトをすべて選択します。

6 作成したマテリアルノードの右側の丸印をオブジェクトにドラッグします。

7 ［マテリアルを割り当て］ダイアログボックスが開きます。［選択に割り当て］を選択して［OK］をクリックすると、マテリアルが割り当てられます。

memo

56の操作は、マテリアルエディタのツールバーにある［マテリアルを選択に割り当て］ツールをクリックしてもできます。

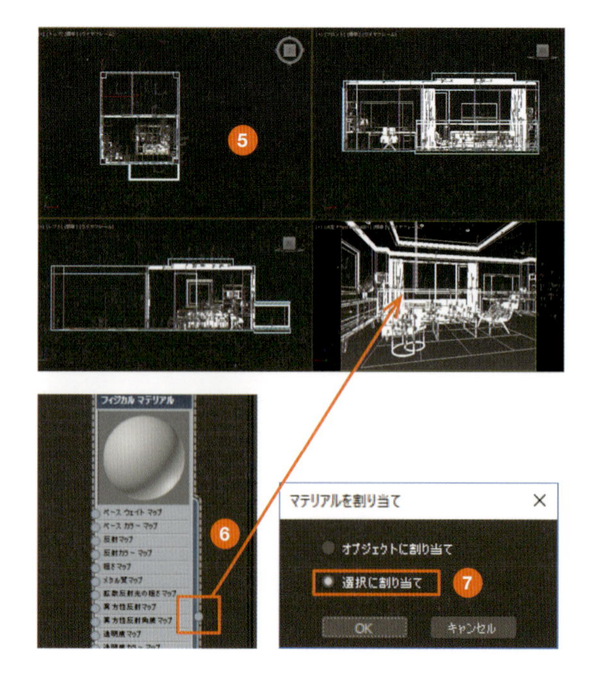

8 簡易的なレンダリングを実行して、室内全体がモノクロになっているかを確認します。これですべてのマテリアルが白に設定されました。

memo

ライティングもレンダリング設定もしていないため、スキャンラインレンダラーでレンダリングしています。次の10章でマテリアル設定をします。

column

明るさの単位

光の明るさは［強度］のパラメータで設定しますが、ここには「ルーメン（lm）」「カンデラ（cd）」「ルクス（lx）」の3種類の単位があります。それぞれの単位の意味は下記のとおりです。一般的に 1 カンデラはろうそく 1 本分の明かりといわれています。

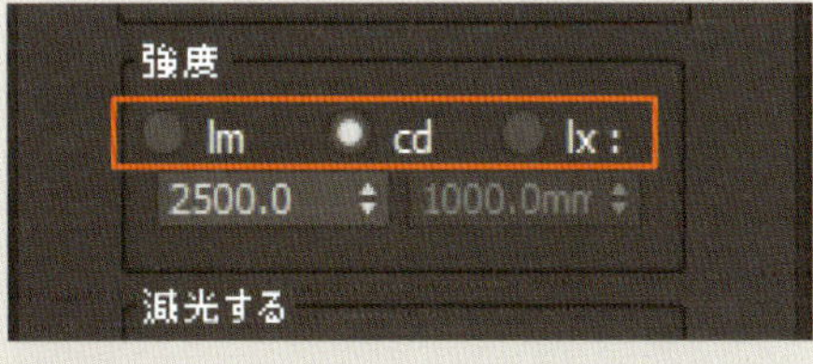

光束［lm：ルーメン］
単位時間当たりの光の量

光度［cd：カンデラ］
ある方向への光の強さ
単位立体角当たりの光の量

照度［lx：ルクス］
光を受ける面の明るさで
単位面積当たりに入射する光の量

9-2 室内に差し込む外光

昼景の場合、外からの光も入れて演出します。外光は建物の外側に太陽を配置して作成します。太陽の配置方法は外観と同じなので、そちらを参照してください（→P.124）。ここでは太陽を使わない外光の作成方法と、太陽の位置と光の入り方の関係を説明します。

9-2-1 ライトが含まれた環境で外光を表現

正確な日照条件が不要な場合は、背景にライト（太陽や空の発光）が含まれた環境［フィジカルサン&スカイ環境］を使えば、太陽を配置しなくても外光を表現することができます

フィジカルサン&スカイ環境を初期設定でレンダリング

ARTレンダラー

Arnold

スキャンラインレンダラー

memo

どのレンダラーを選択するかによって、ライトの設定は変わってきます。最初にレンダラーを決めてから、ライティングをしましょう。スキャンラインレンダラーでレンダリングを行うと、フィジカルマテリアルの多くの要素が反映しません。9-2ではArnoldでレンダリングしています。

環境を設定

1 メインメニューの［レンダリング］→［環境］を選択して、［環境と効果］ダイアログボックスを開きます。

2 ［バックグラウンド］の［環境マップ］をクリックします。［マップ］→［環境］の順で展開し、［フィジカルサン&スカイ環境］を選択します。

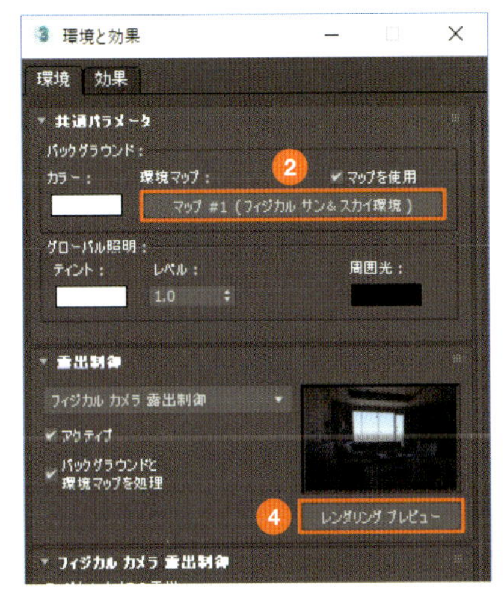

3 「04 ガラス」レイヤを非表示にします。

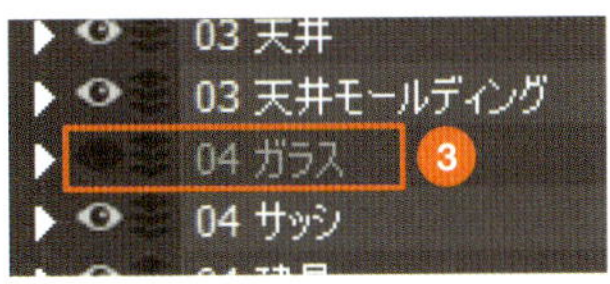

> memo
>
> **この段階ではまだガラスにマテリアルを設定していないため、そのままレンダリングすると真っ暗になってしまいます。このため開口部のガラスのレイヤを非表示にしています。**

4 ［レンダリングプレビュー］をクリックします。

5 レンダリングプレビューで明るくなったことが確認できます。

6 レンダリングします。［フィジカルサン&スカイ環境］の外光が表現されます。

9-2-2 [フィジカルサン&スカイ環境]の光の調整

[フィジカルサン&スカイ環境]の光の強度は調整できます。環境の調整は、マテリアルエディタで行います。ここでは後から内観のライトを追加することをふまえ、外光の強度を少し弱めます。

光の強度を変更

1. メインツールバーの[マテリアルエディタ]ツールをクリックして、マテリアルエディタを開きます。

2. [環境と効果]ダイアログボックスの[フィジカルサン&スカイ環境]をマテリアルエディタのビューにドラッグします。

3. [インスタンス(コピー)マテリアル]ダイアログボックスが開きます。[インスタンス]が選択された状態で[OK]をクリックします。

4. 作成されたマテリアルの名称部分をダブルクリックし、パラメータを表示します。

5. [グローバル]の[強度]の数値を小さくします(ここでは、1→0.1)。

6. [環境と効果]ダイアログボックスに戻り、[露出制御]が[フィジカルカメラ露出制御]になっていることを確認して、[フィジカルカメラのEV補正]の値を上げます(ここでは[4.0EV])。

7. [レンダリングプレビュー]をクリックして、白とびや光の強さを確認します。

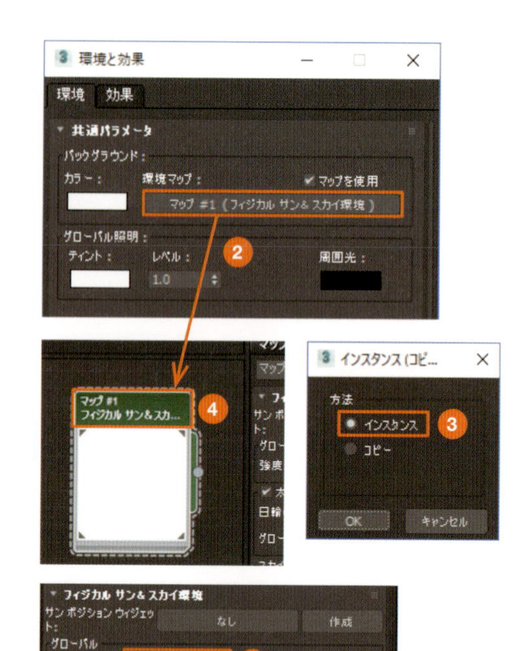

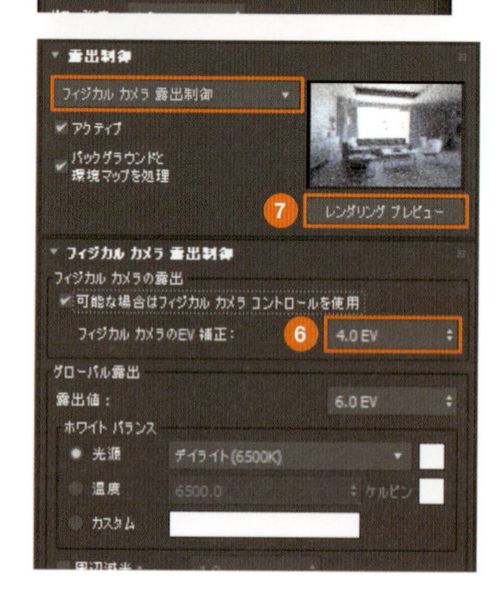

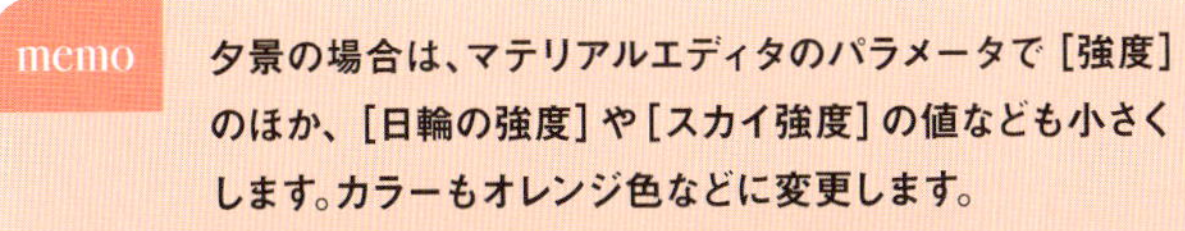

memo

夕景の場合は、マテリアルエディタのパラメータで［強度］のほか、［日輪の強度］や［スカイ強度］の値なども小さくします。カラーもオレンジ色などに変更します。

［フィジカルサン&スカイ環境］を夕方の光に調整

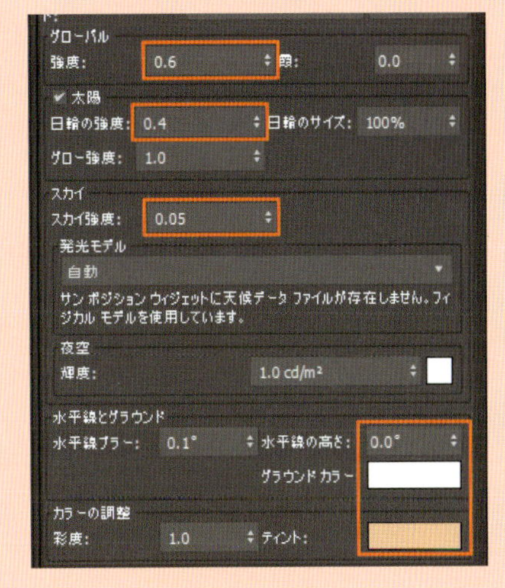

9-2-3 太陽の位置と光の入り方

太陽の高さや建物までの距離によって室内に入る光は変わってくるので、いろいろと検討してみましょう。ここでは［サンポジショナ］(→P.124) の太陽を配置しています。サンポジショナを配置すると、自動的に環境が［フィジカルサン&スカイ環境］に割り当てられます。

建物からの距離が近く、高い太陽

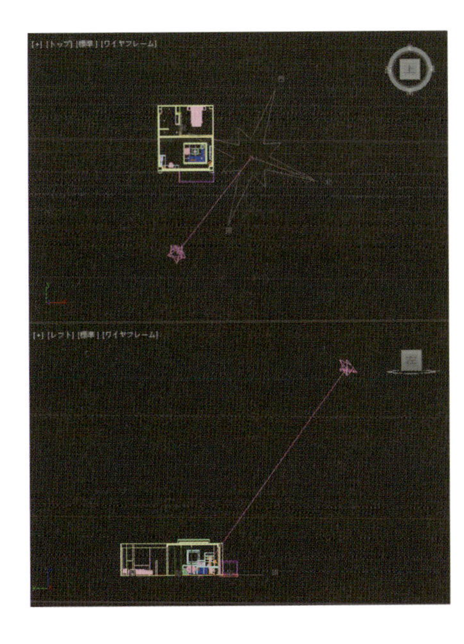

正午頃の高い太陽は、室内に光があまり入ってきません。ここではソファの後ろに少し光が落ちています。また、建物から近い距離に太陽を配置しているので、差し込む光が強くなっています。

建物からの距離が近く、低い太陽

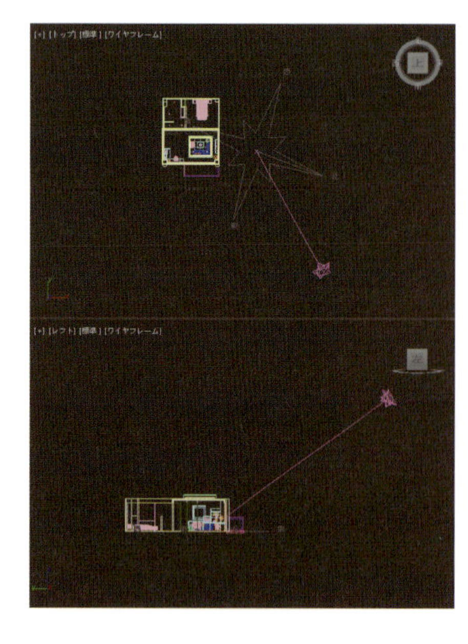

朝夕の低い太陽は、高い太陽に比べ室内に多くの光が差し込みます。こちらも太陽と建物の距離が近いので、光が強くなっています。

memo

CGパースでは、きれいな画像を作成するために図面の東西南北を使用しない場合があります。光は重要なので、方位を無視しても大丈夫なら、完成のイメージに近い方位や位置に太陽を配置しましょう。ここでは［北方向のオフセット］を110°にして、方位を回転しています。

太陽と建物の距離が近いと差し込む光が強いため、影がはっきりと出ます。また、差し込む方向によって反映される影の形もちがってくるため、影も考慮して太陽の位置を調整しましょう。

手動で建物から遠い距離に配置した太陽

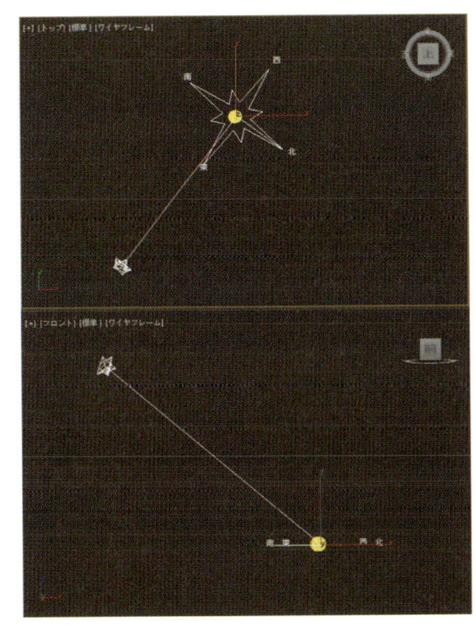

太陽を建物から遠い位置に移動し、角度もやや調整しました。距離を離したため、光の感じが少し柔らかくなっています。内観のアングルは外光が強すぎないようにまとめたほうが、部屋の雰囲気を生かせます。

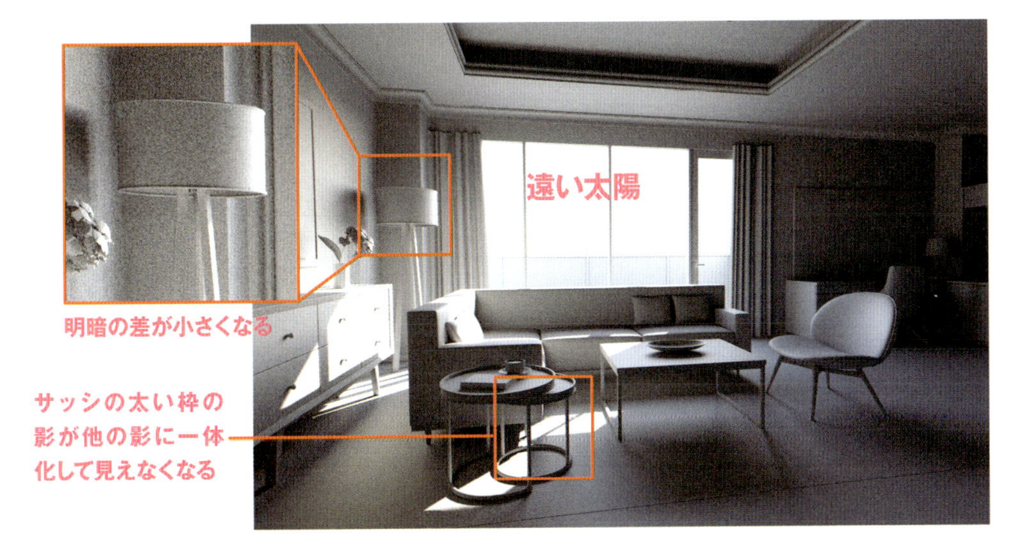

memo

サンポジショナで太陽の位置を任意で移動する場合は、[日付と時刻モード]を[手動]にします（→P.125）。

日付と時刻モード
日付、時刻、場所
天候データ ファイル 設定
手動

9-3 照明や補助光を配置する

照明や補助光をライトオブジェクトで配置します。室内は精度の高い画像をつくりたいので、「ARTレンダラー」と「Arnold」を使う前提で説明します。

9-3-1 フリーライトの配置

室内にライトオブジェクトを配置します。本書のARTレンダラーの例では［フォトメトリック］の［フリーライト］を使います。まず、フリーライトの配置方法を説明します。

フリーライトを配置

1 新規レイヤ「00 ライト」を作成します（→P.45）。

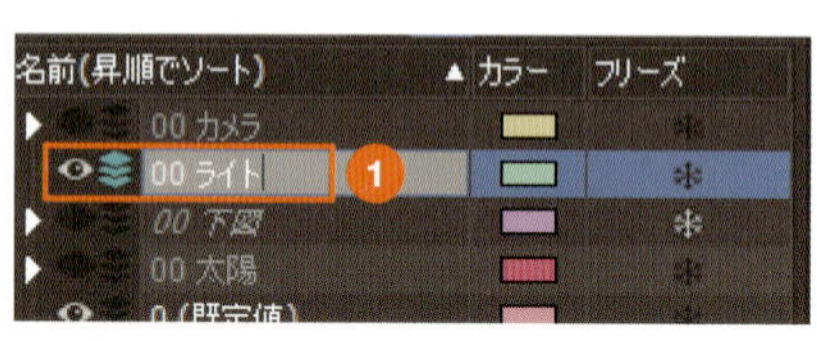

2 ［作成］パネルの［ライト］から［フォトメトリック］を選択し、［フリーライト］をクリックします。

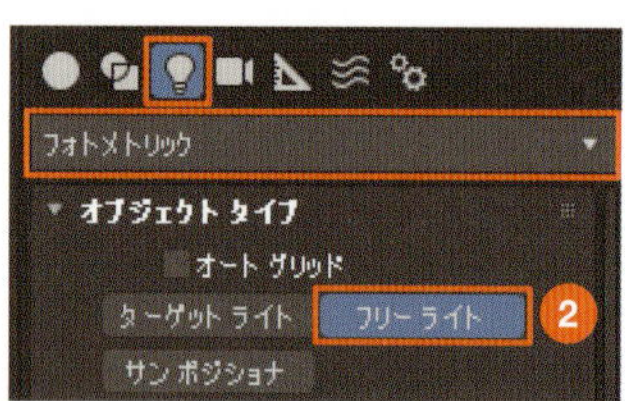

3 トップビューでライトを配置したい位置をクリックします。

4 ［選択して移動］ツールをオンにして、フロントビューでフリーライトを配置したい高さに移動します。これでフリーライトの配置が完成です。

5 ここではフリーライトをコピーして、複数のライトを配置しています（次ページ参照）。

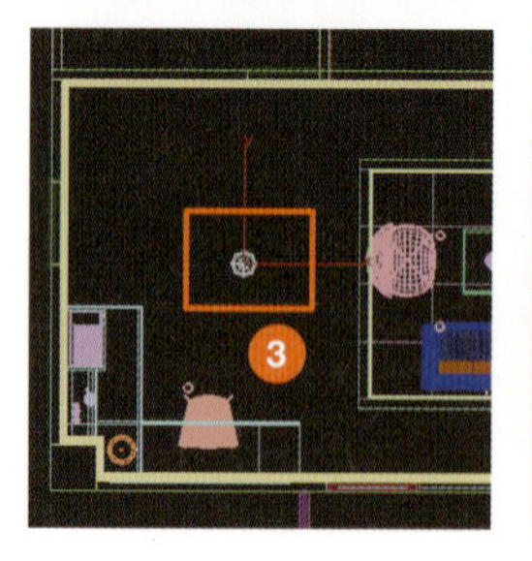

memo

同じ設定値のライトを配置する場合は、［インスタンス］でコピーすると効率的です。後で設定を変更したいライトは［コピー］で配置します。

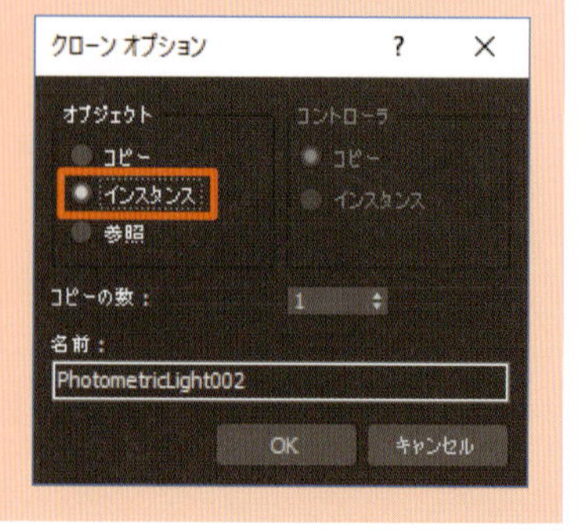

9-3-2 リビングにライトを配置 −ARTレンダラー−

この例では図のようにフリーライトを配置しました。最終イメージは昼景を予定しているため、照明器具のダウンライトやフロアランプには、ライトを配置していません。このように、最終イメージに合わせて照明器具を光らせるかどうかを判断しましょう。なお、照明計画の図面があり、ライティングの指定があれば、それに従う場合もあります。また、ライトはマテリアルを割り当てた後に調整することがよくあります。

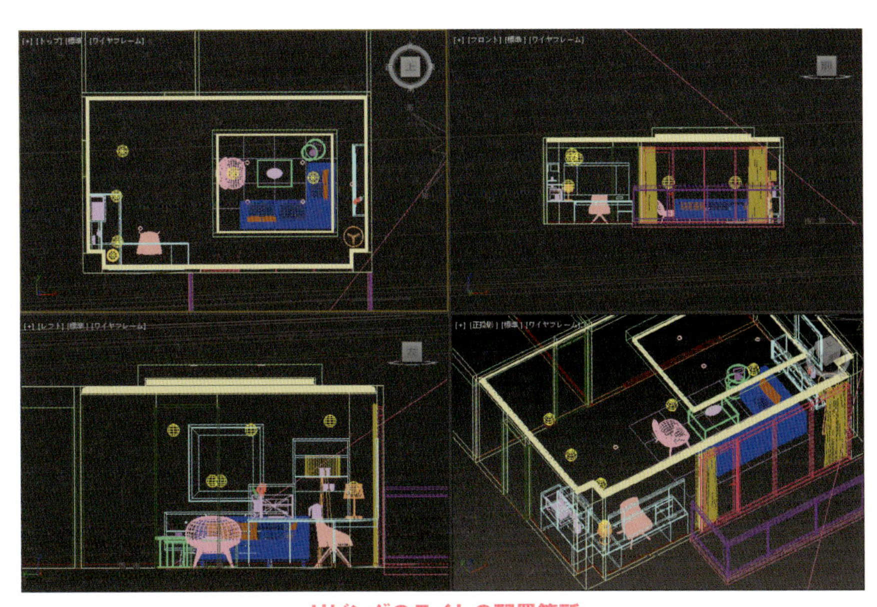

リビングのライトの配置箇所

レンダリング結果（ARTレンダラー）

テストレンダリングで光の不足箇所を確認

テストレンダリングしながら、足りない光や演出したいポイントを考えます。昼景であっても照明があったほうがいい場合は、照明器具のライトも配置します。また、レンダリング結果の画面には含まれない箇所（ここではドア寄りの上部）にライトを配置して、補助光を補うテクニックもあります。

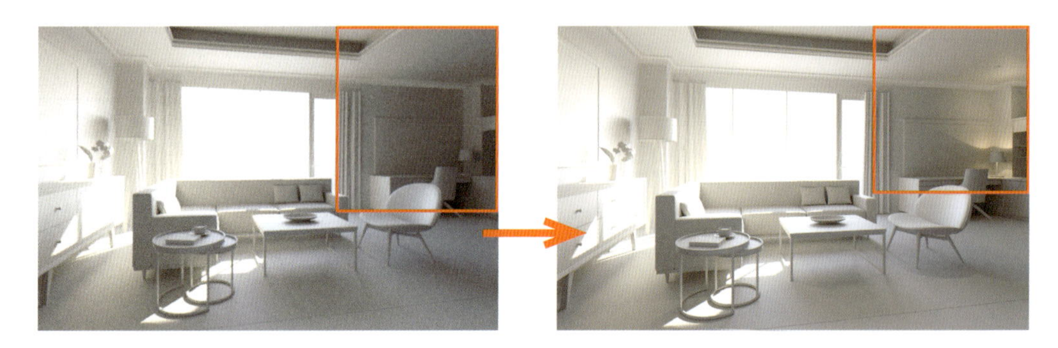

ライトオブジェクトに名前を付ける

ライトは複数配置するため、ライトオブジェクトに名前を付けておくと、ライト情報の混乱を避けられます。この例では次のように名前を付けています。

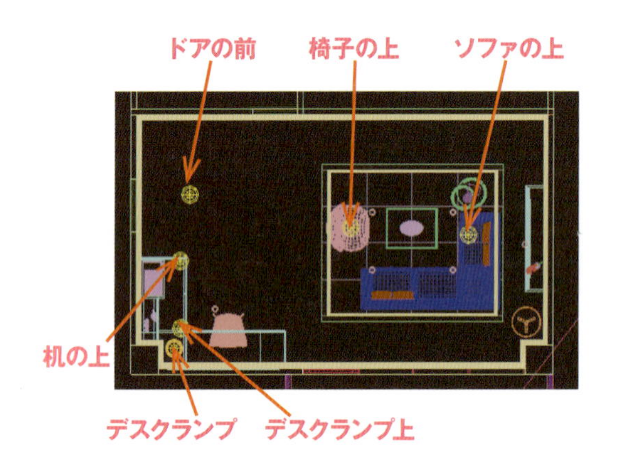

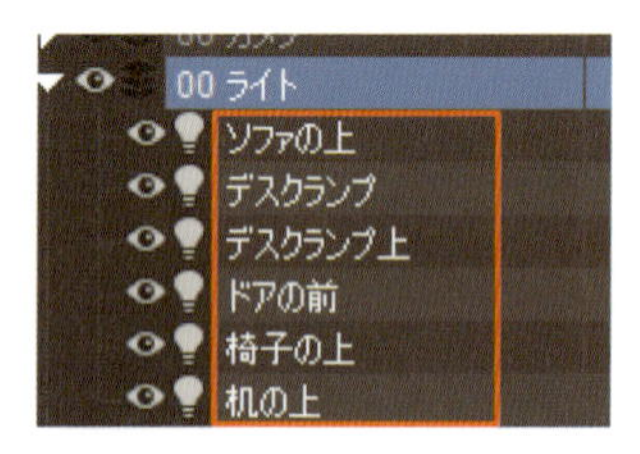

memo

インスタンスで配置したライトは［修正］パネルで太字で表示されます。［修正］パネルの［固有にする］ボタンをクリックすると、インスタンスが解除され個別のライトになります。個別のライトになると、細字の表示になります。

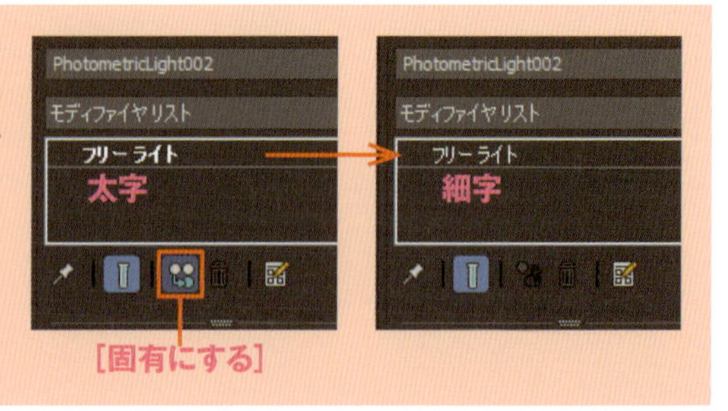

フリーライトのパラメータを調整

1 配置したライトにパラメータを設定します。ここでは「デスクランプ上」のライトを選択し、[修正] パネルを開きます。

[シャドウ]
影は非表示にしたいので [オン] のチェックを外す

[カラー]
[ケルビン] を選択して、「4500」に設定
(次ページのコラム参照)

[強度]
[cd] (カンデラ) を選択 (→P.229) して、「500」に設定

[ライトの配光 (タイプ)]
[均一の球状] になっていることを確認

2 他は初期設定のままにします。

3 以下を参考に、他のライトも設定します。この例では次のように設定しています。表記がない設定は**1**と同じです。

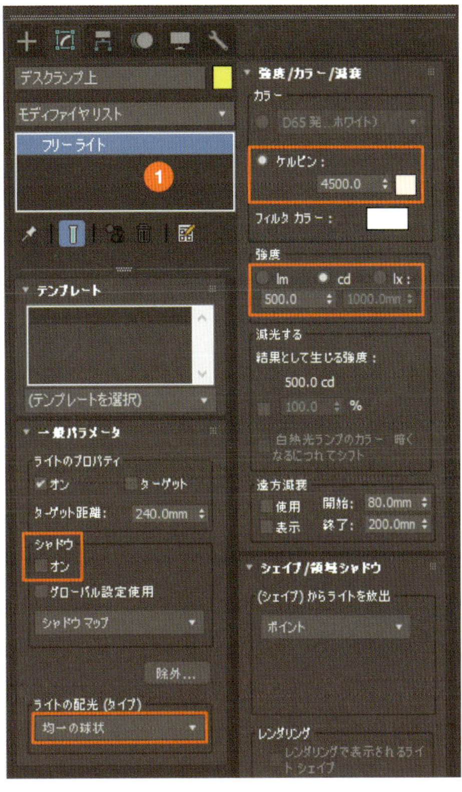

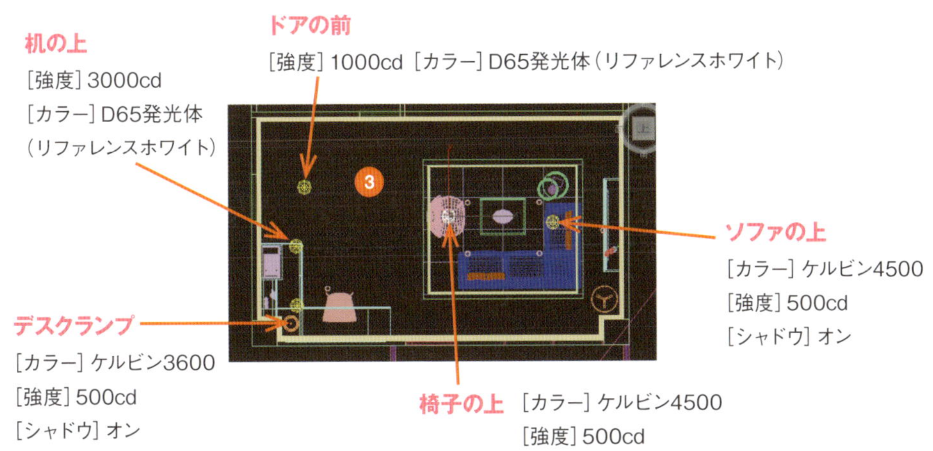

memo

メインツールバーの [すべて] をクリックして [L-ライト] を選択すると、ライトだけを選択できる状態になります。オブジェクトが多くなると、意図しないものを選択してしまうため、ライトの数が多いときには便利な機能です。ライトの設定が終わったら元の [すべて] に戻しておきましょう。

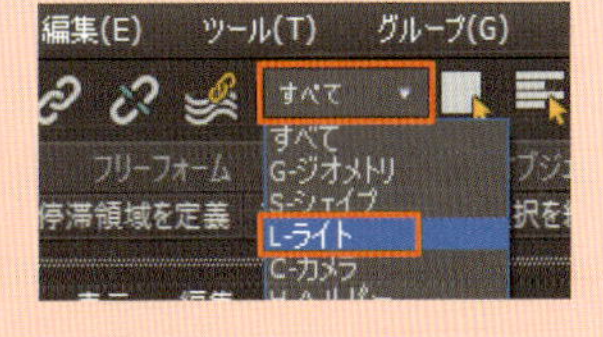

column 光の色（ケルビン）

光の色を色温度で表したものが「ケルビン」です。単位は「K」で、数値が大きいほど青みを帯び、小さいほど黄色みを帯びます。

カラーで黄色やオレンジ色を作成すると、コピーしたライトを変更したりする場合に、色作りが困難になります。ケルビンなら数値で考えられるので、とても作業効率がよいです。

フリーライト

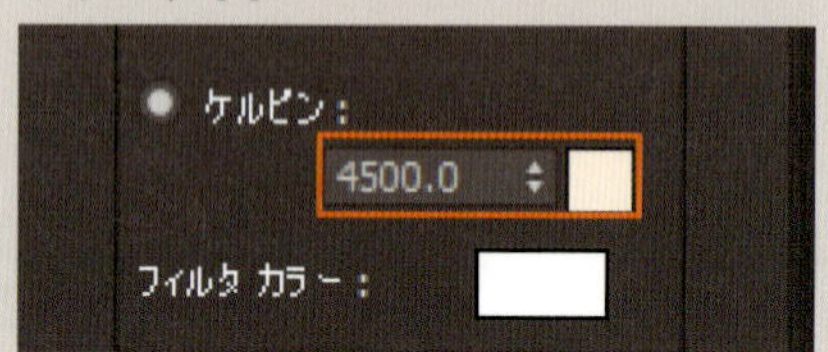

Arnold light

column ライトをオフにする

ライトはここまでのオブジェクトのように、シーンエクスプローラでレイヤやオブジェクトを非表示にしても、オフになりません（光が消えません）。
配置したライトをオフにしたい場合は、［修正］パネルの［ライトのプロパティ］の［オン］のチェックを外すか、［ライトリスト］ダイアログボックス（→P.244）の［オン］のチェックを外します。

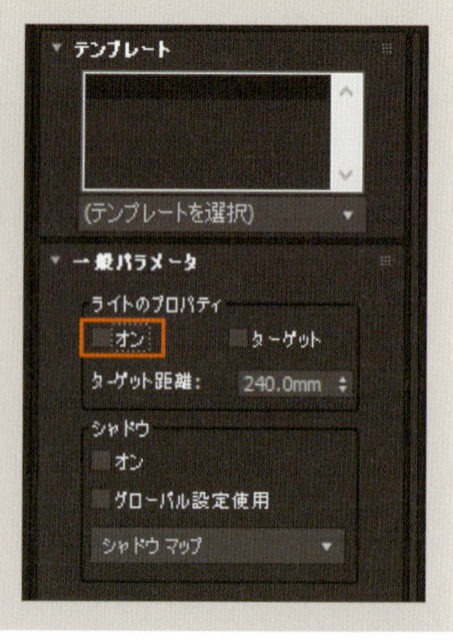

9-3-3 Arnold Lightの配置

次にArnold を使ってレンダリングしてみます。ここでは［Arnold］の［Arnold Light］を使います。Arnold Lightの配置方法を説明します。

Arnold Lightを配置

1 新規レイヤ「00 ライト」を作成します（→P.45）。

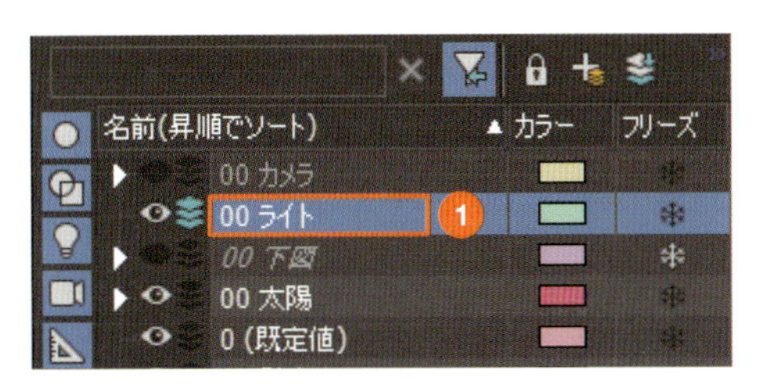

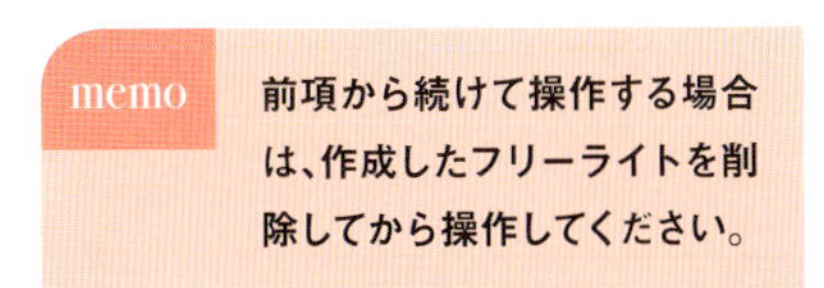

memo　前項から続けて操作する場合は、作成したフリーライトを削除してから操作してください。

2 ［作成］パネルの［ライト］から［Arnold］を選択し、［Arnold Light］をクリックします。

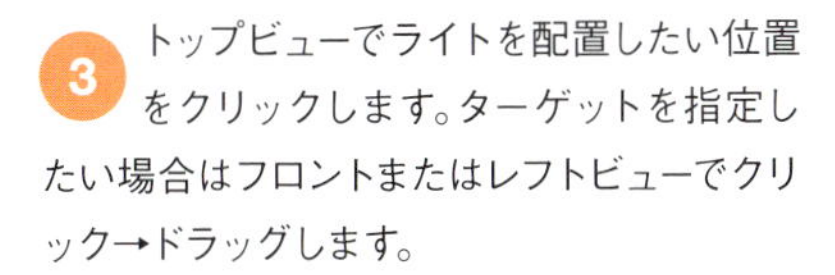

3 トップビューでライトを配置したい位置をクリックします。ターゲットを指定したい場合はフロントまたはレフトビューでクリック→ドラッグします。

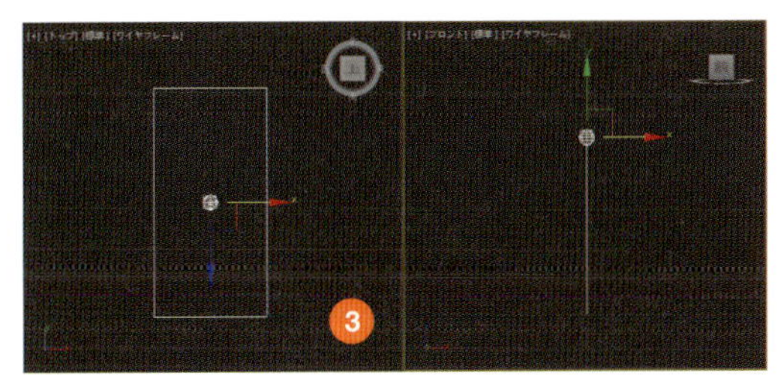

4 Arnold Lightが配置されます。ここではコピーして複数のライトを配置してします（次ページ参照）。

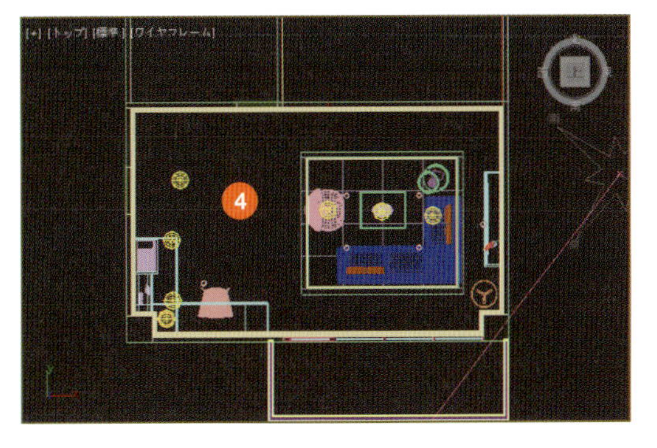

9-3-4 リビングにライトを配置 ーArnoldー

この例では図のようにArnold Lightを配置しました。最終イメージはARTレンダラーと同様に昼景を予定しているため、照明器具のダウンライトやフロアランプには、ライトを配置していません。ライトオブジェクトの名前はARTレンダラーのときと同じように付けていますが、「テーブルの上」というライトオブジェクトを1つ追加しています。

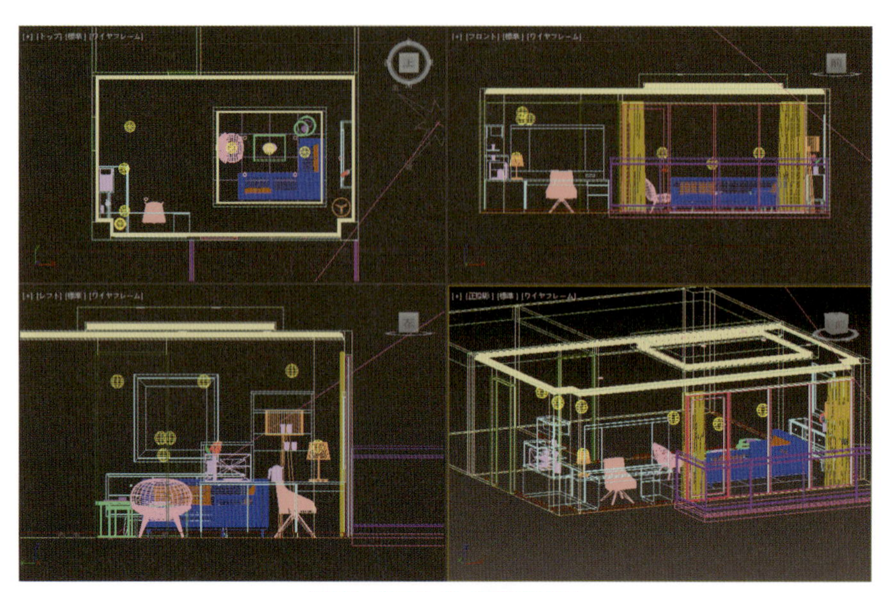

リビングのライトの配置箇所

レンダリング結果（Arnold）

Arnold Lightのパラメータを調整

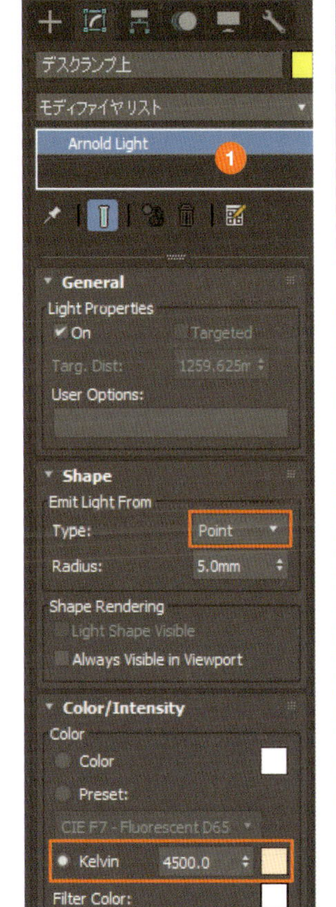

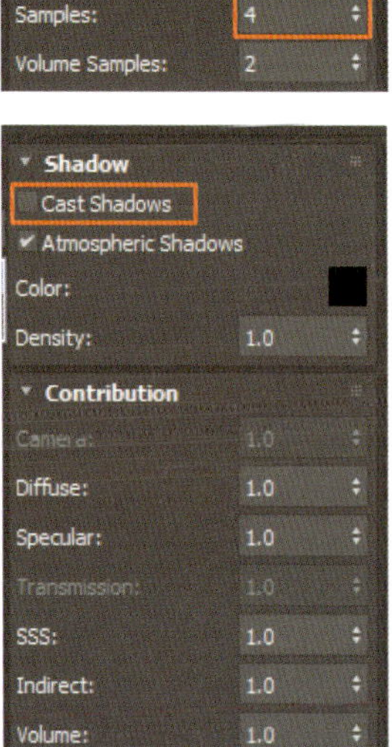

1 配置したライトにパラメータを設定します。ここでは「デスクランプ上」のライトを選択し、[修正]パネルを開きます。

[Type]
ライトの配光(タイプ)。[Point]を選択

[Kelven]
ケルビン。「4500」に設定
(右のボックスは自動的に色が変わります)

[Intensity] [Exposure]
(光の)強度と露出。ここでは[Intensity]を「15」、[Exposure]を「16」に設定

[Samples]
レンダリングのサンプル数。ここでは「4」に設定

[Cast Shadows]
オブジェクトの影。非表示にしたいのでチェックを外す

2 他は初期設定のままにします。

3 以下を参考に他のライトも設定します。この例では次のように設定しています。なお、[Quad]は[Type]から選択します。

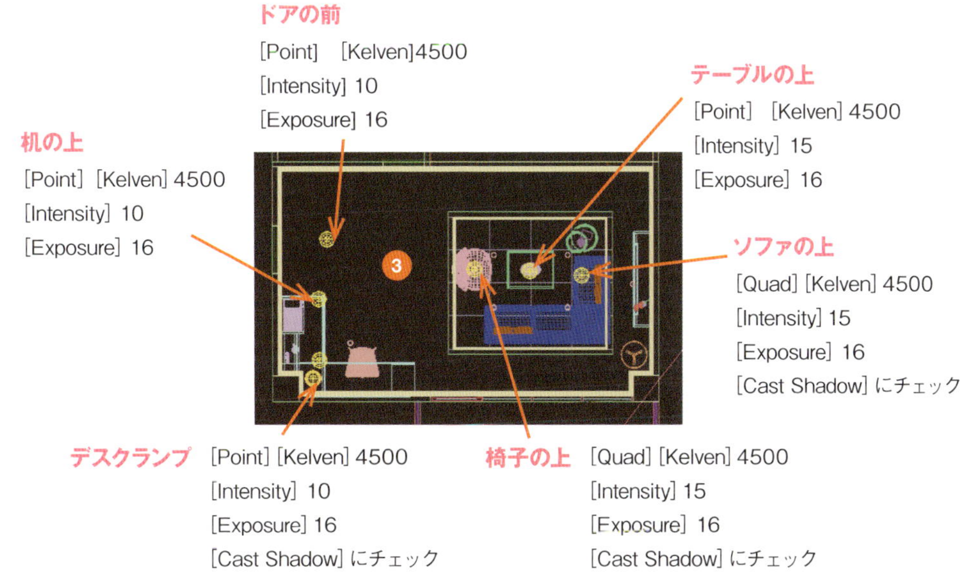

column ライトリストで管理する

作成したライトは、メインメニューの［ツール］→［ライトリスト］で開く［ライトリスト］ダイアログボックスで一覧表示できます。ライトのオン／オフのほか、他のライトの設定を見ながら強度や色などが調整できるため、このライトリストで管理すると便利です。ライトリストは配置したライトの種類によって、表示されるパラメータが変わります。

フリーライトのライトリスト

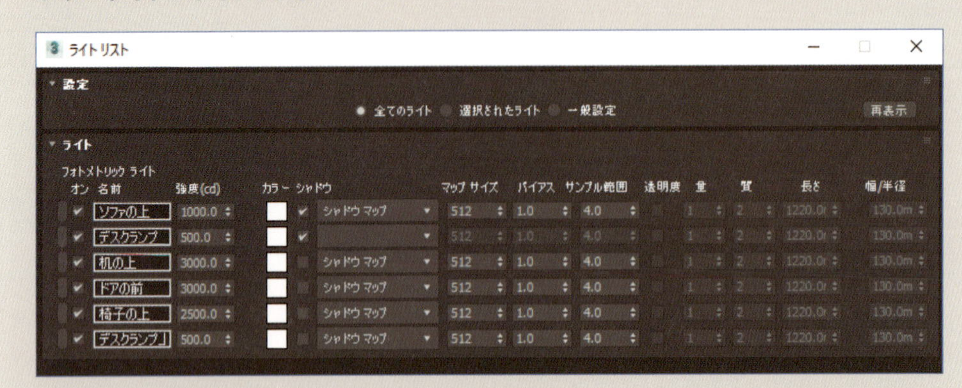

Arnold Lightのライトリスト

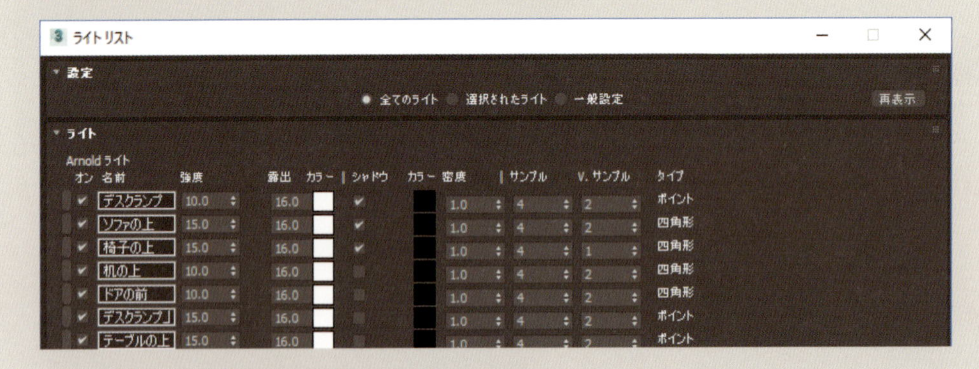

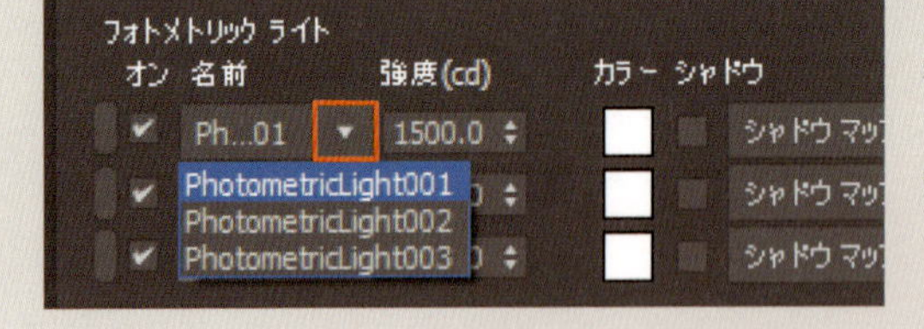

インスタンスで配置したライトは元の名前で表示され、右側の▼をクリックするとインスタンスした他のライトに切り替えられます。ただし、設定値はすべて同じです。

Chapter 10

内観マテリアルの設定

10-1 内観にマテリアルを割り当てる

オブジェクトにフィジカルマテリアルを割り当てます。色や素材が決まっている場合や指示書がある場合は、それに合わせて作成します。マテリアルの割り当て方法は外観編と同じです（→P.102）。ここでは例題で使用しているマテリアルの設定と、その他のポイントについて説明します。もちろん、オリジナルのマテリアルを設定してもかまいません。

完成形のスケッチ
指示書やイメージがある場合は、それに合わせてマテリアルを作成します。

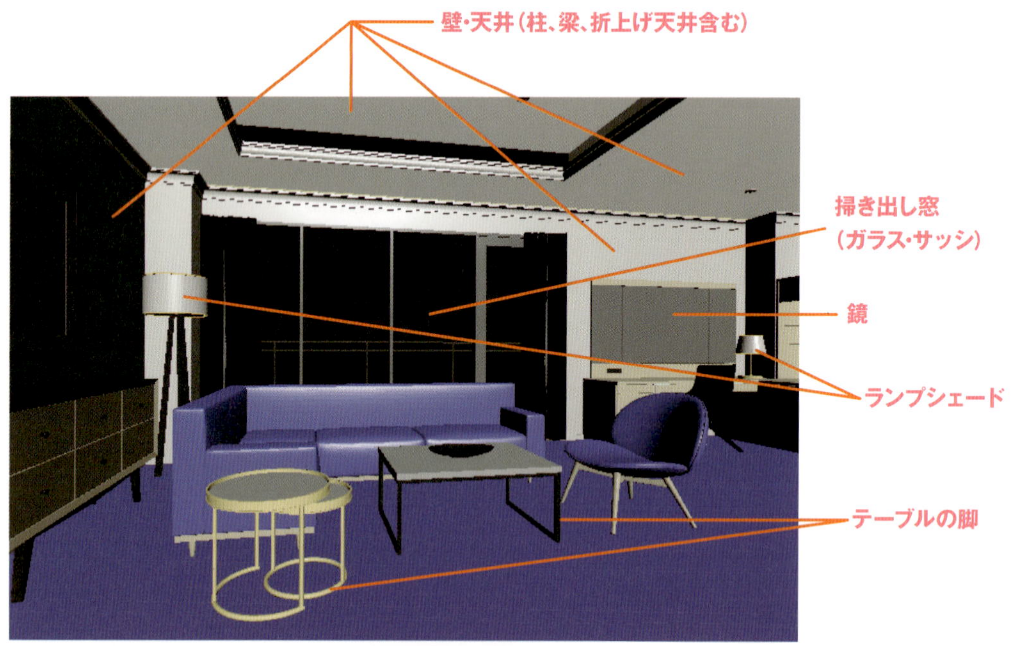

マテリアルを設定する部位

10-1-1 壁・天井にマテリアルを設定

壁と天井のマテリアルを作成します。左側の壁はアクセント壁のため、他の壁と色を変え、壁と天井はプリセットの［マットペイント］を使います。ここでは復習を兼ねて、壁のマテリアルの作成方法を説明します。なお、P.228で室内のマテリアルを白に設定しましたが、その状態から引き続き操作しても大丈夫です。設定済みのマテリアルが再設定したマテリアルに上書き（変更）されます。

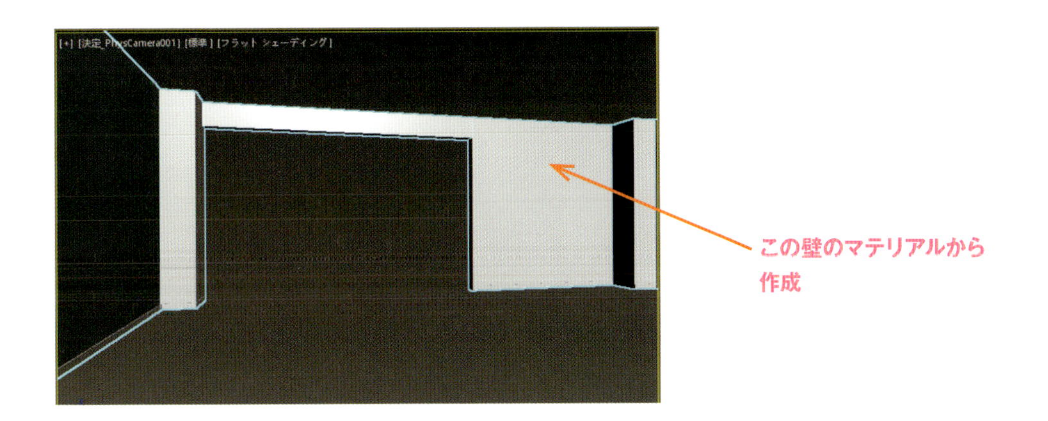

壁にマテリアルを割り当て

1 シーンエクスプローラの「01 壁柱」レイヤを展開し、すべてのオブジェクトを選択します。

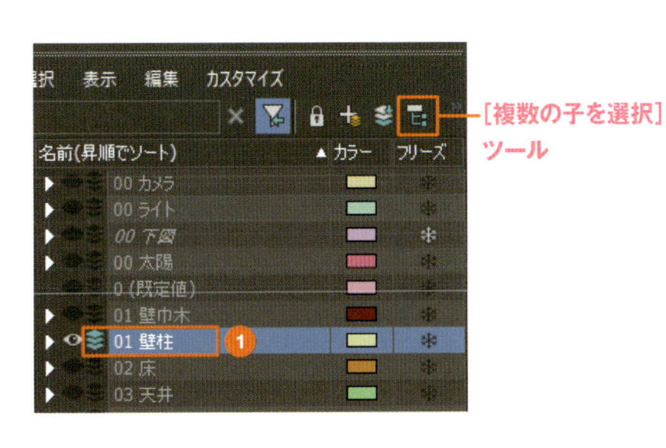

memo
オブジェクトの選択は、マテリアルを作成した後でもかまいません。シーンエクスプローラの［複数の子を選択］ツールをクリックすると、選択したレイヤ内のすべてのオブジェクトを選択できます。

2 メインツールバーの［マテリアルエディタ］ツールをクリックし、マテリアルエディタを開きます。マテリアルマップブラウザの［マテリアル］から［フィジカルマテリアル］を選択し、アクティブビューにドラッグします。

3 作成されたマテリアルノードの名称をダブルクリックして、パラメータを表示します。

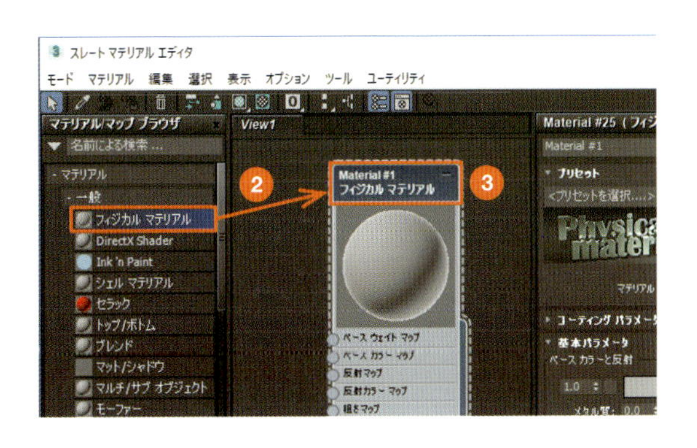

4 パラメータを下記のように設定します。
名前：壁
プリセット：マットペイント
［ベース カラーと反射］の色：白

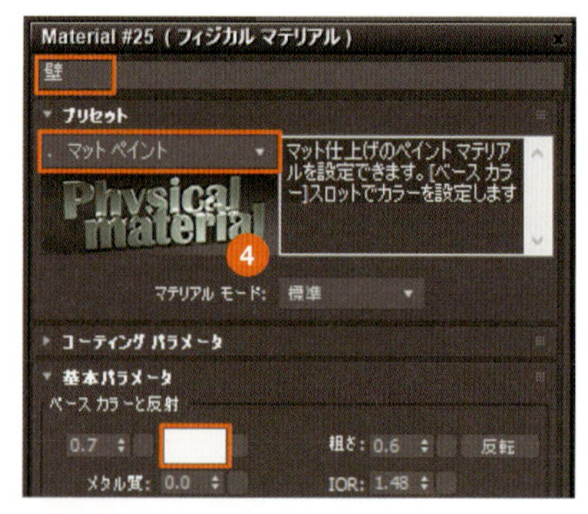

5 マテリアルエディタのツールバーにある［マテリアルを選択へ割り当て］ツールをクリックするか、マテリアルノードの丸印をドラッグして、壁にマテリアルを割り当てます。

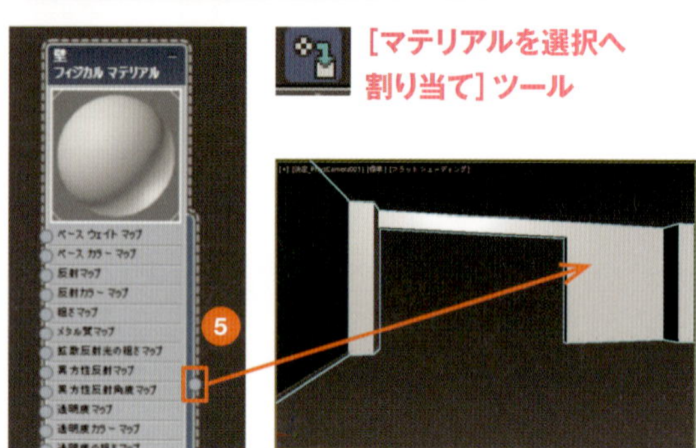

アクセント壁にマテリアルを割り当て

1 「壁」マテリアルをShiftキーを押しながら、ドラックします。「壁」マテリアルがコピーされます。

2 名称をダブルクリックしてパラメータを表示し、名前を「アクセント壁」に変更します。

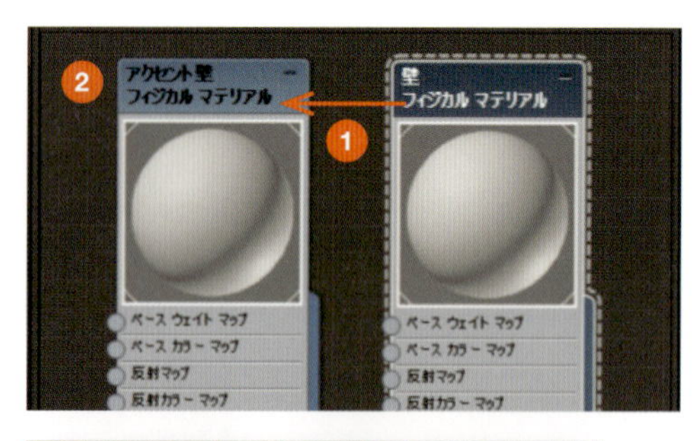

memo
Shiftキーを押しながらコピーをすると、インスタンスでコピーされます。名前を変えずにパラメータを変更すると、元のマテリアルも同じように変更されるので、必ず最初に名前の変更をしてください。

3 ［ベース カラーと反射］の色をブルーグレーにします。

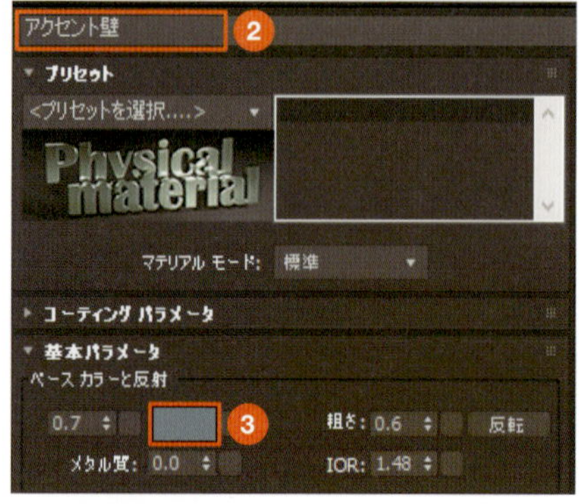

4 アクセント壁に作成したマテリアルを割り当てます。

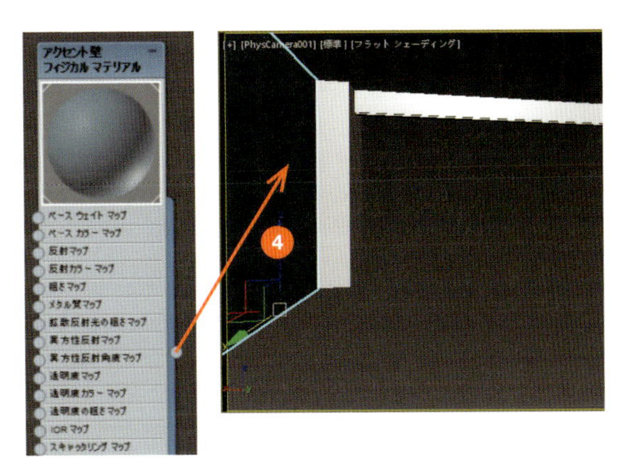

天井・モールディングにマテリアルを割り当て

1 最初に作成した「壁」マテリアルをShiftキーを押しながらドラッグしてコピーします。名称部分をダブルクリックして、名前を「天井」に変更します。

2 天井に「天井」マテリアルを割り当てます。

3 折上げ天井やモールディングの部分にも「天井」マテリアルを割り当てます。

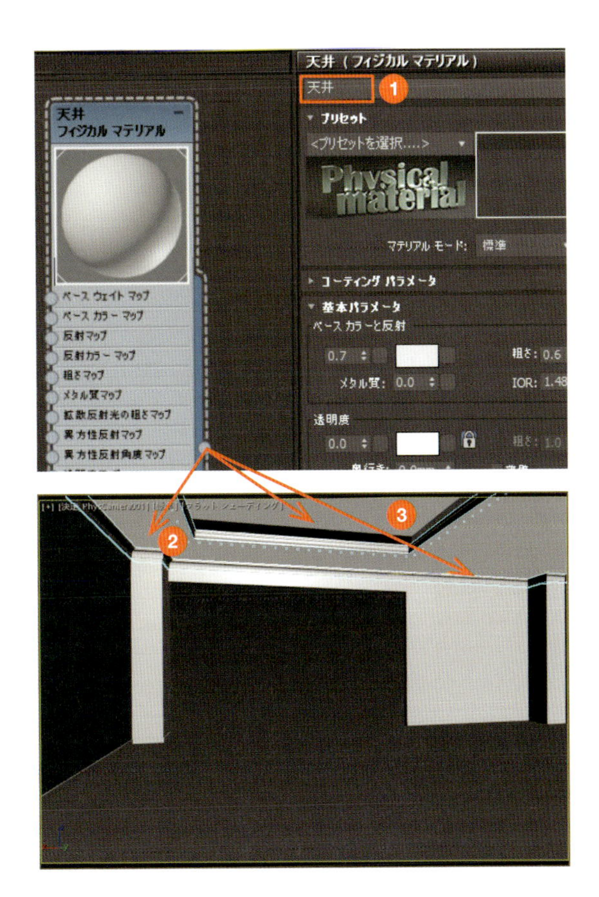

memo
巾木にも壁と同じマテリアルを割り当てます。

10-1-2 掃き出し窓にマテリアルを設定

掃き出し窓のガラスは透明、サッシはグレーで、以下のマテリアルを設定しています。

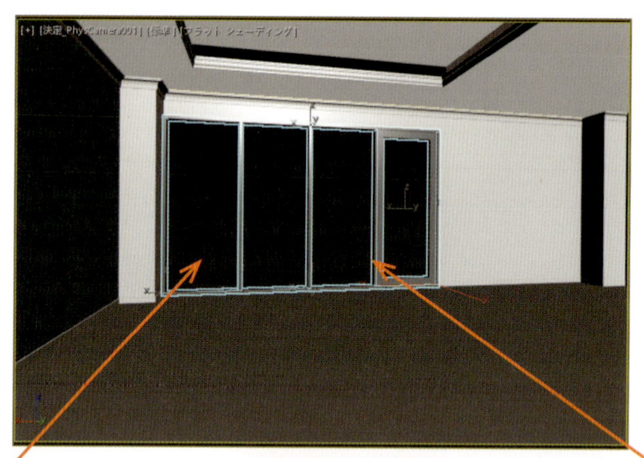

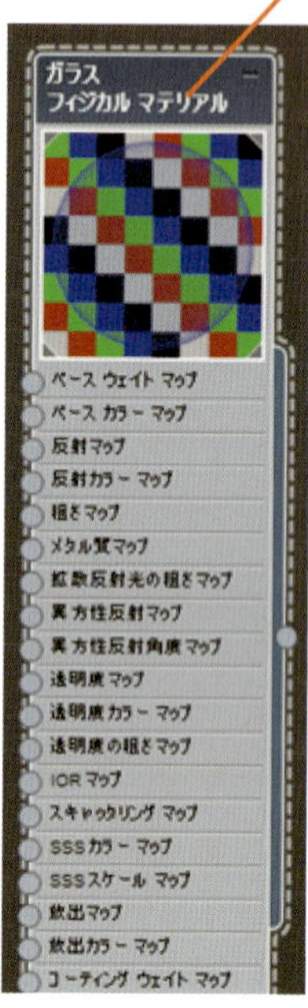

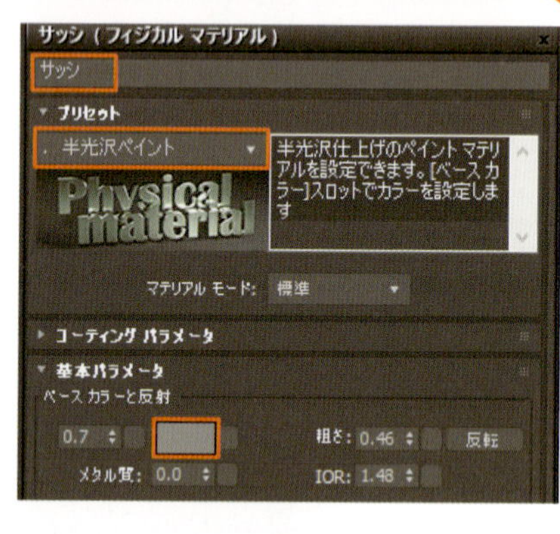

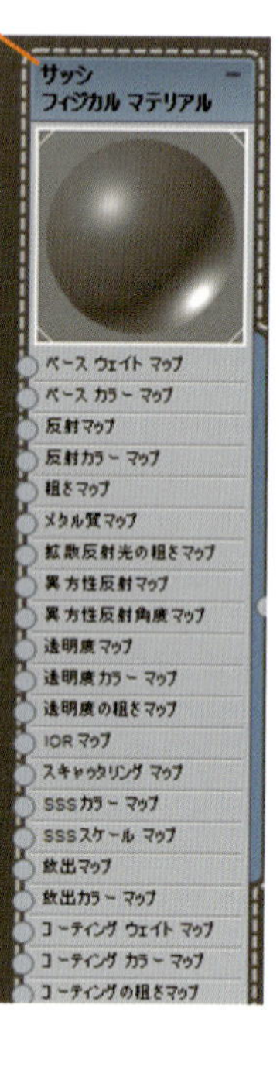

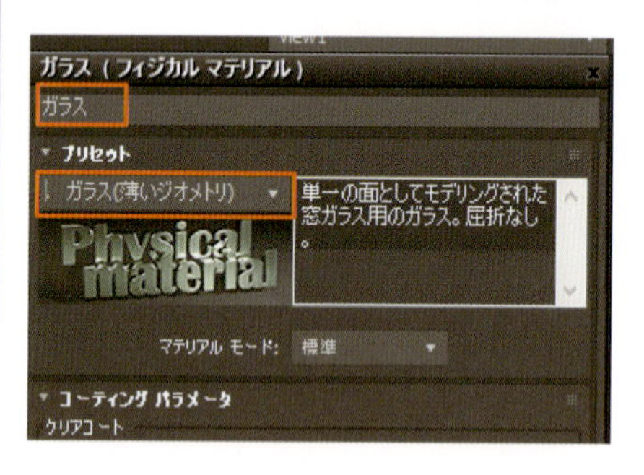

memo　ガラスはプリセットの［ガラス（薄いジオメトリ）］のみを設定し、カラーは設定しません。サッシはプリセットの［半光沢ペイント］を設定し、カラーをグレーに変更します。

10-1-3 テーブルの脚にマテリアルを設定

ローテーブルの脚は黒、サイドテーブルの脚（天板枠含む）はゴールドで、以下のマテリアルを設定しています。

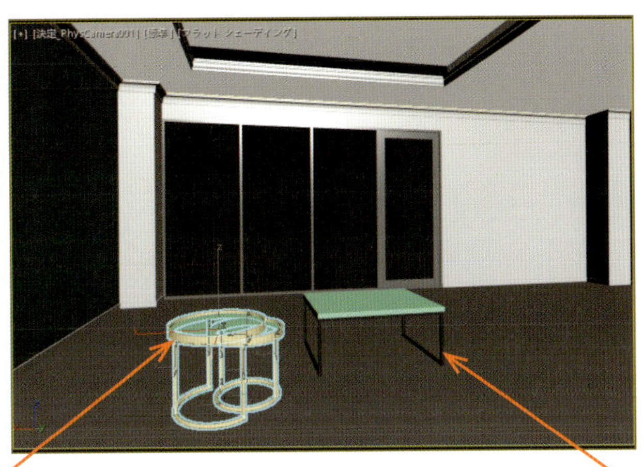

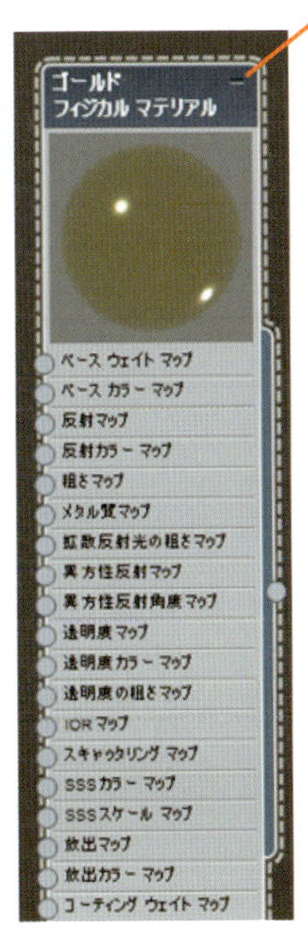

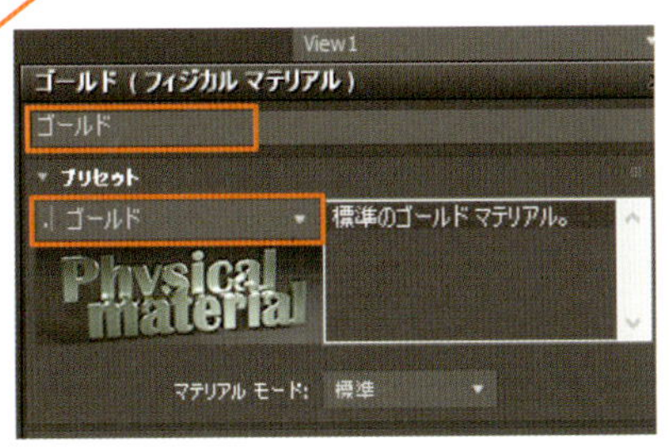

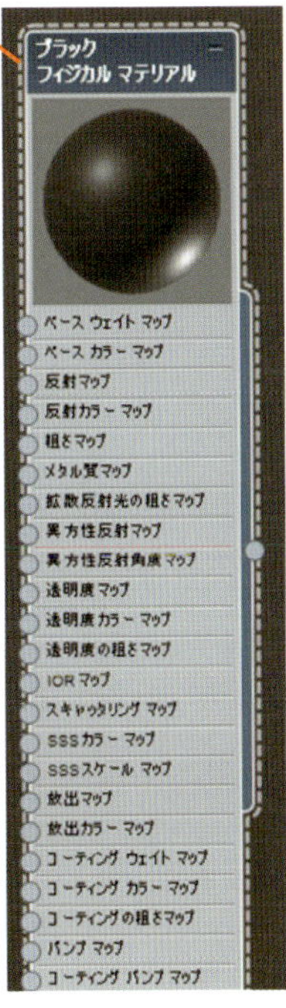

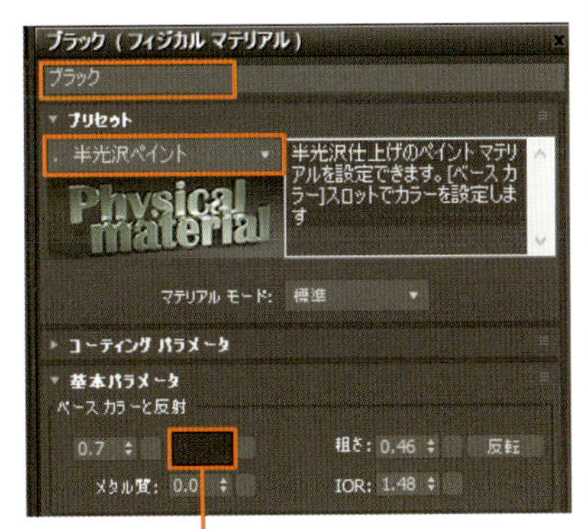

memo
サイドテーブルの脚は、プリセットで［ゴールド］を設定します。ローテーブルの脚はプリセットの［半光沢ペイント］を選択し、カラーを黒に変更します。ただし、真っ黒にならないように少し明度を上げています。

10-1-4 鏡とランプシェードにマテリアルを設定

鏡台の鏡とランプシェードのマテリアルを作成します。どちらもプリセットは使わず、鏡は色(グレー)とメタル質、ランプシェードは色(白)と透明度で設定します。

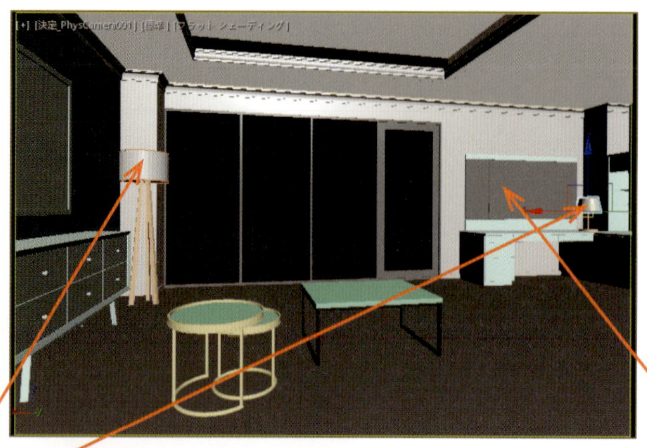

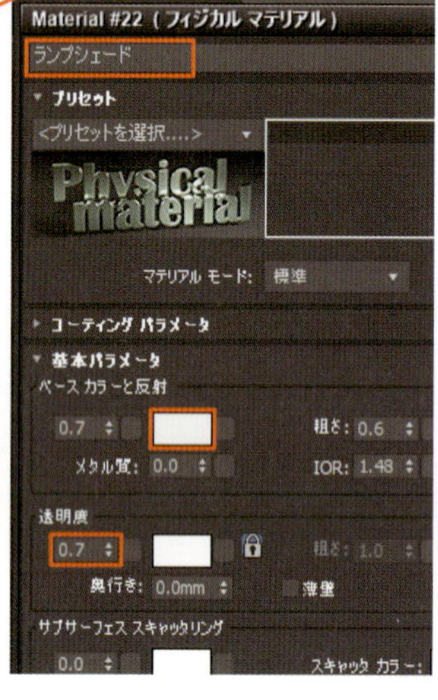

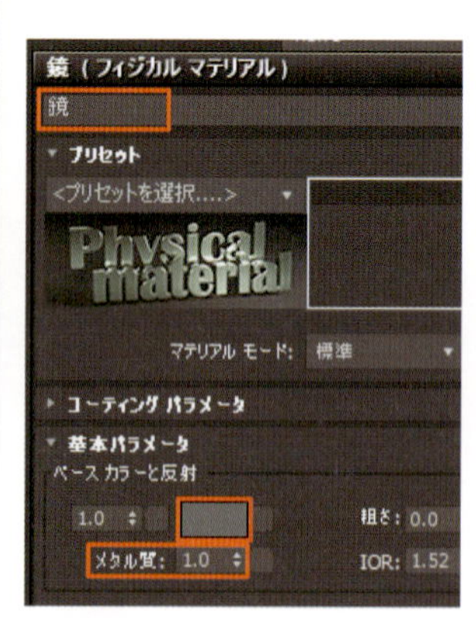

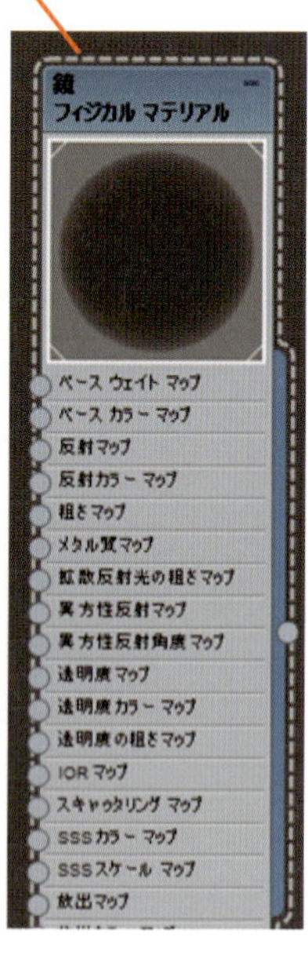

memo 鏡はカラーをグレーにして［メタル質］を「1.0」に変更すると、反射によってオブジェクトへの映り込みが表現できます。ランプシェードはカラーを白に設定して［透明度］を「0.7」に変更します。これはランプシェードの中に配置するライトオブジェクトの光を透過させるためです。

10-1-5 作成したマテリアルを他に割り当てる

ここまでに作成したマテリアルを、他の家具などにも割り当てます。共有できるマテリアルは素材や色などの名前で作成しておき、他の家具などにも割り当てるようにすれば、色付けの効率化が図れます。

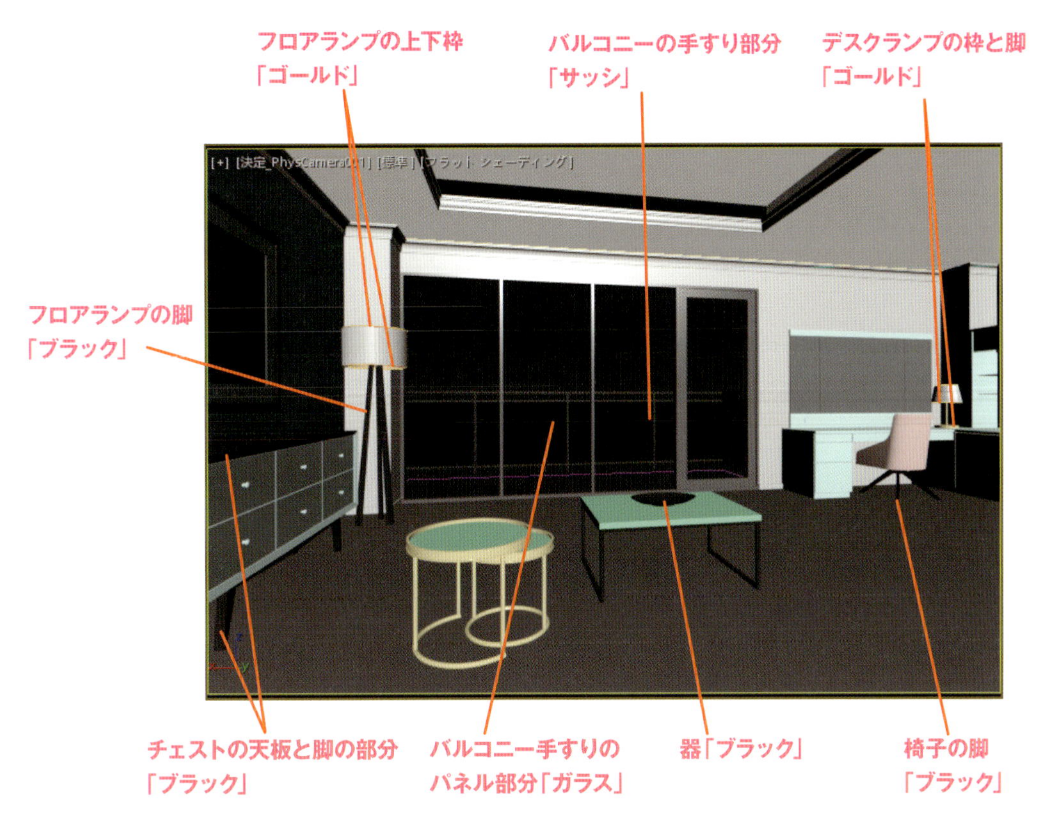

memo

バルコニーの手すりが1つのオブジェクトになっている場合は、デタッチ（→P.36）して手すりとパネルに分けます。

column マテリアルを整理する

レイヤと同様に、増えすぎたマテリアルも整理をすると作業がしやすくなります。マテリアルはビューごとに分けることによって、整理できます。作成したビューは左上のタブか、右上の名前付きビューのドロップダウンリストから切り替えられます。

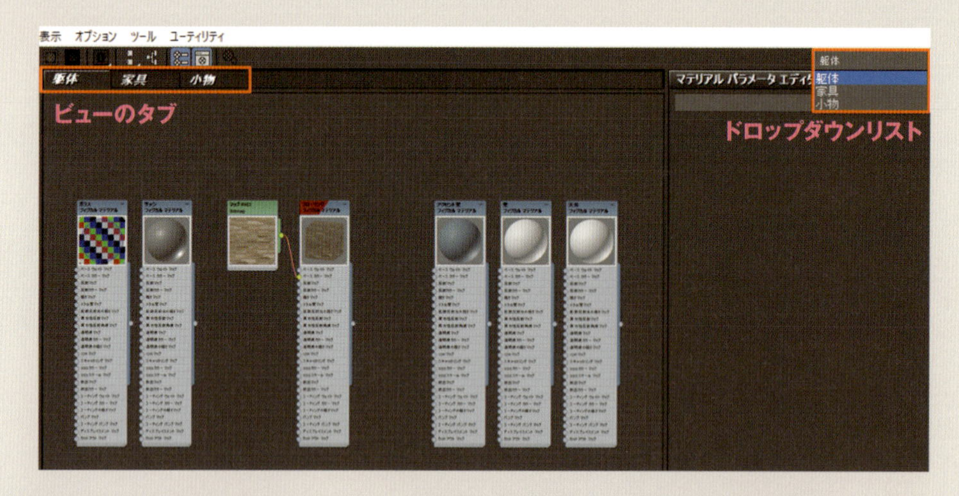

■新規ビューの作成

ビューのタブのあたりを右クリックして［新規ビューを作成］を選択し、開いたダイアログボックスで任意の名前を入力して［OK］をクリックします。

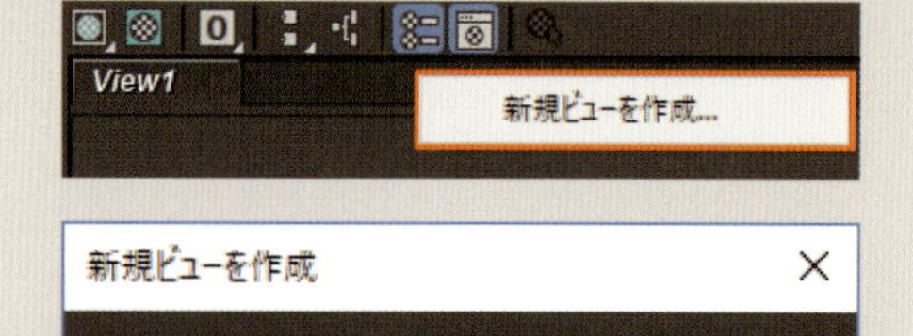

■既存ビューの名前変更

名前を変更したいビューのタブを右クリックして［ビューの名前を変更］を選択します。開いたダイアログボックスで変更する名前を入力して［OK］をクリックします。

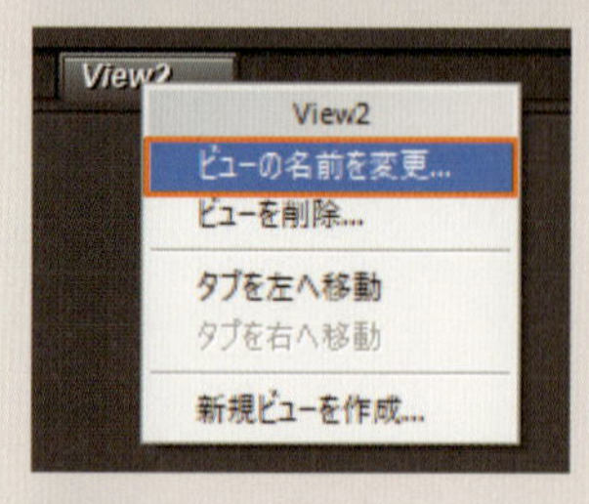

■マテリアルの移動

マテリアルを選択して右クリックし、［ツリーをビューへ移動］→移動したいビューを選択します。

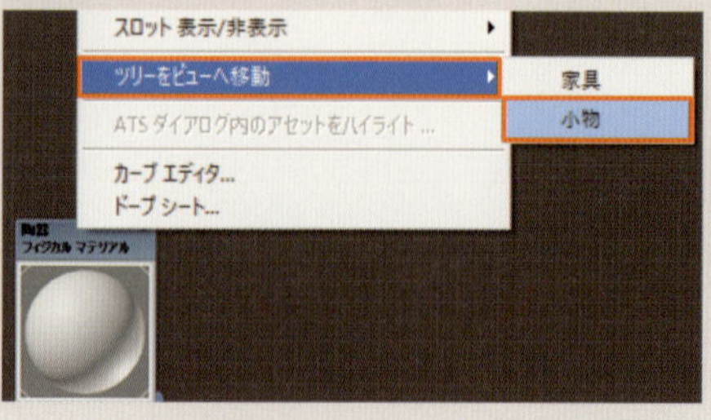

10-2 内観にテクスチャを割り当てる

オブジェクトにテクスチャを割り当てます。テクスチャの割り当て方法は外観編と同じです（→P.109）。ここでは例題で使用しているテクスチャの設定と、その他のポイントについて説明します。もちろん、オリジナルのテクスチャを設定してもかまいません。

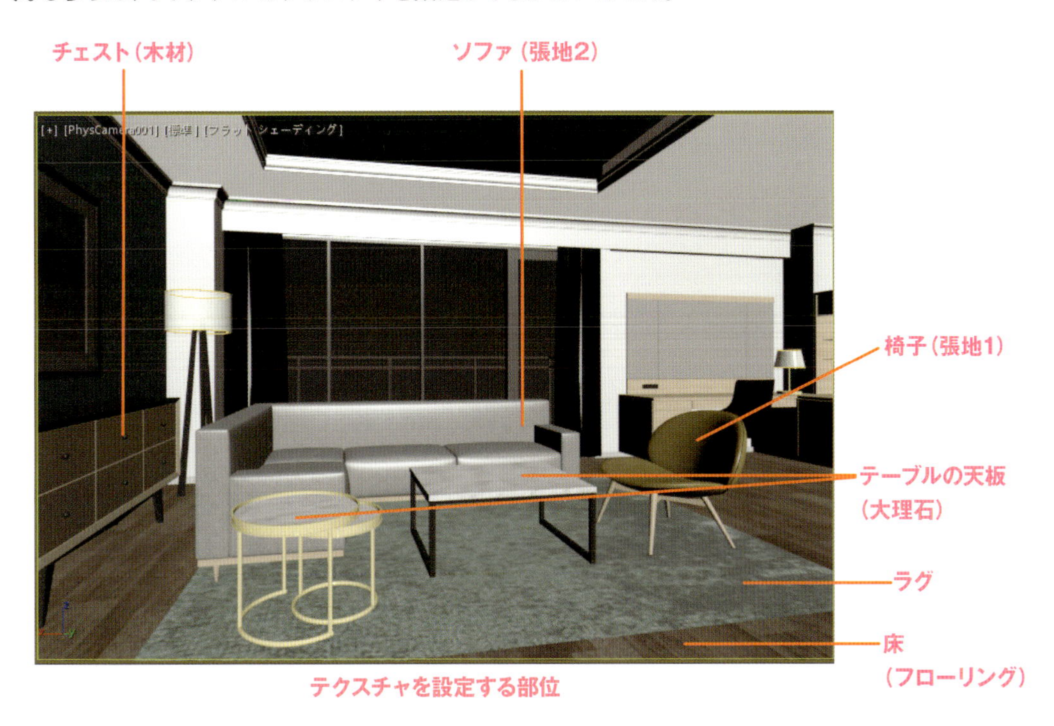

テクスチャを設定する部位

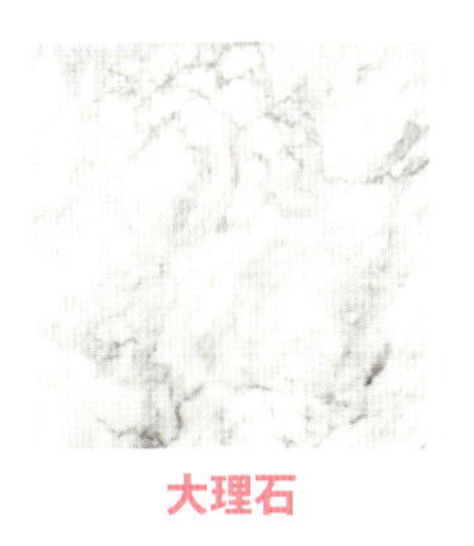

大理石

張地1

張地2

木材

フローリング

memo
テクスチャファイルは正方形で作成しておくと、UVWマップのスケール（→P.112）が考えやすくなります。

10-2-1 天板にテクスチャを設定

ローテーブルとサイドテーブルの天板に大理石のテクスチャを設定します。ここでは復習を兼ねて、テクスチャの張り方を説明します。あらかじめ、大理石のテクスチャ（画像ファイル）を用意しておいてください。

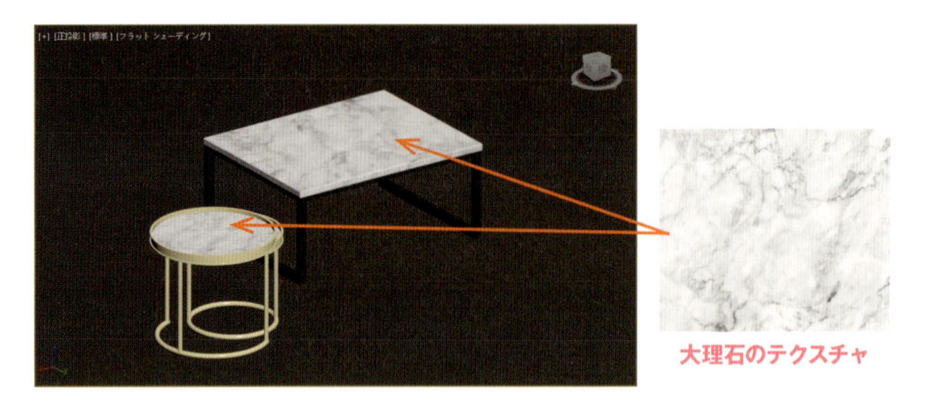

大理石のテクスチャ

大理石のテクスチャを割り当てる

1 マテリアルエディタを開きます（→P.99）。マテリアルマップブラウザの［マテリアル］から［フィジカルマテリアル］を選択し、アクティブビューにドラッグします。

2 作成されたマテリアルノードの名称をダブルクリックして、パラメータを表示します。

3 名前を「白大理石」とし、［ベース カラーと反射］の色ボックス右のボタンをクリックして、［マテリアル/マップブラウザ］を開きます。

4 ［マップ］→［一般］で［ビットマップ］を選択し、［OK］をクリックします。［ビットマップイメージファイルの選択］ダイアログボックスが開いたら、大理石の画像を選択し、［開く］をクリックします（→ P.110）。

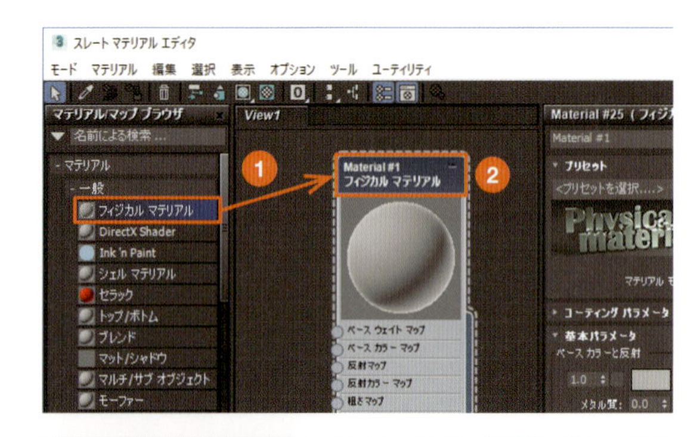

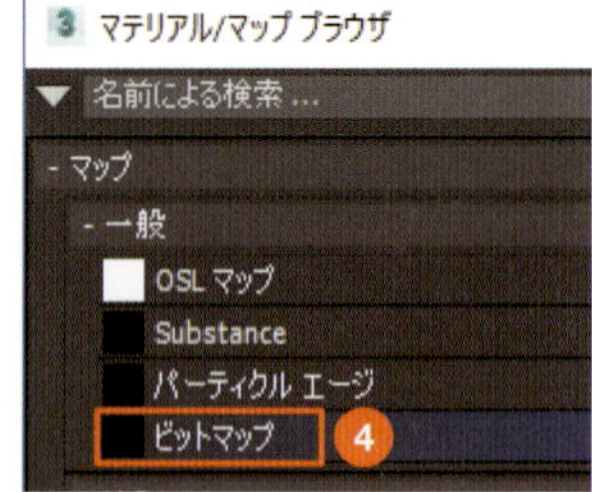

5 アクティブビューに画像がマップノードとして表示され、「白大理石」のマテリアルノードに連結されます。これで大理石のテクスチャができました。

6 マテリアルエディタのツールバーにある［マテリアルを選択へ割り当て］ツールをクリックするか、マテリアルノードの丸印をドラッグして、テーブルの天板にテクスチャを割り当てます。

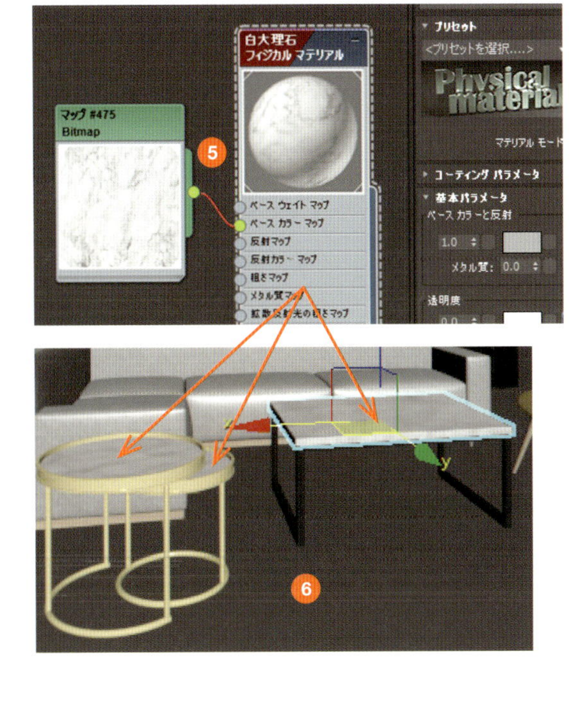

memo **選択したテクスチャファイルは、マテリアルエディタのパラメータにある［一般マップ］の［ベースカラー］に表示されます。**

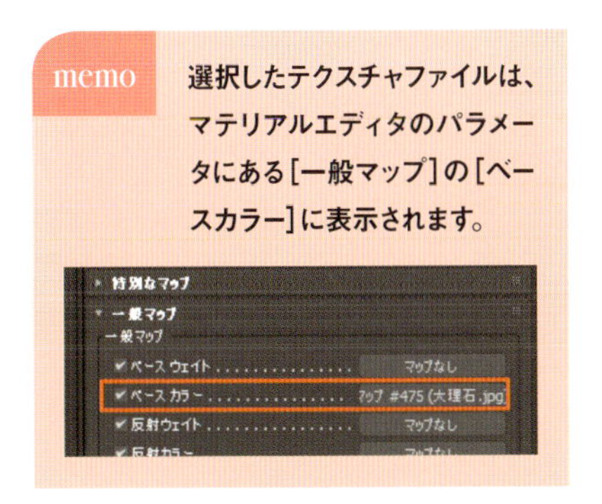

UVWマップの設定

7 任意の天板を選択し、［修正］パネルのモディファイヤリストから［UVWマップ］を選択します。

8 テクスチャのサイズを調整します。［パラメータ］の［マッピング］にある［長さ］［幅］［高さ］を図のような数値に変更します。

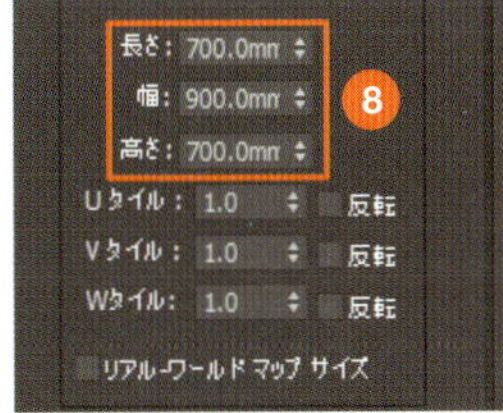

memo **ここでは［リアル−ワールドマップサイズ］を使わないサイズ調整をしています（→P.112）。以降も同様に設定します。**

9 テクスチャのサイズが調整されました。

10-2-2 チェストにテクスチャを設定

チェストに木材のテクスチャを設定します。ここでは、プリセットの［光沢ニス塗り木材］を追加して、少しツヤのあるウッド調にします。テクスチャファイルにプリセット（バンプマップ）を追加することによって、画像ファイルだけでは出せない質感が表現できます。

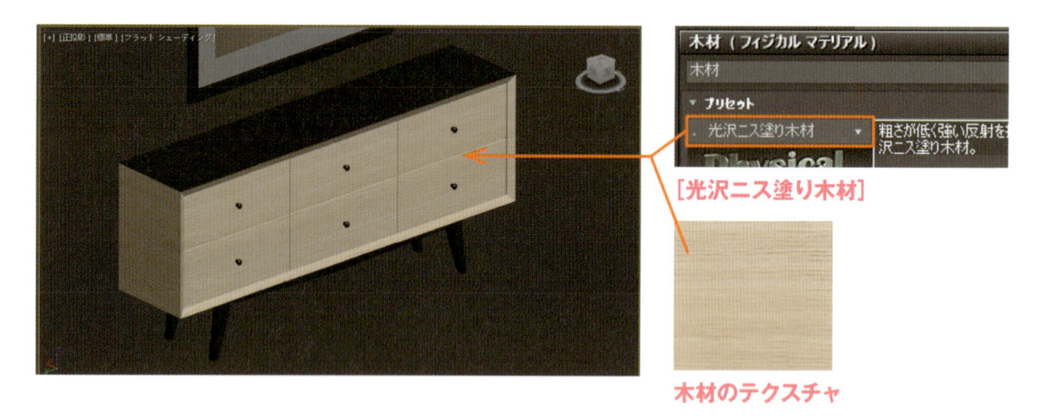

プリセット+テクスチャで設定

1 マテリアルエディタで新規作成したマテリアルのパラメータを開きます。名前を「木材」として、プリセットで［光沢ニス塗り木材］を選択します。［特別なマップ］が図のように変更されます。

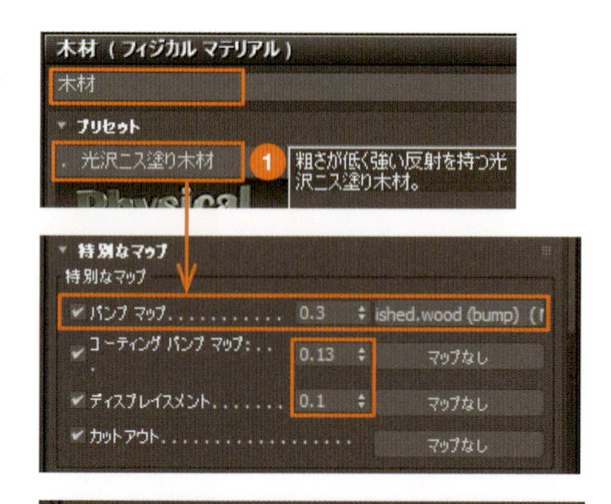

2 次に［ベース カラーと反射］の色ボックス右のボタンをクリックすると、マップのパラメータが開くので、木材のテクスチャを選択します（→P.114）。これで用意した木材の画像に変更されました。

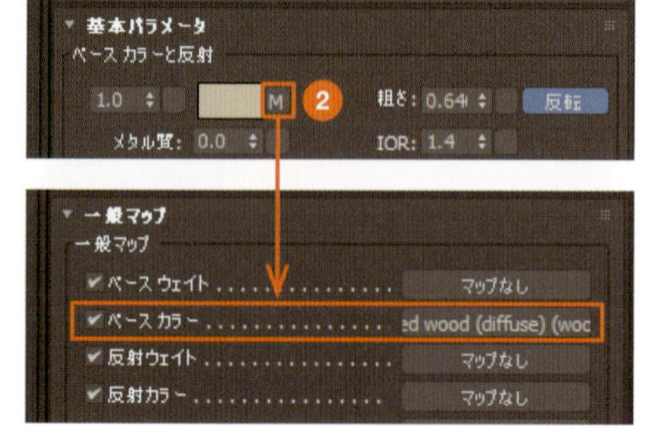

3 マテリアルエディタのアクティブビューに図のようなノードができたら、テクスチャの完成です。

4 チェストの上面と脚以外のオブジェクトに木材のテクスチャを割り当てます。

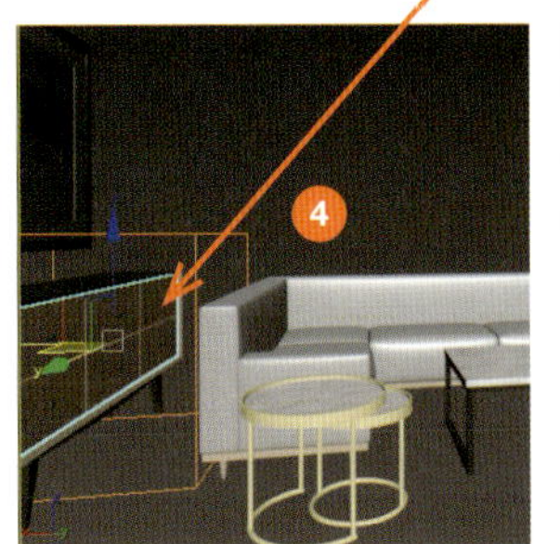

5 ［修正］パネルの［UVWマップ］で、［パラメータ］の［マッピング］にある［長さ］［幅］［高さ］を図のような数値に変更して、テクスチャのサイズを調整します。

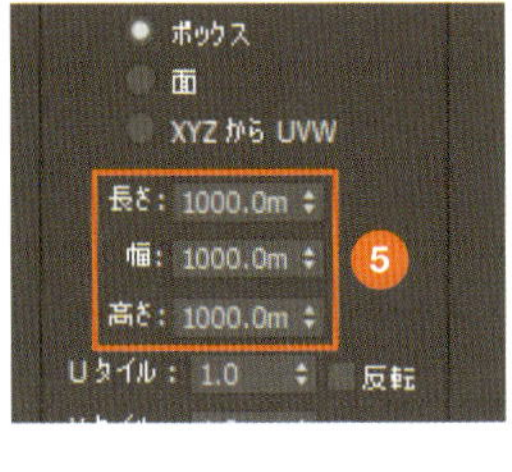

6 チェストに木目のテクスチャが割り当てられます。

memo

木材のテクスチャは、ソファの底板と脚、椅子の脚、机などにも割り当てています。

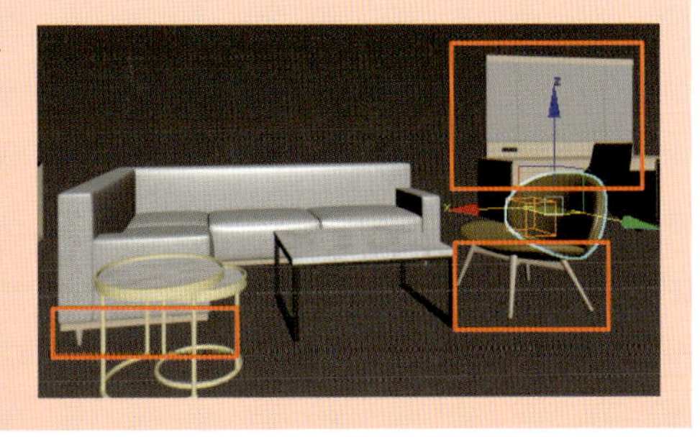

10-2-3 椅子とソファにテクスチャを設定

椅子とソファにも、プリセットとテクスチャを併用して設定します。パラメータは次のとおりです。

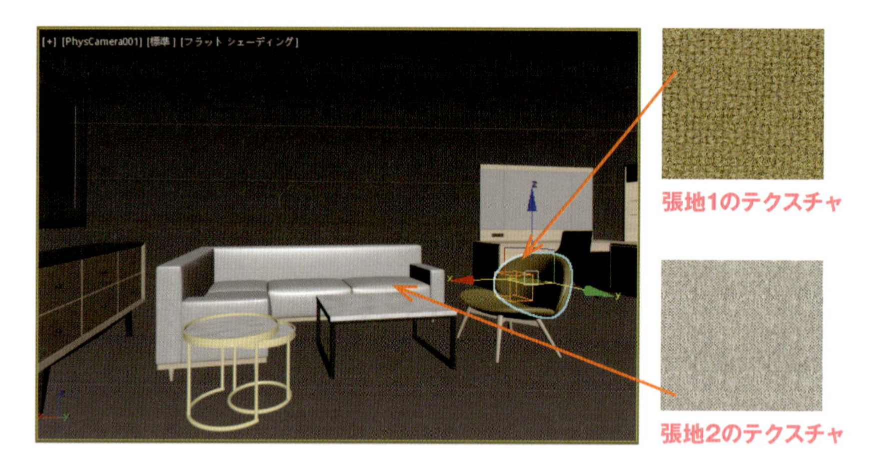

椅子のテクスチャ設定

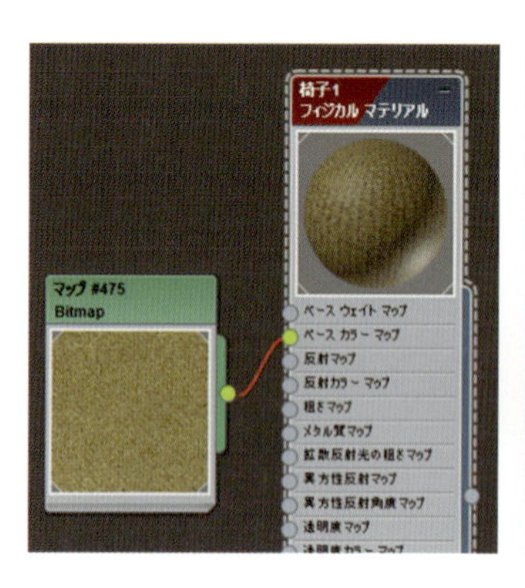

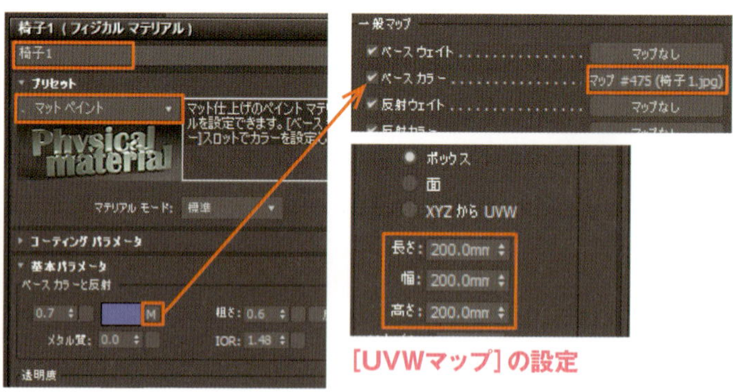

[UVWマップ] の設定

ソファのテクスチャ設定

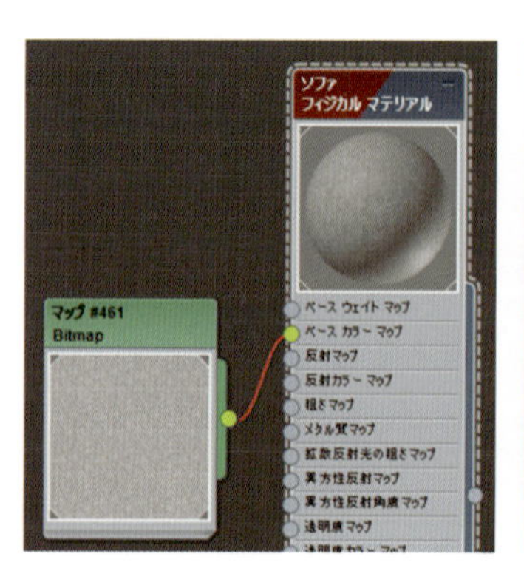

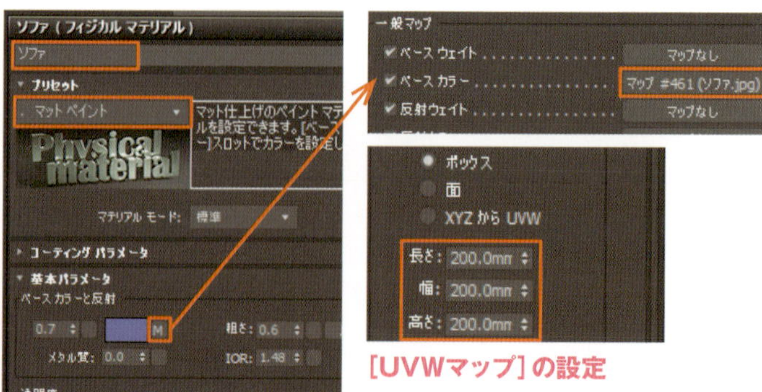

[UVWマップ] の設定

10-2-4 床にテクスチャを設定

床にフローリングのテクスチャを設定します。フローリングはテクスチャを割り当てた後、木目の方向を90度回転させて変更します。

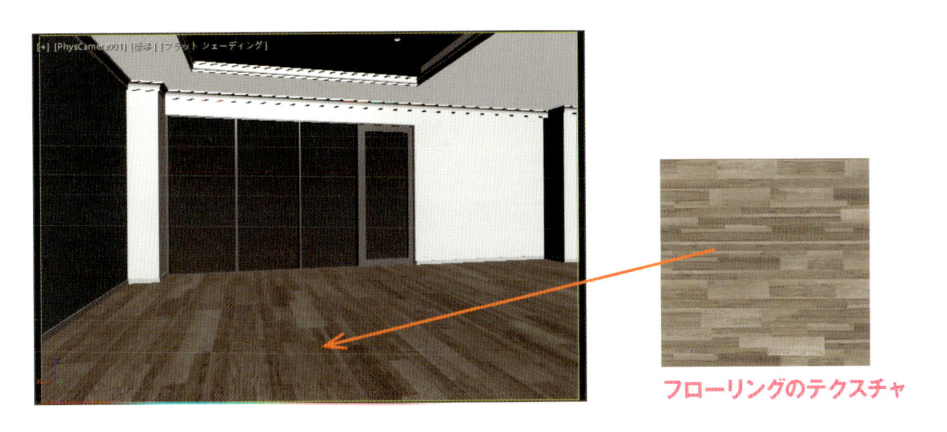

フローリングのテクスチャ

フローリングのテクスチャを割り当てる

1 マテリアルエディタで新規作成したマテリアルのパラメータを開き、名前を「フローリング」とします。次に［ベース カラーと反射］の色ボックス右のボタンをクリックして、フローリングのファイルをベースカラーに設定します(→P.110)。

2 床にフローリングのテクスチャを割り当てます。

3 ［修正］パネルを開き、モディファイヤリストから［UVWマップ］を選択します。［パラメータ］の［マッピング］で［平面］を選び、［長さ］と［幅］に「4000」と入力して、テクスチャのサイズを調整します。

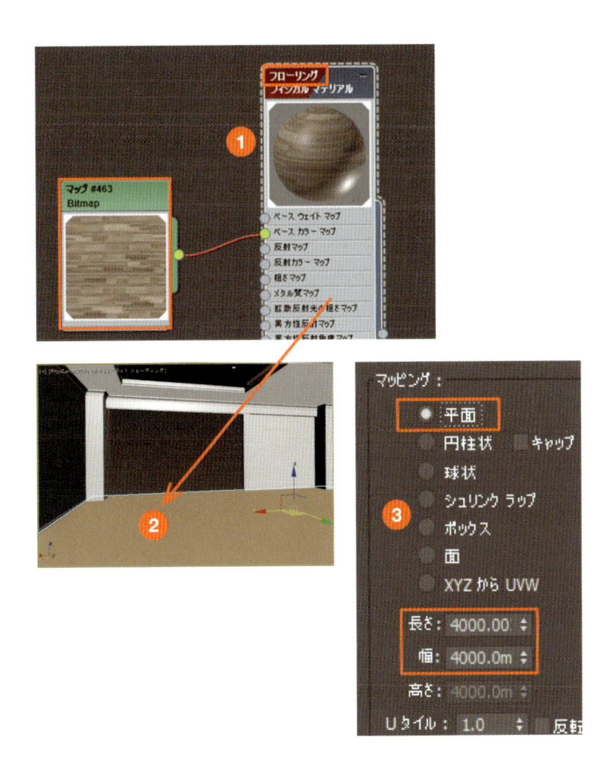

memo
床は高さ方向の設定が不要なので、［ボックス］ではなく［平面］を選択します。テクスチャ画像は木板が細く、大きめに表示したいため、サイズも大きめの「4000」と設定しました。

テクスチャの向きを変える

4 マテリアルエディタのツールバーにある［シェーディングマテリアルをビューポートに表示］ツール（→P.112）をクリックし、ビューでフローリングの方向を確認すると、横方向になっています。これを縦方向に変更します。

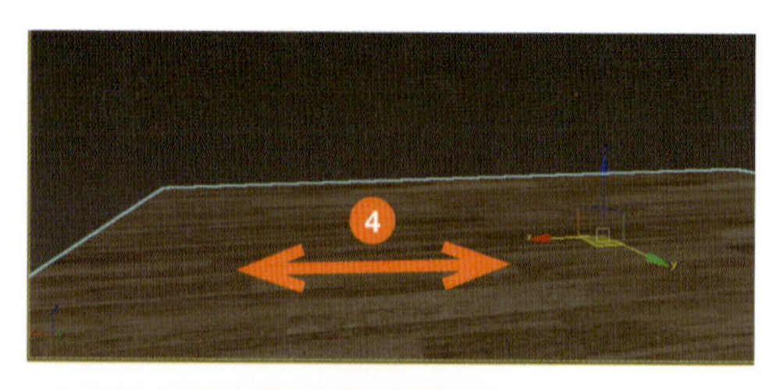

5 ［修正］パネルの［UVWマップ］を開き、［ギズモ］を選択します。

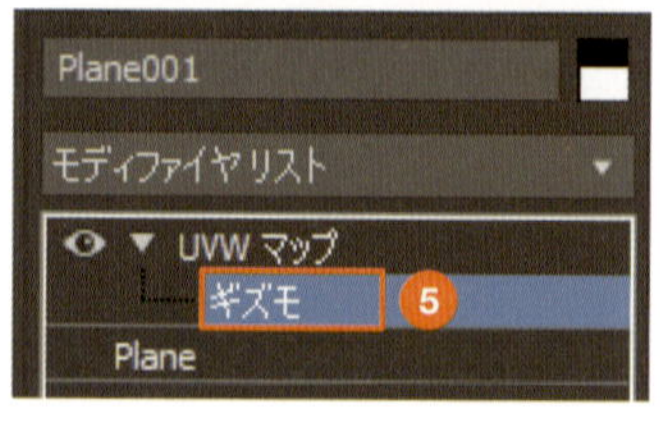

6 ［選択して回転］ツールを右クリックして、［絶対値］の［Z］に「90」度と入力して回転します。

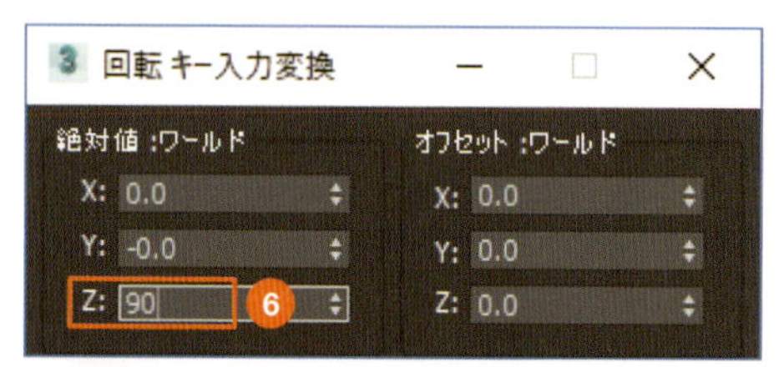

7 フローリングの方向が縦になりました。

memo

特にフローリングの方向に指示がない場合や作品の場合は、画面に対して木目を垂直方向に設定すると、奥行感のある仕上がりになります。

column

マテリアルのプレビューをボックスにする

マテリアルノードのプレビューは初期設定で球になっていますが、タイルなどのテクスチャは、ボックスで表示するとわかりやすいです。マテリアルのプレビュー上で右クリックし、［オブジェクトタイプをプレビュー］→［ボックス］を選択すると、プレビューのオブジェクトがボックスになります。

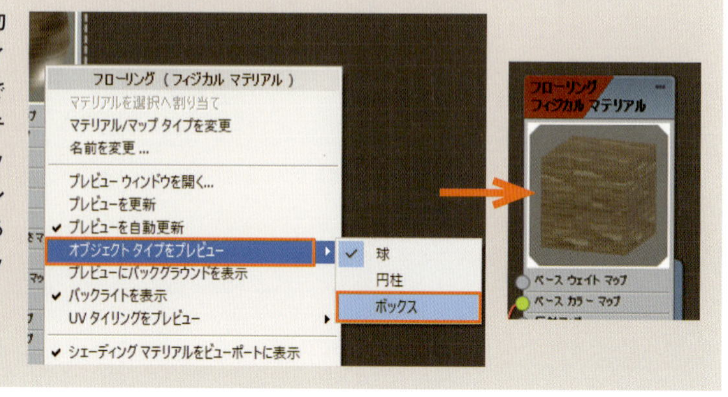

10-2-5 ラグマットを作成

ラグマットを作成します。ラグマットはオブジェクトをつくっていないので［平面］から作成します。ラグの質感を高めるために、マテリアルは2つのテクスチャを使用します。なお、ラグのテクスチャは、ラグの想定サイズに合わせた長方形の画像で作成しています。

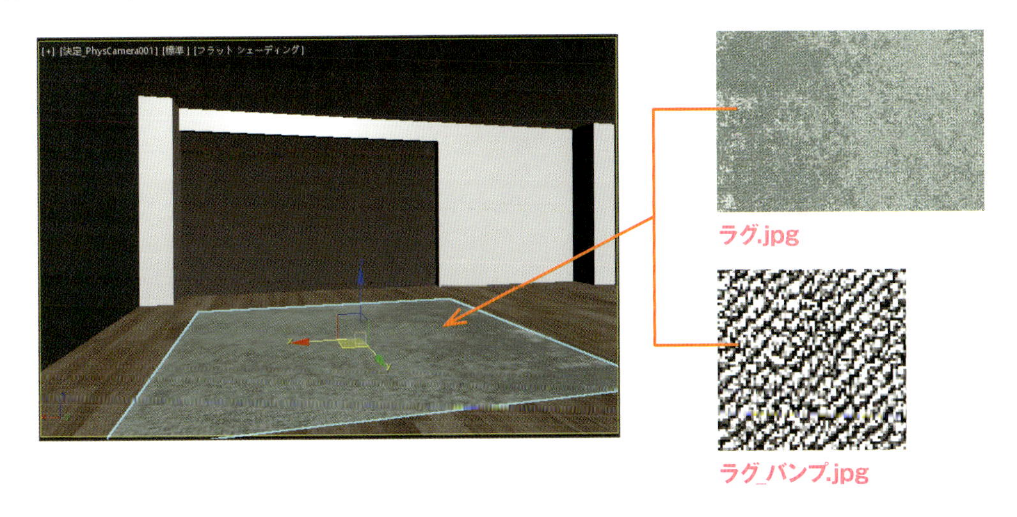

ラグ.jpg

ラグ_バンプ.jpg

平面でラグを作成

1. 「07 床」レイヤの中に新規レイヤ「ラグ」を作成します（→P.64）。

2. ［作成］パネルの［ジオメトリ］で［平面］をクリックし、トップビューでグリッドの該当位置にラグの平面を作成します。

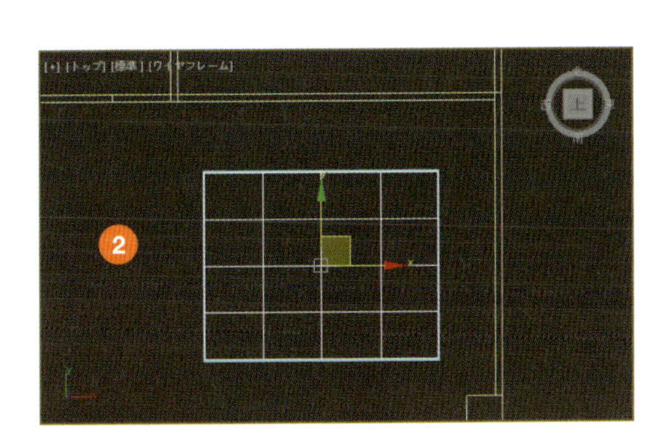

3. ［修正］パネルを開き、［長さ］を「2500」mm、［幅］を「3200」mmに修正します。

4. ［選択して移動］ツールを右クリックして、床から少し高い位置（1mm程度）に移動します。

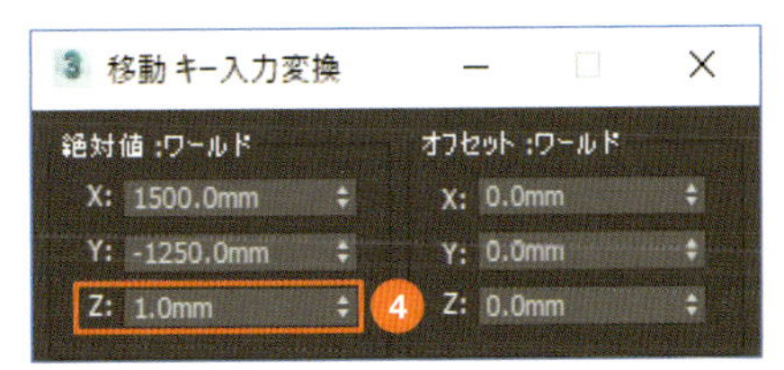

memo そのままだとフローリングと同じ高さにラグが作成されるので、すこし上へ浮かせています。

ラグのマテリアルを作成

❶ ラグのテクスチャ(ここでは「ラグ.jpg」)とバンプ用のテクスチャ(ここでは「ラグ_バンプ.jpg」)を用意します(前ページ参照)。

> memo
> **「バンプ」とは凸凹に見える設定のことです。バンプを設定すると、質感は上がりますがレンダリングに時間がかかります。**

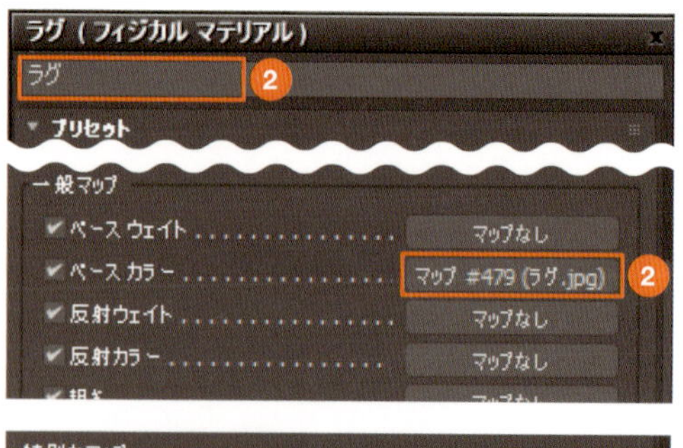

❷ マテリアルエディタで新規作成したマテリアルのパラメータを開き、名前を「ラグ」とします。次に[ベース カラーと反射]の色ボックス右のボタンをクリックして、ラグのテクスチャをベースカラーに設定します(→P.110)。

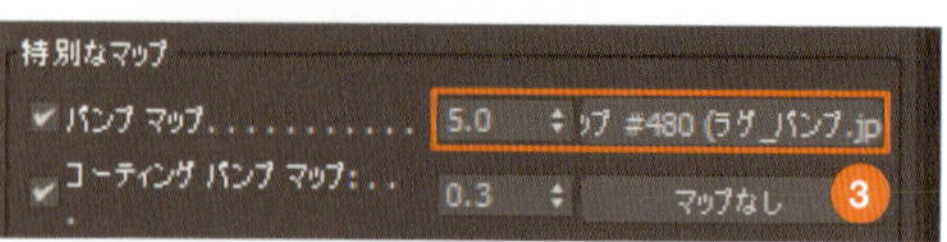

❸ 次に[特別なマップ]の[バンプマップ]にある[マップなし]をクリックして、バンプ用のテクスチャを設定し、左の数値を「5」に変更します。

> memo
> **左の数値はバンプの強調具合を設定します。**

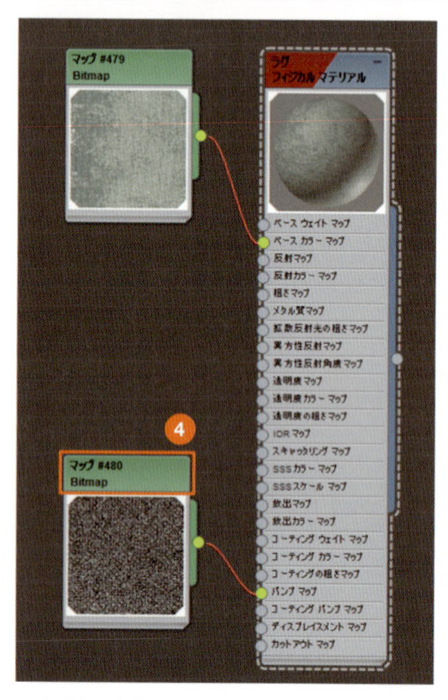

❹ アクティブビューでバンプ用テクスチャのノードの名称部分をダブルクリックし、パラメータを表示します。

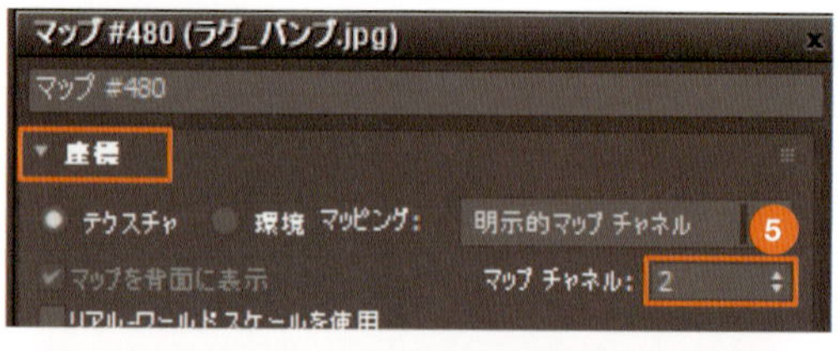

❺ [座標]の[マップチャネル]の数値を「2」に変更します。これでラグのマテリアルが完成です。

> memo
> **ベースカラーで設定したラグのテクスチャには、既定値で[マップチャネル]の「1」が設定されています。**

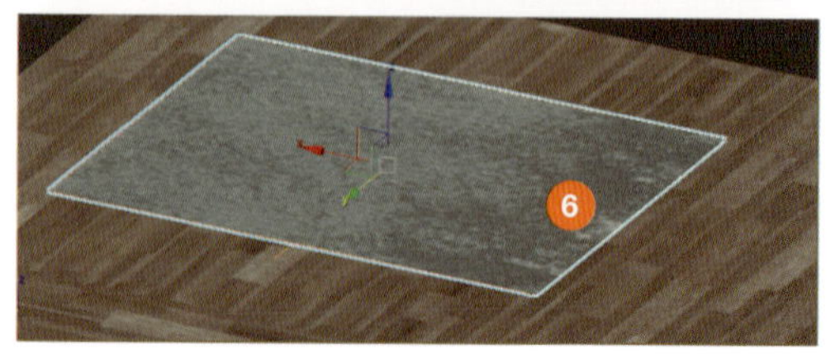

❻ ラグにマテリアルを割り当てます。

ラグにUVWマップを設定

1 ラグマットのオブジェクトを選択し、[修正] パネルのモディファイヤリストから [UVWマップ] を選択します。

2 [マッピング] で [平面] を選択し、[長さ] を「2500」mm、[幅] を「3200」mmと入力します。

3 [チャネル] の [マップチャネル] を「1」にします。

memo **マップチャネル1、つまりラグのテクスチャにUVWを設定したことになります。**

4 もう一度、[修正] パネルのモディファイヤリストから [UVWマップ] を選択します。[修正] パネルに [UVWマップ] がもう1つ重なります。

5 [マッピング] で [平面] を選択し、[長さ] を「200」mm、[幅] を「200」mmと入力します。

6 [チャネル] の [マップチャネル] を「2」にします。

memo **マップチャネル2、つまりバンプ用のテクスチャにUVWを設定したことになります。**

7 凸凹の付いたラグのマテリアルが割り当てられました。レンダリングして質感を確認します。

ラグテクスチャの設定

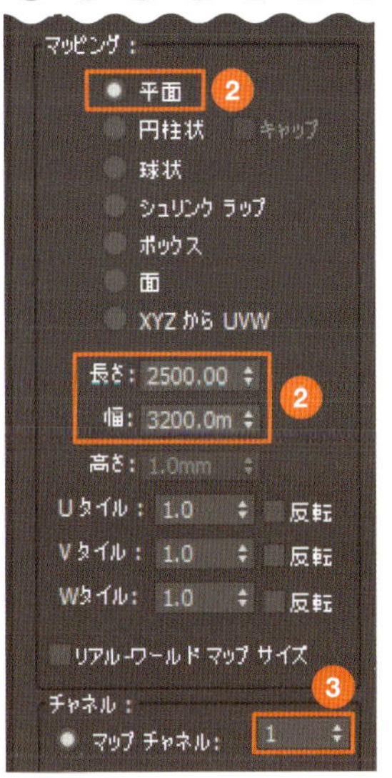

バンプテクスチャの設定

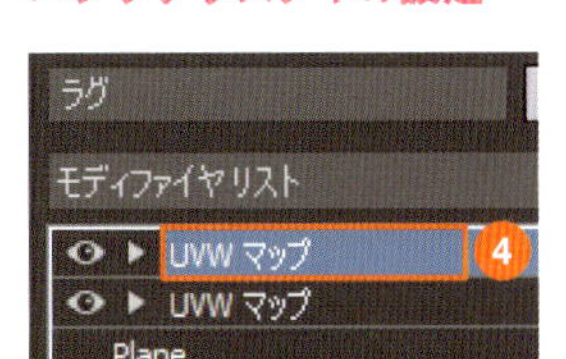

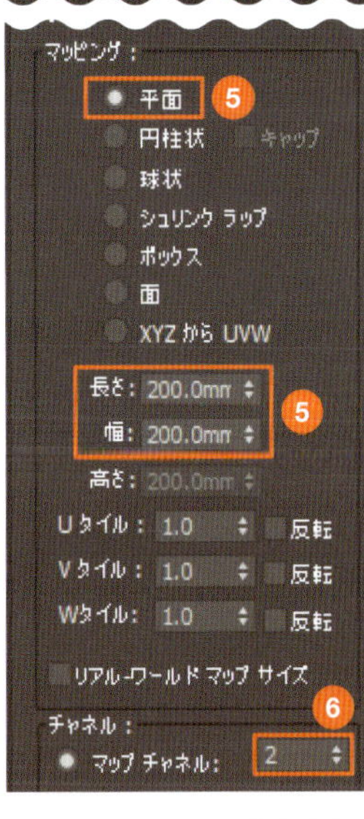

バンプなし

バンプあり

memo **その他、カーテンや小物類などは、ここまでの操作を参考に、任意でマテリアルやテクスチャを設定してみてください。**

10-3 オブジェクトに複数のマテリアルを設定

1つのオブジェクトにちがうマテリアルを設定したいときは、そのオブジェクトを構成するパーツをID分けしておきます。このとき、マテリアルは［フィジカルマテリアル］ではなく、［マルチ/サブオブジェクト］を使います。

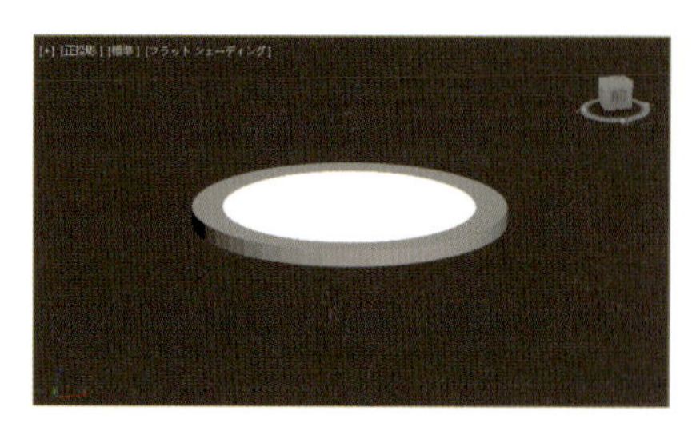

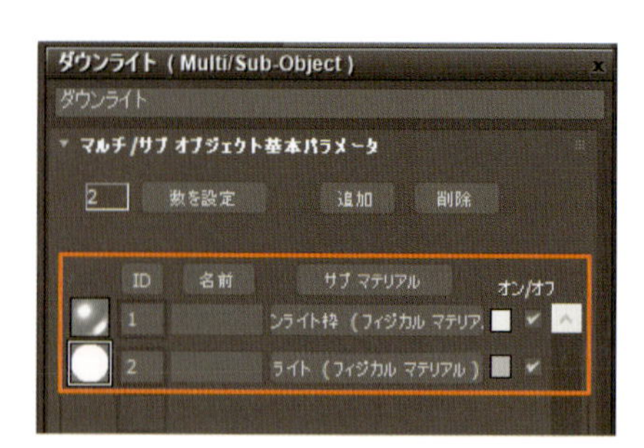

memo 実際のダウンライトは枠の奥に電球がありますが、今回は簡易なダウンライトとするため、面の部分（図の内側の黄色い部分）を「ライト」と表現します。

実際の形状

完成イメージ

10-3-1 ダウンライトを1つのオブジェクトに

ここではP.169で作成したダウンライトを例に、ID分けの説明をします。ダウンライトは枠とライトの2つのオブジェクトになっているので、アタッチで1つのオブジェクトにしてから進めます。

アタッチでひとつに

1 ダウンライトの枠を選択し、［修正］パネルのモディファイヤリストから［編集可能ポリゴン］を選択します。

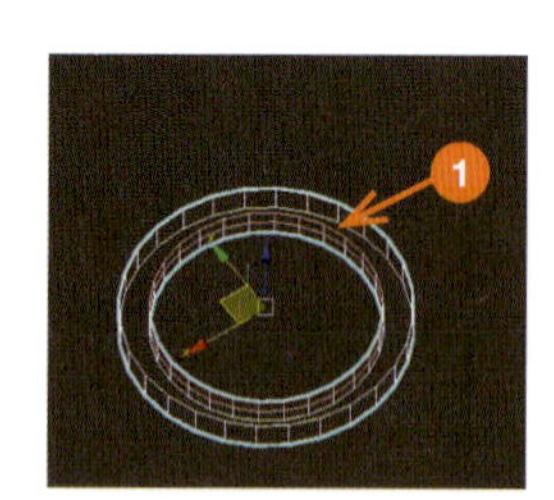

2 ［ジオメトリを編集］にある［アタッチ］をクリックします。

3 黄色い線で選択されたライトのオブジェクトをクリックします。

4 枠とライトが1つのオブジェクトになりました。

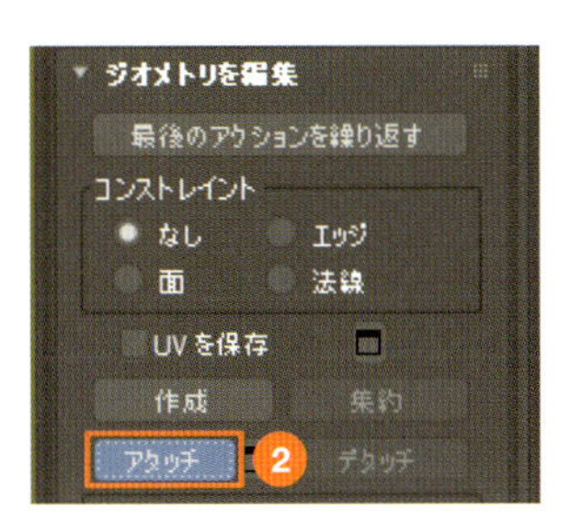

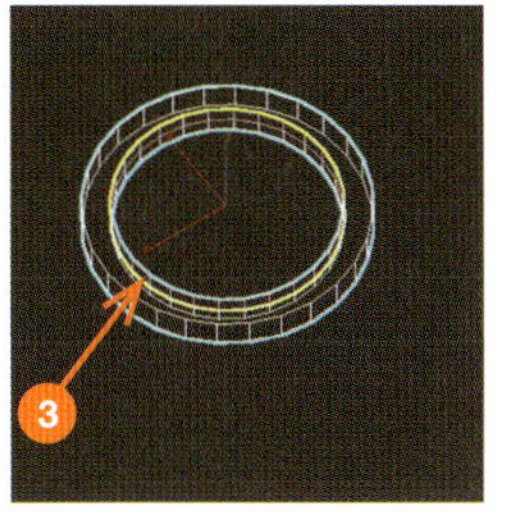

memo
アタッチして1つになることで、ライト部分も編集可能ポリゴンになり、その前のモディファイヤセットの履歴も消えます。

10-3-2 パーツ別にID分けをする

1つにしたダウンライトの枠とライトに、それぞれIDを設定します。IDは［修正］パネルの［ポリゴン：マテリアルID］で設定します。

マテリアルIDを設定

1 1つのオブジェクトにしたダウンライトを選択し、［修正］パネルの［選択］で［要素］ボタンをクリックします。

2 ダウンライトの枠のオブジェクトを選択します。

3 ［修正］パネルの［ポリゴン：マテリアルID］で［IDを選択］をクリックし、「1」を入力します。これで枠にID「1」が設定されました。

4 次にライトのオブジェクトを選択します。

5 ［修正］パネルの［ポリゴン：マテリアルID］で［IDを選択］をクリックし、「2」を入力します。これでライトにID「2」が設定されました。

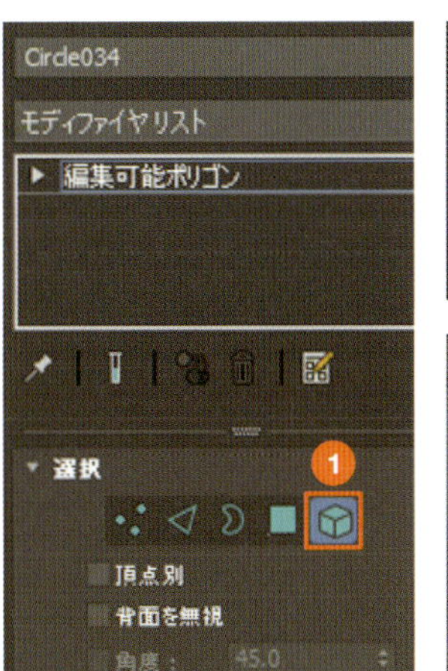

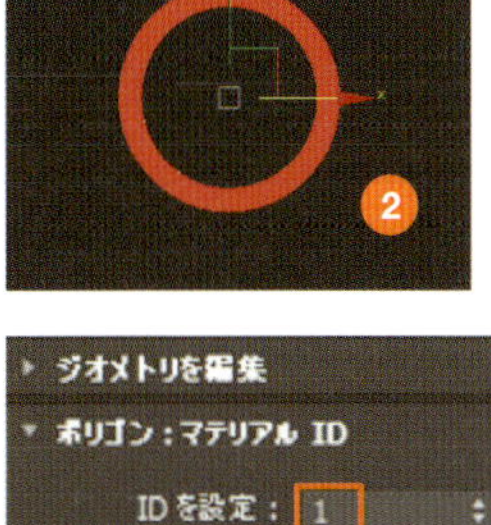

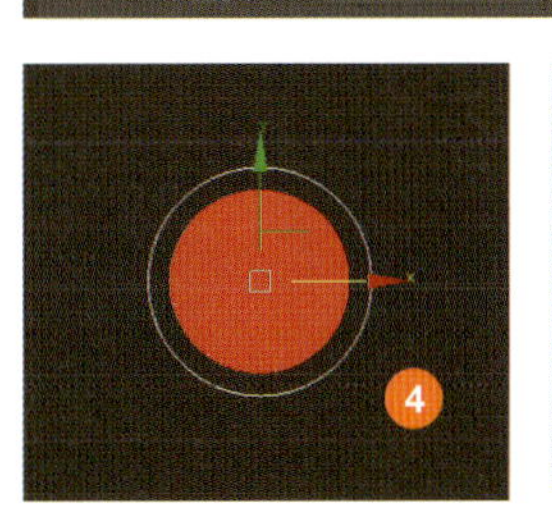

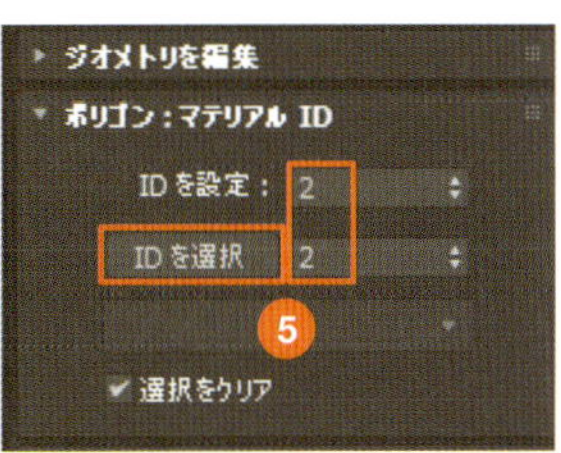

10-3-3 2つのマテリアルを設定

マテリアルを作成します。IDによってちがうマテリアルを設定する場合は、[マルチ/サブオブジェクト] を使います。

マテリアルを作成

1 マテリアルエディタを開きます(→P.99)。マテリアルマップブラウザの[マテリアル] から [マルチ/サブオブジェクト] を選択し、アクティブビューにドラッグします。

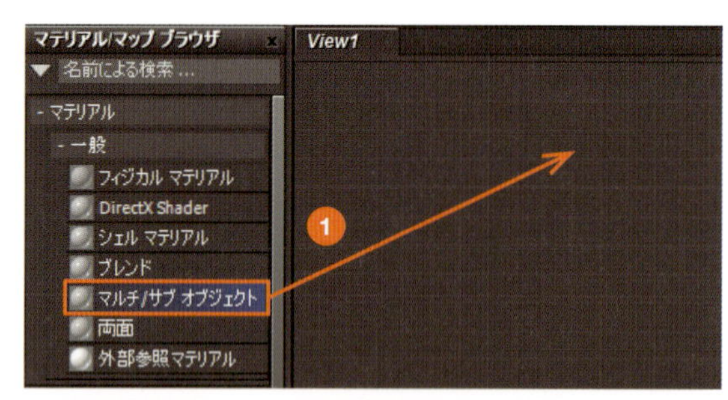

2 作成されたマテリアルノードの名称部分をダブルクリックして、パラメータを表示します。

3 10個のIDが表示されるので、数を変更します。[数を設定] をクリックします。

4 [マテリアルの数を設定] ダイアログボックスが開きます。[マテリアルの数] に「2」を入力して [OK] をクリックします。

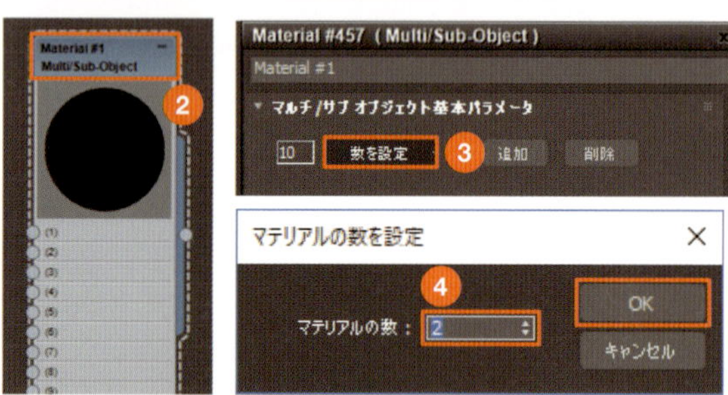

5 マテリアルのIDの数が2つになります。名前に「ダウンライト」と入力します。

6 アクティブビューで「ダウンライト」マテリアルの (1) の左側にある丸印をドラッグします。表示されるメニューから[マテリアル] → [一般] → [フィジカルマテリアル] を選択します。

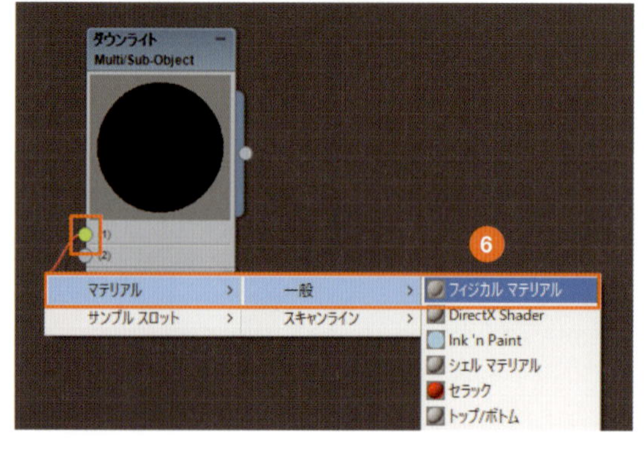

7 作成されたフィジカルマテリアルの名前をダブルクリックしてパラメータを表示します。名前に「ダウンライト枠」と入力し、［プリセット］で［マットアルミニウム］を選択します。これで枠のマテリアルができました。

8 同様にして「ダウンライト」マテリアルの（2）からフィジカルマテリアルを作成します。名前に「ライト」と入力し、［発光］の数値を「1」に変更します。これでライトのマテリアルができました。

9 「ダウンライト」マテリアルのパラメータに2つのサブマテリアルを設定できました。

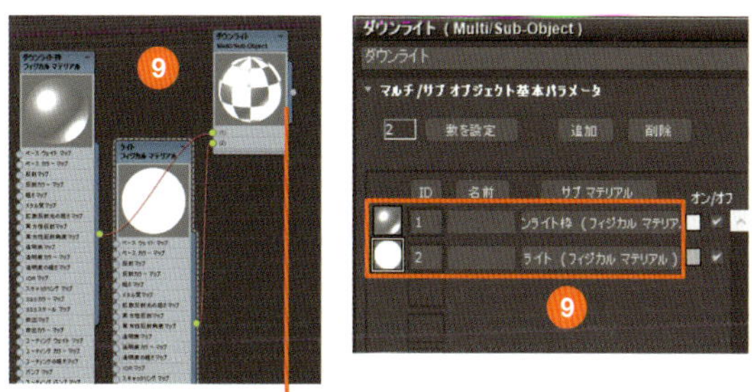

10 「ダウンライト」マテリアルをダウンライトに割り当てると、それぞれのIDに対応したマテリアルが設定されます。

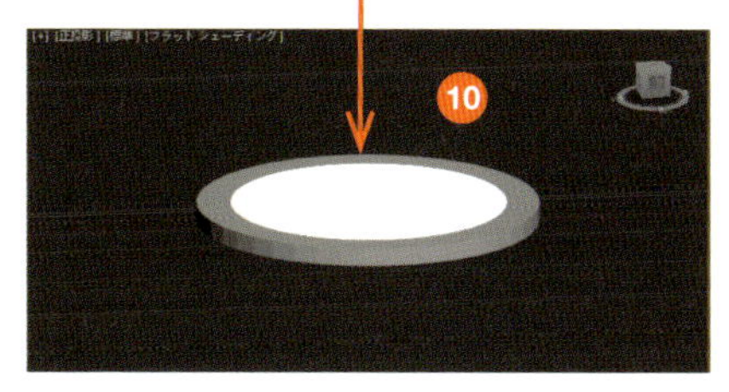

column アーカイブ

［アーカイブ］を使うと、3ds Maxデータとマテリアルで使用したテクスチャを含むすべての関連ファイルをひとつのzipファイルとして圧縮できます。マテリアルで使用したテクスチャがバラバラの場所に保存されていても、1つにまとまるので便利です。アーカイブは、メインメニューの［ファイル］→［アーカイブ］を選択し、zipファイルとして名前を付けて保存します。

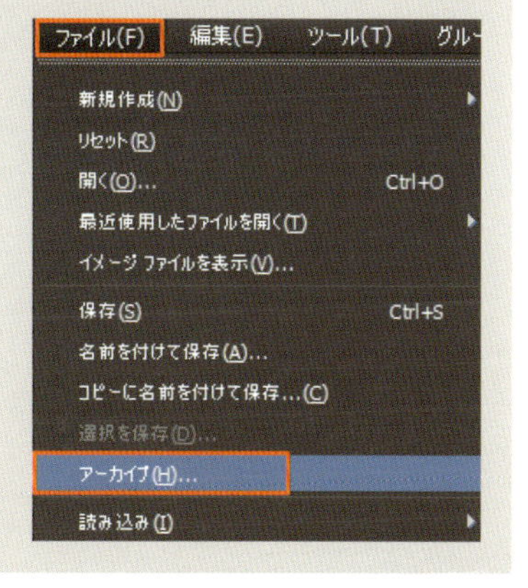

column テクスチャのリンク状態を確認する

テクスチャファイルのリンク状態は、メインメニューの［ファイル］→［参照］→［アセットトラッキングの切り替え］で開く［アセットトラッキング］ダイアログボックスで確認できます。ファイル名とそのファイルのパスが表示され、各ファイルのリンク状態が［ステータス］でわかります。リンクが正しい場合は「Ok」、ファイルはあるがパスがまちがっている場合は「検出」、ファイルが見つからない場合は「ファイル不詳」と表示されます。リンクし直す場合は、該当ファイルの欄を選択して右クリックし、クアッドメニューから［参照］を選択してファイルを指定し直します。テクスチャファイルのほか、外部参照ファイルのリンク状態も確認できます。

アセット トラッキング
サーバ(V)　ファイル(F)　パス(P)　ビットマップ パフォーマンスとメモリ(B)　オプション(T)

名前	完全なパス	ステータス	プロキシ解像度	プロキシ ステー
Autodesk Vault		ログアウト（アセッ...		
内観.max	C:¥Users¥MSUM¥Desktop¥max¥	Ok		
マップ/シェーダ				
ART.jpg	C:¥Users¥MSUM¥Desktop¥max¥map¥	Ok		
book.jpg	C:¥Users¥MSUM¥Desktop¥max¥map¥	検出		
book1.jpg	C:¥Users¥MSUM¥Desktop¥max¥map¥	検出		
coffee.jpg	C:¥Users¥MSUM¥Desktop¥max¥map¥	Ok		
leaves.jpg	C:¥Users¥MSUM¥Desktop¥max¥map¥	Ok		
wood2.jpg	C:¥Users¥MSUM¥Desktop¥max¥map¥	Ok		
カーテン.jpg	C:¥Users¥MSUM¥Desktop¥max¥map¥	Ok		
クッション1.jpg	C:¥Users¥MSUM¥Desktop¥max¥map¥	ファイル不詳		
クッション2.jpg	C:¥Users¥MSUM¥Desktop¥max¥map¥	ファイル不詳		
ソファ.jpg	C:¥Users¥MSUM¥Desktop¥max¥map¥	Ok		
フローリング1.jpg	C:¥Users¥MSUM¥Desktop¥max¥map¥	Ok		
ラグ.jpg	C:¥Users¥MSUM¥Desktop¥max¥map¥	Ok		

Chapter 11

内観のレンダリング

11-1 添景を追加する

モデリングやカメラ、ライトなどひと通りの設定が終わったら、画質や画像サイズを低めにした仮のレンダリングをして、調整や不足がないかを確認します。この例では窓の外が殺風景なので、添景の樹木を追加することにします。樹木はP.205で説明した外部参照シーンで追加します。

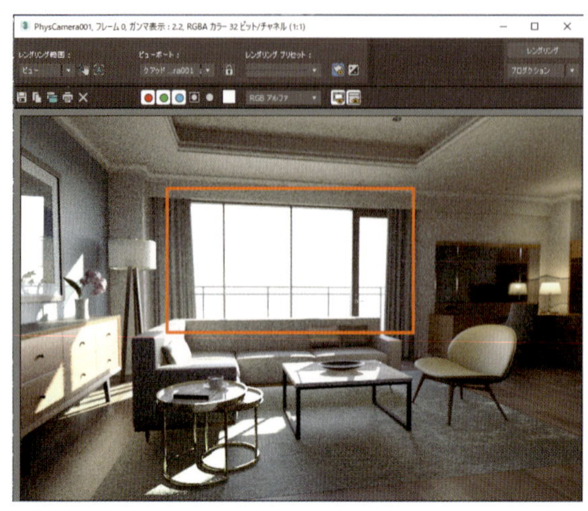

Arnoldで仮レンダリング

添景を追加する

① メインメニューの［ファイル］→［参照］→［外部参照シーン］を選択して［外部参照シーン］ダイアログボックスを開きます。［追加］をクリックします。

② ［ファイルを開く］ダイアログボックスで樹木のファイルを選択して［開く］をクリックします。トップビューで、樹木の位置を確認します。

> memo
> **植栽や家具などの添景データは、インターネット上で販売または配布されています。よく使う添景のデータをいくつか持っておくと便利です。**

③ ［外部参照シーン］ダイアログボックスの［合成］をクリックします。

④ シーンエクスプローラで新規レイヤ「10 樹木」を作成し、合成したオブジェクトを「10 樹木」レイヤに移動します。

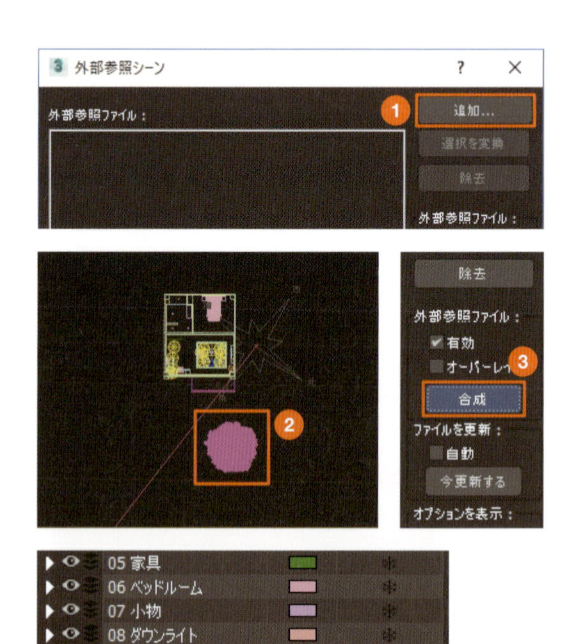

添景を移動する

5 ［選択して移動］ツールをオンにして、樹木を窓から見える位置に移動します。

6 まだ空きが気になるので、同様にして樹木をもう1本追加します。

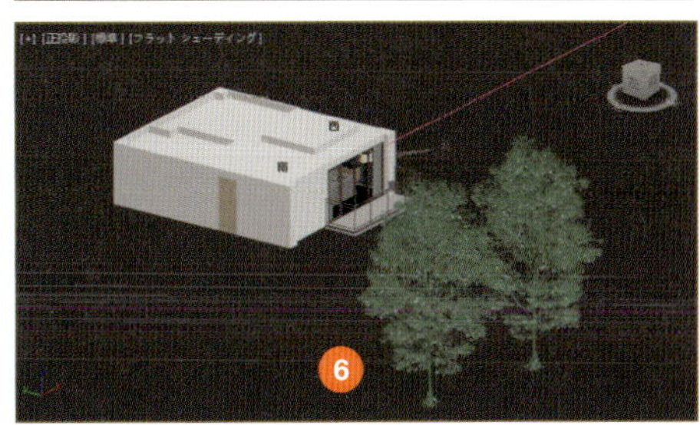

7 決定カメラのビューでバランスのいい位置に配置します。

8 ［選択して回転］ツールや［選択して均等にスケール］ツールなどを使い、2本の木がまったく同じ樹形にならないように変化を付けます。

9 再び仮レンダリングしてみます。樹木が追加され、全体の雰囲気がよくなりました。

memo **ここではレンダリング画像を最終仕上げにする前提で、樹木を追加しました。あとから画像処理ソフトでレタッチして外の風景を仕上げる場合は、樹木を入れずにレンダリングしたほうがよいでしょう。添景は仕上げの工程によって、追加するかどうかを判断します。**

11-2 Arnoldでレンダリング

Arnoldで昼景のレンダリングを実行します。レンダリングの実行方法はP.93を参照してください。以下の完成画像を作成したときの環境やレンダリング設定は次のとおりです。

Arnold　完成画像

11-2-1 Arnoldでの[環境と効果]

外光と内観のライトは、9章の設定のままで、［環境と効果］ダイアログボックスは右のような設定になっています。Arnoldでレンダリングするため、内観のライトはArnold Lightです。

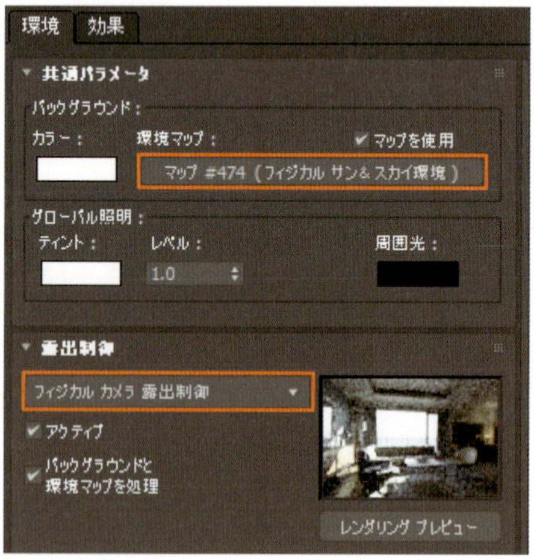

11-2-2 Arnoldでのレンダリング設定

前ページの完成画像は、以下のレンダリング設定でレンダリングしています。これはほんの一例なので、数値を調整して自分のベストな値を出してみてください。Arnoldでレンダリングする場合は、[Arnold Renderer] タブで詳細設定をします。

1. [レンダリング設定] ダイアログボックスを開きます (→P.93)。[レンダラー] を [Arnold] に設定し、[Arnold Renderer] タブをクリックします。

2. [Sampling and Ray Depth] の [Camera (AA)] の値を高くすると、全体の品質が上がります。ここでは「4」に設定しています。

3. [Diffuse] (拡散反射) を「6」、[Specular] (鏡面反射) を「4」、[Transmission] (透過光) は「2」に設定しました。窓ガラスなどの透過オブジェクトがない場合は [Transmission] の値を上げる必要はありません。

memo

これらの数値を調整すると、[General] の [Min] [Max] の値が変化します。この値はレイ (光源の反射回数) の最小/最大値です。数値が高いほどレンダリングに時間がかかりますが、高品質な仕上がりになります。

4. [Adaptive and Progressive] の [Adaptive Sampling] にチェックを入れます。レンダリング時間の削減を可能にします。

5. [AA Samples Max] の値を❷の [Camera (AA)] の値より大きくして、ノイズを削減します。

6. 詳細設定が済んだら、[レンダリング] をクリックしてレンダリングを実行します。

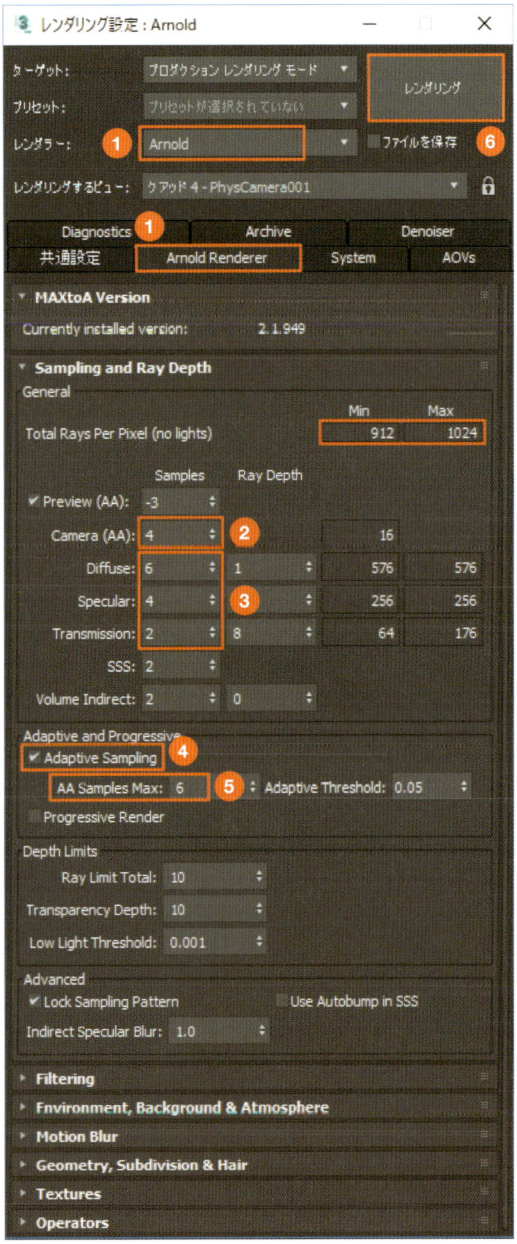

11-3 ARTレンダラーでレンダリング

ARTレンダラーで昼景のレンダリングを実行します。レンダリングの実行方法はP.93を参照してください。以下の完成画像を作成したときの環境やレンダリング設定は次のとおりです。

ARTレンダラー　完成画像

11-3-1 ARTレンダラーでの［環境と効果］

外光と内観のライトは、9章の設定のままで、［環境と効果］ダイアログボックスは右のような設定になっています。ARTレンダラーでのレンダリングでは、内観のライトはフリーライトです。

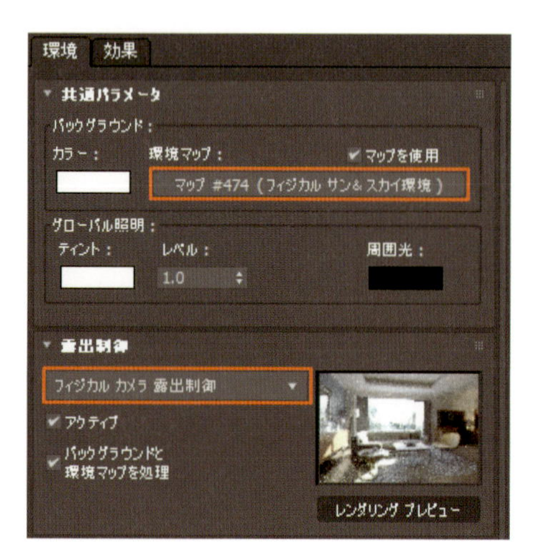

11-3-2 ARTレンダラーでのレンダリング設定

前ページの完成画像は、以下のレンダリング設定でレンダリングしています。これはほんの一例なので、数値を調整して自分のベストな値を出してみてください。ARTレンダラーでレンダリングする場合は、[ARTレンダラー] タブで詳細設定をします。

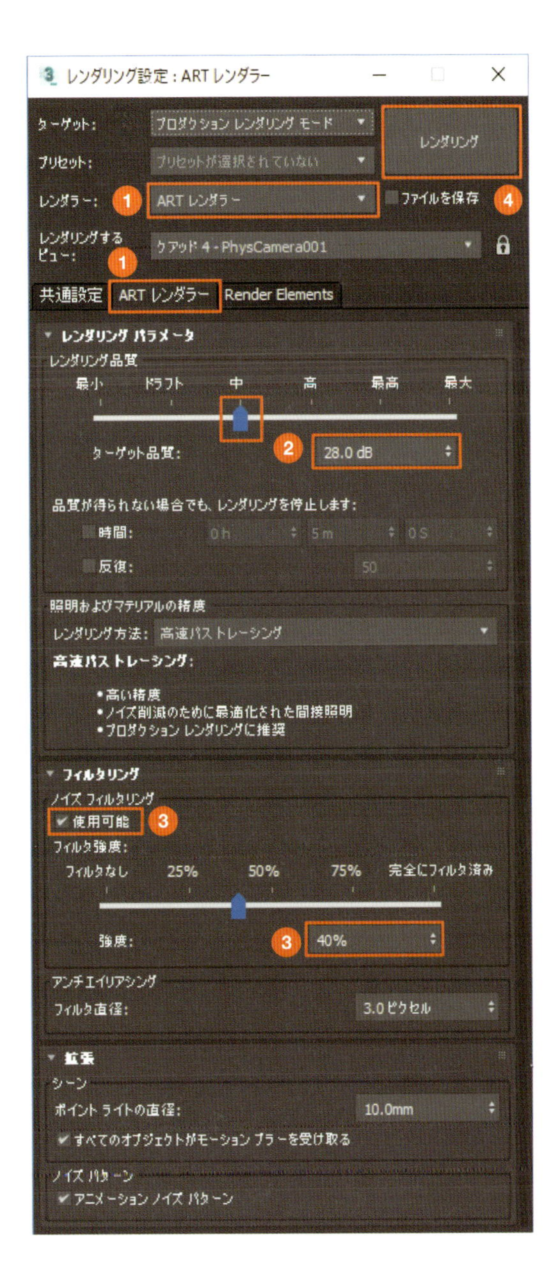

1 [レンダリング設定] ダイアログボックスを開きます (→P.93)。[レンダラー] を [ARTレンダラー] に設定し、[ARTレンダラー] タブをクリックします。

2 [ターゲット品質] は「28」に設定しています。この数値は[レンダリング品質] のスライダーと連動しているので、[レンダリング品質] は「中」程度になります。

> **memo**
> **[レンダリング品質] のスライダーで品質を設定することも可能です。[ターゲット品質] の数値が高いほど高精細な画像に仕上がりますが、28dB以上になるとレンダリングに時間がかかるため、様子を見て数値を変更しましょう。30dBまで上げるとノイズが目立たなくなります。**

3 [ノイズフィルタリング] の [使用可能] にチェックを入れて、[強度] を「40%」に設定しています。この数値も [フィルタ強度] のスライダーに連動しています。

> **memo**
> **[フィルタ強度] の数値を上げるとノイズを除去できますが、数値が高いほど陰影や質感などが失われます。ここでは初期設定の50%から少し下げています。**

4 詳細設定が済んだら、[レンダリング] をクリックしてレンダリングを実行します。

column 要素ごとに出力する

Arnoldでのレンダリング設定で表示される［AOVs］タブを使うと、「拡散反射（diffuse）」や「鏡面反射（specular）」などの要素ごとに出力できます。これらの出力画像はレタッチなどに使えます。

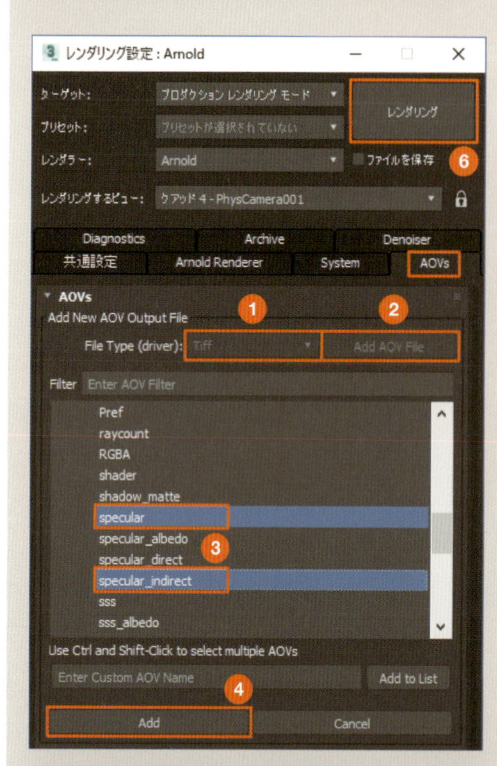

1 ［AOVs］タブを開き、［File Type(driver)］のファイル形式で、レンダリング画像と同じ形式（ここでは「Tiff」）を選択します。

2 ［Add AOV File］ボタンをクリックします。

3 中央に「builtin」と「shadow_matte」が表示されます。それぞれを展開し、出力したい要素を選択します。複数選択する場合はCtrlキーを使います。

4 ［Add］ボタンをクリックします。これで出力する要素が決まります。

5 ［共通設定］タブを開き、［レンダリング出力］の［ファイルを保存］にチェックを入れます。［ファイルを保存］がグレーアウトしている場合は、［ファイル］ボタンをクリックして保存先と保存名を指定してください。

6 レンダリングを実行すると、［ファイルを保存］で指定された名前の後ろに、3で選択した要素名が付いたファイル名で保存されます。出力先は、レンダリング画像の保存先と同じです。

specular

specular_indirect

Chapter 12

V-Rayでの設定

12-1 V-Rayとは

「V-Ray」とは、ブルガリア共和国のChaos Group Ltd.(カオスグループ社)が開発したレンダリングエンジンです。フォトリアルな作品に仕上げられることから、エンターテインメントやデザイン業界で幅広く使われています。特に光の表現には定評があるため、建築のビジュアライゼーションでは人気が高く、業界標準といわれているレンダラーです。3ds Maxにはプラグインとしてインストールします。ここまで3ds Maxに標準搭載されたレンダラーで解説してきましたが、最後のV-Ray編ではV-Rayをレンダラーに使用する場合の設定などについて、補足や追加説明をします。

V-Rayでレンダリングした作品(株式会社オーク 提供)

memo 本書では2018年5月にリリースされた「V-Ray Next for 3ds Max 」を使って説明していきます。「V-Ray」製品についての詳細は、株式会社オークのウェブサイト(https://v-ray.jp/v-ray/3dsmax/#next)で確認してください。

12-1-1 V-Rayの有効化

V-Rayをインストールすると、3ds Maxのウィンドウ内にV-Rayのツールバーが表示されます（本書ではこのツールバーは使いません）。プラグインとして追加されたV-Rayの機能を有効にするためには、まず、レンダラーをV-Rayに設定する必要があります。この章の説明はすべて、この設定が済んでいる前提で行います。

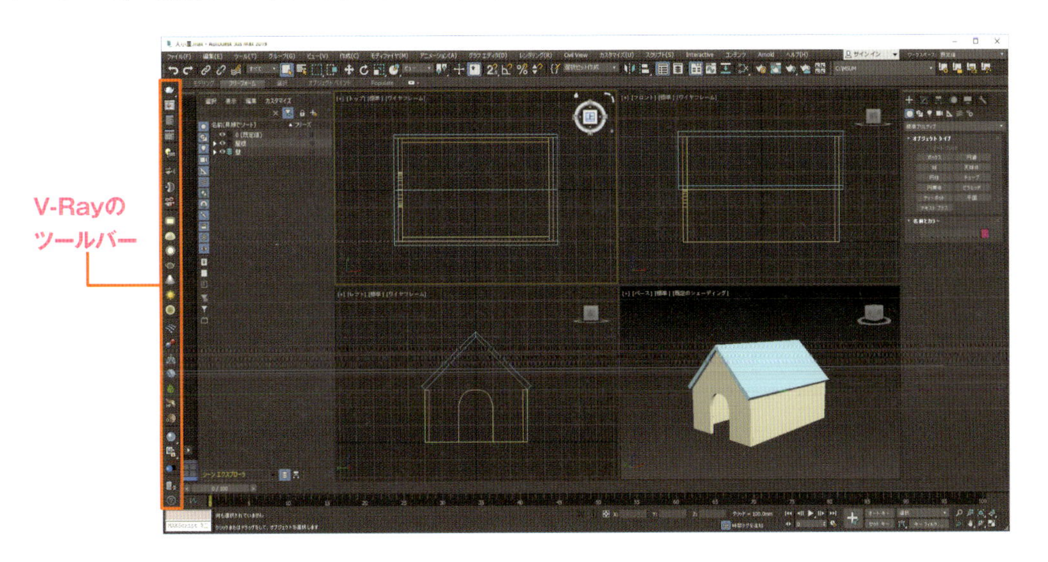

memo

V-Rayのツールバーの表示／非表示は、メインツールバーの余白を右クリックし、表示されたメニューから［V-Ray Toolbar］を選択して切り替えられます。

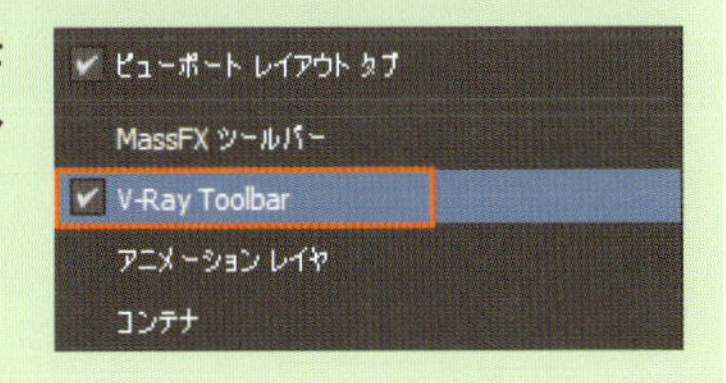

レンダラーをV-Rayに設定

1. ［レンダリング設定］ダイアログボックスを開きます（→P.93）。［ターゲット］が［プロダクションレンダリングモード］になっていることを確認します。

2. ［レンダラー］で［V-RayNext］を選択します。

memo

V-Rayでは、［ターゲット］が［プロダクションレンダリングモード］以外になっているとうまく動作しません。このため1で確認しています。

12-1-2 V-Ray専用のオブジェクトを使う

V-Rayは3ds Maxのフィジカルカメラやフィジカルマテリアルにも対応していますが、その効果を最大限生かすためには、V-Ray専用のカメラ・ライト・マテリアルを使用します。これはArnoldでレンダリングするときに、専用のArnold Lightを使ったこと（→P.226）と同じ考え方です。具体的な使い方は以降で説明していきますが、ここでは本書で使うV-Ray専用のオブジェクトがどこにあるのかを記します。

［作成］パネルの［ジオメトリ］

［作成］パネルの［ジオメトリ］に［VRay］のカテゴリが追加され、［オブジェクトタイプ］に V-Rayのオブジェクトが表示されます。［VRayFur］はファー（短毛）を生成します（→P.307）。［VRayPlane］はワンクリックで無限平面が作成できます。

VRayPlane（レンダリング後）

［作成］パネルの［カメラ］

［作成］パネルの［カメラ］に［VRay］のカテゴリが追加され、［オブジェクトタイプ］に V-Rayのカメラが表示されます。カメラは2種類あり、本書では［VRayPhysicalCamera］を使います（→P.285）。［VRayDomeCamera］はドーム型（半球状）にレンダリング出力できるカメラです。

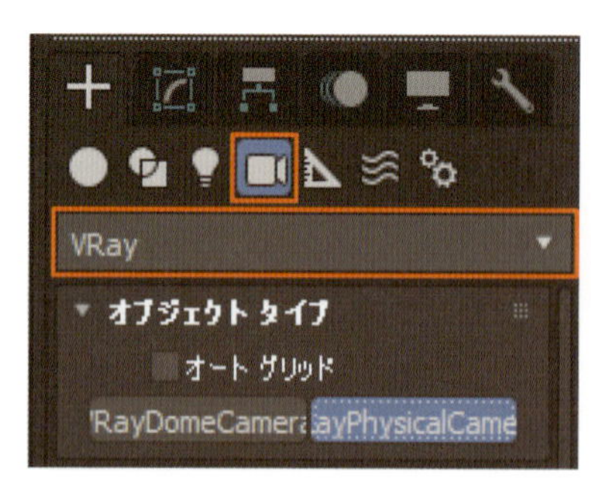

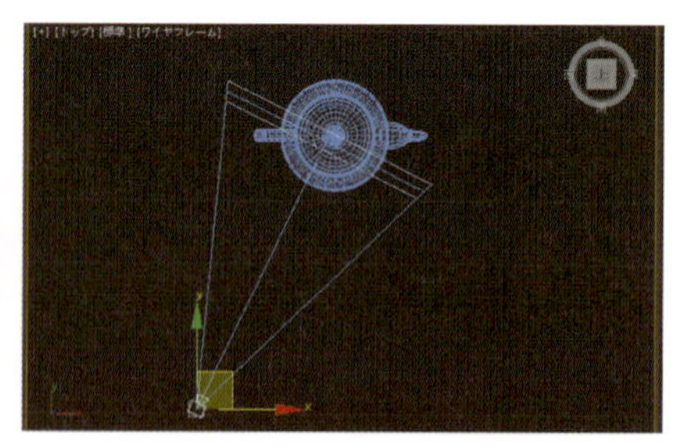

VRayPhysicalCamera

[作成] パネルの [ライト]

[作成] パネルの [ライト] に [VRay] のカテゴリが追加され、[オブジェクトタイプ] に V-Rayのライトが表示されます。外観の太陽には [VRaySun] (→P.292)、内観のライトには [VRayLight] (→P.294)、照明器具の配光データを読み込むときには [VRayIES] を使います (→P.299)。[VRayAmbientLight] は環境光が設定できます。

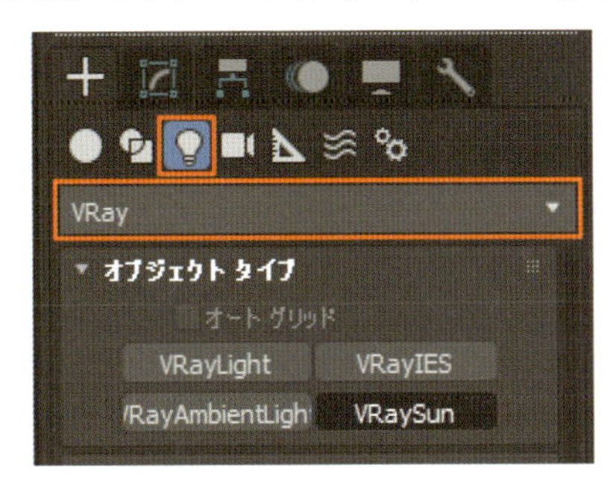

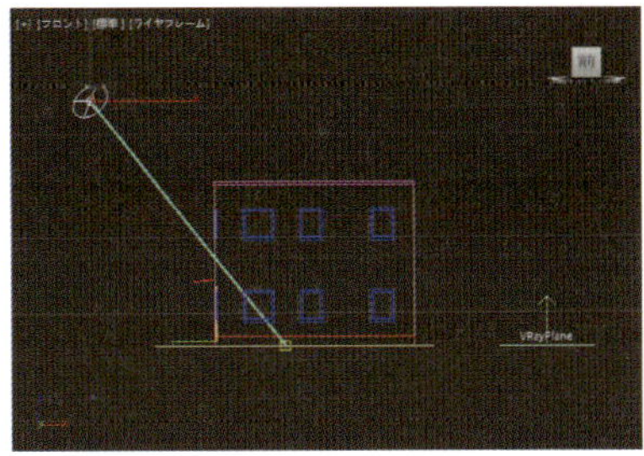

VRaySun

マテリアルエディタの [マテリアル]

マテリアルエディタの [マテリアルマップブラウザ] に [V-Ray] のカテゴリが追加され、展開するとV-Rayのマテリアルが表示されます。基本的なマテリアルは [VRayMtl] から作成します (→P.300)。V-Rayマテリアルの新規作成は、3ds Maxのフィジカルマテリアルと同じです。

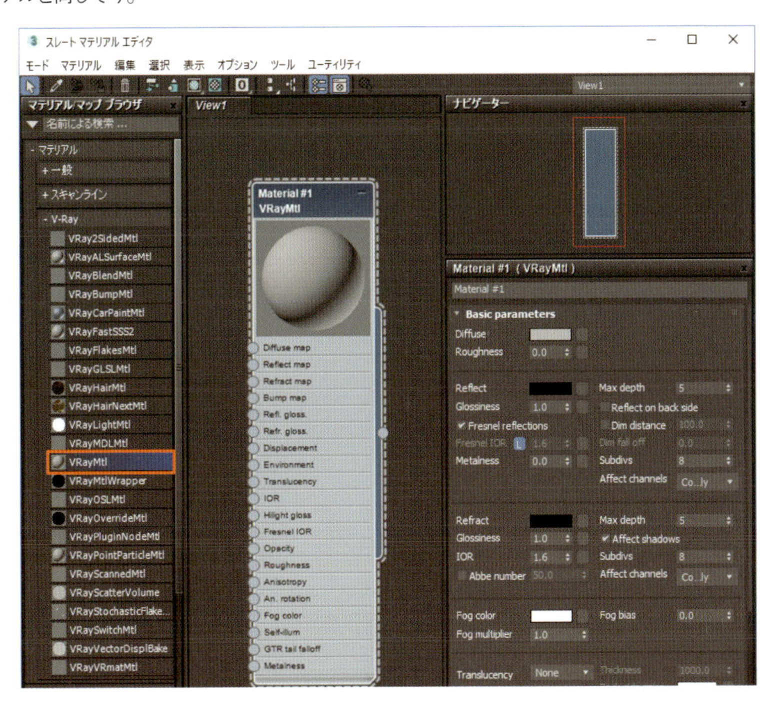

12-1-3 V-Rayのレンダリングフレームウィンドウ

V-Rayを使ってレンダリングを実行すると、3ds Maxのレンダリングフレームウィンドウではなく、V-Ray Frame Bufferウィンドウが開きます。この画面でレンダリング結果を確認します。V-Ray Frame Bufferウィンドウでは下部にもさまざまなツールボタンが表示され、ウィンドウ内でのカラー補正や編集ができます。これもV-Rayの特徴となっています。詳しくはV-Rayのウェブサイトで確認してください（→P.280）。上部のツールボタンでは、3ds Maxのレンダリングフレームウィンドウとほぼ同じような操作ができます。

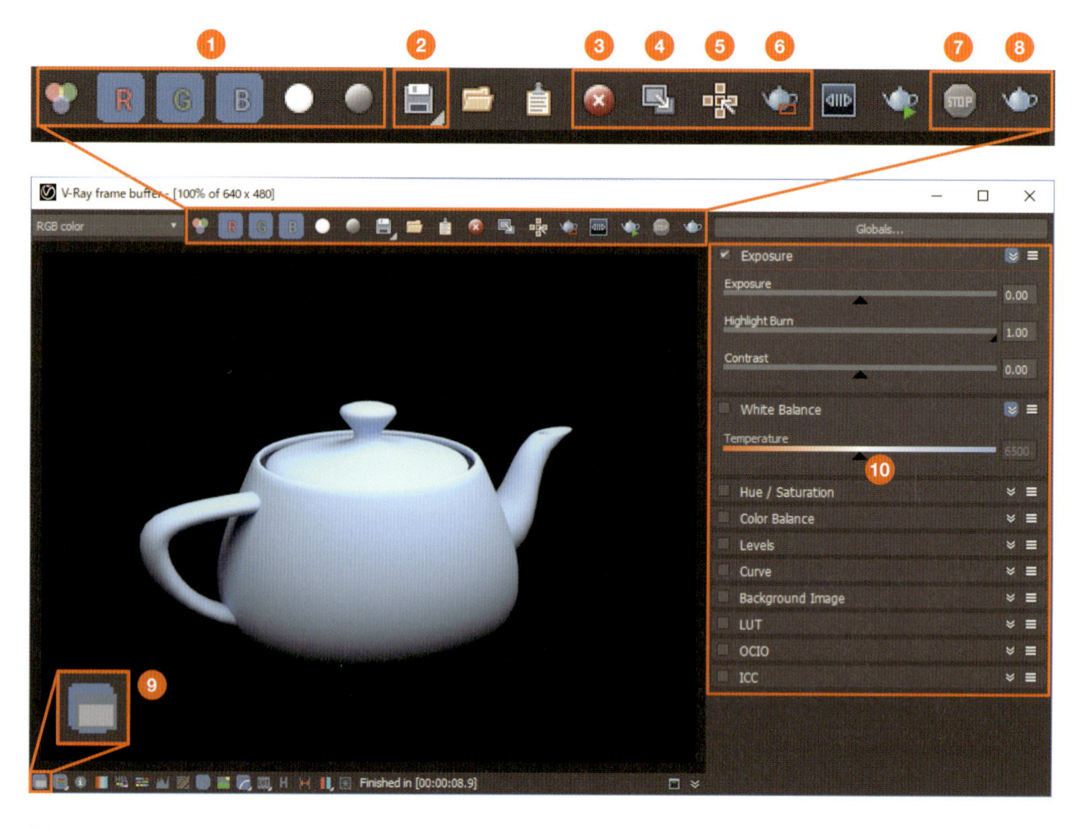

1. RGBカラーやグレースケールなどの各チャンネルをプレビュー
2. 現在のレンダリング状態を画像として保存
3. 現在の設定内容をクリアにして黒画面に戻す
4. レンダリングウィンドウをコピー
5. マウスポインタに近い部分からレンダリング
6. 領域を指定してレンダリング
7. レンダリングを停止
8. レンダリングを再実行
9. カラー補正するColor correctionsウインドウ⑩の表示/非表示

memo

3ds Max標準のレンダリングフレームウィンドウを使いたい場合は、[レンダリング設定]ダイアログボックスを開き、[V-Ray] タブにある [Frame buffer] で、[Enable built-in frame buffer] のチェックを外します。

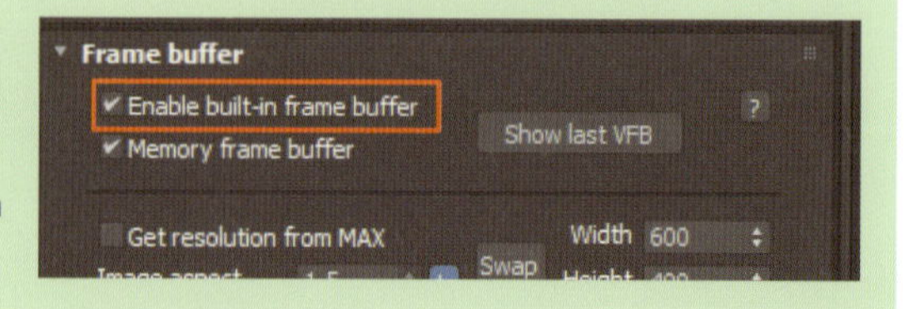

12-2 V-Rayのカメラ

V-Rayのカメラの使い方は、3ds Maxに標準搭載されているフィジカルカメラとほぼ同じです。ここではVRayPhysicalCameraの作成方法と、作成済みのフィジカルカメラと同じ設定にするパラメータを説明します。

12-2-1 VRayPhysicalCameraを作成する

VRayPhysicalCameraの作成方法は、基本的なカメラの作成方法と同じです。

VRayPhysicalCameraの作成

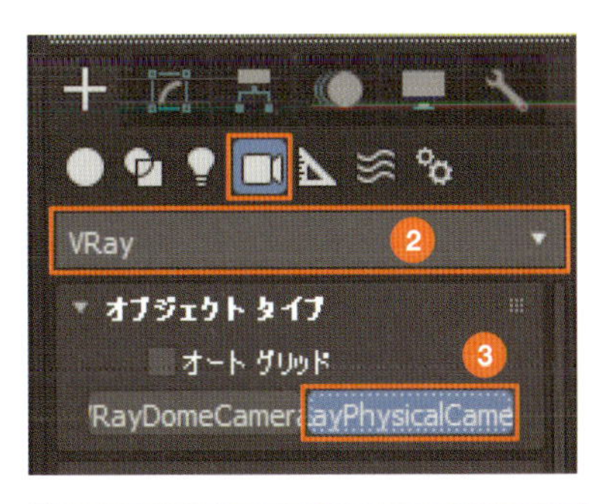

1. カメラのレイヤを作成します。
2. ［作成］パネルの［カメラ］を開き、［VRay］を選択します。
3. ［オブジェクトタイプ］の［VRay PhysicalCamera］をクリックします。
4. トップビューでカメラの位置をクリックし、ターゲットまでドラッグすると、カメラが作成されます。

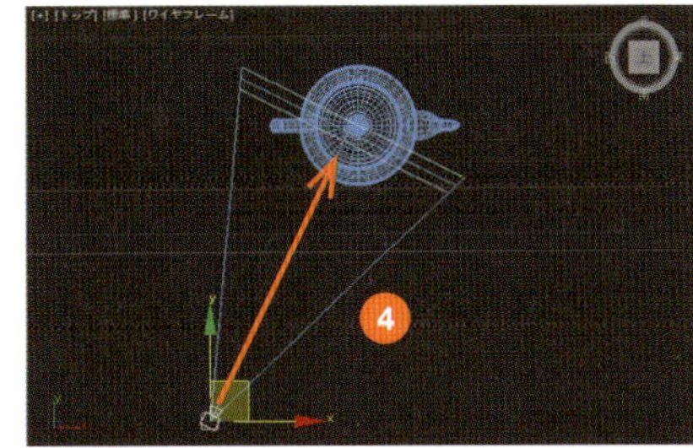

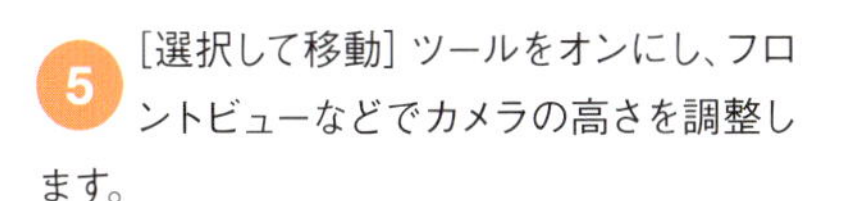

5. ［選択して移動］ツールをオンにし、フロントビューなどでカメラの高さを調整します。

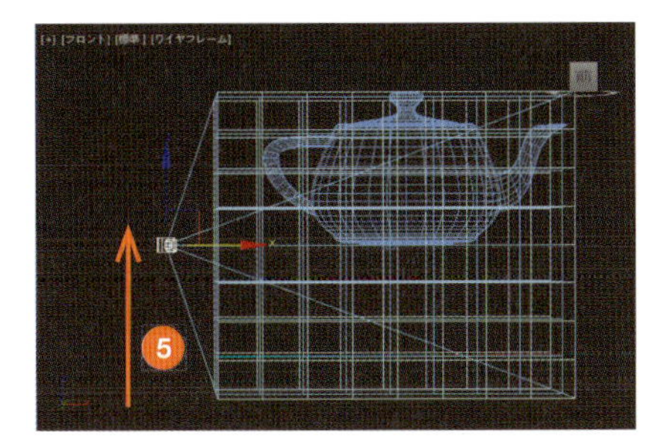

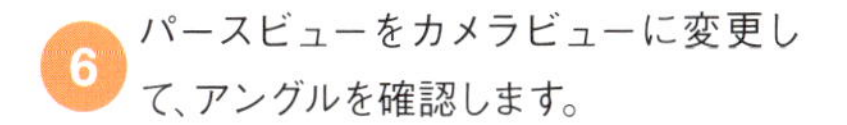

6. パースビューをカメラビューに変更して、アングルを確認します。

12-2-2 作成済みのフィジカルカメラと同じ設定にする

VRayPhysicalCameraを作成し、すでに作成されているフィジカルカメラの視点の位置（XYZ）とターゲットの位置（XYZ）を合わせてから、焦点距離または視野角を同じにします。

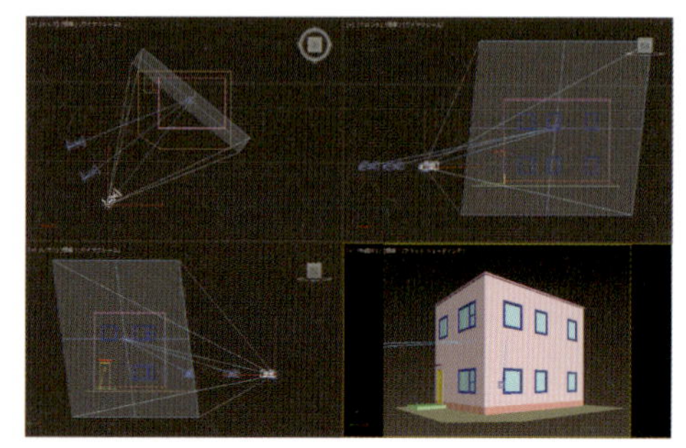

作成済みのフィジカルカメラ

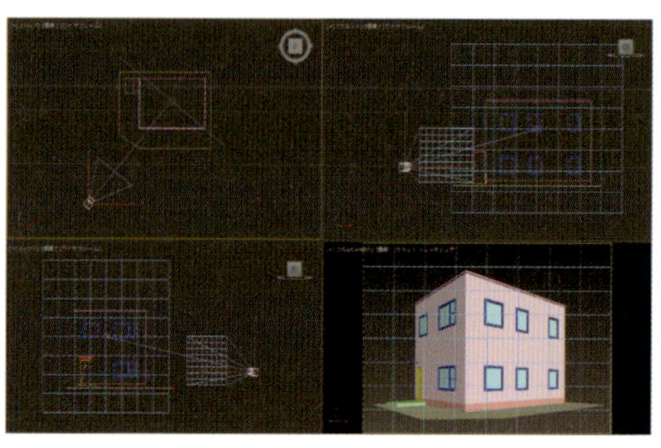

設定を合わせたVRayPhysicalCamera

フィジカルカメラと同じ設定に

1. 同じ設定にしたいフィジカルカメラ（ここでは第3章で作成した「外観003」）を表示し、トップビューで視点とターゲットがだいたい同位置になるようにVRayPhysicalCameraを作成します（→P.285）。

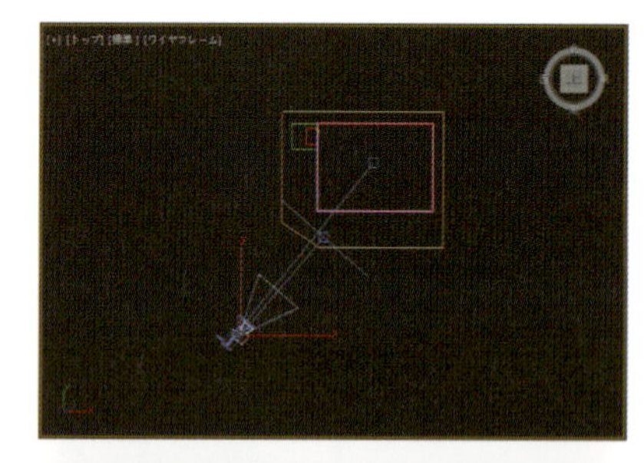

2. レフトまたはフロントビューで、視点とターゲットを移動して高さを合わせます。

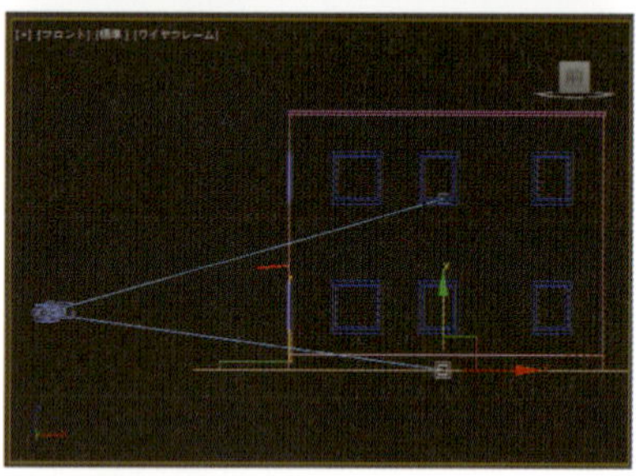

memo

VrayPhysicalCameraの視点とターゲットをフィジカルカメラと完全な同位置にしたい場合は、フィジカルカメラを選択して［移動キー入力変換］ダイアログボックスを開き、視点とターゲットそれぞれの絶対値（XYZ）をメモします。任意の位置に作成したVrayPhysicalCameraを選択して［移動キー入力変換］ダイアログボックスを開き、視点とターゲットそれぞれにメモした値を入力すれば、同位置になります。

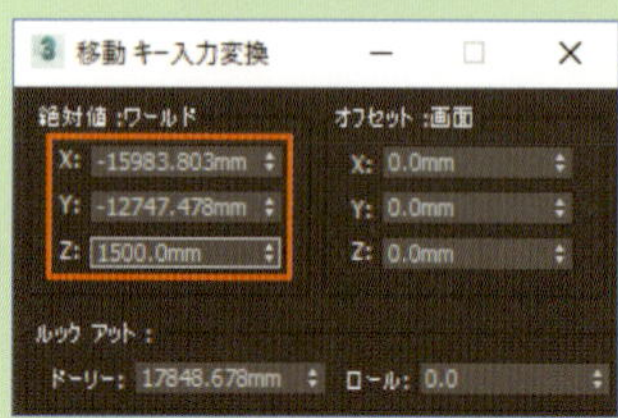

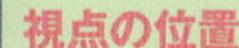

視点の位置

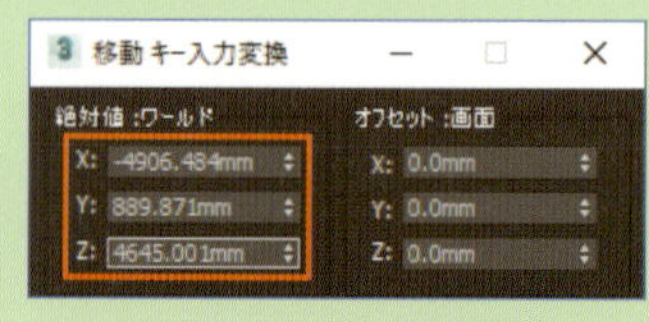

ターゲットの位置

3 [修正] パネルを開きます。[Target distance] の数値をフィジカルカメラの [ターゲットの距離] の数値に修正します。

4 [Field of view] にチェックを入れ、その数値をフィジカルカメラの [視野を指定] の数値に修正します。これで既存のフィジカルカメラと同じ設定になりました。

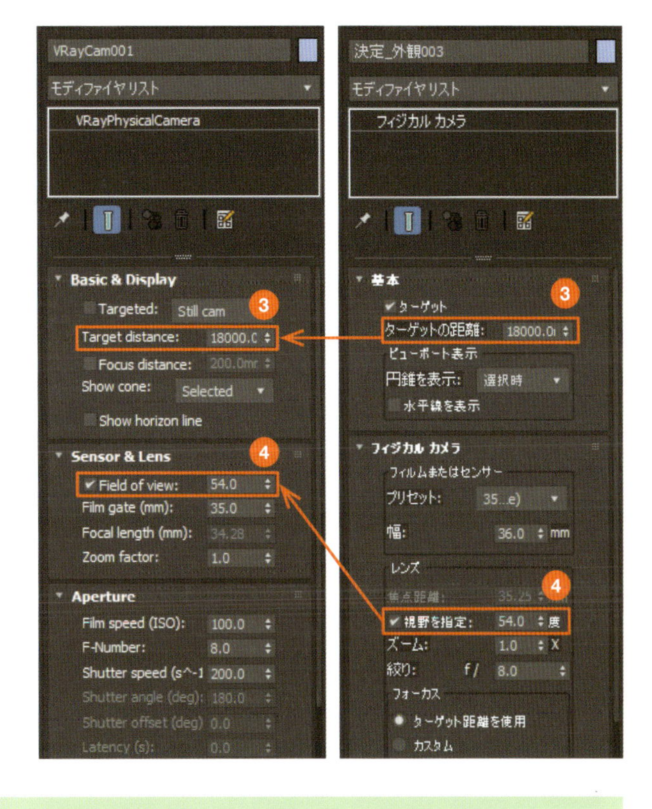

memo

P.222で紹介した [ビューからフィジカルカメラを作成] を使って、新規作成したVRayPhysicalCameraを作成済みのフィジカルカメラに合わせることができます。
まず「外観003」のカメラビューを表示しておき、それをパースビューに切り替えます。この段階で、カメラビューの表示がそのままパースビューの表示になります。次に新規作成したVRayPhysicalCameraを別のビューで選択し、パースビューを右クリックしてアクティブにします。ここで[ビュー]→[ビューからフィジカルカメラを作成] を選択するか、Ctrl+Cキーを押すと、パースビューでの表示設定がVRayPhysicalCameraの設定になります。
しかし、この例では「外観003」フィジカルカメラを [パース制御] で [自動垂直傾斜補正] しているため、視点とターゲットの位置は合いますが、高さやパース制御した値などは同じになりません。これらは手動で合わせることが必要です。

column V-Rayのあおり補正

[修正] パネルの [Tilt&Shift] にある [Automatic vertical tilt] (自動的に垂直チルト) にチェックを入れると、自動であおりが補正されます。任意であおり補正する場合は [Automatic vertical tilt] のチェックを外し、あおり補正するタイミングごとに [Guess vert tilt] (垂直チルト) ボタンをクリックします。

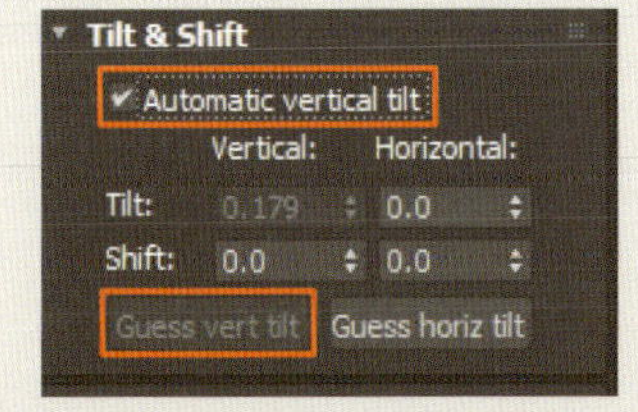

あおり補正済のアングル

12-2-3 VRayPhysicalCameraのパラメータ

VRayPhysicalCameraのその他のパラメータを説明します。

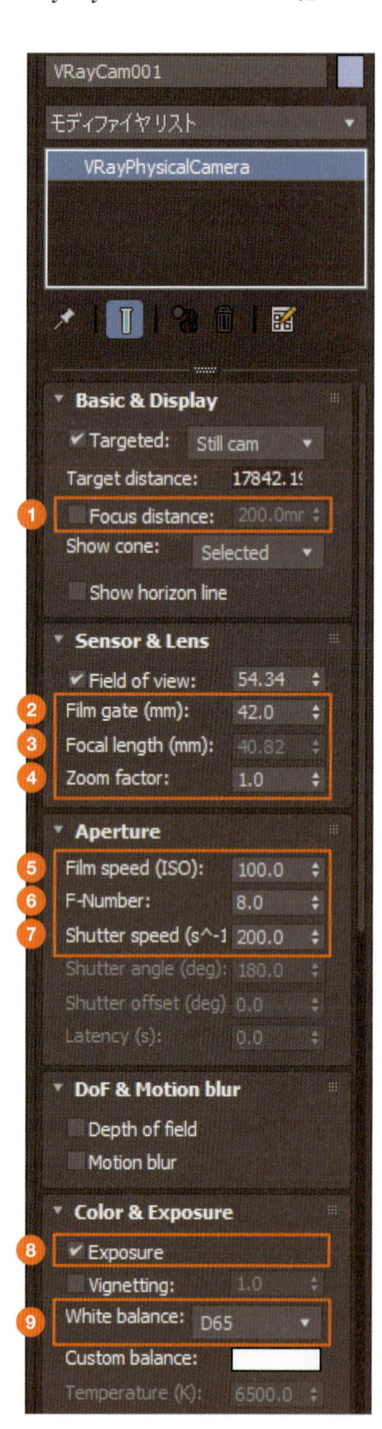

❶ Focus distance（焦点距離）

チェックを入れると、カメラのターゲット距離とは異なる焦点距離を指定できる

❷ Film gate (mm)（フィルムゲート）

カメラの開口ユニット部分の水平サイズ

❸ Focal length (mm)（レンズの焦点距離）

カメラレンズの焦点距離を指定

❹ Zoom factor（ズーム比）

ズーム比を指定。1.0以上はズームイン、1.0未満はズームアウトになる

❺ Film speed (ISO)

フィルムの感度。値が小さいほど感度が下がり、大きいほど感度が高くなる

❻ F-Number（F値）

レンズの口径。値が小さくなるほど口径が大きく、大きくなるほど口径が小さい。［Exposure］にチェックが入っている場合、この数値が明るさに影響する

❼ Shutter speed (s^-1)（シャッター速度）

スチルカメラのシャッター速度を指定。単位は1秒に対する逆数（1/30秒のシャッター速度なら「30」と入力）

❽ Exposure（露出）

チェックを入れると、レンダリングイメージの明るさ（露出）に［F-Number］［Shutter speed (S^_1)］［Film speed (ISO)］の数値が影響するようになる

❾ White balance（ホワイトバランス）

レンダリングイメージの色味を変更。用意されたホワイトバランスのプリセットをプルダウンから選択する。ここではカラーの色相のみが変更され、輝度に関しては無視される

12-3 V-Rayの環境マップ

［マテリアル/マップブラウザ］にもV-Ray専用のマップが追加されます。標準にはない特殊なマップもいくつかありますので、ぜひ試してみてください。ここでは環境マップとして［VRaySky］を設定する方法と、レンダリング画像を線画で出力できる環境効果［VRayToon］を紹介します。

12-3-1 VRaySkyを設定する

［VRaySky］は、3ds Maxの［フィジカルサン&スカイ環境］（→P.126）と同じような使い方ができます。

環境にVRaySkyを設定

1 ［環境と効果］ダイアログボックスを開きます（→P.130）。［環境マップ］の「なし」をクリックします。

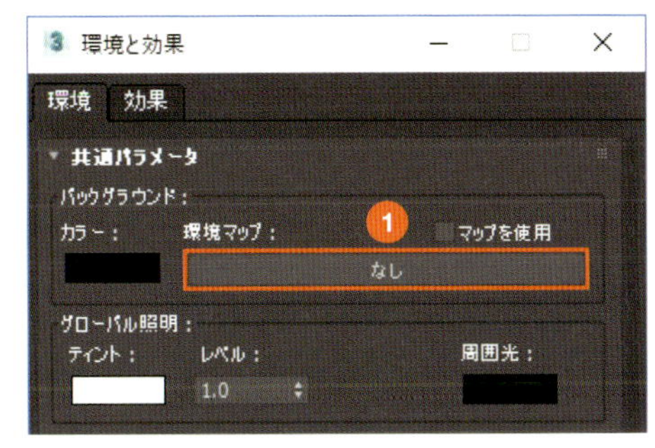

2 ［マテリアル/マップブラウザ］ダイアログボックスが開きます。［マップ］の［V-Ray］を展開して［VRaySky］を選択し、［OK］をクリックします。環境マップにVRaySkyが設定されます。

3 この状態でレンダリングして、VRaySkyの環境を確認します。

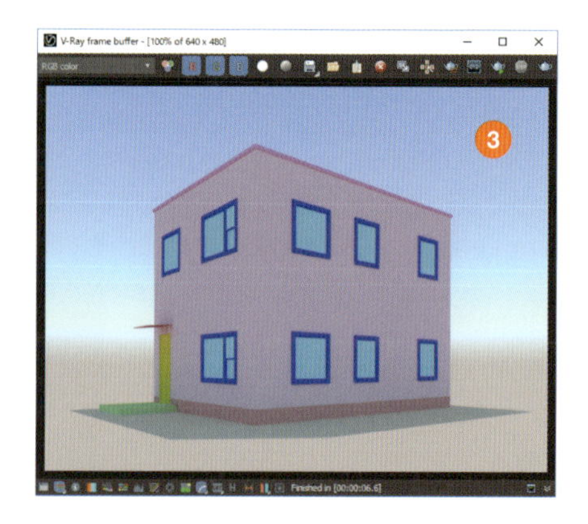

memo

VRaySkyもフィジカルサン&スカイ環境と同様に、マテリアルエディタでパラメータを編集できます（→P.232）。マテリアルエディタで表示されるVRaySkyのパラメータを一部紹介します。

- specify sun node（太陽を手動で指定）
  チェックを入れると、各パラメータの数値がアクティブになる
- sun turbidity（濁り）
  空気中のチリの量。値が小さいほどクリアで澄んだ青い空、大きいほどオレンジ色に近い濁った空になる
- sun ozone（オゾン）
  0.0 ～ 1.0 の範囲で利用でき、値が小さいほど太陽光を黄色に近づけ、大きいほど青に近くなる
- sun intensity multiplier（明るさの強度、倍数）
  太陽の明るさを数値で指定。値が大きいほど明るくなる
- ground albedo（地面の色）
  地平線より下のグラウンドカラー
- blend angle（水平線のブレンド）
  水平線と地表の混ざり具合。値が小さいほどクッキリ分離し、大きいほど滑らかになる
- horizon offset（水平線の高さ）
  水平線の位置を上下に調整

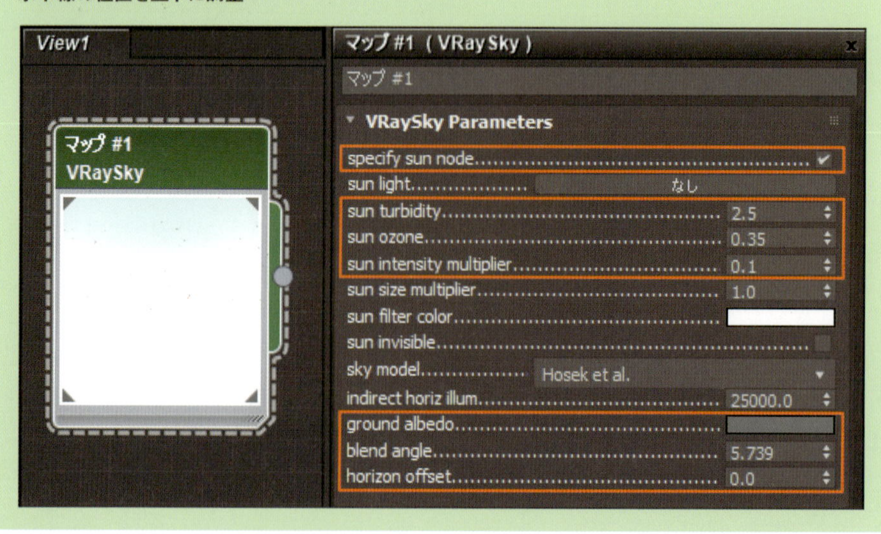

12-3-2 レンダリング画像を線画で出力(VRayToon)

[環境効果] で [VRayToon] を指定すると、レンダリング時にモデルの輪郭を形成して線画で出力されます。打ち合わせなどの指示書に適した画像です。ここでは全体に白いマテリアルを設定したモデルで説明します。

環境効果にVRayToonを設定

1. [環境と効果] ダイアログボックスを開きます (→P.130)。[環境マップ] を [VRaySky] に設定します。
2. [露出制御] で [<露出制御なし>] を選択します。
3. [環境効果] で [追加] をクリックします。
4. [環境効果を追加] ダイアログボックスが開きます。[VRayToon] を選択し、[OK] をクリックします。[効果] に [VRayToon] が追加されます。
5. レンダリングすると、モデルの輪郭が線画で出力されます。

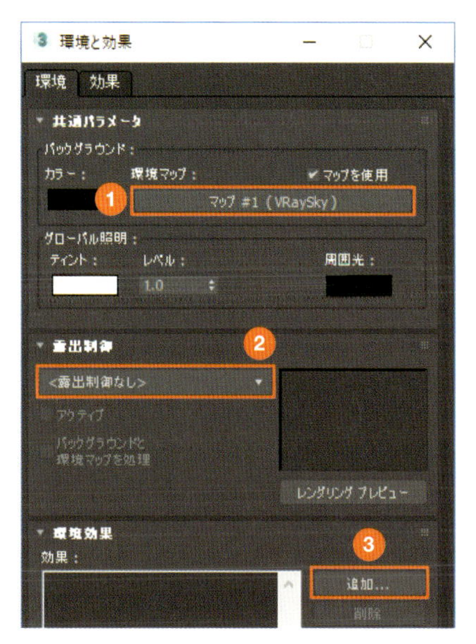

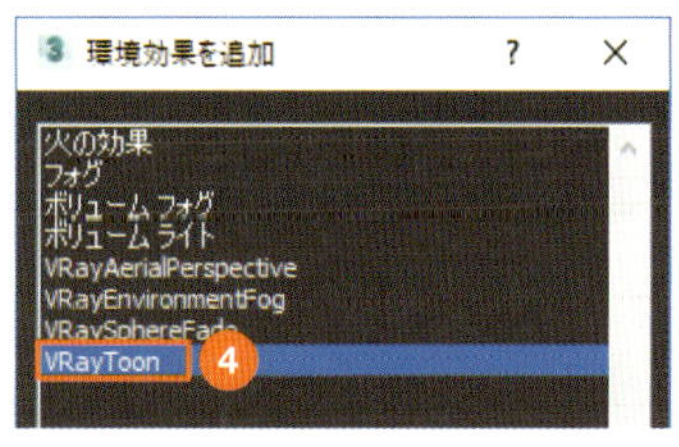

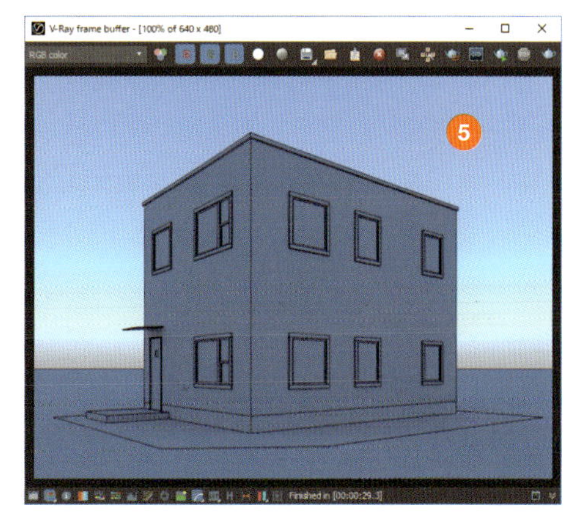

memo

[効果] で [VRayToon] を選択すると、その下にVRayToonのパラメータが表示されます。ここで線や色の調整ができます。

- **Line color　線の色を指定**
- **Pixels　線の太さをピクセル値で指定**
- **Hide inner edges　チェックを入れると内部エッジは描かず、アウトラインエッジだけ描画**

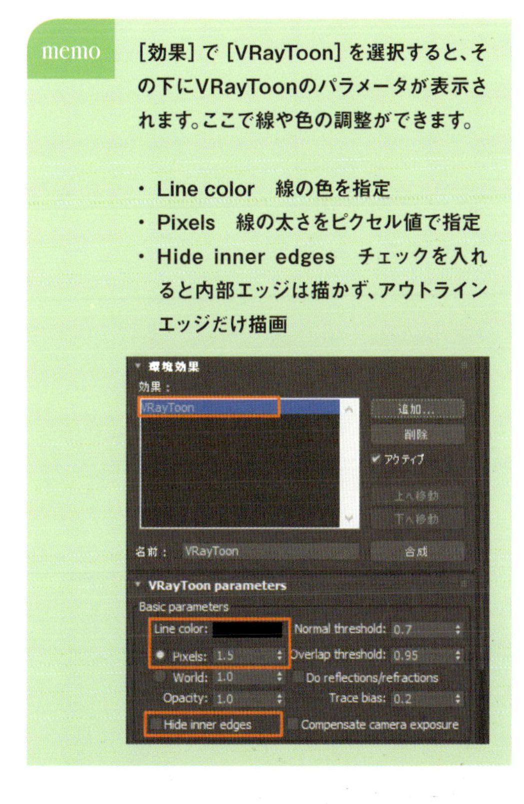

12-4 V-Rayのライト

V-Rayを使う場合は、V-Rayのライトを配置します。ここではVRaySunとVRayLightの配置方法について説明します。

12-4-1 太陽をVRaySunで配置する

V-Rayで太陽を配置するときは［VRaySun］を使います。3ds Maxで［サンポジショナ］を配置すると、自動的に［フィジカルサン&スカイ環境］が環境マップに設定されましたが、［VRaySun］も［VRaySky］が環境に設定されるようになっています。ただしこちらは確認メッセージで適用の選択ができます。

VRaySunを配置

1 太陽のレイヤを作成します。

2 ［作成］パネルの［ライト］を開き、［VRay］を選択します。

3 ［オブジェクトタイプ］の［VRaySun］をクリックします。

4 トップビューで太陽の位置をクリックし、ターゲット（建物）までドラッグします。

5 「VRaySky環境マップを追加しますか？」という内容の確認メッセージが表示されます。ここでは［はい］をクリックします。［いいえ］を選択すれば、環境マップには何も設定されません。

6 VRaySunが配置されます。［選択して移動］ツールをオンにし、フロントビューなどで太陽の高さを調整します。

7 レンダリングして確認します。

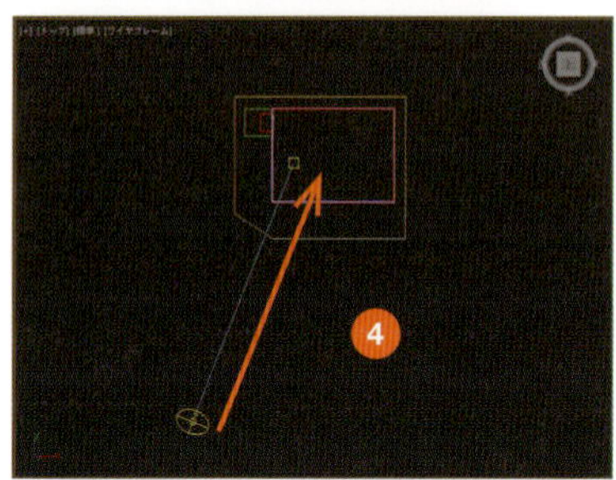

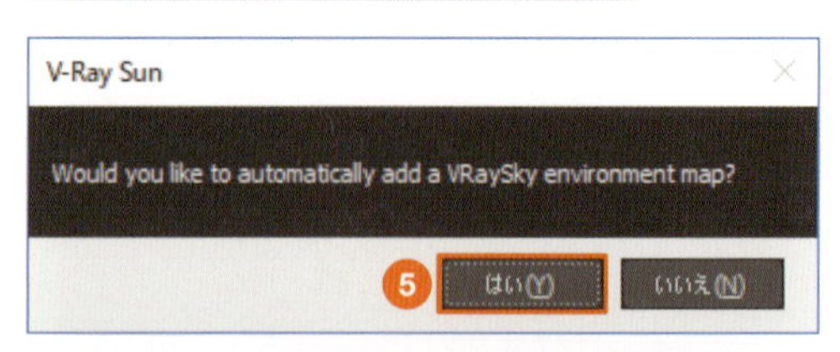

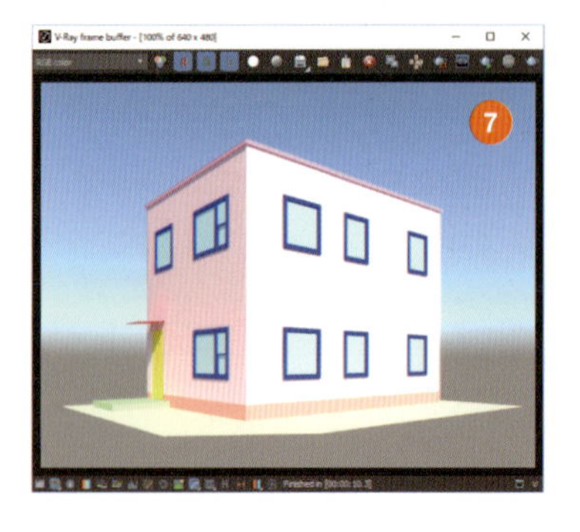

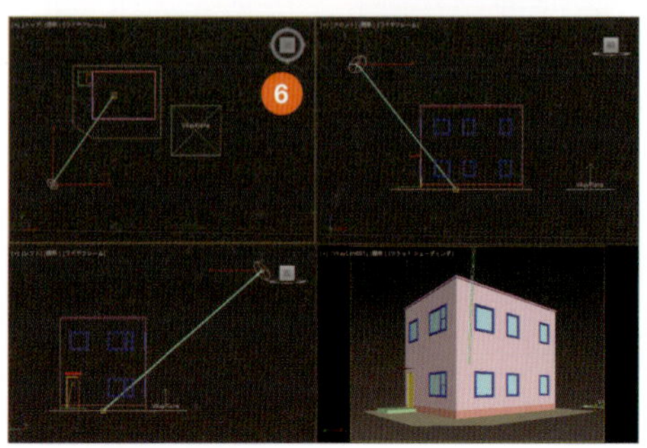

12-4-2 VRaySunのパラメータ

VRaySunの主なパラメータを紹介します。

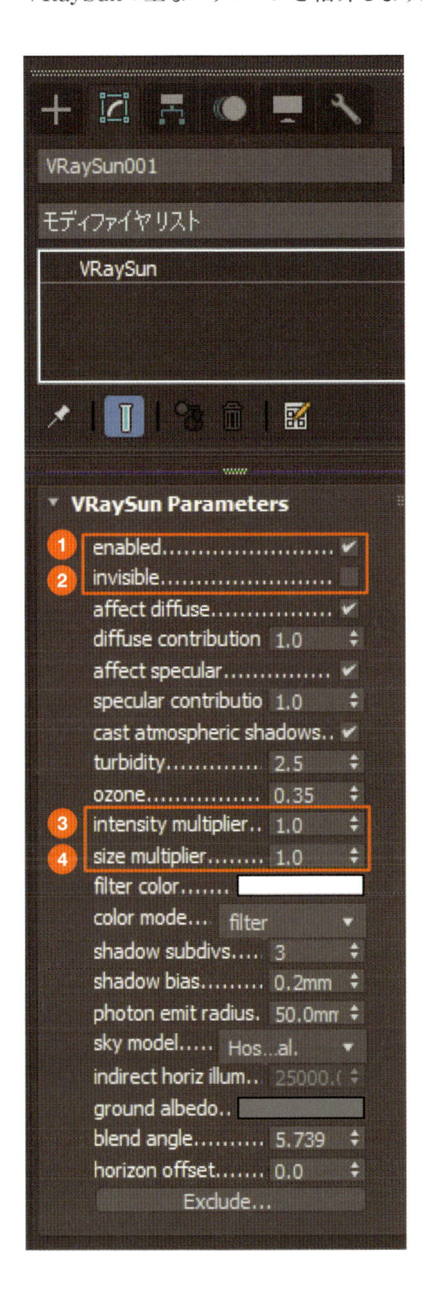

❶ enabled（有効・無効）

V-RaySunのオン/オフを切り替える

❷ invisble（非可視）

太陽の形状の表示/非表示（カメラおよび反射に不可視）を切り替える

❸ intensity multiplier（強度、倍数）

VRaySunの明るさを調整する。初期状態（1.0）の太陽は非常に明るいので、このパラメータで調整できる

❹ size multiplier（太陽の大きさ）

太陽の大きさを調整する。直視もしくは反射に写りこむ太陽の大きさが変化する

memo

[size multiplier] で太陽のサイズを大きくすると、影がよりボケるようになるため、影をぼかしたいときにも使えます。

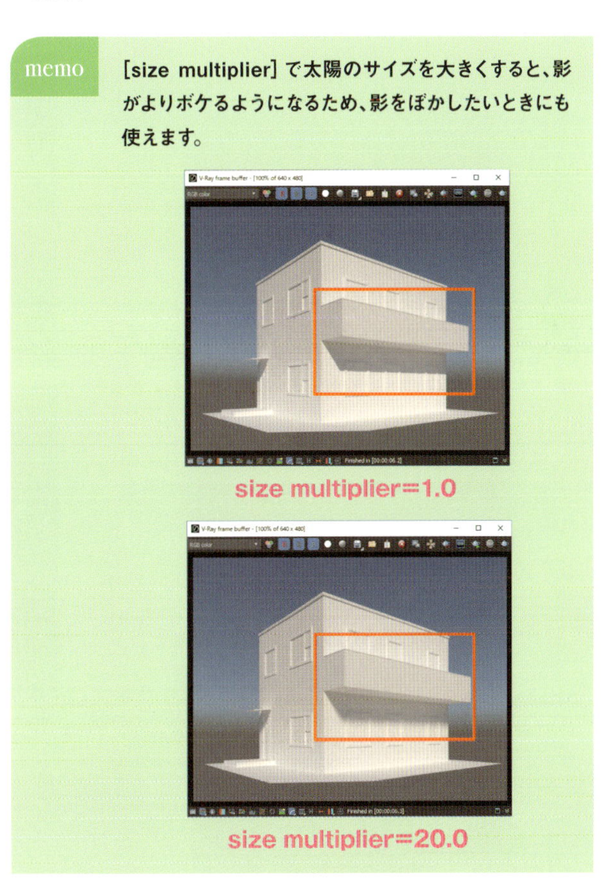

size multiplier=1.0

size multiplier=20.0

12-4-3 VRayLight を作成する

内観のライトには［VRayLight］を使います。ここでは、［VRayLight］の基本的な作成方法を説明します。

VRayLightの作成

1 ライトのレイヤを作成します。

2 ［作成］パネルの［ライト］を開き、［VRay］を選択します。

3 ［オブジェクトタイプ］の［VRayLight］をクリックします。

4 ［General］の［Type］で［Plane］を選択します。

memo

［Type］には次のような種類があります。

- **Plane（長方形の面状のライト）**
- **Dome（球または半球状のドーム型ライト）**
- **Sphere（球体状のライト）**
- **Mesh（メッシュオブジェクトをライトに置き換え）**
- **Disk（円形のディスク状のライト）**

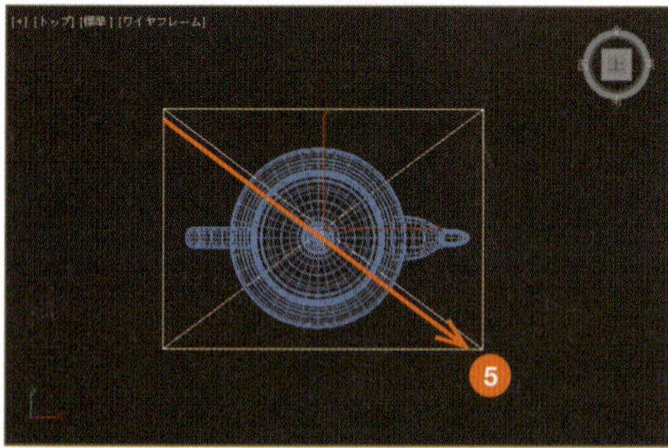

5 トップビューで任意の位置をクリックし、斜めにドラックして面を確定します。

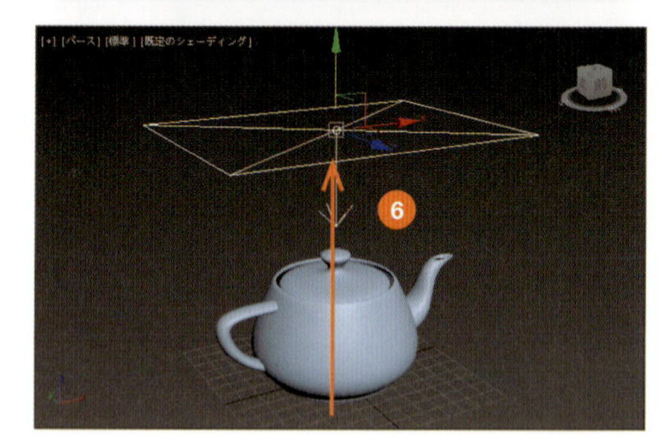

6 面状のVRayLightがZ=0の面で作成されます。［選択して移動］ツールで、ライトを配置する位置に移動します。

memo

サイズが決まっている場合は、［General］の［Length］（長さ）と［Width］（幅）に数値を入力します。

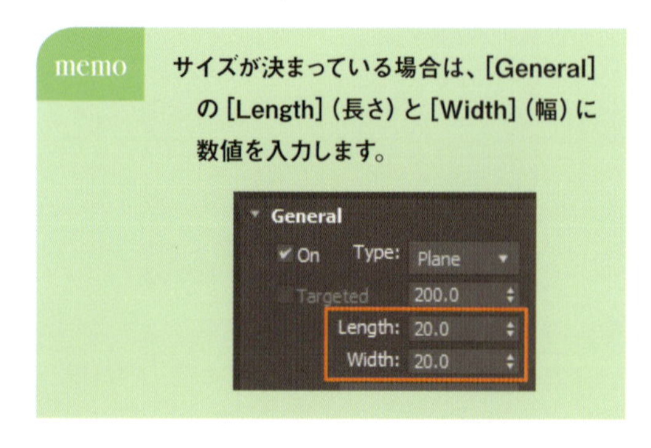

12-4-4 VRayLightのパラメータ

VRayLightの主なパラメータを紹介します。

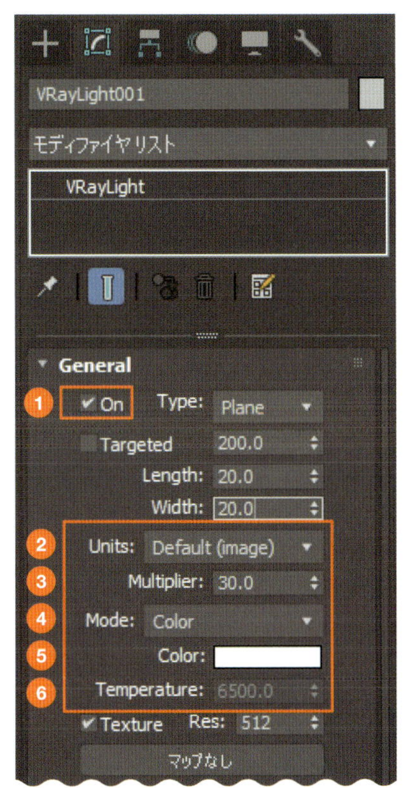

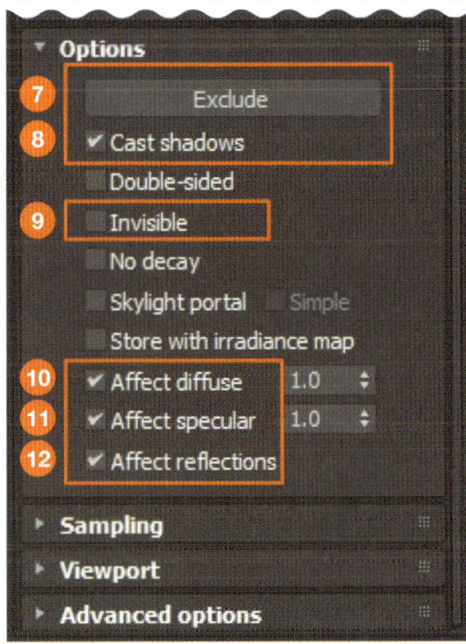

❶ On（オン）

VRayLightのオン/オフを切り替える

❷ Units（明るさの単位）

光源の明るさを決める単位を選択

❸ Multiplier（倍率）

光源の明るさを決定するライトの倍率

❹ Mode（モード）

ライトの色の指定モード。[Color] と [Temperature] から選択

❺ Color（カラー）

[Mode] で [Color] を選択した場合に色を指定する

❻ Temperature（色温度）

[Mode] で [Temperature] を選択した場合に色温度をケルビンで指定する

❼ Exclude（除外）

このライトからの照明もしくは影付けを除外するオブジェクトを指定

❽ Cast shadows（影を投影する）

チェックを入れると、ライトが影を投影

❾ Invisible（不可視）

チェックを外すとライトの形（長方形や球など）はレンダリングされない

❿ Affect diffuse（拡散反射光に影響）

ライトが Diffuse（拡散反射光）に影響するかどうかを決定。たとえば拡散面には影響せず、反射（スペキュラー）としてだけ影響させたい場合はチェックを外す

⓫ Affect specular（スペキュラーに影響）

マテリアルにぼかしがある場合（Glossinessが1.0以下）、ライトが反射（スペキュラー）として表示されるかどうかを決定

⓬ Affect reflections（反射に影響）

ライトが反射に影響するかどうかを決定。補助光などの反射させたくないライトのときはチェックを外す

12-4-5 VRaylightのDomeを使う

VRayLightの［Type］で［Dome］を選択すると、ドーム型のライトが作成されます。このライトには、背景自体が発光する［VRaySky］のような環境を設定していなくても、全体を照らす効果があります。3ds Max標準の［スカイライト］に似た働きをもつライトです。背景に画像を設定する場合などに使われます。

VRayLightのDomeを配置

1 ［作成］パネルの［ライト］で［VRay］を選択し、［オブジェクトタイプ］で［VRayLight］をクリックします。

2 ［General］の［Type］で［Dome］を選択します。

3 パースビューをアクティブにして、建物の近くでクリックします。これでドーム型のライトが配置されました。

4 ［修正］パネルを開き、［Options］の［Invisible］にチェックを入れます。

5 レンダリングすると、建物全体が均一な光で照らされます。

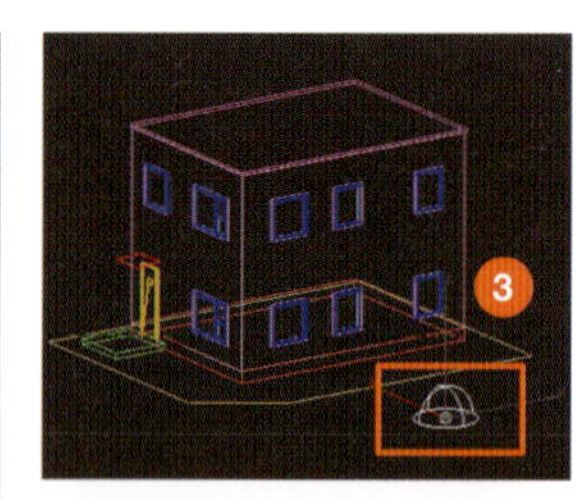

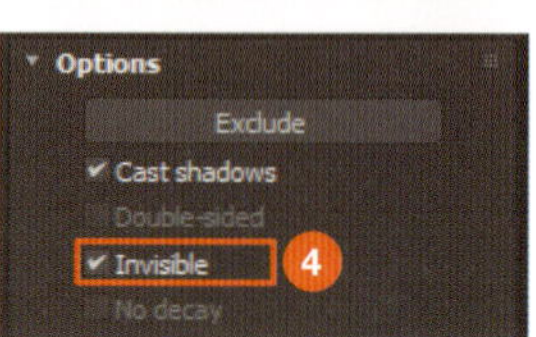

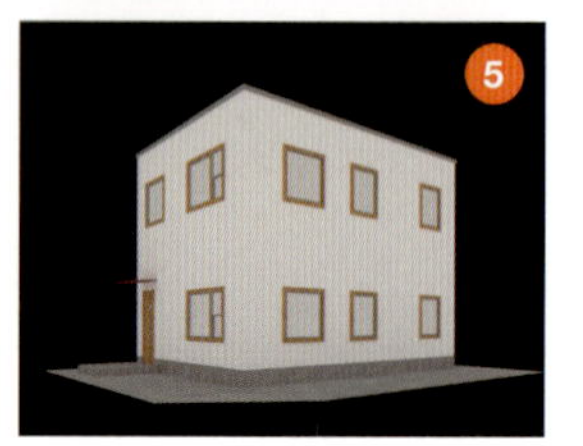

column DomeでHDRIを割り当てる

P.134でスカイライトにHDRIを設定したように、［Dome］ライトにもHDRIを割り当てることができます。

1 ［Dome］ライトを配置後、［修正］パネルを開き、［General］の下のほうにある［マップなし］をクリックします。

2 ［マテリアル/マップブラウザ］が開きます。［マップ］→［V-Ray］を展開して［VRayHDRI］を選んで［OK］をクリックします。［Choose HDR image］ダイアログボックスでHDRI画像を選択します。

3 HDRIが割り当てられます。明るさや画像の位置などを修正したい場合は、マテリアルエディタにドラッグしてパラメータを調整します（→P.131）

4 レンダリングすると、窓ガラスにHDRI画像が反射されることがわかります。

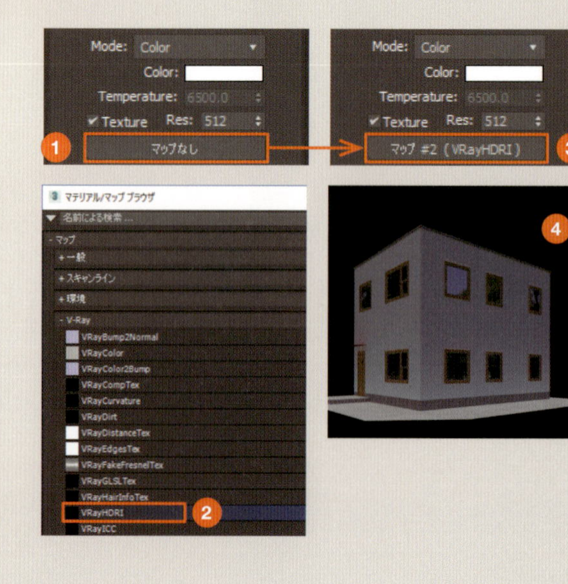

12-4-6 折上げ天井の間接照明

折上げ天井の間接照明をVRaylightの［Plane］で作成してみます。Planeは面で光源が作成できるため、一定の距離間に見えない照明を埋め込むときなどに使いやすいライトです。

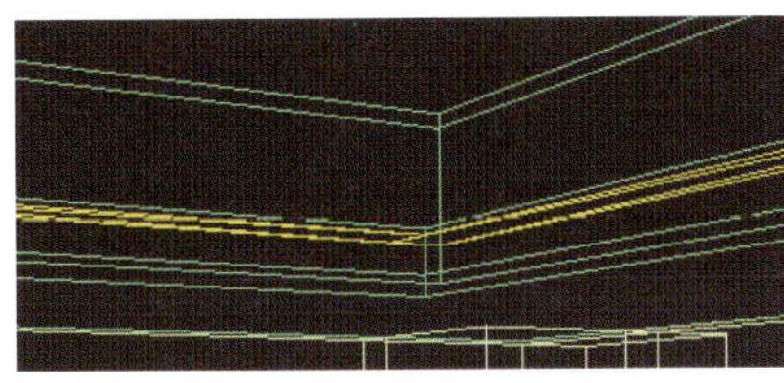
VRayLightの配置位置

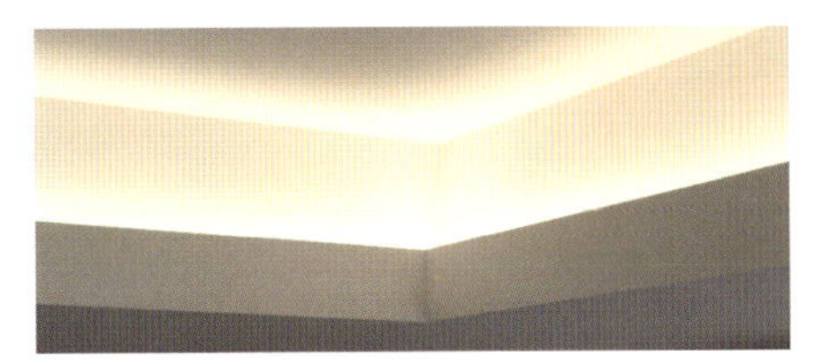
間接照明のレンダリング画像

VRayLightを作成

❶ 折上げ天井の内側にライトを作成します。イメージは図のような形です。

❷ 「天井」レイヤを表示して、トップビューをボトムビューに切り替えます。図の2つの四角形の間が折上げ天井の内側です。

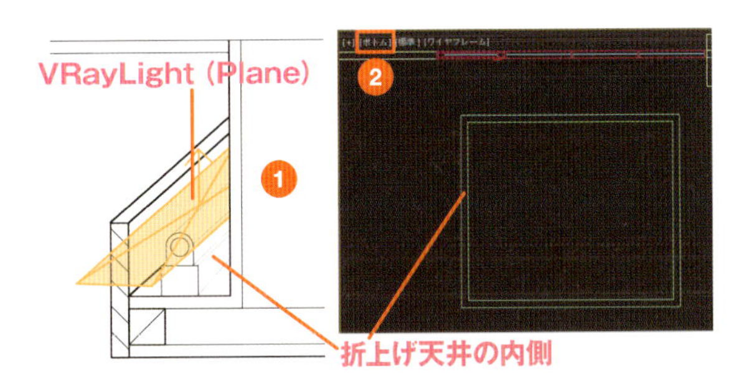

❸ ［作成］パネルの［ライト］を開き、［VRay］の［VRayLight］をクリックします。［Type］を［Plane］にします。

❹ 折上げ天井内側の任意の1辺に、面状の長方形でライトを作成します（→P.294）。

❺ 同様にして残りの3つの辺にもライトを作成します。これで4つのライトができました。

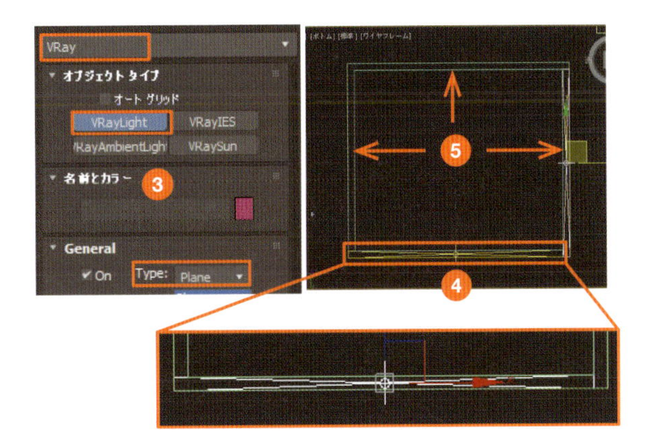

作成したライトを調整

❻ ライトを折上げ天井内側の高さに移動します。この高さは天井高2600＋天井板の厚さ100で2700mmです。作成したライトを選択して［選択して移動］ツールを右クリックし、［絶対値］の［Z］に「2700」mmと入力します。すべてのライトをこの高さに移動します。

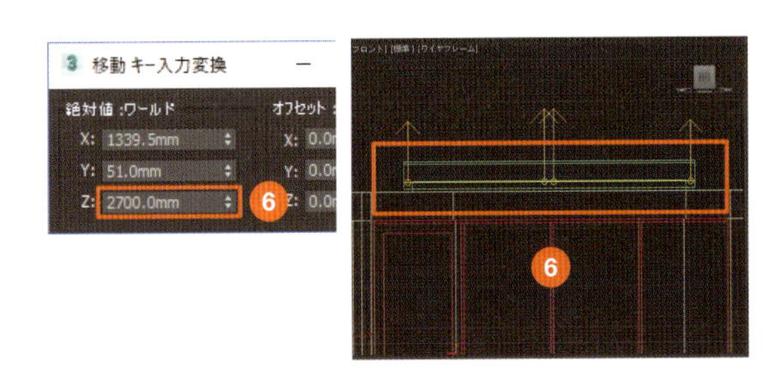

7 ［修正］パネルの［General］でパラメータを調整します。［Multiplier］を「9」、［Temperature］を「4500」にして暖色の光にします。4つとも同じ設定にします。

8 レンダリングして、ライトの発光を確認します。

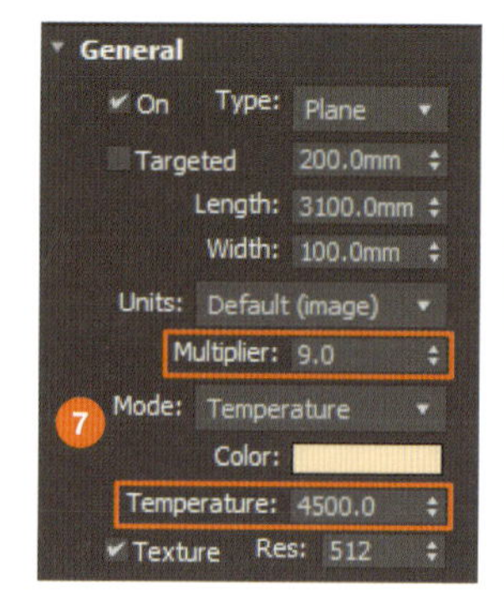

column オブジェクトをライトに変換

［VRayLight］の［Type］で［Mesh］を選択すると、ボックスなどのオブジェクトをライトに変換できます。たとえば前ページのような間接照明をボックスで作成し、それをライトに変換することも可能です。

1 折上げ天井内側の各辺にボックスを作成して、天井の高さに移動しておきます。4つのボックスはアタッチ（→P.37）して1つのオブジェクトにしておくと扱いやすいです。

2 ［作成］パネルの［ライト］で［VRayLight］をクリックし、［Type］から［Mesh］を選択します。

3 ❶で作成したボックスの近くをクリックします。小さいボックスが作成されます。

4 ［修正］パネルを開き、［Mesh light］にある［Pick mesh］をクリックします。

5 ❶で作成したボックスをクリックすると、色が黄色になり、ライトオブジェクトに変換されます。

6 パラメータで光の状態を調整し、レンダリングして確認します。

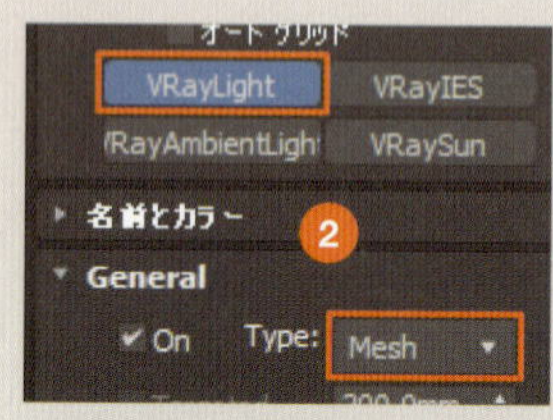

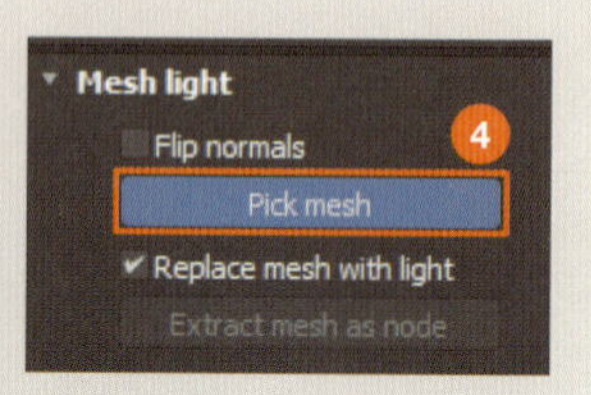

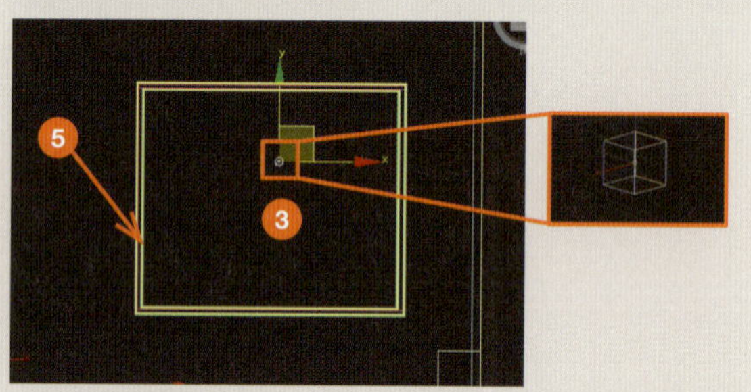

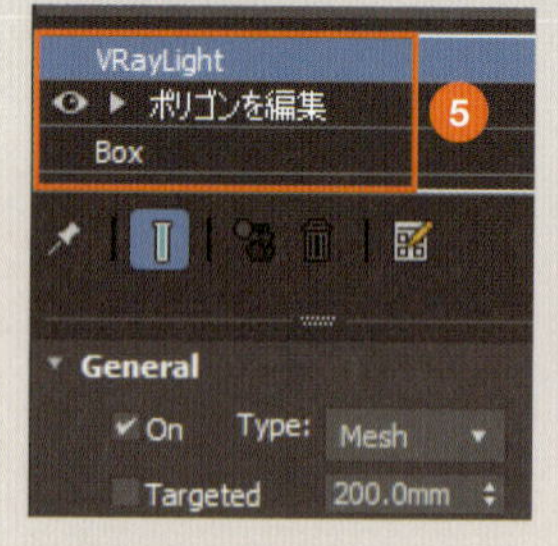

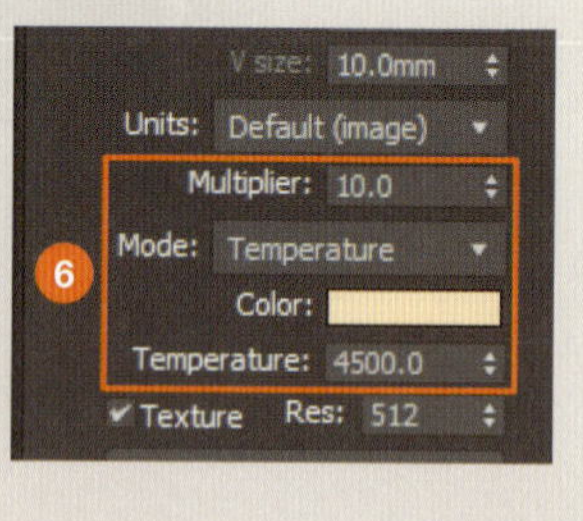

ボックスをライトに変換した間接照明

12-4-7 配光データ(IESファイル)を読み込む

[VRayIES]を使うと、実際の照明機器を元に作成された配光データ(IESファイル)を読み込んでレンダリングできます。

VRayIESの作成

1. ライトのレイヤを作成します。
2. [作成]パネルの[ライト]を開き、[VRay]を選択します。
3. [オブジェクトタイプ]の[VRayIES]をクリックします。
4. レフトビューでライトの位置をクリックし、適当な位置までドラッグしてライトを配置します。
5. [VRayIES Parameters]にある[ies file]の[None]をクリックします。
6. [ファイルを開く]ダイアログボックスが開きます。読み込みたいIESファイル(ここでは「light01」)を選択して、[開く]をクリックします。
7. ライトの表示が変わります。
8. レンダリングして確認します。

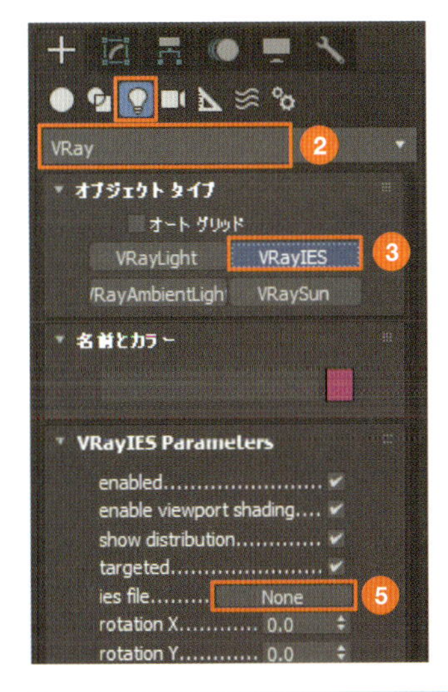

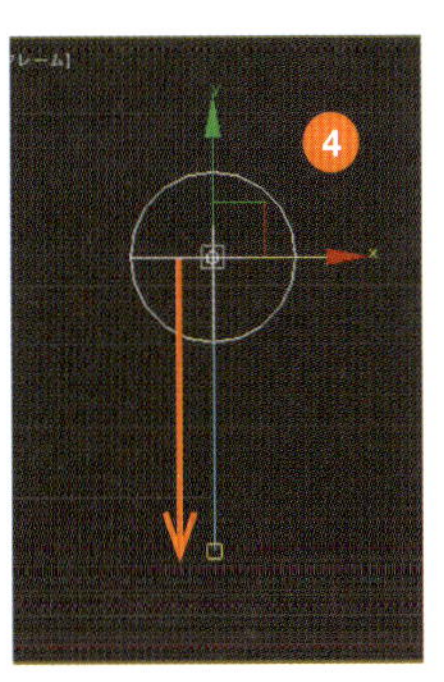

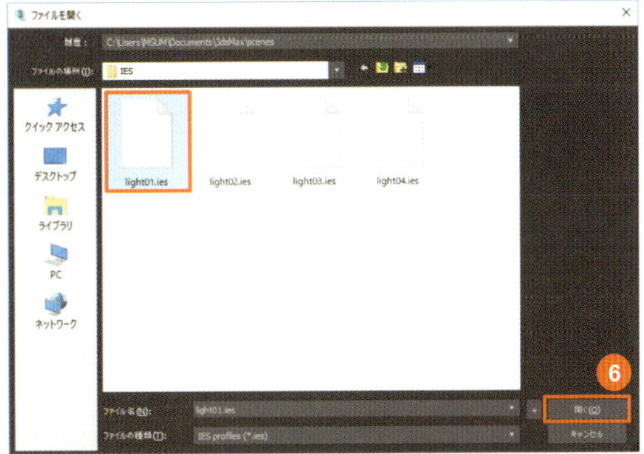

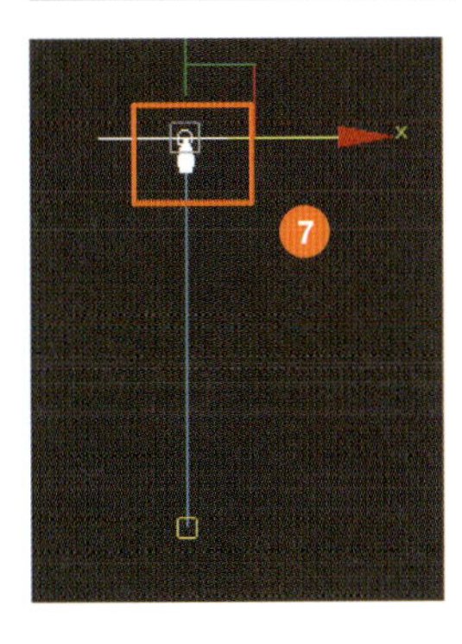

memo 配光データ(IESファイル)は照明メーカーのウェブサイトなどで、無料配布されている場合があります。いろいろな配光データをダウンロードして試してみましょう。

12-5 V-Rayのマテリアル

V-Rayでレンダリングする場合は、V-Rayのマテリアルを使用します。V-Rayのマテリアルはフィジカルマテリアルとちがって、「プリセット」がありません。このため、質感はパラメータで直接設定します。ここでは光沢や透過の質感を出すための設定や、V-Rayならではのマテリアルを紹介します。

12-5-1 V-Rayマテリアルの作成

V-Rayのマテリアルの作成方法は、フィジカルマテリアルと同じです。操作のちがいは、［マテリアルマップブラウザ］でV-Rayのマテリアルを選択することだけです。また、「プリセット」を使わずにパラメータを設定しなくてはなりません。これらをかんたんに説明します。

VRayMtlの作成

1. マテリアルエディタを開きます。［マテリアルマップブラウザ］の［マテリアル］→［V-Ray］を展開します。

2. ［VRayMtl］を選択して、アクティブビューにドラッグします。これで新規のV-Rayマテリアルが作成できました。

memo

アクティブビューを右クリックして、［マテリアル］→［V-Ray］→［VRayMtl］を選択しても作成できます。

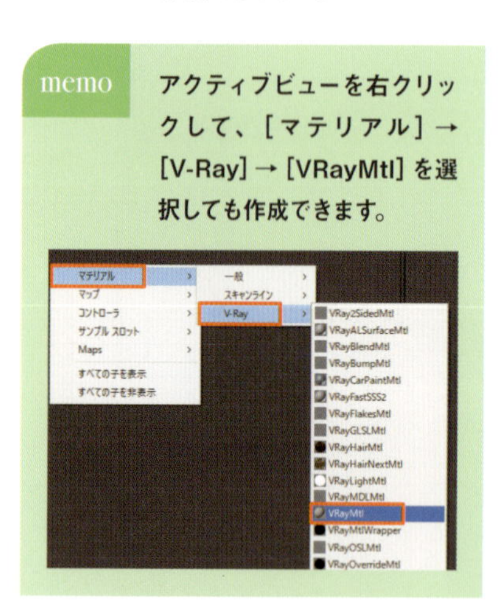

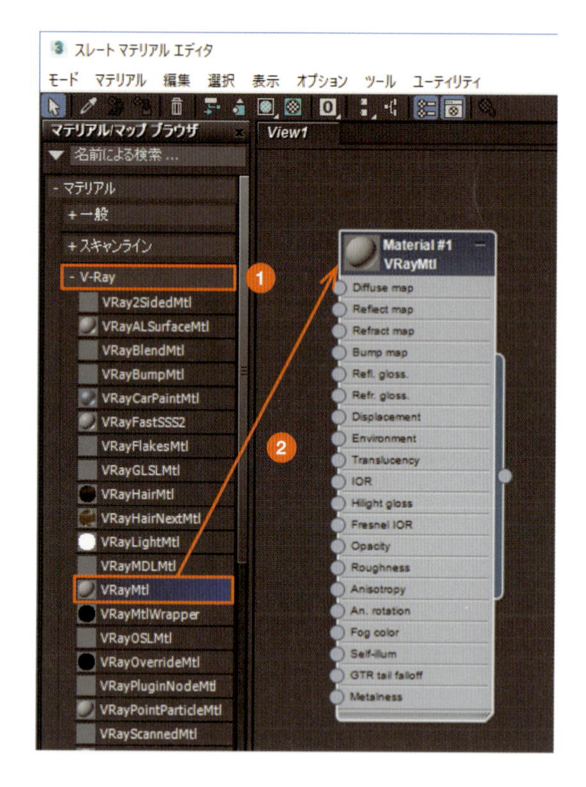

マテリアルエディタで表示されるVRayMtlのパラメータ

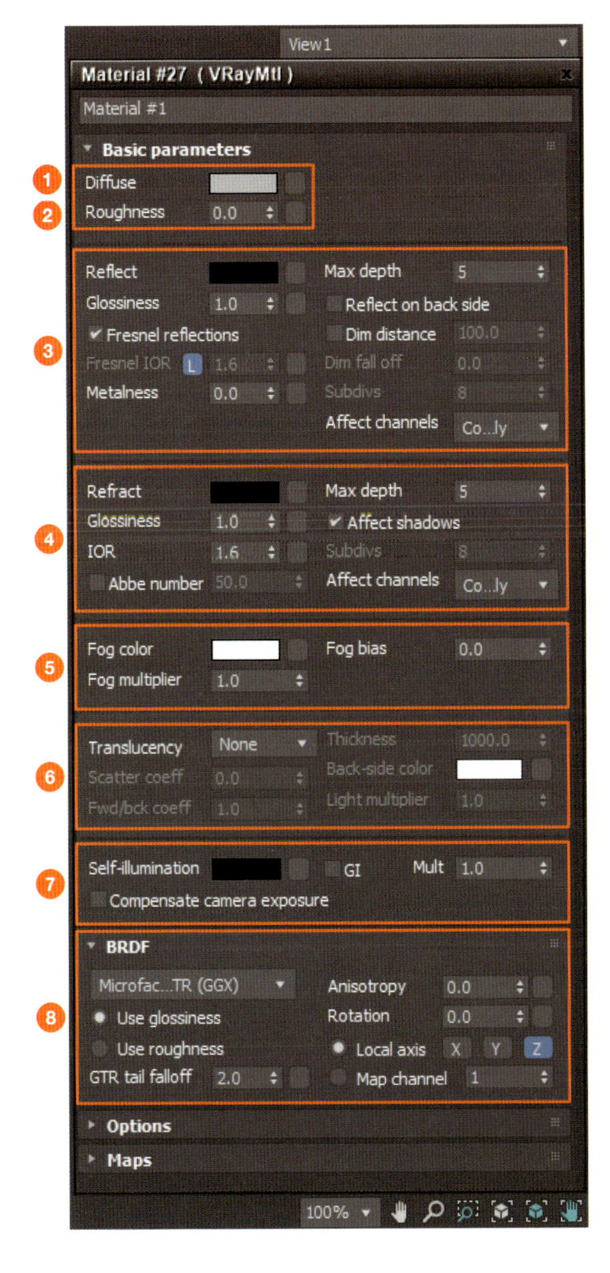

❶ Diffuse（拡散反射光カラー）

拡散反射光の色を指定

memo

3ds Max標準と同じように、色のボックス右のボタンでテクスチャの割り当てができます。

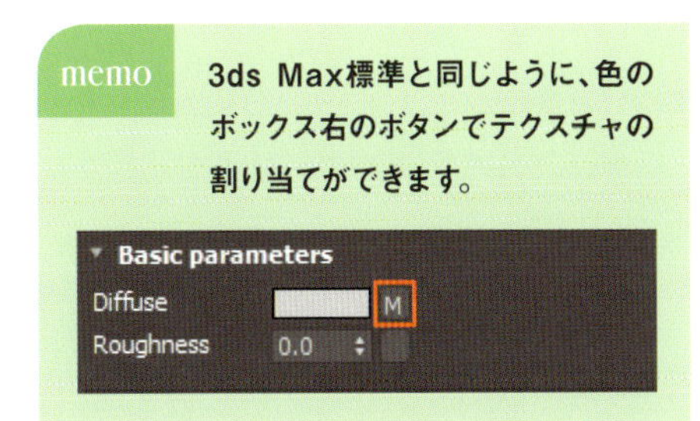

❷ Roughness（表面の粗さ）

ざらついた表面や非常に細かい凹凸のある表面を数値で再現

❸ Reflection（反射）

マテリアルの反射を設定（→P.302）

❹ Refraction（屈折）

マテリアルの透明度を設定（→P.303）

❺ Fog（フォグ）

透明度を設定したマテリアルの色を指定

❻ Translucency（半透明効果）

マテリアルに半透過を加える。［Fog color］と一緒に使う

❼ Self-illumination（自己発光）

自己発光するマテリアルの色や強さなどを設定

❽ BRDF（双方向反射分布関数）

反射［Reflection］のぼかし［Glossiness］を計算する場合に光の分散特性を決定する

memo

一番下の［Maps］でもテクスチャマップの設定ができます。

Maps

Bump	30.0	✔	マップなし
Diffuse	100.0	✔	マップなし
Diff. rough.	100.0	✔	マップなし
Self-illum	100.0	✔	マップなし
Reflect	100.0	✔	マップなし
HGlossiness	100.0	✔	マップなし
Glossiness	100.0	✔	マップなし
Fresnel IOR	100.0	✔	マップなし
Metalness	100.0	✔	マップなし
Anisotropy	100.0	✔	マップなし
An. rotation	100.0	✔	マップなし
GTR falloff	100.0	✔	マップなし
Refract	100.0	✔	マップなし

12-5-2 反射の設定（Reflection）

金属や陶器などで反射を表現したいときには、反射を設定する［Reflection］のパラメータで調整します。反射の度合いは［Reflect］と［Fresnel reflections］［Fresnel IOR］を組み合わせて表現します。

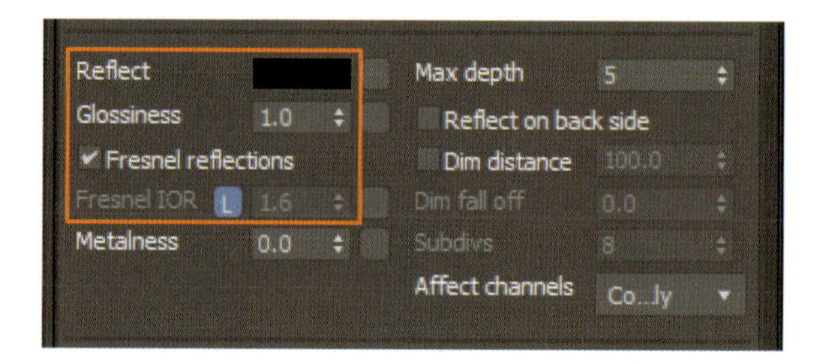

● **Reflect（反射フィルタカラー）**

マテリアルの光の反射具合を黒色から白色の間で設定。黒（RGB値0,0,0）は無反射、白（RGB値255,255,255）は反射になる

● **Fresnel reflections（フレネル反射）**

チェックを入れると角度によって異なる強度の反射が重なって表現され、自然界に近い反射効果を実現。［Reflect］を白にしてチェックを外すと全反射になる

● **Fresnel IOR（フレネルIOR値）**

［Fresnel reflections］にチェックを入れ、ロック（青い［L］ボタン）をオフにすると数値入力ができる。初期設定は「1.6」で、値を大きくすると反射率が高くなる

無反射

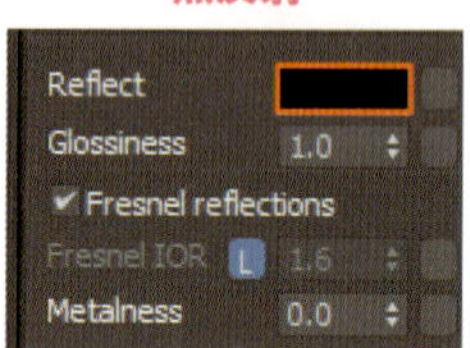

反射（IOR 未設定）

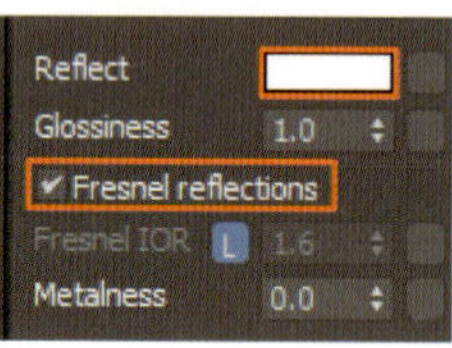

反射（IOR 設定）

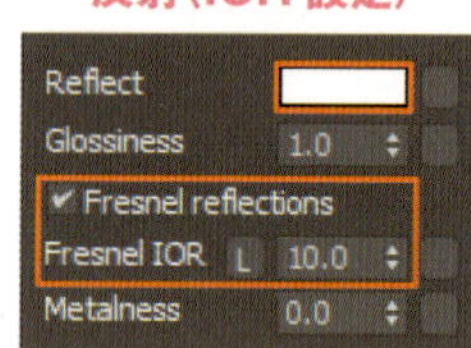

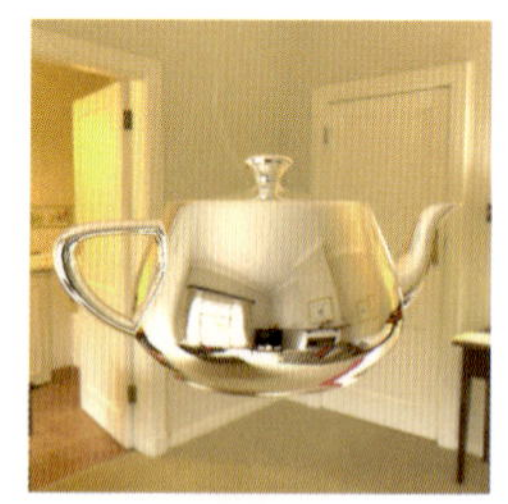
全反射

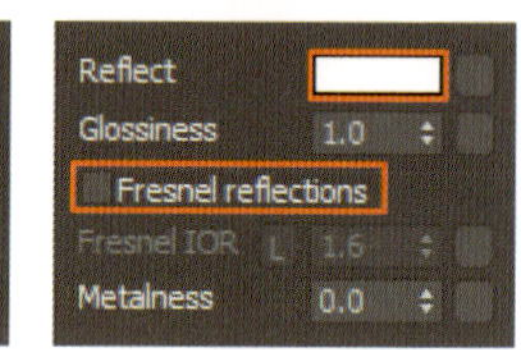

● **Glossiness（反射ぼかしの量）**

反射のボケ具合を設定する。値は「0〜1」の間で設定し、「0」でボケの強さが最大になる。「1」はボケない

Glossiness=1

Glossiness=0.5

Glossiness=0

12-5-3 透過の設定(Refraction)

ガラスなどの表現で透過させたいときには、屈折を設定する[Refraction]のパラメータで調整します。ここでは[Refract]と[Glossiness]を説明します。

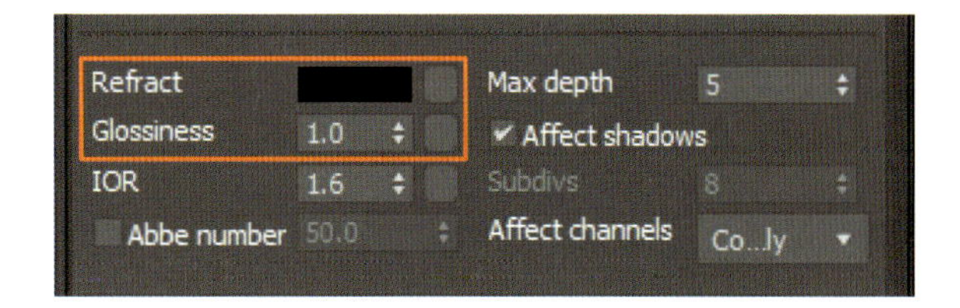

● Refract(透明度)

マテリアルの光の透過具合を黒色から白色の間で設定。黒(RGB値0,0,0)は不透明、白(RGB値255,255,255)は完全な透明になる

黒(不透明)

グレー(半透明)

白(完全な透明)

● Glossiness(ぼかしの量)

透過のボケ具合を設定する。値は「0〜1」の間で設定し、「0」でボケの強さが最大になる。「1」はボケない。ガラスではこの設定で、すりガラスの質感が表現できる

Glossiness=1

Glossiness=0.8

Glossiness=0.5

memo

パラメータの[IOR]は屈折率です。IORが「1」の場合は光が屈折せず真っ直ぐ進むので、「1」を設定するとオブジェクトは見えなります。

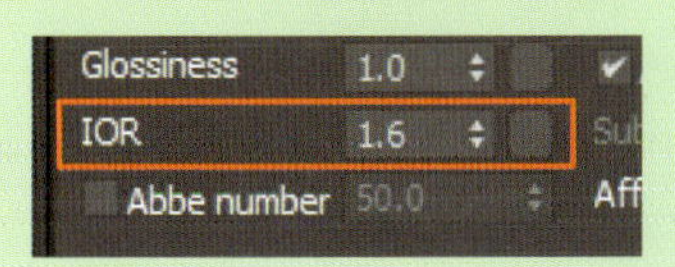

IOR=1

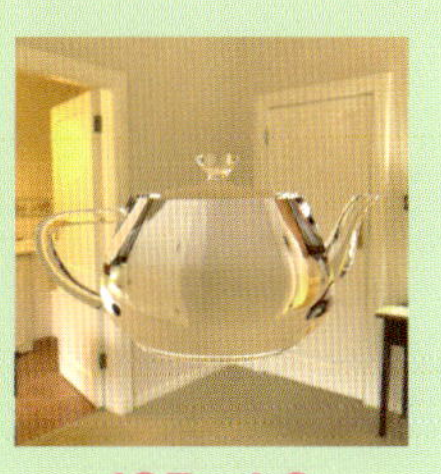
IOR=1.3

12-5-4 発光するマテリアル（VRayLightMtl）

「VRayLightMtl」は発光するマテリアルです。照明などの発光するオブジェクトに利用できます。

VRayLightMtlの作成

1 マテリアルエディタを開きます。［マテリアルマップブラウザ］の［マテリアル］→［V-Ray］から［VRayLightMtl］を選択して、アクティブビューにドラッグします。

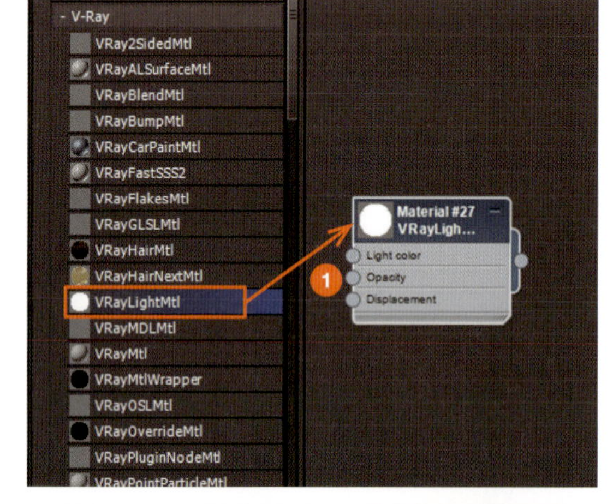

2 ノードの名称部分をダブルクリックして、パラメータを表示します。［color］の右にある［Multiplier］（倍数）の数値を「10」にして、他は初期設定のままにします。

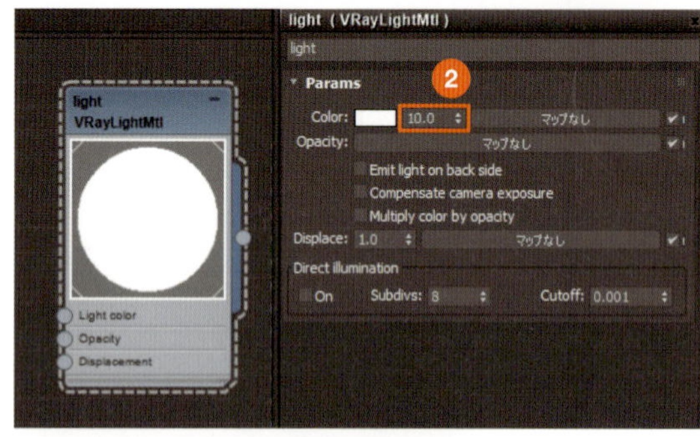

memo

［Multiplier］の数値を上げると、発光の度合いが強くなります。

3 作成したマテリアルをオブジェクトに適用してレンダリングし、発光の状態を確認します。

12-5-5 カラーブリーディングを防ぐ（VRayOverrideMtl）

たとえば床に割り当てたマテリアルの色が、壁や天井などに影響してしまうことがあります。このような現象を「カラーブリーディング」といいますが、V-Rayでは［VRayOverrideMtl］を使って設定すると、この現象が防げます。ここでは作成済みのVRayMtl「床」をVRayOverrideMtl「床」に変換して調整する方法を説明します。

VRayMtlの「床」を割り当て、カラーブリーディングが発生した室内

VRayOverrideMtlの「床」を割り当て、カラーブリーディングを抑えた室内

VRayOverrideMtlに変換

1 作成済みの「床」V-Rayマテリアルを選択して右クリックします。メニューから［マテリアル/マップタイプを変更］を選択します。

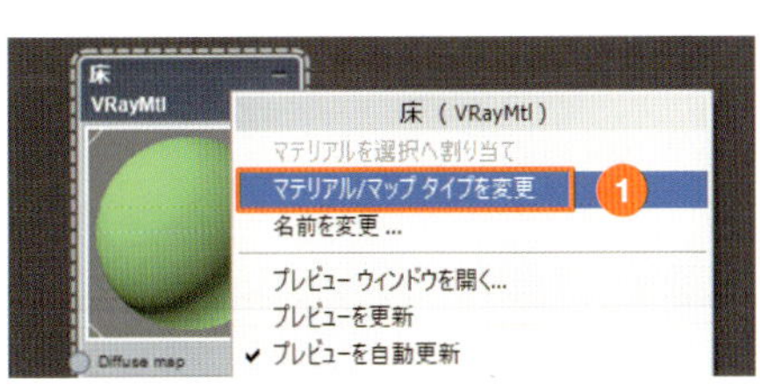

2 ［マテリアル/マップ ブラウザ］ダイアログボックスが開きます。［マテリアル］→［V-Ray］を展開して［VRayOverrideMtl］を選択し、［OK］をクリックします。

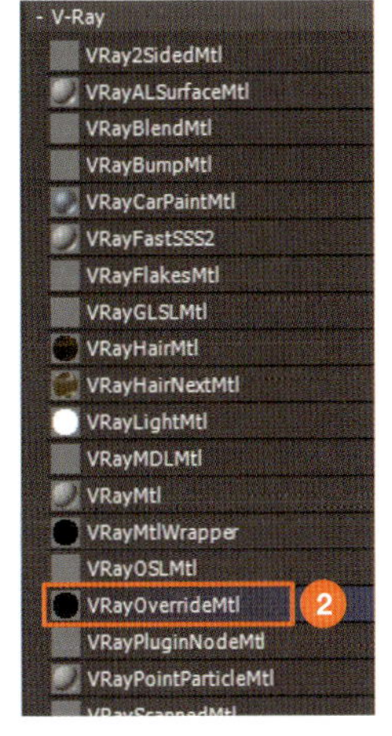

3 ［マテリアルを置換］ダイアログボックスが開きます。「古いマテリアルとして保持しますか？」が選択されていることを確認して［OK］をクリックします。

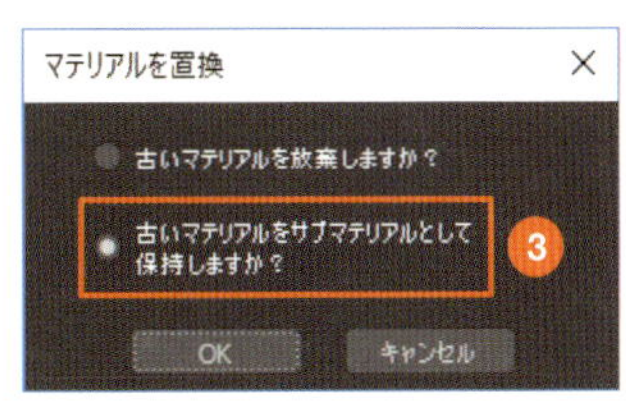

4 VRayOverrideMtlの「床」に変換されました。

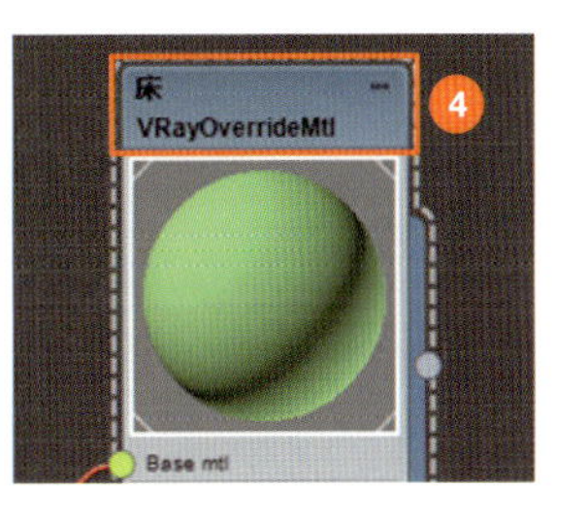

memo

VRayOverrideMtlに変換しても、ベースカラーのマテリアルは必要です。このため③で古いマテリアル（「床」V-Rayマテリアル）を保持しています。

GI mtlを設定

5 VRayOverrideMtl「床」の[GI mtl]の左にある丸印を少しドラッグします。

6 表示されたメニューから[マテリアル]→[VRay]→[VRayMtl]を選択します。

7 GI mtlに割り当てるV-Rayマテリアルが作成されます。色[Diffuse]を壁や天井の色(ここではグレー)にします。

8 これでVRayOverrideMtl「床」が作成できました。レンダリングして、壁や天井に床の色が影響していないか確認します。

memo

カラーブリーディングはGIレンダリングによって起こります。VRayOverrideMtlはBase、GI、Reflect、Refractのチャンネルで異なるマテリアルを設定できるため、[GI mtl]に色が影響する面(ここでは壁や天井)のマテリアルを設定しました。
これによりV-Rayのレンダング時には、GIの計算に壁や天井のマテリアルが使われ、カラーブリーディングを防げるようになります。

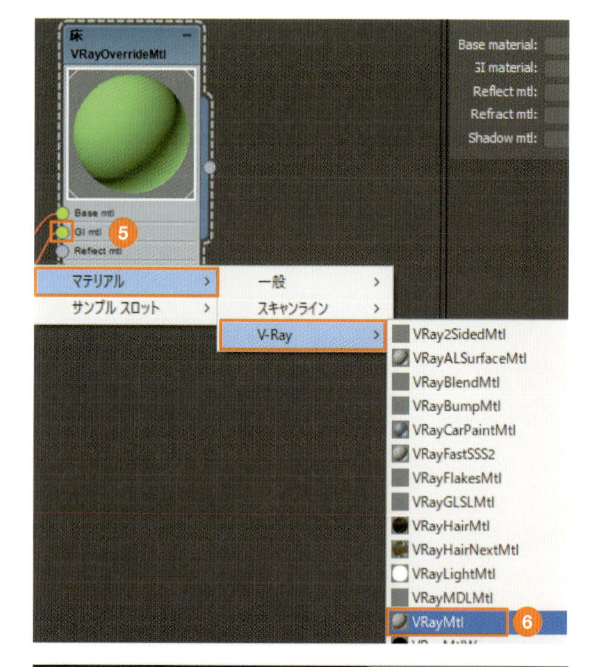

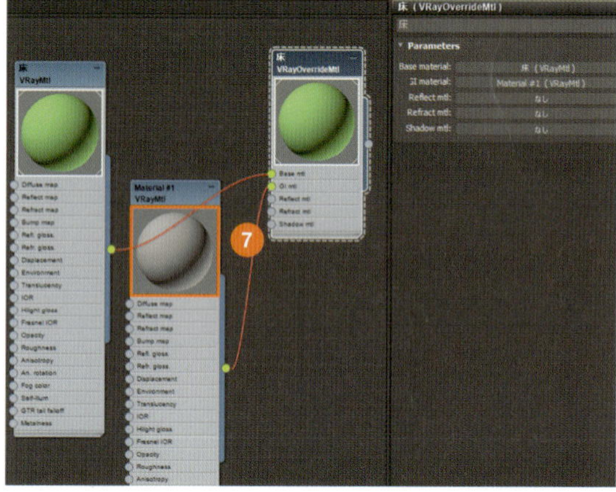

column

VRayFurでラグマットをリアルに表現

[作成] パネルの [VRay] にある [VRayFur] を使うと、短毛オブジェクトが作成できます。インテリアでは毛足の長いラグマットなどに適しています。あらかじめラグマットを平面オブジェクト（→P.263）で作成しておき、その平面に [VRayFur] を適用します。

VRayFurを設定したラグマット

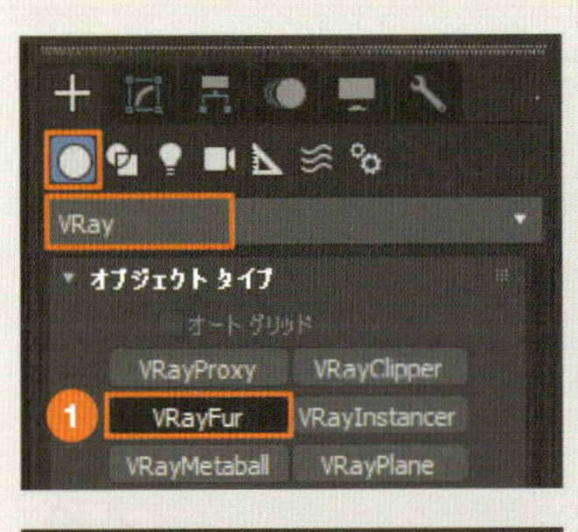

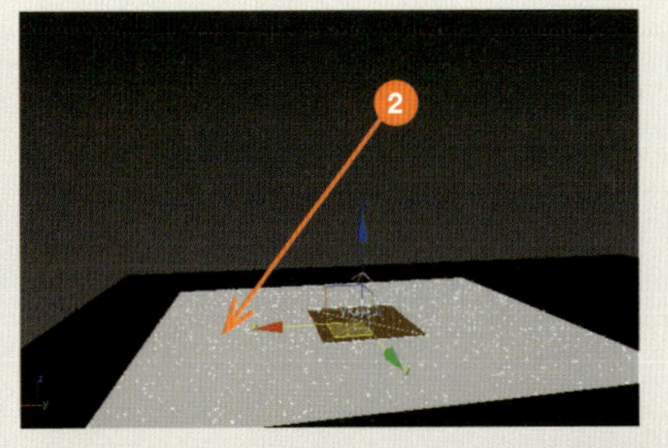

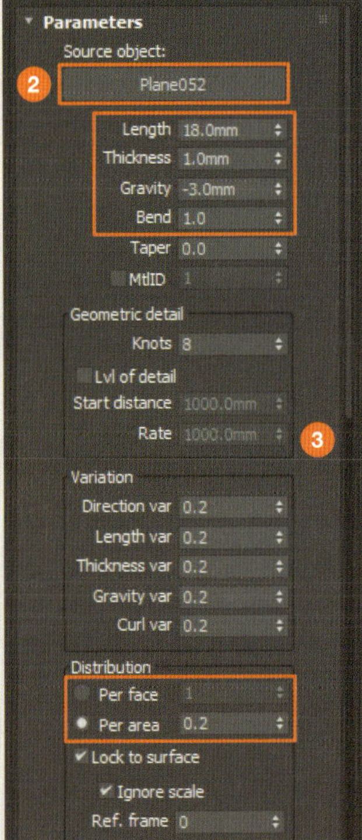

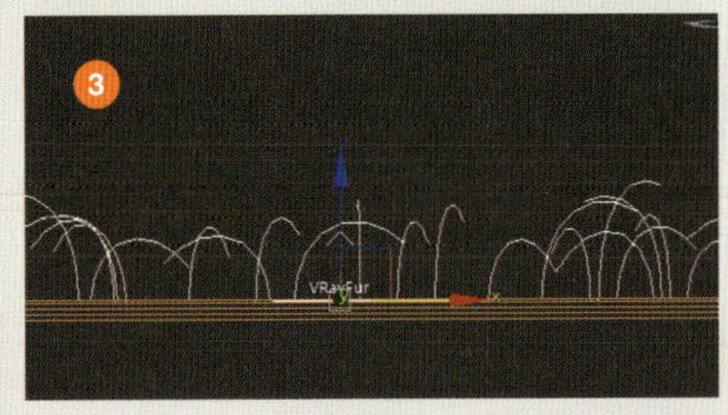

1. [作成] パネルの [VRay] で [VRayFur] をクリックします。
2. ラグマットの平面を選択します。[Source object] に選択したオブジェクトが割り当てられます。
3. [修正] パネルを開き、毛の長さや密度を調整します。結果はフロントビューなどで確認します。

●主なパラメータ

・Length（毛の長さ）
・Thickness（毛の太さ）
・Gravity（重力）
・Bend（重力に関係しない曲毛）
・DistrbutionのPer face（毛の数で密度を指定）
・DistrbutionのPer area（面積で密度を指定）

12-6 V-Rayのレンダリング

レンダリング設定をして、レンダリングを実行するという流れは、V-Rayも3ds Max標準と同じです。V-Rayでは多種多様な設定項目が用意されています。

12-6-1 V-Rayでのレンダリング設定

[レンダリング設定] ダイアログボックスで [レンダラー] にV-Rayを設定すると、さまざまなパラメータが表示されます。タブは5つ表示され、[共通設定]タブは3ds Maxに搭載されているレンダラーと共通の内容になります。主な設定は[V-Ray]タブで行うため、ここでは[V-Ray]タブの基本的な項目を一部、紹介します。

[Frame buffer]

V-Ray Frame Bufferウィンドウ(→P.280)に関する設定ができます。

❶ Show last VFB (最新のVFBを表示)

V-Ray Frame Bufferウィンドウを開く

❷ Get resolution from Max (3ds Maxからレンダリング解像度を取得)

チェックを入れる(デフォルト)と、[共通設定] タブの出力サイズと同じサイズで出力

❸ Width (幅)、Height (高さ) などのレンダリング出力解像度

[Get resolution from Max] のチェックを外すと有効になる。[共通設定] タブの出力サイズと関係なく、個別の出力サイズを指定できる

❹ Image aspect (イメージの縦横比)

[Get resolution from Max] のチェックを外すと有効になる。レンダリングイメージの縦横比で、右のLボタンを押すと縦横比が固定される

memo

[Render Elements] タブでは、Arnoldと同じように要素ごとの出力(→P.278)ができます。

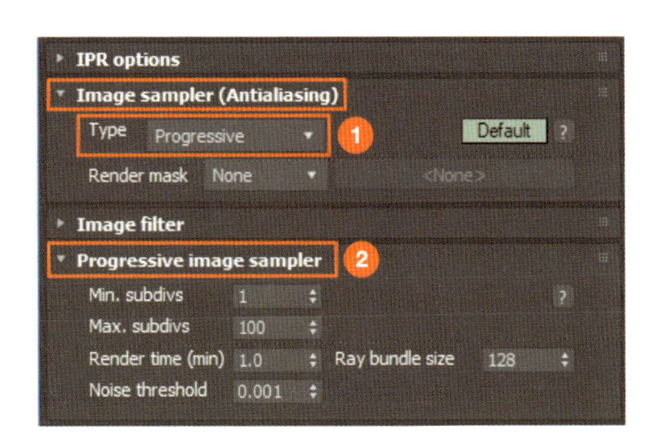

[Image sampler (Antialiasing)]

アンチエイリアスに関する設定ができます。

❶ Type (サンプラーの種類)

[Progressive] または [Bucket] を選択

❷ Progressive Image sampler

[Type] で選択したサンプラーのパラメータを表示。[Bucket] なら「Bucket Image sampler」となる

memo

イメージサンプラーとは、エイリアスを滑らかに表示するためのサンプルアルゴリズムのことですが、本書のレベルでは、ここでノイズの調整が可能とおぼえてください。デフォルトの[Progressive] は速くレンダリングできますが、場合によってはノイズが残ります。[Bucket] を選択すれば、そのノイズがやや減ります。

Progressive

Bucket

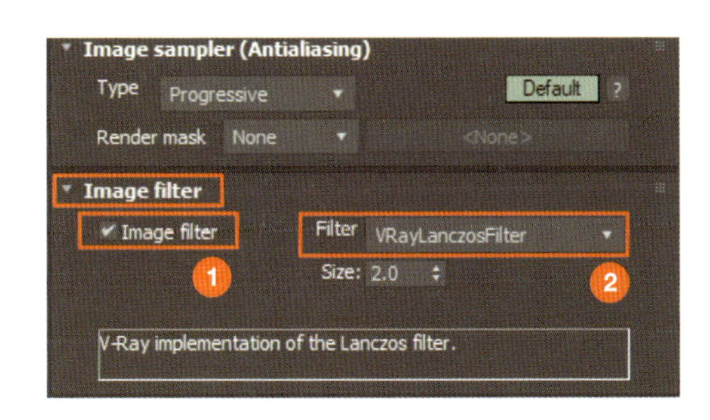

[Image filter]

アンチエイリアスフィルターの設定ができます。

❶ Image filter (イメージフィルター)

チェックを入れる (デフォルト) と、アンチエイリアスフィルターが有効になる

❷ Filter (フィルター)

3ds Maxのアンチエイリアスフィルターと V-Ray専用のアンチエイリアスフィルターから選択できる

VRaylanczosFilter
エッジをわずかに強調しつつもなめらかな推移を行うフィルター

Catmull-Rom
黒いラインなどでエッジを強調するフィルター

12-6-2 レンダリングを実行する

本書で作成した外観・内観モデルを使って、V-Rayのレンダリングを実行してみましょう。カメラや環境、ライト、マテリアルなどはV-Rayのものに自由に置き換えてみてください。ここでは下記の例の設定をかんたんに紹介します。

なお、レンダリングの実行は、3ds Max標準と同じく［レンダリング設定］ダイアログボックスの［レンダリング］ボタンから行います。またはV-Rayツールバー（→P.281）の［Render Current Frame/Productions Mode］ツールをクリックしてレンダリングします。

V-Rayツールバーの
［Render Current Frame/Productions Mode］ツール

外観CGパース

完成画像

◆ カメラ

VRayPhysicalCameraを配置します。トップビューで敷地の左下に視点、建物の中心にターゲットを配置しています。視点の高さはアイレベルの「1500」mmです。

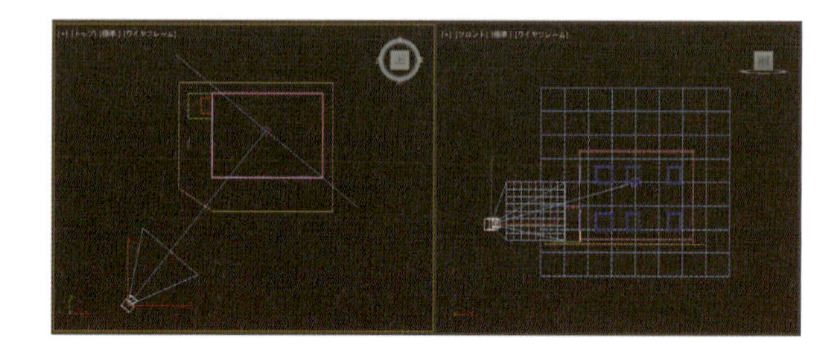

◆ 環境

背景画像（背景.jpg）を設定しています。［露出制御］は［露出制御なし］です。

背景.jpg

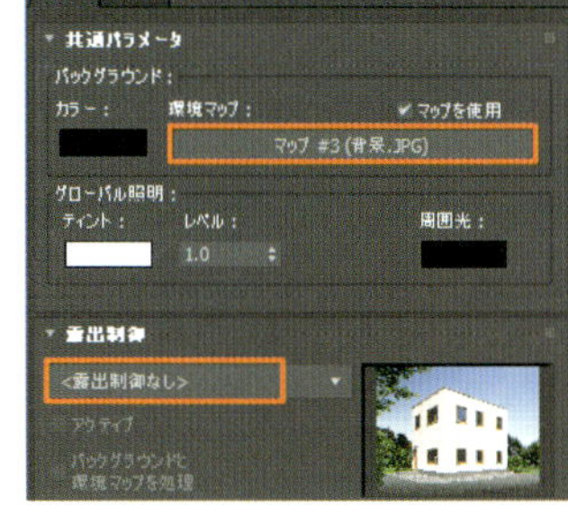

◆ ライト

太陽はVRaySunを配置しています。［turbidity］（濁り→P.290）を「2」、［ozone］（オゾン→P.290）を「1」、［intensity multiplier］を「0.03」、［size multiplier］を「3.0」にします。また、環境にライトが含まれていないため、VRayLight（Dome）を配置して［Multiplier］を「0.1」にし、［Invisible］にチェックを入れます。ほかは初期設定のままです。

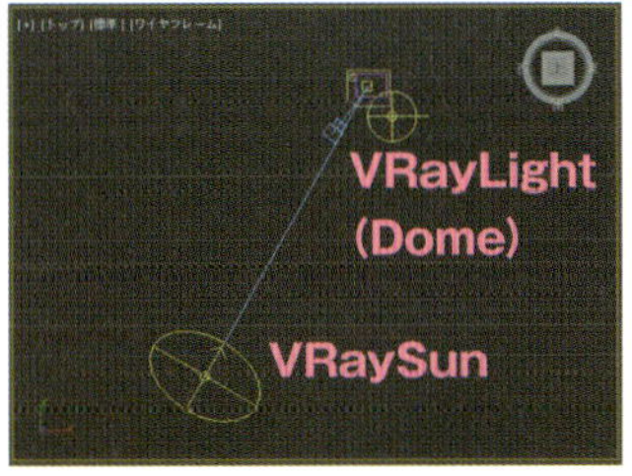

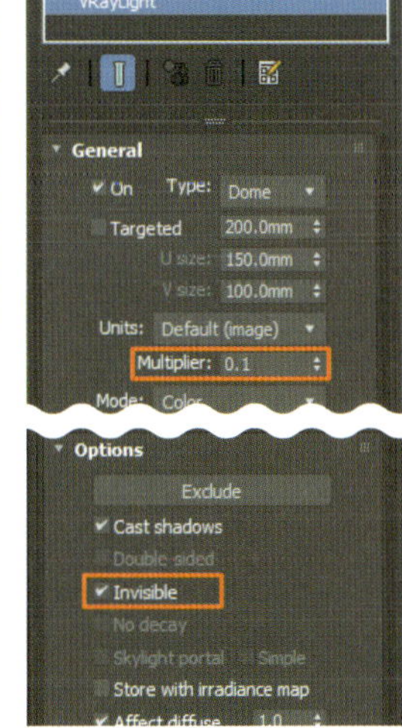

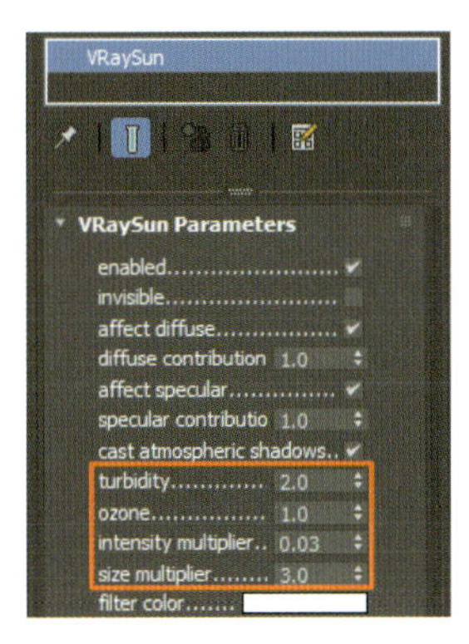

memo

本来、太陽の明るさはカメラの露出で設定するべきですが、建築パースではライティングの自然さよりも、建物の素材表現を優先させることがよくあります。その場合はここでのケースのように、太陽自体の強度や大きさを変更して、ライティングを調整するのも1つの方法です。ただし、このように設定を変更すると、GIが不自然になることがあります。

◆ マテリアル

VRayMtlで作成しています。外壁の白は明度を少し下げています。ガラスは［Reflect］を白、［Fresnel IOR］を「2.3」、［Refract］の色をグレーにし（→P.303）、反射と透過を設定しました。サッシ・庇・屋根は［Reflect］で［Fresnel reflections］のチェックを外し［Glossiness］の値を「0.6」にしています。

◆ レンダリング設定

［Image sampler (Antialiasing)］の［Type］を［Bucket］に変更しました。それ以外は初期設定のままです。

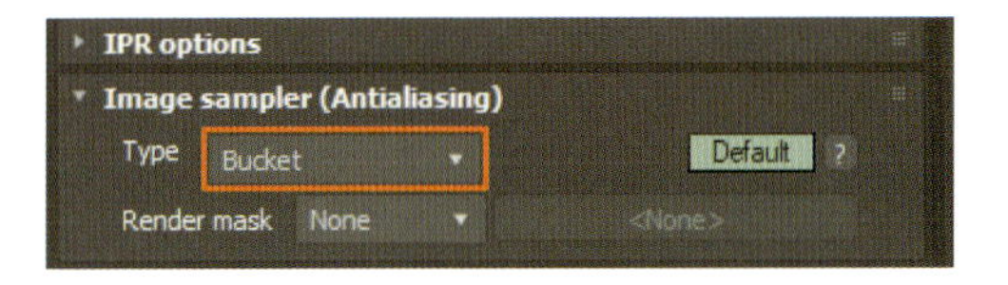

内観CGパース

完成画像

◆ カメラ

VRayPhysicalCameraを配置します。寝室に視点、リビングのソファの上にターゲットを配置し、パラメータは［Film speed（ISO）］を「200」、［F-Number］を「4」、［Shutter speed］を「150」に設定しました。この時、「TV」レイヤとリビングと寝室の間の壁オブジェクトは表示して、［カメラに対して可視］のチェックを外しています（→P.214）。

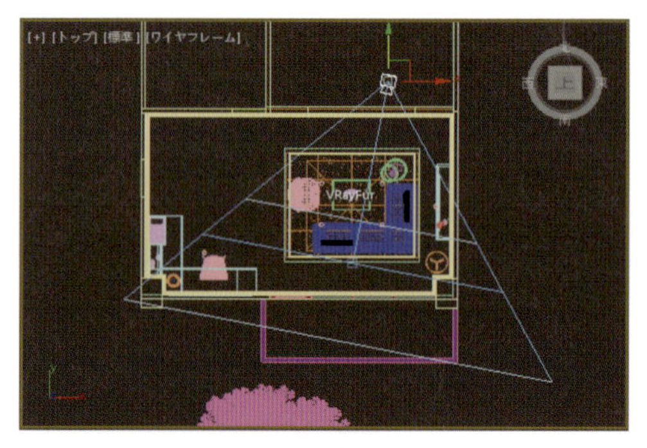

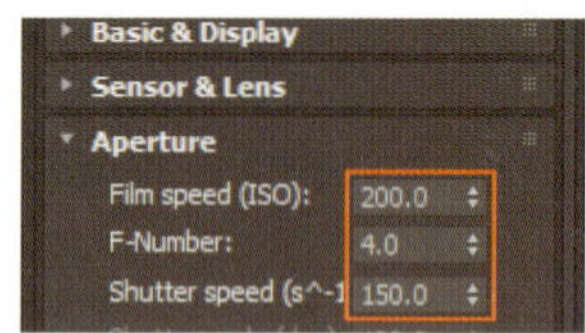

◆ 環境

［環境マップ］には、［VRaySky］を割り当て、［露出制御］は［<露出制御なし>］です。

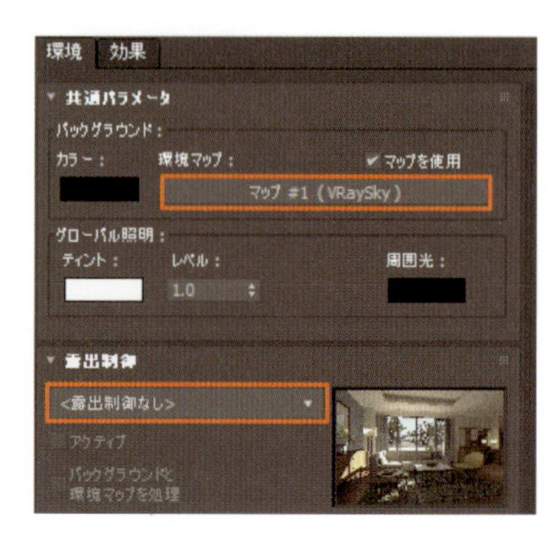

◆ ライト

外光はVRaySunを配置しています。[turbidity]を「2.0」、[size multiplier]を「2.0」にします。室内の照明は、右奥のデスクランプと椅子、丸テーブルの上にVRayLight (Sphere)、ドアの前にVRayIES (→P.299) を2つ配置しています。

memo

完成画像はライトのほか、V-Ray Frame Bufferウィンドウの Color correctionsウィンドウ(→P.284)で、[Exposure]を「0.47」、[Contrast]を「0.21」、[White Balance]を「7174」にして全体の明るさなどを調整しています。

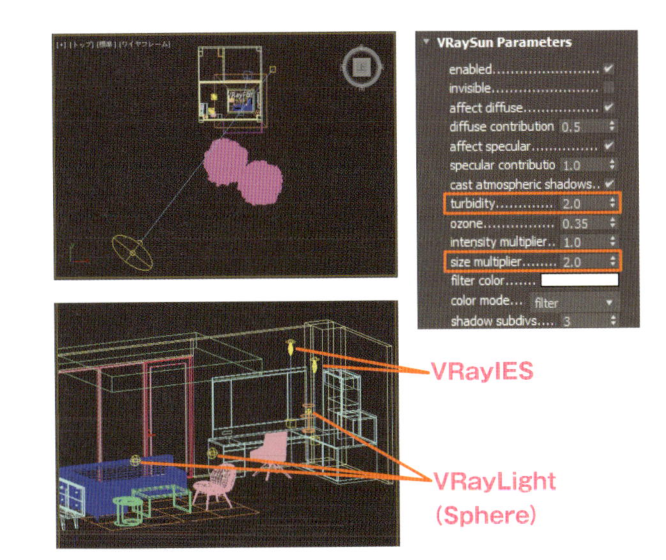

◆ マテリアル

ほとんどをVRayMtlで作成していますが、床のフローリングにはVRayOverrideMtlを使用し、[GI mtl] にグレーのVRayMtlを割り当てています (→P.306)。ソファなどの布地の [Reflect] は黒に設定し (→P.302)、無反射にします。

◆ レンダリング設定

[Image sampler(Antialiasing)] の [Type] を [Bucket]、[Image filter] を [領域] に設定しました。[Bucket image sampler] の [Noise threshold] (ノイズのしきい値) は「0.001」に下げています。この値は小さいほどノイズを軽減できますが、その分レンダリングに時間がかかります。ほかは初期設定のままです。

Image sampler (Antialiasing)
Type Bucket　Default
Render mask None　<None>
Image filter
Image filter　Filter 領域
Size: 1.5
変数のサイズ領域フィルタを使用してアンチエイリアシングを計算します。
Bucket image sampler
Min subdivs 1
Max subdivs 24　Bucket width 48.0
Noise threshold 0.001　Bucket height L 48.0

column

V-Ray 作品いろいろ

次の作品は、V-Rayを使って作成したものです。同じ図面からモデリングしても、アングルやマテリアル、環境、ライティングなどが変われば、印象の異なる作品に仕上がります。本書では仕上がりのメドとしてさまざまな設定を紹介してきましたが、これが完全な正解ではありません。ぜひ、トライ&エラーを繰り返して、個性豊かな作品をつくってみてください。

外観作品1

広角レンズでパースを効かせた、広告を意識した作品です。左側を空けて樹木を配置し、影や窓への映り込みを表現しています。

外観作品2

建物全体の造りがわかるアングルです。ターゲットカメラとターゲット指向性ライトをV-Rayでレンダリング出力し、レタッチで仕上げました。

外観作品3

玄関のある西側からのアングルです。視点は低く仕上げています。濃いめのマテリアルやテクスチャにすると建物の印象がガラリと変わります。

内観作品1

昼景の内観です。環境にHDRIを使用しています。窓ガラスにHDRIの背景画像が映り込むため、樹木のデータは配置していません。

内観作品2

夜景の内観です。VRaySkyの明るさの強度を下げて、外を暗くします。照明を増やし、ガラスは反射で室内の映り込みを表現しています。

Index

英字

な

は

ま

や

ら

わ

◆ 著者略歴

高畑 真澄（たかはた ますみ）

建築CG・パース制作会社を2社経験した後、2013年独立。CGデザイナーとして独自の世界観を表現するとともに、建築CGの分野にとらわれず多岐にわたり活動中。

ホームページ
http://msum.main.jp/

「AREA JAPAN」オートデスクのメディア&エンターテインメント業界向け情報サイト
「やさしい3ds Max－はじめての建築CG－」配信
https://area.autodesk.jp/movie/3ds-max-architecture/

Kviz　建築ビジュアライゼーション情報サイト
https://www.kviz.jp/company/msum/

世界で一番やさしい 3ds Max 建築CGパースの教科書

2018年12月22日　初版第1刷発行

著　者 …………… 高畑 真澄
発行者 …………… 澤井聖一
発行所 …………… 株式会社エクスナレッジ
〒106-0032　東京都港区六本木7-2-26
http://www.xknowledge.co.jp/

●問合せ先
編集 ……………… TEL 03-3403-5898／FAX 03-3403-0582
e-mail : info@xknowledge.co.jp
販売 ……………… TEL 03-3403-1321／FAX 03-3403-1829

[本書記事内容に関するご質問について]
本書記事内容についてのご質問は電話での受付／回答ができません。本書142ページをご覧ください。